F. DE MONTESSUS DE BALLORE

Ancien Élève de l'École polytechnique.

LES TREMBLEMENTS DE TERRE

GÉOGRAPHIE SÉISMOLOGIQUE

Avec une Préface par **M. A. DE LAPPARENT**, Membre de l'Institut.

89 cartes et figures et 3 cartes hors texte

Librairie Armand Colin

Paris, 5, rue de Mézières

LES

TREMBLEMENTS DE TERRE

GÉOGRAPHIE SÉISMOLOGIQUE

F. DE MONTESSUS DE BALLORE

Ancien Élève de l'École polytechnique.

LES

TREMBLEMENTS DE TERRE

GÉOGRAPHIE SÉISMOLOGIQUE

Avec une Préface par **M. A. DE LAPPARENT**, Membre de l'Institut.

89 cartes et figures et 3 cartes hors texte.

Librairie Armand Colin

Paris, 5, rue de Mézières

1906

PRÉFACE

Si quelqu'un s'était avisé, il y a vingt-cinq ans, d'écrire un gros livre sur la répartition géographique des tremblements de terre, il est à croire qu'aucun éditeur n'eût osé assumer les risques d'une telle publication.

Personne, au moins en France, n'aurait compris qu'on voulût diriger son attention vers un ordre de phénomènes dont notre pays semblait n'avoir rien à redouter. A cette époque on eût difficilement trouvé sur notre sol un appareil enregistreur des secousses. Même le patronage des géologues aurait probablement fait défaut à l'auteur de cette tentative ; car l'opinion régnante était que la cause des tremblements de terre devait être tout simplement cherchée dans des explosions volcaniques souterraines ; et c'est à peine si quelques esprits supérieurs commençaient à soupçonner une relation entre ces phénomènes et les conditions générales qui règlent l'équilibre de l'écorce terrestre.

Aujourd'hui les choses ont bien changé ! L'opinion publique s'est émue, frappée par une suite d'avertissements retentissants, d'où les Européens ont appris que le danger, non seulement était à leurs portes, mais ne se faisait pas faute, à l'occasion, d'envahir leur territoire. C'est l'Andalousie qui, la première, en a fait l'expérience à la fin de 1884. Puis, en 1887, la Côte d'Azur, en plein carnaval, a fait cruellement connaissance avec ce fléau, qu'elle paraissait devoir ignorer à jamais. Une année avant, aux États-Unis, de fortes secousses endommageaient la ville de Charleston, s'étendant à presque tout le bassin du Mississipi. En 1892, une grande partie du Japon était dévastée ; 7 000 morts et 17 000 blessés restaient sur le terrain. En 1894, ce fut le tour de la Locride, et, un an plus tard, celui du Turkestan ; de 1895 à 1897, au cœur de l'Allemagne alpine, une suite incessamment renouvelée de secousses, funestes pour les édifices, tint en éveil les habitants de la paisible ville de Laibach en Carniole. En 1897, le Bengale et l'Assam subirent le désastre le plus complet qu'on eût enregistré dans ces parages ; et comme si l'Inde n'avait pas, à cette occasion, payé un tribut suffisant, la vallée du Gange et le Cachemire devaient, huit ans plus tard, être le théâtre d'une catastrophe presque aussi terrible. Enfin voilà qu'il y a peu de semaines, la Calabre, si fort éprouvée à tant de reprises, est redevenue, comme en 1783, un champ de morts et de ruines. Ainsi, à un sujet auquel naguère les spécialistes seuls auraient accordé leur attention, les événements se sont chargés de donner une telle actualité, qu'un livre traitant de cette matière peut se présenter tout seul, même au grand public.

D'autre part, pendant que se déroulait cette suite de catastrophes, la science en faisait son profit. On n'avait pu s'empêcher de remarquer que, le plus souvent, les tremblements de terre les plus destructeurs sévissaient dans des pays dépourvus de volcans actifs, et atteignaient leur maximum d'intensité juste dans les régions de l'écorce terrestre que la géologie désigne comme étant les plus disloquées. Mieux on étudie cette écorce dans le détail, et plus on est obligé d'y reconnaître partout la trace de nombreux efforts de rupture ou de flexion. C'est, comme on l'a justement dit, une véritable *marqueterie*, composée d'une foule de compartiments, différents de composition et de structure, qui ont dû *jouer* maintes fois les uns par rapport aux autres. A coup sûr, ce jeu doit se poursuivre encore, puisque la déperdition de la chaleur interne et l'éjaculation des matières éruptives suffisent à troubler perpétuellement l'équilibre de l'écorce. Ne serait-ce pas là le principe de tous les tremblements de terre de grande amplitude, de ceux au moins qui couvrent un espace incomparablement supérieur à celui qu'une explosion volcanique pourrait ébranler ?

Pour résoudre cette question, une étude d'ensemble s'imposait. Elle a été poursuivie de deux façons.

D'une part, depuis plus de vingt ans, sous l'active impulsion d'un savant anglais, M. John Milne, l'*Association britannique pour l'avancement des sciences* a réussi à coordonner dans ce but les efforts de tous les spécialistes. Elle a ainsi créé une véritable ligue, comprenant une quarantaine d'observatoires, convenablement répartis sur la surface de la terre, et tous munis d'appareils enregistreurs identiques. Après moins de trois années de fonctionnement régulier, la centralisation des diagrammes obtenus a fait tout récemment ressortir des résultats infiniment remarquables, lesquels confirment avec éclat la liaison des tremblements de terre avec les ruptures d'équilibre de notre écorce. Du même coup s'est révélé ce fait inattendu, que, chaque année, une centaine d'ébranlements sont assez forts pour secouer la masse entière du globe, et se propager à son intérieur de manière à parvenir même aux antipodes, dans des conditions qui permettent d'apprécier la distance de l'observatoire au centre d'ébranlement.

Or, pendant que se poursuivaient ces études délicates, qui nécessitent le concours d'un bon nombre d'observateurs et d'instruments, un homme s'est trouvé, en France, pour entreprendre à lui seul un travail de coordination analogue par la voie d'une statistique graphique bien comprise. Avec autant de patience que de discernement, il a catalogué, et marqué sur des cartes, tous les tremblements de terre authentiquement enregistrés, en leur appliquant un figuré en rapport avec la fréquence et l'intensité des secousses. Cette monographie du phénomène, le même homme l'a mise en rapport constant avec la structure géologique et la topographie des contrées correspondantes, et ce seul rapprochement lui a suffi pour formuler, dès 1895, une loi qui, affranchissant le phénomène séismique de toute dépendance directe vis-à-vis du volcanisme, proclame que son intensité est partout proportionnelle à la raideur moyenne du relief terrestre.

L'homme dont nous parlons est l'auteur du présent ouvrage. A une époque où la France semblait se désintéresser presque complètement de ce genre d'études, il a su trouver avant tout autre l'exacte formule générale du phénomène, conservant ainsi à notre pays l'honneur d'une constatation de première importance. Ce n'est pas dans une imagination plus ou moins riche qu'il en a trouvé les éléments. Nul n'a plus consciencieusement étudié que lui la répartition des régions instables à travers le globe. Nul n'a dépouillé avec plus de soin tous les documents scientifiques ayant trait aux pays considérés. Nul n'a pris plus de souci de mettre sous les yeux du lecteur toutes les pièces de son enquête.

Aussi, nous en sommes persuadé, ceux qui liront cet « ouvrage de bonne foi » et en même temps de science, qui s'appelle la *Géographie séismologique*, n'auront-ils pas de peine à souscrire aux conclusions de l'auteur. Avec lui, ils s'étonneront qu'il ait fallu tant d'efforts et de temps pour arriver à chercher dans l'écorce elle-même, et non au dehors, la cause des mouvements qui l'agitent. A la lumière des statistiques et des cartes de l'auteur, ils reconnaîtront que les régions instables du globe coïncident avec les bandes plissées et disloquées où se sont autrefois déposés les sédiments marins épais, au fond de plis à la place desquels se dressent aujourd'hui les chaînes de montagnes les plus modernes.

De cette façon, les tremblements de terre apportent la preuve du défaut d'équilibre de ce « plancher des vaches », sur la stabilité indéfinie duquel le vulgaire est si accoutumé à compter. De même que, sous l'influence des variations de la chaleur ou de la sécheresse, les pièces d'un meuble jouent le long de leurs assemblages, en faisant parfois entendre des craquements, ainsi les éléments de la marqueterie terrestre laissent voir qu'ils n'ont pas conquis leur assiette définitive, et le jeu en est d'autant plus sensible qu'il s'agit de portions plus récemment disloquées par les phénomènes orogéniques. Les compartiments glissent le long des cassures qui les limitent, et chacun de ces déplacements, opérés par saccades, fait vibrer toute la région avoisinante.

Mais, ainsi que l'établit clairement la statistique de M. de Montessus, les effets de ce tassement s'atténuent avec le temps. Pendant que l'impitoyable érosion, poursuivant toujours son œuvre, rabote patiemment les montagnes pour en mener les débris à l'océan, le territoire correspondant gagne peu à peu en stabilité ce qu'il perd en relief. Un jour viendra où, réduit à la condition de ce qu'on nomme une pénéplaine, il sera incorporé aux massifs de très ancienne consolidation qui ont formé les premiers noyaux des masses continentales ; noyaux qu'il est bon de choisir de préférence pour y asseoir sa demeure, si l'on veut se mettre le mieux possible à l'abri d'un danger justement redouté.

Il y a peu de jours, devant les cinq Académies réunies, M. de Foville faisait applaudir une apologie de la statistique, qu'il présentait comme la source féconde de toutes les constatations utiles à l'humanité. C'est de cette école que procède M. de Montessus, et on doit le féliciter d'avoir donné, dans le domaine des sciences naturelles, une démonstration aussi convaincante de la thèse soutenue par l'éminent académicien.

A. DE LARPARENT.

Novembre 1905.

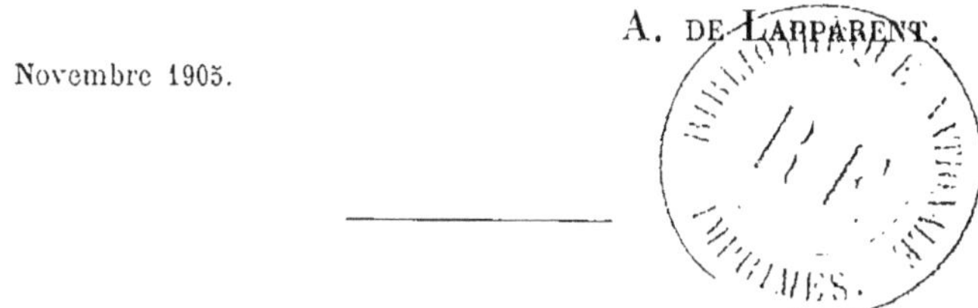

GÉOGRAPHIE SÉISMOLOGIQUE

INTRODUCTION

LA MÉTHODE ET LES RÉSULTATS GÉNÉRAUX

1. — Historique succinct des théories séismologiques.

Les tremblements de terre, ou les séismes (*séismos*; ébranlement), relèvent en général de causes géologiques plus ou moins profondes, dont le mystère se manifestait encore il y a une trentaine d'années par l'exagération même du nombre des théories et des hypothèses arbitraires que l'imagination faisait éclore à chaque catastrophe. On peut dire que depuis l'antiquité et le moyen âge jusqu'au dernier tiers du xixe siècle aucun progrès sérieux ne s'était produit dans cette branche des connaissances humaines, dont l'importance se mesure cependant par le nombre des victimes et la grandeur des dommages qui, chaque année, forment le triste bilan du terrible phénomène séismique. C'était le chaos, la confusion ; des lois empiriques, basées sur des statistiques locales et restreintes, quand elles n'étaient pas le simple fruit de la fantaisie scientifique, mettaient les séismes en relation avec les plus disparates manifestations des forces qu'étudie une science moderne, la Géophysique, science de ce qu'on pourrait appeler la Vie du globe : la nuit et le jour, ou la rotation de la Terre ; les saisons, ou le mouvement de la Terre autour du Soleil ; les phases et les distances apogées ou périgées de la Lune, ou son mouvement autour de la Terre et du Soleil ; les pluies d'étoiles filantes et les chutes d'aérolithes ; les variations de la température et de la pression atmosphériques, etc. On pourrait presque indéfiniment allonger cette liste de relations astronomiques et météorologiques.

Toutes ces théories, exposées par Günther[1] et plus spécialement

[1] *Handbuch der Geophysik* (I. p. 437, Stuttgart. 1897).

pour ce qui concerne l'antiquité classique par Otto[1], péchaient par la
base ; elles cherchaient les causes des mouvements de l'écorce terrestre hors de cette écorce même, en un mot hors du milieu où ils se
produisent, erreur capitale qui régnait en maîtresse dans toutes les
études relatives aux tremblements de terre : sa disparition fera la
gloire des séismologues modernes, lorsque plus tard on aura peine
à comprendre combien de temps et d'efforts il aura fallu pour arriver
à l'idée simple de faire des secousses du sol un phénomène purement
géologique et de toutes les époques.

Ce n'est pas, cependant, que certains esprits, plus avisés et plus
clairvoyants, n'aient jamais entrevu la bonne voie : *au-dessous de la
surface terrestre, non au-dessus.* Les anciens Japonais croyaient aux
soulèvements d'un gigantesque animal vivant sous terre, et divers
peuples de l'Orient ont partagé de semblables opinions ou supersti-
tions ; les cyclopes ou autres géants n'ont-ils pas joué un rôle sis-
mogénique dans l'antiquité classique ? Des philosophes comme Aris-
tote[2] mettaient en avant le mouvement de l'air dans les entrailles
de la Terre et les chocs qui en résultaient, pensaient-ils, contre les
piliers, soutiens de l'écorce solide. A cette cause, Lucrèce[3] ajoute
les éruptions volcaniques et des éboulements souterrains. Il est
permis de penser que l'intervention, dont parle Sénèque[4], d'un *spi-
ritus* doit être identifiée avec celle de la vapeur d'eau, ce qui nous
rapprocherait sensiblement de plusieurs conceptions très modernes,
celles de Daubrée[5], de Stanislas Meunier[6] et de Gerland[7], action de
la vapeur d'eau surchauffée au contact des masses internes à haute
température et explosions gazeuses à la surface limite du magma
interne.

Ainsi donc, dès l'antiquité, de bons esprits cherchaient l'origine
des tremblements de terre là seulement où logiquement on pouvait
espérer la rencontrer, mais sans que leurs opinions isolées aient joui
d'une vogue plus durable que les autres, tellement que Galilée[8], dans

---

[1] Anschauungen der Griechen und Römer über Erdbeben und Vulkanismus (*Pro-
gramm d. deutschen K. K. Staats-Realschule in Budweis,* 1903).

[2] *Meteorologia,* lib. II, cap. 6.

[3] *De natura rerum,* lib. VI, vers 534 et suiv.

[4] *Nat. quæst.,* lib. VI. cap. 21.

[5] Les régions invisibles du globe et les espaces célestes (*Bibl. scient. intern.,* 1888.
p. 105, Paris).

[6] Théorie nouvelle des tremblements de terre (*Mém. Soc. sc. nat. de Saône-et-Loire,*
VI, 107, 1887).

[7] Das südwestdeutsche Erdbeben vom 22. Januar 1896 (*Verhandl. d. Ges. f. Erdkunde zu Berlin,* XXXI. 129).

[8] *Opere di Galileo Galilei,* ed. Alberi. XIV. Florence, 1856.

une liste de questions à l'ordre du jour de son temps, se posait la suivante sans la résoudre : *Se la cagione de' tremuoti si deve stimare esse sopra o sotto de la terra ?* Plus tard, les théories chimiques, voire même électriques et magnétiques, qui d'ailleurs sont loin d'être complètement abandonnées encore, virent le jour à mesure que la science s'appropriait de nouveaux ordres de phénomènes, de sorte qu'on peut dire que chacun de ces progrès successifs a enrichi la séismologie d'une conception nouvelle, mais aussi éphémère que ses devancières. Comme le but ici poursuivi n'est pas de faire l'histoire de ces diverses théories, on se contentera de ces quelques détails destinés seulement à faire comprendre combien le problème séismologique a tenu de place dans les préoccupations des savants de toutes les époques. C'était inévitable devant les ruines accumulées de tout temps.

Il faut arriver au XIXe siècle pour voir la géologie suffisamment développée revendiquer hautement les tremblements de terre comme lui appartenant en propre. Actuellement, on ne voit dans ces phénomènes que des incidents qui préparent, accompagnent ou suivent les grandes vicissitudes de la vie du globe, c'est-à-dire les phases successives par lesquelles a passé et passe constamment l'écorce terrestre, et dont nous ne percevons jamais qu'un état momentané et passager, devant le lent cinématographe du perpétuel devenir géologique de la planète.

Déjà C.-F. Naumann[1] avait divisé les tremblements de terre en plutoniques et volcaniques, classification longtemps et assez généralement acceptée, malgré l'opposition que lui fit de Humboldt avec toute l'autorité qui s'est toujours attachée à son fameux *Cosmos*[2]. Mais cette division apparut bientôt comme insuffisante, et surtout vague en ce qui concerne les secousses plutoniques, et l'on peut dire que c'est à Hœrnes[3] que revient l'honneur d'avoir donné droit de cité à la nomenclature actuellement adoptée par tout le monde : tremblements de terre volcaniques, d'éboulement et tectoniques, suivant qu'ils sont en relation avec les volcans, avec les ruptures d'équilibre qui doivent se produire à la suite des phénomènes de dissolution dans l'intérieur des couches sédimentaires, ou

---

[1] *Lehrbuch der Geognosie*, I, 281. Leipzig, 1850.

[2] Traduction de Faye et Galuski. IV, p. 202, Paris. 1859. Cf. J. Dück. Die Stellung Alexander von Humboldts zur Lehre von den Erdbeben (*Die Erdbebenwarte*, III. 59, Laibach. 1903).

[3] *Die Erdbebentheorie Rudolph Falbs und ihre wissenschäftliche Grundlage kritisch erörtert* (p. 118, Wien, 1881).

avec les dislocations qui ont façonné l'ossature terrestre, ou mieux son toit (*Tectonikè*, art du charpentier).

Depuis cette époque mémorable pour la séismologie, puisqu'elle date son entrée dans une voie féconde, et même auparavant, bien des séismologues et des géologues ont cherché, pour un grand nombre de tremblements de terre, à déterminer dans les régions ébranlées quels accidents tectoniques en peuvent avec plus ou moins de vraisemblance être rendus responsables. Cette étude ne donne pas toujours de résultat bien probant, soit qu'il y ait à choisir arbitrairement entre plusieurs phénomènes géologiques, soit même qu'il ne s'en manifeste pas d'apparent à la surface. En tout cas, aucune loi générale ne s'est encore dégagée de ces recherches, et on ne s'explique guère jusqu'à présent comment, par exemple, des failles analogues et de même âge peuvent ici conserver un reste de mobilité, se traduisant par des secousses du sol, et là se montrer en parfait repos.

Entre temps, et à mesure que l'influence de la géologie se faisait sentir, la séismologie avait suivi le courant de la science moderne et éprouvé l'impérieux besoin de se soumettre aux méthodes de mesure. A la suite des Italiens surtout, d'innombrables instruments ont été inventés, séismoscopes et séismographes, pour signaler et enregistrer les tremblements de terre, ces derniers appareils permettant de mesurer toutes les circonstances du mouvement. En 1898, Ehlert[1] pouvait en classer plus de 200, et en donner la théorie sommaire. Ce nombre n'a cessé de s'augmenter. Pour leur invention et leur usage, on fait appel aux plus délicates théories de la physique mathématique et de la mécanique rationnelle et moléculaire. Des observatoires spéciaux se sont créés dans beaucoup de pays, et couvrent maintenant, malgré de regrettables et trop nombreuses lacunes encore, presque toute la terre d'un réseau tel que l'on observe non seulement les secousses séismiques du voisinage, mais même celles qui se produisent aux plus grandes distances, tant est grande la sensibilité des appareils modernes, dont les organes se mettent en mouvement sous l'action des plus infimes vibrations de l'écorce terrestre. Malheureusement, dans un certain sens du moins, ces brillantes études ont fait oublier le but, et les hautes questions mécaniques ont tellement accaparé l'attention des savants, et même des associations séismologiques, privées ou officielles, que l'on est arrivé à négliger le problème fondamental, à savoir la cause même

---

[1] Zusammenstellung, Erläuterung und kritische Beurtheilung der wichtigsten Seismometer mit besondere Berücksichtigung ihrer praktischer Verwendbarkeit (*Beiträge zur Geophysik*, III. 350. Leipzig, 1898).

des mouvements de la surface terrestre, pour s'en tenir aux particularités de ses vibrations et de ses ondulations. Qu'importe de signaler à Rome un tremblement de terre de Tokyo, et inversement, de savoir avec quelle vitesse il s'est propagé, de décider même que ses vibrations ont suivi l'écorce terrestre ou la corde intérieure qui joint ces deux villes, si l'on ignore pourquoi il tremble constamment en Italie et au Japon, mais presque jamais en Sardaigne et en Corée?

L'extrême sensibilité des séismographes, que décèle l'allusion précédemment faite à la possibilité d'observations aussi lointaines, n'a pas été sans un très grave inconvénient : elle a introduit une complication à laquelle on était tout d'abord loin de s'attendre, ces appareils enregistrant toutes sortes de mouvements qui n'ont rien à faire avec les tremblements de terre : effets sur l'écorce terrestre des variations de la pression et de la température atmosphériques, des attractions lunaire et solaire, des marées, des accumulations de neiges et de glaces sur les calottes polaires, du vent, des phénomènes mêmes de l'activité humaine. C'est ainsi que, pour en citer un exemple récent et bien frappant, les instruments de la station séismologique de Leipzig notaient depuis longtemps des vibrations, très faibles d'ailleurs, mais d'origine tout à fait mystérieuse, d'après leur allure très particulière ; or on vient de découvrir [1] qu'elles résultaient simplement des sonneries des cloches d'églises. Ce n'est pas que cette introduction d'éléments étrangers aux mouvements d'origine purement tellurique n'ait son intérêt et son utilité, puisqu'Omori [2] est parti de là pour étudier l'état d'usure des ponts métalliques des chemins de fer, Belar [3] celui des voies ferrées, et Napier Dennison [4] pour prédire le temps, dernière application dont l'imprévu n'exclut pas une parfaite réalité, dans certaines circonstances favorables telles qu'elles se présentent à Victoria de Vancouver. Mais on est là dans le domaine des applications et non de la véritable séismologie.

Tous ces mouvements, d'origine tellurique ou non, sont enregistrés par les séismographes et confondus sous le nom de *microséismes*, celui de *macroséismes* étant réservé aux secousses sensibles à

[1] Etzold. Ueber die Aufzeichnung der infolge des Läutens der Kirchenglocken zu Leipzig erzeugten Bodenschwingungen (*Ber. d. mat. phys. Kl. d. Kön. sächs. Ges. d. Wiss. zu Leipzig*. Sitz. vom 14 nov. 1904, p. 304).

[2] Note on the vibration of railway-bridge piers (*Publ. of the earthquake inv. comm. in foreign language*, Tokyo, 1903, n° 12. p. 39).

[3] Ueber Verwendung von Erdbebenmesser bei Eisenbahnbrücken (*Die Erdbebenwarte*, I, N° 2. Laibach .1901).

[4] The seismograph as a sensitive barometer (*Quart. journ. of the Roy. Met. Soc.*, XXVII, N° 120, 1901).

l'homme, ainsi réduit au rôle de séismoscope, et c'est à ces derniers seulement, ceux d'origine terrestre bien incontestable, qu'on donne en propre le nom de tremblements de terre. Ce compromis nécessaire avec la réalité des choses ne présente, d'ailleurs, aucun inconvénient dans la recherche que nous poursuivons ici, celle de la répartition des tremblements de terre à la surface du globe et celle des lois d'ordre géologique qui doivent en découler, — cela tout à fait indépendamment de l'autre branche si importante et si intéressante de la séismologie, où l'on étudie pour lui-même le mouvement séismique vibratoire et ondulatoire.

2. — La répartition géographique des régions à tremblements de terre. Intensité des séismes et mesure de la séismicité.

Du fait même que les tremblements de terre prennent naissance au sein même de l'écorce terrestre, la recherche de leurs causes géologiques suppose la connaissance de la manière, certainement non arbitraire, dont ils se distribuent à la surface des différents pays, et du globe. On pourra donc leur trouver des relations avec les phénomènes qui ont donné lieu à la structure des contrées où ils sévissent, puis, s'élevant à de plus amples généralisations, les mettre en parallèle avec les grandes vicissitudes de l'écorce terrestre tout entière. C'est exactement de la même façon que les météorologistes se sont progressivement élevés de l'étude des climats régionaux à celle des grands mouvements généraux de l'atmosphère. Inversement, en ce qui concerne la séismologie, si l'on parvient à mettre, d'une manière concordante sur toute la terre, les séismes en relation avec les mêmes phénomènes géologiques, cet accord dûment constaté montrera définitivement que les tremblements de terre constituent des épisodes réguliers et normaux dans la vie du globe terrestre, en un mot des phénomènes purement géologiques.

La question ainsi posée, il devenait absolument nécessaire de connaître tout d'abord, et d'une manière approfondie, la répartition des régions à tremblements de terre à la surface du globe, problème préliminaire qui ne pouvait être utilement abordé qu'à notre époque, où les explorations géographiques ont amené à connaître suffisamment en détail toutes les contrées, même celles qui naguère étaient encore presque complètement inconnues. En même temps, le progrès des études géologiques a marché du même pas, surtout en conséquence de l'immense développement atteint par la construction des voies ferrées dans tous les pays du monde, et d'une âpre poursuite des métaux précieux dans les contrées les moins accessibles. Ainsi donc, seule la mise en valeur du domaine imparti à l'homme a permis, à ce moment précis du commencement du xxᵉ siècle, d'aborder rationnellement le problème séismico-géologique.

En ce qui concerne les tremblements de terre, les grands catalogues généraux des Mallet [1], Perrey [2], Fuchs [3], O'Reilly [4], Rudolph [5], donnent le moyen de rechercher comment ils se distribuent, au moins pour les pays d'ancienne civilisation et de longue culture scientifique, et moins exactement, mais d'une manière suffisamment approchée toutefois, pour les autres. Non seulement beaucoup de périodiques ont des annexes séismologiques générales [6] ou régionales, ainsi qu'on le verra lors de la description des différents pays, relatant le plus grand nombre des macroséismes observés, mais encore il s'en est fondé de spéciaux [7], s'étendant à toute la terre. Enfin beaucoup d'États se sont donné des organisations systématiques, ne laissant échapper pour ainsi dire aucune secousse de leur sol plus ou moins souvent ébranlé. Par suite de circonstances fort heureuses, plusieurs États qui comptent parmi les plus tard venus à la civilisation, et sont dénués de tout passé scientifique, se sont si bien mis à la besogne que l'absence de documents anciens y a été vite et largement compensée. De la sorte, il s'est établi un commencement d'équilibre entre nos connaissances séismologiques relatives à l'ancien monde et celles que l'on possède maintenant sur les régions les plus exotiques. Assurément, il reste encore bien des lacunes à combler, des doutes à éclaircir, mais, tels qu'ils sont, les renseignements actuels sont suffisants pour que l'on en puisse tirer des vues d'ensemble et des lois générales.

[1] The earthquake Catalogue of the British Association (*Trans. of the Br. Ass. f. the adv. of. sc.*, 1852 to 1858).

[2] Catalogues annuels 1844-1872 (*Mém. de l'Ac. roy. de Belgique*).

[3] Statistik der Erdbeben von 1865-1885 (*Sitzungsberichte d. K. K. Ak. d. Wiss.*, XCII, I. Abth., Wien, 1886).

[4] Alphabetical Catalogue of the earthquakes recorded as having occurred in Europe and adjacent countries (*Trans. of the roy. Irish Ac.*, XXVIII, Art. XXII. Dublin, 1886).

[5] Ueber submarine Erdbeben und Eruptionen (*Beiträge zur Geophysik*, Bd. I. 133, 1887. — Bd. II, 537, 1895. — Bd. III, 273, 1898).

[6] C. Detaille. Statistique des tremblements de terre, 1883-1888 (*L'Astronomie*). — De Montessus de Ballore (*Ciel et Terre*, Bruxelles, 1903...).

[7] A. Belar. Mittheilungen der Erdbebenwarte an d. K. K. Staats-Oberrealschule in Laibach (1900). Neueste Erdbeben-Nachrichten (*Die Erdbebenwarte*, Laibach, 1901).
G. Gerland. und Br. Weigand. *Monatsbericht d. K. Haupstation f. Erdbebenforschung zu Strassburg in E.* (Juli. 1900...).
R. Schütt. *Mittheilungen d. Horizontalpendel Station Hamburg* (October 1900...).

Cette masse de documents a permis de récoler un nombre d'observations de tremblements de terre assez grand — actuellement plus de 170 000 — pour qu'une description séismique de l'univers ne présente plus que des lacunes sans importance, et n'attende que les améliorations correspondant au progrès futur de la civilisation sur toute la surface de la terre. En un mot, le problème est devenu abordable.

Du même coup il était devenu possible, au moyen de ces matériaux considérables, de réfuter par la statistique les nombreuses lois empiriques énoncées sur les relations entre les tremblements de terre et les phénomènes naturels les plus hétéroclites, lois qui, basées sur des observations en nombre très insuffisant, étaient le plus souvent contradictoires de pays à pays, ce qui en prouvait le peu de valeur. Il est entendu qu'il faut faire exception en faveur d'une importante catégorie de mouvements pseudo-séismiques enregistrés par les appareils séismographiques et qui, ne provenant pas de véritables tremblements de terre, peuvent, dès lors, relever de phénomènes extérieurs à la planète, et dont on ne saurait nier l'action sur l'écorce terrestre ; ceux-ci peuvent obéir à des lois de périodicité.

Il s'agit de voir maintenant comment a été conduite la mise en œuvre de ce vaste catalogue, en vue de la description séismique de l'univers.

Tout d'abord, il nous avait paru désirable, nécessaire même, d'introduire un élément de mesure, une appréciation numérique de l'instabilité relative des diverses régions du globe. C'est ainsi que nous avons été amené, il y a longtemps déjà, à définir la *séismicité* d'un pays petit ou grand.

Il est évident *a priori* que l'importance des tremblements de terre résulte, pour une contrée donnée, de deux éléments : leur fréquence annuelle moyenne et l'intensité qu'ils y atteignent. Le premier facteur est facile à obtenir ; il suffit que des observateurs s'attachent pendant un certain nombre d'années à recueillir et à discuter les secousses sensibles à l'homme. Ce résultat a été obtenu pour un très grand nombre de régions, et il s'en ajoute chaque année de nouvelles, sous l'impulsion qu'ont fait naître dans le monde entier les deux conférences séismologiques internationales de Strasbourg en 1901 et 1903. L'expérience montre qu'il faut, pour compter sur une approximation suffisante, posséder au moins 50 années d'observations, ce qui n'a encore lieu actuellement que pour Zante et certaines des îles des Indes néerlandaises. C'est que le phénomène séismique est extrêmement irrégulier dans son allure. On rencontre des pays où les secousses se font sentir assez régulièrement, mais d'autres aussi où elles présentent des maximums de fréquence, des paroxysmes, que séparent de plus ou moins longs intervalles de repos. Ce dernier cas se présente souvent à la suite des grands tremblements de terre, accompagnés parfois de nombreuses secousses prémonitoires et consécutives. Il faut donc de longues, très longues périodes pour éliminer leur influence sur la moyenne vraie.

L'intensité est un élément beaucoup plus difficile à apprécier numériquement d'une manière rationnelle ; on peut même dire qu'on n'y est pas encore parvenu, tant s'en faut. On a bien des échelles, mais elles sont toutes fort arbitraires. La plus communément employée est celle dite de Rossi-Forel, basée sur les effets des tremblements de terre sur les sens de l'homme et les éléments de ses habitations. On comprend de suite que les constructions, leurs matériaux, et la nature du sol sur lequel elles sont établies, introduisent de pays à pays des différences qui faussent toute comparaison. Quoi qu'il en soit, voici cette échelle avec tous ses défauts constitutifs :

Intensités (de I à X).

Microséismes :

I. Mouvement non noté par tous les appareils de systèmes différents. Senti par quelques observateurs exercés.

Macroséismes :

II. Tous les instruments sont actionnés. Le mouvement est constaté par un petit nombre d'observateurs au repos.

III. Ébranlement senti par un grand nombre de personnes au repos. La durée et la direction sont discernables.

IV. Ébranlement perçu par des personnes en état d'activité. Mouvement d'objets mobiles, portes et fenêtres ; craquement des planchers.

V. Ressenti par tout le monde. Mouvement d'objets importants, meubles, lits. Les sonnettes sont actionnées.

VI. Réveil général des dormeurs. Oscillations des lustres, arrêt des pendules et horloges, mouvement sensible des arbres. Quelques personnes effrayées s'enfuient hors des habitations.

VII. Objets mobiles renversés, chute du mortier et des plâtres des toits et des murs, arrêt des horloges publiques, effroi général.

VIII. Chute des cheminées, crevasses dans les murs.

IX. Ruine partielle ou totale de quelques édifices.

X. Désastres et ruines. Bouleversement de couches terrestres, crevasses et failles. Éboulements de montagnes.

Cancani [1] a tenté d'améliorer l'échelle de Rossi-Forel en lui donnant une base mécanique, mais jusqu'à présent l'usage de cette nouvelle échelle n'a point prévalu, parce qu'elle nécessite des mesures délicates, impraticables pour le plus grand nombre des observateurs. Le regretté séismologue fait intervenir les accélérations du mouvement imprimé aux particules terrestres par les secousses des divers degrés de l'échelle précédente prolongée de deux degrés, ainsi qu'il suit :

INTENSITÉS		ACCÉLÉRATIONS correspondantes, en millimètres par seconde.
I.	Secousse instrumentale.	Au-dessous de 2,5
II.	Très légère	— 2,5 à 5,0
III.	Légère	— 5 à 10
IV.	Sensible ou médiocre.	— 10 à 25
V.	Assez forte	— 25 à 50
VI.	Forte.	— 50 à 100
VII.	Très forte.	— 100 à 250
VIII.	Ruineuse	— 250 à 500
IX.	Désastreuse	- - 500 à 1000
X.	Très désastreuse.	.... 1000 à 2500
XI.	Catastrophe.	— 2500 à 5000
XII.	Grande catastrophe	— 5000 à 10000

Même en considérant l'échelle de Cancani comme véritablement rationnelle, son emploi dans la recherche de la séismicité des diverses régions du globe serait tout à fait illusoire, en raison de la pauvreté des renseignements donnés sur la plupart des tremblements de terre. Dans ces conditions, il fallait de toute nécessité chercher à éliminer l'intensité, et nous avons pu heureusement le faire grâce à une statistique particulière [2]. Pour 7 924 séismes japonais, Milne [3] a donné les axes soigneusement déterminés des aires elliptiques ou ovales ébranlées. Or, pour un très grand nombre de secousses, cette aire peut être considérée comme une mesure approximative de leurs intensités. En divisant la surface du Japon en 44 régions séismiques particulières, nous sommes arrivés à ce résultat que fréquence et intensité moyenne varient *grosso modo* dans le même sens. Dès lors, on pouvait se passer de la connaissance de l'intensité pour l'évaluation de la séismicité, et s'en tenir uniquement à la recherche

[1] Sur l'emploi d'une double échelle séismique des intensités empirique et absolue (*C. R. 2ᵉ Conférence séismologique intern. de Strasbourg*, 24-28 juillet 1903, p. 281).

[2] Relation entre la fréquence des tremblements de terre et leur intensité (*Boll. Soc. sism. ital.*, III, 9. Modène, 1897).

[3] A catalogue of 8331 earthquakes recorded in Japan between 1885 and 1892. Axes of shaken areas (*The seism. journ. of Japan*, IV, 245. Tokyo, 1895).

de la fréquence, à condition toutefois de disposer d'un nombre suffisant d'années d'observations.

Si maintenant, dans une région de surface A, exprimée en kilomètres carrés, on a en p années observé n séismes, la fréquence annuelle moyenne sera $i = \dfrac{n}{p}$; $\dfrac{i}{A}$ sera le nombre annuel moyen de séismes par kilomètre carré, et $\sqrt{\dfrac{A}{i}}$ le côté des carrés en lesquels on pourrait décomposer la région de telle sorte qu'il y tremble une fois par an, à supposer que les tremblements de terre s'y produisent uniformément et à des intervalles réguliers. C'est ce nombre qu'on a pris pour mesure de la séismicité de la région considérée, de sorte qu'elle est d'autant plus stable ou instable que ce nombre est plus grand ou plus petit. Cette méthode a été appliquée au monde entier, mais nous devons reconnaître qu'elle n'a pas donné les résultats que nous en attendions, non seulement parce que les fréquences ne sont pas connues avec des approximations suffisantes dans les diverses régions, ni surtout comparables, mais encore parce que l'uniformité supposée de la séismicité est d'autant plus éloignée de la réalité que la surface A est plus grande. La méthode ne donnerait de bons résultats qu'en l'appliquant à des surfaces égales, ou sensiblement égales, le degré carré par exemple. Il a donc fallu l'abandonner, en dépit de son apparence rationnelle, et s'en tenir à une classification empirique des caractères de stabilité ou d'instabilité. Nous appellerons donc dans cet ouvrage *séismiques* les pays où les tremblements de terre sont fréquents et parfois plus ou moins désastreux, *pénéséismiques* ceux où, à des degrés divers fréquents, ils restent simplement sévères, *aséismiques* enfin ceux où ils sont faibles et rares, ou même complètement inconnus. Cette classification, pour artificielle qu'elle soit, a cependant suffi pour faire découvrir, ainsi qu'on le verra plus loin, les relations générales des tremblements de terre avec la géologie des pays qu'ils ébranlent, et c'est bien tout ce qu'on pouvait lui demander.

3. — Les mappemondes séismographiques antérieures.

Il existe deux mappemondes séismographiques, antérieurement établies par Mallet et par Milne. On ne peut négliger d'en parler ici parce qu'elles sont fort connues, et que, bien des fois reproduites, elles ont été et sont encore le point de départ de travaux de valeur. Il faut bien aussi justifier, par l'amélioration des résultats plus précis obtenus, le travail considérable que nous nous sommes imposé depuis plus de vingt ans pour établir la mappemonde qui figure dans cet ouvrage, et en constitue la base fondamentale.

En 1858, Mallet a publié à la suite de son grand catalogue séismique un quatrième et dernier rapport, mémoire d'ensemble sur ce que l'on savait alors sur les tremblements de terre, et il le termina par une mappemonde séismographique, qui n'a pas été refaite depuis sous cette forme. Remarquable pour une époque où les observations systématiques n'existaient encore nulle part, elle était malheureusement, en partie du moins, basée sur l'estime, les documents de cette époque étant aussi insuffisants qu'était incomplète et remplie de lacunes considérables l'exploration des pays exotiques. Il ne faut donc pas s'étonner de la voir différer sensiblement de la nôtre, le grand séismologue anglais n'ayant pu, comme nous, utiliser l'énorme matériel des observations recueillies partout depuis. Mais, défaut certainement beaucoup plus grave, Mallet, conformément aux idées en cours de son temps, confondait activité volcanique et instabilité séismique, deux manifestations proche parentes, mais non identiques et indépendantes l'une de l'autre, des forces terrestres internes. Ce n'est pas avec le but puéril d'établir une comparaison avantageuse, si bien facilitée par l'augmentation des matériaux séismologiques, que nous parlons de cette ancienne mappemonde, mais seulement pour mettre en garde contre les théories qu'elle a suggérées, et auxquelles elle a servi de base supposée exacte, comme par exemple la théorie de Lallemand[1], lorsqu'il l'a utilisée pour mettre les volcans et les tremblements de terre en relation avec les lignes de déformation de l'écorce terrestre dans le système tétraédrique fameux de Lowthian Green. Cette manière d'interpréter les principales lignes de relief ou de corrugation de la surface terrestre trouve dans la nouvelle mappemonde une confirmation beaucoup moins probante.

Ainsi qu'en témoignent de nombreux travaux, la fameuse théorie tétraédrique de Lowthian Green[2], condensée et résumée avec tous ses développements ultérieurs par Arldt[3], occupe une telle place dans les spéculations de la géographie et de la géologie générales, qu'il serait étrange de voir la répartition actuelle des régions à tremblements n'apporter aucun argument pour ou contre cette brillante

---

[1] Volcans et tremblements de terre ; leur relation avec la figure du globe (*Bull. soc. astron. de France*, Mai 1903, 213. Paris).

[2] *Vestiges of the molten Globe as exhibited in the figure of the earth's volcanic action and physiography* (Part 1. London, 1875. Part II. Honolulu, 1887).

[3] Arldt. Die Gestalt der Erde (*Beiträge zur Geophysik*, VII, 283. Leipzig, 1905).

conception. On ne peut entrer ici dans le détail des résultats que cette comparaison permettra d'obtenir d'une recherche spéciale non encore terminée, et fort délicate ; il suffira d'en indiquer succinctement la portée probable. Si l'on prend le tétraèdre de Lowthian Green, avec ses paires de masses continentales méridiennes accouplées, figurant les arêtes émanées du quatrième sommet situé aux terres antarctiques, on voit que les régions instables ne se coordonnent pas sur ces arêtes, qui devraient être, pensait-on, des lignes de moindre résistance et de plus grande mobilité. Elles ne correspondent pas davantage aux arêtes du tétraèdre admis par Michel Lévy[1], ni à celles de la double pyramide triangulaire de Marcel Bertrand[2]. On ne trouve de relation un peu conforme aux éléments d'un tétraèdre de déformation, celui d'ailleurs de Lowthian Green, qu'en se rapportant à l'opinion émise par de Lapparent[3], d'après laquelle « la logique et l'observation conduisent à penser que les compartiments soulevés [sommets : boucliers canadien, baltique, sibérien] sont limités, relativement aux autres [faces : dépressions océaniques], par des cassures, lesquelles, au lieu d'être dirigées suivant les arêtes du tétraèdre, doivent, au contraire, les couper obliquement. Tel est justement le cas de la grande dépression du Pacifique, si constante au travers de tant de périodes géologiques... » Il y aurait donc accord suffisant entre ces déformations tétraédriques et la distribution des régions à tremblements de terre, puisque ceux-ci, ainsi qu'on le verra, s'accumulent sur le géosynclinal circumpacifique, dont la relation avec le tétraèdre vient d'être énoncée, et sur le géosynclinal méditerranéen, résultant d'une torsion du tétraèdre de Green, sous l'influence de causes d'ordre astronomique. Dès lors l'aséismicité des sommets serait pleinement justifiée aussi par la théorie tétraédrique.

C'est dans un tout autre ordre d'idées que Milne, dans un mémoire récent, et à juste titre fort remarqué, a, en 1903[4], cherché la forme et la situation des zones limitées de la surface terrestre d'où émanent ce qu'il appelle les macroséismes, c'est-à-dire les tremblements de terre enregistrés dans les observatoires séismologiques situés à grande distance de l'origine, lorsque ces mouvements se font sentir sur une

---

[1] Sur la coordination et la répartition des fractures et des effondrements de l'écorce terrestre en relation avec les épanchements volcaniques (*Bull. soc. géol. France*, 3ᵉ sér., XXVI, 105, 1898).

[2] Déformation tétraédrique et déplacement du pôle (*C. R. Ac. Sc. Paris*, CXXX, 1900. 449).

[3] Sur la symétrie tétraédrique du globe terrestre (*Id.*, 614).

[4] Seismological observations and Earth Physics (*Geogr. Journ.* London, January, 1903).

notable partie de la surface terrestre, ou même sur sa totalité. Ce dernier cas s'est présenté notamment pour le grand désastre de l'Assam, du 12 juin 1897 : ses vibrations, propagées dans tous les sens autour de l'origine, se sont rencontrées à l'antipode, centre de concamération, puis sont revenues se faire de nouveau enregistrer dans l'Inde après avoir fait deux fois le tour du globe, imitant de la sorte les ondes atmosphériques et marines déterminées par la gigantesque explosion du Krakatoa en 1883. Passant légèrement sur l'inconvénient qu'il y a de détourner le mot macroséisme de sa signification généralement adoptée, pour désigner seulement les secousses, faibles ou violentes, mais sensibles à l'homme considéré comme un véritable séismoscope, alors que le terme de téléséisme est couramment adopté pour celles que Milne a en vue, et dont les vibrations se propagent au loin, — il y a lieu de discuter ici cette seconde mappemonde séismique, établie par une méthode extrêmement originale. Elle est basée sur la possibilité de déterminer dans les observatoires la distance à laquelle s'est produit un tremblement de terre qui a ébranlé un pays inconnu, au moyen des séismogrammes qu'il a tracés sur les appareils de plusieurs stations. La solution de cet intéressant problème est, au moins théoriquement, assez simple, ainsi qu'on va le voir. Cette question a été fort lucidement exposée par M. de Lapparent, pour le grand public d'abord[1], puis plus techniquement dans un rapport présenté à l'Académie des sciences de Paris[2].

Sans vouloir ici exposer une des méthodes les plus ingénieuses de la séismologie physique, il est nécessaire toutefois de donner quelques détails succincts, pour faire apprécier exactement à leur juste valeur les résultats qu'on peut attendre de la mappemonde de Milne.

Un séismogramme complet, c'est-à-dire la courbe tracée sur un appareil quelconque par un tremblement de terre, petit ou grand, d'origine rapprochée ou éloignée, présente trois genres distincts d'ondulations ou de vibrations : 1° des frémissements préliminaires, décelant de très courtes oscillations inférieures au millimètre et d'une période variant de $0'',1$ à $5'',2$; 2° des vibrations de plus d'amplitude et de plus longue durée ; 3° de grandes ondulations d'une période de 15 à $20''$. On admet généralement[3] que les premières

---

[1] Les frémissements de l'écorce terrestre (*Le Correspondant*, n° du 10 avril 1903, 110).

[2] *Journal des savants* (1903, 113).

[3] A. Belar. Einiges über die Aufzeichnungen der Erdbebenmesser (*Die Erdbebenwarte.* Jahrg. 1, 77, 95. Laibach, 1901).
A. Sieberg. Wie pflanzen sich die Erdbebenwellen fort ? (*Das Wellall*, 60, 75, Berlin. 1902).

résultent de la
propagation du
mouvement
séismique au
travers de toute
la masse terres-
tre avec une vi-
tesse de quel-
ques 10 kilo-
mètres à la se-.
conde, et que
les autres cor-
respondent aux
mouvements
horizontaux et
verticaux de
l'écorce terres-
tre, avec des
vitesses respec-
tives d'environ
5 et 2,5 à 3 ki-
lomètres à la
seconde. L'in-
tervalle de
temps écoulé,
et mesuré au
séismographe,
entre ces di-
verses inscrip-
tions, permet-
tra de calculer
la distance de
l'épicentre in-
connu du trem-
blement de
terre. Que plu-
sieurs observa-
toires se livrent
au même calcul
pour un même
téléséisme, et

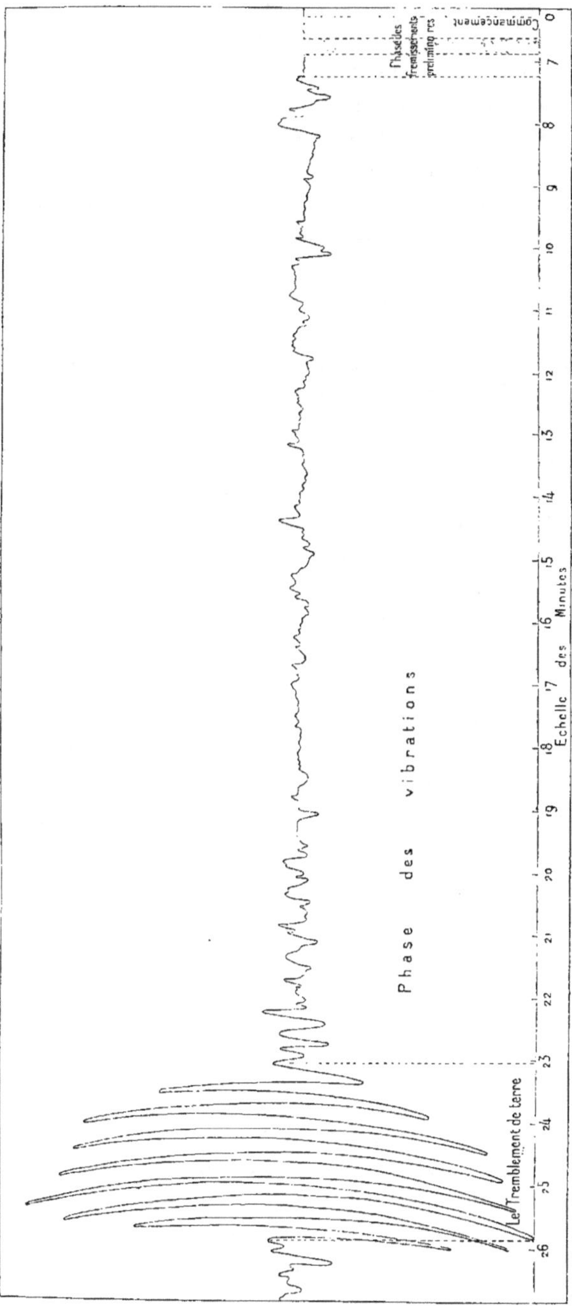

Fig. 1. — Séismogramme du tremblement de terre du Pendjab du 4 avril 1905, enregistré à l'observatoire de Quarto Firenze.

l'origine en pourra être localisée par ses coordonnées géographiques, sans qu'on ait besoin d'autres informations, dont précisément la connaissance ultérieure permettra de vérifier l'exactitude de l'emploi ainsi fait des séismogrammes.

Cette méthode est assurément fort ingénieuse, mais de quel degré d'approximation est-elle susceptible? C'est ce qu'il importe d'examiner. Pour nous en faire une idée, reprenons par exemple le tremblement de terre de l'Assam du 12 juin 1897. Il n'eut pas d'épicentre véritable, mais il présentait une énorme surface épicentrale en forme de triangle curviligne dont la base s'étendait, en direction E.S.E., de Rangpur au delà de Sylhet, sur plus de 340 kilomètres, et sa hauteur, de 160 kilomètres, franchissait la vallée de Brahmapoutre pour atteindre le pied de l'Himalaya oriental. Le mouvement géologique a vraisemblablement affecté d'un bloc toute cette aire immense. On doit donc admettre que, dans ce cas, les erreurs de la méthode auraient atteint au moins, sinon dépassé, les dimensions de ce vaste triangle. Autrement dit, la localisation de l'épicentre par la méthode indiquée aurait pu tomber hors du triangle.

Autre difficulté, peut-être encore plus grave. Beaucoup de téléséismes, observés par les séismogrammes seuls, ne trouvent pas de contre-partie en des tremblements de terre signalés plus tard, et cependant il est à penser qu'aucun séisme important n'échappe maintenant à l'observation, tant sont développés les moyens d'informations, de sorte que toute vérification ultérieure manque. Il est d'ailleurs juste de reconnaître que cette objection pourrait, dans une certaine mesure, confirmer les résultats de la mappemonde de Milne, dont les zones séismiques sont en grande partie situées en plein océan, où les observations séismiques sont fort difficiles et assujetties aux hasards d'une navigation plus ou moins intensive.

Ce n'est pas tout : si la vitesse de propagation des vibrations de la première espèce paraît à peu près constante, parce qu'elles traversent un milieu sinon isotrope, du moins composé de couches concentriques vraisemblablement homogènes, et devant les dimensions radiales desquelles on peut négliger l'écorce externe, il n'en va pas de même des vibrations des deuxième et troisième espèces qui, elles, se propagent le long et au travers de l'écorce hétérogène et irrégulière. Leurs vitesses de propagation sont très variables, dans des limites impossibles à prévoir, et de fait les meilleures évaluations diffèrent considérablement entre elles, les nombres mentionnés plus haut n'étant que des indications sur leur ordre moyen de grandeur, soumises à de nombreuses et importantes perturbations suivant les lieux et le trajet parcouru. Il faut aussi, de toute nécessité, que les séismographes employés par les divers observatoires soient identiques, condition d'ailleurs réalisée dans le travail de Milne.

Il est donc prudent de considérer comme entachées d'erreurs notables les déterminations de distances faites jusqu'à présent par cette méthode, malgré les vérifications qu'elles a permises, et nous ne pensons pas que, dans l'état actuel de la séismologie, on puisse aller plus loin que d'y voir une simple indication par estime de la région probable où s'est produit le séisme, tant que des informations régulières n'auront pu limiter son épicentre. C'est beaucoup et peu tout à la fois.

Ceci posé, et sans entrer comme nous l'avons fait ailleurs[1] dans la critique de détail des résultats obtenus par Milne dans le mémoire précité, et qu'il a complétés dans ses rapports annuels de 1903 et de 1904 à l'Association britannique pour l'Avancement des Sciences, voici comment le savant séismologue anglais a utilisé 265 téléséismes des années 1899 à 1903, qui ont été observés dans les 38 stations du réseau mondial anglais pourvues de son séismographe. Il a trouvé que leurs épicentres calculés se groupent sur 12 régions bien déterminées, et régulièrement ovalaires, forme assez étrange *a priori*. Cinq d'entre elles sont purement océaniques, six sont situées sur terre et sur mer, et une seule est exclusivement continentale. Ces ovales sont les régions d'où sont émanés pendant la période considérée les tremblements de terre que Milne regarde comme liés aux mouvements généraux de l'écorce terrestre, ainsi qu'à ses principales lignes de relief et de corrugation. A tenir les 12 ovales de Milne comme la représentation de la manière dont les tremblements de terre se répartissent sur la surface terrestre, et en comparant sa mappemonde séismique à la nôtre, dont l'exactitude repose sur plus de 170 000 observations utilisées, il n'y a pas lieu, pour donner l'avantage à cette dernière, de s'arrêter à l'objection que ces ovales ne recouvrent point certaines régions connues par leur instabilité bien avérée et très caractérisée, comme l'Andalousie, la Californie, et à un moindre degré la Baïkalie et la Nouvelle-Zélande, car on pourrait répondre que cela tient uniquement au petit nombre d'années, cinq seulement, dont Milne a pu disposer, ces lacunes pouvant se combler ultérieurement. Mais ce qu'on ne saurait admettre, c'est l'existence même de deux ovales, celui de Terre-Neuve et surtout celui de l'Océan Indien, avec respectivement 5 et 21 ori-

---

[1] Sur les régions océaniques instables et les côtes à vagues sismiques (*Arch. Sc. ph. et nat. de Genève*, Juin 1903, 640).

gines de téléséismes sur 265, soit 10 p. 100, alors que ce sont des régions maritimes d'une parfaite stabilité, ainsi qu'on le verra. Comment admettre encore que ces zones d'instabilité, car il faut bien entendre de la sorte les ovales en question, mordent notablement sur le Nord de l'Australie, l'Hindoustan et le Sénégal, où les tremblements de terre sont à peu près inconnus ? La moitié tout entière de l'ovale des Açores couvre une partie de l'Atlantique pour laquelle, en dépit d'une navigation fort intense, on ne connaît pour ainsi dire aucun séisme sous-marin, ce qui contraste avec ce que l'on sait de sa moitié méridionale. Que dire enfin de l'ovale des terres antarctiques, avec seulement deux épicentres, il est vrai ? Ces remarques suffisent à faire condamner l'application pratique d'une méthode théorique que son ingéniosité ne suffit pas à justifier, quoique, à dire vrai, elle ait donné d'une manière générale une distribution des centres d'instabilité, et qu'elle puisse probablement être grandement améliorée, quant à ses résultats, si l'on disposait d'un plus grand nombre d'années d'observations ; mais cela ne ferait peut-être qu'accentuer la séismicité apparente des régions océaniques mentionnées plus haut, malgré tout ce qu'on sait de leur immunité séismique.

4. — Influence séismogénique du relief et des principaux accidents géologiques.

Les foyers d'instabilité ne se répartissent pas arbitrairement à la surface des pays à tremblements de terre : cette première recherche a permis de mettre dans beaucoup de cas les séismes en relation directe et évidente avec la géologie des régions ébranlées, et cette répartition une fois connue a permis de voir combien les phénomènes séismiques sont en étroite dépendance avec l'histoire géologique ; elle fait nettement ressortir les caractères différentiels des régions, suivant l'importance de ceux qui les agitent [1].

Par suite de sa simplicité, l'influence du relief est la première qui se soit dévoilée [2]. D'une façon générale, on peut dire que de deux régions contiguës, par exemple les deux versants d'une vallée, les deux flancs d'une chaîne de montagnes, les plaines et les hauteurs voisines, etc., la plus instable est celle qui présente la plus forte

---

[1] De Montessus de Ballore. Introduction à un essai de description séismique du globe et mesure de la séismicité (*Beiträge zur Geophysik*, IV, 334. Leipzig, 1900).

[2] *Idem*. Relations entre le relief et la séismicité (*C. R. Ac. Sc.*, CXX, 1183. Paris, 1895. *Arch. sc. ph. nat. de Genève*, 15 sept. 1895).

pente moyenne, ou les plus grandes différences d'altitude, c'est-à-dire le plus grand relief relatif ou absolu. La raison en est sans doute que le relief est le plus souvent en raison de l'importance des dislocations, qui, soit par leur manque d'équilibre, soit par la continuation des efforts tectoniques qui les ont causées, appellent tout naturellement une plus facile production des tremblements de terre. Une telle loi était loin d'embrasser tout le problème ; d'ailleurs, elle est seulement relative, et s'applique même dans les pays de faible séismicité. Elle suffit cependant pour faire soupçonner que les tremblements de terre sont en intime relation avec les principales vicissitudes géologiques, surrection des grandes chaînes de montagnes et creusement des océans.

Il est beaucoup plus malaisé de déterminer l'influence séismogénique locale, ou régionale, des principaux accidents tectoniques, plissements, effrondements, surrections, failles, etc.[1]. Étant donné un tremblement de terre, pour être certain qu'il a été déterminé par l'un de ces accidents, il faut, si l'on ne veut pas faire d'hypothèse, vérifier que ses isoséistes, c'est-à-dire les courbes qui sur le terrain limitent les surfaces où il a atteint les divers degrés de l'échelle des intensités, présentent des formes allongées dont l'axe coïncide avec l'accident. Cela suppose des relations minutieusement circonstanciées, qui sont bien loin d'exister en nombre aussi considérable qu'il le faudrait. Cette coïncidence doit être assez parfaite pour dissiper toute espèce de doute. Il faut, en outre, que plusieurs tremblements de terre de la région présentent ce caractère. Si l'accident est d'une grande longueur, il arrive souvent que ce ne sont pas toujours ses mêmes parties qui jouent, et cette circonstance, si elle se reproduit un assez grand nombre de fois, augmentera la probabilité du rôle séismogénique à démontrer.

La plupart du temps, ce n'est pas ainsi que se présente le résultat des observations ; le plus souvent, on sait seulement qu'un certain nombre de points d'un pays ont été chacun le siège de séismes. Les épicentres, c'est-à-dire les foyers dont ils sont émanés, ou mieux leurs lignes épicentrales, ne sont pas connues, parce que les secousses modérées — et c'est le plus grand nombre — ne sont signalées que pour les villes importantes. Au voisinage de ces épicentres, plus apparents que réels, passe-t-il un plissement, une faille ? l'affirmation que l'accident a joué un rôle séismogénique est infiniment moins certaine que dans le cas précédent, à moins que les mêmes circonstances se reproduisent dans les pays où se ren-

---

[1] De Montessus de Ballore. Essai sur le rôle séismogénique des principaux accidents géologiques (*Beiträge zur Geophysik*, IV, 21. Leipzig, 1903).

contrent les mêmes accidents tectoniques, résultant de phénomènes géologiques analogues et contemporains.

D'éminents géologues ont appelé *lignes de choc* des lignes qui joignent sur les cartes des points connus pour être fréquemment épicentres de tremblements de terre. Cette notion est extrêmement féconde, si elle est maniée avec prudence, car elle permet d'assigner une cause à ces séismes, et si ces lignes coïncident, ne fut-ce qu'approximativement, avec un accident géologique. Elle ne diffère pas, d'ailleurs, de la méthode précédente, essentiellement du moins. Malheureusement, elle donne lieu à de graves erreurs si on prolonge ces lignes arbitrairement à l'extérieur des régions où elles ont un rôle séismogénique bien défini, et il n'y a pas de raison pour ne pas pousser ces prolongements fort loin, jusqu'à rencontrer d'autres épicentres, ce qui est toujours possible. C'est ainsi que Höfer [1] a mené jusqu'à Cologne la ligne de choc bien réelle de la vallée carinthienne de la Malta. Par une coïncidence assez remarquable, mais qui, en tout cas, ne dépasse pas ce qui pouvait advenir d'un certain nombre de lignes analogues, à peu de chose près parallèles, et dont la direction se définit dans des limites assez larges, plusieurs autres de ces lignes passent aussi à proximité de l'Odenwald et de Cologne. En Carinthie même, ces lignes n'ont pas toutes une signification tectonique déterminée. Cette première objection enlève déjà toute probabilité d'une dépendance réelle entre les centres séismiques de la vallée du Rhin et ceux de la province autrichienne. Par une méthode encore plus dangereuse, Höfer a cru établir cette relation en mettant en parallèle les secousses qui ont, pendant de longs mois, ébranlé l'Odenwald à partir du mois d'octobre 1869 et les quelques séismes observés en Carinthie pendant cette même période. Les différences de temps des secousses comparées atteignent jusqu'à seize jours, chiffre qui suffit à faire condamner irrémédiablement la méthode. Il était nécessaire de montrer le point faible d'un procédé qui a donné lieu à des considérations géologiques et séismologiques du plus haut intérêt, mais qui pèchent malheureusement par la base.

Il arrive souvent que des tremblements de terre importants suffisent à en déterminer d'autres, plus faibles il est vrai, au voisinage, mais en dehors de la région pléistoséiste, c'est-à-dire du principal ébranlement. On leur a donné [2] le nom très suggestif de tremble-

---

[1] Die Erdbeben Kärntens und deren Stosslinien (*Denkschr. d. Mat. nat. wiss. Cl. d. K. Akad. d. Wiss.*, XLII. Wien, 1880).

[2] A. von Lasaulx. Die Erdbeben (*Kenngotts Handwörterbuch d. Miner. Geol. und Paleont.*, I, p. 364. Breslau, 1885).

ments de terre de relai (*Relaisbeben*), tout d'abord employé par les séismologues allemands. Lorsqu'ils sont une habituelle conséquence des chocs de la première région, on peut et même on doit établir entre eux une relation, dont la signification géologique ne sera peut-être découverte que plus tard, et c'est dans ce cas seulement que les lignes de chocs, sans caractère tectonique encore connu sur tout leur parcours, n'en conserveront cependant pas moins une réalité objective propre. Mais, là encore, la plus grande prudence doit être la règle ; on conçoit en effet très bien qu'étant donnés deux accidents tectoniques non trop éloignés, si l'un est le siège d'un tremblement de terre, la mise en mouvement des couches affectées par le premier pourra, par un simple effet consécutif, déterminer par contre-coup la rupture d'équilibre de celles du second, qui, déjà préparée, n'attend plus qu'un faible effort pour se produire ; et alors le séisme de relai n'aura qu'une relation occasionnelle avec le premier.

Un autre écueil à éviter consiste à expliquer un tremblement de terre par l'existence d'une dislocation encore inconnue dans l'aire épicentrale, avec l'espérance que des recherches géologiques ulté-rieures la feront découvrir à une plus ou moins grande profondeur. C'est ce qu'a fait notamment Davison[1] pour plusieurs séismes modernes de la Grande-Bretagne, et malgré l'autorité qui s'attache aux travaux de cet éminent séismologue, nous ne saurions souscrire à l'emploi de ce genre d'hypothèse.

Les séismologues anglais ont cherché à démontrer expérimenta-lement que les lèvres des failles sont le siège de mouvements relatifs, au moyen de mesures très délicates et d'installations permanentes[2]. Ces recherches n'ont pas abouti jusqu'à présent, mais leur insuccès ne prouve rien contre la réalité de ces mouvements lors des tremblements de terre, les premiers, origine et cause des seconds. Il eût été plutôt singulier que l'on fût justement tombé sur une faille encore séismiquement mobile, tant est considérable le nombre de celles qui sont arrivées à un repos parfait, et malgré le soin avec lequel Darwin[2] a choisi celle de Ridgeway (Dorsetshire) pour y exécuter ses mesures.

En résumé, la recherche des accidents géologiques à rôle sismo-génique indiscutable est extrêmement délicate dans le détail, et c'est

---

[1] Ch. Davison. On the british earthquakes of the years 1889-1900 (*Beiträge zur Geophysik*, V, 242. Leipzig. 1901).

[2] Clement Reid. Selection of a fault and locality suitable for observations on earth-movements (*Brit. Ass. for the Advanc. of Sc.*, *Fifth Rep. on seismol. invest.*, 108, 1900) — H. Darwin. An Attempt to detect and investigate and measure any relative movement of the upway, that may now be taking place at the Ridgeway Fault, near Strata Dorsetshire (*Id., Sixth. Rep.*, 13, 1901).

là un terrain sur lequel on ne saurait s'avancer avec trop de prudence, d'autant plus que de tels accidents sont souvent très nombreux et très rapprochés les uns des autres dans les pays à tremblements de terre. Aussi, malgré bien des études dans ce sens, les cas où l'affirmative est possible sont-ils encore plutôt rares. On a cependant pu dégager ce résultat général que, toutes choses égales d'ailleurs, les phénomènes de plissement sont plus favorables à l'instabilité séismique que les effondrements ou les surrections d'un caractère local, et ceux-ci plus que les failles et les fractures. Cette observation est bien d'accord avec l'influence du relief, puisque l'écorce terrestre doit surtout aux plissements ses plus importantes chaînes de montagnes.

Le facteur temps ne pouvait manquer d'intervenir. Et en effet, l'observation montre, conformément au simple bon sens, qu'un phénomène géologique a, dans des conditions identiques, d'autant plus de chance de se perpétuer sous forme de séismes qu'il est moins ancien. C'est ainsi, par exemple, qu'en Europe les plissements calédoniens, armoricains et alpins sont respectivement aséismiques, pénésismiques et séismiques. Les régions qu'ils affectent ont ressenti les 0,4 p. 100, 4,6 p. 100 et 86,4 p. 100 de 69 315 secousses, tandis que les territoires non plissés, ou d'architecture tabulaire ne correspondent qu'à 8,6 p. 100 [1]. Il est très probable que la même proportion se maintient, tout au moins dans le même ordre de grandeur, pour les autres parties du globe, et l'on ne saurait trouver une démonstration plus éclatante de l'influence séismogénique prépondérante des plissements sur la genèse des tremblements de terre. S'il était permis de penser que les mouvements orogéniques perdent leur vitalité proportionnellement au temps, ou, ce qui revient au même, que les couches dérangées et disloquées reprennent leur équilibre suivant une lenteur conforme à la même loi, on aurait là sous une forme inattendue un rapport des durées des diverses ères géologiques, ne différant d'ailleurs pas sensiblement des temps qu'on leur assigne généralement d'après les puissances relatives des dépôts correspondants.

Toujours pour l'Europe, l'influence du temps se manifeste aussi en cherchant les n pour cent des séismes originaires des terrains archéens et primaires, secondaires, tertiaires et quaternaires, et l'on trouve par réduction à des surfaces égales, d'après les chiffres donnés par le général

---

[1] De Montessus de Ballore. La séismicité, critérium de l'âge géologique d'une chaîne ou d'une région (*C. R. Ac. Sc.*, CXXXVIII, 318. Paris, 1904).

de Tillo [1], les nombres suivants respectivement : 18,3 ; 39.4 ; 42,3.

Cette dernière généralisation, très probable en elle-même, nous conduit tout naturellement à parler de la mappemonde séismographique, synthétisant tout cet ouvrage.

5. — La mappemonde séismographique.

La mappemonde séismographique établie au moyen des catalogues de tremblements de terre conduit à un certain nombre de conclusions, qui intéressent la géologie générale et qui vont être exposées, en insistant sur ce point que ces résultats dérivent uniquement de l'observation, sans théorie préconçue, de quelque espèce que ce soit. Il a suffi de la mettre en regard des cartes géologiques, et malgré les nombreuses lacunes existant encore pour les phénomènes étudiés par l'une et l'autre science, géologie et séismologie, les déductions tireront une partie de leur évidence du fait que, sur toute la surface du globe, des faits analogues de l'histoire des différents pays amènent des conditions presque toujours identiques quant à leur stabilité ou à leur instabilité. Il apparaît immédiatement que les régions séismiques, pénéséismiques et aséismiques ne se répartissent ni uniformément, ni arbitrairement à la surface du globe, et que leur distribution doit manifester d'intimes relations avec les grandes vicissitudes d'ensemble de la surface terrestre ; de la même façon, la distribution des foyers d'ébranlement dans les différents pays a conduit, ainsi qu'on l'a vu, à découvrir l'influence séismogénique du relief et des principaux accidents géologiques locaux. Il y a plus, ces nouvelles conséquences de la dépendance entre les phénomènes séismiques et géologiques acquerront peut-être un caractère plus décidé de certitude que certaines de celles qui font dépendre tel ou tel foyer d'ébranlement des dislocations locales les plus voisines, et qui seront ultérieurement détaillées dans tout le cours de cette géographie séismologique.

La description séismique du globe, telle que nous l'avons exécutée de 1890 à 1903, a conduit à un résultat important, à savoir l'indépendance entre les phénomènes séismiques et volcaniques, ce qui complète l'indépendance de ces derniers et des failles ou fractures préexistantes énoncée par Branco, mais encore combattue [2]. Cette

---

[1] Superficies absolues et répartition relative des terrains occupés par les principaux groupes géologiques (*C. R. Ac. Sc.*, CXIV, 246. Paris, 1892).

[2] W. Branco. Neue Beweise für die Unabhängigkeit der Vulkane von präexistirenden Spalten (*Neues Jahrbuch f. Min. Geol. u. Paleont.*, 1898, Bd. 1, 135).

observation n'exclut pas l'existence de séismes d'origine volcanique, elle signifie seulement que les régions séismiques ne sont pas généralement situées au voisinage des volcans actifs ou éteints, et que les évents éruptifs se rencontrent aussi bien dans des régions pénéséismiques ou même aséismiques. Dans cet ouvrage, on ne s'astreindra pas à signaler tous les cas où cette indépendance est manifeste, on se contentera des plus typiques.

Un autre résultat plus inattendu est qu'une statistique, portant en 1903 sur 159 781 séismes, nous a conduit[1] à la loi suivante :

L'écorce terrestre tremble à peu près également et presque uniquement le long de deux étroites zones, qui se couchent suivant deux grands cercles (dans le sens géométrique du mot) *faisant entre eux un angle d'environ 67°. Le cercle méditerranéen ou alpino-caucasien-himalayen* (53,54 p. 100 des séismes), *et le cercle circumpacifique ou ando-japonais-malais* (41,08 p. 100 des séismes). *Ces deux zones coïncident avec les deux plus importantes lignes de relief de la surface terrestre.*

Ces deux grands cercles ont pour pôles les points 45° 45′ N. 150°30′ W. Gr. et 35° 40′ N. 23° 10 E. Gr.

Cette relation purement géométrique appelait une interprétation géologique. Elle se lit immédiatement sur une mappemonde :

Les zones renfermant les régions séismiques coïncident exactement avec les géosynclinaux de l'époque secondaire, tels que les a figurés Haug dans son mémoire bien connu : Les géosynclinaux et les aires continentales[2].

C'est bien là une loi synthétique générale, mettant nettement les séismes sous la dépendance directe des principaux mouvements récents de l'écorce terrestre, puisque c'est le long de ces zones qu'ils ont atteint leurs plus grandes amplitudes positives ou négatives. Conséquence exclusive de la pure statistique, et, par suite ne relevant que de l'observation sans l'introduction d'aucune hypothèse, cette loi peut s'énoncer ainsi :

Les géosynclinaux (bandes les plus mobiles de la surface terrestre), où les sédiments déposés sous les plus grandes épaisseurs ont été énergiquement plissés, disloqués et relevés à l'époque tertiaire, lors de la formation des principales chaînes actuelles, (ou géanticlinaux), renferment à eux seuls, à deux ou trois exceptions douteuses

---

[1] Loi générale de la répartition des régions séismiques instables à la surface du globe (*Berichte d. II^ten, intern. Konferenz zu Strassburg*, 325, 1903). — Sur l'existence de deux grands cercles d'instabilité séismique maxima (*C. R. Ac. Sc.*, CXXXVI, 1707. Paris, 1903).

[2] *Bull. Soc. géol. France*. 3ᵉ série, XXVIII, 633.

près, toutes les régions séismiques (dans le sens que nous avons donné à ces deux mots), *qui, par conséquent les caractérisent.*

L'instabilité séismique ne pouvait être uniforme le long de ces bandes, à cause du non-synchronisme des mouvements de leurs diverses parties et de leurs différences d'amplitude. Elles renferment donc çà et là des régions pénéséismiques, parfois même aséismiques, dont la raison d'être se découvre, ou se découvrira plus tard, dans le détail de l'histoire géologique. Souvent aussi la séismicité, déjà en rapport avec le plus ou moins d'ancienneté des mouvements et l'importance absolue ou relative du relief émergé ou immergé, se montre encore en proportion de la puissance des sédiments relevés, ce qui est tout simplement une autre expression de la loi de l'influence séismogénique du relief.

Dans bien des cas, les régions séismiques particulières épousent nettement le tracé des géosynclinaux de second ordre, attestant ainsi plus étroitement encore leur liaison avec les mouvements ultérieurs nés au sein des géosynclinaux.

Les géosynclinaux plus anciens qui, à des époques géologiques, ont donné lieu à des chaînes plissées maintenant arasées et à peine discernables dans leur état actuel de pénéplaines, présentent des régions pénéséismiques, restes d'anciennes régions séismiques tendant à la stabilité ; tandis que les aires continentales, — au sens de M. Haug, — que leur architecture tabulaire démontre n'avoir jamais été que le siège de mouvements d'ensemble, de faible amplitude relative et sans grands dérangements des couches sédimentaires sousjacentes, sont très généralement aséismiques, ou à peine pénéséismiques dans des cas particuliers souvent explicables. Ainsi, l'on peut dire d'une façon abrégée que :

L'architecture plissée des géosynclinaux est instable, à l'inverse de l'architecture tabulaire des aires continentales, et cela, vraisemblablement, a été vrai à toutes les époques géologiques.

Telle est la loi qui dominera dans cet *Essai de géographie séismique*, qu'il est donc rationnel de diviser en quatre parties correspondant aux aires continentales et aux géosynclinaux de M. Haug. Ce sont, avec les nombres correspondants de séismes et les p. 100 du total :

	NOMBRE de séismes.	P. 100.
I. Continent nord-atlantique	8 939	5,21
II. Aires continentales extra-européennes. / Continent sino-sibérien. . . .	3 479	2,03
Continent australo-indo-malgache	374	0,22
Continent africano-brésilien [1].	457	0,27
Le Pacifique	2 033	1,19
	15 282	8,92
III. Géosynclinal méditerranéen.	90 126	52,57
IV. Géosynclinal circumpacifique	66 026	38,51
	156 152	91,08
	171 434	100,00

Les géosynclinaux renferment 91,08 p. 100 des tremblements de
terre que nous avons pu recueillir, contre les 8,92 p. 100 correspondant aux aires continentales, en dépit de la bien plus grande surface que celles-ci recouvrent.

On pourrait à la rigueur objecter que les observations séismologiques ne sont anciennes que pour le seul continent nord-atlantique
et que, par suite, cette énorme prépondérance de séismicité en
faveur des géosynclinaux, plus apparente que réelle, est faussée par
le manque d'informations relatives aux autres aires continentales. A
cela on peut répondre que la complexité des conditions géographiques et géologiques du continent nord-atlantique par rapport à
celles des quatre autres, qui se décèle à première vue par la
complication des contours, n'est pas étrangère au plus grand nombre
de séismes qu'on a observés pour le premier, 5,21 p. 100 contre
3,71 p. 100 signalés pour les autres ensemble. Si même l'on ne
veut pas tenir compte de cet argument, il faut admettre cependant
qu'au maximum les cinq aires continentales ne pourront jamais
fournir plus de 25 p. 100 des tremblements de terre, ce qui réduirait
à 75 p. 100, au lieu de 91,08 p. 100 la séismicité des géosynclinaux
par rapport à celle des aires continentales. La loi n'en subsisterait
pas moins.

Nous n'avons pas la prétention de résoudre complètement le problème séismologique par cette loi synthétique. Mais c'est déjà un
résultat important que de pouvoir affirmer, sur la seule foi de la
statistique, l'intime dépendance entre les tremblements de terre et

---

[1] La Syrie et la Palestine ont été, dans ce tableau, comptées avec le géosynclinal méditerranéen auquel elles appartiennent, séismiquement parlant, mais on les étudiera dans
la seconde partie, parce qu'elles ne font pas partie du géosynclinal, tout au moins au
point de vue géologique.

les zones de l'écorce terrestre où les plissements ont atteint leur plus grande énergie à une époque récente, en même temps que les mouvements verticaux avaient leur plus grande amplitude. Cela n'exclut pas, dans le détail, l'existence de causes séismogéniques locales et d'action plus immédiate, comme on le verra dans cette description séismologique du globe, dont les lacunes inévitables seront en proportion du degré d'avancement des recherches géologiques et séismologiques régionales.

La loi synthétique a été établie *a posteriori*; souvent cependant, pour plus de clarté, on en parlera comme d'un résultat *a priori*, simple artifice de langage.

La plupart des cartes schématiques données sont exécutées au moyen de points dont le rayon représente à une échelle conventionnelle le nombre de séismes observés dans diverses localités. On se demandera pourquoi l'on n'a pas employé des courbes et des teintes dégradées, comme dans tant de travaux sur la répartition de l'instabilité à la surface des pays considérés. C'est qu'il s'agit là d'un procédé continu, inapte, par conséquent, à représenter un phénomène essentiellement discontinu tel que les tremblements de terre, ainsi que nous l'avons démontré par l'analyse mathématique, quoique au fond la démonstration en soit pour ainsi dire intuitive [1].

Il nous reste maintenant un devoir de gratitude à remplir envers M. de Lapparent, qui a bien voulu par la préface dont il a honoré notre travail, résultat de vingt-cinq années de recherches, confirmer l'approbation qu'il a depuis longtemps donnée à notre méthode. Nous devons aussi beaucoup à M. de Margerie, qui en revoyant les épreuves, nous a libéralement fait profiter par ses corrections du trésor de son inépuisable érudition géologique. C'est bien certainement, et dans une mesure notable, grâce à leur aide et à leurs encouragements, que nous avons pu mener à bien une œuvre entreprise au pied de l'Izalco, le phare du Pacifique, et au milieu d'un pays, le Salvador, où le spectacle des ruines accumulées par les tremblements de terre nous a permis de poser devant la seule Nature, et tout à fait en dehors des discussions d'école, le problème séismico-géologique de la solution duquel nous avons la conviction de nous être tout au moins rapproché. Nous serions bien ingrat aussi d'oublier que d'illustres Français, les regrettés Daubrée, Cornu et Callandreau, nous ont longtemps encouragé dans la voie que nous nous étions tracée. Quant aux séismologues étrangers qui nous ont aidé depuis de

---

[1] Non existence et inutilité des courbes isosphygmiques ou d'égale fréquence des tremblements de terre (*Beiträge zur Geophysik*, V, 467. Leipzig, 1902).

longues années dans l'exécution d'un travail qui est un peu leur
œuvre, nous serions mal venus de ne pas rappeler combien nous a
été utile la lecture de leurs travaux, commentée par une correspon-
dance assez assidue pour avoir créé de solides liens d'amitié : les
Agamemnone, Baratta, Belar, Credner, Davison, Eginitis, Forel,
Gerland, Günther, Hepites, Karpinski, Knett, Kolderup, Kôto, Lancaster, Mercalli, Milne, Oldham, Omôri, Palazzo, Rudolph, Sieberg,
Svedmark, Van den Broeck, Watzoff, pour ne citer que les vivants,
dont les noms, d'ailleurs, se retrouveront à chaque page avec l'indication de leurs travaux bien connus.

Presque toujours éloigné des centres universitaires et scientifiques, et sans avoir pu par conséquent utiliser les grandes biblio-
thèques, il ne paraîtra pas étonnant que bien des erreurs de détail
nous aient échappé, et que nous n'ayons pas toujours pu consulter
les meilleurs ou les plus récents travaux, surtout en ce qui concerne
la géologie ; mais nous avons l'intime conviction que l'ensemble
subsistera, et suscitera des recherches plus autorisées dans une voie
certainement féconde pour l'avenir de la séismologie, basée qu'elle
est sur l'unique observation. C'est notre ferme espoir et notre plus
vif désir.

Note. Références bibliographiques.

Les grands travaux synthétiques de Marcel Bertrand[1], de Lapparent[2], de Launay[3], et Suess[4], sont véritablement comme l'âme de
cet ouvrage ; aussi n'avons-nous pas jugé nécessaire de les rappeler à chaque pas au souvenir du lecteur, qui saura bien reconnaître la part revenant à chacun de ces savants géologues, dont les
œuvres sont si connues. Les données sur les mouvements séculaires,
ou bradiséismes, ont généralement été extraites du travail d'Issel[5].

La littérature séismologique est d'une richesse dont on se fait
difficilement une idée, ce qui tient à l'intérêt puissant que les tremblements de terre excitent dans les pays qu'ils désolent, et par suite
à la place considérable qu'ils occupent dans les préoccupations de

---

[1] La chaîne des Alpes et la formation du continent européen (*Bull. Soc. géol. Fr.*,
XV, 423, 1887).

[2] *Traité de Géologie* (4º édition, 1900). — *Leçons de Géographie physique* (2º édition, 1898).

[3] *La Science géologique* (Paris, 1905).

[4] *La Face de la terre* (Traduction française sous la direction de Emm. de Margerie, I,
II, III, 1897-1902).

[5] *Le Oscillazioni lente del suolo, o bradisismi. Saggio di geologia storica* (Genova, 1883).

leurs habitants ; cet état d'esprit est inconnu en France, où les séismes ne sont guère que de curieux et rares faits divers sans importance, heureuse circonstance qui excuse en partie l'abandon de la séismologie dans la patrie d'Alexis Perrey, et le peu de part qu'ont pris les savants français dans la rénovation, on pourrait presque dire la naissance, des études séismologiques modernes. C'est ainsi que la bibliographie spéciale réunie par Baratta pour la seule Italie ne comprend pas moins de 104 pages in-8°[1], et en 1863, Alexis Perrey[2] avait pu réunir une collection de 3 376 mémoires. Nous nous sommes contenté pour chaque pays d'indiquer les catalogues séismiques, les monographies de tremblements de terre lorsqu'elles renferment des observations intéressantes au point de vue géographique et géologique, ou qu'elles ont été le point de départ de déductions importantes, ainsi que les travaux géologiques directement utilisés.

[1] *I terremoti d'Italia* (Turin, 1901)

[2] Bibliographie sismique (*Mémoires de l'Acad. de Dijon*, IV, 1, 1855. — V, 183, 1856. — IX, 87, 1861).

PREMIÈRE PARTIE

LE CONTINENT NORD-ATLANTIQUE

Le continent nord-atlantique comprend, des Rocheuses à l'Oural, les terres et les mers au nord de la grande ride tertiaire himalayenne, alpine et antillienne. On va voir comment l'instabilité s'y répartit d'une manière générale, avant d'entrer dans le détail de ses diverses divisions.

Les pays scandinaves sont généralement très stables. Or il s'agit là d'un ancien môle de terrains archéens et primaires, le bouclier baltique de Suess, ou finno-scandinave de Ramsay, s'étendant à la Finlande par-dessus la Baltique et faiblement agité par des tremblements de terre. C'est une aire de surélévation, dont les mouvements récents n'ont que peu ou pas d'influence séismogénique, parce qu'ils se sont produits sur une vaste surface en forme de dôme très surbaissé.

Le socle de la côte de Norvège tombe sur l'Océan par un escarpement disloqué attestant l'ouverture peu ancienne — fin de l'époque tertiaire — de l'Atlantique entre les parties septentrionales de l'Europe et de l'Amérique, mouvement qui s'est produit sans grands effondrements ou fractures, puisqu'il n'y a pas de véritables abîmes océaniques le long de ce littoral. Aussi cette aire continentale, plutôt ennoyée partiellement qu'effondrée, ne présente-t-elle que des régions pénéséismiques. Les secousses norvégiennes sont en relation incontestable avec les fjords, cassures dont l'état de fraîcheur, favorisé, il est vrai, par la couverture glaciaire, n'en atteste pas moins la jeunesse relative, qui en explique une certaine mobilité traduite par des séismes. D'autres se font sentir aussi autour du golfe de Christiania, que prolongent dans l'intérieur de puissantes fractures disposées comme les failles périadriatiques. C'est d'ailleurs l'emplacement d'un synclinal silurien, trop ancien donc pour donner lieu encore à un district séismique.

La Gothie, quelquefois ébranlée, parfois même sévèrement, montre des cassures dont la plus importante, de direction méridienne, est accusée par la ligne des lacs, maintenant émergée à la place d'un ancien détroit, et joue un rôle séismogénique bien défini.

Le long du golfe de Botnie, d'autres secousses rappellent sans doute les mouvements très connus de la mer pléistocène, que beaucoup veulent voir encore actifs, tandis qu'à l'autre extrémité de la Baltique, celles du Jutland correspondent aux fractures récentes qui ont ouvert les détroits postérieurement aux dépôts glaciaires les plus anciens.

Enfin les Lofoten, qui représentent peut-être les restes de la chaîne calédonienne plissée franchissant l'Atlantique, sont agitées de séismes dont la rareté semble venir tout exprès à l'appui de la stabilité des plissements très anciens.

Le reste de la Scandinavie et de la Finlande est nettement aséismique, comme il convient à un massif de très ancienne consolidation dès longtemps réduit à l'état de pénéplaine par les agents extérieurs.

Cette stabilité s'étend aux terres arctiques d'Europe, où l'existence de sédiments variés de toutes les époques paraît indiquer la permanence d'un domaine polaire maritime, et peut expliquer ainsi l'absence de séismes, faute de dérangements de suffisante amplitude.

Les Iles Britanniques se trouvent à peu près dans les mêmes conditions, et les tremblements de terre y sont en relation avec la fracture du Canal calédonien ou la grande faille bordière des terrains carbonifériens de la basse Écosse.

L'Europe moyenne est caractérisée par une série de massifs granitiques ou primaires, formant des îlots montagneux, plus ou moins élevés, qui ont joui du singulier privilège de rester constamment émergés au milieu des mers successives qui, déposant leurs sédiments tout autour, s'avançaient et se retiraient alternativement. Ce sont l'Irlande, le Pays de Galles, la Cornouailles, la Bretagne et la Vendée, le Plateau Central français, la Meseta ibérique, les Vosges, la Forêt-Noire, l'Odenwald, le Spessart, la Bohême, les Balkans, les bas pays du Boug et du Dniepr, l'Oural enfin. D'une façon générale, ils sont aséismiques, ainsi que les aires sédimentaires interposées entre eux. Les exceptions qui s'y rencontrent, sous forme de régions pénéséismiques d'importance variée, coïncident toutes avec des plissements post-carbonifériens, Pays de Galles, Cornouailles et Vendée, Russie méridionale et surtout l'Erzgebirge au-dessus de la fracture bohémienne, ou bien avec de grands accidents dont l'âge n'est pas trop ancien, comme la rupture de la voûte vosgienne pour l'établissement de la vallée du Rhin, et enfin, plus particulièrement, avec la traînée des bassins houillers déposés, en avant des plissements hercyniens, dans un vaste géosynclinal primaire s'étendant de l'Irlande à la Belgique, la Westphalie, la Silésie, au Donetz et à l'Oural, chaîne qui d'après Haug aurait conservé le même caractère au moins jusqu'aux temps secondaires. Or ces bassins, auxquels le plus souvent se limitent exactement les régions pénéséismiques en question, ont été plissés et disloqués à plusieurs reprises et sont beaucoup plus instables non seulement que les massifs situés en arrière et les aires sédimentaires interposées, mais même que les bassins houillers de l'intérieur, par exemple ceux du Plateau Central français et de la Sarre, de sorte que l'influence séismogénique de l'ancien géosynclinal apparaît clairement.

Il est bien connu que les massifs primaires de l'Europe moyenne ont arrêté les plissements tertiaires alpins, et c'est là tout le secret de leur stabilité, ainsi que celle des sédiments interposés entre eux.

La position horizontale ou presque horizontale des dépôts de la plate-forme russe et l'absence de toute grande dislocation récente rendent bien compte de l'aséismicité de tous ces vastes territoires.

L'Oural a joué le rôle de géosynclinal jusqu'à la fin de l'époque primaire, puis a seulement servi de limite aux transgressions secondaires ou tertiaires, qui au moins jusqu'à l'Oligocène formaient la séparation entre la Russie et la Sibérie. Mais au lieu de se transformer ensuite, comme les géosynclinaux circumpacifique et méditerranéen, en hautes chaînes plissées et instables, formant géanticlinal, il n'y a pas eu, à proprement parler, de surrection, et le bras de mer a simplement disparu par suite d'un minime relèvement. On s'explique ainsi que l'Oural soit stable, sauf en une région restreinte de son développement, le district pénésismique de Nijné-Taguilsk, où interviennent des dislocations particulières. Il en résulte que les aires continentales nord-atlantique et sino-sibérienne sont peu nettement séparées l'une de l'autre ; on pourrait donc les considérer comme n'en formant qu'une seule.

On va maintenant examiner la partie occidentale du continent nord-atlantique, récemment coupé en deux par ennoyage, bien plutôt que par véritable effondrement.

Malgré une navigation intensive, on n'a jusqu'ici relaté presque aucun séisme sous-marin dans l'Atlantique septentrional; les secousses, inconnues dans les Færöer, sont, quoi qu'on en ait dit, assez rares en Islande. Cela s'accorde parfaitement avec ce que l'on sait de l'histoire de cet Océan, aire continentale reliant naguère l'Europe et l'Amérique du Nord, puisque des couches terrestres miocènes se retrouvent dans ces îles.

Le Groenland est un ancien plateau non dérangé, tout à fait aséismique, comme les autres terres arctiques de l'Ouest, dans le Nord de l'Amérique.

Le bouclier canadien, fragment réduit à l'état de pénéplaine d'un vieux continent précambrien, partage les conditions pénéséismiques de son homologue d'Europe, le bouclier finno-scandinave. Le Saint-Laurent occupe une fosse d'affaissement, quelquefois ébranlée. Les séismes du Maine sont en relation avec les fjords qui l'indentent, ceux du Nouveau-Brunswick et de la Nouvelle-Écosse avec les plissements calédoniens ou avec l'affaissement océanique représenté par les grandes profondeurs de l'Océan dans ces parages, ceux des Appalaches enfin avec les plissements hercyniens. Dans le Tennessee et l'Ohio, des tremblements de terre ébranlent les bassins houillers, comme dans l'Europe moyenne.

L'homologie entre l'Amérique et l'Europe septentrionales se poursuit encore par l'aséismicité des plaines paléozoïques du centre des États-Unis et des grandes plaines crétacées qui s'étendent du Texas à l'embouchure du Mackenzie. Il est remarquable que la zone des grands lacs soit tout au plus pénéséismique ; c'est que ce trait géographique si important ne résulte pas de causes tectoniques profondes, mais seulement de phénomènes glaciaires superficiels.

Les tremblements de terre violents qui ont, en 1811, ébranlé le Mississipi moyen ne se sont plus reproduits depuis avec la même intensité. Quoi qu'il en soit, il existe là une région séismique peut-être attribuable à des phénomènes de tassement de la « Sunk Country ».

La Floride est absolument aséismique, ainsi que les Bahamas. Or, il s'agit là de sédiments très récents, horizontaux et probablement déposés sur un plateau sous-marin sans profondeur.

Charleston et Summerville ont été ravagées en 1886 par un tremblement de terre désastreux. Faut-il en conclure à l'existence d'une région séismique dans ces parages? La question est difficile à résoudre, les secousses n'y étant vraiment pas trop fréquentes, et cet événement restant unique jusqu'à présent. Il y aurait là une singulière exception, à moins que le voisinage du géosynclinal méditerranéen dans sa traversée de l'Atlantique subtropical, entre l'Atlas et les Antilles, par un trajet encore inconnu, ne permette de rattacher cette région au géosynclinal lui-même. On peut aussi se rappeler que les terres atlantiques du Nord ont été rompues après l'époque miocène, mais on ignore l'exacte position de leur ancien littoral vers le Sud. Quoi qu'il en soit, on ne peut avoir la prétention de tout élucider, et il n'est loi naturelle si bien établie qui ne souffre quelque exception.

Ainsi, l'aire continentale nord-atlantique est assujettie à la relation annoncée, et l'on s'en rendra encore mieux compte par le contraste avec l'extrême séismicité des géosynclinaux, jalonnés sur tout leur parcours par un grand nombre de régions fréquemment et violemment ébranlées par les tremblements de terre.

CHAPITRE I

LE BOUCLIER FINNO-SCANDINAVE

La Laponie, jusques et y compris la presqu'île de Kola, la péninsule scandinave et la Finlande forment une des terres les plus anciennement émergées de toute la surface du globe. C'est le bouclier baltique, ainsi appelé par Suess de sa forme en voûte très surbaissée, l'analogue et le contemporain du bouclier canadien et arctique américain, situé de l'autre côté de l'Atlantique. Une couverture algonkienne, cambrienne et silurienne très puissante l'a complètement recouvert, mais a en grande partie disparu par l'érosion qui a commencé à agir dès avant le Cambrien. Il y avait déjà eu deux émersions à cette époque reculée, la seconde, définitive, avant la fin des temps primaires. Ces lambeaux de Cambrien et de Silurien ont été sauvés de la destruction par leur descente le long de failles profondes. Depuis lors, le régime continental a largement prévalu dans la Finnoscandie et n'a guère été troublé que par les oscillations récentes de la mer Baltique et les mouvements de la côte atlantique occidentale. Pas de plissements récents non plus. De ces conditions, résumées par Högbom [1], résulte une stabilité séismique relative que les observations vont mettre en évidence.

On connaît bien la répartition des tremblements de terre des pays scandinaves. En effet, depuis 1887, Reusch [2], Thomassen [3], Rekstad [4] et Kolderup [5] ont publié le catalogue annuel des secousses norvégiennes, et Svedmark [6] celui des séismes suédois depuis 1892. Moberg [7]

[1] Sur la tectonique et l'orographie de la Scandinavie (*Ann. de Géographie*, n° 56, 11ᵉ année. 15 mars 1902, 117).

[2] Jordskjaelv i Norge, 1887 (*Christiania Vidensskabet Forhandlinger*, 1888, n° 8). — Jordskjaelv i Norge, 1895 (*l. c.*, n° 16).

[3] Berichte über die wesentlich seit 1834 in Norwegen eingetroffenen Erdbeben (*Bergens Museums aarsberetning*, 1890). — Jordskjaelv i Norge, 1888-1890 (*Id.*, 1891).

[4] Jordskjaelv i Norge aarene 1895-1898 (*Id.*, 1899, n° IV).

[5] Jordskjaelv i Norge, 1899-1900..... (*Bergens Museums Aarbog*, 1899, 1900.....).

[6] Meddelanden om Jordstötar i Sverige 1892-1903 (*Geol. För. i Stockholm För.*, Bd. XVI, XVII, XVIII, XIX, XX, XXIII, XXIV, XXVI).

[7] Upgifter om jordskalfven i Finland före aar 1882 (Fennia, IV, n° 8) (Ce catalogue commence à 1626.)

Gumaelius. Samling af underrättelser om jordstötar i Sverige. (*Geol. Fören. i Stockholm Förh.*, VI, 1883, 509 ; VII, 1884, 107).

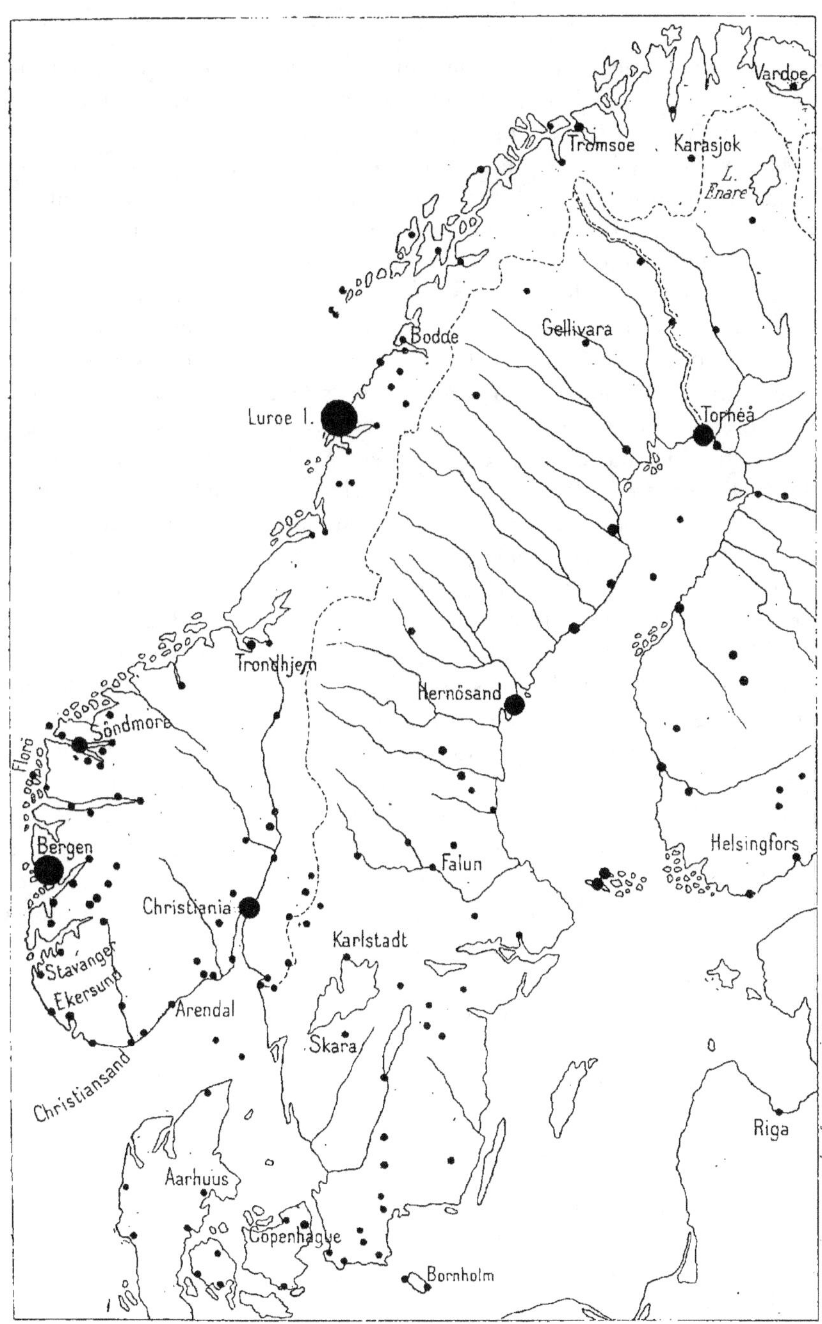

Fig. 2. — Les pays scandinaves.

s'est occupé spécialement de la Finlande, pays pour lequel le grand catalogue russe de Mouchkétov et Orlov donne aussi de nombreux renseignements. On a enfin pour les temps anciens le catalogue d'Alexis Perrey [1], dont nous rencontrerons le nom pour ainsi dire à la description séismologique de toutes les contrées du monde. Ainsi, la distribution de la séismicité dans les pays scandinaves doit être considérée comme connue d'une manière très satisfaisante.

Les données sur les tremblements de terre sont en Laponie plus rares que partout ailleurs, mais ce n'est point seulement parce qu'il s'agit là d'une population clairsemée et peu cultivée ; en effet, au témoignage de tous les voyageurs, et surtout des botanistes, on y rencontre nombre de personnes curieuses des choses de la nature, en particulier parmi le clergé luthérien. La stabilité bien réelle de la Laponie résulte de ce que la chaîne des Alpes scandinaves n'a subi que des mouvements très anciens, entièrement éteints maintenant. Les plissements mêmes y sont un phénomène secondaire et accessoire qui s'efface complètement devant l'importance des chevauchements. On verra plus loin que le Sud de la chaîne est plus exposé aux secousses du sol que le Nord. On ne connaît aucun séisme pour la presqu'île de Kola et la côte mourmane privées de fjords, et on n'en connaît qu'un seul pour Arkhangelsk. Karasjok, à l'ouest du grand lac Enare, est un foyer apparent d'instabilité faible, mais sa position réelle n'est pas exactement connue ; les environs du lac sont eux-mêmes parfois ébranlés.

Toute la côte norvégienne à fjords, depuis le fjord de Varanger au Nord jusqu'au fjord de Stavanger au Sud, est le théâtre de secousses plus fréquentes qu'étendues. Leur répartition n'est pas uniforme et elle atteint un maximum bien marqué de Trondhjem à Stavanger. Peu de côtes présentent sur une aussi grande longueur un caractère aussi constamment identique, et ce fait seul démontre que sans aucun doute les fjords sont le phénomène général auquel on doit attribuer le rôle séismogénique principal, conclusion corroborée par le manque simultané de fjords et de secousses sur la côte mourmane, de même constitution géologique. Ces longues, étroites et profondes indentations s'ouvrent indifféremment dans des terrains variés, dans le Précambrien ou l'Algonkien, dans le gneiss fondamental, dans le granite et le porphyre, exceptionnellement enfin dans le Cambrien, mais au hasard de la nature des roches. Ce littoral forme une pénéplaine à pente raide, ce qui confirme la loi du relief, l'autre versant

---

[1] Les tremblements de terre de la péninsule scandinave (*Voyage de la commission scientifique du Nord en Scandinavie, Laponie, etc...* Paris. 1845).

des Alpes scandinaves étant à la fois de pente plus douce et plus stable. Ce sont des cassures ouvertes dans des roches trop anciennement consolidées pour avoir pu céder à un plissement, et elles sont bien manifestement en relation avec le mouvement de bascule qui a relevé vers le N. W. l'ancien plateau scandinave, tranché net par l'effondrement assez récent, pléistocène seulement peut-être, de l'Atlantique septentrional. Il y a là un ensemble largement suffisant de causes de mobilité pour expliquer les secousses des côtes norvégiennes, et si le Sognefjord, en particulier, avec le Söndmore et les environs de Bergen, sont notablement plus secoués que les autres, il faut observer que c'est là une très ancienne ligne de moindre résistance, qui sépare les parties orientale tabulaire et occidentale plissée de la chaîne scandinave.

Du 28 septembre 1819 au 19 novembre 1829, Keilhau[1] a mentionné le nombre considérable de 130 secousses, toutes très faibles d'ailleurs, dans l'île de Lurœ, à moins de un degré au sud du cercle polaire. De ce chef, ce point constitue un des plus importants foyers d'instabilité de la côte norvégienne. Kolderup[2] a fortement critiqué l'existence de ce centre, que nous avons mise en évidence dans un travail antérieur[3]. Quoi que l'on fasse, il ne suffit pas, pour rayer ce foyer, de constater que ces circonstances ne se sont plus reproduites depuis ; les tremblements de terre présentent dans les divers pays qu'ils ébranlent trop d'irrégularités, irréductibles à toute loi de périodicité, pour rendre valable un tel argument qui pourrait être facilement invoqué dans beaucoup d'autres cas, et il n'y a aucune raison de douter des observations relatées par Keilhau.

Les côtes norvégiennes sont tout à fait à l'abri de vagues séismiques, et cette partie de l'Océan est indemne de tremblements sousmarins. Il faut donc dénier tout rôle séismogénique actuel à l'effondrement atlantique, et aussi au mouvement qui a fait basculer de 30 ou 40 mètres une ancienne surface d'abrasion marine, morcelée en nombreuses îles restées comme témoins, large de 40 à 50 kilomètres et dont l'époque de formation a été fixée à la fin du Crétacé ou au commencement du Tertiaire. Reusch[4] s'est occupé des mouvements d'affaissement du littoral norvégien, que l'on suppose, dans le pays,

[1] Efterretningen om Joidskjaelv i Norge (*Mag. f. Naturvidenskaberne*, XII, 82. Christiania, 1836).

[2] Erdbebenforschung in Norwegen im XIX. Jahrhundert (*Verhandl. d. ersten intern. seismol. Konferenz zu Strassburg*, 1901, 428).

[3] Le monde scandinave séismique (*Geol. Fören. i Stockholm Förhandl.*, 1894).

[4] Die vermütete Wirkung eines Erdbebens an der Küste Norwegens (*Geogr. Zeitschr.* Leipzig, II, 52).

suivre les tremblements de terre qui s'y font sentir : leur réalité est loin d'être prouvée.

Plus au Sud, le fjord de Christiania s'ouvre au bord oriental d'un massif de roches éruptives pénétrant comme un coin dans les territoires granitiques de la Norvège méridionale. C'est là un district pénéséismique assez étendu, se reliant sans discontinuité à celui de la Dalécarlie et de la Gothie, où une grande faille méridienne et la ligne des lacs représentent un ancien bras de mer pléistocène, attestant ainsi des mouvements considérables, auxquels se rattachent sans doute les tremblements de terre du district et qui sont aussi en relation avec de nombreuses dislocations, par exemple dans la vallée du Glommen.

Des séismes parfois étendus et même presque sévères ébranlent assez fréquemment le pourtour suédois, aussi bien que finlandais, du golfe de Botnie. Cette région pénéséismique ne pénètre notablement vers l'intérieur que dans son prolongement septentrional, c'est-à-dire dans les bassins du Kalix, de la Tornea et du Kemi, observation tendant à mettre ces secousses en relation avec la formation, ou plutôt avec les mouvements récents de la mer Baltique, dont les oscillations séculaires modernes ont donné lieu depuis un siècle et demi aux discussions les plus passionnées. Cette mer représente une submersion partielle de la plate-forme archéenne arasée; et si son mouvement actuel de relèvement d'ensemble est vraiment contestable, car, s'il était général, il affecterait aussi les côtes poméraniennes, ce qui n'est certainement pas, il semble bien du moins que l'émersion continue, en se traduisant seulement par bombement et gauchissement des schistes cristallins et archéens de la Suède et de la Finlande. La région pénéséismique se restreignant au littoral des golfes de Finlande et de Bothnie, ainsi qu'au prolongement continental de ce dernier, on a là une claire explication de ces tremblements de terre par des mouvements qui sont la suite directe des mouvements antérieurs d'extension et de rétrécissement successifs de la mer à *Yoldia* et du lac à *Ancylus* des époques pléistocène et glaciaire.

Les terrains primaires au Sud de la Finlande sont d'une aséismicité parfaite, en rapport avec la stabilité dont ils jouissent depuis des temps très reculés.

C'est intentionnellement qu'en faisant par le Sud le tour de la Scandinavie, on a omis les tremblements de terre assez fréquents, sévères même quelquefois, de la Scanie et du Sund, car on ne saurait les séparer de ceux de Seeland, de Fionie, et du Jutland septentrional. Ce sont, ainsi que l'Ouest de l'île Bornholm, parfois ébranlée aussi, des territoires mésozoïques, surtout crétacés, faillés et morcelés, n'appartenant d'ailleurs pas en propre au bouclier scandinave ; leur disposition actuelle accuse les vicissitudes tardives, qui ont ouvert les nombreux détroits de l'entrée de la Baltique postérieurement à la plus ancienne période glaciaire, et dont ces secousses sont la manifeste survivance. Il est d'autant plus plausible de les mettre en relation avec le démembrement des îles danoises qu'il ne tremble guère ni dans le reste du Jutland et le Schleswig tertiaires, ni dans le Mecklembourg crétacé, régions que le morcellement n'a pas atteintes. D'après Kolderup [1], le tremblement de terre du 23 octobre 1904 a eu un caractère nettement tectonique et son origine sous-marine a dû se trouver dans le Skagerak.

[1] Jordskjælvet den 23 october 1904 (*Bergens Museums Aarbog*, 1905, n° 1).

CHAPITRE II

LES ILES BRITANNIQUES

Les Iles Britanniques émergent d'un large socle, délimité par l'isobathe de 200 mètres, qui en fait le tour à l'Ouest et à peu de distance. Montueuses et morcelées du côté de l'Atlantique, elles tombent au contraire en pente douce sur la mer du Nord ; les terrains les plus anciens dominent vers l'Océan, les plus récents, du Carboniférien au Quaternaire, du côté de l'Europe. Au moins en Angleterre les tremblements de terre, qui d'ailleurs ne sont ni bien fréquents, ni redoutables, se font surtout ressentir à l'Ouest, ce qui est conforme à la loi du relief. Grâce aux catalogues de Perrey [1] et de O'Reilly [2], et aux listes annuelles de Ch. Davison [3], commencées en 1889, leur répartition est connue d'une manière très suffisante, n'attendant que des améliorations de détail.

On y reconnaît facilement deux divisions principales, correspondant respectivement aux débris des chaînes calédonienne et armoricaine démantelées, et une troisième formée par les plaines sédimentaires plus récentes de l'Est. Ce sera un cadre tout naturel pour la description séismologique des Iles Britanniques.

1. — La chaîne calédonienne.

Les Shetlands, les Orcades, l'Écosse, les Hébrides et l'Irlande constituent les ruines du bord oriental d'un vaste massif continental très ancien, archéen ou précambrien, au travers duquel l'Océan

---

[1] Sur les tremblements de terre dans les Iles Britanniques (*Ann. soc. Agric. Hist. nat. et des Arts de Lyon*, 1, 115, 1849).

[2] Catalogue of the earthquakes having occurred in Great Britain and Ireland, during historical times (*Trans. Roy. Irish Ac.*, XXVIII, Art. XVII, 290. Dublin, 1884).

[3] British earthquakes, 1891, 1892, 1893, 1899, 1900 (*Geol. Mag.*, July 1892. July 1893. March and April 1900. August 1901). — On the british earthquakes of the years 1889-1900 (*Beiträge zur Geophysik*, V, 242. Leipzig, 1901). — Minor british earthquakes in 1901-1903 (*Geol. Mag.*, November 1904).

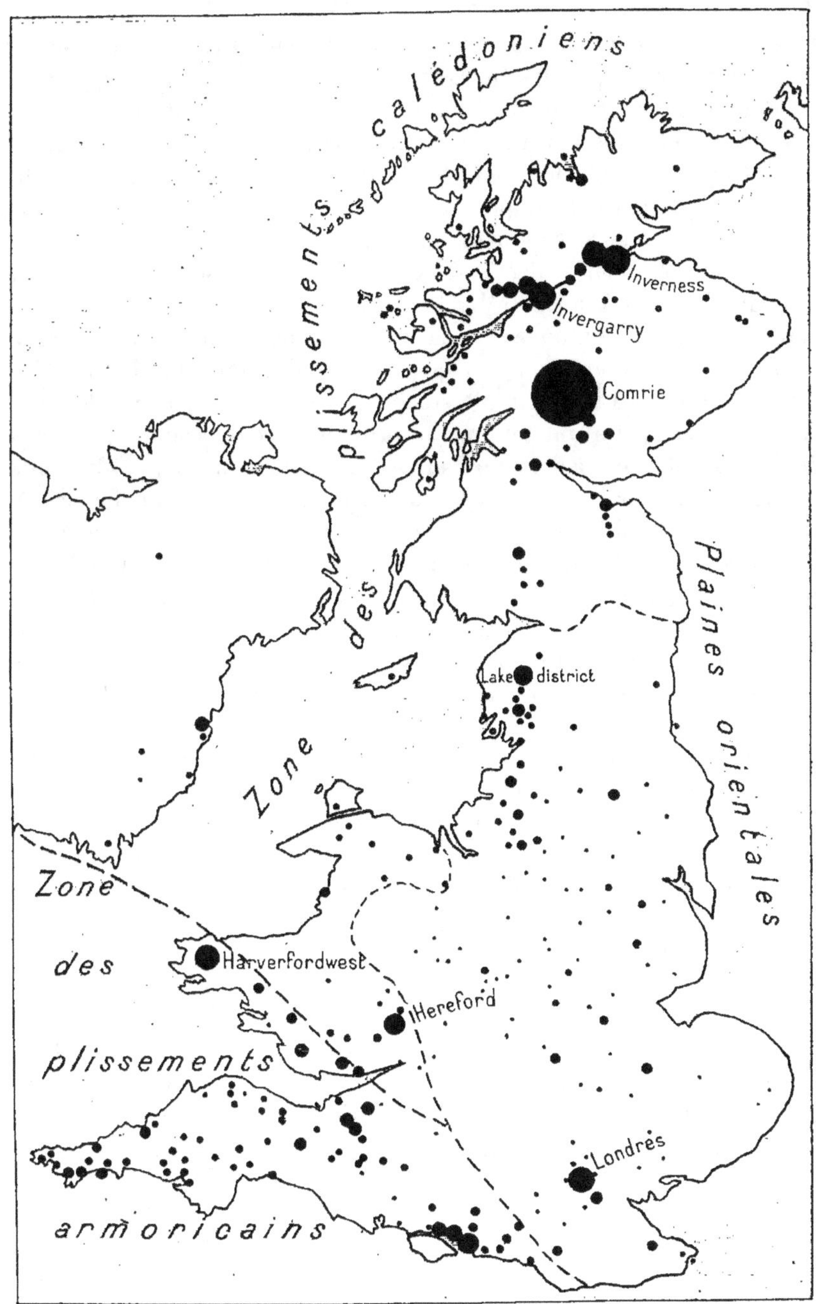

Fig. 3. — Les Iles Britanniques.

Atlantique s'est ouvert à une époque relativement récente, post-miocène, et contre lequel les mers géologiques de l'Est ont successivement adossé leurs sédiments, qui se recouvrent sous forme de bandes en retraite les unes par rapport aux autres et de plus en plus orientales. Cet ensemble montueux et déchiqueté est un fragment de la chaîne calédonienne, en partie nivelée, qui plissée et bien diminuée dès avant l'ère cambrienne, se prolongeait probablement jusqu'aux Lofoten en Norvège. Deux grandes dépressions la prennent d'écharpe du N. E. au S. W.; les Lowlands d'Écosse et la grande plaine irlandaise, par où la mer carbonifériennne l'a envahie. La chaîne a encore été morcelée par l'irruption de l'Atlantique au Minch et au canal d'Irlande, à l'époque pléistocène probablement, tandis que ses derniers fragments ont toujours à lutter contre l'assaut des vagues de l'Ouest. Soumise à plusieurs surrections successives qui, au moins temporairement, rajeunissaient son relief en compensant les pertes dues à la dénudation et à l'érosion, à plusieurs reprises injectée de matières éruptives diverses, jusqu'à la fin des temps tertiaires hérissée de volcans, la plupart méconnaissables sauf pour le seul géologue à cause de l'activité des causes de destruction sous un climat fort humide, elle a enfin atteint son état actuel avec les glaciers quaternaires qui l'ont presque complètement couverte et rabotée. L'extrême complexité des phénomènes dont la chaîne calédonienne a été le théâtre pendant de longues périodes géologiques, jusqu'à l'aurore des temps actuels, pourrait faire croire à une instabilité que les faits démentent, parce que la principale vicissitude, le plissement, est trop ancien. Les séismes y sont partout d'un caractère local, le plus souvent du moins, et résultent des dislocations les plus récentes.

Dans les Shetlands, la direction N. S. prédomine dans les cassures verticales qui les divisent à l'infini et ont été causées par le démantèlement de la chaîne et l'affaissement de l'Atlantique. Leur stabilité, à peine troublée par quelques secousses de l'île d'Unst, s'explique bien par l'ancienneté de ces fractures, qui les découpent en hautes falaises verticales. Il est presque oiseux de mentionner la fausseté d'éruptions volcaniques sous-marines arrivées près de Fetlar et que beaucoup d'auteurs ont répétées à la suite d'Hibbert, qui a décrit ces îles au xviiiᵉ siècle.

Quoique l'assimilation complète des Hébrides avec les Lofoten soit maintenant quelque peu controuvée, il n'en est pas moins vrai que leur gneiss lewisien, ou fondamental, représente l'avant-pays chevauché par la chaîne calédonienne. Elles sont séparées de l'Écosse par le fossé du Minch, dont la grande profondeur dans le Little Minch atteste l'effondrement d'une bande N. N. E. — S. S. W. Cette ligne de dislocation est très ancienne, puisqu'elle a permis l'entrée de ce détroit à la mer précambrienne qui a déposé le grès de Torridon sur le rivage opposé des Highlands. Aussi la fracture du Minch a-t-elle eu le temps de se stabiliser complètement et les plissements de s'éteindre, d'où l'absence complète de séismes dans les Hébrides. Les éruptions tertiaires, que les uns croient éocènes et les autres miocènes, ont accompagné l'affaissement de l'Atlantique septentrional. Elles n'ont, des Færöer au rocher de Saint-Kilda, aucune répercussion séismique actuelle, pas plus que les efforts qui ont, au Pléistocène, fait disparaître sous les flots l'énorme couverture éruptive dont les traces se retrouvent de l'Islande à l'Irlande, et l'horizontalité du socle sous-marin explique le peu d'amplitude relative de ce mouvement, ainsi que son absence de rôle séismogénique. On remarquera d'ailleurs qu'il en est de même pour les énormes épanchements analogues du Dekkan et de l'Amérique du Nord-Ouest.

La grande ligne de dislocation Erriboll-Ullapool, qui, antérieure au vieux grès rouge, s'étend jusqu'à l'île Tiree, avec d'énormes chevauchements et d'innombrables fractures entre Foinaven et Coulmore, limite les gneiss des Highlands sans qu'on puisse à cause de son ancienneté lui attribuer les quelques secousses qui ébranlent la côte orientale du Minch. Ces rares chocs peuvent être rattachés à des bradyséismes, c'est-à-dire à des mouvements séculaires positifs de ce littoral. C'est ainsi que le village de Kinloch Ewe, en gaélique « le bout du monde », aurait été, il y a peu de siècles, l'extrémité même du fjord, tandis qu'actuellement ce village occupe le bout du Loch Maree, lac allongé et séparé de la mer par un seuil de plusieurs kilomètres. L'homme aurait été témoin de ces mouvements, qui coïncideraient avec ces séismes peu fréquents.

La ligne volcanique des îles de Skye, Rum, Mull et de la péninsule d'Ardnamurchan, dont l'activité, éteinte maintenant, a dépassé le Miocène, ne correspond plus qu'à de très rares et faibles tremblements de terre.

Tous ces anciens accidents ont la même direction, attestant la communauté de leur origine, et le plus important d'entre eux est la dépression occupée par le Canal calédonien, ou Great Glen (Loch Ness), en plein massif des Highlands. C'est une très profonde cassure, déjà dessinée dès le Dévonien, et dont le rôle séismogénique ne saurait être nié, puisque malgré son ancienneté, la consolidation n'en est pas encore atteinte, comme en témoignent les chocs qui l'ébranlent fréquemment et même fortement, d'Inverness à Fort William, chocs dont les isoséistes se disposent parallèlement autour de cet accident comme axe. Cette ancienne fracture montre un affaissement de sa lèvre S. E. par rapport à l'opposée. Elle est partiellement occupée par le Loch Ness, dépression lacustre de même direction, d'une profondeur considérable en certains points, 260 mètres, et dont la surface n'est qu'à 17 mètres au-dessus du niveau de la mer. Or, le levé de ses parois, exécuté en 1890 par Th. Scott pour le bureau des pêcheries, a fait reconnaître qu'elles présentent tous les caractères d'un cañon, ou d'une étroite vallée submergée. Son thalweg a dû être parcouru par un fleuve assez puissant pour élargir et approfondir la fracture, et qui avait son écoulement naturel vers une mer assez éloignée. L'Écosse était par conséquent une masse continentale, qui s'est affaissée et morcelée, en même temps que la mer du Nord s'ennoyait, à l'époque pléistocène, en submergeant le prolongement de la vallée du Rhin qui draînait les eaux du versant oriental de l'Angleterre et des fjords norvégiens. Ainsi s'explique bien son instabilité séismique actuelle, par la grandeur de vicissitudes qui n'ont cessé que récemment, et cela en opposition avec la stabilité des autres accidents parallèles et contemporains, mais qui n'ont plus rejoué depuis leur formation. Il y a plus, les séismes de l'Invernesshire ont souvent leurs épicentres à l'est du Great Glen, c'est-à-dire du côté de l'affaissement de la mer du Nord, coïncidence qui ne saurait être fortuite.

Cette interprétation ne s'accorde pas tout à fait avec celle de Davison[1] qui, tablant sur la position des épicentres à l'est du Great Glen, en conclut que le district instable est un grand voussoir sans équilibre, compris entre le Canal calédonien et une faille latérale non encore relevée sur le terrain, et que les séismes résultent d'un affaissement ou d'un tassement par à-coups de ce même voussoir. Les mouvements séismiques se produiraient par glissement du voussoir le long de la faille, hypothétique jusqu'ici. Cette théorie n'explique d'ailleurs pas le fait que le district instable s'étend aussi à l'ouest du Great Glen, autour de la fracture du Craigora, et tout autour du Glen Garry au Nord de Fort William. Il semble donc de plus en plus rationnel d'admettre un reste de mobilité de l'accident principal et de ceux qui lui sont subordonnés, sans avoir à recourir à une faille qui reste encore à trouver.

Le Great Glen se continue au Sud par le Loch Linnhe et l'Oron-

---

[1] On the Inverness earthquakes of November 15th to December 14th 1890 (*Quart. j. of the geol. Soc.*, Nov. 1891, XLVII, 618).

say Passage, signalés par quelques séismes de l'île Lismore, et le long des Lochs Awe, Leven, Etive et Gilp, dont les profondeurs considérables attestent d'intenses dislocations du bord sud-ouest des Highlands.

Le tremblement de terre du 28 novembre 1880 s'est étendu d'Armagh en Irlande à Inverness et à l'extrémité septentrionale de l'île Lewis et il a été l'objet d'une enquête approfondie de la part de Stevenson[1]; de nombreuses raisons concordantes ont amené à placer son épicentre en mer, entre les îles Fladda et Colonsay, c'est-à-dire sur le prolongement même de la fracture du Great Glen. Davison[2] voit une démonstration du rôle séismogénique de cet accident dans ce fait que le séisme n'a précisément pas été ressenti par les gardiens de cinq phares très voisins, mais situés en dehors du prolongement de la dislocation.

Dans la même direction, les éruptions porphyriques permiennes de l'Ayrshire, et celles plus récentes de trapps et de basaltes des îles Arran, Ailsa Craig et Bass, n'ont laissé, sous forme de tremblements de terre, aucun souvenir des dislocations qu'elles ont accompagnées.

Aucun séisme n'ébranle le Sutherland, le Caithness et les Orcades, que recouvrent le vieux grès rouge dévonien, le nouveau grès rouge triasique et le Jurassique. C'est qu'il s'agit là d'un versant de la chaîne calédonienne ayant formé depuis l'ère dévonienne la côte stable d'une mer ouverte à l'Est. Ce repos séismique s'étend, pour les mêmes raisons, au versant nord des Grampians, formant le Nord-Est de l'Écosse jusqu'à la troncature Duncansbay Head-Kinnairds Head. Tout ce territoire appartient à l'ancien massif calédonien, sauf un petit district de vieux grès rouge à l'Ouest et près du cap Kinnairds Head, déposé dans le même golfe dévonien que celui de l'Invernesshire. Quelques rares secousses peuvent être attribuées aux cassures où coulent le Spey et l'Ythan, et les terrasses de ces vallées montrent que leur récent mouvement d'exhaussement est aussi bien éteint que le mouvement d'ennoyage en sens inverse de la mer du Nord.

Au Sud des Grampians et dans cette partie la plus compacte des Highlands, les terrains primaires s'arrêtent à une grande dislocation N. N. E. — S. S. W. qui, courant d'Aberdeen à Greenock, s'en

---

[1] The earthquake of November 28th 1880 in Scotland and Ireland (*Edinburgh Roy. Soc. Proc.*, XI, 176).

[2] On the existence of undisturbed Spots in Earthquake-shaken Areas (*Birmingham Philos. Soc.*, V, Part I, 57).

va traverser l'île d'Arran. Les séismes assez fréquents de Perth et de ses environs sembleraient prouver qu'elle n'est pas encore complètement consolidée, suggestion qu'on peut laisser en suspens, Davison ne la partageant point.

Comrie est de beaucoup la localité la plus instable des Iles Britanniques, et de nombreuses secousses s'y sont produites de 1838 à 1850. D'autres paroxysmes l'avaient déjà ébranlée à d'autres époques, mais moins violemment. Davison [1] pense qu'il ne faut pas attribuer ces séismes à la grande faille bordière du Carbonifèrien qui passe à un mille au Sud de Comrie. Il n'en donne d'ailleurs pas la raison. Du reste, il existe aussi au voisinage des failles obliques parallèles, Loch Earn, Loch Tay et Ben Voirlich, qui sont le théâtre de quelques secousses.

Les Ochill Hills forment un petit district séismique, attribuable à la faille du même nom.

Les Lowlands d'Écosse, ou la dépression des Firth of Forth et Firth of Clyde, sont compris entre la grande faille bordière Aberdeen-Greenock au Nord et une crête irrégulière qui, partant des White Hills, rejoint la mer du Nord par les collines de Lammermuir un peu au N. W. de Saint Abbs Head. Ce district a été déprimé très anciennement, et cet ancien synclinal a repris son équilibre, car les secousses y sont plutôt rares. Contrairement à l'opinion de Ralph Richardson [2], Davison met les quelques séismes d'Edimbourg en relation avec les nombreuses failles qui s'y croisent et ont été injectées de dykes de trapp. Pour le tremblement de terre du 18 janvier 1889, en particulier, il invoque celle qui va de la tête de la vallée de Logan à North Black Hill.

Quelques secousses agitent les Campsie Hills. On peut les attribuer aux dislocations du Loch Lomond, ou à la grande faille bordière très voisine.

Le district houiller de Kilsyth est parfois ébranlé. En écartant l'hypothèse de secousses par affaissement consécutif au déhouillement, on peut, à la suite de Davison, noter que l'exploitation s'y fait au-dessus d'une faille importante.

En résumé, en ce qui concerne la dépression des Lowlands, il se trouve que cette très ancienne zone d'affaissement, peut-être soumise dans les temps historiques mêmes à de nombreux mouvements

---

[1] On the Comrie earthquake of July 10th 1895 and on the Hade of the southern border fault of the Highlands (*Geol. Mag.* Decade IV, t. III, n° 350, 75).

[2] On the earthquake shocks experienced in the Edinburgh district on Friday, January 18th 1889 (*Scottish geograph. Mag.*, 1889, 135).

positifs ou négatifs, n'en a pas moins acquis une grande stabilité séismique.

Au delà des Lowlands, les derniers fragments de la chaîne calédonienne sont représentés de mer à mer par les Cheviots et les Southern Uplands écossais, dont la stabilité est en rapport avec l'ancienneté d'un plissement d'âge très reculé. A peine quelques séismes du Dumfriesshire peuvent-ils être attribués, non comme le fait Davison [1], à une faille encore inconnue, mais peut-être à la faille bordière des terrains carbonifériens des Lowlands, qui a forcé la Nith à la couper deux fois, indice de profondes dislocations.

D'une façon générale, l'Irlande est constituée par une dépression centrale, la basse plaine du Shannon, correspondant exactement aux Lowlands d'Écosse, et qu'encadrent deux massifs montagneux. Celui du Nord est un fragment nettement calédonien, dont l'effondrement atlantique se révèle par les fjords de l'Ouest dans le Donegal et le Mayo, tandis que d'immenses nappes basaltiques tertiaires recouvrent l'Antrim et sont la suite de celles des Hébrides et de l'Atlantique septentrional, démantelées par l'érosion marine et l'affaissement pléistocène qui a ouvert le canal du Nord. Des mouvements récents se seraient produits au Lough Neagh et au Lough Stranford. Mais toutes ces vicissitudes ont laissé l'Irlande parfaitement à l'abri des tremblements de terre.

Le Sud de l'Irlande, où se font sentir quelques rares secousses, mérite une mention toute spéciale. C'est qu'à l'Est les comtés de Wicklow, Carlow et Wexford appartiennent au domaine des plissements de la chaîne calédonienne, tandis que dans le Sud-Ouest ceux de Cork et de Kerry sont affectés de plis armoricains et font partie de la chaîne du même nom. Si ces derniers jouaient un rôle séismogénique, il faudrait en dire autant des premiers, ce que leur ancienneté rend improbable par analogie avec ce qui se passe ailleurs. Il vaut donc mieux réserver l'avenir des recherches, en ce qui concerne l'origine des séismes qui agitent parfois les deux systèmes de plis.

En Angleterre, les territoires calédoniens se réduisent au Lake District et au Pays de Galles à l'Ouest d'une ligne irrégulière joignant les embouchures de la Mersey et de la Severn, mais à l'exclusion de la bande houillère littorale du canal de Bristol au Sud d'une ligne allant des Marlborough Hills à la baie de Saint Bride dans le Pembrokeshire. Ce massif cambrien et silurien est relevé à l'Ouest sur la mer d'Irlande, et les plissements calédoniens qui l'affectent sont

---

[1] The Carlisle earthquake of July 1901 (*Quart. journ. of the geol. soc.*, LVIII, 371, 1902).

parallèles à ceux des Highlands dans les comtés d'Anglesey, de Caernarvon et de Merioneth ; ils s'infléchissent progressivement vers l'Ouest pour se raccorder dans le Pembrokeshire à ceux de la chaîne armoricaine, le long du canal de Bristol. Des dislocations particulières suffisent à rendre compte des rares séismes du Flintshire, de l'île de Man et du Merioneth. Par contre le comté d'Hereford renferme un centre important d'ébranlement dans le bassin moyen de la Severn, et Davison[1], à propos du grand tremblement du 17 décembre 1896, met en jeu un relèvement de deux anticlinaux siluriens, ceux de Woodstock et de May Hill, respectivement au N. E. et au S. des foyers d'Hereford et de Ross.

Les côtes du Pays de Galles et de l'Angleterre, de Caermarthen à Preston, et celles d'Irlande, de Wexford à Ravensdale, ont été ébranlées, le 19 juin 1903, par un tremblement de terre étudié par Davison[2]. Son foyer était manifestement situé en mer, non loin de l'entrée occidentale du détroit de Bangor. Un choc consécutif, de bien moindre extension, est venu apporter la lumière sur sa genèse. En effet, l'épicentre de ce dernier se trouvait un peu à l'est de Caernarvon, c'est-à-dire sur une faille parallèle au détroit, et qui, d'Aber à Dinlle, affecte le terrain silurien avec un rejet variant de 4 000 à 5 000 pieds. Les deux secousses ont eu leurs aires pléistoséistes allongées sur cet accident, de sorte qu'il n'y a pas à douter que leur origine ne soit liée à la dislocation. C'est, dans l'opinion de Davison, une preuve que la faille se prolonge sous la mer, au moins jusqu'à l'épicentre du choc principal, et il y a tout lieu de le croire. D'autres séismes, anciennement ressentis à Pentir et à Beaumaris, et peut-être même aussi ceux de l'île Bardsey, reconnaissaient vraisemblablement la même origine.

Ici finissent les territoires affectés par les plissements calédoniens, et, sauf des exceptions justifiées par des dislocations plus jeunes, les tremblements de terre n'y présentent aucune importance, ni comme fréquence, ni comme intensité.

2. — La chaîne armoricaine.

Le Sud-Ouest de l'Irlande, dont on a déjà parlé, le Sud du Pays de Galles et la Cornouailles, ainsi que le Devonshire et le Sud de l'Angleterre à l'Ouest d'une ligne allant des Marlborough Hills (à l'Est de

---

[1] *The Hereford earthquake of December 17th 1896* (Birmingham, 1899).
[2] The Caernarvon earthquake of June 19th 1903 (*Quart. journ. of the geol. Soc.*, LX. 1904, 233. London).

Bath) jusqu'à Hastings sur le Pas-de-Calais, sont les débris d'une autre chaîne, un peu plus récente que la ride calédonienne, du vieux continent atlantique, démantelé à la fin du Tertiaire. Plissée après l'époque carboniférienne, elle s'étend en France, en Belgique et dans l'Allemagne moyenne. Le fragment anglais, profondément découpé par le canal de Bristol, est, presque sur toute sa surface, uniformément pénéséismique, beaucoup plus souvent ébranlé que les ruines de la chaîne calédonienne. Les épicentres s'y pressent nombreux, avec ce caractère d'être généralement pauvres en nombre de séismes. On est ainsi amené à ne plus faire intervenir dans la production des secousses des accidents locaux, mais bien un phénomène plus général, qui ne peut être que le plissement.

La vallée de l'Exe limite à l'Est les terrains paléozoïques, surtout dévoniens, de l'Ouest. Le Carbonifèrien constitue le Sud du Pays de Galles, tandis que les terrains secondaires de l'Est masquent les plissements armoricains. De nombreux laccolithes granitiques accidentent la Cornouailles dans le sens même du plissement. Si cette région était seule dans de semblables conditions, il serait peut-être imprudent d'assigner un rôle séismogénique au plissement armoricain ; mais cette opinion est corroborée et rendue plausible par le fait que, sur le continent, les autres fragments de la chaîne reproduisent exactement les mêmes circonstances séismiques et géologiques, de sorte qu'il faut admettre une origine commune à leurs secousses, et celle invoquée paraît bien la seule possible.

Un tremblement de terre, ressenti le 3 mars 1904, est venu, dans une certaine mesure, confirmer ces dernières considérations. Davison[1] en a localisé l'épicentre en mer, à 4 milles environ au sud de Marazion. L'allure de ses isoséistes fait supposer pour l'aire ébranlée un axe parallèle aux filons métalliques exploités dans la presqu'île extrême de la Cornouailles, mais il n'y a pas d'indice qu'une faille sous-marine, affectant le fond de la baie, ait pu donner lieu au séisme. On ne peut non plus, d'après Clément Reid, l'attribuer à des mouvements, affaissements ou éboulements, dans les anciens travaux de mines qui s'étendaient sous la mer, leur position ne correspondant pas à celle du foyer ; d'ailleurs l'aire pléistoséiste atteignait une vingtaine de milles, de Sennen à Helston, distance trop considérable pour ce genre de secousses. Davison pense que ce tremblement de terre est peut-être en relation avec la formation d'un bassin éocène, maintenant immergé sous la Mount's Bay et la partie occi-

---

[1] The Penzance earthquake of March 3rd, 1904 (*Geol. Mag.*, Decade V, I, nᵒˢ 484.487. London).

dentale de la Manche, dont l'existence a fait l'objet des études de
Clément Reid [1]. Cette suggestion explique trop bien les séismes qui
ébranlent simultanément les côtes occidentales de la Manche, Bretagne et Cornouailles, pour qu'on ne l'adopte pas, au moins provisoirement.

L'activité séismique, assez grande dans le Pembrokeshire, atteint
son maximum à Haverfordwest, au contact des plis pré-dévoniens et
post-carbonifériens, où d'importantes et nombreuses failles coupent
la presqu'île. Les secousses de la côte septentrionale du canal de
Bristol jusqu'à la Severn et aux Mendip Hills alignent leurs épicentres parallèlement au plissement, et la même disposition s'étend
à ceux de l'Exmoor [2], de l'autre côté du bras de mer, ce que Davison
explique par la faille des Morte Slates. Le même séismologue met les
épicentres du Nord de la Cornouailles en relation [3] avec une faille
présumée tout en reconnaissant que les aires ébranlées ont leurs
axes allongés parallèlement au plissement, observation suffisant à
justifier l'influence de ceux-ci, sans qu'il soit nécessaire de recourir
à une dislocation encore hypothétique. C'est avec beaucoup plus de
probabilité qu'il attribue ceux de Blisland et de Wendron à des
failles locales. Les séismes de Poole, de la New Forest et de la côte
du Dorsetshire relèvent aussi des mêmes plissements, sans qu'on
puisse nier que les failles de Ridgeway (d'Abbotsbury à Winfrith) et
d'Osmington (au Nord de la baie de Swanage) ne puissent aussi
intervenir. En tout cas, elles affectent un synclinal se prolongeant
peut-être jusqu'en France et qui est la contre-partie de l'anticlinal
passant au Nord de Weymouth. Ici encore, il est difficile d'échapper
à la conclusion que le plissement joue le principal rôle, tant les
épicentres tendent à se disposer parallèlement, circonstance qui se
reproduit aux South Downs de l'autre côté de l'île de Wight.

La baie de Penzance et la côte d'alentour [4] sont assez souvent le
siège de marées anormales et de vagues peut-être d'origine séismique, car certains tremblements de terre, d'épicentres tout à fait
indéterminés, ébranlent à la fois les côtes anglaises et françaises de

[1] On the probable occurrence of an Eocene outlier off the Cornish Coast (*Quart.
Journ. of the geol. Soc.*, LX, 113. London, 1904).

[2] On the Exmoor earthquake of January 23rd 1894, and on its relation to the northern boundary Fault of the Morte Slates (*Geol. Mag.*, Decade IV, III, 553).

[3] The cornish earthquakes of March 29th to April 2nd 1898 (*Quart. Journ. of the geol.
Soc.*, LVI, 1900, 1).

[4] Edmonds. An Account of an extraordinary movement of the Sea in Cornwall,
July 1843, with notices of similar movements in previous years, and also of earthquakes
which have occurred in Cornwall (*Trans. of the Roy. Soc. of Cornwall*, VI, 111, 1846).

la Manche occidentale. On peut y voir sans doute un reste de vitalité des efforts de démantèlement du continent atlantique, qui ont ouvert la Manche dans la basse vallée d'un maître fleuve, la Seine, tronquée à son embouchure actuelle, collectant les eaux de la Cornouailles, de la Bretagne et de la Picardie.

3. — Les plaines orientales anglaises.

Le versant anglais de la mer du Nord est formé par une succession de sédiments, déposés depuis l'époque carboniférienne dans des mers ouvertes vers l'Orient. Ainsi appuyés contre le bord du vieux continent atlantique, c'est-à-dire au pied des chaînes calédonienne et armoricaine qui en formaient l'ossature, ils se présentent en bandes grossièrement parallèles et d'ancienneté croissante de l'Est à l'Ouest. De nombreuses alternances d'émersion et d'immersion en sont toute l'histoire géologique, et en particulier la chaîne pennine, qui coupe l'Angleterre du Nord au Sud entre l'isthme de Solway et Derby, date d'une époque de peu postérieure au Carboniférien; mais les actions extérieures de destruction ne nous ont conservé que de faibles restes de son ancienne splendeur. Son relief est beaucoup plus accentué sur la mer d'Irlande que sur la mer du Nord; aussi la séismicité, d'ailleurs très modérée, y est-elle plus grande à l'Ouest qu'à l'Est. La dernière immersion partielle du versant oriental date de l'époque pléistocène, alors que la mise en communication des deux mers, presque sous les yeux de l'homme, n'a plus laissé subsister qu'un réseau hydrographique tronqué sur la Manche et la mer du Nord.

Cette disposition des bandes sédimentaires en pentes douces et cette architecture tabulaire peu dérangée font prévoir une grande stabilité, que confirme l'observation en dépit de nombreuses traces, sur les côtes, de mouvements positifs et négatifs très modernes.

Sur le versant de la mer d'Irlande, les domaines des plissements calédoniens et armoricains (ou hercyniens) ont laissé subsister à l'Ouest de la chaîne Pennine, et entre le High Peak et Bradshaw Hill, une lacune : territoire carboniférien et triasique au Sud, appartenant donc géologiquement, sinon géographiquement, aux plaines orientales, tandis qu'au Nord s'étend le pittoresque District des Lacs. Les mouvements qui ont relevé la pénéplaine orientale vers l'Ouest ont d'autant plus disloqué les terrains qu'ils étaient plus rapprochés de l'obstacle — ici, la chaîne calédonienne — dont ne subsistent que les débris, et c'est pour cela que les séismes sont moins rares à l'Ouest, du côté où le relief est aussi le plus accentué.

Les secousses sont relativement assez fréquentes dans le Carboniférien de Manchester et le Trias du Lancashire. Dans chaque cas particulier, des dislocations locales ne manquent pas pour les expliquer d'une manière plausible. Ainsi la faille de l'Irwell, s'étendant sur 20 milles de Poyton à Bolton avec un rejet d'au moins 1 000 mètres en certains endroits, est considérée par Davison comme jouant un rôle dans les séismes du district houiller de Pendleton, d'ailleurs très disloqué par d'autres accidents.

Le pays des Lacs, au squelette éruptif ancien, s'étend sur l'Ouest des comtés de Cumberland et de Westmoreland. C'est un bloc cambrien et silurien, émergeant des grès rouges triasiques et permiens et du Carboniférien. Il est coupé par de profondes entailles qui amènent bien au-dessous du niveau de la mer le fond des lacs linéaires, aux bords abrupts, qui les remplissent. En particulier, les Lochs Windermere et Thirlmere se prolongent l'un et l'autre de chaque côté du massif, dont ils sont la plus importante ligne séismique, d'après la distribution des épicentres sur cette longue fracture diamétrale.

On a déjà dit que le versant oriental de la chaîne Pennine est très stable, et il y a peu d'observations intéressantes à y faire. Aux environs de Birmingham, un petit groupe d'épicentres doit sans doute son existence aux dislocations du Carboniférien, sinon plissé, du moins relevé contre la chaîne Pennine, et Davison[1] attribue les séismes de Leicester à des mouvements d'une faille anticlinale précarboniférienne, hypothèse assurément risquée, en raison même de la grande ancienneté de cette faille, à moins qu'elle ait rejoué à une époque postérieure, ce que nous ignorons.

Davison, à propos d'un séisme du 21 juin 1904, est revenu de nouveau sur les tremblements de terre de Leicester[2] pour confirmer son opinion antérieure relative au rôle séismogénique de la faille de Woodhouse-Eaves, qui n'affecte pas le Trias. Si l'ancienneté de cet accident ne permet pas d'admettre, sous forme de séismes, un reste de vitalité des efforts tectoniques auxquels il doit naissance, il n'est cependant pas trop risqué de supposer, remarque applicable à beaucoup de cas analogues, que, par manque d'équilibre le long de la

---

[1] On the Leicester earthquake of August 4th, 1893 (*Proc. of the roy. Soc.*, LVII, 87).

[2] The Leicester earthquakes of August 4th, 1893, and June 21st, 1904. (*Quart. journ. of the geol. Soc.*, LXI. 1. London, 1905).

dislocation, ou par toute autre cause, des mouvements se produisent encore de nos jours le long des deux lèvres de la faille en donnant lieu à des séismes. Il est bien évident qu'une certitude absolue ne pourrait s'obtenir qu'au moyen d'observations directes telles que celles instituées à la faille de Ridgeway dont on a parlé dans l'introduction.

Comme capitale, Londres a certainement enregistré à tort et à son seul profit beaucoup de secousses venant d'ailleurs, mais non signalées en d'autres points et qui n'y avaient pas leurs épicentres. Ce foyer d'ébranlement est donc plus apparent que réel, et doit être rattaché, soit aux plissements armoricains des Downs, soit aux dislocations transversales du bombement wealdien, dont une faille, celle dite de Medina, semble jouer un rôle important pour les séismes de l'île de Wight. C'est dans ce sens seulement qu'on peut se rallier à l'opinion de O'Reilly (*l. c.*) d'après lequel une ligne séismique traverse l'Angleterre sud-orientale en reliant la côte méridionale du Pays de Galles à l'embouchure de la Somme, conformément aux idées de Godwin-Austin qui, dès 1855, soupçonnait la continuité des couches de houille jusque sous Londres et ses environs. Dès lors, les quelques tremblements de terre de ces parages relèveraient encore plus clairement des plissements armoricains. De cette façon, il y aurait aussi continuité avec le district séismique du bassin houiller franco-belge, par-dessous la Manche, simple et peu profonde tranchée ouverte à une époque très récente entre la France et l'Angleterre, au travers de terrains qui se correspondent exactement de rive à rive.

Le tremblement de terre du 22 avril 1882 dans l'est de l'Angleterre a été l'objet de travaux importants et Rockwood[1] résume la communication faite en mars 1885, à l'Essex Field Club, par Meldola et White, en rapportant que, d'après ces savants, le séisme a été produit par la décompression des roches profondes.

---

[1] An account of the progress in Vulcanology and Seismology in the year 1885 (*Smithsonian Rep. for 1885*, N° 634. Washington, 1886).

CHAPITRE III

L'EUROPE MOYENNE. DE L'ATLANTIQUE A LA SILÉSIE

Le trait dominant de la géographie, et en même temps de la géologie de l'Europe centrale, ou plutôt moyenne, est la chaîne des Alpes, résultat d'un grand plissement tertiaire qui en a continué plusieurs autres plus anciens, et de sa contre-partie l'effondrement contemporain de la dépression méditerranéenne. Au Nord et en avant de ces deux grands accidents parallèles se dresse une série de massifs, ou de horsts, archéens et primaires, qui, de la Bretagne à la Meseta ibérique, s'étendent de l'Ouest à l'Est jusqu'à la Bohême, sans compter d'autres plus orientaux jusqu'à l'Oural, qui seront étudiés ailleurs. Ils ont fait obstacle aux mouvements alpins et ont protégé contre le plissement les sédiments primaires, secondaires et tertiaires déposés dans leurs intervalles et en avant d'eux jusqu'à la Manche, la mer du Nord et la Baltique. Mais s'ils ont eux-mêmes supporté, en général, l'effort des plissements armoricains, ou hercyniens, ils n'en ont pas moins conservé la situation d'îles au milieu des mers changeantes qui, à diverses époques géologiques, baignaient leurs pieds et s'avançaient ou se reculaient alternativement. L'ancienneté des plissements, ou l'architecture tabulaire des sédiments séparant les massifs, expliquent pourquoi ces territoires échappent aux désastres séismiques, tout en étant, ici ou là, le théâtre de tremblements de terre ordinairement modérés, par endroits fréquents, mais rarement sévères.

On ne peut dire d'une façon absolue que les plissements tertiaires n'aient pas atteint ces régions. En particulier, les Pyrénées ont surgi à la suite d'un plissement de l'époque éocène, c'est-à-dire antérieurement aux mouvements alpins, qui ont atteint leur apogée au Miocène. Il est donc plus naturel d'étudier les Pyrénées avec le géosynclinal méditerranéen, quoique cette chaîne n'en fasse point strictement partie, et aussi la Meseta ibérique avec l'Europe moyenne parce que, si elle est séparée des autres massifs homologues, son histoire géologique n'en est pas moins absolument identique.

Dans ces pays d'ancienne et haute culture, les renseignements séismologiques abondent, quoique des études systématiques ne fassent que commencer à y être organisées çà et là. La répartition des tremblements de terre y est donc connue d'une manière très satisfaisante, comme on le verra progressivement par la mention en temps et lieu des principaux catalogues régionaux, en particulier celui de Perrey [1] pour la France et les Pays-Bas.

1. — **Bretagne, Cotentin et Vendée**.

Le massif armoricain, Bretagne, Cotentin et Vendée, est assez stable dans son ensemble, et les épicentres, plus nombreux que riches en secousses, se montrent surtout aux extrémités orientales des deux grands anticlinaux qui en forment l'ossature, tandis que le synclinal intermédiaire n'en renferme presque pas. Cette stabilité générale relative s'explique, puisqu'il s'agit là d'un horst d'ancienne consolidation, à peine dérangé pendant les périodes secondaire et tertiaire.

L'anticlinal du Nord présente un essaim d'épicentres autour de Brest et ils reparaissent nombreux aux environs de Saint-Malo ; les îles normandes elles-mêmes sont assez fréquemment ébranlées. Cet anticlinal, surtout archéen, est à peu près parallèle à une ancienne ligne éruptive Tréguier-Jersey, qui accuse une ligne de moindre résistance, dont l'existence est évidemment liée au plissement post-carbonifère. On est ainsi amené à penser que l'alignement des épicentres aux deux extrémités de l'anticlinal n'est pas fortuit et résulte des mêmes causes profondes que la ligne éruptive et le plissement. Les efforts qui ont ouvert la Manche, ont commencé à une époque assez ancienne, mais se sont continués tardivement, alors qu'elle formait la basse vallée d'une grande Seine prolongée vers l'Ouest. Il n'est donc pas étonnant que ces actions aient aussi pu laisser trace sous forme de séismes. Ce qui rendrait assez plausible cette dernière suggestion, ce sont les secousses qui agitent également les côtes anglaises et françaises sans que l'on sache exactement d'où ils émanent : leur origine est peut-être en pleine Manche. Ces efforts se manifesteraient donc encore maintenant surtout dans l'angle du golfe de Saint-Malo et vers la racine du Cotentin. Ce serait un argu-

[1] Mémoire sur les tremblements de terre ressentis en France, en Belgique et en Hollande depuis le ıvᵉ siècle de l'ère chrétienne jusqu'à nos jours (*Mém. Ac. de Bruxelles*, XVIII, 1844).

H. Duchaussoy. Les tremblements de terre en Picardie (*Bull. soc. linnéenne du Nord de la France*, XI, nᵒˢ 254, 305, 1893. Amiens).

ment en faveur de l'augmentation, pendant les temps historiques
mêmes, de la surface marine dans ces parages, mouvements d'ailleurs
contestés par certains auteurs. On aurait dès lors une série de quatre
phénomènes successifs, dérivant depuis les temps les plus reculés
d'une même origine tectonique : éruptions cambriennes des îles nor-

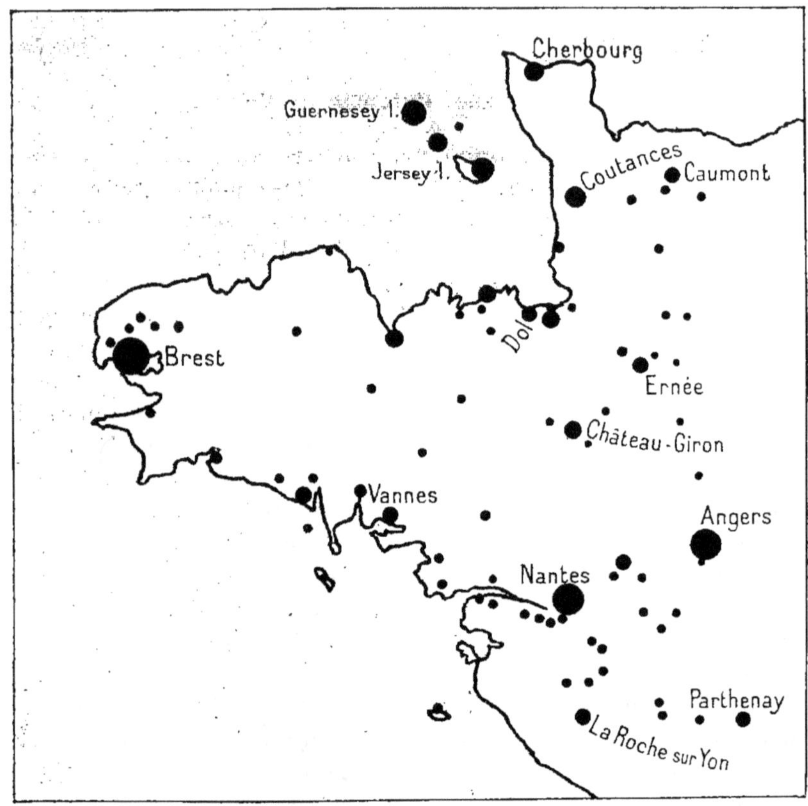

Fig. 4. — Bretagne, Cotentin et Vendée.

mandes et du Trégorois, plissement post-carboniférien, affaissement
ultérieur et enfin séismes actuels.

Les épicentres se disposent à peu près de la même manière sur
l'anticlinal du Sud de la Bretagne, et ils accompagnent fidèlement
l'épanouissement en éventail que les plissements présentent en
Vendée. Cette simple remarque corrobore donc fortement la communauté d'origine tectonique. Au Nord de la Loire, vers le Sillon
de Bretagne, les épicentres se présentent avec une densité notable-

ment moindre qu'au Sud, phénomène qui se retrouvera dans l'Erzgebirge où les grands filons de quartz de ses pentes méridionales sont entourés de véritables oasis de repos au milieu d'un district très fréquemment ébranlé.

Les séismes vendéens ne sont pas seulement en relation, au moins certains d'entre eux, avec le plissement hercynien, mais au S. E. ils paraissent dépendre aussi de la faille de Vouvant, grâce à laquelle les agents de destruction ont respecté les petits bassins houillers qui s'échelonnent de Chantonnay au lac de Grandlieu. Cette dislocation se prolonge jusque dans la rade des Coureaux de Belle-Ile, ébranlée récemment. On sera d'autant moins surpris de lui voir jouer un rôle séismogénique que, d'après Barrois[1], elle aurait eu un second mouvement post-crétacé. D'un autre côté elle présente à très peu de chose près la direction du plissement de la Cornouailles bretonne. On peut donc la considérer comme un effet concomitant du plissement, de sorte que l'attribution des séismes à la faille ne change pour ainsi dire rien, quant aux causes profondes des trois ordres de phénomènes successifs : plissements, faille et séismes, tout comme cela s'est présenté pour l'anticlinal du Nord avec les épanchements éruptifs en plus et l'affaissement de la Manche aux lieu et place de la dislocation vendéenne.

Le foyer d'ébranlement de la basse Loire est oblique par rapport au plissement hercynien. Or il s'agit là d'un ancien golfe tertiaire, non seulement asséché par colmatage, mais encore soulevé à une époque très récente. Il y a eu autour de l'estuaire, et même plus en amont, une série de mouvements récents de sens contraires qu'il n'est pas étonnant de voir se perpétuer sous la forme atténuée de séismes.

Avec le foyer séismique assez important d'Angers et d'Ancenis[2], on retombe sur l'extrémité des plissements hercyniens. D'ailleurs le Silurien est ici très disloqué, et un long bassin houiller (Ancenis-Chalonnes) fait retrouver en partie les conditions séismogéniques de la Vendée.

2. — Plateau Central français.

Cette région se définit d'elle-même. Sauf l'enclave jurassique des Causses au Sud et le petit massif annexe, mais pour ainsi dire indé-

[1] Répartition des îles méridionales de la Bretagne et leurs relations avec les failles d'étirement (*Ann. soc. géol. du Nord*, XXVI, 2. Lille, 1897).

[2] Perrey. Notice sur les tremblements de terre ressentis à Angers et dans le département de Maine-et-Loire (*Bull. soc. industr. d'Angers*, n°⁵ 4 et 5. 15ᵉ année, 1844).

pendant du Morvan au Nord, elle constitue une division bien naturelle à tous les points de vue. Assurément son histoire géologique n'est point simple, mais au milieu des nombreuses vicissitudes qu'elle a subies domine le fait caractéristique de n'avoir jamais depuis les temps les plus reculés été complètement immergée, et de représenter un important fragment de la grande chaîne hercynienne de l'Europe moyenne, témoin réduit à l'état de pénéplaine disloquée et de toutes parts entourée de sédiments secondaires et tertiaires formant les golfes profonds des Causses au Sud et de la Limagne au Nord.

Les séismes y sont très rares et peu intenses, comme on devait s'y attendre pour un massif resté fixe, au centre de la France si souvent bouleversée.

Si l'on part du Midi, on voit que la Montagne Noire est absolument aséismique ; cela s'explique, car elle a résisté aux mouvements pyrénéens qui ont poussé contre sa bordure méridionale les sédiments du Languedoc auxquels elle a servi de butoir, et précisément on ne connaît là qu'un point, Bédarieux, où quelques secousses rappellent vraisemblablement les effondrements, conséquences ultérieures de cette poussée venant du Midi.

L'absence de tout plissement rend bien compte de la parfaite stabilité des Causses. Cette observation mérite d'être relevée, car la structure karstique passe pour être éminemment favorable à la séismicité ; mais il y faut en plus l'architecture plissée, comme dans l'Europe sud-orientale, ainsi qu'on le verra plus loin. Le manque de tremblements de terre dans les Causses montre aussi qu'on a exagéré le rôle séismogénique des éboulements par dissolution, phénomène qui s'y produit sur une grande échelle, et dont l'étude a conduit de Martel à la création d'une véritable science autonome, la Spéléologie.

Le Plateau Central montre sa plus importante région séismique, bien modérée toutefois, le long d'une longue zone Nord-Sud s'étendent de Montluçon et Montmarault à Saint-Flour et Langeac. Il ne saurait être là exclusivement question de plissements comme cause séismogénique, parce que si une telle origine peut être à la rigueur invoquée pour la partie nord de la traînée houillère très plissée qui s'étend de Champagnac et Mauriac à Commentry, il n'en est pas moins vrai que les séismes ne se font pas sentir dans sa partie méridionale. La même raison semble aussi devoir faire exclure la faille qui accompagne à l'ouest cette remarquable série de petits bassins, déposés, pense-t-on, dans une coupure analogue au Canal Calédonien.

On ne peut plus faire intervenir l'activité volcanique, car elle ne coïncide que très partiellement avec la zone séismique. Seules les secousses de Mont-Dore pourraient reconnaître cette cause. La même raison s'applique évidemment à la faille séparant la Limagne tertiaire du socle granitique de la chaîne des Puys d'Auvergne, et à laquelle on ne pourrait attribuer avec quelque probabilité que les rares secousses de Riom et de Clermond-Ferrand, qui justement présentent un caractère nettement linéaire. Les chocs ressentis à Pontgibaud et à Chantelle ne peuvent être en relation avec la coupure de la Sioule, simple vallée d'érosion sans caractère tectonique. Bref, la zone séismique en question est vraisemblablement d'origine multiple et diverse, et les causes possibles signalées toutes également en faible activité.

Le Puy est un centre assez notable d'ébranlement. Reste de la puissante activité volcanique du Velay, continuée jusqu'au pléistocène après son maximum pliocène, ou suite du mouvement d'affaissement du bassin lacustre tertiaire? On ne saurait guère prendre parti. La seconde interprétation a cependant pour elle la stabilité parfaite de la plus grande partie de la chaîne volcanique des Puys, du Cantal et de l'Aubrac. D'un autre côté, les autres bassins lacustres analogues, Limagne, Bourbonnais, Roannais, Forez, etc., sont entièrement aséismiques, de sorte que les secousses du Puy restent sans explication nette.

Quelques séismes ont affecté le bord oriental du Morvan, autour des bassins houillers. De nombreuses dislocations peuvent en rendre compte, mais le remarquable faisceau de plis hercyniens, qui s'étendent de Saint-Étienne et Vienne à Semur et Avallon, ne peut guère en être rendu responsable. On notera la stabilité de tous ces bassins houillers, en opposition avec les tremblements de terre qui agitent ceux du Nord, déposés dans un grand géosynclinal carbonifèrien.

A plusieurs reprises, tout le massif central a été secoué par des tremblements de terre de grande extension, mais dont les épicentres sont tout à fait indéterminables. Il semblerait s'agir là de mouvements d'ensemble, de cause profonde, au sujet desquels on ne peut, en l'état actuel de nos connaissances, émettre aucune suggestion défendable sans hypothèse risquée.

3. — La Meseta ibérique.

La Meseta ibérique, archéenne et primaire, fait de l'autre côté des Pyrénées le pendant du Plateau Central français. Sa place est

donc tout à fait indiquée ici, en dépit de la séparation produite par la
chaîne. Sauf le golfe tertiaire de l'embouchure du Tage, dont il sera
question ailleurs, la Meseta occupe tout le versant atlantique de la
péninsule entre les caps Finisterre et Saint Vincent ou Saõ Vicente.
Son bord méridional suit la côte des Algarves, puis domine l'Andalousie par la grande dislocation de la Sierra Morena jusqu'à
Albacete, tandis que sa bordure orientale rejoint le milieu de la côte
cantabrique, après avoir lancé au N. E. le long rameau de la Sierra
Guadarrama. Elle est ainsi pénétrée par les couches miocènes
lacustres de la vieille et de la nouvelle Castille, qu'à cause de leur
stabilité commune avec elle on lui adjoindra, en dépit de la différence de constitution. Ainsi comprise, la Meseta ibérique englobe
toute la presqu'île moins la vallée de l'Ebre, la Catalogne et les
Pays Basques, dépendances des Pyrénées, l'embouchure du Tage et
l'Espagne du S. E. au delà de la grande dislocation de la Sierra
Morena, territoires qui, ainsi qu'on le verra, appartiennent au géosynclinal méditerranéen. Elle comprend toutes les parties non plissées récemment, c'est-à-dire tout ce qui ne dépend pas de la chaîne
bétique ou des Pyrénées. Ses derniers plissements n'ont affecté que
le Stéphanien et par ailleurs elle est restée intacte sauf quelques
effondrements tertiaires locaux.

La majeure partie des granites est de l'époque carboniférienne, et,
d'une façon générale, les couches postérieures reposent en discordance sur celles anciennement plissées de cette période. Le bord
occidental montueux de la Meseta tombe sur le fond de l'Atlantique
par un raide talus jusqu'à l'isobathe de 2 000 mètres, fort rapprochée
de la côte. C'est l'indice que ces territoires, dès longtemps soumis à
la dénudation et à l'érosion, se sont relevés assez lentement vers
l'Ouest pour que les cours d'eau dirigés de l'Est à l'Ouest aient eu
le temps de creuser profondément leurs lits au travers du massif
graduellement soulevé. Dans ces conditions, il était à supposer que
l'ancien massif ne pouvait être que pénéséismique tout au plus, et
c'est bien ce que confirme l'observation.

Quelques secousses agitent la Galice et le Portugal, le long de la
tranche relevée et coupée par la pente océanique. D'autres, bien plus
remarquables par leur extension que par leur intensité, ébranlent
parfois toute l'Espagne. On doit y voir une réminiscence des mouvements d'ensemble qui ont gauchi toute la Meseta, et elles sont à
rapprocher des secousses analogues du Plateau Central français. Dans
le centre, Madrid est assez souvent le siège de tremblements de
terre et les anciens chroniqueurs en relatent de sévères pour Tolède ;

les deux capitales n'en sont évidemment pas les véritables épicentres, et si l'on se reporte à la série des secousses de 1848 dans
la Sierra d'Albarracin ou de Tremedal, on sera porté à attribuer
toutes ces secousses aux énergiques plissements des zones jurassiques, grossièrement parallèles à la rive droite de l'Ebre, qui
s'étendent au S. E. de Burgos, à peu près perpendiculairement à la
Sierra de Guadarrama. Les monts Cantabriques, anciennement plissés
et coupés net au bord du golfe de Gascogne, sont restés stables.

4. — Le bassin parisien.

On comprend sous cette dénomination, assurément impropre mais
fixée par un long usage, un ensemble de territoires figurant autour
de Paris une série d'auréoles sédimentaires, secondaires et tertiaires,
plus ou moins régulières, et dont les couches superficielles, formant
des cuvettes concentriques, sont d'autant plus jeunes qu'on se rapproche davantage du centre. On leur adjoint jusqu'à la Charente le
détroit poitevin, entre la Vendée et le massif central français, et on
les limite à l'Est à la Saône, aux Vosges, aux Ardennes et au bord
du bassin houiller franco-belge jusqu'à Boulogne. Cet ensemble est
donc bien naturel, puisqu'il renferme les régions sédimentaires postérieures aux temps primaires et qui ont échappé aux mouvements
pyrénéens et alpins de l'époque tertiaire.

Relativement à la séismicité générale de la France, le détroit poitevin est assez instable. C'est un ensellement résultant de l'affaissement de l'ancienne pénéplaine hercynienne entre les horsts de la
Vendée et du Limousin avec pentes latérales remontant vers l'un
et l'autre et déclivité transversale vers la Charente et la Loire. Les
sédiments secondaires sont affectés de plis hercyniens posthumes,
souvent rompus en failles autour d'îlots jurassiques, ou même de
lambeaux plus anciens, et leur direction S. E.-N. W. les rattache
aux plis vendéens. Comme plis et séismes s'arrêtent au S. E contre
le massif central stable, les premiers paraissent bien donner naissance aux seconds.

La Charente forme à peu près la limite entre le Jurassique du Nord
et le Crétacé du Sud, entre les plissements hercyniens du Poitou et
pyrénéens du Périgord. C'est donc une limite judicieusement choisie.
A vrai dire, un de ces derniers plis franchit le fleuve à Angoulême,
mais comme sa partie méridionale est aussi stable que ses pareils,
ce foyer d'ébranlement ne peut lui être attribué. Ce sont donc bien
les plissements hercyniens qui jouent ici le rôle séismogénique et

continuent la région vendéenne d'instabilité. L'île d'Oléron est aussi affectée d'un plissement aquitanien, mais elle appartient nettement au centre séismique de la Rochelle, qui dépend des plissements hercyniens.

La région pénéséismique poitevine s'étend, en augmentant de stabilité, jusque vers l'Indre, d'Azay à Châtellerault et à La Châtre. Elle se soude ensuite à celle d'Angers par Saumur, Poincé et Louerre, de sorte qu'on peut lui assigner la même origine. Il faut maintenant aller loin dans l'Est pour rencontrer un district quelque peu exposé aux tremblements de terre ; c'est celui compris entre Arnay-le-Duc, Dijon, Dampierre-sur-Vingeanne, Bourbonne-les-Bains et Saint-Blin, c'est-à-dire à cheval sur la ligne de partage des eaux entre la Seine et la Saône ; on peut en signaler en passant la parfaite stabilité des champs de fracture du Sancerrois, du Nivernais et du Bourbonnais. On voit aussi que si la chute en échelons de la Côte-d'Or par failles successives sur la vallée de la Saône n'a pas laissé de traces de mobilité sous forme de séismes, c'est probablement qu'elles sont trop anciennes puisqu'elles n'ont pas affecté le Tertiaire supérieur.

Ce nouveau district séismique est caractérisé par les très nombreuses secousses et détonations relatées à Bourbonne-les-Bains en avril et mai 1861[1], avec quelques chocs consécutifs jusqu'en août 1862. Le régime thermal a été momentanément troublé, et un affaissement aurait même été observé à un kilomètre et demi, près de la route de Neuchâteau. Les plus fortes secousses, celles du 19 et du 22 avril, sont restées locales et n'ont pas ébranlé plus de 330 kilomètres carrés. On est donc fondé à les attribuer aux dislocations des vallées de l'Apance et de son affluent le ruisseau de Borne, avec lesquelles l'appareil thermal est en relation directe. Les autres centres d'ébranlement à l'ouest de Bourbonne sont peut-être en relation avec les affaissements locaux de la façade jurassique moyenne et supérieure, à la faveur desquels le plateau de Langres tombe sur la vallée de la Saône et qui ont facilité, comme l'a montré Barré[2], l'allure conquérante du Salon, de la Vingeanne et de la Tille, poussant leurs têtes sur le versant occidental par déplacement de la ligne de faîte physique.

Poussant toujours vers l'Est, on rencontre le district séismique de Plombières et Remiremont, ou de la Haute-Moselle, avec affaiblisse-

---

[1] Cabrol et Tamisier. Relation des tremblements de terre ressentis à Bourbonne-les-Bains (Haute-Marne), du 26 mars au 25 mai 1861 (*Ann. Soc. mét. de France*, IV, 143, 1861.

[2] *L'architecture du sol de la France*. Essai de géographie tectonique (Paris, 1903).

ment progressif vers le Nord jusqu'à Nancy et Metz même. Cette région, d'ailleurs peu instable, s'étend vers les Vosges à Saint-Dié et Gérardmer. Elle fait donc le pendant très réduit de celle de la plaine alsacienne, dont elle est symétrique par rapport au massif des Vosges cristallines. Or, de part et d'autre de ce massif, les sédiments secondaires sont tombés par paquets successifs, séparés par des failles longitudinales. On verra plus loin comment cette disposition explique l'instabilité de la plaine rhénane, et cette explication reste valable de ce côté des Vosges, avec cette restriction que la chute beaucoup plus accentuée à l'Est a, de ce même côté, déterminé aussi une instabilité beaucoup plus grande, de telle sorte que la loi de la séismicité croissante avec la raideur des pentes trouve là, non seulement une confirmation, mais aussi une justification en rapport avec l'amplitude des déplacements verticaux.

En ce qui concerne Bourbonne-les-Bains et Remiremont, une remarque s'impose. Ces deux districts séismiques sont séparés par la vallée du Coney, et en outre le premier correspond à l'Apance et à l'Amance. Or, tous ces affluents de la Haute-Saône forment le réseau hydrographique d'une dépression due à un affaissement tertiaire, et, justement, ce mouvement a atteint son maximum dans la vallée intermédiaire du Coney. Les séismes de ces deux régions ne représenteraient-ils pas, dès lors, un reste de vitalité de ce mouvement? Au contraire l'extrémité occidentale du district de Bourbonne s'étend, jusqu'à Dompierre-sur-Vingeanne, sur un compartiment relevé comprenant les têtes de l'Amance, du Salon et de la Vingeanne. Que ces mouvements en sens contraires jouent encore un rôle séismogénique c'est là une question réservée aux études des séismologues de l'avenir.

Un très petit groupe d'épicentres autour de Soissons n'a pas de signification géologique déterminée.

Deux autres foyers très secondaires correspondent respectivement à la rive gauche de l'embouchure de la Somme et à la rive droite de celle de la Seine, ce dernier le plus notable. Ces deux thalwegs parallèles et importants coïncident avec deux brusques changements de direction de la côte, indice de vicissitudes considérables qui laissent cependant planer une grande indécision sur les causes séismogéniques à invoquer. A noter en passant qu'un célèbre accident du voisinage, la boutonnière du pays de Bray, est dénué de toute mobilité. Deux tremblements de terre ayant ébranlé ces parages maritimes sont restés célèbres, ceux du 6 avril 1580, fort sévère, et celui de septembre 1671, le premier surtout, à cause d'une intensité vraiment anormale en France. Ils ont agité de longues étendues de côtes, le premier plus encore que le second, de sorte qu'on peut supposer leur origine sous la Manche, mais dans une position indéterminable faute de renseignements suffisants. Il se pourrait même que les secousses mentionnées près de l'estuaire de la Somme dépendissent en réalité de la région pénéséismique du bassin houiller franco-belge [1]. Les plissements hercyniens pourraient jouer ici le même rôle que plus au Nord. Simple suggestion provisoire qu'il appartiendra à l'avenir de confirmer ou non.

On rencontre enfin quelques épicentres dans l'ouest du Calvados et autour de Caen. Il s'agit là de la bordure orientale de la région pénéséismique armoricaine. On peut donc provisoirement invoquer aussi les plissements hercyniens, et la présence de petits bassins houillers n'est pas pour diminuer la probabilité de cette hypothèse.

Le reste du bassin parisien est extrêmement stable et il n'y a pas lieu de s'arrêter aux six secousses connues pour Paris, et dont l'origine vraie doit être considérée comme inconnue. Il y a plutôt lieu de s'étonner qu'en raison même de l'ancienneté de cette capitale, il n'en ait pas été mentionné davantage. Ce nombre prouve à lui seul l'aséismicité de cette partie du bassin. Trois séismes de Sainte-Colombe dans l'Yonne n'ont pas plus de signification.

L'aséismité du bassin parisien doit attirer l'attention, car elle semble en contradiction avec des mouvements séculaires d'ensemble, attribués, d'après certains travaux, à une surface notable du territoire de la France, et dont cette région fait partie.

En 1888, le colonel Goulier a, dans une notice publiée par la commission centrale du nivellement de la France (Min. des Travaux Publ. *Lois provisoires de l'affaissement d'une portion du sol de la France*), comparé les résultats du nivellement général, dit de Bourdaloue (1857-1863), avec ceux du nivellement de précision commencé en 1884, et cela, plus spécialement, pour une bande comprise entre Marseille et Lille. Il a trouvé que l'écart des deux séries d'observations augmente régulièrement du Sud au Nord, pour atteindre 0,78 m. à Lille, et que les courbes d'égale discordance manifestent un basculement autour d'une courbe fixe, ou neutre, passant près de Marseille, Cette et Cahors. Cette thèse n'a point été acceptée à la Société géologique de France, où l'on a fait valoir la petitesse de la perturbation totale et la possibilité qu'elle dérive seulement d'erreurs

---

[1] A Saigneville, à un petit nombre de kilomètres de l'embouchure, des sondages s'effectuent en ce moment même, et apparemment avec succès, pour retrouver les couches de houille.

systématiques. Van den Broeck[1] a repris la question, et il est arrivé aux conclusions suivantes : « La constitution géologique de la région étudiée montre, au premier coup d'œil, une remarquable corrélation, non seulement avec la forme serpentante et sinueuse du thalweg de l'immense vallée d'effondrement séculaire constaté entre Marseille et Lille, mais encore avec toutes les prétendues irrégularités et les traits caractéristiques de la disposition des courbes tracées le long et sur les deux côtés de ce thalweg d'affaissement, et cela sans exception. Il ressort clairement de cette juxtaposition que les massifs des chaînes de roches cristallines, surtout les plus anciennes, forment comme des horsts, ou butoirs, contrariant le phénomène d'affaissement et le faisant géographiquement évoluer, par contournement de ces massifs, entre lesquels les dépôts plus ou moins meubles des terrains secondaires et tertiaires ont subi l'affaissement si clairement dénoté par les courbes du colonel Goulier. Il ressort aussi que cet affaissement des dépôts secondaires et tertiaires paraît causé non seulement par un simple affaissement ou tassement de ces dépôts, relativement peu durcis et cohérents, mais par le rapprochement des massifs cristallins, ou butoirs, entre lesquels ils sont enclavés. »

Sans qu'il soit nécessaire d'entrer davantage dans le détail des observations de Van den Broeck, il a paru intéressant de rechercher si la courbe, en forme de thalweg, autour de laquelle les courbes d'égale discordance entre les deux nivellements se retournent, présente avec la distribution des épicentres, entre la Méditerranée et la Manche, la corrélation que les conclusions, précédemment rappelées, semblent appeler nécessairement. Or il n'en est rien, le thalweg est absolument indépendant des régions à tremblements de terre, qu'il évite même de la plus complète façon. De la sorte, le groupement des épicentres n'apporte aucun appui à la réalité des observations du colonel Goulier, et il montre l'indépendance des bradiséismes et des séismes, à supposer réelle l'existence des premiers phénomènes, que cette indépendance même tend à faire, à elle seule, révoquer en doute.

5. — Nord de la France, Belgique et Hollande, Westphalie et plateau rhénan.

Cette vaste région a pour limite méridionale le bord sud du

[1] Affaissement du sol de la France. Preuves géologiques à l'appui des observations du colonel Goulier (*Pr. V. soc. belge de géol. paléont. et hydrol.*, V, 13, 1891).

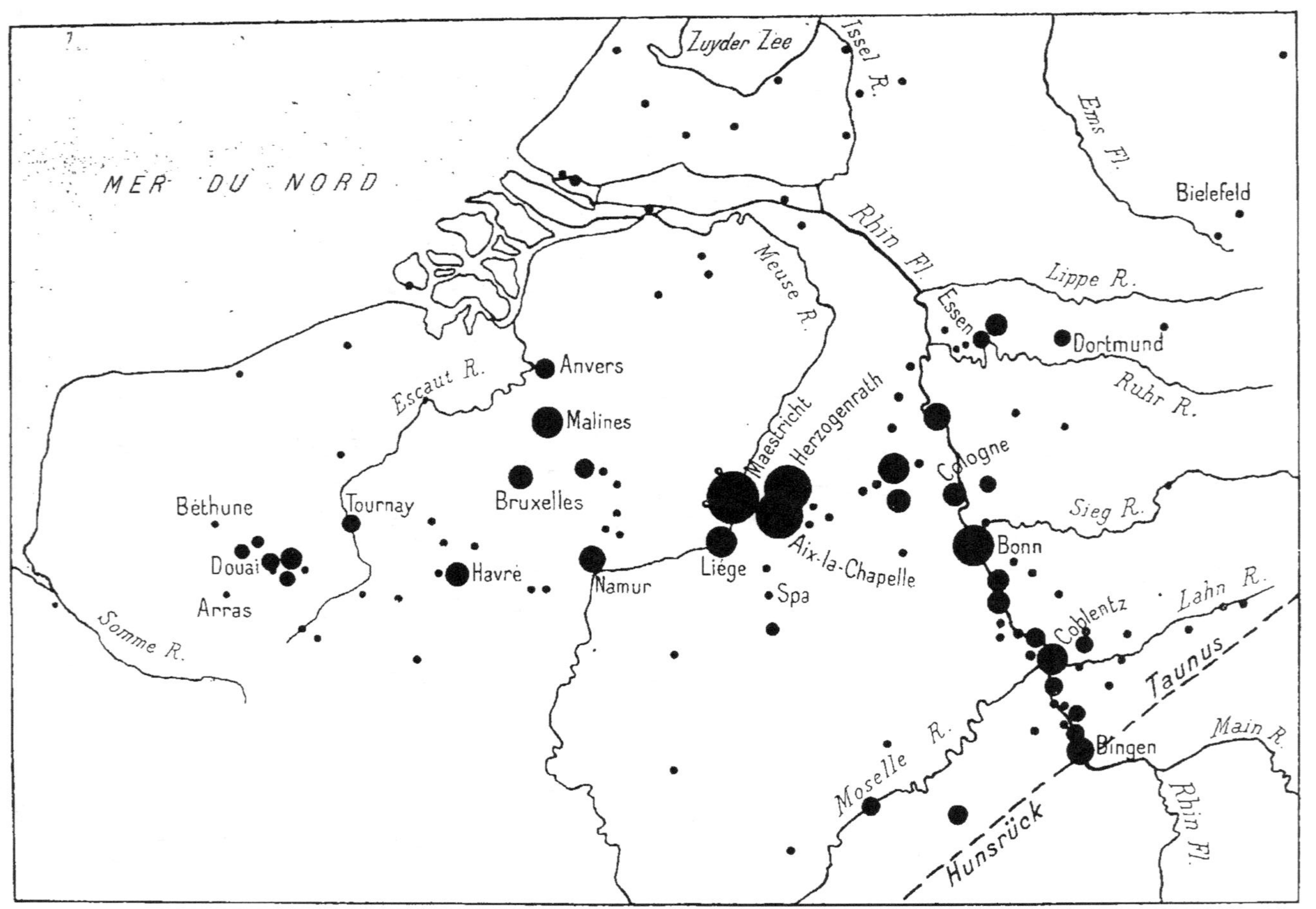

Zuyder Zee
Issel R.
Ems Fl.
MER DU NORD
Bielefeld
Rhin Fl.
Lippe R.
Essen
Dortmund
Meuse R.
Ruhr R.
Escaut R.
Anvers
Maestricht
Herzogenrath
Cologne
Malines
Sieg R.
Béthune
Tournay
Bruxelles
Bonn
Douai
Havré
Liége
Aix-la-Chapelle
Coblentz
Lahn R.
Arras
Namur
Spa
Somme R.
Taunus
Moselle R.
Bingen
Main R.
Hunsrück
Rhin Fl.

massif primaire ardennais, c'est-à-dire l'Oldenburgische Wald, ligne S. W.-N. E. qui rencontre le Rhin à son coude de Bingen. Puis, dans cette même direction, elle suit la crête du Taunus en la laissant au Sud, ce qui met en dehors un léger fragment du massif primaire pour atteindre le pied du Vogelsgebirge et du Rhöngebirge, en passant entre les sources de la Fulda et de la Werra au Nord et celles de deux affluents du Main au Sud : la Kinzig et la Saale ; la Werra et la Weser forment la frontière orientale jusqu'à Minden, ville à partir de laquelle une ligne Osnabrück-Zwolle sert de limite septentrionale. La Sarre en aval de Sarrelouis, puis la Moselle en amont du confluent de la première jusqu'à Remich, la frontière française jusqu'à Hirson, et enfin une ligne en prolongement de la Canche terminent à Boulogne le périmètre continental de la région.

Un tel ensemble est naturellement constitué, puisqu'il comprend le massif dévonien de la Belgique et du Nord-Ouest de l'Allemagne, la traînée carbonifère qui le borde au Nord et les terrains tertiaires ou quaternaires correspondants jusqu'à la mer du Nord. Des considérations plus artificielles relatives à l'exposition du sujet ont fait exclure de la région, vers l'est et le sud, les masses permiennes et triasiques de l'Allemagne centrale. A l'extrême Ouest, nous avons choisi comme limite, avec le bassin parisien, la Canche, dont le choix n'est arbitraire qu'en apparence. En effet, si on englobe les collines de l'Artois qui, avec leur couverture crétacée et tertiaire, appartiennent en réalité au bassin de Paris, du moins reste-t-on dans la vérité géologique puisque l'on fait embrasser à la région les lambeaux de Carbonifère et de Primaire prolongeant le bassin franco-belge jusqu'à la Manche vers Boulogne.

Les terrains tertiaires et quaternaires des Flandres et du Brabant tant belge que néerlandais, ne sont pas à l'abri de toutes secousses séismiques, et, en particulier, Malines pourrait bien avoir été l'épicentre d'un important tremblement de terre, celui du 18 septembre 1692. Tout d'abord, en rejetant à l'exemple de Lancaster [1], et sans discussion, plusieurs séismes soi-disant désastreux qui auraient éprouvé la Belgique dans le haut moyen âge, en tenant compte de l'exagération de chroniqueurs crédules et ignorants, comme le démontrent les détails fantaisistes dont ils agrémentent leurs récits, puis admettant comme très probable qu'une importante proportion des secousses signalées dans les principales villes venaient du bassin houiller franco-belge dont la séismicité est notoire, il ne restera que

---

[1] Les tremblements de terre en Belgique (*Ann. météorologique pour 1901*, Bruxelles).

peu de secousses véritablement propres aux surfaces tertiaires ou quaternaires en question. Le tremblement de terre du 17 mars 1883, dont le centre géographique d'ébranlement se trouvait entre le Zuyderzee et le Diep, peut-être vers Mijdrecht, a secoué Amsterdam, Haarlem, Leyde et Utrecht. D'après Figuier[1], Amersfoordt l'a attribué au déplacement des sables et des boues pour le desséchement du lac de Haarlem, et Winkler à un éboulement dans les couches tertiaires sur lesquelles reposent çà et là les terrains alluviaux et diluviens de la Hollande. La première explication nous semble faire appel à une bien faible cause pour un séisme aussi étendu, et la seconde ne repose sur aucune observation directe. Il paraît donc difficile de les admettre l'une ou l'autre pour les quelques secousses connues de la Hollande méridionale ; on ne peut non plus les mettre en relation avec les mouvements très superficiels du sol qui, à tant de reprises, ont facilité dans les temps historiques l'empiètement ou l'irruption de la mer sur une côte pour ainsi dire artificielle, et conquise par l'homme sur le domaine maritime. Du reste, une telle origine devrait rester valable pour la Frise, territoire d'une aséismicité absolue. Nous préférons penser que, puisque le substratum ancien affleure en plusieurs points du Hainaut belge et n'est jamais bien profondément enfoui dans le Hainaut français, les séismes en question relèvent de la même cause que ceux du bassin houiller. Les hypocentres de la zone tertiaire des Pays-Bas ne feraient ainsi que prolonger souterrainement la région pénéséismique dudit bassin, masqué à la surface par la couverture sédimentaire plus récente. Si des observations ultérieures venaient à infirmer cette opinion, il resterait peut-être à invoquer les mouvements d'exhaussement, non encore totalement éteints, à la faveur desquels la Lys et l'Escaut supérieur, qui, à l'époque pléistocène si rapprochée de la nôtre, se jetaient séparément dans un golfe profondément ouvert dans le sol belge, se sont réunis pour couler ensemble et déboucher beaucoup plus loin dans l'estuaire actuel ; on pourrait aussi s'adresser au mouvement de bascule du substratum hercynien dans le Hainaut, important facteur de la disposition actuelle du réseau hydrographique. On ne saurait non plus passer sous silence que Van den Broeck[2], dans une discussion relative à une faille supposée correspondre à la vallée de la Senne, a émis l'opinion qu'un argument secondaire en faveur de l'existence de cet accident résulte de la simultanéité d'assez nombreux tremble-

---

[1] *L'année scientifique*, 1883, 262.
[2] *Pr. V. Soc. belge de géol., paléont. et hydrol.* (Séance du 17 mai 1904, p. 104).

ments de terre, constatés le long de la ligne Bruxelles-Malines-Anvers.

La séismologie peut quelquefois apporter son contingent de lumière, en tout cas d'arguments, dans les questions géologiques controversées. On vient d'en voir un exemple et on peut en donner un second. On ne connaît aucun séisme propre à la Campine, et ce serait fort étrange si la théorie de Simoens [1], relative à sa géologie, est exacte. Ce savant pense en effet qu'il s'agit là d'une aire d'affaissement limitée par des failles, et qui n'aurait pas cessé de s'effondrer depuis le Houiller jusqu'à notre époque. S'il en était ainsi, la Campine ne serait pas aussi franchement aséismique.

De Béthune à Dortmund et un peu au delà, le bassin houiller franco-belge-westphalien dessine sur la carte une longue bande d'abord presque W. E., et ne se relevant vers le N. E. qu'à son extrémité orientale, où elle subit, mais en surface seulement, une large interruption — le golfe quaternaire et tertiaire de Bonn. Elle jalonne ainsi le bord septentrional du massif primaire ardennais et rhénan, de part et d'autre du Rhin. C'est depuis Boulogne l'emplacement du détroit, ou du géosynclinal, franco-westphalien, où se sont déposées, puis plissées, les couches de houille.

La bande houillère est assez riche en épicentres sur toute sa longueur, et a été parfois ébranlée par de sévères tremblements de terre. On va l'étudier en partant de son extrémité méridionale.

Dans le bassin du Douaisis, ces séismes sont généralement attribués à des effondrements ou à des tassements dans les galeries anciennes abandonnées. Cette opinion est contredite par les études classiques de Jičinski [2]. Il a montré par de nombreuses observations que les mouvements du sol, résultant de l'exploitation des mines, sont des phénomènes d'une extrême lenteur, exigeant plusieurs années pour se parfaire complètement, ce qui exclut, d'après le mode même de leur formation, toute possibilité de secousses brusques, séismiques en un mot. Les chocs du Douaisis ont le plus souvent un caractère très local et ceux du 12 septembre 1888 et du 9 décembre 1892, à Sin-le-Noble, ont été, dit-on, accompagnés d'affaissements d'immeubles. Si donc l'on se reporte aux études précédemment rappelées, au lieu de voir dans ce dernier fait une confirmation de l'opinion courante, il faudra plutôt considérer l'affaissement comme une conséquence du séisme que comme

---

[1] Quelques réflexions sur l'allure du primaire du bassin houiller Campinois (*Pr. V. Soc. belge de géol., paléont. et hydrol.* Séance du 30 juin 1903, p. 331).

[2] Bodensenkungen durch den Bergbau (*Die Erdbebenwarte*, II, 85, Laibach, 1902).

son origine. Par contre, la secousse du 2 septembre 1896 s'est étendue d'Arras à Douai sur la distance, considérable en l'espèce, de 27 kilomètres, qui exclut toute possibilité de leur production par tassement d'anciennes galeries. On dit aussi en faveur de cette explication que ces séismes sont ressentis surtout à la surface, et non dans les galeries actuellement en exploitation, lesquelles sont au-dessous des anciennes, siège supposé des mouvements. Or, c'est là un phénomène très général, résultant de ce que, dans l'intérieur de l'écorce terrestre, les vibrations séismiques se communiquent de proche en proche aux molécules voisines, au sein d'un milieu dense et cohérent, tandis qu'à la surface même elles passent dans un milieu où ces résistances au mouvement diminuent dans de grandes proportions, de sorte que l'amplitude s'en trouve considérablement accrue ; dès lors non perceptibles à une certaine profondeur, elles le deviennent à la surface, soit aux sens de l'observateur, soit aux intruments enregistreurs. Comme dernière et, nous semble-t-il, puissante objection contre l'influence séismogénique du déhouillement, nous rappellerons la parfaite aséismicité du bassin houiller de Saint-Étienne, alors que les tassements des anciennes galeries sont tellement habituels et conformes à l'étude de Jičinski, que l'on a dû bâtir la gare de cette ville au moyen de briques supportées par une ossature métallique, et que de temps à autre on relève l'édifice au moyen de vérins, placés à demeure, lorsque les dérangements d'aplomb deviennent trop dangereux pour l'édifice.

Ce n'est point de parti pris que nous rejetons, d'une façon générale, le déhouillement comme cause de séismes. Cette explication a été vivement combattue par Cornet [1] à propos des secousses d'Havré, près de Mons, en 1887 et en 1896, et aussi par de Munck [2], qui cite à l'appui de sa négation des cas d'affaissements dans les exploitations houillères qui, malgré leur importance, se produisirent lentement et sans aucune secousse séismique. Ces deux observateurs reconnaissent un caractère nettement tectonique à ces tremblements de terre, et à propos de celui de la vallée de la Scarpe du 2 septembre 1896, le premier de ces géologues dit expressément que grâce à la tendance générale au ridement, les plis des terrains primaires peuvent s'accentuer et que les failles peuvent jouer, — dans de faibles limites, il est vrai, — comme jouent les joints d'un meuble qui craque. La ville de Douai, où les secousses ont été si

---

[1] *Bull. soc. belge de géol., paléont. et hydrol.*, t. X, 131.
[2] *Les tremblements de terre d'Havré (Hainaut)* (*Ibid.*, I, 177, 1887).

violentes, se trouve précisément au voisinage de la grande faille du Midi.

Certains observateurs, comme Chesneau[1], ont cru pouvoir établir une relation entre les variations de la pression atmosphérique, les coups de grisou et les mouvements séismiques. Tout ce que l'on peut concéder, et avec la plus grande réserve, c'est une relation avec les mouvements tromométriques, ou microséismiques, mais non avec les véritables macroséismes. C'est tellement vrai que les mines si grisouteuses du bassin de la Loire font partie d'une région tout à fait aséismique. Au surplus, le silence de la commission spéciale, instituée en 1900 par la Société belge de géologie, paléontologie et hydrologie, prouve à lui seul l'insuccès de recherches qui ne peuvent donc permettre d'attribuer cette origine aux secousses des bassins houillers franco-belges.

L'uniformité de la répartition de l'instabilité séismique tout le long de la bande carboniférienne conduit à rechercher une cause générale pour les secousses qui l'agitent. On a vu plus haut que Cornet a mis en avant la grande faille dite du Midi, qui s'étend de Boulogne à Charleroi. Cette opinion, partagée par beaucoup d'auteurs, est cependant inadmissible, parce que ses deux extrémités sont nettement aséismiques à Boulogne et à Charleroi. Comme, d'autre part, la faille, dite eifélienne du pays de Liège, a été longtemps confondue avec la précédente comme ne formant à elles deux qu'un seul et même accident, il est de toute logique de lui appliquer la même conclusion négative, si l'on veut se tenir à la prudence imposée en de telles matières. La cause générale d'instabilité de la bande houillère réside donc ailleurs, et on ne saurait l'attribuer à autre chose qu'à la persistance prolongée de la poussée de plissement qui a renversé le Condroz vers le Nord, en donnant lieu aux deux grandes failles comme conséquences immédiates, mais sans que ces deux accidents aient pour cela conservé un reste de mobilité. Cette conclusion est d'autant plus vraisemblable que ces deux dislocations n'ont pas rejoué à des époques posthumes en affectant les couches postérieures. Elles sont donc, géologiquement et séismiquement, éteintes depuis leur formation. D'après Marcel Bertrand, les mouvements hercyniens se sont perpétués pendant longtemps, et le ridement du Hunsrück est plus ancien que celui du Hainaut. Les dislocations se sont ainsi propagées du centre de la chaîne primaire à la périphérie, et dans ces conditions il est parfaitement admissible

[1] De l'influence des mouvements du sol et des variations de la pression atmosphérique sur les dégagements de grisou (*Ann. des Mines*, Mai-Juin, 1888).

que l'instabilité se soit finalement réfugiée au Nord, en laissant stables non seulement tout le massif ardennais-rhénan, mais aussi le bassin houiller de la Sarre et le Condroz lui-même, ainsi que le bassin houiller si récemment découvert dans le département de Meurthe-et-Moselle [1].

Au sud de l'extrémité orientale du bassin franco-belge se rencontre un assez important foyer d'ébranlement, s'étendant de Theux à Spa et Stavelot. S'il est vraiment autonome, qu'il suffise de rappeler qu'il s'agit là d'un paquet de couches dévoniennes affaissé entre des failles N et N. W.

C'est à partir de Liège que la bande houillère commence à s'infléchir au N. E., et c'est cette portion du bassin qui renferme les épicentres de beaucoup les plus remarquables, Maestricht et Aix-la-Chapelle, tant par le nombre des séismes qui y ont été relatés, que par leur intensité, d'ailleurs souvent aggravée par l'assiette des constructions sur des sols insuffisamment résistants, ou en des situations topographiques défavorables quant à la propagation du mouvement séismique. Sieberg [2] a fait l'histoire des tremblements de terre d'Aix-la-Chapelle, dont l'importance comme épicentre doit être, ainsi que celle de Maestricht, restituée à Herzogenrath, ou Rolduc. Les grandes secousses d'octobre 1873 et de juillet 1877 ont été attribuées par Von Lasaulx [3] à la faille de Feldbiss. Cornet admet que cette dislocation a joué légèrement lors de ces secousses, et que prenant naissance bien au-dessous du Primaire, dans l'Archéen sous-jacent, c'est dans ce dernier terrain qu'il faut supposer l'origine des séismes. Mais cette suggestion repose sur la détermination de la profondeur de l'hypocentre, — $27^{km},5$, — et l'on sait combien ces calculs sont sujets à suspicion. Suess fait de ces secousses des séismes par décrochement, tout comme ceux des Alpes.

La faille du Feldbiss, d'environ 12 kilomètres de long, se trouve au nord d'Aix-la-Chapelle, et coupe la vallée de la Wurm presque perpendiculairement aux couches houillères. Elle se décompose en quatre failles secondaires, dont la plus occidentale est double, Feldbiss et Münstergewand. La plus orientale est celle du Sandgewand. Toutes regardent au N. E. et ce sont les compartiments orientaux qui se sont abaissés. Le rejet, de 167 mètres à la surface au-dessus de la mine de

[1] *C. R. Ac. Sc. Paris*, CXL, 893, 896. 998, 1905.

[2] Einiges über Erdbeben in Aachen und Umgebung (*Die Erdbebenwarte*, II, 129 et 182. Laibach, 1903).

[3] Das Erdbeben von Herzogenrath am 22 October 1873. Ein Beitrag zur exakten Geologie (Bonn, 1874). — *Id.* Das Erdbeben von Herzogenrath am 24 Juni 1877. Eine seismologische Studie (Bonn, 1878).

Gouley, de 218 en son fond à 983 mètres plus bas, de 125 mètres à la Königsgrube, atteint au total au moins 400 mètres pour les terrasses résultantes que l'on verrait se succéder en escaliers vers le N. E. si la dénudation n'avait parfait son œuvre. Cette dénivellation atteint toutes les couches exploitées jusqu'à près de 1 000 mètres, et s'étend certainement beaucoup plus profondément. D'autres accidents, subordonnés et de même direction, se retrouvent jusque dans le Limbourg hollandais à la mine An de Vinck. Von Lasaulx a conclu de ses études sur les tremblements de terre de 1873 et de 1877 qu'ils étaient à tous les points de vue, — tracé des isoséistes, aire pléistoséiste, direction des ébranlements locaux, angles d'émergence du mouvement séismique, etc., — en dépendance directe de la dislocation du Feldbiss, et la conséquence de cause à effet a été depuis acceptée par tous les séismologues. Maestricht et Aix-la-Chapelle ne sont donc que des épicentres apparents, conclusion qu'il faut étendre à Folx-les-Caves pour ses secousses de 1756. Cette instabilité séismique du Feldbiss est très concevable, depuis que Jacob[1] a montré que la chute des paquets carbonifériens, si elle a commencé très anciennement, ne s'en est pas moins prolongée, par à-coups successifs, jusqu'au Miocène, au moins après le dépôt des lignites.

Fouqué[2] a fait des objections à la manière de voir de von Lasaulx. Il observe que les séismes de 1873 et de 1877, ayant eu leurs axes perpendiculaires entre eux, ne peuvent dépendre des mêmes accidents tectoniques. Mais le savant géologue atténue lui-même la difficulté, la présence de fentes transversales à la direction des couches houillères n'empêchant pas, d'une façon absolue, dit-il, la plus facile propagation du mouvement dans la direction d'une bande de terrain (cas de 1877), et suffisant aussi dans d'autres conditions (cas de 1873) à expliquer comment le mouvement se transmet plus aisément en travers de l'alignement des couches. Il pense, au contraire, qu'une difficulté plus grande résulte de l'existence d'un triple, et non plus double système de dislocations qui se croisent, d'après Höfer, sous des angles aigus aux environs d'Aix-la-Chapelle. Ces circonstances nous paraissent de nature à justifier bien des variétés de formes des aires pléistoséistes, suivant la position du foyer d'ébranlement par rapport à ces accidents multiples, et qu'expliquent, même avec une même origine tectonique, des phénomènes subsidiaires de propagation.

---

[1] Les failles de la partie orientale du bassin d'Aix-la-Chapelle et la détermination de leur âge (*Pr. V. Soc. belge de géol. paléont. et hydrol.*, séance du 20 janvier 1903, 58).

[2] Les tremblements de terre (*Bibl. scientif. contemp.*, Paris, 1888, p. 194).

On ne saurait accepter l'opinion partagée par beaucoup, Sieberg (*l. c.*, 188) en particulier, malgré l'autorité qui s'attache au nom de ce séismologue, que les tremblements de terre d'Herzogenrath, Aix-la-Chapelle et Maestricht, ne seraient pas tous imputables au Feldbiss, mais seraient de caractère volcanique et proviendraient de l'Eifel. C'est qu'en dépit de son activité tardivement éteinte et contemporaine de celle de l'Auvergne, l'Eifel est une des parties les plus stables de tout le massif ardennais. Privé de secousses lui-même, il ne peut en propager dans son voisinage immédiat, à plus forte raison à 100 kilomètres de distance. Cette opinion est donc tout à fait inadmissible et von Lasaulx l'a formellement condamnée.

Le bassin houiller disparaît ensuite jusqu'au Rhin, sous la couverture tertiaire du golfe de Bonn, mais l'instabilité le suit jusque-là, avec une certaine diminution toutefois. Or cette lacune superficielle du bassin correspond, d'après Suess, à une sigmoïde, ou plissement en S, s'étendant entre Aix-la-Chapelle et Düsseldorf; sa présence peut rendre compte de la séismicité observée, qui diminue progressivement de l'autre côté du Rhin pour s'évanouir en même temps que les couches carbonifériennes, observation bien suggestive et favorable à l'attribution aux plissements hercyniens des secousses qui se font sentir de Béthune à Dortmund.

Un très récent travail, surtout historique, de Villette[1], vient de confirmer pleinement le repos séismique dont jouit le massif ardennais, rarement ébranlé par des secousses d'origine extérieure.

Il ne reste plus qu'à parler de la vallée du Rhin entre Bonn et Bingen. Cette profonde entaille en travers de la pénéplaine dévonienne rhénane est jalonnée d'épicentres nombreux, de Bingen à Coblentz et à Bonn, ces villes importantes ayant enregistré à tort pour elles-mêmes nombre de séismes, non signalés en d'autres points, sans qu'il y ait pour cela probabilité que la vallée soit plus stable ailleurs. On dirait d'une grande fracture séismiquement instable, sur tout le long de son parcours, et continuant à jouer. Malheureusement pour la simplicité de l'explication, il n'en est rien, la cluse, où coule le Rhin, ayant été creusée par ce fleuve comme l'aurait fait une scie sous laquelle la pièce de bois — ici le massif rhénan — se serait exhaussée graduellement. De Lapparent a fait observer que les terrasses rocheuses, et les revêtements de cailloux roulés, montrent que le bloc schisteux s'est déformé en se relevant. Si ces mouvements jouaient un rôle séismogénique, les épicentres

---

[1] *Les tremblements de terre dans les Ardennes et les régions voisines* (Sedan, 1905).

ne seraient pas exclusivement restreints aux deux rives et à leur voisinage immédiat. Il faut donc leur chercher une autre origine, encore indéterminée. On se contentera d'observer que ces secousses affectent le plus souvent des aires allongées le long du fleuve.

Le grand champ de fractures qui de l'Ardenne se prolonge jusqu'à Nuremberg, bien au delà de la région ici étudiée, ne cause d'instabilité nulle part, et les districts volcaniques de l'Eifel, du Siebengebirge, du Rhön et du Vogelsberg, ignorent presque complètement les séismes.

6. — Vosges et Forêt-Noire, Rhin moyen, Souabe et plaine bavaroise.

Cette région, bornée au Nord par la précédente, est limitée au Sud par le Rhin jusqu'à son entrée dans le lac de Constance, par la bordure méridionale de la plaine bavaroise, par l'Inn jusqu'à son confluent avec le Danube, par ce fleuve de Passau à Ratisbonne, et enfin par la Naab jusqu'à rencontrer au delà des sources de la Werra le bord occidental du Fichtelgebirge et le pied Sud du Thüringerwald. On englobe ainsi, d'une façon très naturelle au point de vue géologique, les massifs archéens et primaires des Vosges, de la Forêt-Noire, de l'Odenwald et du Spessart, la plaine du Rhin, celle du Danube, et les terrasses jurassiques et triasiques de la Franconie et de la Souabe, en s'arrêtant au Sud à la bordure tertiaire des Alpes et à l'Est au pied du massif primitif bohémien.

Les tremblements de terre de tous ces pays sont bien connus [1] et depuis assez longtemps des commissions séismologiques [2] y ont

---

[1] Al. Perrey. Mémoire sur les tremblements de terre dans le bassin du Rhin (*Ac. roy. de Belgique.* Mém. XIX, 1847).

Id. Sur les tremblements de terre dans le bassin du Danube (*Id.*, 1846).

R. Langenbeck. Bericht über die vom 1. Januar 1890 bis 1. April 1895 in Elsass-Lothringen, Baden, der Pfalz und der Umgebung von Basel, beobachteten Erdbeben. Strassburg, 1895.

Id. Die Erdbeben erscheinungen in der oberrheinischen Tiefebene und ihrer Umgebung (*Geogr. Abhandl. aus Elsass-Lothringen.* Heft 2, 1895).

W. von Gümbel. Über die Erdbeben in Bayern (*Sitzungsb. d. Münchener Ak. mat. phys. Kl.*, 1898, 1).

J. Reindl. Beiträge zur Erdbebenkunde von Bayern (*Id.*, XXXIII, I, 171. 1903).

Id. Die Erdbeben der geschichtlichen Zeit im Königreiche Bayern (*Die Erdbebenwarte.* II, 135. Laibach, 1903).

[2] H. Eck. Uebersicht über die in Württemberg und Hohenzollern in der Zeit vom 1 Januar 1867 bis zum 28 Februar 1887 wahrgenommenen Erderschütterungen (*Jahreshefte d. Vereins f. Vaterl. Naturk*, XLIII, 1887. Stuttgart, 1887). — 1888 à 1891. Même recueil années suivantes.

A. Schmidt. 1892 à 1903. Même recueil, années suivantes.

G. Gerland. Die Erdbebenbeobachtung in Elsass-Lothringen August 1894 bis Juni 1895 (*Bericht über d. Sitz. d. Mitgl. d. Erdbebencommissionen am 17 April 1895 zu Badenweiler, XXVIII Versammlung d. Oberrheinischen geol. Ver.*).

été instituées, Wurtemberg et Hohenzollern, Alsace et Lorraine.

Au premier coup d'œil sur la carte séismique schématique, on voit les épicentres riches et pauvres s'accumuler d'une manière extrêmement dense sur un vaste quadrilatère irrégulier s'appuyant sur le Taunus, de Langenschwalbach à Friedberg, et sur le Rhin, de Bâle à Lindau (lac de Constance). Ils ne dépassent pas à l'Ouest la ligne Meisenheim-Maasmunster et à l'Est celle de Ulm-Francfort-sur-le-Main. Ils se distribuent sporadiquement, çà et là, sur la partie orientale de la région.

Un des phénomènes géologiques les plus remarquables de l'Europe centrale consiste dans l'affaissement relativement récent de la plaine du Rhin, de Bâle à Mayence, entre des failles en escalier. Cet événement de premier ordre est trop connu pour qu'il soit nécessaire d'en parler longuement, quoique les géologues ne soient pas absolument d'accord sur le détail et le mode des vicissitudes successives auxquelles cette région a été soumise, et en particulier sur celles qui ont préparé l'effondrement de la voûte surbaissée qu'a été le double massif des Vosges et de la Forêt-Noire. La vallée du Rhin n'est pas une vallée de fracture proprement dite, mais bien un *graben*, à flancs découpés en échelons par des failles longitudinales entre lesquelles le substratum sédimentaire est d'autant plus descendu qu'on se rapproche davantage du thalweg. Cette dépression est oblique par rapport à l'anticlinal fondamental des Vosges et de la Forêt-Noire qui, pour la première chaîne, court de Luxeuil au Hohekönigsberg, près et à l'ouest de Schlettstadt, se perd dans la plaine fluviale et reprend dans le Schwarzwald au Hornisgrinde en face de Strasbourg, pour mourir finalement près et au nord de Stuttgart. Hâtons-nous de signaler que cette ligne importante, dirigée S. W.-N. E. n'a aucune signification séismique ; c'est dire tout de suite que les séismes des deux massifs n'ont rien à voir avec l'ancienne chaîne primaire, en tant que ride hercynienne, énergiquement plissée à la fin de l'époque dinantienne. L'effondrement, commencé par le Sundgau, s'est complété à l'époque oligocène, et la dépression a été envahie par la mer venant de la Hesse. A l'ère de la mollasse, la mer qui recouvrait la Souabe et la Suisse s'était retirée de l'Alsace au moment où les éruptions du Vogelsberg interceptaient le golfe hessois, pendant qu'un fleuve puissant, l'anti-Rhin, portait ses eaux vers le Danube actuel. Le dernier mouvement, le plus récent, a donné lieu à la fosse rhénane, en portant en même temps les conglomérats tertiaires à plus de 600 mètres d'altitude sur les flancs des collines environnantes.

Des failles plus ou moins sinueuses courent à peu près parallèle-
ment au thalweg et nous nous sommes naturellement servi pour en parler ici de la carte tectonique de l'Allemagne du Sud-Ouest, élaborée par Regelmann et ses collaborateurs. Faisant abstraction de nombreuses dis-locations plus cour-tes, diversement orientées et situées en pleines Vosges, on observe que la rive gauche de la fosse est formée d'une grande faille jalon-nant le pied de la chaîne, et courant de Belfort à Kinden-heim à 10 kilomè-tres à l'ouest de Worms, pour re-prendre, après une interruption et dans la même direction, de cette ville à Mayence, c'est-à-dire beaucoup plus près du fleuve. De Dambach, au nord de Schlettstadt, au massif de la Haardt, cette grande ligne de fracture forme la corde d'une autre qui s'arrondit vers l'Ouest en passant

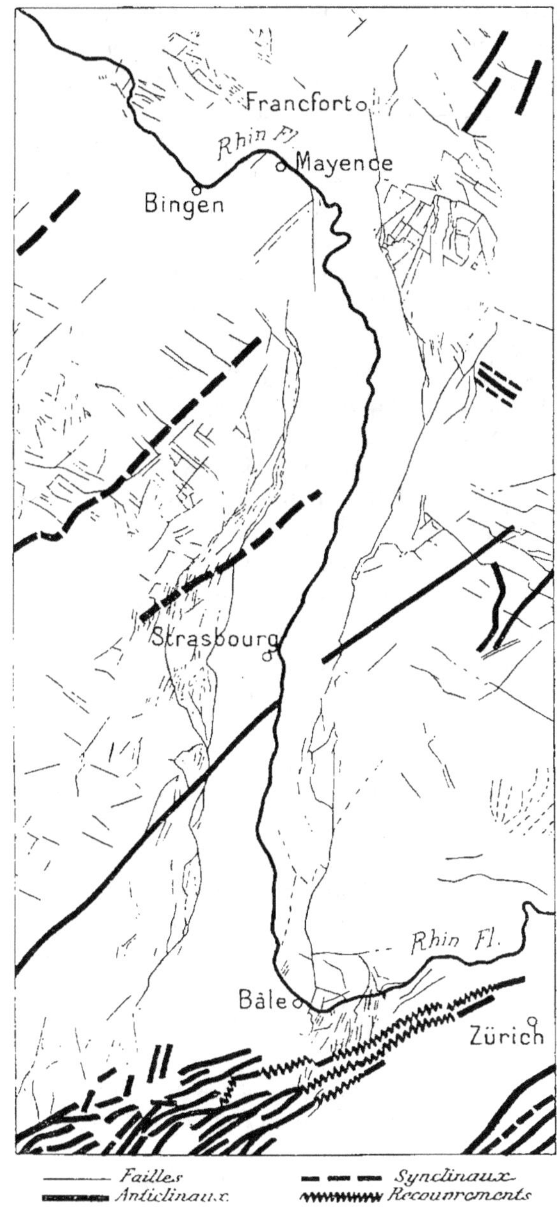

Fig. 6. — Dislocations rhénanes (d'après Regelmann).

près de Saverne, et l'espace qu'elles enserrent entre elles constitue sur presque toute sa surface un véritable champ de fractures, pauvre en épicentres, tandis que la première ligne de dislocation est jalonnée de foyers d'ébranlements. A vrai dire, la plupart des épicentres ne sont situés qu'en son voisinage ; mais cela tient uniquement à l'imperfection des observations, qui n'a fait, la plupart du temps, signaler les secousses que pour les grandes villes situées assez avant dans la plaine et non point au pied des monts. Comme l'a fait observer Perrey, la plupart de ces séismes affectent des aires allongées dans le sens de la vallée. Il y a cependant eu quelques exceptions, par exemple le tremblement de terre du 24 janvier 1880, qui s'est étendu de Landau au Rauhe Alp. On est donc tout à fait en droit de conclure qu'ils émanent de la faille, dont ils indiquent un reste de mobilité, ou de vitalité des efforts tectoniques correspondants, et c'est une opinion généralement adoptée par tous les géologues et les séismologues. Ce rôle séismogénique sera facilement accepté si l'on réfléchit à l'énorme amplitude des dénivellations de couches à la suite de la production de ces failles ; elles résultent des mouvements complexes du dôme surbaissé dont les Vosges et la Forêt-Noire ne sont que les piliers, restés seuls visibles, et, d'après de Lapparent et autres géologues, les couches triasiques sont abaissées de 2500 à 2800 mètres par rapport au substratum primaire. Ainsi, contrairement à ce qui se passe pour les Alpes, les tremblements de terre du Rhin moyen sont le plus souvent longitudinaux.

Les secousses, plutôt rares dans les Vosges méridionnales, sont encore moins fréquentes dans celles du Nord. On observe le maximum dans la dépression sundgovienne, où le Pliocène et le Miocène sont restés en relief au-dessus de l'Oligocène de la plaine. Les séismes du Sundgau et de Muhlhouse sont tout à fait indépendants de ceux de la Forêt-Noire méridionale, qui traversent difficilement l'épais matelas des graviers de la vallée. Cependant, il arrive parfois que ces derniers donnent lieu à des secousses de relai, comme le pense Langenbeck, par exemple pour le séisme du Feldberg du 13 janvier 1895.

Le Palatinat bavarois présente dans la Haardt, près de Kandel, un foyer indépendant d'ébranlement, qui a été fort actif au commencement de 1903. Reindl[1] le met en relation non seulement avec la faille rhénane qui passe à 12 kilomètres à l'ouest de cette ville, mais

[1] Die Erdbeben Bayerns in Jahre 1903 (*Geogn. Jahreshefte*, XVI, 1903. Munich, 69).
Id. Das Erdbeben an 5 und 6 März 1903 im Erz- und Fichtelgebirge mit Böhmerwalde und das Erdbeben an 22 März 1903 in der Rheinpfalz (*id.*, 1).

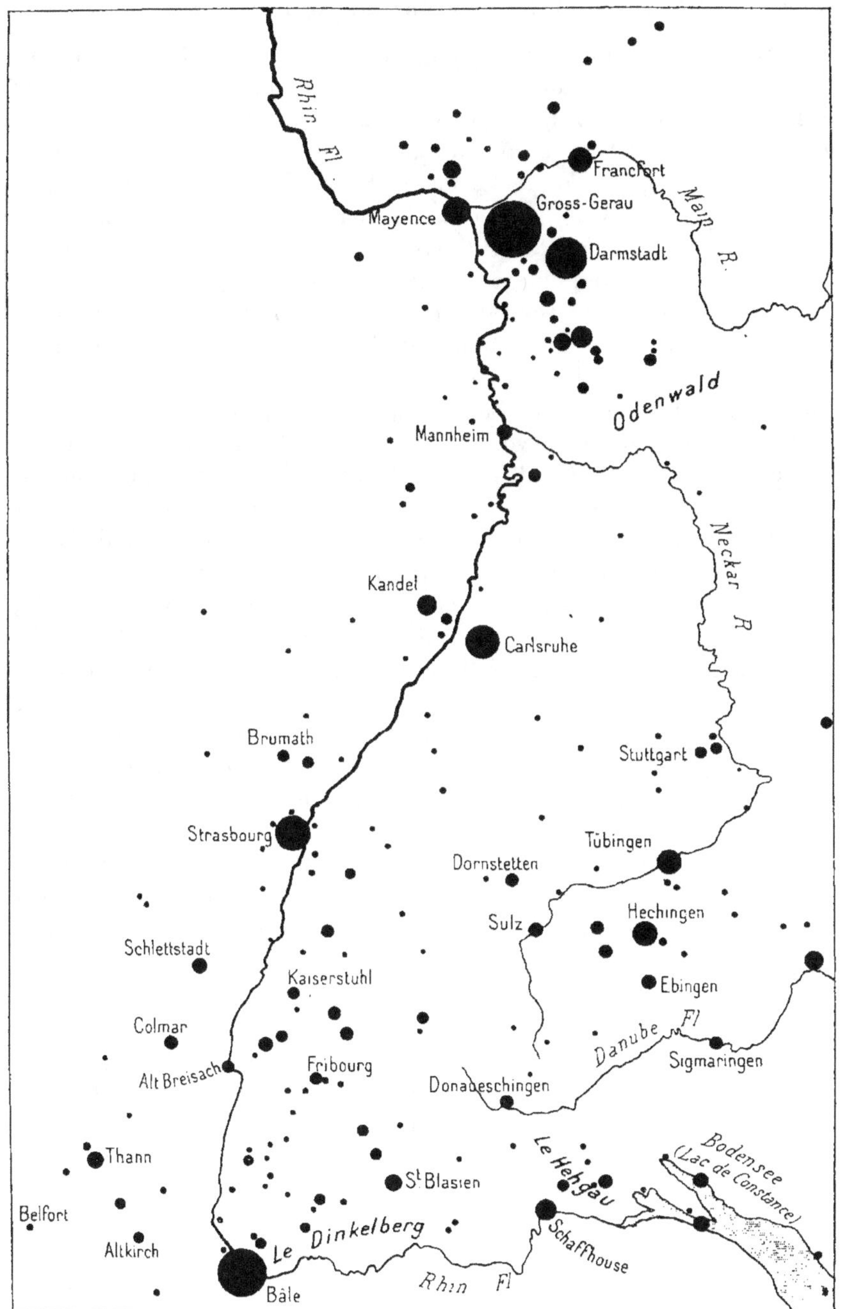

Fig. 7. — Le Graben rhénan.

encore avec une autre qui, séparant le Frankenweide du complexe de la Haardt, produit un rejet de plus de 100 mètres vers l'Est dans les couches de ce dernier. Le plus important de ces tremblements de terre, le seul du moins qui ait été étudié en détail, celui du 22 mars, a eu son aire pléistoséiste allongée sur un axe Mühlburg-Siebeldingen, presque perpendiculaire au Rhin et aux failles rhénanes. Reindl en conclut à l'existence d'une faille transversale à découvrir, d'autant plus vraisemblable, dit-il, que, d'après d'anciennes observations, lignes d'ébranlement et lignes de fractures coïncident. Tout ce qu'on pourrait dire dans cet ordre d'idées, et bien hypothétiquement encore, c'est que le séisme du 22 mars 1903 correspond à un effort tectonique qui, poussé plus loin, aurait pu produire une faille transversale, précisément celle dont l'existence est considérée par Reindl comme probable. Schwarzmann [1] aurait constaté à la suite de ce même tremblement de terre dans les couches précédemment horizontales du district ébranlé une inclinaison de 0,268 à 0,472 de seconde d'arc, et Haid d'importants changements sur la ligne Strasbourg-Appenweier après celui du 24 janvier 1880, transversal aussi. Nous ne possédons malheureusement pas les éléments nécessaires pour discuter ces deux observations mentionnées par Reindl (*l. c.* 21).

Passons maintenant à la rive droite du Rhin. On remarque immédiatement, sur les cartes séismiques, une différence capitale avec ce qui se passe sur la rive gauche : du côté de la Forêt-Noire, les épicentres couvrent tout aussi bien le massif archéen et primaire que la dépression rhénane. C'est dire que, d'un côté, la formation post-oligocène du *graben* joue seule un rôle séismogénique, tandis qu'à l'Est elle se complique d'autres causes d'instabilité du massif lui-même.

Le coude du Rhin à Bâle indique un changement profond dans son histoire, et en effet c'est là que le Jura tabulaire suisse franchit le fleuve, et vient, dans le Sud-Ouest du duché de Bade, former le Dinkelberg, dont les couches presque horizontales sont violemment fracturées, sans préjudice de la faille rhénane principale de la rive droite, qui passe près et à l'est de Bâle et s'avance en Suisse d'une dizaine de kilomètres. Tous ces accidents suffisent largement à expliquer les séismes de cette ville, dont au moins un, celui du 18 octobre 1356, a été un tremblement de terre désastreux, sans compter d'autres de moindre intensité, quoique encore redoutables. Cette instabilité se

---

[1] Die letzten Erdbeben in Baden und in der Pfalz (Vortrag. *Landeszeitung*. Karlsruhe, n° 75).

prolonge vers l'Est jusqu'à Schaffhouse, s'étendant ainsi à tout le *Tafel-Jura*. Cette remarquable formation s'étend au Sud jusqu'à la ligne des chevauchements de l'Argovie. Ajoutant à cette nombreuse série de vicissitudes le changement de cours du Rhin, dont la partie supérieure s'écoulait vers l'Est jusqu'au moment où il s'est dirigé vers l'Ouest pour suivre la fosse alsacienne, on aura plus d'événements géologiques considérables et suffisamment récents qu'il ne faut pour expliquer l'instabilité de tout ce district. Ces déductions sont manifestement justifiées du fait que, d'une part, les failles du Dinkelberg ne dépassent pas le méridien de Laufenbourg, celles de l'Argovie celui de Waldshut, et les chevauchements celui de Bulach, et que d'autre part la séismicité semble diminuer progressivement de l'Ouest à l'Est, en même temps que ces trois séries concomitantes d'accidents tectoniques, qui ne coexistent qu'à l'Ouest. En outre, Eck et d'autres géologues considèrent le Dinkelberg comme une aire d'affaissement.

Au N. N. E., le Feldberg, extrémité S. W. du massif granitique et primaire de la Forêt-Noire, est un foyer notable d'ébranlements séismiques, dont plusieurs des tremblements de terre ont été étudiés en détail. Langenbeck place les épicentres de ceux du 13 janvier 1895 et du 21 avril 1885 sur la ligne de séparation du gneiss et du granite, ligne en partie recouverte par le Carbonifèrien inférieur s'étendant du Bärhalde vers le S. S. W., le long du flanc S. E. de l'Herzogenhorn. Futterer[1] a expressément confirmé cette localisation, mais il s'élève contre le rôle séismogénique attribué par Langenbeck à cette ligne qui, privée de tout caractère tectonique réel, résulte de modifications insensibles de structure faisant passer le gneiss au granite. De son côté, Futterer place l'épicentre du tremblement du 22 janvier 1896 dans le district du Titi-See, Neustadt, Lenzkirch, caractérisé par de très grandes dislocations d'un complexe de formations paléozoïques et de puissantes masses de porphyre, de gneiss et de granite.

Comme pour la rive gauche du Rhin, la faille longitudinale de la fosse jalonne les foyers d'ébranlement de la vallée et suffit à les expliquer. Mais, en certains points particuliers, se présentent d'autres circonstances qu'il faut détailler. C'est le cas de Fribourg-en-Brisgau et du volcan éteint, le Kaiserstuhl, et nous nous appuierons sur

---

[1] Das Erdbeben vom 22 Jänner 1896, nach den aus Baden eingegangenen Berichten dargestellt (*Verhandl. d. Karlsruher Naturwiss. Vereins*, XII, 1896).

Id. Die Erdbebenforschung in Baden (*Verhandl. d. ersten Seismol. intern. Konferenz zu Strassburg*, 1901, 153).

le travail de Böse sur le tremblement de terre du 17 novembre 1891 [1].
Une coupe W. E. partant de Breisach rencontre successivement le
Kaiserstuhl et sa faille bifurquée et coudée, Katharinaberg-Munzingen-
Bellingen, parallèle au Rhin, Munzingen-Ehrenstetten beaucoup plus
courte et oblique, la plaine des graviers du Rhin, la colline du Tuni-
berg, la cuvette Elz-Dreisam, la colline du Schönberg, la faille de
Wittnau parallèle au fleuve, et enfin les pentes d'Horben montant
au massif de la Forêt-Noire. Le Tuniberg et le Schönberg, ainsi

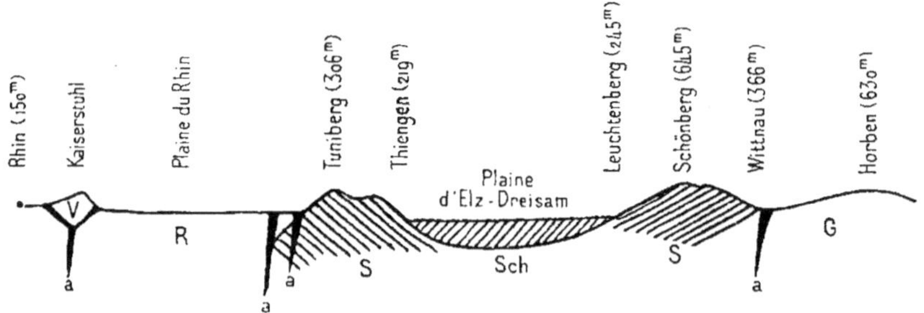

G, Gneiss. — S, Trias. Jurassique. Tertiaire. — V, Roches volcaniques. — R, Cailloux du Rhin. —
Sch, Cailloux et galets de la Forêt-Noire. — a, Failles.

Fig. 8. — Coupe des environs du Kaiserstuhl (d'après Böse).

respectivement limités à l'Ouest et à l'Est par des failles parallèles
au Rhin, sont formés de Trias, de Jurassique et de Tertiaire; ce sont
les extrémités d'un bloc dont le centre a fléchi et permis le dépôt
des matières détritiques descendues de la Forêt-Noire. Böse pense
que, le 17 novembre 1891, il s'est légèrement déplacé entre ses failles
limites, surtout dans sa partie méridionale. Cette conclusion paraît
bien expliquer les séismes de Fribourg et de ses environs.

En ce qui concerne plus particulièrement le Kaiserstuhl, Wiegers [2]
met en relation les deux séismes du 14 février et du 3 juillet 1899
avec la faille N. S. qui, courant de Königschaffhausen à Oberim-
singen, coupe le volcan, et parallèlement à laquelle sont sorties les
laves de Limburg et de Sponeck. D'après ce savant, les séismes de
la Forêt-Noire S. W., ou du Dinkelberg, se transmettent plus difficilement au Kaiserstuhl qu'à la plaine alluvionnaire dont les cailloux
et les sables ont une épaisseur suffisante pour en amortir les ondulations et les vibrations; de sorte qu'il se rencontre avec Knop [3] pour

[1] Das Erdbeben in der Gegend von Freiburg am 17 November 1891 (*Verhandl. d. nat.
Wiss. Vereins zu Karlsruhe*. XIII, 1900, 421).

[2] Bericht über die am 14 Februar und 3 Juli 1899 in Baden beobachteten Erdbeben
(*id.*, 577).

[3] Das Erdbeben im Kaiserstuhle vom 24 Juni 1884 (*id.*, X, 1888, 41). — Das Erdbeben
vom 21 April 1885 in der Feldbergruppe (*id.*, 62). — Das Erdbeben im Kaiserstuhle

regarder les secousses du Kaiserstuhl comme indépendantes, en particulier celle du 21 mai 1882. Jusqu'alors le caractère volcanique des séismes des environs de Fribourg ne faisait pas question depuis que Dietrich[1] avait à la fin du xviiie siècle reconnu le volcan ruiné. Mais il a fallu en revenir lorsqu'on a observé que les tremblements de terre du 21 mai 1882, du 24 juin 1884 et du 3 janvier 1886 s'allongeaient dans le sens de la vallée rhénane, et que leurs épicentres, tout en restant sous le massif éruptif, variaient notablement de position, deux circonstances en faveur de causes purement tectoniques.

Plus au Nord, le rôle séismogénique de la faille rhénane principale semble disparaître en face de Strasbourg, à peu près comme cela s'est présenté sur la rive gauche. Au delà de cette interruption, Carlsruhe paraît être un foyer notable, caractérisé du moins par un important essaim de secousses en mai 1737, mais auquel on ne saurait toutefois assigner une origine déterminée. Cette ville fait face à Kandel, dont on a parlé plus haut, et correspond à la dépression du Kraichgau.

La séismicité du flanc occidental de la Forêt-Noire n'atteint pas tout à fait, au Nord, l'extrémité de ses terrains primaires visibles et l'intervalle entre ces couches et celles de même nature de l'Odenwald, c'est-à-dire que la partie permienne, triasique et jurassique de ce flanc est beaucoup plus stable. Ce fait est difficile à interpréter.

Il faut maintenant remonter jusqu'au Neckar pour retrouver l'instabilité, qui n'a pas profité pour se rétablir du champ de fractures situé au S. W. d'Heidelberg. Si l'on mène une ligne du coude du Neckar à Eberbach, on isole, à l'Ouest et entre les trois cours d'eau, Rhin, Main et Neckar, un district que sa séismicité permet de mettre presque en parallèle avec celui de l'Erzgebirge. Ce sont les deux plus instables régions de l'Europe centrale et occidentale, au Nord des plissements alpins et pyrénéens. Ce foyer comprend le bassin tertiaire de Mayence, et ne mord que très faiblement sur la partie nord-occidentale du massif primitif de l'Odenwald. Tout comme dans l'Erzgebirge, il est caractérisé par des périodes de long repos séparant des paroxysmes plus ou moins durables, avec cette différence que ceux du bassin de Mayence sont moins bien connus et qu'ils paraissent moins fréquents. La seule période d'exacerbation qui ait été bien

3 Januar 1886 (*id.*, 67). — Sporadische Erdbeben im Kinzigthale. in Staufen, in Breisach, und in der Gegend von Markdorf (*id.*, 116).

[1] Cf. Ph. Kugler. Fr. von Dietrich. Ein Beitrag zur Geschichte der Vulkanologie (*Münchener geogr. Studien.*, VII, München, 1899).

étudiée est celle de 1869 [1], dont le maximum eut lieu du 30 octobre
au 19 novembre de cette année, et qui ne s'évanouit complètement
qu'en 1873. Il y en eut probablement d'autres dans les siècles précédents, mais on ne peut que les soupçonner d'après des renseignements incomplets.

En 1869, le centre d'ébranlement fut sans conteste Gross-Gerau, et
si Darmstadt présente un grand nombre d'observations de séismes,
cela tient apparemment à sa situation de ville importante et cultivée.
Tout autour se pressent des épicentres, surtout de séismes de relai,
mais quelques-uns d'une certaine importance, et peut-être même
indépendants de Gross-Gerau, comme Mayence, Francfort-sur-le-
Main, la Bergstrasse, Reichenbach et Schönberg, ces deux derniers
près du Felsberg.

La grande faille rhénane de la rive droite passe à Darmstadt, et
longe le pied occidental du massif primitif de l'Odenwald, qui est
lui-même un remarquable champ de fractures, entre cette ville et
Weinheim à l'Ouest, et s'épanouissant à l'Est depuis Aschaffenbourg
jusqu'au Schildeberg au Sud. Il résulte de la carte séismique que
l'Odenwald est stable, même là où le champ de fractures le recouvre
partiellement. Bref, le district séismique coïncide avec le bassin
tertiaire de Mayence.

Dieffenbach a considéré les secousses de Gross-Gerau comme
d'origine volcanique, sous prétexte que l'Odenwald est constitué de
roches ignées et que des formations éruptives se rencontrent tout
autour, Vogelsberg, Rhön, Kaiserstuhl, etc. Il est inutile d'insister
sur cette explication par trop simpliste, se heurtant d'ailleurs à
l'absolue stabilité de ces massifs volcaniques. Von Lasaulx a suggéré des éboulements souterrains par dissolution de couches,
opinion que Hœrnes [2] regarde avec juste raison comme absolument
inconciliable tant avec le grand nombre des chocs qu'avec la grande
extension de beaucoup d'entre eux.

Sans dire d'une façon très explicite que le foyer séismique du
bassin de Mayence est lié à des mouvements verticaux d'affaissement, Lepsius a fait sur ce sujet, en 1880, une très importante communication à la 28ᵉ réunion de la Société géologique allemande

---

[1] J. Nöggerath. Die Erdbeben im Rheingebiet in den Jahren 1868, 1869 und 1870
(*Verhandl. d. Nat. hist. Vereins d. preuss. Rheinlande und Westfalens*, XXVII, Bonn.
1870).

F. Dieffenbach. Plutonismus und Vulkanismus in der Periode von 1868-1872 und
ihre Beziehungen zu den Erdbeben im Rheingebiet (Darmstadt, 1873).

[2] Die Erdbebenkunde. Die Erscheinungen und Ursachen der Erdbeben, die Methoden
ihrer Beobachtung (Leipzig, 308, 1893).

à Darmstadt. Nous la résumerons comme il suit : « Au bord oriental (du bassin), on trouve partout comme couches les plus basses du sous-sol tertiaire un grossier gravier, des cailloutis et des sables, qui se font reconnaître comme fluviatiles par leur nature et la présence d'unios au test épais. Or sur les hauteurs d'Hechtstein, près de Mayence, ces couches sont à 120 mètres au-dessus de l'étiage du Main, et le rejet de la faille quaternaire dépasse 200 mètres par rapport à ces mêmes couches dans le Weisenau. Il y a donc lieu de se demander si les secousses de Gross-Gerau ne sont pas en dépendance de telles perturbations si récentes. Le nivellement du réseau géodésique allemand peut être appelé à résoudre la question. Malheureusement, c'est en 1870 seulement, c'est-à-dire postérieurement au paroxysme de Gross-Gerau à la fin de 1869, que la voie ferrée de Mayence à Darmstadt a été nivelée. Le gouvernement hessois a bien fait refaire l'opération en 1880, mais on ne saurait encore tirer une conclusion ferme de l'affaissement de $0^m,30$ alors mesuré au trait d'altitude de la gare de Mayence. » Assurément, Lepsius a eu raison d'être prudent quant à la suggestion que les séismes du bassin de Mayence sont dus à la continuation de l'affaissement pléistocène qui a permis au Rhin d'y déboucher, hypothèse d'ailleurs très plausible, dont le mérite lui revient ; elle a été adoptée par d'autres géologues, et en particulier, de Lapparent a fait valoir qu'en même temps le massif rhénan s'élevait.

Penck[1] est encore plus explicite en disant que l'élévation du plateau rhénan et l'affaissement de la plaine fluviale non seulement ont eu lieu en plusieurs fois pendant l'époque tertiaire, mais ont encore continué à la période diluvienne le long des failles et durent vraisemblablement encore aujourd'hui, ainsi qu'en témoignent, dit-il, les nombreux chocs qui affectent les environs de Darmstadt. L'avenir des observations géodésiques montrera si les mouvements ont conservé une amplitude effective et mesurable, ou si l'extinction progressive des efforts tectoniques ne permet que la production des séismes.

De Mayence à Wiesbaden et Francfort, le flanc méridional du Taunus est assez instable. Or cette chaîne, en prolongement direct du Hunsrück, est le bord relevé à l'époque pléistocène du plateau dévonien rhénan, au pied duquel le bassin de Mayence s'effondrait en même temps de 85 mètres à Bingen, sans que le Permien participât à ce mouvement au sud et au nord du Hunsrück. On comprend dès lors que le versant du Taunus soit instable et celui du Hunsrück

[1] Das deutsche Reich, in A. Kirchhoff's *Länderkunde von Europa* (I, Th. 1, II. 235, 1887).

stable, et cette opposition entre leur histoire géologique est trop frappante pour qu'on hésite à la rendre responsable de la séismicité du flanc méridional du Taunus, en même temps qu'elle corrobore dans une certaine mesure l'attribution des secousses du bassin de Mayence à la persistance du mouvement d'affaissement, en attendant que des nivellements de précision soient venus confirmer les idées de Lepsius. Enfin, le développement de l'appareil thermal du Taunus n'est probablement pas indépendant de tous ces phénomènes.

La grande faille rhénane se termine brusquement à Francfort, après être montée directement au Nord depuis Darmstadt et le bord occidental du champ de fractures de l'Odenwald. Au delà du Main elle est représentée par deux failles parallèles, légèrement inclinées sur le méridien, et traversant le fleuve, puis par une autre plus importante et sinueuse, d'Aschaffenbourg à Altenstadt sur la Nidda. Précisément, cette vallée est une petite région d'ébranlement à séismes longitudinaux, comme celui du 18 mai 1833, le plus notable de ceux connus. La séismicité s'arrête net ici, malgré le voisinage immédiat du volcan démantelé, le Vogelsberg, aussi aséismique que la Rhön, région volcanique voisine et contemporaine.

Le petit massif du Spessart est d'une absolue stabilité. Ainsi de quatre horsts de l'Europe moyenne, Spessart, Odenwald, Vosges et Forêt-Noire, seul le dernier est un peu instable dans son intérieur.

Les parties supérieures des bassins du Neckar et du Danube forment un district séismique d'une certaine importance, sur le versant oriental de la Forêt-Noire, entre Donaueschingen, Hayingen, Geislingen, Schorndorf, Stuttgart et Sulz. On peut le dénommer district d'Urach, du Rauhe Alp, ou mieux de Hohenzollern, ce pays en étant probablement la partie la plus souvent secouée, au moins autour d'Hechingen et de Tübingen dans le Würtemberg. Le trait géographique saillant est ici le rebord abrupt du Jura souabe, tombant sur le haut Neckar par une série de compartiments séparés par des rivières, et qui portent successivement les noms de Baar, Heuberg, Rauhe Alp, Albuch et Härtfeld, tandis qu'il s'abaisse par un long plan incliné le long du Danube, de Donaueschingen à Donauwerth. Le raide talus du N. W. est liasique, l'autre oolithique, et cette région pénéséismique est séparée du massif primitif de la Forêt-Noire méridionale par une longue pointe de Trias et de Permien descendant de la ligne Rastadt-Stuttgart comme base, et ne renfermant que de rares épicentres sporadiques. Ainsi, ce toit à deux pentes inégales est surtout ébranlé sur ses trois compartiments méridionaux, c'est-à-dire des sources du Danube au coude du Neckar, et sur sa pente la plus raide. Il est difficile d'attribuer les tremblements de terre du Rauhe Alp à une cause géologique bien déterminée.

Langenbeck déduit des observations faites le 13 janvier 1895, que ce tremblement de terre, issu du Feldberg, a eu son mouvement très affaibli vers le Sud et l'Ouest, mais au contraire renforcé à Donaueschingen et à Pfören. Ne tenant pas compte de phénomènes subsidiaires de propagation, il admet qu'en ces deux points le séisme principal en fit par contre-coup naître un autre de relai, et il s'appuie surtout sur ce que, d'après des témoignages concordants, le choc y prit un caractère nettement vertical. Or, dit-il, à Dürrheim, à 8 kilomètres environ au nord de Donaueschingen, se rencontrent à 100 mètres de profondeur de puissantes masses de gypse et de sel gemme, s'étendant vraisemblablement vers le Sud jusqu'au delà de Donaueschingen et de Pfören, et fort exposées à la formation des vides par dissolution et lessivage. Il en conclut que cette secousse de relai est un séisme par effondrement, ou par écroulement.

Près de l'extrémité S. W. du Rauhe Alp s'ouvre l'aire d'effondrement du Höhgau, ou Hegau, district volcanique en activité à la fin du Miocène, ou au commencement du Pliocène. Elle se prolonge vers le S.-E. par la cavité du lac de Constance dont les bords orientaux constituent, avec le Höhgau, une région pénéséismique indépendante se prolongeant sur la rive droite du Danube jusqu'à Ulm, et au Sud jusqu'à Kempten, juste à la bordure des hauteurs préalpines constituées par le Tertiaire inférieur, auxquelles s'arrêtent les territoires étudiés ici. Les séismes en question sont peut-être en relation avec les mouvements de terrain et avec les phénomènes qui auraient, à l'époque oligocène, forcé le Rhin supérieur à abandonner son cours vers l'Est pour déboucher dans le lac et draîner la cuvette asséchée entre les Vosges et la Forêt-Noire, simple suggestion tout à fait provisoire. En outre, quatre failles importantes ayant déterminé le cours du Danube, mais jusqu'à Ulm seulement, où précisément la séismicité disparaît à l'Est, peuvent être regardées comme intervenant, car cette coïncidence n'est probablement pas fortuite. Biberach a été en janvier 1842 le théâtre d'un petit essaim de secousses.

La région du lac de Constance présente de nombreux exemples d'affaissements dans les calcaires du Jurassique supérieur et ils y ont donné lieu à des dépressions privées d'eau. C'est en tablant sur cette structure que les membres de la commission séismologique wurtembergeoise ont, à la réunion de Karlsruhe en 1888, expliqué, par des phénomènes de dissolution et d'entraînement des couches sous l'action des eaux souterraines, les secousses à caractère sporadique qui s'y font

souvent sentir et nommément celle du 11 janvier 1881 à Constance,
du 24 février 1881 à Stokach et Ludwigshafen, du 9 mars 1881 à
Neuhausen près d'Engen, du 21 mars suivant à Engen, du 16 novembre 1886 à Thiengen, et enfin du 28 novembre suivant à Stokach,
Ludwigshafen, Winterspüren, Reichenau, Salem et Ueberlingen.

Le Höhgau nous ramène tout naturellement à l'extrémité du Rauhe
Alp, au Ries, cette célèbre dépression tectonique et volcanique tout
à la fois, qui constitue un important problème géologique non encore
complètement élucidé, malgré les travaux de Fraas, Branco, Koken,
et autres géologues, et qu'à si bien résumés de Lapparent[1].
L'instabilité du Ries nous paraît avoir été exagérée par Günther et
Reindl[2], les historiens de ses tremblements de terre, et si ceux
de 1471 et de 1517 ont pu renverser la tour de Nördlingen, c'est en
partie parce que cet édifice était extrêmement grêle. A notre avis,
l'instabilité du Ries et du Vorries n'atteint pas, à beaucoup près,
celle des territoires précédemment étudiés, et leurs quelques
secousses dérivent manifestement des nombreuses et compliquées
vicissitudes dont cette région a été récemment le théâtre, mais à l'exclusion de l'effondrement, les aires d'affaissement voisines et analogues de Herdtfeldhausen, Steinheim, Neresheim et Ellenberg-Bop-
fingen étant encore beaucoup plus stables. Les savants bavarois
s'accordent sur l'origine volcanique de ces secousses.

Von Gümbel attribue à la dissolution de la dolomie franconienne un
séisme de Möckenlohe, au N. N. W. de Neuburg-am-Donau, et il n'y
a pas de raison pour ne pas en faire autant d'un autre de cette dernière ville, si des observations directes confirment ultérieurement
cette explication.

A l'exemple de Lancaster au sujet des tremblements de terre
belges du haut moyen âge, il faut émettre de sérieux doutes pour ceux
qui auraient désolé Würtzbourg au IXe siècle.

Tout le reste de la Bavière et de la Franconie est très stable, et ne
présente que des épicentres sporadiques sans intérêt.

7. — Le massif bohémien.

Nous excluons la région séismique si importante de l'Erzgebirge,

[1] Cirques terrestres ; Le problème du Ries (*Revue des questions scientifiques*, juillet 1903,
26. Louvain).

[2] Seismologische Untersuchungen. II, Die Seismicität der Riesmulde (*Sitzungsber. d.
mat. ph. Kl. d. Kgl. Bayer. Ak. d. Wiss.*, XXXII, IV, 641. München, 1904); S. Günther.
Die seismischen Verhältnisse Bayerns (*Verhandl. d. ersten internat. Seismol. Konferenz*,
Strassburg, 138).

qui s'étend largement sur les terrains sédimentaires de la Saxe et des États de la Thuringe.

La Bohême est le plus important des massifs archéens et primaires de l'Europe centrale, et joue par rapport à l'Allemagne le même rôle que l'Auvergne pour la France. Son ossature orographique est constituée par les trois arêtes montagneuses du Riesengebirge, de l'Erzgebirge et du Böhmerwald, et par le rebord des hauteurs de Moravie, simple seuil élevé, qui n'est pas une véritable chaîne. Le Böhmerwald et le bassin de la Moldau forment ainsi la région pénéséismique du massif bohémien proprement dit, en en excluant comme nous le faisons, pour des raisons d'exposition, le bassin de l'Eger, et celui de l'Elbe en amont du défilé de Tetschen.

La séismicité n'est pas plus caractérisée dans le massif bohémien que dans le Plateau Central français, et l'on y rencontre seulement trois petits foyers d'ébranlement, sans grande importance.

Le premier revêt une forme presque linéaire par le massif basaltique du Duppauergebirge, le long du grand filon de quartz dit du Pfahl, et s'étend jusqu'à Waldmünchen au centre du Böhmerwald. Le tremblement de terre du 26 novembre 1902, étudié par Credner[1], a eu son épicentre non loin de Pfraumberg. L'isoséiste centrale était dirigée N. N. W.-S. S. E., ce qui a conduit Knett[2] à mettre ce séisme en relation avec les dislocations hercyniennes dans le sens des géologues allemands. Les autres isoséistes se sont de plus en plus allongées dans le sens du Pfahl, ce qui doit être uniquement attribué à des phénomènes subsidiaires de propagation sans intérêt, ici du moins. Le fait que ce séisme a eu l'axe de son aire pléistoséiste dirigé perpendiculairement au Pfahl corrobore l'opinion de Knett, relativement à l'influence de ces dislocations. Cet accident, le long duquel s'étend la traînée d'épicentres dont il s'agit ici, avoisine le bord occidental du bassin silurien, carboniférien et permien du centre de la Bohême, morcelé par une série de failles à peu de chose près parallèles à la ligne de Prague-Przibram, direction perpendiculaire à celle du Pfahl. Or, dans la cuvette silurienne, Suess voit non un simple synclinal, comme on le croyait antérieurement, mais bien un *graben*, ou fossé d'effondrement, « faisant partie du grand système d'accidents qui affecte tout le bassin de la Bohême. » On est ainsi amené provisoirement à établir une relation entre les phénomènes

[1] Das Böhmerwald-Beben am 26 November 1902 (*Ber. d. mat. ph. Kl. d. Königl. Sächs. Ges. d. Wiss. zu Leipzig*. Sitz. 2 Febr. 1903, 13).

[2] Das Erdbeben am Böhmischen Pfahl. 26 Nov. 1902 (*Mitth. d. Erdbeben-comm. d. K. Ak. d. Wiss.*, Neue Folge, XVII, Wien, 1903).

qui ont donné son aspect actuel à la Bohême et à la région pénéséismique couchées sur le Pfahl. En tout cas, il nous semble que Pfraumberg n'étant pas sur le mur de quartz du Pfahl, cet accident n'a pas directement été en cause le 26 novembre 1902, et qu'il est consolidé comme ses homologues de l'Erzgebirge, ainsi qu'on le verra plus loin. C'est aussi le cas du sillon de Bretagne.

Les secousses de Prague et de Kladno doivent sans doute dépendre aussi des dislocations hercyniennes de la cuvette silurienne ; mais cela n'est point certain, car il s'agit là, surtout pour Prague, de phénomènes dont l'origine réelle est inconnue, n'ayant été signalés que pour la capitale de la Bohême ; ils pourraient tout aussi bien venir du foyer de Trautenau. Cela se trouve confirmé par l'absence d'épicentres dans la cuvette elle-même. Dès lors ces dislocations ne joueraient un rôle séismogénique qu'au N. W., vers le Pfahl. On voit combien la question reste encore obscure, malgré les indications données par Reindl[1] sur l'influence de ces accidents vers le Böhmerwald.

Le tremblement de terre du 5 janvier 1897, étudié par Becke[2], peut être mis en rapport avec les dislocations propres du Böhmerwald méridional, son aire pléistoséiste s'allongeant le long de sa crête. C'est le seul connu, jusqu'à présent, qui soit dans ce cas.

Le massif basaltique du Duppauergebirge mérite une mention spéciale, ayant été, le 14 août 1899, le théâtre de remarquables détonations séismiques qui ont donné à Knett l'occasion non seulement de la monographie particulière plus haut mentionnée, mais aussi d'un travail d'ensemble[3] sur ces intéressants phénomènes. Dans le premier de ces deux mémoires, Knett a étudié le phénomène acoustico-séismique au point de vue des circonstances physiques et chimiques du sous-sol permettant sa production, mais il nous semble qu'on ne peut pas dire que ses considérations sur les failles voisines et sur la grande dislocation et la ligne séismo-thermale de l'Eger constituent une réelle démonstration d'un rapport de cause à effet, hypothèse qu'il se garde d'ailleurs bien d'émettre formellement.

Il y a peu d'années, une station séismographique a été installée au fond de la mine de Przibram, sur le bord de la cuvette silurienne, dans le but d'étudier les phénomènes différentiels de propagation des

---

[1] Bericht über das Erdbeben vom 5 Jänner 1897 im südlichen Böhmerwald (*Mitth. d. Erdbebencomm.*, III, Wien, 1897).

[2] Bericht über das Detonationsphänomen im Duppauergebirge am 14 August 1899 (*Id.*, XXI, 1900).

[3] Ueber d ieBeziehungen zwischen Erdbeben und Detonationen (*Id.*, XX, 1900).

secousses relativement à ceux observés à la station de surface sur une même verticale. Une telle disposition paraît susceptible de déceler plus tard l'influence des failles hercyniennes, pour peu que les observateurs dirigent leurs recherches dans ce sens.

Près de la rive gauche du Danube, de Turnau à Kattsdorf, s'étend en Bavière et en Autriche une région d'ébranlement se prolongeant jusqu'à Budweis et occupant aussi le haut bassin de la Moldau. Le maximum d'activité s'y montre au sommet S.E. de cette aire triangulaire, aux environs de Prägarten. Le tremblement du 28 septembre 1900 a été étudié par Von Mojsisovics[1], qui le met en relation avec le petit bassin tertiaire d'effondrement de Gallneukirchen-Kattsdorf-Lungitz, situé au milieu des gneiss, granites et granulites. Il n'y a pas de motifs pour s'écarter d'une opinion aussi autorisée.

Le double centre séismique de Josephsthal et de Litschau correspond à l'extrémité N. W. de la fameuse ligne séismique de la Kamp, dont l'étude, faite par Suess en 1873, a fait époque en séismologie tectonique, ainsi qu'on le verra plus loin à propos des Alpes orientales. Il s'agit donc là d'un foyer n'appartenant pas à la région. D'après Perrey[2], Rauscher place dans l'Eulengebirge l'origine des nombreuses secousses de ce foyer en 1856-1859, qui ne se sont plus reproduites depuis ; la trop grande distance s'y oppose.

8. — Silésie prussienne et autrichienne (Sudètes).

Cette région s'étend à l'est de l'Elbe et du bord nord-est du massif principal archéen et primaire de la Bohème au Sud de la ligne Bautzen-Breslau, et jusqu'à Cracovie. Elle comprend ainsi, autour du noyau primitif du Lausitzergebirge et du Riesengebirge, les terrains crétacés et carbonifériens du Nord-Est de la Bohême, houillers de la Silésie et quaternaires de la plaine de l'Oder. Les tremblements de terre silésiens ont été peu étudiés, et en dehors des monographies de séismes qui seront mentionnées, nous ne connaissons qu'une liste générale peu circonstanciée d'un journal local[3].

Dans le Nord, on rencontre quelques épicentres sporadiques, pouvant dépendre de la grande dislocation de la Lusace, ou de l'Elbsandsteingebirge, mais cette conclusion n'est rien moins qu'évidente.

---

[1] Allgemeiner Bericht und Chronik der im Jahre 1900 im Beobachtungsgebiete eingetretenen Erdebeben (*Id. Neue Folge*, II, 13, Wien, 1901).

[2] Note sur les tremblements de terre en 1861 (*Mém. Ac. Bruxelles*, 1863. p. 50).

[3] Historische Beben in Schlesien (*Schlesische Zeitung*, 10 Jänner 1901. Reproduit dans *Die Erdbebenwarte*, I, 117. Laibach, 1902).

Quoi qu'il en soit, cet important accident montre une action décisive sur les séismes du haut Elbe, dont il facilite l'extension vers le N. W., ainsi que l'a montré Credner [1] pour celui du 10 janvier 1901. Au confluent de l'Elbe et de la Moldau, Melnik mérite une mention spéciale pour avoir été, le 8 avril 1898, le théâtre d'un remarquable phénomène acoustico-séismique, étudié par Woldřich [2], qui le met en relation avec les dislocations du Böhmerwald et de l'Erzgebirge, auquel cas ce point appartiendrait réellement à l'une de ces deux régions.

Le district séismique d'Hirschberg-Trautenau est le plus important. Au Nord, il s'étend de Liegnitz à Breslau, et au Sud, de Münchengrätz à Glatz, donc à cheval sur le Riesengebirge. Sa partie la plus instable est le haut cours de l'Elbe en amont de Josephstadt et celui de l'Aupa. Liegnitz et Breslau ne sont que des épicentres apparents.

A partir et au N. W. de Glatz s'étend, sur la frontière de la Bohême et de la Silésie, le bassin carbonifère, houiller et permien de Waldenburg. Dans la même direction se rencontre ensuite le massif granitique prolongé en pointe par celui du Lausitzerwald, ou monts de Lusace. Un peu au nord de Josephstadt, on voit un lambeau permien, et tout le flanc S. W. de ce système, jusqu'au delà de Tetschen sur l'Elbe, appartient au Crétacé supérieur.

Les tremblements de terre d'Hirschberg-Trautenau ont été étudiés par divers savants, comme Woldřich [3], Dathe [4], Laube [5], Gränzer [6], Credner, etc., de sorte que les conditions séismico-tectoniques en sont maintenant bien connues. En partant du Nord, on rencontre l'épicentre d'Hirschberg, dont le bassin correspond à un effondrement assez récent. Le Carbonifère de Glatz-Waldenburg, s'il n'est pas plissé, est du moins très disloqué. Sur le versant S. W., l'Elbe correspond à une dépression faisant le pendant de celle d'Hirschberg; et le long des Sudètes plusieurs dislocations importantes prennent la direction N. W.-S. E. Celle de Qualisch-Hronow a été le siège de l'épicentre du tremblement de terre du 10 janvier 1901, tandis que c'est la ligne de l'Aupa qui a joué le 31 janvier 1883. Une

[1] Das sächsische Schüttergebiet des sudetischen Erdbebens vom 10 Januar 1901 (*Ber. d. mat. phys. Cl. d. K. Sächs. Ges. d. Wiss. zu Leipzig*, 4 März 1901, 83).

[2] Bericht über die unterirdische Detonation von Melnik in Böhmen vom 8 April 1898 (*Mitth. d. Erdbeben comm. Wien*, IX. 1898).

[3] Das böhmische Erdbeben vom 10 Jänner 1901 (*Mitth. Erdbebencommission. Neue Folge*, VI, Wien, 1901).

[4] Das schlesisch-sudetische Erdbeben vom 11 Juni 1895 (Berlin. 1897).

[5] Das Erdbeben von Trautenau am 31 Jänner 1883 (*Jahrbuch. d. K. K. Geol. Reichsanstalt.* XXXIII, 2, 331, 1883, Wien).

[6] Das sudetische Erdbeben von 10 Jänner 1901 (*Mitth. d. Vereins d. Naturfr. in Reichenberg. Böhmen*, XXXII, 1901).

autre ligne d'affaissement se fait voir sur le flanc N. E. et le plus abrupt de la vallée de la Steine qui s'étend de Braunau à Glatz. On trouve donc là tout un système de failles parallèles, amplement suffisant pour justifier l'opinion générale qu'elles jouent un rôle séismogénique bien décidé. Cela est d'autant plus plausible que l'époque des plus récents mouvements ne descend pas au delà de l'Oligocène, mouvements qui n'ont pas suffi à masquer entièrement les anciens plis hercyniens. Bref les causes probables d'instabilité ne manquent point.

Dans l'extrême Sud-Est enfin se rencontre un petit foyer séismique, autour de Schwientochlowitz, au sud de Tarnowitz. Il correspond à une série de petits bassins houillers non plissés, mais très disloqués, et cela apparaît d'autant plus clairement que Ratibor et Possnitz ne sont pas très éloignés de deux autres lambeaux, isolés des précédents et situés à l'est de Troppau. Ainsi se maintient la séismicité des bassins houillers en avant des horsts fixes de l'Europe centrale. On doit peut-être rattacher à ce centre les secousses de Cracovie, en supposant que cette ville ait enregistré à tort pour elle-même quelques-unes de celles qui lui venaient de l'Ouest. Mais on entre là dans le domaine des Carpathes ou des plissements alpins, de sorte que ce rattachement reste douteux.

9. — Erzgebirge, Saxe et Thuringe.

Cette région s'étend entre l'Elbe, la ligne Magdebourg-Minden, ou le pied des collines sub-hercyniennes, la Weser, le pied sud du Thüringerwald, le Fichtelgebirge, une ligne longeant à peu de distance la rive droite de l'Eger, et enfin, en aval de Kaaden, cette rivière jusqu'à son confluent avec l'Elbe. C'est de beaucoup le foyer séismique le plus important de toute l'Europe centrale, en avant des Alpes et des Pyrénées. La partie la plus instable est l'Erzgebirge, qui, avec ses dépendances du Nord, renferme la grande majorité des épicentres. A proprement parler, ce n'est pas une chaîne de montagnes, mais bien une sorte de falaise gneissique et granitique, dominant la cuvette bohémienne et plus directement la vallée de l'Eger, qui coule à ses pieds et où alternent d'amont en aval de petits bassins tertiaires et des épanchements éruptifs de la même ère géologique. Au Nord au contraire, les pentes sont relativement douces.

Les tremblements de terre de l'Erzgebirge sont très bien connus dans leur allure générale depuis ces dernières années, après les travaux de Credner[1], Knett[2], Uhlig[3], et Becke[4]. Ils présentent au

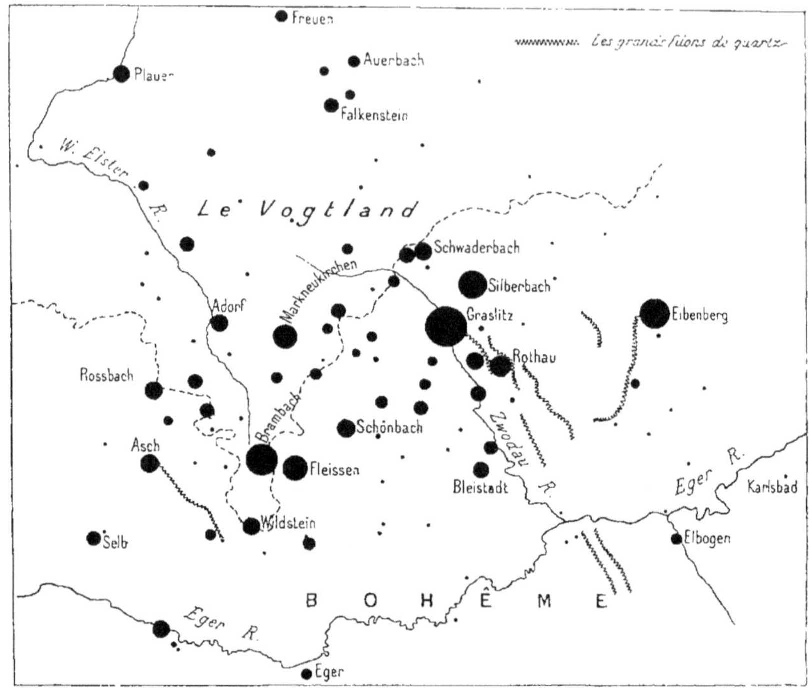

Fig. 9. — Erzgebirge.

plus haut degré le caractère d'essaims de secousses, durant de quelques

¹ Das vogtländisch-erzgebirgische Erdbeben vom 23 November 1875 (*Zeitschr. d. gesammt. Naturwiss.*, XLVIII, 1876, 246. Leipzig) ; Das vogtländische Erdbeben vom 26 December 1888 (*Ber. d. K. Sächs. Ges. d. Wiss. mat. phys. Kl.*, 11 Febr. 1889, 76) ; Die sächsischen Erdbeben während der Jahre 1889 bis 1897, insbesondere das sächsisch-böhmische Erdbeben vom 24 October bis 29 November 1897 (*Abhandl. d. mat. phys. Cl. d. Kgl. Sächs. Ges. d. Wiss.*, XXIV, IV, 317. Leipzig, 1898) ; Die seismischen Erscheinungen im Königreiche Sachsen während der Jahre 1898 und 1899 bis zum Mai 1900 (*Ber. d. mat. ph. Cl. d. Kgl. Sächs. Ges. d. Wiss. zu Leipzig*, 7 Mai 1900, 37) ; Die vogtländischen Erdbebenschwärme während des Juli und des August 1900 (*Id.*, 14 November 1900, 153) ; Die vogtländischen Erderschütterungen in dem Zeitraüme vom September 1900 bis zum März 1902, insbesondere die Erdbebenschwärme im Frühjahr und Sommer 1901 (*Id.*, 3 März 1902, 74) ; Das Greizer Beben am 1 Mai 1902 (*Id.*, 2 Febr. 1903, 3) : Der vogtländische Erdbebenschwarm vom 13 Februar bis zum 18 Mai 1903 (*Abhandl.*, *Id.*, XXVIII, IV, 420, 1904).

² Das erzgebirgische Schwarmbeben vom 1 Jänner bis 5 Februar 1824 (*Sitz. ber. d. deutsch. nat. Med. Ver. für Böhmen. « Lotos »*, 1899, Prag. Nr. 5) ; Bericht über das erzgebirgische Schwarmbeben vom 13 Februar bis 25 März 1903 (*Mitth. d. Erdbeben comm. d. K. Ak. d. Wiss. in Wien*. Neue Folge, XVI, 1903).

³ Bericht über die seismischen Ereignisse im Jahre 1900 im den deutschen Gebieten Böhmens (*Id.*, N. F., III, 1901).

⁴ Bericht über das Erdbeben von Brüx am 3 November 1896 (*Id.*, II, 1897) ; Bericht über das Graslitzer Erdbeben 24 October bis 25 November 1897 (*Id.*, VIII, 1898).

jours à plusieurs semaines, et séparées par des intervalles de repos plus ou moins complets. Une certaine régularité a permis à Knett d'annoncer pour 1950 un paroxysme probable, genre de pronostics à notre avis bien imprudent, et qu'est venu infirmer la série de février-mars 1903. Les intensités n'y sont pas désastreuses et n'ont jamais dépassé le degré VIII de l'échelle Rossi-Forel.

L'action des efforts de plissement domine toute l'histoire géologique de l'Erzgebirge, où ils se dont donné libre carrière depuis les temps les plus reculés, le Silurien, jusqu'à l'époque du dépôt des lignites, et par à-coups successifs. Cette persistance d'un même processus est extrêmement remarquable, et à elle seule elle aurait suffi à mettre ces séismes en relation avec lui, car on ne comprendrait guère qu'ayant si longtemps duré, il se soit brusquement éteint, sans continuer à se manifester actuellement sous forme de secousses. Ce rapport de cause à effet, admis par tous les savants cités plus haut, résulte d'ailleurs de beaucoup d'autres considérations plus directes, ainsi qu'on va le voir par le détail.

En réalité, l'Erzgebirge n'est que la plus importante de trois rides successives parallèles, courant à peu près S. W.-N. E. Les deux autres vers le Nord sont le Mittelgebirge granulitique de la Saxe et les hauteurs de Liebschütz près de Strehla sur l'Elbe, cette dernière disparaissant rapidement au S. W. sous une puissante couverture oligocène et quaternaire. De l'un à l'autre ces trois ridements diminuent de relief et augmentent d'intervalles entre eux à mesure qu'on les traverse du Sud au Nord. Ils forment entre eux deux auges intermédiaires successives, dans le fond desquelles les discordances des terrains sédimentaires, non arasés et dénudés, ont précisément servi à faire constater la continuité du plissement. Comme cette action a présenté son maximum d'intensité à la fin de l'époque carboniférienne, l'Erzgebirge appartient au grand système des plissements hercyniens de l'Europe moyenne, connus ici sous le nom de varisques, du nom de la peuplade germanique qui habitait aux environs de Hof.

Cette décroissance du relief du Sud au Nord, correspondant à une amplitude décroissante des vagues terrestres, si l'on peut s'exprimer ainsi, s'accorde avec une diminution graduelle de la séismicité vers le Nord, ce qui nous semble corroborer fortement la relation énoncée.

Cet énergique plissement, si longtemps continué, n'a pas été sans de nombreuses dislocations, et en effet la Saxe n'est qu'un vaste champ de fractures, qui la sillonnent dans tous les sens, se coupant et se recoupant de toutes les manières imaginables, et à diverses

époques remplies des matières les plus variées ; tant et si bien que
l'Erzgebirge en a tiré son nom de Monts des Métaux, ou en tchèque
de Rudo Hori, qui en est la traduction littérale, et que la Saxe a été
le berceau de l'art des mines, sinon de la géologie, avec la fameuse
école de Freiberg. Ce filonnement intense a été, contrairement à ce
qu'on aurait pu penser, en conséquence de la multiplicité des dislocations, une cause de stabilité séismique, puisque la partie la plus
instable se trouve au sud des territoires saxons les plus minéralisés.
L'injection des matières minérales a cimenté et consolidé le bloc
morcelé par les failles. Sur le versant bohémien de l'Erzgebirge, la
partie la plus riche en épicentres montre une série de puissants dykes
de quartz, à peu près perpendiculaires à la crête de la falaise et
faisant saillie au-dessus du sol environnant, parce que, grâce à leur
plus grande dureté, ils ont mieux résisté aux agents de destruction.
Or, ils sont excentriques au district séismique et se prolongent au
delà de l'Eger dans la partie stable de la cuvette bohémienne.
Homologues du Pfahl et du Sillon de Bretagne, les fractures, auxquelles ils doivent naissance, ne jouent donc non plus aucun rôle
séismogénique.

L'Erzgebirge n'a pas été seulement plissé et fracturé, il a encore
été le théâtre de mouvements verticaux de grande amplitude. Au
moment où la mer carboniférienne se retirait de ces régions, deux
bourrelets montagneux se sont dressés, cette chaîne et le Riesengebirge ; il en est résulté une tendance à l'affaissement à l'intérieur de
leur angle rentrant, ce qui a préparé l'invasion de la mer crétacée
dans le Nord-Est de la Bohême et plus tard, d'une manière beaucoup
plus accentuée, l'irruption des eaux oligocènes jusqu'à Eger le long
de la vallée de la rivière du même nom. Plus tard encore la falaise
s'est relevée, et l'ancienne pénéplaine saxonne s'est rajeunie par un
mouvement de bascule vers le N. W., ensemble de mouvements qui
ont finalement donné à la Bohême sa forme de cuvette en losange,
mais ont aussi, et c'est ce qui nous intéresse particulièrement ici,
accentué la faille du pied méridional de l'Erzgebirge, en en portant
la crête à plus de 1 200 mètres, et en même temps déterminé les épanchements éruptifs du Fichtelgebirge, du Duppauergebirge et du Mittelgebirge, qui se survivent encore à eux-mêmes sous la forme de la
ligne thermale de l'Eger, — Marienbad, Karlsbad, Franzensbad,
Teplitz, — pour ne citer que les principales sources.

Ainsi donc, tous les phénomènes géologiques susceptibles d'exercer
une influence séismogénique se sont là donné rendez-vous, depuis
les temps les plus reculés jusqu'à l'aurore de l'époque actuelle :

plissements, failles, affaissements, surrections, éruptions volcaniques, appareil thermal ; rien n'y manque, et il serait difficile de
citer à la surface du globe un pays présentant une plus complète
synthèse des vicissitudes géologiques. La séismicité générale de
l'Erzgebirge en est la conséquence manifeste.

Tout l'Erzgebirge n'est pas uniformément instable. Les tremblements de terre, sans être rares au Nord jusque vers Leipzig et à
l'Est vers Dresde, cessent presque complètement à l'Ouest vers Hof
et le Fichtelgebirge ; ils montrent ainsi une indépendance décidée
par rapport à la ligne éruptive tertiaire de la vallée de l'Eger. Le
district séismique est à cheval sur la chaîne ; limité au Sud par
l'Eger, il dépasse peu la vallée de l'Elster occidentale à l'Ouest, et
celle de la Zwodau à l'Est, tandis que sa frontière septentrionale est
plus indécise, la densité de la répartition des épicentres diminuant
graduellement vers le Nord, ainsi qu'on l'a déjà fait observer, vers
Gera, Glauchau, Chemnitz, Freiberg et Dresde, Leipzig même.

Credner et les autres séismologues mentionnés antérieurement
croient à l'existence de deux centres prédominants et bien distincts,
Asch et Brambach à l'Ouest, Graslitz et Silberbach à l'Est. Mais si
l'on tient compte de toutes les observations, leur intervalle de
20 kilomètres se remplit d'autres épicentres importants, Markneu-
kirchen, Fleissen, Schönbach, Frankenhammer, Hartenberg, etc.,
et d'un grand nombre d'autres moins riches en secousses. L'influence
séismogénique d'accidents locaux, tels la fracture en zigzag de
l'Elster et de la Wurschnitz, qui a été mise en avant, disparaît donc
et c'est probablement ainsi que Knett a été amené à penser que tous
ces séismes préparent un futur effondrement du voussoir en question
sur le bord de la vallée de l'Eger, prophétie heureusement bien hypothétique encore, quoique non dénuée de vraisemblance.

Becke et Laube sont portés à attribuer les séismes de Brüx et du
petit foyer d'Eisenberg aux dislocations locales d'une voûte du gneiss
fondamental et à la ligne thermale.

Knett[1] a fait justice d'une erreur bien enracinée cependant et qui
se lit partout, l'action du fameux tremblement de terre de Lisbonne,
le 1er novembre 1855, sur les sources de Karlsbad.

De Meissen à Tetschen, quelques épicentres jalonnent le cañon que
l'Elbe s'est creusé dans le quadersandstein crétacé, à la faveur d'un

[1] Verhalten der Karlsbader Thermen während des vogtländischwestböhmischen Erdbebens im Oktober-November 1897 (*Id.* VII, 1898). *Id.* Zur Kenntniss der Beinflussung
der Teplitzer Urquelle durch das Lissaboner Erdbeben (*Sitzungsberichte* « *Lotos* ».
Prag, 1899).

mouvement tertiaire saccadé, comme l'indiquent ses gradins successifs.

On voit ensuite des épicentres clairsemés se disséminer des deux côtés du Thüringerwald, mais surtout au Nord entre la Saale et la Werra. Cette muraille, de 400 à 500 mètres de haut, est accidentée jusqu'au Meissner d'un système de grandes failles parallèles, de même direction N. W.-S. E., et de l'époque tertiaire, qui se sont superposées à des accidents hercyniens perpendiculaires, N. E.-S. W., en partie effacés par l'érosion et la dénudation. C'est tout ce qu'on peut actuellement dire de ces séismes, qui semblent surtout ébranler ces dernières dislocations, sans que toutefois les failles tertiaires soient parfaitement en repos. Penck[1] a fait observer que les gypses du Zechstein ont occasionné de nombreux éboulements ou affaissements à la bordure du Harz et du Thüringerwald, aussi bien que ceux du Keuper à la surface du plateau thuringien lui-même ; ces phénomènes sont en rapport avec plusieurs petits bassins hydrographiques presque fermés, ceux par exemple des lacs profonds de Salzungen, Schön et Gräven dans le *vorland* méridional, ainsi que d'autres au pied du Harz. Il semble bien, pense-t-il du moins, qu'il y ait là une cause de séismes sporadiques.

Il faut noter que le Harz, si extraordinairement disloqué, est stable, et que d'autre part les collines subhercyniennes, si fortement plissées, sont de Hameln à Magdebourg, et dans la même direction jusqu'à Berlin dans la grande plaine germano-baltique, jalonnées de quelques épicentres, d'ailleurs pauvres, ce qui fait songer à l'action du plissement lui-même.

Enfin Stassfurth est un épicentre assez souvent ébranlé, dont Hœrnes et von Fritsch[2] attribuent les secousses, et en particulier celle du 14 décembre 1881, à des effondrements dans les mines d'anhydrite des environs et de Leopoldshall.

10. — La plaine germano-baltique.

Cette vaste étendue, presque partout recouverte par les produits erratiques du Nord, est d'une aséismicité presque absolue. Plusieurs des rares séismes signalés sont même peu authentiques. Elle présente cette stabilité en commun avec la plate-forme russe, mais pour des causes différentes. La Russie est stable parce que ses dernières

[1] Das deutsche Reich (*Länderkunde von Europa*, erster Theil, erste Hälfte, 330),
[2] *Allgemeine Geologie*, 417. Stuttgart, 1888.

vicissitudes géologiques sont extrêmement anciennes, et la plaine germano-baltique par suite de l'extinction d'efforts orogéniques bien plus récents, tertiaires, qui ont préparé l'évolution de son réseau hydrographique et dont les effets sont en partie masqués par les dépôts d'origine glaciaire. Quelques vagues anormales, signalées sur ses côtes, ne sont pas d'origine séismique bien certaine.

CHAPITRE IV

LA PLATE-FORME RUSSE

L'immense plate-forme russe présente dans son histoire géologique ce caractère d'être un des rares territoires du monde connu, qui, ainsi que le dit de Lapparent, sans avoir traversé de longues phases d'émersion, se soit depuis le début des temps siluriens, montré, sur toute son étendue, constamment réfractaire aux efforts de plissement comme à ceux de morcellement. Une telle définition fait immédiatement, et sans hésitation, pronostiquer une grande stabilité séismique, et c'est bien une observation concordant avec les renseignements tirés de longues annales historiques compulsées par Perrey[1], Mouchkétov et Orlov[2], Làska[3], ainsi que des bulletins séismiques périodiques de Hlasek[4] et de Levitzki[5]. Mais pas plus qu'en aucun pays du monde, les tremblements de terre ne sont complètement inconnus dans la Russie d'Europe : il y a même des contrées moins souvent ébranlées encore.

La Finlande a déjà été examinée, à propos du bouclier scandinave.

De Biélostok à Tver, Veïssov, Astrakhan, Taganrog et Kamiénets-Podolsk, des épicentres clairsemés et pauvres en séismes se disséminent à la surface de la Russie méridionale. Ce grand territoire est à peine pénéséismique, car les dégâts qu'auraient produits en Pologne, et à Kiev, des tremblements de terre du moyen âge, doivent être sans aucun doute attribués à l'imagination de

---

[1] Documents relatifs aux tremblements de terre dans le nord de l'Europe et de l'Asie (*Ann. magn. et météor. du Corps des mines de Russie*. Saint-Pétersbourg, 1846).

[2] Catalogue des tremblements de terre de l'empire russe (*Mémoires de la Société impériale russe de géographie*. Saint-Pétersbourg, 1893; en russe).
Observations sur les tremblements de terre en Russie dans les années 1891 à 1899 (*Nouvelles de la Soc. imp. russe de géographie*, XXVII et XXXV ; en russe).

[3] Die Erdbeben Polens (*Mitth. d. Erbebencomm. d. K. Ak. d. Wiss. in Wien*, Neue Folge, VIII, 1902).

[4] Renseignements mensuels sur les tremblements de terre à l'observatoire physique de Tiflis, 1900, 1901... (en russe).

[5] *Bulletin de la commission séismique centrale permanente*, 1902, 1903 (en russe).

chroniqueurs ignorants et crédules, que pour la plupart leur caractère religieux portait à regarder ces séismes, tout au plus capables

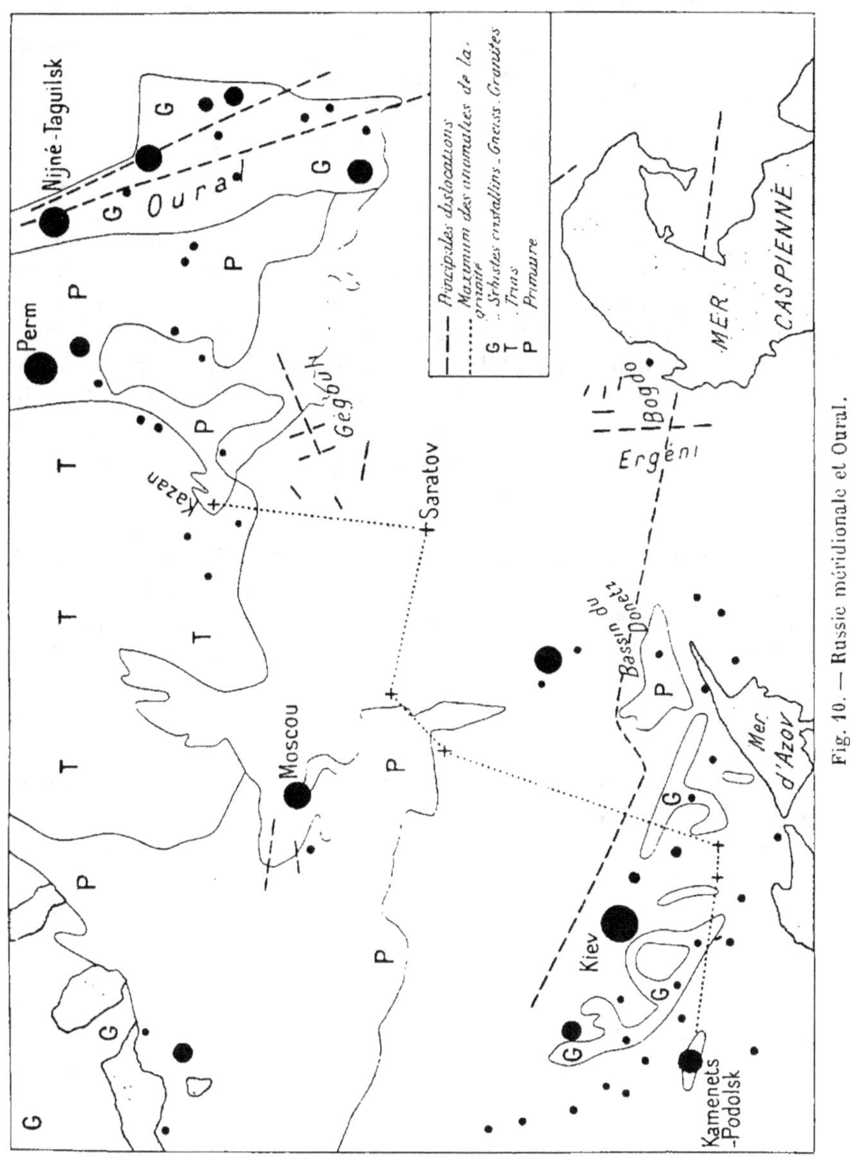

Fig. 10. — Russie méridionale et Oural.

de renverser de vieux murs, comme des avertissements de Dieu, et
par suite à en exagérer les effets. Ces pays constituent en Russie une

bande remarquable par ses dislocations, faisant ainsi contraste avec le reste de sa surface ; elle se dirige de la Pologne vers les côtes N. W. de la Caspienne. Les collines de Sandomir et le bassin carboniférien de la Pologne en font partie. Dans le gouvernement de Kiev, on la retrouve dans les plissements des couches près de Kanev. Plus loin, elle est bien reconnaissable dans le bassin du Donetz et dans les monts Bogdo de la steppe d'Astrakhan, dont Suess a fait ressortir l'importance des accidents particuliers. Ces dislocations, sans perdre leur unité de caractère, affectent successivement de l'Ouest à l'Est le groupe paléozoïque et mésozoïque en Pologne, les couches mésozoïques dans le gouvernement de Kiev, enfin les dépôts triasiques dans celui d'Astrakhan. Il est très remarquable qu'il s'agisse là de la bordure nord de l'extrémité orientale, maintenant disparue, de la grande chaîne hercynienne mise en évidence par Marcel Bertrand. Les séismes dont il est ici question sont donc manifestement en relation avec des plissements, et l'ancienneté de ces dislocations explique en même temps la rareté et la faiblesse des secousses.

Il y a un point encore plus intéressant à signaler. En 1895, Collet[1] a fait voir que cette bordure septentrionale, à substratum disloqué, coïncide à peu près avec une ligne polygonale suivant laquelle le général Stebnitzki avait antérieurement constaté un maximum de déficit de gravité, par rapport aux régions contiguës du Sud et du Nord et qu'un relief insignifiant ne suffit pas à justifier. Il y a donc là coïncidence entre une zone d'anomalie de la pesanteur, une région relativement instable, et les racines d'une chaîne rabotée, avec ses dislocations de toute espèce. On aura l'occasion de signaler d'autres exemples de ce genre.

On peut signaler quelques accidents tectoniques particuliers au voisinage de certains des épicentres sporadiques. C'est le cas de ceux de la vallée de la Volga non loin de Samara. Le fleuve décrit en effet une grande boucle autour des collines de Gégouli, où une faille ramène brusquement le Paléozoïque au travers du Jurassique.

Doss[2] a fait l'histoire des rares et légers tremblements de terre qui ébranlent les provinces baltiques, Esthonie, Livonie et Courlande, où dominent les terrains anciens, surtout le Dévonien. Ces secousses ont toujours un caractère nettement local. Or on ne con-

---

[1] Sur les anomalies de la pesanteur à Bordeaux (*Ann. Université de Grenoble*, VII, 1, 1895).

[2] Uebersicht und Natur der in Ostseeprovinzen vorgekommenen Erdbeben (*Correspondenzblatt des Naturforscher Vereins zu Riga*. Heft XL, Riga. 1897).

naît, en fait de dislocations, dans cette grande région, que de faibles plissements, de sorte que ces séismes ne peuvent être rattachés à une origine tectonique ; aussi Doss invoque-t-il uniquement les effets de la dissolution des couches de dolomie et de marne calcaire, interposées dans les strates plus solides ; il constate, en effet, l'existence de beaucoup de ruisselets souterrains, jalonnés par de nombreux affaissements bien visibles à la surface du sol. Précisément Klauenstein, sur la Dvina et à une verste trois quarts de Kokenhusen, une des localités le plus souvent ébranlées, au moins d'après les séismes relatés, présente effectivement sur un très petit espace un grand nombre de ces affaissements, lentement produits sous les yeux des habitants. On a même vu un de ces ruisselets se former à une date récente et, en même temps que les affaissements s'accentuaient progressivement, venir enfin sourdre en cascade en un point de la paroi de la falaise qui borde la Dvina. C'est, semble-t-il, avec raison que Doss voit dans ces faits d'observation la confirmation évidente de son opinion, qu'il étend à toute la surface des trois provinces, où se retrouvent presque partout les mêmes circonstances dans la structure du sous-sol.

Pavlov[1] a le premier mentionné, en 1896, ce qu'on pourrait appeler un tremblement de terre fossile à Alatyr, dans la province de Simbirsk. Là, les argiles néocomiennes horizontales sont recoupées par un véritable dyke vertical de grès et de sables à grains de glauconie, de 35 centimètres d'épaisseur, et que ses fossiles lui ont fait rapporter à l'Oligocène inférieur. Pavlov pense, avec beaucoup de vraisemblance, que lors de l'invasion par la mer tertiaire du territoire émergé depuis la fin des temps crétacés, un tremblement de terre a fait pénétrer dans une crevasse les sables des dépôts oligocènes en voie de formation. Après quoi l'érosion a enlevé tout ce qui n'était pas tombé dans la fente, de sorte que, sans cette chute, on ignorerait complètement que la région ait été envahie par la mer oligocène. Cette observation est très intéressante, et il est probable que des exemples analogues se rencontreront ailleurs. C'est le cas des Sandstone dykes de Californie.

---

[1] Observations sur Alatyr (Province de Simbirsk) (*Geol. Magn.*, 1896. 50).

CHAPITRE V

ATLANTIQUE SEPTENTRIONAL ET TERRES ARCTIQUES

De l'Islande aux Açores, et même au delà, règne une sorte de plateau, d'ailleurs irrégulier, d'une profondeur moyenne de 2000 mètres, et qui ne descend jamais au-dessous de 4000 mètres. De grandes profondeurs le séparent de l'Europe, au sud des Iles Britanniques, et de l'Amérique du Nord. L'existence d'un océan profond entre les deux continents à l'époque secondaire, ou au début du Tertiaire, n'est guère conciliable, disent les naturalistes, avec les données modernes de la zoogéographie, marine ou terrestre. Ce ne fut, d'après Haug, partageant en cela l'opinion de beaucoup de géologues, qu'à la fin de l'époque tertiaire probablement que les aires de surélévation, boucliers scandinave et canadien, furent définitivement séparés par la dépression atlantique, à la suite d'un phénomène d'ennoyage plutôt que d'effondrement. Des restes de formations miocènes continentales en Islande, et aux Færöer, seraient les derniers témoins de ces terres disparues et morcelées, événement pléistocène sans doute, qui a donné lieu à d'énormes épanchements éruptifs, dont on retrouve les débris dans ces îles et au rocher perdu de Rockall, en plein océan. Nulle part ne se rencontrent traces de plissements, et les éruptions dont il s'agit paraissent s'être produits avec la plus grande tranquillité, comme au Dekkan et dans le Nord-Ouest de l'Amérique du Nord. L'affaissement récent de l'Atlantique a rencontré une démonstration inattendue au rocher isolé de Rockhall, à 400 kilomètres de l'Irlande; des draguages effectués en 1896 ont fait trouver de nombreux échantillons de coquilles appartenant à des mollusques d'eau de surface, qui n'auraient pas pu vivre à la profondeur actuelle [1].

Tout fait donc présager une grande stabilité séismique, et en effet les tremblements de terre sous-marins sont à peu près inconnus dans

[1] *Geogr. journ.*, XI, 48.

l'Atlantique septentrional, où l'extrême activité de la navigation ne les laisserait pas tous échapper à l'observation. On y en a signalé deux seulement, et aucune vague d'origine séismique.

Cette absence totale de séismes sous-marins conduit à une remarque fort importante. Les plissements calédoniens et armoricains ont franchi l'Atlantique pour aller affecter l'Orient de la masse continentale occupant le Canada et l'Amérique du Nord, au bord de

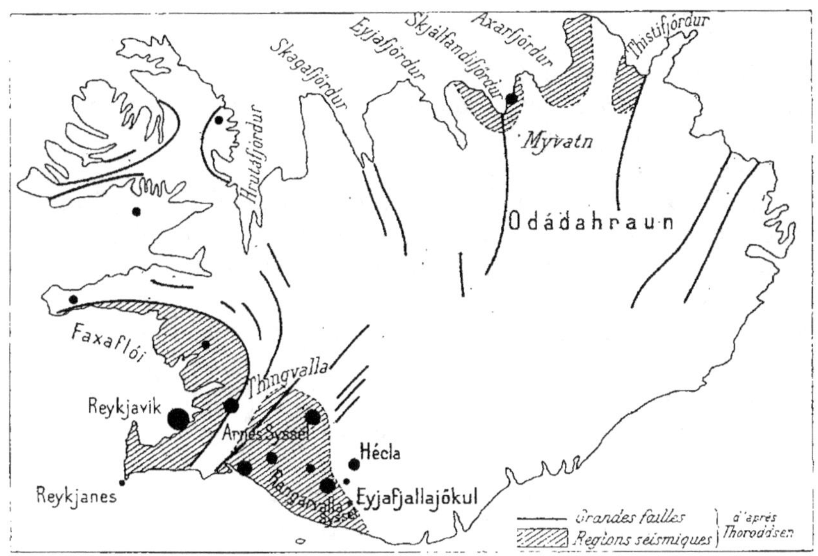

Fig. 11. — Islande.

l'océan actuel, et ce sont ces derniers mouvements qui ont édifié la chaîne des Appalaches. S'ils avaient en même temps affecté les terres supposées effondrées à la fin de l'époque tertiaire, on devrait s'attendre à les voir se survivre sous forme de secousses sous-marines. La stabilité parfaite de l'Atlantique du Nord force donc à penser que ces plissements américains sont seulement contemporains de ceux de l'Europe, qu'ils correspondent aux mêmes efforts généraux de l'écorce terrestre, mais, conséquence importante et d'ailleurs provisoire, qu'ils ont présenté une lacune entre les deux continents. Quel qu'ait été aux époques secondaire et tertiaire l'état de l'Atlantique septentrional, il a donc fallu que son architecture reste tabulaire, et que, par conséquent, il appartienne bien aux aires continentales et non aux géosynclinaux.

On ne connaît pas de séismes aux Færöer.

L'Islande est célèbre par les nombreuses et gigantesques éruptions qui, depuis au moins le Miocène, ont pris la principale part à la formation de son relief. Pendant la période historique elles n'ont pas cessé de la désoler en s'épanchant à sa surface par de nombreuses bouches et aussi par de grandes cassures, ainsi que cela résulte des études de Thoroddsen[1], et on en possède des relations plus ou moins circonstanciées depuis près de mille ans. L'histoire des tremblements de terre islandais est assez bien connue pour un pays aussi éloigné des grands centres de civilisation, mieux peut-être qu'on pouvait l'espérer dans ces conditions défavorables, et le même savant a suffisamment retrouvé ces phénomènes dans les annales locales pour que leur répartition y soit non seulement arrêtée dans ses traits principaux[2], mais encore clairement mise par lui en relation avec l'histoire géologique de l'île[3].

Si l'on exclut les secousses qui ont accompagné les éruptions volcaniques, mais dont la distinction ne résulte pas toujours clairement des récits anciens, on constate tout d'abord que, sauf des cas sporadiques et sans importance, la presqu'île du Nord-Ouest, la côte orientale et les hautes terres de l'intérieur sont aséismiques. On rencontre ensuite autour des grandes indentations de la côte du Nord-Est, Thistilfjördur, Axarfjördur et Skjálfjandifjördur, trois petites régions d'instabilité, que Thoroddsen sépare entre elles, mais qui probablement n'en font qu'une seule. Leurs tremblements de terre, parfois assez intenses, sont très fréquemment accompagnés de la formation de crevasses dans les brèches volcaniques dont elles sont surtout constituées. Toujours sur la côte septentrionale les territoires basaltiques entre les Eyjafjördur et Hrutafjördur se font remarquer par des secousses sporadiques, mais sans qu'on puisse définir de régions séismiques.

Le pourtour du golfe de Reykjavik, ou le Faxaflói, et le pays compris entre le littoral, l'amphithéâtre que forme le plateau intérieur vers le Sud, le lac de Thingvalla, l'Hécla et l'Eyjafjallajökul, constituent deux régions d'instabilité que Thoroddsen distingue peut-être sans raison bien probante, très vraisemblablement parce que Reykjavik paraît être moins exposé que les villages de la seconde région. Les tremblements de terre qu'on y ressent sont nettement indépendants des paroxysmes de l'Hécla et des éruptions volcaniques sous-marines

[1] Oversigt over de islandske Vulkaners Historie (Translated by G. H. Bœhmer. *Smithsonian Rep*. 1885, part I, 495. Washington).

[2] Jordskjaelv i Islands sydlige Lavland, deres geologiske Forhold og Historie (*Geogr. Tidskrift*, 1898, XIV,93. Kjöbenhavn).

[3] Die Bruchlinien Islands und ihre Beziehungen zu den Vulkanen (*Petermanns geogr. Mitth.*, LI. 49, Gotha, 1905).

signalées dans les parages de l'île Vestmannaejar, les phénomènes
éruptifs n'ayant jamais été accompagnés en Islande que de secousses
très faibles. Cette région séismique bien définie a été, à la fin d'août
et au commencement de septembre 1896, le théâtre d'un tremblement de terre, dont les cinq chocs principaux ont finalement détruit
17 et 22 p. 100 des fermes des districts Rangárvallasyssel et Arnes-
syssel respectivement, sans compter celles plus ou moins gravement
endommagées, sur un total de 1 287. Cet événement, considérable
pour l'île, a été l'objet d'une enquête approfondie [1] par Thoroddsen
qui l'a étudié sous tous ses aspects [2] et en a tiré d'intéressantes conclusions.

Ce savant fait observer que si le tremblement de terre avait agi
sur des constructions en pierres, et non sur des habitations et des
étables en bois, recouvertes ou non de mottes de gazon, la destruction et les pertes de vies auraient certainement été beaucoup plus
considérables. Cette observation est assurément très judicieuse, mais
d'autre part elle perd de sa valeur quant à l'intensité que Thoroddsen
en conclut pour les chocs en question, parce qu'il faut tenir compte
de l'extrême inconsistance des matériaux volcaniques et alluvionnaires des districts ravagés. Aussi restons-nous sous l'impression
que les tremblements de terre de 1896 n'ont pas, en dépit des apparences, dépassé le degré IX de l'échelle Rossi-Forel, conclusion à
généraliser pour le même motif en l'étendant aux séismes antérieurs,
à condition de réfléchir aussi que la saison, pendant laquelle ils se
sont produits, a grandement influé sur les chiffres des pertes de vies,
tant pour les habitants que pour les têtes de bétail, une réclusion
complète étant pour tous une conséquence forcée de l'âpreté du climat
islandais pendant l'hiver, circonstance qui aggrave beaucoup les
effets des tremblements de terre pendant cette période de l'année.

Il nous semble donc que cette partie méridionale de l'île doit être
seulement rangée parmi les régions séismiques les moins dangereuses, caractère généralement observé dans les pays où les fractures
jouent le rôle tectonique principal à l'exclusion des plissements. Et
en effet l'Islande n'appartient point aux géosynclinaux. Son ancien
soubassement volcanique, épanché pendant la plus grande partie des
temps tertiaires, est profondément découpée en horsts fixes et en
fosses d'affaissement par des failles qui ont, jusqu'à l'époque actuelle,

[1] Jardskjálftar i Sudurlandi (Kjöbenhavn. 1899).

[2] Jordskjœlvene i Efteraaret 1896, (*Geogr. Tidskrift.* XV, 1899-1900. 93, Kjöbenhavn).
Das Erdbeben in Island im Jahre 1896 (*Petermanns geogr. Mitth.*, XLVIII, 1901, 53,
Gotha, 1902).

permis aux produits éruptifs de combler ces dernières ; c'est en particulier ce qui est arrivé après le fort tremblement de février 1875 à la fosse située à 25 kilomètres environ à l'est du Myvatn, celle de Sveinagjá, qui se creusait sur 15 kilomètres de longueur et 400 à 500 mètres de largeur entre de hautes falaises-fractures de 15 à 20 mètres de haut. Le même processus a été observé pour le courant de laves de 1340 d'Ogmunddarhraun près de Krisuvik, et dans d'autres circonstances encore. Thoroddsen a signalé aussi un affais-

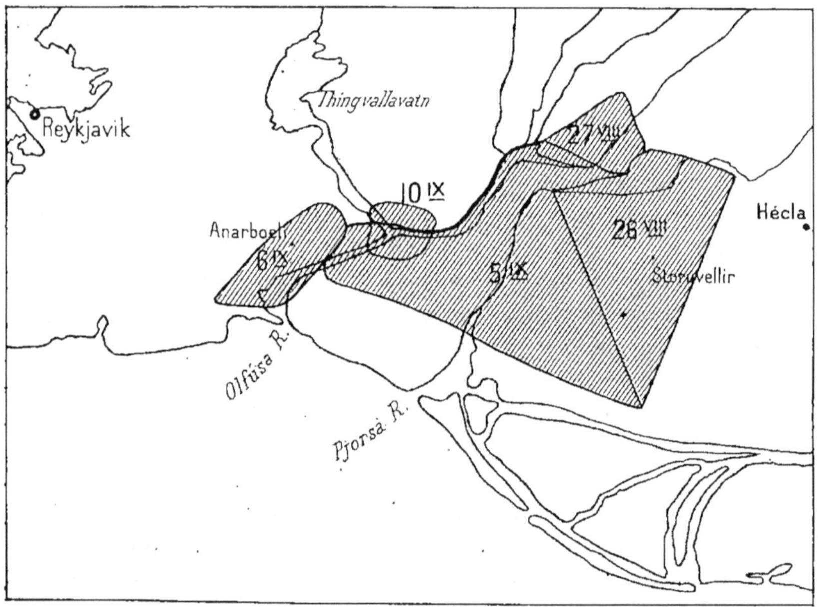

Fig. 12. — Islande. Aires pléistoséistes des tremblements de terre de 1896.

sement de 60 à 70 kilomètres carrés au célèbre lac de Thingvalla sur 30 à 50 mètres de profondeur entre les fractures Almangjá et Hrafnagja, phénomène renouvelé avec une amplitude de 2 à 3 mètres lors du violent tremblement de terre de 1789. Le Faxaflói est une zone d'affaissement entre des cassures périphériques, disposition qui se retrouve dans la péninsule du Nord-Ouest et au Hrutafjördur. Suess pense que ces affaissements continuent l'œuvre de la formation pléistocène de cette partie de l'Atlantique. Des lambeaux de crag marin près d'Husavik (du Nord) témoignent d'une submersion partielle à une époque fort tardive, tandis que des lits de Miocène d'origine continentale prouvent une émersion antérieure et correspondent à l'existence de la terre qui, unissant les deux continents, explique la distribution actuelle des formes végétales et animales, telles que la constate la biogéographie moderne. Les fractures qui hachent le massif volcanique islandais peuvent être considérées comme la suite et l'effet des efforts qui ont affaissé, ennoyé et morcelé les terres nord-atlantiques ; ainsi donc fractures et mouvements positifs ou négatifs résument l'histoire géologique de l'Islande.

Les tremblements de terre de 1896 sont venus donner une éclatante confirmation à ces circonstances particulières, en même temps qu'une explication à l'instabilité constatée dans le sud-ouest de l'Islande. En effet Thoroddsen a constaté que les dégâts produits par les cinq principales secousses ont été délimités de la façon la plus nette, sans zone de décroissance vers l'extérieur des aires chaque fois ébranlées. Cette observation typique lui a fait conclure que, pour chacune d'elles, un bloc de terrain avait été mis en mouvement pour son propre compte entre les fractures qui le comprennent, fractures qui, cachées sous l'épais manteau éruptif, n'en doivent pas moins avoir une existence parfaitement réelle, car c'est la seule manière possible d'expliquer cette manière d'être si particulière de ces séismes. Du reste cette hypothèse, acceptée par Glangeaud [1], est doublement corroborée par sa conformité avec ce que l'on sait de la constitution des hautes terres islandaises, et par ce fait que la plaine éprouvée en 1896 est dominée vers le Nord par un amphithéâtre montagneux dont le bord méridional est une fracture, celle-ci non masquée, qui a arrêté net les dommages en jouant ainsi le même rôle que les autres failles cachées sous la plaine. Ainsi disparaît le caractère hypothétique des vues de Thoroddsen.

On voit que les travaux de Thoroddsen ne permettent pas d'admettre un épicentre sous-marin pour les tremblements de terre d'Islande, en 1896, comme l'a fait Newby [2], qui en place le foyer en mer au milieu de la ligne joignant Reykjanes aux îles Westmann. Ces parages maritimes ayant été le siège d'éruptions volcaniques, cette opinion dérive vraisemblablement du rapprochement arbitraire des deux ordres de phénomènes.

En résumé les séismes de l'Islande résultent des mouvements des voussoirs dont elle est composée et entre les failles qui la découpent, et c'est pour cela qu'ils n'atteignent point l'intensité des tremble-

---

[1] Monographie du volcan de Gravenoire, près de Clermont-Ferrand (*Bull. Service Carte géol. de France*. N° 82, XII, 1900-01).

[2] The earthquakes in Iceland, 1896 (*The Journ. of the Manchester geogr. Soc.*, 1896. 174).

ments de terre de plissement, tout en restant parfois assez dangereux ; la formation des crevasses importantes, dont ils sont souvent
accompagnés, nous fait assister au mécanisme même de leur production.

Il est fort remarquable qu'en dépit d'éruptions sous-marines plusieurs fois observées dans le prolongement de la presqu'île de Reykjavik, on ne connaisse aucune relation de vagues séismiques le long
des côtes islandaises.

Au N. E. de l'Islande, l'île Jan Mayen, d'origine volcanique, où,
au pied du Beerenberg, l'expédition austro-hongroise, chargée d'y
exécuter en 1882 des observations magnétiques et météorologiques,
a senti trois secousses, termine le socle sans profondeur qui unit ces
deux îles au Groenland, si stable, et qui paraît être un reste des
anciennes terres primaires. Au delà s'étendent, entre le Groenland, le Spitzberg et la Scandinavie, des profondeurs de plus de
2 000 mètres, séparant nettement de l'Atlantique septentrional les
terres arctiques de l'Europe pour en faire un monde à part.

On ne connaît jusqu'à présent aucune secousse au Spitzberg, dont
la structure géologique est loin d'être claire, puisque, si Suess n'y voit
que des fractures, Garwood[1], géologue de l'expédition Conway, y
signale au contraire des plissements. En tout cas, les mouvements
récents d'exhaussement y ont laissé d'indéniables traces. L'horizontalité du Trias, constatée par Drasche, indique l'absence de bouleversements récents et la probabilité du repos séismique.

L'archipel de François-Joseph n'a donné lieu non plus à aucune
observation de secousses. Il est de nature volcanique et a subi des
mouvements verticaux semblables à ceux du Spitzberg.

De la Novaïa Zemlia, on sait seulement qu'elle continue les plissements de l'Oural du Nord, trop anciens pour laisser des traces
d'instabilité, pas plus là que sur le continent.

Dans toutes ces terres septentrionales, les mers secondaires ont
déposé leurs sédiments. On est donc en présence d'une région terrestre
dont la condition océanique a persisté pendant de longues périodes,
ce qui est *a priori* un garant d'une stabilité séismique qu'aucune
observation n'est venue jusqu'ici démentir, les plissements n'y ayant
pas joué un rôle suffisant.

[1] Ch. Rabot. L'alpinisme au Spitzberg. Les ascensions de Sir Martin Conway (Adapta-
tion. *Le Tour du monde*, 1900, 383, Paris).

CHAPITRE VI

VERSANT ATLANTIQUE DES ÉTATS-UNIS ET DU CANADA

L'Amérique du Nord, à l'Est des Montagnes Rocheuses, forme une unité géographique bien définie, qui n'a été que très tardivement séparée de l'Europe, par l'ennoyage de l'Atlantique septentrional. Son histoire géologique explique la simplicité de sa configuration, et les tremblements de terre s'y répartissent d'une manière tout à fait conforme à l'ancienneté de ses diverses vicissitudes. Il sera donc assez facile de mettre les manifestations séismiques en rapport avec cette histoire, et l'intérêt de cette étude grandira avec la clarté du parallèle qu'il s'agit d'établir. De Lapparent et Suess ont écrit sur ces pays des pages saisissantes, qu'il nous arrivera de citer presque textuellement sans plus d'avertissement, mais tout le monde les reconnaîtra, tant elles sont classiques.

Tout le Nord-Est de l'Amérique, de l'embouchure du Saint-Laurent à celle du Mackenzie par la dépression des grands lacs, et les lacs Winnipeg, Athabasca et des Esclaves, forme le bouclier canadien, perçant çà et là de ses couches archéennes plissées, et arasées jusqu'à leurs racines dès avant la période silurienne, une auréole de terrains paléozoïques horizontaux, qui reposent en discordance sur l'ancien substratum. Toutes ces terres, dont l'émersion définitive remonte si loin, et qui n'ont subi ultérieurement que le modelé de la période glaciaire, doivent donc être *a priori* d'une grand stabilité, sauf là où d'autres vicissitudes seront venues troubler le vieil équilibre. Et, en effet, les tremblements de terre sont inconnus depuis les terres Arctiques jusqu'au Saint-Laurent. Six faibles secousses signalées au Groenland, et une seule dans la chaîne côtière du Labrador, ne sont pas pour infirmer le parfait repos séismique de ces vastes territoires. En particulier, le Groenland est un plateau archéen, recouvert de Dévonien resté horizontal, que des effondrements tertiaires limitent à l'Est et à l'Ouest, avec jalonnements de roches éruptives récentes, et l'on sait combien peu

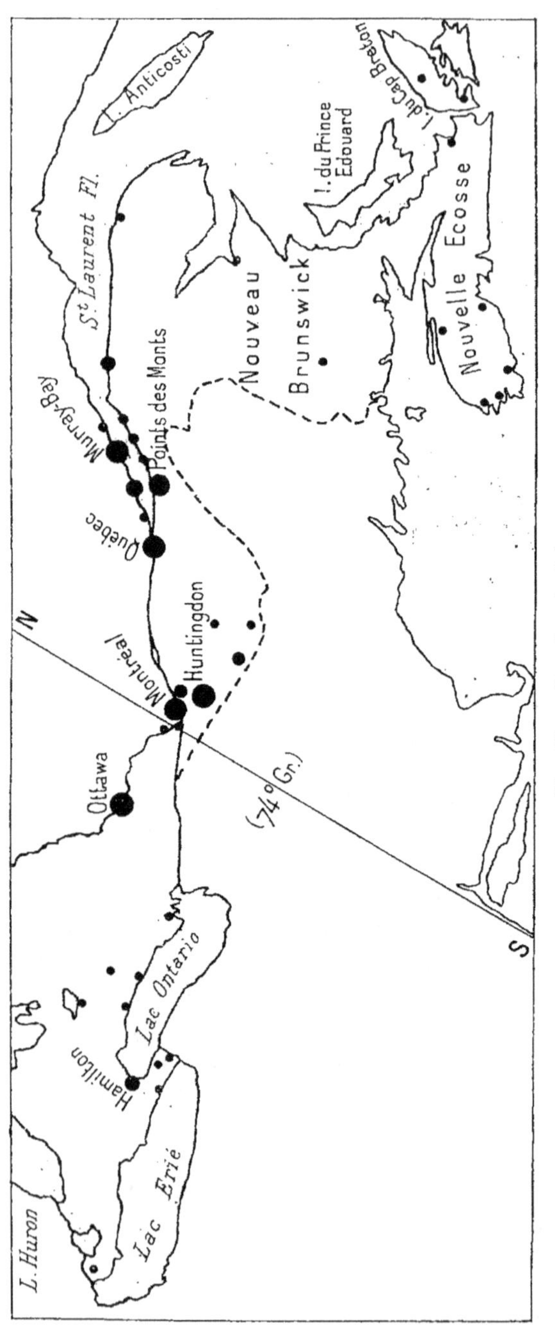

Fig. 13. — Canada oriental.

de semblables mouvements simplement verticaux sont favorables à la séismicité.

Les circonstances changent avec le Saint-Laurent, le Nouveau-Brunswick, l'île du Cap-Breton et la Nouvelle-Écosse. Les tremblements de terre s'y produisent ordinairement avec la fréquence et l'intensité des régions pénéséismiques. Il y a bien celui qui, du 5 février au mois d'août 1663, aurait dévasté le Canada, avec de nombreux chocs consécutifs, et ravagé la partie alors colonisée, c'est-à-dire le Sud-Est sur plus de 400 lieues (?). Mais les relations qu'ont faites de cet événement tout à fait exceptionnel les missionnaires de l'époque, sont assez vagues, manquent de détails circonstanciés et ne donnent même pas les noms des localités les plus éprouvées, ni des montagnes soi-disant bouleversées. On doit donc taxer ces récits d'une grande exagération. Rien de semblable, ni même d'approchant, ne s'est reproduit depuis, et la secousse du 27 novembre 1893, une des plus fortes connues, n'a causé que des dommages sans importance. Le Sud-Est du Canada est donc un pays où les séismes, sans être rares, ne sont vraiment pas à craindre. Ils ébranlent surtout la vallée du Saint-Laurent, d'Ottawa à Tadoussac et Métis, moins souvent les côtes septentrionales des lacs Érié et Ontario, plus rarement encore le Nouveau-Brunswick, l'île du Cap-Breton et la Nouvelle-Écosse.

Le Saint-Laurent suit exactement le bord de la pénéplaine primaire du continent précambrien. Il coule d'abord dans un synclinal étroit qui, à l'époque ordovicienne, donnait la communication entre la mer intérieure des États-Unis et le bassin atlantique. Fermé à l'époque gothlandienne par la surrection d'une barrière appalachienne, c'est un accident tectonique remarquable ; mais l'ancienneté de cette fosse d'affaissement ne permettrait qu'avec les plus formelles réserves de lui faire jouer un rôle séismogénique actuel. Ces tremblements de terre atteignent parfois une grande extension, ce qui doit faire supposer qu'ils ont des mouvements d'ensemble comme origine. Or on n'en connaît qu'un seul ayant ce caractère, c'est le mouvement de bascule grâce auquel les dépôts marins de plages, soulevés à 330 mètres au Labrador, ne le sont plus qu'à 143 à Montréal, et à 12 ou 15 seulement sur les côtes de la Nouvelle-Angleterre. Ce relèvement postglaciaire continuerait encore de nos jours ; mais il est tout aussi peu vraisemblable qu'il ait une influence séismogénique, puisque la séismicité se restreint à la vallée du Saint-Laurent et ne remonte pas vers le Nord. Les tremblements de terre en question restent donc encore sans explication.

Quelques séismes agitent les rives des grands lacs de l'Amérique du Nord, tout aussi bien du côté canadien que de l'autre. Ce trait si remarquable de la géographie superficielle n'a aucune importance géologique d'où pourrait provenir une instabilité notable. En effet, sauf la cuvette du Lac Supérieur, ces lacs, au lieu d'être la conséquence de causes tectoniques profondes, doivent seulement leur origine à une dépression survenue pendant l'époque glaciaire, puis au relèvement déjà mentionné vers le Nord et le Nord-Est, qui, conjointement avec les moraines, a complètement empêché les artères de l'ancien réseau hydrographique de reprendre leur cours primitif après la débâcle des glaces.

Comme on l'a dit plus haut, le Nouveau-Brunswick, la Nouvelle-

Écosse et l'île du Cap-Breton ressentent de temps à autre des
secousses modérées. On entre là dans un tout autre domaine, celui
d'un plissement antérieur à une partie du Carbonifère et qui, arrêté
au bas Saint-Laurent, affecte la baie de Fundy, le nord du Cap-
Breton et passe dans Terre-Neuve. On ne peut raisonnablement y
voir l'explication cherchée de ces séismes, le plissement étant par
trop ancien ; mais par analogie avec ce qui se passe dans l'Europe
moyenne, il est moins téméraire de s'adresser aux dislocations des
couches carbonifériennes. C'est par là, en effet, que la chaîne hercynienne reparaît en Amérique, après avoir en partie disparu sous
l'Atlantique, pense-t-on du moins. Comme ses fragments orientaux
sont presque partout le siège de quelques tremblements de terre, à
l'exclusion des autres territoires, cette attribution des secousses de
l'extrême Canada sud-oriental paraît toute naturelle et conduit à
esquisser maintenant l'histoire de la Nouvelle-Angleterre, dont les
séismes sont bien connus grâce aux catalogues de Brigham[1], Perrey[2]
et Rockwood[3].

A l'exception des Montagnes Vertes, dont l'affaissement s'était interrompu à la fin du Silurien inférieur, toute la région des Appalaches
a formé pendant l'époque primaire un géosynclinal, où les sédiments
concordants se sont déposés sous une épaisseur considérable, de près
de 12 000 mètres, à la faveur d'un mouvement continu de descente.
Mais à la fin de l'époque carboniférienne se produisit un énergique
plissement, donnant naissance à une énorme chaîne que les géologues pensent avoir égalé l'Himalaya, si toutefois l'érosion n'a pas
marché de pair avec le soulèvement. Bientôt cependant celle-ci avait
accompli son œuvre destructive et permis aux sédiments triasiques
de se disposer en discordance sur la pénéplaine, qui avait pris la
place de la chaîne limitant à l'Est le massif continental américain, et
sur le bord de laquelle se sont déposées les couches littorales crétacées. Les Appalaches sont ainsi une ride hercynienne, rabotée maintenant, mais qui s'est dressée par plissement sur l'emplacement d'un
ancien géosynclinal primaire. Ainsi que ses homologues d'Europe,
et avec une histoire géologique qui est exactement la même, elle forme
de la Nouvelle-Écosse à la Géorgie une vaste région pénéséismique,
coïncidant trop bien avec les ruines de la chaîne pour qu'on ne

---

[1] Historical notes on the earthquakes of New England, 1638-1869 (*Memoirs of the Boston Soc. of nat. hist.* Read April 20th, 1869).

[2] Sur les tremblements de terre aux États-Unis et au Canada (*Ann. soc. d'émulation
des Vosges.* VII, 2e cahier, 1850).

[3] Earthquakes of North America (*Am. Journ. of Sc.*, 1885 et années suivantes.)

doive pas regarder ses tremblements de terre comme l'héritage direct

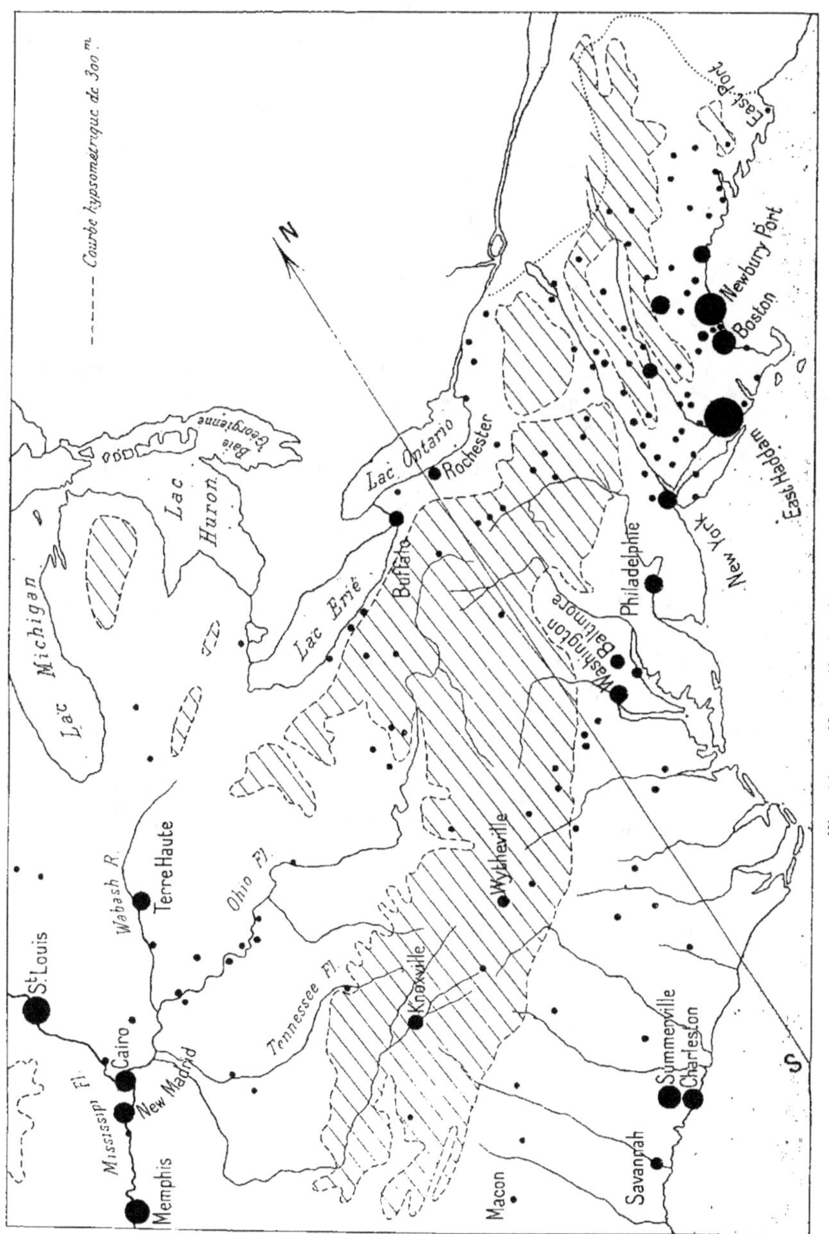

Fig. 14. — Nouvelle-Angleterre et Appalaches.

de ceux qui n'ont pas dû manquer de l'ébranler violemment aux temps de sa surrection et de sa splendeur. La stabilité de Terre-Neuve, que les plissements hercyniens n'ont peut-être pas atteinte, et l'absence de séismes au sud de la Géorgie et de l'Alabama, où les plis disparaissent tellement bien que seuls les géologues peuvent les discerner sous leur couverture crétacée et tertiaire, corroborent cette explication générale des tremblements de terre de la Nouvelle-Angleterre, sans qu'il faille pour cela chercher à serrer de plus près leur genèse là où il n'est pas possible d'invoquer des causes locales particulières, ou des mouvements ultérieurs plus récents. Il est regrettable que des renseignements vraiment scientifiques n'aient pas donné confirmation de la disparition d'une montagne dans les Bald Mountains du Nouveau-Brunswick, annoncée par une dépêche émanée de Caribou (Maine), à la suite du tremblement de terre important du 21 mars 1903, événement qui rappellerait celui de 1663.

Les séismes du Maine présentent à peu près la même fréquence et sont rarement plus intenses que ceux de l'extrême Sud-Est du Canada. Ce sont des côtes à rias et à fjords.

Les secousses se font un peu plus fréquentes dans le New Hampshire, le Massachusetts, le Connecticut et le New Jersey. Celle du 9 novembre 1727 renversa des cheminées à Newburyport, et fut suivie d'assez nombreux chocs consécutifs jusqu'en 1736. Dépassèrent-ils de beaucoup la fréquence normale? On ne saurait le dire, car des observations suivies n'y ont jamais été faites à d'autres époques que pendant ces dix années. Cette intensité a été rarement atteinte, jamais dépassée. De 1805 à 1812, de nombreuses et faibles secousses, et surtout de fréquents bruits séismiques à Heast Haddam (Connecticut), ont fortement attiré l'attention sur un phénomène qui ne s'y est pas reproduit depuis. Rockwood a recherché la cause géologique du tremblement de terre du 10 août 1884, qui s'est étendu jusqu'au delà du Vermont. Le tracé des isoséistes lui a fait conclure à une aire épicentrale très allongée N.E.-S.W., et passant près de New York. La réunion simultanée de plusieurs accidents lui a fait admettre que ce district a été, dès une époque géologique reculée, le siège de dislocations, qui expliquent ce tremblement de terre, et aussi les autres secousses. Ce sont les « Palissades », étranges nappes de trapp columnaire injectées dans des assises sédimentaires coupées par des failles. Mais l'étendue de ce phénomène pittoresque, qui se poursuit jusqu'à la Nouvelle-Écosse, suffit à lui faire dénier le rôle que Rockwood veut lui assigner. Il est plus heureux, semble-t-il, en faisant intervenir les dislocations qui ont là fortement abaissé la grande chaîne Appalachienne et que le tracé des isobathes montre prolonger loin en mer, au large de Sandy Hook, la dépression du bas Hudson, basse vallée d'érosion, maintenant simplement noyée. Observant enfin que la déviation du fil à plomb se produit du côté de l'océan, il conclut de toutes ces considérations que le tremblement du 10 août 1884 a été causé par une rupture des couches placées immédiatement au-dessous de New York. Mais que cette rupture ait eu lieu, comme il le pense, N. W.-S. E., c'est-à-dire perpendiculairement à la direction du grand axe de l'aire plésistoséiste, est exactement contraire à la direction N. E.-S. W., qui paraît la plus plausible, c'est-à-dire parallèlement à l'allongement des isoséistes, et à tous les accidents appalachiens. L'observation relative à la direction du fil à plomb est à retenir.

Du Maine au New Jersey, les États atlantiques du Nord présentent un certain nombre d'accidents importants, mais on ne peut avec certitude les rapprocher des divers épicentres reconnus, d'ailleurs plus nombreux que riches en nombres de séismes, caractère déjà plusieurs fois mentionné comme propre aux fragments des anciennes chaînes primaires démantelées. Il faudrait pour cela des études bien plus précises que celles qui ont été faites jusqu'à présent sur les séismes du pays.

Le principal foyer d'ébranlement se trouve au sud des White Mountains, massif cristallin stable, aux environs de Concord et des lacs Squam et Winnipiseogee. L'Hudson et le lac Champlain forment une ligne de dislocations, le long de laquelle se sont disposés les isoséistes des importants séismes du 4 novembre 1877 et du 27 mai 1897. Leur rôle séismogénique en résulte manifestement.

L'opinion que les efforts de plissement hercyniens continuent à se produire encore de nos jours ne résulte pas seulement d'une exacte coïncidence observée, dans la plupart des pays où ils se sont exercés, entre les territoires plissés et les régions pénéséismiques : elle rencontre dans le Massachusetts une démonstration pour ainsi dire matérielle et tangible. On y connaît en effet des carrières de grès dont les blocs à peine extraits subissent des flexions, des ruptures soudaines et des dilatations, preuves d'un état de tension énergique, contre-balancé par le poids des assises supérieures; on en pourrait citer d'autres exemples. C'est pour les théories exposées ici une confirmation aussi solide qu'inattendue. Ici même la stabilité du massif archéen des Adirondacks non plissés apporte son complément de démonstration.

Plus au Sud, la côte devient beaucoup moins sujette aux tremblements de terre, les épicentres paraissent s'aligner de Philadelphie à Deerfield et Macon, au pied même des Appalaches, et les isoéistes s'allongent suivant la même direction. La séismicité est ici notablement inférieure à celle des États du Nord. Cela se conçoit facilement : la plaine côtière, formée de limons pléistocènes sur le bord même de l'Océan, puis tertiaire et crétacée jusqu'au pied des monts, n'a subi que des oscillations successives d'ensemble, ascendantes et descendantes. Au contraire le versant atlantique de la partie des Appalaches, qui prend le nom de Montagnes Bleues, est une pénéplaine d'Archéen et de Primaire fortement disloquée, le *Piedmont* des géologues américains, limité à l'Orient par un pli brusque, ou faille, qui se poursuit des environs de New York à Macon, et même au delà. Elle forme un gradin que les cours d'eau franchissent en rapides et en cascades, d'où son nom de *Fall line*. Dès après le commencement du Crétacé, elle a borné à l'Occident l'extension des mers; les fleuves n'ayant pas encore eu le temps de régulariser leurs cours à son passage, c'est qu'elle a rejoué très récemment; Mc Gee[1] a démontré qu'elle a été le théâtre de mouvements post-tertiaires, et même qu'elle n'a point encore complètement repris son équilibre de nos jours. Rien d'étonnant donc qu'elle soit, à l'exclusion de la chaîne côtière, le siège de secousses plus ou moins fréquentes, mais plutôt modérées. Deckert[2] fait intervenir l'affaissement du Piedmont, explication qui ne diffère pas essentiellement de la précédente.

Le 10 février 1874, l'extrémité méridionale de cette ligne remarquable fut le siège d'assez nombreuses secousses, qui se continuèrent pendant quelques jours, et furent l'objet d'une étude du professeur Warren Du Pré[3]. Il conclut à une cause orogénique intéressant les Black Mountains, où se dresse le mont Mitchell, le point culminant des États-Unis en dehors des Rocheuses. L'Archéen y prédomine, les terrains anciens sont plus disloqués qu'ailleurs, les failles sont nombreuses et le relief irrégulier. L'explication de Du Pré est donc fort plausible.

Au point de vue séismique, la Caroline du Sud est célèbre par le tremblement de terre destructeur du 31 août 1886, à Charleston et Summerville. Cet événement s'est produit dans un pays d'ordinaire

---

[1] The geology of the head of Chesapeake Bay (*U. S. Geol. Survey. Seventh Rep.* 1885).

[2] Die Erdbebenherde und Schüttergebiete von Nord-Amerika in ihren Beziehungen zu den morphologischen Verhältnissen (*Zeitschr. d. Ges. für Erdkunde zu Berlin*, 1902, n° 5, 367).

[3] On a series of earthquakes in North Carolina, commencing on the 10th February, 1874 (*Ann. Rep. of the Smithsonian Inst. for* 1874. Wash., 1875, 254).

très stable, et rien dans les annales locales ne pouvait le faire prévoir. Le travail si connu qu'y a consacré Dutton[1], n'a cependant pas éclairci la genèse même du séisme, dont ce savant place l'épicentre en deux points différents et distants l'un de l'autre d'une douzaine de milles, particularité qui, si elle est bien exacte, n'a jamais été signalée ailleurs. Quoi qu'il en soit, le tremblement de terre de Charleston doit être regardé comme tout à fait anormal dans cette région, et sa cause reste bien mystérieuse. On peut suggérer que l'Océan Atlantique a été, dans sa partie subtropicale, le théâtre de l'effondrement pléistocène des terres reliant l'Europe à l'Amérique, terres dont le bord méridional occupait un emplacement encore tout à fait inconnu le long du géosynclinal méditerranéen ou alpin, siège de plissements tertiaires traversant l'océan, du Maroc aux Antilles, par un trajet non moins ignoré. A défaut d'autre explication, nous serions donc tentés de voir dans ce séisme un mouvement au sein du géosynclinal, opinion que corroborerait dans une certaine mesure l'instabilité de ces parages maritimes, à l'est et au large des Antilles. Aussi bien, les Bermudes ne sont-elles pas exemptes de secousses. Mendenhall[2] a estimé à 1 300 000 000 000 chevaux-vapeur le travail mécanique développé par ce séisme sur l'écorce terrestre, et Shaler[3] aurait alors prophétisé que la côte de la Nouvelle-Angleterre est dans le cours des temps destinée à s'effondrer sous l'Atlantique, sinistre prédiction, ravivée, grâce à la presse, dans l'esprit public par les crevasses consécutives au tremblement du 21 mars 1903, dont les dégâts ne furent pas sans importance et qui s'étendit de Baltimore au golfe du Maine.

Ce remarquable tremblement de terre a présenté une circonstance particulière qui a fortement attiré l'attention, à savoir l'existence apparente de deux épicentres bien distincts. Nous pensons qu'il ne faut voir là que des phénomènes de propagation au sein de couches hétérogènes plus ou moins profondes, et cet exemple n'est du reste pas unique, témoin celui de Noto (Sicile) du 14 juin 1904[4], qui à ce compte aurait eu quatre foyers différents. Dans les pays hispano-américains, on dit que les tremblements de terre « font pont » (*hacen puente*), lorsqu'ils montrent ainsi des surfaces indemnes, ou moins

[1] The Charleston earthquake of August 31st 1886 (*U. S. geol. Survey. Ninth Rep.* 1889, 201).

[2] On the intensity of earthquakes (*Nature.* London. XXXIX, 380).

[3] Von Bračič. Erdbebennachrichten aus Nordamerica (*Die Erdbebenwarte*, 1903-1904, 205. Laibach).

[4] Arcidiacono. Il terremoto del 14 Giugno 1904 (*Bull. Soc. sism. ital.*, X, 1904-05, 159).

fortement ébranlées, au milieu de leur aire pléistoséiste, circons-

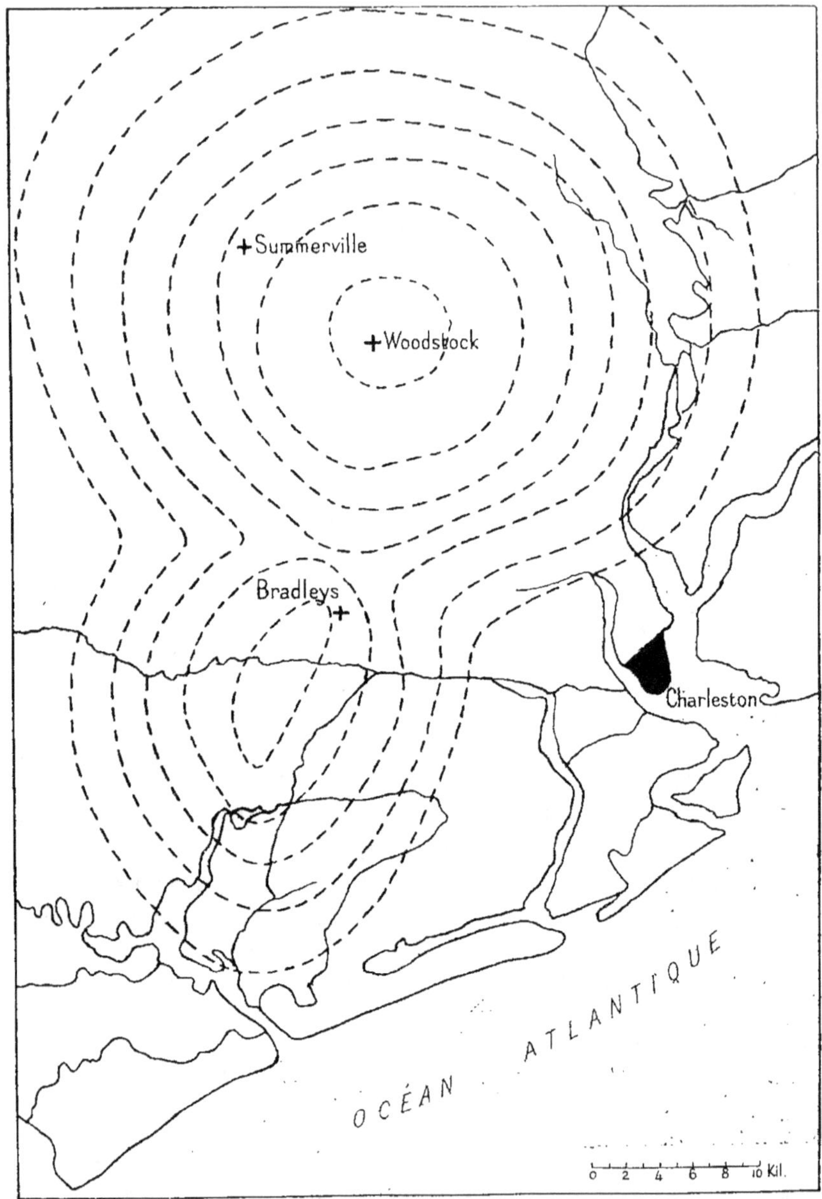

Fig. 15. — Double épicentre du tremblement de terre de Charleston du 13 août 1886.

tance qui tend à se répéter aux mêmes lieux, comme cela s'observe à Quetzaltepeque pour les séismes de San-Salvador (Amérique centrale), dernière observation plus favorable à notre explication qu'à celle qui fait intervenir des secousses de relai.

Davison[1] a dernièrement étudié d'une manière approfondie le

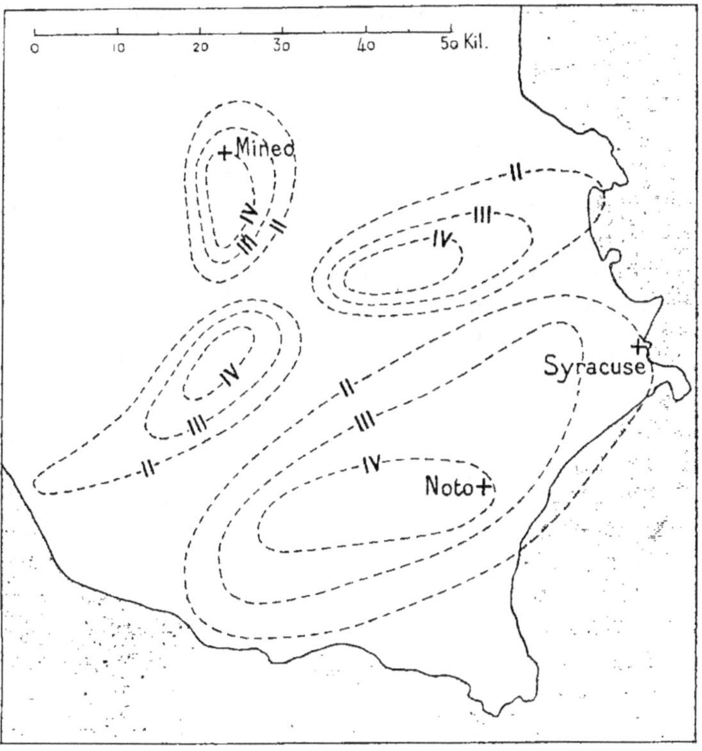

Fig. 16. — Quadruple épicentre du tremblement du terre du 14 juin 1904
à Noto (Sicile).

mécanisme de ce qu'il appelle les tremblements de terre jumeaux, *Twinearthquakes*, qui se produisent à peu près simultanément avec des foyers très voisins, et donnent l'apparence de séismes à doubles épicentres. Sans différer essentiellement des tremblements de terre de relai, ils résultent de mouvements dans des parties différentes d'un même accident, faille ou pli, soit simultanément, soit que le premier séisme en provoque d'autres au voisinage, les parties intermédiaires, pour une cause ou une autre, pouvant rester en repos. Cette distinction parmi les tremblements de terre de relai n'a rien

[1] Twin-earthquakes (*Quart. Journ. of the Geol. Soc.*, LXI. 18. 1905. London).

d'indispensable, mais le séismologue anglais a précisé les circonstances de ces phénomènes, et il s'est appuyé pour cela sur les relations détaillées d'un certain nombre de tremblements de terre importants, parmi lesquels celui de Charleston

Le versant occidental des Alleghanys : Tennessee, Kentucky, Ohio, Indiana, Illinois, Missouri et Arkansas, est le siège d'épicentres sporadiques clairsemés et pauvres en séismes. C'est le caractère particulier aux terrains primaires, et surtout carboniférens, affectés par les plissements postérieurs. Tel est bien le cas de ces territoires qui ont constitué un noyau ancien du continent américain actuel, symétrique du massif des Rocheuses, de l'autre côté de la mer crétacée qui s'est si longtemps étendue entre le golfe du Mexique et les terres arctiques du Canada septentrional. On y connaît des fractures postérieures aux plis arasés, mais les véritables épicentres sont trop mal déterminés pour qu'on puisse les leur attribuer en détail. Quoi qu'il en soit, les tremblements de terre s'étendent au delà du Mississipi jusqu'au pied des monts Ouachita, où des dislocations font reconnaître les racines d'une ancienne chaîne hercynienne plissée, dépendance des Appalaches élargis, mais rabotés jusque-là. Il est probable que ces secousses doivent s'étendre, en même temps que ces accidents, jusqu'au Territoire Indien et à l'Oklahoma, où disparaissent définitivement les terrains primaires. Si les observations séismiques ultérieures justifient cette prévision, l'influence séismogénique des dislocations post-carboniférennes deviendra tout à fait évidente pour toute cette région centrale des États-Unis à l'ouest des Appalaches.

Les célèbres tremblements de terre de 1811 à Memphis et aux environs n'ont pas encore été clairement expliqués. Ils ont dépassé en nombre et en intensité tout ce qu'on doit normalement attendre dans ce pays, même en tenant compte de l'exagération naturelle aux témoins oculaires, pour la plupart colons et pionniers un peu en marge de la civilisation, dans ce qui était alors un Far-West reculé et à peine connu. Ils se sont produits dans la contrée marécageuse appelée la « Sink » ou « Sunken Country », et au bord de la plateforme de l'Est, c'est-à-dire le long d'une remarquable ligne tectonique. Aussi a-t-on fait appel pour les expliquer soit à des tassements de ces terrains sans consistance, soit à un mouvement du bord de l'escarpement. La mobilité des dislocations hercyniennes peut tout aussi bien être invoquée, si on lui suppose un paroxysme exceptionnel.

Cette même région a été, depuis 1811, le siège d'un certain nombre de séismes, toutefois beaucoup moins forts. Ceux de 1883 et de 1895 ont été les plus remarquables. Paducah et Memphis sont apparemment deux foyers indépendants. Les ingénieurs américains du service fluvial ont depuis longtemps attiré l'attention sur les modifications progressives qui se produisent dans le régime du Mississipi et de ses affluents, et sur le danger de plus en plus grand de leurs débordements. C'est en grand nombre que les cours d'eau convergent vers la Sink Country, qui s'inonde de plus en plus, accusant ainsi l'affaissement de tout le pays, mouvement que, d'après Deckert, John-T. Campbell aurait constaté en comparant les nivellements de 1880 et de 1900. Il aurait observé que, sur 12 milles d'étendue le long du bas Wabach, s'est produit entre les deux opérations un affaissement de 10 pouces anglais dans la direction de la Sink Country, et cet ingénieur en rendrait responsable par contre-coup le grand tremblement de terre de 1886 à Charleston, opinion difficilement soutenable. G. K. Gilbert considère comme hors de doute un lent affaissement de la partie occidentale de la région des Grands Lacs vers le S. W., de sorte qu'il suffirait de cinq siècles pour que le Lac Michigan finisse par s'écouler vers le Mississipi par la rivière Des Plaines et l'Illinois, à la suite d'une sorte de gauchissement jusqu'à la Sink Country. On sait, d'ailleurs, combien est jeune le cours actuel du Tennessee, qui vient maintenant se jeter dans le Mississipi en aval de Paducah, après s'être si longtemps écoulé dans l'Alabama vers le golfe du Mexique. Cette théorie d'une ancienne « Rivière Appalachienne », résumée et illustrée par Chamberlin et Salisbury[1], mais contestée par D. W. Johnston[2], concorde trop bien avec les phénomènes séismiques à expliquer, pour que nous ne soyions point enclins à l'admettre au moins sous réserves. L'affaissement a appelé les fleuves, et Deckert attribue à ce phénomène l'instabilité séismique de la région ; son opinion, en quelque sorte corroborée par les quelques secousses qui agitent l'Indiana et l'Illinois dans la direction du Michigan, paraît bien plus plausible que les suggestions précédemment signalées, y compris même le plissement hercynien. Il est du reste possible que toutes ces causes aient une part dans les séismes et ajoutent leurs effets, complication qui se rencontre quelquefois ailleurs.

Le versant occidental des Appalaches dans le Tennessee mérite encore une mention spéciale. On connaît, en effet, un foyer d'ébranlement peu intense de Knoxville à Chattanooga et Huntsville. Or il

[1] *Geology.* I, 164, 1904.
[2] *Geol. journ.*, Chicago, XIII, 194, 1905.

se trouve là un accident extrêmement remarquable, la grande vallée,
« Great Valley », dépression bordée à l'Est par des crêtes de plus
de 1 000 mètres et qui, se développant sur 30 à 100 kilomètres de largeur, correspond aux cours du Tennessee et de la Coosa. Ce seraient
les tronçons d'une seule et unique rivière appalachienne, qui aurait
coulé à la fin de l'époque crétacée jusqu'à l'Alabama, à la suite d'une
dislocation de la pénéplaine primaire. Des mouvements tertiaires
auraient rajeuni l'accident et coupé l'ancien fleuve en deux. Il est
bien possible que les secousses de ce foyer leur soient attribuables.

Le 19 septembre 1884, un séisme important a ébranlé la province
canadienne de l'Ontario, entre les lacs Érié et Huron, ainsi que les
états de l'Indiana, de l'Ohio et du Michigan. Rockwood[1] l'attribue à
des mouvements qui continueraient à se produire au sein d'un anticlinal courant vers le N. N. E., et rencontrant l'extrémité occidentale du lac Érié entre Toledo et Sandusky. Cet accident s'est produit
entre le Silurien inférieur et le Silurien supérieur et, passant près de
Bellefontaine, non loin de l'épicentre, il est à peu près parallèle aux
plis des Appalaches. Une telle attribution d'un rôle séismogénique à une
dislocation aussi ancienne serait fort hasardée si Rockwood ne rap-
pelait l'opinion de Newberry que, dans la série des temps géologiques
postérieurs, elle a continué à être une ligne de dérangements. Il est
vrai que l'axe de l'aire pléistoséiste, d'Akron, au sud de Cleveland,
à Indianapolis, fait un certain angle avec la direction de l'anticlinal ;
mais, par contre, l'axe de l'aire totale ébranlée coïncide assez bien
avec lui. Il est donc admissible que la relation invoquée soit exacte,
si l'on suppose que l'aire pléistoséiste ait été mal tracée sur la foi de
renseignements insuffisants. On peut attribuer la même origine à
d'autres séismes analogues observés dans cette région.

De la Floride au Rio Grande, les côtes du golfe du Mexique sont
extrêmement stables. Seules, quelques rares et insignifiantes
secousses en viennent parfois troubler la quiétude, commune aussi
à l'archipel des Bahamas. En particulier la Floride, formée de Tertiaire récent resté à peu près horizontal, est la partie la plus
moderne des États-Unis. Il semble qu'avant son émersion post-pliocène, elle constituait un vaste plateau sous-marin relativement peu
profond, prolongeant celui où se déposaient les couches identiques
des Bahamas ; elle n'a donc, ainsi que ces îles, eu à subir que des
mouvements verticaux et des cassures, de sorte que l'absence de
tout plissement explique l'immunité séismique de ces régions. Les

---

[1] *American Journ. of Science* (CLXXIV, 432).

états du bas Mississipi n'ont été soumis, de même, qu'à des vicissitudes semblables et sans influence séismogénique postérieure.

L'architecture tabulaire des anciens territoires mexicains, Texas, Colorado et Nouveau-Mexique, seulement accidentés de failles, à la vérité gigantesques, et de bombements laccolitiques, en a assuré la stabilité, malgré l'intensité de phénomènes volcaniques à peine éteints.

Enfin les séismes sont à peu près inconnus dans toutes les grandes plaines des États-Unis à l'est des Rocheuses, comme aussi dans le Canada jusqu'aux terres arctiques. C'est que les immenses plaines crétacées, qui s'étendent des monts Ouachita du Texas à l'embouchure du Mackenzie, sont un très ancien fond de mer, à peine dérangé, et qui n'a subi que des oscillations verticales sans plissements ; autrement dit, c'est un antique synclinal non transformé postérieurement en ride montagneuse, d'où son immunité séismique.

DEUXIÈME PARTIE

CHAPITRE VII

LE CONTINENT SINO-SIBÉRIEN

Le continent sino-sibérien est limité à l'Ouest par l'Oural, qui ne le sépare guère du continent nord-atlantique, au Sud et à l'Est par les géosynclinaux méditerranéen et circumpacifique. Il forme une masse essentiellement stable au point de vue géologique, qui n'a jamais été morcelée, et c'est une conséquence immédiate de cet état de choses qu'il soit aséismique sur de grandes étendues, ou seulement pénéséismique par ailleurs.

De l'Oural à l'Iénisséï, la Sibérie occidentale ignore les séismes, sauf la région pénéséismique de Nijné-Taguilsk, située à cheval sur la chaîne. C'est là une surface émergée de l'époque carboniférienne, puis recouverte par une mer plate à l'époque oligocène, sans dérangements ni bouleversements postérieurs. La Sibérie orientale montre une architecture tabulaire tout aussi stable.

Au Sud, de Krasnoïarsk à Kirensk et Ourga, s'étend une vaste région pénéséismique, presque même séismique, à un faible degré toutefois ; elle est caractérisée par le lac Baïkal, grand et profond accident tectonique de disjonction, résultant d'efforts très anciens, qui auraient rejoué à l'époque secondaire, et même plus récemment encore, ce qui explique les tremblements de terre de ces parages.

Le géosynclinal de l'époque secondaire, tel que l'a figuré Haug, part de la mer d'Okhotsk pour traverser la Sibérie jusque vers l'embouchure de la Léna, laissant ainsi jusqu'à l'extrême Nord-Est ces territoires faire partie du continent nord-atlantique. La géologie de ces pays est très mal connue encore; et en tout cas cette branche annexe du géosynclinal secondaire, d'ailleurs un peu hypothétique, n'a plus rejoué à l'époque tertiaire pour se transformer en géanticlinal plissé, de sorte qu'on retombe à peu près sur les conditions de l'Oural, le district pénéséismique du golfe de Taui correspondant exactement à celui de Nijné-Taguilsk. De ce côté donc, aussi, la séparation des deux aires continentales du Nord est plus apparente que réelle.

Les plateaux parfois montagneux, de très ancienne consolidation, que sont la Mongolie et la Mandchourie ne sont presque jamais ébranlés par des tremblements de terre, pas plus que la Corée, où le Cambrien lui-même n'a guère été dérangé de son horizontalité première.

La Chine est un môle antique, contre lequel se sont arrêtés les plissements et les surrections d'âge tertiaire de l'Himalaya et de ses dépendances birmanes. L'architecture plissée y domine dans le Sud entre le Fleuve Bleu et le Tonkin, tandis qu'ailleurs les plissements n'ont pas dépassé l'époque primaire. Y existe-t-il des régions séismiques, au moins dans l'intérieur, car du littoral il ne saurait être question? Oui, si l'on en croit les vieux annalistes de la cour impériale. Mais il est probable que leurs récits sont empreints d'une forte exagération, traduite par la mention d'innombrables catastrophes de tout genre. Comme depuis plusieurs siècles les documents publiés par les missionnaires n'en relatent pour ainsi dire pas d'origine séismique avérée, on est en droit de révoquer en doute ces anciennes relations de désastres dus à des tremblements de terre, ou que ces phénomènes auraient accompagnés. On doit donc admettre, au moins provisoirement, que ce pays ne renferme que des régions pénéséismiques, comme devait le faire prévoir son histoire géologique, encore assez mal connue dans le détail. Qu'il suffise de mentionner que l'on peut soupçonner, de même qu'en Europe et en Amérique, une dépendance entre les districts plus ou moins ébranlés et les bassins houillers.

L'Indo-Chine est stable. Quelques rares séismes d'Haïphong se rattachent peut-être aux dislocations du Carbonifèrien de la baie d'Along.

L'Asie centrale proprement dite est aséismique.

Le catalogue de Mouchkétov et Orlov, déjà mentionné, donne de nombreux renseignements séismiques sur tous ces pays. Il en est de même du bulletin du Comité central séismologique permanent de Saint-Pétersbourg (Levitski).

1. — **Sibérie.**

La chaîne de l'Oural sépare les continents nord-atlantique et sino-sibérien, et occupe l'emplacement d'un géosynclinal primaire, où, du Dévonien au Permien, les couches atteignent une grande épaisseur et s'y présentent en continuité. La séparation marine entre l'Europe et l'Asie s'est maintenue au moins jusqu'à l'Oligocène. On est encore assez peu fixé sur l'époque de la surrection de la chaîne, que certains croient assez tardive. Quoi qu'il en soit, l'Oural n'a joué à aucun point de vue le rôle des grandes rides tertiaires qu'accompagnent les géosynclinaux méditerranéen et circumpacifique, puisqu'il n'a pas été plissé récemment. Sa chute est brusque sur le versant sibérien, où les terrains sont extraordinairement disloqués sans perdre pour cela les caractères d'une surface dès longtemps dénudée et arasée. Du côté russe au contraire, si la plate-forme est la très ancienne continuation de la plaine sibérienne, du moins le relief de l'Oural a été rajeuni par des dislocations assez récentes accusées par des failles, qui ont découpé sur ce versant des escarpements de grès et de quartzites parallèles à l'axe. On peut donc, au moins par places, s'attendre à une séismicité modérée, puisque aucun plissement tertiaire ne s'y est produit. C'est bien en effet ce qui se passe : de Perm à Nijné-Taguilsk et à Zlatooust règne une région pénéséismique, à cheval sur la chaîne et appartenant ainsi aux deux aires continentales. Parfois même, les secousses ébranlent les deux versants, ce qui fait songer à des mouvements d'ensemble.

Depuis une époque très reculée, la Sibérie est arrivée à son état actuel ; les mers secondaires l'ont presque respectée et les transgressions tertiaires à peine entamée ; aussi l'ancienneté de sa construction est-elle pour ce pays le meilleur garant d'une stabilité qui ne se dément qu'en certains points de son immense surface.

La Sibérie occidentale n'a jamais été dérangée depuis les temps carbonifériens, date de son émersion, troublée seulement par une éphémère transgression oligocène. Aussi est-elle aséismique, sans toutefois ignorer complètement les secousses, puisqu'on en connaît deux à Ichim et une à Kourgane. Il n'en est pas de même pour l'avant-pays de l'Altaï ; de Tomsk à Sémipalatinsk et à Krasnoïarsk sur l'Iénisséï se développe une région au moins pénéséismique, qui, ne passant pas au Nord au delà de Tomsk à Kolyvan, ne s'étend pas absolument sur la véritable plaine. Sa partie la plus instable est certainement Kouznetsk, fort éprouvée en juin 1898 : Tolma-

tchev[1] a reconnu que l'aire épicentrale de ce tremblement de terre s'est
disposée conformément à la structure des couches sous-jacentes, ce

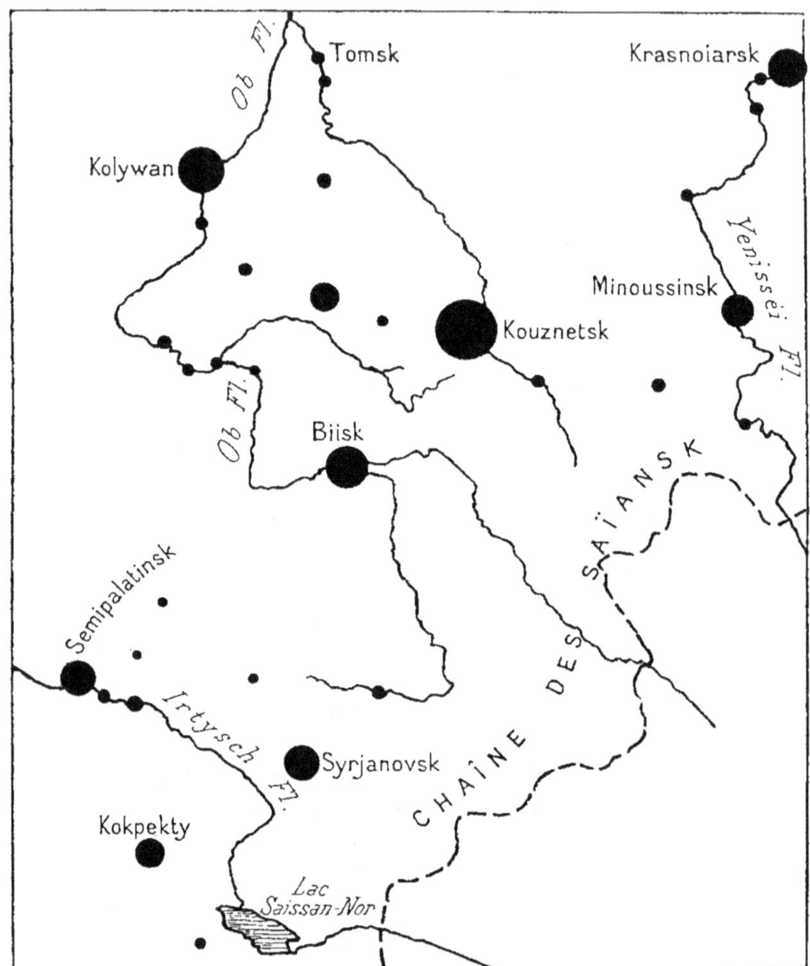

Fig. 17. — Altaï et dépendances.

qui l'a conduit à en faire un séisme transversal et d'origine nettement tectonique. Bogdanovitch fait jouer un rôle important aux
affaissements et aux failles dans la formation du relief du haut bassin
de l'Irtych ; mais cette explication ne pourrait être valable pour les

[1] Tremblement de terre de Kouznetsk du 7 (19) juin 1898 (*Bull. comm. séism. centr.
permanente*. II, 1903, 291 ; en russe).

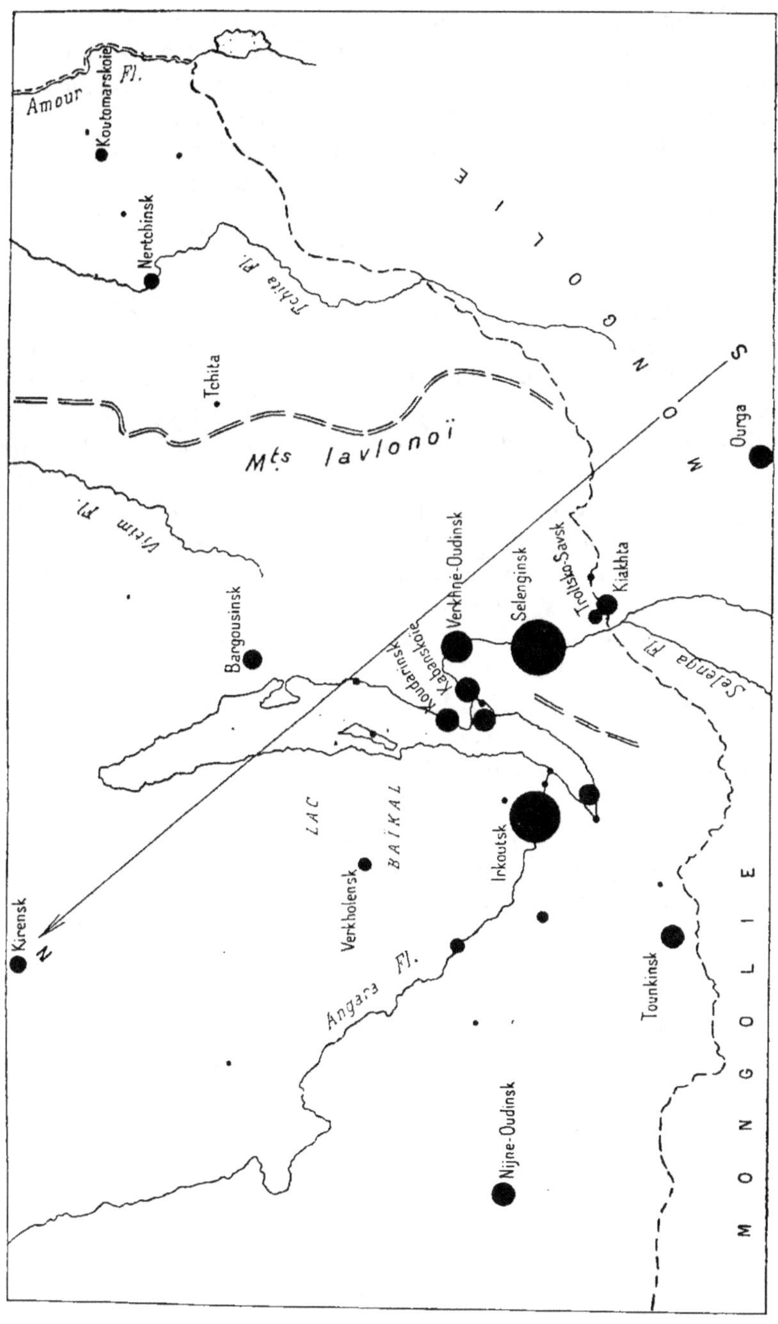

Fig. 48. — Baïkalie.

tremblements de terre que pour une faible partie de la surface de la
région d'ébranlement, sa géologie étant encore trop mal connue
pour permettre l'attribution de ces secousses à des accidents particuliers de suffisante ampleur. Il faut se contenter de signaler que par
une coïncidence, sans doute non fortuite, un bassin houiller se rencontre au sud de Kouznetsk. De là à songer aux circonstances séismogéniques des bassins homologues de l'Europe moyenne, il n'y a
qu'un pas ; les mouvements du géosynclinal primaire n'y seraient
pas complètement éteints.

Entre l'Iénisséï et la Léna s'étend jusqu'à l'Océan Glacial une
immense pénéplaine au soubassement archéen plissé peu visible,
caché qu'il est presque partout sous le Paléozoïque resté à peu près
horizontal. Délaissés par la mer depuis des temps si reculés, des
ambeaux de terrains à lignites assimilables aux formations lacustres
gondwaniennes en font l'homologue du môle hindoustanique ; ces deux
môles sont symétriques par rapport à l'antique coupure qui a toujours
existé entre les masses continentales des hémisphères Nord et Sud.
D'immenses coulées, qui semblent avoir débuté au Gondwanien, et
qui à l'époque jurassique, avaient atteint l'archipel François-Joseph
dans l'Océan Glacial, correspondent à celles du Dekkan, tout en leur
étant quelque peu antérieures. Ces traits communs ont assuré la parfaite stabilité séismique des deux môles, sibérien et hindoustanique.

La Baïkalie est un pays fréquemment secoué par des tremblements de terre, parfois même assez sévèrement. La région d'ébranlement s'étend au moins de Nijné-Oudinsk à Kirensk à l'Ouest, de
Petropavlovskoïe à Nertchinsk à l'Est, et à Kiakhta et Ourga en Mongolie au Sud. Le maximum de l'instabilité se montre tout autour de
la moitié méridionale du lac Baïkal et aux environs, — haute Angara
et vallée inférieure de la Sélenga. La structure de ces vastes territoires est extrêmement compliquée, mais elle est tellement ancienne
qu'on ne peut attribuer ces séismes à aucun de leurs traits, même les
plus remarquables, comme par exemple l'ensemble des plissements
précambriens qui, de Krasnoïarsk à Irkoutsk et Kirensk, forment ce
que Suess a si heureusement appelé l'amphithéâtre d'Irkoutsk. Il
faut donc provisoirement encore, renoncer à assigner des causes
particulières et locales aux secousses et se borner pour la partie la
plus instable à invoquer cet étonnant accident tectonique qu'est le
Baïkal, tout en se demandant pourquoi le Nord du lac n'est pas aussi
instable. On a beaucoup discuté sur sa formation, mais on semble
s'accorder maintenant à lui assigner une très grande ancienneté,
quoiqu'il ait rejoué plus récemment, comme le prouvent les érup-

tions volcaniques de son pourtour méridional, montrant bien que
c'est une ligne de disjonction. Celles du Vitim sont peut-être même
encore plus récentes. Vers Minousinsk, on possède des indices de
dislocations hercyniennes qui se seraient propagées à l'ouest du
Baïkal et le Permo-Trias du bassin de l'Angara a été lui-même plissé
à une époque tardive. L'Angara supérieure et la Sélenga inférieure
sont considérées par beaucoup de géologues comme les deux tronçons
d'un même fleuve coupé par le colossal effondrement, et justement
ces deux parties de vallées sont apparemment le siège des secousses
les plus fréquentes et les plus sévères. Conformément à cette suggestion du rôle séismogénique de ces vallées, le tremblement de terre du
12 avril 1902 a eu ses isoséistes allongés parallèlement au thalweg supérieur de l'Angara. Au surplus, les mouvements de l'époque pontienne
ont eu assez d'ampleur pour qu'on ait pu croire à la formation récente
du Baïkal, et dès lors ces séismes leur seraient en partie attribuables[1].

Cette région pénéséismique se soude à celle de l'Altaï, mais il
serait téméraire de faire intervenir la grande faille de l'Iénisséï dans
la genèse des séismes de l'ouest de la Baïkalie. A l'Est, au contraire,
son extension au delà des monts Iavlonoï permet de s'adresser à la
fracture grâce à laquelle leur crête entre le Baïkal et Tchita en
serait une des lèvres relevée, soit absolument, soit relativement. Des
géologues ont attaché une certaine importance à l'affaissement qui
a, sur plus de 250 kilomètres carrés, accompagné les tremblements
de terre de janvier 1862 dans le delta de la Sélenga. Il y a là une
fausse interprétation d'un phénomène tout accessoire, résultant seulement du peu de consistance des matériaux détritiques et alluvionnaires soumis aux vibrations séismiques, juste au bord des pentes à
pic et si profondes du Baïkal.

Les côtes de la mer d'Okhotsk ne sont pas sans être secouées par
quelques chocs, qui y font supposer l'existence d'une région pénéséismique d'une extension d'ailleurs tout à fait indéterminée dans
l'intérieur. En 1851, la presqu'île Baboutchkine et l'embouchure de la
Sligane ont été le siège de secousses répétées. Cette côte fait partie
du géosynclinal secondaire traversant la Sibérie jusqu'aux bouches
de la Léna, mais dont le caractère, comme tel, est beaucoup moins
certain que celui de l'Oural, son symétrique; en tout cas, il n'a pas
été le théâtre de mouvements tertiaires. Quoi qu'il en soit, cette
région d'ébranlement peut être regardée comme le pendant de celle

---

[1] Si la ville de Karakorum a bien été ruinée par un tremblement de terre à la fin du
xiiie siècle, ainsi que le rapportent des historiens, ou au commencement du xive (1303),
d'après Mouchketov et Orlov, c'est qu'il faut étendre jusque-là les limites méridionales
de la région baïkalienne d'ébranlement.

de Nijné-Taguilsk par rapport au géosynclinal supposé. D'ailleurs, les dislocations pacifiques semblent avoir joué un rôle dans ces parages de la Sibérie orientale, et c'est ainsi que la côte au S. E. d'Okhotsk est un mur rectiligne que l'on peut considérer comme la lèvre d'une fracture limitant un compartiment effondré sous l'océan, nouvelle cause séismogénique possible.

Toute la Sibérie orientale est de très ancienne architecture, où prédomine la direction des Stanovoï. Aussi est-elle remarquablement stable, en dépit de quelques rares secousses observées à Olekminsk, Iakoutsk et Verkhoïansk, comme il convient en un pays que la mer n'a pas recouvert depuis les temps primaires, ce qui, en raison du peu de relief exclut grands mouvements et profondes dislocations.

Enfin les éruptions trachytiques et basaltiques prennent dans ce pays d'autant plus d'ampleur qu'on se rapproche davantage du Pacifique, fait favorable à l'intervention des mouvements qui ont constitué cet océan, sous la forme atténuée des séismes de la mer d'Okhotsk.

2. — Mongolie, Mandchourie et Corée.

La Mongolie et la Mandchourie sont d'anciens plateaux dont les plus récentes vicissitudes consistent seulement en des affaissements sur de grandes surfaces dans la direction du Pacifique, et que séparent entre eux de brusques flexures, représentées par les principales lignes de relief. On ne peut donc s'y attendre à une instabilité notable, et c'est bien ce que l'on peut affirmer, malgré un regrettable manque d'observations. Quelques secousses sur le cours de l'Amour rappellent les nombreux accidents qui lui ont donné son tracé si tourmenté, et d'autres dans la région de Vladivostok peuvent dépendre du voisinage du géosynclinal circumpacifique et des mouvements correspondants.

La Corée est un pays de très ancienne consolidation, dont le substratum archéen forme la plus grande partie de la surface, et où le Cambrien n'a presque point perdu l'horizontalité de ses couches. Elle est coupée transversalement à hauteur de Séoul par un *Graben* assez profond pour permettre des communications faciles entre les deux mers et que les basaltes ont en partie comblé. C'est là seulement que se font sentir quelques rares secousses, que les antiques annales du pays ont soigneusement enregistrées depuis l'an 142, tant elles semblaient un extraordinaire phénomène aux chroniqueurs, ou que des voyageurs modernes ont mentionnées. Aston les a recueillies [1].

---

[1] Earthquakes in Corea (*Trans. seism. Soc. of Japan*, XII. 77, 1888).

C'est donc bien que les systèmes de dislocations, si bien étudiés
par Kôtô[1], sont arrivés à un état d'équilibre parfait à cause de leur
âge reculé, puisque les tremblements de terre y sont si rares. Ils ne
sont d'ailleurs pas plus fréquents dans le Liao-Toung, dont l'histoire
géologique est analogue.

3. — Chine et Indo-Chine.

La description séismique de la Chine rencontre les plus grandes
difficultés et, au point de vue des renseignements sur les tremblements de terre, ce pays se présente dans des conditions toutes spéciales. Les annales de l'Empire du Milieu remontent à la plus haute
antiquité et renferment de très nombreuses informations sur toutes
sortes de phénomènes naturels ; en particulier, les chroniques Wen-
Hian-Thoung-Khao, et Thoung-Kien-Khang-Mou, débutent à dix-huit
siècles avant notre ère. Biot[2] en a extrait les grands désastres dus à
des phénomènes naturels et les tremblements de terre. Peut-on en
faire état ? La question est assez délicate. En effet, la lecture de ce
catalogue donne l'impression générale d'une très grande exagération ; les détails les plus extraordinaires s'y mêlent à des observations qui, si elles étaient dégagées de ces erreurs grossières, porte-
raient au contraire l'empreinte d'une grande précision et d'une
parfaite authenticité. De plus, il n'est pour ainsi dire aucune de ces
calamités publiques, inondations, éboulements de montagnes dans
un pays où les inconsistantes *Terres jaunes* s'écroulent avec la plus
grande facilité, grands orages, épidémies, etc., qui ne soit, dans
ces vieilles annales, mentionnée avec tremblement de terre, comme
d'un accompagnement ou d'un avant-coureur constant et obligé.
L'identification géographique est doublement difficile, parce que les
voyageurs et les missionnaires européens traduisent chacun dans
leur propre langue des noms complexes, à prononciation chinoise
variable elle-même suivant les diverses provinces, et aussi parce
qu'une extrême antiquité de certaines grandes villes leur a fait successivement porter différents noms. C'est donc un travail malaisé,
et restant sujet aux doutes les plus graves, que de déterminer la
répartition géographique des districts plus ou moins instables, la

---

[1] An orographic sketch of Corea (*J. of the College of Sc. Imper. Univ. of Tokyo*, XIX,
art. I, 1903).

[2] Catalogue général des tremblements de terre et soulèvements de montagnes, observés en Chine depuis les temps anciens jusqu'à nos jours. Littéralement traduit du texte
original des auteurs chinois et présenté à l'Académie des Sciences de Paris le 5 mai
1839 (*Ann. phys. et chim.*, 3ᵉ série, II, 1841, 372).

stabilité des autres résultant uniquement du silence des chroniqueurs. Malheureusement, ceux-ci ont surtout écrit pour les pays où se trouvait la capitale de leur propre époque, et l'on sait combien de fois elles ont changé sous les diverses dynasties.

D'après ces annales, il existerait en Chine des régions fort exposées aux tremblements de terre, ainsi qu'on le verra tout à l'heure. Or, depuis plusieurs siècles, les missionnaires chrétiens ont publié maintes relations sur cet empire. Beaucoup fourmillent d'observations scientifiques de tout genre, et l'on ne voit guère se confirmer la séismicité des régions dont il s'agit, les mentions de chocs étant plutôt rares. Il faudrait donc admettre, si l'on accepte les chroniques anciennes, et l'objection est grave, que la Chine a acquis à notre époque, et depuis les temps historiques, une stabilité relative succédant à un état de grande séismicité, du moins en certains districts, changement dont aucun autre pays du monde ne fournit d'exemple à la surface du globe.

Les documents récolés par Biot ont été complétés par Mouchkétov et Orlov dans leur grand catalogue, déjà cité, des tremblements de l'empire russe et des pays adjacents. Pour la Chine, ils donnent un nombre assez considérable de faits, recueillis surtout par les agents commerciaux et politiques russes depuis longtemps installés dans le pays. Le texte donne l'impression qu'il ne s'agit pas d'observations directes, mais seulement rapportées sur la foi de fonctionnaires indigènes, par suite sous le coup des mêmes difficultés que précédemment. L'identification des noms géographiques est encore plus difficile après leur transformation en russe. Il est fort regrettable qu'Omôri n'ait publié qu'en japonais son catalogue des tremblements de terre chinois depuis les temps les plus anciens jusqu'à la fin de la dynastie des Min[1].

De tout cela résulte pour l'instabilité séismique une distribution géographique sur laquelle il est nécessaire de faire les plus expresses réserves.

La géologie de la Chine n'est pas encore bien connue, et, dans son ensemble, tout milite en faveur d'une pénéséismité générale. Elle est en effet composée de massifs anciennement plissés, recouverts de Primaire le plus souvent peu dérangé de l'horizontalité, et qui n'ont guère subi que des mouvements verticaux peu favorables à l'instabilité. Les dislocations tertiaires ne les ont pas entamés ; au contraire, ils leur ont été un obstacle puissant et rigide.

<hr>

[1] Shinsai Yobô Chôsakkwai Hôkoku (*Reports of the imp. earthq. invest. Comm. in japanese language*, n° 19, 1899, 85).

Nous allons décrire les différents groupes d'épicentres, toujours avec cette restriction qu'ils dérivent principalement des chroniques douteuses des anciens annalistes. Mac Gowan [1] a établi un petit catalogue des secousses modernes.

Le Chan-Toung montre un foyer d'ébranlement à la racine de la

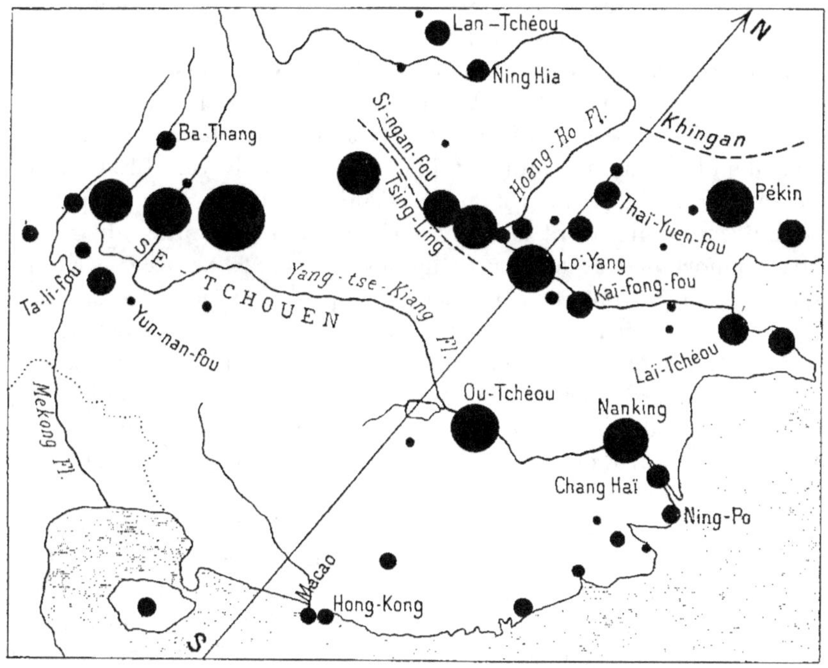

Fig. 19. — Chine.

presqu'île, et de nombreuses secousses ont été rapportées à Laï-Tchéou. On se trouve là bien près d'une faille correspondant à la vallée du Weï-Ho, et limitant à l'Est le massif du Taï-Chan, où le substratum archéen est recouvert de Cambrien et d'autres couches primaires restées horizontales. Cette dépression ferait presque une île de la presqu'île, et d'anciennes cartes des missionnaires y portent une communication marine par canal. Le massif du Taï-Chan est coupé de failles qui l'abaissent vers le Nord. Ainsi donc, l'instabilité de ce district ne saurait être attribuée qu'à ces fractures et au mouvement d'affaissement correspondant, au moins provisoirement.

Les tremblements de terre ne sont pas rares à Pékin, et en 1731

[1] Earthquakes in China (*Trans. seism. Soc. of Japan*, X, 1887, 37).

il s'en produisit un assez grave, sinon aussi désastreux que le dépeignent les relations des missionnaires. On ne peut donc dire que cette ville ait uniquement accaparé les secousses du pays environnant sans être un véritable centre séismique, et on est ainsi certain qu'il en existe un à peu de distance. La séismicité s'étend à l'Ouest jusqu'à Thaï-Yuen-Fou, au Sud à Khaï-Fong-Fou, et surtout à Lo-Yang, actuellement Ho-Nan-Fou, une des plus anciennes capitales de l'empire. De la sorte, le Chan-Si et le Ho-Nan constitueraient une région séismique assez bien définie. Il s'agit là d'un territoire montagneux qui a rejeté le cours du Fleuve Jaune, ou Hoang-Ho, vers le Sud, depuis la grande muraille jusqu'à son coude vers l'Est à Pou-Tchéou, lorsqu'il se heurte au puissant massif du Tsin-Ling. Les épicentres s'y montrent assez nombreux, mais sans atteindre nulle part l'importance de ceux mentionnés plus haut. Tout ce territoire est formé de sédiments cambriens non plissés, reposant en discordance sur l'Archéen, et ces caractères s'étendent au Liao-Toung et à la Corée, où les tremblements de terre sont infiniment plus rares et moins sévères. Il faut donc encore s'adresser aux nombreuses failles qui accidentent le massif, et pour Pékin, en particulier, à celle de Nankoou, qui a déterminé l'affaissement vers la grande plaine du Petchili.

La puissante chaîne du Tsin-Ling, sur la rive droite du Weï-Ho du Chen-Si, est entourée d'une région instable importante, s'étendant de Si-Ngan-Fou et Hoa-Tchéou à Nin-Tchéou à l'Ouest et King-Yang au Nord. On ne saurait tirer aucune déduction de son histoire ni de sa structure géologiques, parce que c'est un trait orographique trop anciennement plissé et constitué. Il est difficile de se prononcer sur la réalité de la légende d'après laquelle un tremblement de terre aurait violemment séparé du Hoa-Chan, près du confluent du Weï-Ho, le mont Foung-Tiao-Chan.

La province du Se-Tchouen serait assez instable aussi. C'est une dépression antéjurassique, où un grès rouge a imposé de nombreux décrochements au tracé du fleuve Bleu, obligé de suivre successivement et momentanément le cours inférieur de ses divers affluents. Ces accidents jouent-ils un rôle séismogénique? La question est encore insoluble. En tout cas, ces séismes sont certainement tout à fait indépendants de ceux du Yun-Nan, région plissée qui appartient au domaine des mouvements tertiaires.

Dans la Chine centrale, la dépression lacustre du Tong-Ting-Hou est entourée d'épicentres, parmi lesquels Ou-Tchang-Fou est de beaucoup le plus important.

De Hong-Kong et Macao jusqu'à l'embouchure du Yang-Tsé-Kiang, la côte est jalonnée d'épicentres à nombres modérés de séismes observés par des Européens, et la séismicité semble atteindre son maximum dans le Kiang-Sou autour de Nanking, si l'on en croit les documents chinois, qui mentionnent de nombreux tremblements de terre ayant ébranlé cette antique capitale. Le promontoire de Ning-Po et l'archipel voisin des Tchou-San formeraient un axe autour duquel, d'après von Richthofen[1], la côte se soulève lentement au Nord jusqu'au golfe du Liao-Toung, pour s'abaisser au Sud. Il est difficile de faire jouer un rôle séismogénique à un mouvement d'une aussi grande lenteur. Les plis anciens, coupés abruptement par ce littoral, ne sauraient non plus être invoqués. Il ne resterait donc qu'à faire très hypothétiquement appel aux mouvements tertiaires pacifiques, comme dans la mer d'Okhotsk, en s'appuyant sur la proximité du géosynclinal dont fait partie Formose.

L'île d'Haïnan est peut-être éprouvée par les tremblements de terre, si du moins l'on en croit les quatorze désastres mentionnés de 1523 à 1822 par son poète national Ch'iu[2]. Mais cela ne s'accorderait guère avec la stabilité bien avérée de la Chine méridionale et du Tonkin, autrement dit l'affaissement post-liasique de tous ces pays au sud du fleuve Bleu serait un phénomène complètement éteint et sans influence séismogénique, aussi bien que les grandes fractures miocènes du bassin du fleuve Rouge de la colonie française. Au surplus, il s'agit là d'une architecture tabulaire peu favorable aux séismes. C'est une simple suggestion provisoire que de rapprocher les quelques faibles secousses d'Haïphong des dislocations des terrains houillers de la baie d'Along, en se rappelant par analogie les séismes du synclinal carbonifère de l'Europe moyenne. Il y a, d'ailleurs, une zone d'affaissement le long de la côte tonkinoise, et une longue fracture de 50 kilomètres se montre dans cette baie avec la direction N. N. E. des nombreux accidents du Yun-Nan instable.

Dans l'Indo-Chine, au Siam et au Cambodge, quelques pauvres secousses signalées çà et là suffisent pour attester une stabilité qui n'aurait pas manqué d'être contredite par les faits, depuis l'assez longue pénétration de ces contrées par la colonisation européenne. Ces territoires ont d'ailleurs peut-être échappé complètement aux grands mouvements himalayens, sauf le récent ennoyage de la mer plate qui les sépare de Bornéo.

---

[1] *China. Geologische Reisen und Studien* (Berlin, 1877-1885).
[2] *Encyclopedia Britannica*, 9th edition. Art. Haïnan, XI, 335.

En résumé, si l'on taxe d'exagération les anciennes chroniques de l'empire chinois, et tant que des observations systématiques n'auront pas infirmé cette opinion, d'ailleurs concordante avec le silence des voyageurs et des missionnaires modernes depuis plusieurs siècles, il faut penser que la Chine et ses dépendances du Nord ne renferment que des districts pénéséismiques, comme on pouvait le prévoir pour un antique massif à peine effleuré par les mouvements tertiaires et dont les plissements déjà éteints au Cambrien ont été recouverts en discordance par le Primaire horizontal. Quant à la Chine du Sud, le principal plissement est postcarbonifère et laisse plus de raison à l'existence de régions instables ; c'est ce que montrera l'avenir des observations. Depuis cette époque reculée, les vicissitudes se bornent à des affaissements par gradins, et l'expérience montre qu'une semblable architecture tabulaire, seulement brisée, reste généralement à l'abri des secousses nombreuses ou désastreuses. Quoi qu'il en soit, il est grandement à désirer que des observations suivies dans l'intérieur, et particulièrement là où les annales indigènes rapportent des catastrophes, viennent avec le temps confirmer une pénéséismicité probable, mais en contradiction avec ces documents. Et si l'avenir venait à leur donner raison, la Chine présenterait une anomalie absolument unique au monde, qu'il faudrait expliquer.

4. — L'Asie centrale.

Autant qu'on en peut juger de renseignements encore très incomplets, le plateau central asiatique est de fort ancienne architecture, en dépit de l'énorme relief de certains des traits qui en accidentent la surface. Jusqu'à présent les nombreux explorateurs de l'Asie centrale sont muets sur les secousses du sol, et, comme la plupart d'entre eux nous ont renseigné sur beaucoup de phénomènes naturels, il en résulte que la stabilité de ces vastes territoires n'est pas seulement apparente par pénurie d'informations séismiques, mais bien réelle. Un seul séisme a été jusqu'ici signalé dans le Tibet septentrional. La partie méridionale de ce haut pays appartient, comme on le verra ultérieurement, ainsi que le Yun-Nan, au domaine des mouvements tertiaires. Ainsi donc, ce grand massif faisant suite à ceux de la Chine méridionale, du Tonkin, de l'Annam et du Cambodge est venu s'intercaler entre les chaînes tertiaires du Kouen-Loun et de l'Himalaya. Sa stabilité séismique probable dérive manifestement de cette situation.

Si l'on en croit les annales chinoises, il existerait un foyer d'ébranlement assez important dans le Kan-Sou, de Sou-Tchéou à Liang-
Tchou-Fou et Si-ning, ainsi que sur le Hoang-Ho, de Lan-Tchou-
Fou à Ning-Hia. Il s'agit là d'une dépression tectonique comprise
entre le Nan-Chan et le Loun-Chan, chaînes où l'on a signalé non
seulement la discordance du Carbonifèrien supérieur, qui aurait,
depuis son dépôt, subi des mouvements violents, mais encore le jalon-
nement des dislocations par des lambeaux de ce même Carbonifèrien
supérieur et de la houille. On est ainsi amené à faire, dans cette région,
des tremblements de terre une conséquence des mouvements qui, en
un si grand nombre de pays, ont plissé et disloqué les couches déposées dans les synclinaux de cette époque géologique. D'ailleurs, dans
le Nan-Chan, où un séisme peut indiquer l'existence d'un foyer
d'ébranlement, les dépôts dits du Gobi, probablement permiens, et
des couches apparemment secondaires, ont subi un plissement. Tout
cet ensemble de circonstances suffit à expliquer la pénéséismicité de
ces régions, trop mal connues à tous les points de vue pour qu'on
en puisse parler plus longuement.

De Launay [1] est porté à rattacher aux mouvements alpins la grande
chaîne du Kouen-Loun, prolongée par les monts Marco-Polo et
Tsing-Ling, où les plis en partie hercyniens, et en partie tertiaires,
semblent avoir atteint leur apogée. Il y aurait donc là motifs à instabilité séismique, mais on ignore complètement s'il en est ainsi. Dans
ce cas, ces chaînes seraient à reporter au géosynclinal méditerranéen.

[1] *La science géologique* (Paris, 1905).

CHAPITRE VIII

LE CONTINENT AUSTRALO-INDO-MALGACHE

La dénomination adoptée pour l'ancien continent australo-indo-
malgache suffit à elle seule à le définir. Le géosynclinal circumpacifique le borne à l'Est, le géosynclinal méditerranéen au Nord jusqu'au golfe Persique, et celui du détroit de Mozambique le sépare de
l'Arabie et de l'Afrique.

Tous les géologues admettent que l'Australie, la péninsule hindoue
et Madagascar sont les débris d'une masse continentale constituée
entre la fin de l'époque primaire et le commencement de l'ère secondaire et qui, caractérisée par les dépôts d'origine terrestre de la flore
gondwanienne à *Glossopteris*, n'a commencé à se morceler définitivement qu'au Crétacé. L'absence de plissements récents explique
celle des séismes. Tout au plus pourrait-on citer une région pénéséismique sur le flanc oriental et méridional des Alpes d'Australie, en
face et non loin des grands fonds de la branche néocalédonienne
du géosynclinal circumpacifique, et une autre dans l'Imérina (Madagascar) sur le bord du géosynclinal de l'époque secondaire occupant
l'emplacement du détroit de Mozambique. Enfin la péninsule de l'Hindoustan et l'île de Ceylan sont à peu près aséismiques.

1. — **Australie et Tasmanie**.

La grande analogie des terrains primaires et secondaires de
l'Australie avec ceux du plateau hindou ou de Gondwana et même,
plus loin encore, avec ceux de l'Afrique australe, a permis aux
géologues d'en faire un fragment d'un ancien continent austral, ou
indo-africain, quoique l'accord n'ait pas encore pu se faire sur les
étapes successives de son démembrement à la suite de l'affaissement
de l'Océan Indien. Toute l'Australie n'est, en somme, qu'une pénéplaine à substratum archéen. Une ancienne chaîne plissée borde la
masse continentale à l'Est depuis la presqu'île d'York jusqu'au

détroit de Bass, qui la sépare d'un autre fragment, la Tasmanie. Cette importante chaîne des Alpes d'Australie tombe à pic sur le Pacifique et représente le bord relevé d'une cassure, accompagnée de phénomènes volcaniques tertiaires et même modernes.

Au N. E. de Sydney, la très petite île de Lord Howe a fourni des ossements de grands reptiles, qui y ont vécu à une époque très récente, après le dépôt du grès désertique. De Lapparent, Suess et d'autres géologues en ont conclu que, de ce côté au moins, le démantèlement de l'Australie ne remonte pas loin. Il apparaît donc immédiatement que s'il s'y rencontre des régions à tremblements de terre, elles se trouveront sur sa côte orientale, en conséquence du peu de temps écoulé depuis cet événement de grande ampleur. C'est bien ce que l'observation vérifie ; mais on ignore si les séismes qui s'y font sentir sont en relation avec les plissements ou avec la fracture, parce que, jusqu'à présent, il n'a pas été tracé d'isoséistes pouvant faire résoudre la question de savoir si les tremblements de terre ont leurs épicentres sur le long talus sous-marin qui descend rapidement jusqu'à 4000 mètres et plus, ou si leur origine est terrestre. L'absence totale de vagues séismiques, jamais signalées encore, serait en faveur de plissements, à la production desquels les efforts séismiques correspondant à la fracture représentée par le bord occidental si escarpé du Darling Range ne prendraient aucune part. Hogben [1] a suggéré, avec une certaine réserve toutefois, que le grand tremblement de terre du 10 mai 1897 dans l'Australie méridionale pourrait bien avoir été dû à une faille. Nous ne savons trop ce qu'il faut penser de l'information [2] d'après laquelle les séismes du commencement de novembre 1902 auraient eu pour conséquences des changements topographiques importants et un soulèvement de côtes dans le district de Clarendon.

Les séismes ébranlent les Alpes d'Australie sur tout leur développement, mais n'atteignent une certaine importance qu'aux environs de Melbourne, où ils ne laissent pas d'être parfois assez sérieux, comme celui du 19 septembre 1902. On en connaît aussi sur le flanc occidental de la chaîne, comme à Wagga-Wagga. L'établissement récent d'un service séismologique en Australie permettra plus tard de discerner des foyers distincts d'ébranlement, et d'en rechercher l'origine en les mettant en relation avec tel ou tel détail de tectonique.

---

[1] *Brit. Ass. for the adv. of Sc., Bristol Meeting*, 1898. Third Rep. of the Comm. on seism. invest., p. 184.

[2] *Die Erdbebenwarte*. Laibach, II, 1902-1903, 174.

La Tasmanie est secouée dans les mêmes conditions de fréquence et d'intensité que l'Australie méridionale. Sa constitution géologique est d'ailleurs la même, et une plate-forme littorale en fait un fragment, séparé par le simple ennoyage du peu profond détroit de Bass.

2. — La péninsule de l'Hindoustan et Ceylan.

Au point de vue géographique, la presqu'île de l'Inde est bien définie, au sud du parallèle qui joint le golfe de Cambaye aux bouches du Gange. Mais sa limite géologique passe bien plus au Nord, entre le coude de ce fleuve et les environs de Delhi, en suivant le bord irrégulier et concave vers le sud des gneiss du Bengale et des couches vindhyennes de l'Inde centrale. Quatre formations principales recouvrent l'Hindoustan : l'Archéen (gneiss et schistes), le Vindhyen (Silurien), le Gondwanien (Triasique et Jurassique), et les nappes éruptives (crétacées et éocènes) de trapp et de basalte. Il n'y a pas lieu de s'occuper ici de la latérite, formation superficielle résultant de la décomposition des laves, et dont la présence ou l'absence n'ont pas d'influence sur la séismicité. Les roches archéennes s'étendent sur tout le S. E. de la péninsule, au sud de la ligne allant de Monghyr à Pangim, ou Nova-Goa, sur la côte occidentale, mais avec des intercalations de couches vindhyennes et gondwaniennes dans les vallées du Mahanadi, de la Godavari, et dans les Vellakonda, ou Nilamala Ghats, ou Ghates de Nellore. Les trapps et les basaltes du Dekkan couvrent le N. W. Au Nord, les couches sédimentaires précédentes réapparaissent sur les plateaux montagneux du Vindhya et du Satpoura des deux côtés de la Narbada. Enfin les roches éruptives modernes se montrent de nouveau près de Golgong.

L'Hindoustan forme une vaste pénéplaine, commençant à la crête des Ghates occidentales, ou Sahyadri, abrupte sur la mer d'Arabie et descendant en pente douce sur les Ghates orientales du golfe du Bengale. De la plus grande hauteur des Sahyadri résulte que toutes les rivières courent à l'Est, excepté la Tapti et la Narbada, dont les embouchures se trouvent dans le golfe de Cambaye. On verra précisément cette différence jouer un rôle séismogénique. Une seule dépression, celle de Coimbatore, rompt la muraille occidentale. Le centre de la vaste pénéplaine a fléchi, et ses couches diverses n'ont subi que des ruptures avec d'énormes effondrements, surtout entre le Gondwanien inférieur et le Gondwanien supérieur. Quant aux plissements, ils sont d'âge extrêmement reculé, antésilurien dans l'Aravali Range et antépermien dans les Ghates de Vellakonda.

Tous les restes organisés des couches gondwaniennes sont d'origine terrestre et se retrouvent presque identiques en Australie, à Madagascar et dans l'Afrique australe. Leurs grandes différences avec ceux des couches contemporaines de l'hémisphère septentrional ont fait conclure à l'existence d'un ancien et vaste continent austral, dont le démembrement a ici commencé à l'époque jurassique par l'irruption de la mer dans le Sind et le Cambaye, puis s'est continué par des effondrements successifs. Le manque presque complet de plissements, le calme avec lequel les laves crétacées et tertiaires se sont étalées sur le Dekkan, et l'ancienneté même du continent gondwanien, permettent de présager pour l'Indoustan une grande stabilité, que l'observation confirme pleinement. Les dépôts vindhyens et gondwaniens ont en grande partie disparu par la dénudation, et leurs lambeaux subsistants doivent leur conservation à leur chute au milieu des fractures du massif archéen, accidents dont l'ancienneté assure l'aséismicité.

L'Hindoustan n'est cependant pas sans ressentir quelques tremblements de terre, et Th. Oldham[1] en a fait le catalogue aussi complet qu'il était possible en l'absence d'observations systématiques. C'est le cas des Ghates de Vellakonda, où ils ne sont d'ailleurs jamais sévères. Là, les couches vindhyennes forment un croissant dont la concavité est tournée vers l'Est. Elles ont été plissées en conséquence d'une poussée venant de ce même côté, et sont tombées à l'Ouest dans une grande faille de l'Archéen. Les cornes du croissant sont situées à Moonagalik, un peu au nord de la Kistna, et à Tripetty [Tirupati] au N. W. de Madras. Ce plissement, carboniférien, est le moins ancien de la péninsule. Une certaine instabilité se montre dans l'intérieur du croissant, c'est-à-dire du côté de la poussée. Comme partout ailleurs, les cassures de l'Archéen sont stables, et les secousses en question doivent sans doute être attribuées à la continuation du processus de plissement, ce qu'on a si souvent constaté pour ceux de l'époque carboniférienne en tant de points du globe. Là encore, se vérifie la loi de moindre stabilité du côté le plus abrupt du versant d'une chaîne.

La grande instabilité du bas Indus, dont on parlera dans un autre chapitre, cesse presque entièrement dans la presqu'île du Kathiawar pour reparaître, mais bien atténuée, sur la côte orientale du golfe

---

[1] A catalogue of indian earthquakes from the earliest times to the end of A. D. 1869 (*Mem. of the geol. Survey of India*, XIX, Part 3. Calcutta, 1883).

de Cambaye, d'Ahmenabad à Bombay, ainsi que dans l'intérieur, de Malegaon à Dhulia dans le Khandesh. A Udaipur commence une étroite bande archéenne, courant vers l'Est, puis se dirigeant ensuite au Nord vers Bundi, le long du flanc oriental de l'Aravali Range. C'est le bord du vieux continent recouvert par les trapps et les basaltes du Dekkan. La limite occidentale de ces roches éruptives va d'Udaipur à Daman, port au nord de Bombay. La vallée de la Tapti est ouverte dans les strates jurassiques d'Ellichpur à Nandurbar, et ces couches, séparées de celles du Cambaye par un rétrécissement des nappes éruptives, doivent exister sous ces dernières. La Narbada traverse, de Jabalpur à Harda en aval de Hoshangabad, les mêmes couches gondwaniennes, mais la lacune entre elles et leurs contemporaines du Cambaye est bien plus large que précédemment. Les couches vindhyennes s'étalent beaucoup au N. E. de Jabalpur, et leurs lambeaux apparaissent au Nord et au milieu des couches gondwaniennes de la vallée de la Narbada, et encore à l'ouest de Harda. Ainsi donc, il est certain qu'à l'époque vindhyenne (silurienne), la mer a envahi la vallée de la Narbada, et qu'à l'ère gondwanienne (triasique et jurassique) une nouvelle vicissitude a permis le dépôt de ces couches d'origine terrestre dans ces deux vallées, où des signes d'exhaussement assez moderne se montrent, ainsi que sur le littoral du Cambaye. Les séismes en question peuvent-ils dériver de ces événements? C'est assez douteux, vu leur ancienneté.

Les épicentres des secousses, d'ailleurs faibles et peu fréquentes, de Bombay et de ses environs, doivent être recherchés dans la région pénéséismique précédente. On a bien signalé autour de ce port des signes d'affaissement récent; mais, pouvant s'expliquer par le simple tassement de terrains sans consistance, de tels mouvements ne semblent guère jouer un rôle séismogénique. D'autre part, près de Bombay, à l'est, on a cru découvrir les points éruptifs d'où se seraient épanchées de colossales nappes de trapp et de basalte, qui couvrent une immense surface du Dekkan entre le 16ᵉ et le 24ᵉ parallèle. Presque horizontales, elles ont dû couler en état de grande fluidité, ce qui leur a fait attribuer une origine sous-marine, opinion rejetée maintenant à cause de l'intercalation de dépôts d'origine terrestre. Il n'en reste pas moins que le phénomène s'est accompli sans explosions, ni bouleversements d'aucune sorte. Les séismes de Bombay n'y trouvent donc pas non plus leur explication.

Quelques tremblements de terre agitent la côte de Malabar, surtout dans le Travancore. A Quillon, justement, des couches marines pliocènes montrent qu'en ces parages le démantèlement du continent gondwanien s'est seulement produit alors. Le processus de morcellement y survit donc peut-être ainsi sous forme de séismes. Selon certaines traditions, cette côte aurait été en 1341 le théâtre d'une série de secousses, à la suite desquelles l'île de Waypi aurait été soulevée au-dessus du niveau de la mer. Mais Suess pense qu'il s'agit là d'un phénomène purement local. En tout cas, on ne saurait tirer aucune conclusion d'un événement aussi peu certain.

Le 1ᵉʳ avril 1843, un tremblement de terre sévère a eu son épicentre près de Bellary ; on ne saisit aucune connexion géologique pouvant expliquer ce fait, jusqu'à présent isolé.

L'extrémité méridionale de la péninsule présente quelques foyers sporadiques et de peu d'importance sur les flancs orientaux des Nilgiris et des collines de Cardamom. A l'Est, des lambeaux de Tertiaire se montrent des deux côtés de la basse Cauvery. Y a-t-il quelque relation entre de rares secousses et les bouleversements qui ont permis à la mer de cette époque de pénétrer aussi loin dans l'intérieur de la masse continentale ?

Les tremblements de terre de Madras viennent probablement des Ghates de Nellore.

Enfin quelques secousses ébranlent la côte d'Orissa entre Coconada et Ganjam, où les Ghates orientales avec un faible relief se rapprochent de la mer, et où une étroite bande d'alluvions borde la chaîne archéenne.

Au sud de la ligne Kokelay-Aripo, l'île de Ceylan est formée de roches archéennes ; elle appartient donc géologiquement à la péninsule hindoue, dont elle partage la stabilité générale. La partie septentrionale est formée de plages coralliennes récemment exhaussées, ainsi qu'un petit archipel au Nord et l'île de Manaar. Si l'on en croit des traditions historiques, la digue de Pamban, ou le pont d'Adam, a été, sous les yeux de l'homme, brisé par les vagues. Quelques chocs ont leur origine dans le centre ou le sud de l'île, l'un d'eux même sévère, celui du 9 février 1823. Il se rencontre donc là une région de faible instabilité, correspondant à un important relief émergé et immergé, puisque l'isobathe de 4000 mètres passe très près de l'extrémité méridionale de Ceylan, mais loin du cap Comorin. Et, précisément, quelques séismes sous-marins ont été observés près du sud de cette île.

3. — L'Océan Indien.

On s'accorde assez généralement à regarder l'Océan Indien, dans son état actuel, comme résultant de l'effondrement d'un continent méridional dont l'Australie, l'Hindoustan et Madagascar représentent d'importants fragments. Ce continent, sous le nom de Lémurie, joue un rôle considérable dans l'étude de la distribution des formes animales et végétales de l'hémisphère sud, mais le désaccord commence lorsqu'il s'agit de déterminer la date du début de son démembrement : à l'époque jurassique ou à l'époque crétacée ? On n'a pas à prendre ici parti dans cette question, puisque le manque absolu de plissements tertiaires, et même secondaires, ne permet pas de supposer qu'il puisse y avoir, dans ce domaine, des régions séismiques, terrestres ou sous-marines.

Les tremblements de terre sous-marins sont rares, et ceux des côtes occidentales de Sumatra et de l'Arracan appartiennent au bord du géosynclinal méditerranéen. Dans le golfe du Bengale, on en connaît bien un fort important, celui du 31 décembre 1881[1], qui a eu son épicentre aux environs du point 15° N., 89° E. Gr., c'est-à-dire non loin de l'extrémité septentrionale du seuil prolongeant Sumatra et supportant les Nicobar et les Andaman. Il faut donc le rapporter au géosynclinal. Ceux du large de Ceylan correspondent au voisinage immédiat de l'isobathe de 4 000 mètres, qui coïncide peut-être avec une cassure.

Au nord-ouest de Vingorla, sur la côte occidentale de l'Hindoustan, commence une série d'îles et de hauts fonds courant dans une direction méridienne vers le Sud, banc d'Angria, Laquedives, Maldives et Chagos, où dominent les constructions coralliennes et que tout le monde s'accorde à considérer comme un fragment submergé de la Lémurie. On ne sait rien des tremblements de terre qui s'y produisent et la disparition d'une des Maldives, en février 1865, à la suite d'un tremblement de terre, rapportée par K. Fuchs[2], ne mérite guère créance. D'ailleurs ce fait, fût-il exact, ne suffirait pas, à lui seul, à infirmer la stabilité de ces îles, que rend bien probable l'absence de séismes sous-marins et de vagues séismiques dans ces parages.

[1] Doyle (Patrick). Note on an indian earthquake ; December 31st, 1881 (*Trans. seism Soc. of Japan*, IV, 78, 1882) ; R. D. Oldham. Note on the earthquake of December 31st 1881 (*Rep. of the geol. Survey of India*, XVII, Part 2, 47, 1884).

[2] Les volcans et les tremblements de terre (*Biblioth. sc. intern.*, 4º édition, 142, Paris, 1884).

On ne connaît pas de tremblements de terre pour les Seychelles, îles granitiques supportées par un seuil en forme de croissant, dont une branche rejoint le nord de Madagascar et les Comores, tandis qu'une autre forme la base des volcans insulaires de Maurice et de Bourbon, dont la stabilité séismique ne se dément que rarement, double caractère qu'elles possèdent en commun avec Rodriguez.

Des îles volcaniques de l'extrême Sud, Saint-Paul, Amsterdam et Kerguelen, on ne possède aucune information séismique, malgré le séjour, parfois prolongé, de missions astronomiques.

Çà et là, de rares tremblements de terre sous-marins ont été observés dans l'Océan Indien. Ils sont trop disséminés pour qu'on en puisse tirer aucune conclusion tendant à infirmer sa stabilité. Les mouvements à la suite desquels le continent gondwanien a été démantelé sont donc tout à fait éteints, ce qui est un argument en faveur de leur ancienneté.

4. — **Madagascar et Comores**.

Malgré les observations du P. Colin, on est encore assez peu fixé sur la répartition des tremblements de terre de la grande île malgache. Dans le sud, on en ressent en moyenne, chaque année, un ou deux à Sainte-Marie de Madagascar. Dans le centre on en a signalé à Fiana-rantsoa, Betafo et Tananarive, c'est-à-dire sur le flanc occidental de l'arête longitudinale. Leurs foyers sont encore assez mal détermi-nés, et on est en droit de supposer que leur origine se trouve non sur le versant mozambique, mais bien sur l'autre, beaucoup plus raide, et que seule l'absence de grands centres habités a empêché de les y observer : à l'avenir de nous fixer sur ce qui n'est encore qu'une hypothèse. En tout cas, il semble bien que les séismes de l'Imérina soient peu redoutables, et les quelques dommages éprouvés, le 3 novembre 1897, n'avaient aucune importance à Tananarive. Les PP. Colin et Camboué[1] les considèrent comme fréquents, mais le dernier observateur ajoute qu'il ne se passe pas d'années sans plu-sieurs secousses, expressions qui ne correspondent guère à l'idée qu'on se fait d'un pays à tremblements de terre. Aucun séisme n'a jamais été mentionné, jusqu'à présent, sur le long versant occidental, mais si sa stabilité est probable, elle n'est cependant pas certaine en raison du trop peu de temps depuis lequel le pays est exploré et occupé. Au contraire, l'absence de séismes relatés dans la région de Diégo-

[1] Sur les tremblements de terre à Madagascar (*C. R. Ac. Sc. Paris*, CVIII, 766. 1889).

Suarez et du massif volcanique d'Ambre, donne plus de poids à
l'affirmation de la stabilité de cette dernière partie de l'île. En résumé,
il paraît à peu près certain qu'une région pénéséismique de forme
allongée occupe, de Sainte-Marie à Tananarive et un peu au delà, la
chaîne longitudinale méridienne formant l'ossature de Madagascar et
qu'il ne tremble pour ainsi dire pas ailleurs.

Comment cette répartition des tremblements de terre s'accorde-
t-elle avec ce que l'on sait de son histoire géologique ? Le squelette
de Madagascar est constitué par une longue crête archéenne, tombant brusquement sur l'Océan Indien par trois gradins étagés, et sur
le versant occidental par une longue falaise, dont la hauteur varie
de 300 à 1 000 mètres. Cette crête est donc comprise entre des failles
longitudinales. Les sédiments de l'Ouest, jurassiques, crétacés et
tertiaires, non plissés, ont été déposés dans le géosynclinal du détroit
de Mozambique, au fond progressivement relevé, et dont l'existence
apparaît dès lors comme fort ancienne. S'il n'y a pas de plissements,
c'est que cet accident n'a pas été le siège de grands mouvements
de compression et de surrection. La stabilité du versant mozambique
de Madagascar trouve là son explication toute naturelle. Mais l'arête
longitudinale a été découpée par de longues fractures parallèles à
son axe, et elles ont facilité le développement de l'appareil thermal
et volcanique, ce dernier à peine éteint maintenant. La côte orientale
tombe à pic sur l'isobathe de 4 000 mètres, qui la suit de fort près,
tandis que le fond du détroit ne descend pas au-dessous de 2 000 mètres,
et forme au nord de l'île une large plate-forme supportant le socle
archéen des Seychelles. Ainsi donc, il apparaît clairement que la
côte orientale représente la fracture qui a séparé Madagascar des
terres s'étendant au loin dans l'Est, dans la direction de l'Hindoustan
et de l'Australie, événement terminé seulement à une époque assez
récente, ainsi qu'en témoigne le peu d'ancienneté des manifestations
volcaniques. Ainsi que cela se passe le plus souvent dans des circonstances analogues, il ne devait pas en résulter de région séismique véritable, et la répartition des tremblements de terre le long
de l'arête résulte de son morcellement par les failles longitudinales.

L'activité volcanique de la grande Comore, et les quelques chocs
que l'on y ressent, dérivent pareillement de la cassure de second
ordre, représentée dans le canal de Mozambique par l'isobathe de
2 000 mètres.

CHAPITRE IX

LE CONTINENT AFRICANO-BRÉSILIEN

L'Arabie, l'Afrique, à l'exception des pays barbaresques, et le Brésil reproduisent exactement les mêmes circonstances que les terres précédentes et cet ancien continent morcelé, tout aussi stable pour les mêmes raisons, et à cheval sur l'Atlantique méridional, est limité par les trois géosynclinaux : mozambique, méditerranéen et circum-pacifique.

Au Natal, au Mozambique, à Zanzibar et à Mascate, quelques secousses rappellent, comme celles de l'Imérina, le voisinage du géosynclinal du détroit et des dislocations concomitantes, mais sans arriver à dépasser la pénéséismicité. Ce peu d'activité des secousses vient de ce qu'à l'époque tertiaire il ne s'est pas transformé en géanticlinal par la surrection d'une chaîne, et qu'aucun mouvement orogénique ne s'est traduit à sa surface. On retombe donc là sur les conditions de l'Oural et de la mer d'Okhotsk, avec ce que l'on pourrait appeler les géanticlinaux avortés. De même qu'au nord du géosynclinal méditerranéen, les aires continentales nord-atlantique et sino-sibérienne n'en forment pour ainsi dire qu'une seule au point de vue séismique, il en est de même, au Sud, pour les deux continents australo-indo-malgache et africano-brésilien.

Il est très digne d'attention que le principal accident géographique de l'Afrique, c'est-à-dire la ligne des grands lacs équatoriaux, ne présente que des régions pénéséismiques, Ounyamouézi, Gondokoro, Lado, ce qui tient vraisemblablement à ce qu'il s'agit là d'un trait géologique d'origine très reculée. Par contre, il se continue par l'Abyssinie, où les tremblements de terre sont fréquents, sinon destructeurs, jusqu'à la côte de la mer Rouge, autour de Massaouah. Cette mer est bien d'ouverture récente au milieu du massif et se prolonge par une série de dépressions, golfe d'Akabah, mer Morte, vallée du Jourdain, Cœlésyrie enfin entre le Liban et l'Antiliban ; c'est une ligne un peu sinueuse de voûtes effondrées par fractures longitudinales dans les assises crétacées non plissées, et où ne se rencontre qu'une seule région séismique, la Cœlésyrie ; car c'est à tort que l'Égypte et l'Arabie ont été considérées comme instables par certains voyageurs ou séismologues [1]. C'est encore à l'absence de plissements qu'il faut attribuer le repos séismique de ces régions, situation qui s'étend à tout le reste du continent africain, dont les formes massives attestent une grande simplicité de structure générale.

Dès avant le Miocène, l'Afrique et l'Amérique du Sud étaient séparées, et cet événement, de date très controversée, n'a laissé de traces que par les abîmes océaniques avoisinant le rocher de Saint-Paul, avec une région pénéséismique s'étendant à l'Est, en plein océan équatorial ; on doit la découverte de cette dernière à l'ingénieur hydrographe Daussy, dont elle porte le nom.

En Amérique, quelques tremblements de terre ébranlent bien Rio de Janeiro et Ouro-Preto, mais ils n'ont ni grande fréquence, ni gravité. C'est aussi le cas de Buenos-Ayres, au nord de la région très anciennement plissée de la Ventana. A cela seul se réduit la séismicité de tout le versant atlantique, à l'exclusion du Venezuela et des provinces occidentales de l'Argentine, de Salta à Mendoza, deux régions appartenant au géosynclinal circumpacifique, et dont il sera parlé ailleurs.

Par conséquent, tout le continent africano-brésilien doit son état de repos séismique à sa condition d'antique plate-forme continentale non récemment plissée, ou disloquée, et depuis bien longtemps transformée en pénéplaine sur la plus grande partie de sa surface.

1. — Arabie.

L'Arabie est une grande plate-forme massive, à peine coupée transversalement par les hauteurs du Nedjed, et où l'Archéen est recouvert horizontalement par des grès ou des calcaires plus récents, attestant qu'une vaste mer occupait jadis l'emplacement de la presqu'île, en prolongeant la Méditerranée vers l'Océan Indien. Cette plate-forme est fortement relevée sur la mer Rouge et celle d'Oman, tandis qu'elle s'abaisse en pentes douces sur la Mésopotamie et le golfe Persique. La côte rectiligne d'Oman tombe rapidement à 2 000 mètres de profondeur, de sorte qu'elle forme sur la mer un talus raide de 4 000 mètres émergé et immergé. Les calcaires crétacés et tertiaires

[1] A. Sieberg. *Handbuch der Erdbebenkunde* (31 et 34, Braunschweig, 1904).

de la vallée du Nil se retrouvent horizontaux sur la côte méridionale de l'Arabie, de sorte qu'on a pu conclure à la formation de la mer Rouge par une fracture qui a brutalement séparé la péninsule de la masse continentale africaine, à l'époque pléistocène, pensent Issel[1] et d'autres, quoiqu'elle ait été préparée bien antérieurement. Cet événement s'est produit sans plissements ; aussi les tremblements de terre sont-ils en Arabie un phénomène rare et sans gravité, malgré des affirmations contraires. A peine pourrait-on en citer deux simplement sévères, l'un à Mascate et dans le Nedjed en 1884, un autre en 1630 à Médine, ou à la Mecque, on ne sait même pas au juste. Quelques séismes d'Aden peuvent tout au plus rappeler que la séparation s'est faite par soubresauts, mais sans que les mouvements d'exhaussement modernes, décelés par les terrasses coralliennes de la mer Rouge, aient à intervenir, puisqu'elles émergent bien au nord de la petite région pénéséismique de l'Yémen, vers Moka et Taïz, région mise en évidence par les observations recueillies par Agamemnone[2]. Bref, la stabilité de l'Arabie paraît tout à fait hors de doute.

Quelques tremblements de terre importants de l'Europe orientale agitent parfois tout le Levant, l'Égypte et l'Arabie, et leur surface d'ébranlement est alors ovale, avec grand axe couché sur celui de la mer Rouge ; on est en droit de les attribuer aux mouvements qui ont ouvert cette mer au travers de la masse continentale.

2. — Sinaï, Palestine et Cœlésyrie.

A l'extrémité septentrionale de la mer Rouge s'embranche une très remarquable dépression presque rectiligne, de 750 kilomètres de long, à peu de chose près orientée suivant un méridien, et formée par l'étroit et profond golfe d'Akabah, l'Oued-el-Araba qui s'y jette, l'Oued Djeib opposé à celui-ci et affluent de la mer Morte, cette profonde et remarquable cavité, la vallée du Jourdain, la Cœlésyrie entre le Liban et l'Antiliban, enfin la vallée de l'Oronte. Cet extraordinaire accident résulte de l'affaissement linéaire, et par failles successives, parallèles et en escalier, de la voûte d'un anticlinal crétacé, dont les diverses bandes sont restées horizontales ; de sorte qu'en traversant le pays de l'Ouest à l'Est, suivant un parallèle quelconque, le voyageur monte ou descend de gigantesques gradins, de hauteurs et de largeurs inégales. Cet effondrement est récent, vrai-

---

[1] *Morfologia e genesi del mar Rosso* (Firenze, 1899).

[2] Bulletin météorologique et sismique de l'Observatoire impérial de Constantinople (1895-1897).

semblablement contemporain de l'ouverture de la mer Rouge, c'est-
à-dire pléistocène. La fraîcheur des formes topographiques est même
telle que certains auteurs ont voulu en faire un événement historique,
et en fixer la date à 10 000 ans tout au plus, sans réfléchir qu'elle est
certainement due, au moins en partie, à la pauvreté des précipita-
tions atmosphériques d'un pays qui est extrêmement sec depuis très
longtemps. Aucun plissement n'a accompagné ces vicissitudes, contemporaines de l'effondrement du continent égéen ; elles se sont
donc réduites au mouvement qui a porté le Crétacé à plus de
1 800 mètres d'altitude et l'a ensuite effondré suivant l'axe de la
voûte en le fléchissant, puisque le fond de la dépression se trouve
à des hauteurs fort variables tant au-dessus qu'au-dessous du niveau
de la mer, à plus de 1 200 mètres au-dessous dans le golfe d'Akabah
et de 390 mètres au bord de la mer Morte. Les versants internes de
la dépression sont les plus abrupts, et des deux versants externes,
celui de la Syrie est de beaucoup le moins raide. Cette disposition des
fractures devait s'accompagner d'éruptions volcaniques, et en effet le
Safa, le Haouran et la Katakaumène sont des districts éruptifs dont
l'homme a peut-être, d'après certains savants, vu l'activité. Il est à
noter qu'ils se montrent sur le versant le plus raide. Enfin, ces événements sont tellement rapprochés de nous que les tremblements
de terre sont fréquents et redoutables. Il n'existe pas de catalogue
particulier, mais ceux de Perrey [1] et de Julius Schmidt [2] en donnent
un assez grand nombre.

La séismicité croît du Sud au Nord. Les informations font entièrement défaut pour la partie méridionale, et à peine peut-on citer un
tremblement de terre pour le Sinaï, dont l'ossature est surtout formée de roches éruptives assez anciennes. Dans les temps modernes,
on n'en a encore signalé qu'un seul pour la mer Morte. L'instabilité
commence seulement à la Palestine, et quoiqu'on n'y ait jamais fait
d'observations systématiques, il semble bien qu'elle ne soit pas à
l'abri de graves secousses.

Les recherches de Rahmer [3] sur les passages des Livres Saints
faisant mention de tremblements de terre montrent que ceux-ci se
réduisent à trois : l'un émane visiblement d'un témoin oculaire du
tremblement de terre qui se produisit sous le règne d'Osias, et fut

<hr>

[1] Mémoire sur les tremblements de terre ressentis dans la péninsule hellénique et en
Syrie (*Mém. Ac. roy. de Belgique*, XXIII, 1850).

[2] *Studien über Vulkane und Erdbeben* (t. II, Leipzig, 1881).

[3] *Die biblische Erdbebentheorie. Eine exegetische Studie* (Magdeburg, 1881).
— Das Erdbeben in den Tagen Usiäs (*Grätz Monatschr.*, 1870, 240).

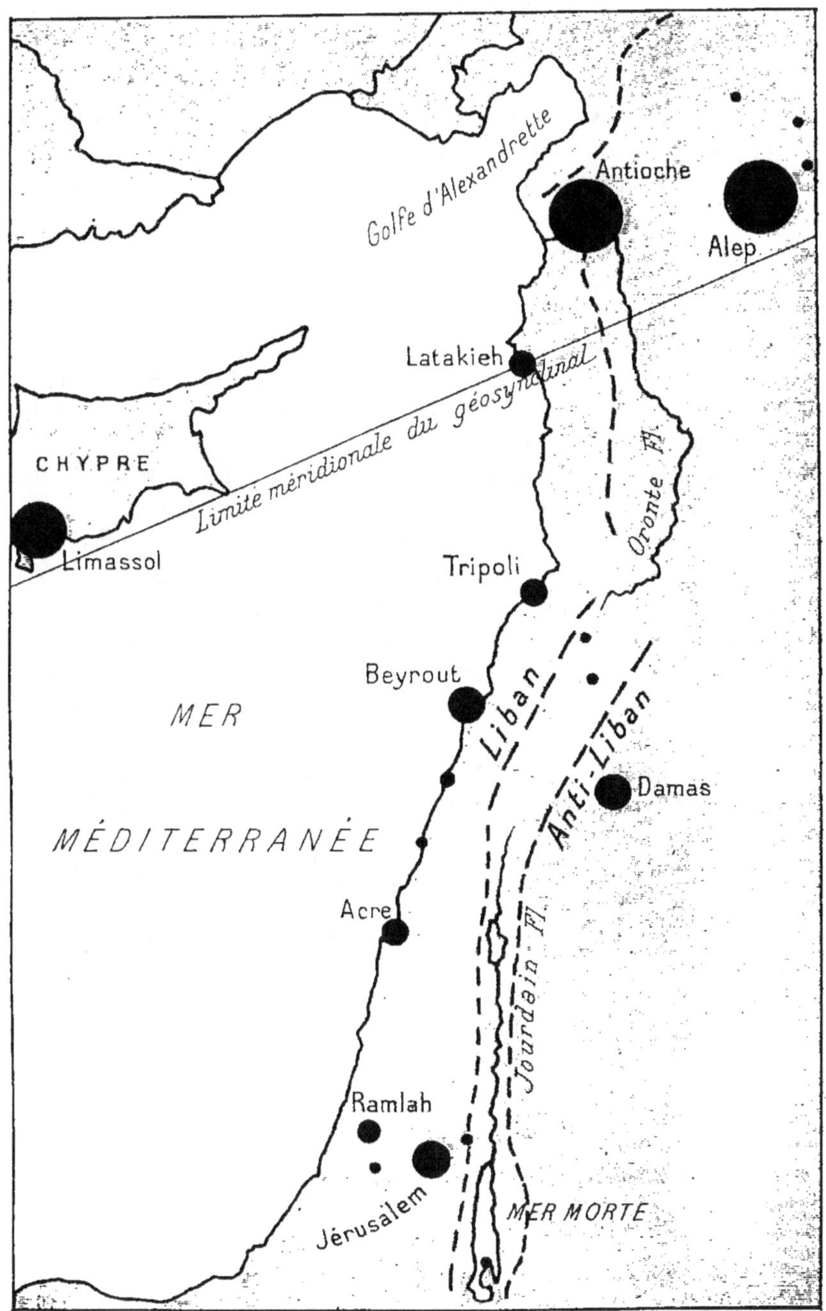

Fig. 20. — Palestine et Syrie.

particulièrement destructeur ; un autre décèle que le souvenir de l'événement s'est longtemps perpétué ; enfin le troisième est la prophétie d'un séisme aussi redoutable. Tout cela montre que ce tremblement de terre est hors de doute, et que par conséquent, dès une haute antiquité, la Palestine fut bien sujette à de violentes secousses, mais beaucoup plus espacées que celles de la Syrie.

Sans parler de la chute des murs de Jéricho, que les rationalistes regardent comme un simple tremblement de terre, opinion à laquelle les croyants peuvent se rallier sans scrupule de foi, en ajoutant que l'événement a été révélé par Dieu sept jours avant sa réalisation, il ne manque point pour ce pays d'autres tremblements de terre authentiques, et bien à l'abri de la critique historique : tels celui de l'an 33 de notre ère, rapporté par l'historien Joséphe, ainsi que la ruine de Ramlah, au N. W. de Jérusalem, l'an 125 de l'Hégire.

L'ouverture de la mer Morte est un événement récent. Blanckenhorn[1] s'est attaché à démontrer que les divers épisodes de la formation du lac Asphaltite correspondent trait pour trait aux dernières vicissitudes de l'Europe pendant le Quaternaire ou Pléistocène : les trois avancées principales des glaciers seraient contemporaines de trois extensions de la mer Morte, tandis que les intervalles auraient permis à l'érosion de faire son œuvre et aux dépôts de sel de se former. La destruction de Sodome et de Gomorrhe, le dernier événement survenu dans la contrée, correspondrait à un affaissement de 100 mètres environ, avec capture de l'extrémité de la dépression de l'Oued-Akabah, à la suite d'un tremblement de terre. Si les déductions de Blanckenhorn sont exactes, on aurait là un exemple très remarquable d'une région où les séismes auraient joué un grand rôle en des temps fort reculés de l'histoire, mais qui serait actuellement devenue stable, puisqu'on n'y connaît guère que deux ou trois secousses modernes authentiques. Diener[2], au contraire, pense que le tremblement de terre aurait réveillé l'activité d'un ancien volcan, phénomène dont Darwin[3] a montré la possibilité pour les évents de l'Amérique méridionale. L'activité d'un volcan moabite a les préférences de Lartet[4] pour la destruction des villes maudites, et Fraas[5] ne voit dans la for-

---

[1] *Entstehung und Geschichte des Toten Meeres* (*Zeitschrift d. deutschen Palästina Vereins*, XIX, 1).

[2] *Die Katastrophe von Sodom und Gomorrha im Lichte geologischer Forschung* (*Mitth. d. geogr. Ges. in Wien*, 1896, 1).

[3] *On the connection of certain volcanic phenomena in South America* (*Trans. Geol. Soc.*, V, 601).

[4] *Exploration de la mer Morte*, par le duc de Luynes (III, *Géologie*. Paris, 1877).

[5] *Das Tote Meer* (Stuttgart, 1869).

mation de la Mer Morte qu'un phénomène tectonique. Toutes ces opinions ne diffèrent pas sensiblement entre elles, quant au fond. Ce dernier géologue attribue les tremblements de terre de la vallée du Jourdain à des éboulements souterrains par dissolution, opinion inadmissible ici, en raison de la grandeur des effets à expliquer.

A mesure que l'on s'avance vers le Nord, les catastrophes ont été de plus en plus nombreuses et violentes, et toutes les villes ont tellement eu à en souffrir que, jusque vers Antioche, ces pays forment une des régions du globe les plus éprouvées par les tremblements de terre qui ont été si souvent l'objet des récits des historiens ; ces désastres sont devenus des événements restés célèbres dans les annales de l'humanité, et bien connus de tous en dehors de toute préoccupation scientifique. L'instabilité ne se restreint pas à la dépression cœlésyrienne, elle déborde vers l'Est, où les monuments antiques d'Ammon, de Palmyre, de Baalbek, etc., témoignent encore de la sévérité des chocs terrestres.

La séismicité augmente vers le Nord, a-t-on dit plus haut ; c'est qu'on se trouve alors sur le trajet du géosynclinal méditerranéen venant du golfe Persique, et l'on est en droit de penser que les mouvements alpins, n'ayant pas rencontré là d'obstacle résistant contre lequel ils pouvaient se résoudre en plissements, se sont contentés de donner lieu, par failles en gradins, à l'étonnante dépression parallèle au rivage de la Syrie entre Gaza et Alexandrette. Ainsi cette région séismique, si elle appartient bien à l'aire continentale africaine par l'horizontalité de ses dépôts crétacés non plissés et par son architecture tabulaire, n'a pas complètement échappé sous une autre forme aux grands mouvements de la fin de l'époque tertiaire, ce qui rend parfaitement compte de son instabilité, croissant à mesure que l'on se rapproche du domaine des plissements, c'est-à-dire du géosynclinal méditerranéen.

3. — Afrique [1].

Si l'on excepte les pays Barbaresques, appartenant virtuellement à l'Europe par leur constitution et surtout par leur histoire géologique, puisqu'ils ont été soumis aux mouvements méditerranéens ou alpins, on peut dire que le continent africain est, à un extraordinaire degré, pour son immense surface, indemne de tremblements de terre. Son exploration un peu complète a été trop tardive, sur la plus

---

[1] Moins les pays barbaresques.

grande partie de son intérieur, pour qu'on ait pu y rassembler encore
beaucoup d'observations; mais l'Afrique a été parcourue ou traversée
par un si grand nombre de voyageurs attentifs à noter tous les phénomènes naturels que, de leur silence même, on doit conclure sans
hésitation à sa stabilité générale, et ce résultat est d'ailleurs confirmé
par l'absence des relations que, dans le cas contraire, n'aurait pas
manqué de faire naître la longue colonisation de ses ports depuis
longtemps fréquentés par des Européens.

Tout ce qu'on sait de la géologie africaine, — et ses grandes lignes
commencent à être suffisamment connues, — démontre par analogie
avec ce qui se passe ailleurs que les tremblements de terre n'y peuvent être ni fréquents, ni dangereux. C'est qu'en effet, l'Afrique a
échappé à tout plissement tant soit peu récent, et qu'au nord des
12ᵉ ou 13ᵉ parallèles les terrains secondaires et tertiaires ont à peu près
conservé leur horizontalité primitive, tandis qu'au Sud elle constitue
une immense pénéplaine, dont le substratum archéen et primaire n'est
recouvert que de couches gondwaniennes, de formation exclusivement terrestre, déposées tant à la fin des temps paléozoïques qu'au
début de l'ère secondaire. Pas de plissements tertiaires, mais seulement d'énormes fractures à l'Est, telle est la caractéristique de sa
géologie, et l'on sait combien peu souvent ce dernier genre de dislocation donne naissance à des régions à tremblements de terre
véritablement dignes de ce nom. L'Afrique jouit donc du repos séismique commun à tous les fragments subsistants du vaste continent
austral, maintenant morcelé et effondré entre l'Australie et le Brésil,
à la suite de mouvements longtemps poursuivis et commencés au
moins au début du Crétacé. Les plus récentes explorations du Sahara,
du Soudan et de la région du Tchad [1], indiquent l'existence d'un
grand détroit crétacé Nord-Sud vers le Congo, et d'une mer miocène
dont les fossiles ne manquent pas d'affinités zoologiques avec ceux
de l'Inde; de sorte que, par le Nord du continent, une vaste communication marine avait depuis longtemps fait disparaître les conditions
massives de la terre africaine, circonstances qu'une récente émersion postérieure a reconstituées maintenant. Une rapide revue des
contrées où quelques séismes ont été observés permettra de confirmer ces prévisions de stabilité générale.

L'Égypte est, quoiqu'on en ait dit, tout à fait indemne de désastres
séismiques. Depuis plus d'un siècle qu'elle a été explorée, étudiée
et pénétrée par la civilisation occidentale, on n'a pas eu à signaler

[1] De Lapparent. Sur de nouvelles trouvailles géologiques au Soudan (*C. R. Ac. Sc.
Paris*, CXXXIX, 1186, 1904).

de tremblements de terre vraiment sérieux. Celui du 7 août 1847 aurait bien détruit ou renversé quelques constructions au Caire, mais leur état de vétusté doit y avoir été pour beaucoup. Les historiens arabes des premiers siècles de l'Hégire ont mentionné quelques tremblements de terre désastreux, toutefois sans détails, ni même sans désignation des villes atteintes, de sorte qu'on ne peut guère se fier à de tels renseignements probablement fort exagérés, par suite peut-être de l'extrême rareté des phénomènes séismiques dans le pays d'origine de ces chroniqueurs, ou voyageurs. Ceux du bas empire font détruire Alexandrie, en 365, par un tremblement de terre et une vague séismique. Il est bien probable qu'il venait de la Syrie, si ravagée aux iv⁰, v⁰ et vi⁰ siècles. Les dégâts du grand tremblement de terre d'Orient sous Tibère se firent aussi sentir en Égypte. Enfin l'affirmation de Maspéro que Thèbes aurait été détruite en l'an 22 avant notre ère, n'a pas été jusqu'ici soumise à la critique séismologique, que nous sachions du moins. L'expérience des derniers siècles est donc tout à fait contraire à l'opinion que l'Égypte est un pays instable. Il y a plus, que l'on soit rationaliste ou croyant, on doit remarquer qu'il serait absolument étrange que les tremblements de terre ne figurassent point parmi les dix plaies d'Égypte, si ce phénomène y était réellement à craindre. Les anciens monuments ont victorieusement résisté aux attaques du temps, et l'état de conservation de beaucoup d'entre eux ne s'explique que si la détérioration d'autres, souvent très voisins, provient des nombreuses invasions qui ont, à tant de reprises, désolé le pays. Le silence des hiéroglyphes et des papyrus, qui relatent tant de faits véritablement insignifiants au point de vue historique, est bien significatif aussi. De tout cela résulte bien que l'Égypte est une région tout au plus pénéséismique, et où seul le contre-coup des catastrophes de la Syrie a pu quelquefois faire naître des craintes, d'ailleurs exagérées.

En effet, les conditions géologiques et géographiques de l'Égypte ne permettent pas de lui supposer une séismicité notable. Dans le désert libyque, oasis de Baharieh par exemple, on a reconnu que le Crétacé a été exondé, faillé, plissé, et en partie arasé, avant l'Éocène. Donc, là, pas de motif à grande instabilité, le plissement, qui aurait pu la produire, étant par trop ancien. La basse vallée du Nil s'est vraisemblablement constituée pendant le Pliocène inférieur, par les failles que manifestent les hautes falaises de sa bordure, et l'absence de vrais dépôts fluviatiles, attribuables au Nil, à un niveau notablement supérieur à celui du fleuve, montre que ce n'est pas là une vallée d'érosion ordinaire, mais seulement le résultat de failles et de flexures dont la direction générale diffère peu de la sienne propre. Au commencement du Pléistocène, elle formait une série de lacs étagés, successivement asséchés par le dérasement des digues anciennes qui ont déterminé les cataractes et les rapides du Nil. Les dislocations latérales sont probablement contemporaines de l'ouverture de la mer Rouge et de son prolongement syrien, mouvements qui ne donnent lieu à un grand développement des phénomènes séismiques que dans l'extrême Nord, ainsi qu'on l'a vu plus haut, et ont, en particulier, laissé la mer Rouge stable presque partout.

Sandfest[1] a cherché à démontrer que le désastre biblique des Egyptiens à la poursuite des Israélites n'a pas eu lieu dans les marais du lac Sirbonique, mais bien à la pointe septentrionale de la mer Rouge. Il y aurait eu, comme à Potidée, et à la suite d'un mouvement séismique, un extraordinaire recul de la mer, suffisamment durable pour qu'ils aient pu franchir l'extrémité du golfe de Suez, tandis que leurs ennemis auraient été engloutis par la vague de retour. Hœrnes[2] tient cette explication pour vraisemblable eu égard à l'événement historique (?) de Potidée, et surtout en tenant compte de ce que dans des cas analogues (Pisco, 1690 ; Concepcion, 1835), la mer s'est retirée pendant plusieurs heures. Il nous semble qu'il faudrait admettre un asséchement bien durable et tous les cas dans lesquels on rapporte des temps suffisamment longs, allant jusqu'à plusieurs heures, résultent de récits anciens, assez peu dignes de foi, et dont les observations scientifiques modernes n'ont pas donné d'exemples authentiques.

Les tremblements de terre ne sont pas inconnus non plus le long du haut-Nil, mais ils ne sont pas plus à redouter qu'en Égypte. C'est le cas de Berber, Khartoum, Ladô et Gondokoro. Cependant cette dernière ville pourrait bien être un foyer assez important d'ébranlement. Un peu au Sud, le nom de la montagne granitique et gneissique de Logweck signifierait le « Mont des tremblements de terre », et d'après Kaufmann[3], les secousses y seraient fréquentes. Si les observations faites de 1850 à 1860 ne mentionnent pas de vrais dommages, du moins relatent-elles la tradition des anciens indigènes Baris d'après laquelle la terre se serait entrouverte en engloutissant les habitants dont les maisons furent renversées. D'après Morlang, cité par Beltrame[4], les secousses sont plus fré-

---

[1] Wie sind die Israeliten durch's Rothe Meer gekommen und die Ægypter darin verunglückt (*Mitth. d. naturwiss. Vereins für Steiermark. Jahrgg. 1890.* Graz, 1891, 267).

[2] *Die Erdbebenkunde*, 123.

[3] *Das Gebiet des weissen Flusses und dessen Bevohner* (Brixen, 1861, 11).

[4] *Il fiume bianco e i Dénka* (Verona, 1881, 308).

quentes et plus fortes dans les montagnes du Sud qu'à Gondokoro. Ainsi donc, toute la vallée du Nil pourrait bien former une vaste région pénéséismique, d'activité variable. De Lapparent suggère que, de Berber au coude du Sobat, la direction du Nil blanc, dans sa traversée des grès horizontaux du Soudan, résulte de la grande dislocation abyssinienne, dont il sera parlé plus loin ; et l'on peut trouver là une indication sur la cause possible de ces séismes.

L'Abyssinie est certainement une région à tremblements de terre assez fréquents, mais les longues observations d'Ant. d'Abbadie recueillies par Perrey[1] ne laissent pas supposer qu'ils y soient jamais bien graves. Tout au plus peut-on citer d'insignifiants dégâts à Massaouah, en 1884, et quelques éboulements de terrains dans le pays des Gallas. Le massif éthiopien est limité à l'Est par une énorme faille qui a porté à 2 500 mètres et plus le substratum archéen. Le plateau est recouvert de produits éruptifs en nappes sensiblement horizontales, d'âge crétacé ou éocène et très probablement contemporaines de celles du Dekkan ; occupant l'Amhara et le Choa, elles s'étendent au loin dans le pays des Gallas[2]. Les mers jurassiques s'étaient creusé un sillon, et ceux de leurs sédiments qui ne sont pas cachés sous les laves, forment un grand croissant à concavité orientale, en faisant, du Tigré au Godjam, le tour du Gondar et du lac Tsana, fosse d'effondrement. Il résulte des voyages de d'Abbadie que cet observateur, pendant son long séjour en Abyssinie, n'a guère signalé de secousses que dans des localités de ce territoire sédimentaire, ou en son voisinage. Ce serait dès lors l'exemple d'un synclinal jurassique ayant conservé quelque instabilité à la suite des mouvements qui l'ont ultérieurement exondé. Le long de la mer Rouge, des chocs n'ont été signalés qu'à Souakim, et surtout à Massaouah, c'est-à-dire non loin du Tigré, où commence la région pénéséismique abyssine.

Les tremblements de terre sont très rares à Zanzibar, mais certainement plus habituels à Mozambique et à Inhambane. On peut jusqu'à nouvel ordre les attribuer à la proximité du géosynclinal de l'époque secondaire, représenté par le détroit. Il ne s'est point, pendant l'ère tertiaire, transformé en géanticlinal, ce qui explique dans une certaine mesure les quelques séismes dont il s'agit, opinion corroborée par la direction E.-W. que tous les observateurs s'accordent à attribuer à ces secousses, ce qui revient à les faire provenir du

---

[1] Cat. 1857, 7.

[2] A. Aubry. Rapport sur une mission au royaume du Choa et dans les pays Gallas (*Archives des Missions scient. et litt.*, 3ᵉ série, XIV, 457. Paris. 1888).

détroit de **Mozambique**. D'ailleurs, des formations charbonneuses de la colonie portugaise ont subi des plissements hercyniens, contrepartie de l'effondrement liasique du Canal.

L'accident le plus remarquable de toute l'Afrique est, sans contredit, la zone méridienne des grands lacs équatoriaux. C'est un système de lacs profondément encaissés dans le substratum archéen porté à de fortes altitudes, et son trait le plus caractéristique est de s'ouvrir par des effondrements dans la bande continentale de plus haut relief, ainsi que l'a montré de Lapparent [1]. La vallée du Chiré, aux bords abrupts, le fait déboucher sur le Zambèze, tandis qu'au Nord il passe au pied de la falaise éthiopienne pour se prolonger par le fossé de la mer Rouge et ses dépendances jusqu'à la vallée de l'Oronte en Syrie. Ce bourrelet, maintenant en partie effondré, est d'origine fort ancienne, puisqu'il a presque partout servi de frontière occidentale aux mers secondaires et tertiaires de la Somalie et de Zanzibar. Cette ligne de fractures gigantesques a-t-elle rejoué récemment? On ne sait encore ; mais si l'activité volcanique y a été grande et a construit des cônes superbes, la certitude bien acquise qu'il ne s'y trouve pas de régions véritablement instables, serait favorable à la négative. Quoi qu'il en soit, les régions tout au plus pénéséismiques, dont on peut soupçonner l'existence entre le Zambèze et la mer Rouge, trouvent évidemment une explication au moins générale dans l'énormité des efforts nécessaires à la formation d'une si étonnante zone culminante, puis à son effondrement, malgré l'ancienneté du début de ces vicissitudes.

Le foyer d'ébranlement de Gondokoro, déjà mentionné, dépend peut-être de la zone méridienne de dislocation de l'Afrique équatoriale, si l'on réfléchit au voisinage du Rouvenzori, au nord du lac Albert-Édouard, où le gneiss a été porté à plus de 4 000 mètres au-dessus de la vallée. Cela suppose une poussée colossale, à laquelle, sans grande témérité, nous sommes portés à faire jouer encore un rôle séismogénique. En tout cas, ce centre séismique s'étend au moins jusqu'à Kibiro, sur la rive orientale de l'Albert Nyanza. On ne saurait guère non plus le séparer de celui de l'Ouniamouézi, où les tremblements de terre ne sont pas très rares, non plus que dans l'Ounyaniembé. Oudjiji, sur la rive orientale du Tanganika, et Kavala, île de son bord opposé, ressentent aussi des secousses. Dans le Katanga, des séismes ont été observés à Kambove par Buttgenbach [2] qui, en les

---

[1] Soulèvements et affaissements (*Revue des Questions scientifiques*, 2ᵉ série, XIV, 5, 20 juillet 1895, Louvain).

[2] Tremblements de terre au Katanga, novembre 1902 (*Soc. belge de géol. paléont. et hydrol.*, Séance du 14 juin 1904).

relatant, observe que dans leur propagation tout au moins, ils suivent la direction des couches relevées verticalement ; il y a donc là une certaine indication sur leur genèse possible. D'après Livingstone, cité par Perrey [1], les tremblements de terre ne sont pas rares à Teté, sur le Zambèze, non loin de l'extrémité méridionale du Nyassa ; mais ils seraient totalement inconnus dans le haut du bassin de ce fleuve. Ainsi donc, de Gondokoro à Teté, des secousses modérées se font ressentir dans toute cette partie de la zone de dislocation, sans que jusqu'à présent il en ait été signalé vers la mer Rouge, là où elle entre dans les terrains secondaires.

Sur le haut Congo, Stanleyville et Singatini, l'ancienne résidence du fameux Tippo-Tib, sont parfois ébranlées, sans que l'on sache si ce foyer se rattache à celui de Tanganika. Du foyer de Mahabi, l'on ne sait presque rien non plus.

Durban est un petit centre séismique s'étendant jusqu'au Drakenberg, ancienne dislocation faisant partie du contour primitif du continent africain. A son pied s'est déposé le Crétacé resté horizontal, mais il paraît s'être relevé depuis en exondant ces couches sédimentaires ; ce mouvement joue peut-être un rôle séismogénique. Quelques secousses du Natal et du Transvaal sont peut-être à rattacher aux traces de plissements hercyniens qu'on y rencontre.

La côte méridionale de l'Afrique entre Port Élisabeth et le Cap est rarement ébranlée par des tremblements de terre, ce qu'on devait attendre d'un pays où des couches antérieures au Karoo, seulement découpées en terrasses par des failles, sont restées horizontales ; à peine si l'on peut en citer un, on ne dira pas sérieux, mais de très grande extension, celui du 14 août 1857, ressenti aussi fort loin en mer. Comme le Cap est le seul point des côtes africaines où des vagues séismiques aient jamais été signalées, que d'autre part ces côtes semblent le théâtre de mouvements d'exhaussement, il y a là un ensemble de présomptions favorables à la production de séismes sous-marins dans ces parages, et que l'on ressentirait à terre. C'est presque l'opinion de E. Rudolph, et il faut provisoirement s'y rallier.

On ne saurait actuellement rien dire de bien net sur les secousses légères qui agitent de temps en temps le Namaqualand, bourrelet archéen simplement ridé et se prolongeant vers la colonie du Cap par un large ruban de terrains primaires disloqués.

Il faut remonter au Nord jusqu'aux côtes du golfe de Guinée pour rencontrer traces d'instabilité. Mais là, on trouve à Accra et à Saint-

---

[1] Cat. 1862, 42.

George d'Elmina un pays où les secousses doivent être assez fréquentes, si l'on en juge par le tremblement de terre fort sévère du 10 juillet 1862; il s'est étendu loin dans l'intérieur, à Abomey, où cet événement a été l'occasion de nombreux sacrifices humains, renseignement en faveur de la stabilité habituelle du Dahomey, en l'absence de toute autre information. Il serait d'ailleurs étrange que ce territoire archéen fut éprouvé par des séismes, et cette prévision doit s'étendre aux massifs schisteux anciens du Kanem, du Sokoto et à celui nouvellement signalé[1] entre le 4e degré de long. E. de Paris et le lac Tchad.

Au Cameroun, une secousse a été observée à Lonji.

Le Sierra Leone éprouve quelques chocs, et deux ont été observés par Borius[2] de 1832 à 1836 à Saint-Louis du Sénégal, où les officiers de l'armée coloniale les considèrent comme à peu près inconnus.

Du Sahara l'on ne sait rien, sinon que sa bordure septentrionale, au pied de l'Atlas saharien, ressent des tremblements de terre, mais on entre là dans le domaine des pays barbaresques. D'ailleurs la stabilité du désert ne saurait guère faire de doute d'après ce que l'on sait de son histoire géologique.

Mourzouk et Ghadamès ont donné lieu à deux observations séismiques, pour chacune de ces deux villes, mais on ne peut en tirer de conclusion.

La Tripolitaine est certainement très stable, avec ses couches secondaires et tertiaires peu dérangées et non plissées. Un ou deux séismes seulement y sont connus. On ne peut, malgré l'absence d'observations suivies, supposer qu'ils puissent y être fréquents et graves, même en se reportant à ce renseignement, dû à de Mathuisieulx[3], que des missionnaires, pour sauver d'anciens monuments romains, servant de carrière aux indigènes, les auraient menacés de tremblements de terre, prédiction ensuite réalisée par un désastre séismique en châtiment de l'infraction faite à cette défense. Ce n'est évidemment là qu'une légende, qui ne saurait rendre authentique un fait, dont la date est d'ailleurs inconnue. Rien ne peut donc faire croire à la séismicité de la Tripolitaine.

---

[1] A. de Lapparent. Sur de nouvelles trouvailles géologiques en Afrique (*C. R. Ac. Sc. Paris*, CXXXIX, 1186, 1904).

[2] Recherches sur le climat du Sénégal (*Notices statistiques sur les colonies*, III, 211, 1839).

[3] A travers la Tripolitaine (*Le Tour du Monde*, 1902, 569, Paris).

4. — **L'Atlantique méridional.**

La question de l'effondrement, sur l'emplacement de l'Atlantique méridional, d'une communication terrestre entre l'Afrique et l'Amérique du Sud, autrement dit la réunion jusque vers la fin du Jurassique de ces deux grandes terres sous le nom de continent africano-brésilien, est encore assez obscure et controversée. Des communications auraient existé à une époque reculée entre les deux terres. Quoiqu'on ait généralement admis que vers les temps permotriasiques, l'Inde, l'Afrique, le Brésil et peut-être l'Australie ne formaient qu'un seul continent, il y a lieu, dit Stromer von Reichenbach [1], de signaler que la formation du Karoo de l'Afrique méridionale n'atteint nulle part l'Océan Atlantique. On a trouvé une flore à *Glossopteris* dans le centre de l'Afrique orientale, et Van de Wiele [2], examinant l'observation précédente, a admis, après beaucoup de géologues, l'hypothèse que les épaisses couches de grès du Congo se rattachent à la formation du Karoo. Mais jusqu'ici, d'après le premier de ces géologues, il n'y a pas d'indice qui permette de réunir ces couches à celles du Brésil, et on ne saurait conclure à une communication terrestre avec l'Afrique à l'époque permienne, mais sans toutefois pouvoir la nier absolument. Ainsi la communauté de flore des deux continents, et les hauts fonds de l'Atlantique à la latitude de la Patagonie, resteraient les seuls arguments en faveur d'une ancienne liaison terrestre, maintenant submergée.

Quoi qu'il en soit, la disposition actuelle des fonds de l'Atlantique méridional moyen n'est certainement pas favorable à l'idée d'une communication, tant soit peu récente tout au moins. En effet, on y distingue deux fosses, séparées par un long seuil suivant le 15ᵉ méridien et servant de soubassement à des îles volcaniques, l'Ascension, Sainte-Hélène et Tristan da Cunha. Haug interprète cette structure en admettant la formation graduelle d'un grand géosynclinal, dans l'axe duquel un géanticlinal secondaire, ébauche possible d'une future chaîne de montagnes, serait en voie de formation depuis une date relativement récente.

On s'expliquerait bien, dans ces conditions, l'existence d'une ou de deux régions séismiques, purement océaniques, l'une à l'Est du

---

[1] Betrachtungen über die geologische Geschichte Aethiopiens (*Zeitschr. d. deutsch. geol. Ges.*, LIII, 4, 35, Berlin, 1902).

[2] *Bull. Soc. Belge de géol. paléont. et hydrol.*, juillet 1902, 153.

rocher de Saint-Paul, l'autre plus à l'Est encore, et séparées par un intervalle plus pauvre en épicentres entre les 25° et 26° méridiens. Toutes deux sont comprises entre les 4° parallèles, au Nord et au Sud de l'équateur. La lacune entre elles est assez petite pour qu'on puisse les confondre, et la plus orientale a donné lieu aussi à d'assez nombreuses observations d'éruptions volcaniques sous-marines. Le rocher de Saint-Paul est d'ailleurs lui-même d'origine éruptive. Ces régions

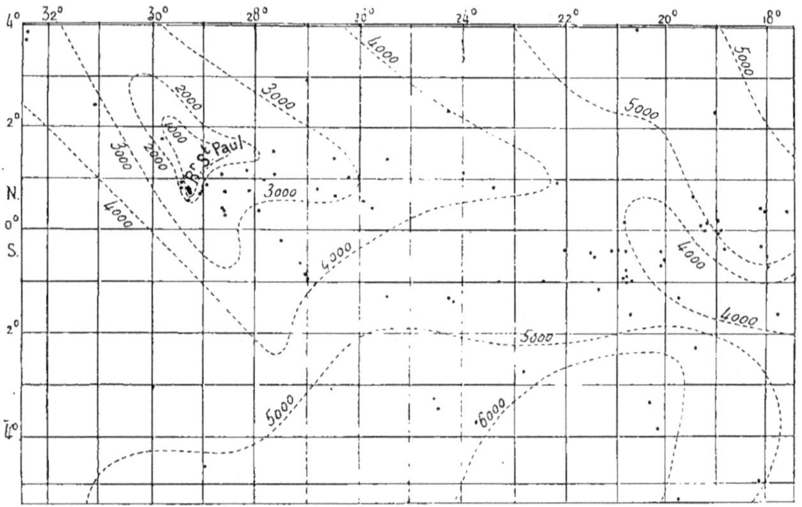

Fig. 21. — Région séismique de l'Atlantique équatorial, ou de Daussy.

pénéséismiques ont été découvertes par l'ingénieur hydrographe Daussy[1]. On connaît dans ces parages restreints aux 17° et 33° méridiens 72 secousses sous-marines, nombre considérable si l'on tient compte des hasards de la navigation qui en rendent l'observation très difficile, en tout cas bien fortuite. L'une et l'autre régions sont entourées d'abîmes de 4 000 à 6 000 mètres et même plus, et à raides talus.

Dans une traversée de l'Atlantique, entre Lisbonne et Bahia, Hecker[2] a rencontré trois points où les anomalies de la pesanteur présentent des maxima bien marqués, alors que partout ailleurs cet élément montre une remarquable uniformité, garantissant l'exac-

[1] Note sur l'existence probable d'un volcan sous-marin par environ 0°20 de latitude Sud et 22° de longitude Ouest (*C. R. Ac. Sc. Paris*, VI, 512, 1838 et XV, 416, 1842).

[2] Bestimmung der Schwerkraft auf dem atlantischen Ozean, sowie in Rio de Janeiro, Lissabon und Madrid (*Veröffentlichung des K. preuss. Geodät. Institutes*, N. F. n° 11. 1903).

titude de ses mesures. Ces anomalies correspondent à des dislocations profondes, comme on l'a déjà fait remarquer pour la Russie
méridionale, et l'un de ces maxima correspond à la chute profonde
des fonds entre le rocher de Saint-Paul et l'équateur. De Lapparent[1] a généralisé cette observation en disant que lorsque ces anomalies sont positives, comme dans le cas actuel, elles permettent de
diagnostiquer une région particulière de dislocation au contact de
deux compartiments, dont l'un s'affaisse et, par conséquent, doit se
comprimer en s'écrasant. L'existence de la région atlantique d'ébranlement trouverait ainsi son explication dans un état de choses que
seules les observations d'Hecker ont pu faire découvrir.

L'Ascension, Sainte-Hélène et Tristan da Cunha sont supportées
par la croupe, longue d'environ 800 kilomètres, dont on a parlé plus
haut. On y connaît respectivement 2, 8 et 4 séismes. Cela n'indique
pas une bien grande instabilité, constatation peu en faveur de l'opinion de Haug que ce serait un géanticlinal en voie de formation. Il
est vrai que des observations suivies n'y ont jamais été faites, mais
toutes les probabilités sont pour la rareté des secousses, car on n'y
en a peu signalé de sous-marines, malgré une navigation fort active.
La formation de l'anticlinal serait donc non seulement avortée, mais
complètement éteinte.

5. — Versant atlantique de l'Amérique du Sud.

L'extrême simplicité des contours de la masse continentale de
l'Amérique du Sud, ainsi que la régularité de son relief descendant
en pente douce depuis les Andes jusqu'au bord de l'Océan, enfin
l'analogie de ses caractères géologiques avec ceux de l'Afrique, font
présager pour le versant atlantique une stabilité que l'observation
confirme en tout point, ainsi qu'on va le voir successivement.

Le bassin de l'Orénoque occupe l'emplacement d'une mer tertiaire,
maintenant comblée par les alluvions quaternaires, dont les éléments
ont été fournis à l'érosion fluviale par la surrection des Andes. On
n'y connaît qu'un seul foyer d'ébranlement aux environs de Ciudad
Bolivar et de Guayana Vieja. Il ne semble pas qu'il y ait jamais eu là
de tremblement de terre, même simplement sévère. Plus en amont
et sur la rive droite, un affaissement aurait eu lieu en 1790 à la suite
d'un grand séisme près du confluent du Rio Caura, mais ce fait, men-

---

[1] Sur la signification géologique des anomalies de la gravité (*C. R. Ac. Sc.*, Paris,
CXXXVII. 827, 23 novembre 1903).

tionné par de Humboldt et Bonpland [1], supposerait pour ces régions une instabilité que rien n'est venu depuis confirmer.

Les Guyanes présentent un substratum archéen, recouvert par des grès et des basaltes. Cette pénéplaine est peu sujette aux tremblements de terre, et la plupart de ceux qu'on y a observés, tout au moins les plus forts, viennent de la Trinidad, ou des Petites Antilles. En tout cas ils ne sont jamais sérieux.

De Humboldt (*l. c.*, p. 353) relate qu'un grand tremblement de terre ébranla en 1798 le haut Orénoque et les bords du Rio Negro, que réunit ensemble le Cassiquiare, par un curieux phénomène géographique, preuve de l'indécision du relief de l'ancienne pénéplaine archéenne. *A priori*, tout contredit l'affirmation que ce fait, s'il était prouvé, attesterait dans ces parages l'existence d'une région d'ébranlement. La seule raison d'instabilité que l'on pourrait invoquer là, mais d'ailleurs bien hypothétiquement, serait que les affluents de gauche de l'Amazone présentent encore des changements de pente et des rapides, là où les schistes cristallins affleurent dans les vallées, indice qu'un soulèvement en bloc a eu lieu à une époque assez tardive pour que les cours d'eau n'aient pas encore eu le temps de régulariser leur profil longitudinal, en nivelant les seuils qui encombrent leurs lits.

Le Brésil, au sud de l'Amazone, est un des pays du monde qui ont le moins changé depuis de longues époques. Si l'on néglige, le long du fleuve, un ruban tertiaire, il ne reste que des assises dévoniennes et carbonifériennes régulièrement étalées sur le substratum archéen seul plissé, tandis qu'au-dessus règne une couverture de grès secondaires d'origine terrestre que l'érosion a découpée en montagnes tabulaires. Ces territoires sont maintenant réduits à l'état d'une pénéplaine sans grand relief, dont la structure actuelle résulte d'une émersion longtemps prolongée que n'a troublée aucune vicissitude importante. Ils doivent donc *a priori* être indemnes de tremblements de terre, en dépit du doute que pourrait faire naître l'absence d'observations en un pays exploré si récemment, avec bien des lacunes encore, et à peine entamé par la civilisation. On en connaît un à Serpa, et un dans la province de Matto-Grosso. Ils ne sont guère plus fréquents au Para. Un très secondaire foyer d'ébranlement paraît se trouver autour de Rio de Janeiro et dans l'Etat de Minas Geraes. En 1901 se produisit à Bom Succeso une série de secousses, qui eut son maximum en septembre, et se termina le 8

---

[1] *Voyage aux régions équinoxiales du Nouveau Continent fait dans les années 1799 à 1805* (Relation historique, VIII, 328).

par un séisme presque sévère. C'est le seul dans ce genre qu'on y ait jamais signalé, et il ne suffit pas à faire de cette région un foyer bien instable. Ces secousses peuvent s'expliquer par le fait que la Serra Geral est l'escarpement terminal d'un plateau de grès.

C'est seulement du cap San Roque à Bahia que l'isobathe de 4 000 mètres est rapprochée des côtes de l'Amérique du Sud. Partout ailleurs elle s'en tient assez loin pour continuer sous l'Atlantique les pentes douces du continent. Un étroit ruban de Crétacé le long du littoral entre les deux points mentionnés plus haut, et la nature volcanique de l'île Fernando Noronha, indiquent la présence d'une ancienne ligne de dislocations, dont le jeu est parfaitement éteint, puisqu'on n'a pas observé de séismes dans cette région.

Montevideo et Buenos-Ayres, autrement dit la coupure de la Plata, forment un centre séismique, d'ailleurs ébranlé bien rarement et peu énergiquement. L'immense plaine basse du Gran Chaco n'a jusqu'ici fourni aucune observation de secousses, et nous n'en connaissons qu'une seule pour le bassin du Paraguay.

On ne connaît aucun tremblement de terre en Patagonie, région à laquelle semble devoir assurer un parfait repos séismique l'absence de tout dérangement de ses couches tertiaires émergées. Un seul a été signalé dans le détroit de Lemaire, et un autre à Punta Arenas, où des observations météorologiques se font depuis quarante-trois ans, mais pas un seul pour la station d'Ushuvaya. La stabilité des territoires magellaniques et de la Terre de Feu est donc manifeste, malgré l'époque récente du morcellement de leurs couches secondaires ou primaires, et des produits éruptifs qui s'y rencontrent. Les Iles Falkland, ou Malouines, lambeau de couches paléozoïques plissées, indépendant de la Patagonie tertiaire, n'ont fourni aucune observation séismique.

Ainsi se vérifient bien les pronostics annoncés sur la stabilité générale de tout le versant atlantique de l'Amérique du Sud, ce dernier fragment occidental du vaste continent africano-brésilien, plus ou moins hypothétique, il est vrai, mais en tout cas partout à l'abri des tremblements de terre, grâce à l'ancienneté de son modelé, qu'aucun plissement n'est venu rajeunir nulle part, les mouvements verticaux de morcellement ou autres n'ayant le plus souvent que peu d'influence séismogénique, comme on a pu le constater déjà tant de fois.

CHAPITRE X

1. — Le Pacifique.

La question d'une aire continentale ayant occupé l'emplacement
du Grand Océan est encore très controversée, mais sa solution définitive ne saurait avoir la moindre influence sur le problème étudié
ici, puisque l'on ne rencontre sur son immense surface qu'une région
pénéséismique, celle des Sandwich, et une seule région séismique,
celle des Mariannes. D'un autre côté, si l'on tient compte des abîmes
sous-marins et des rides qui en accidentent le fond justement dans
les parages de ces archipels, on peut se demander si l'on ne serait
pas là en présence d'un prolongement non encore émergé du géosynclinal méditerranéen. Il serait, en effet, bien surprenant que ce cercle
de plus grande mobilité de l'écorce terrestre ne se fermât point sur
lui-même, à la surface de la sphère et au travers du Pacifique. Dès
lors, les Mariannes, au lieu de constituer une anomalie, lui appartien-
draient réellement, à moins qu'elles ne forment une branche annexe du
géosynclinal circumpacifique, en prolongement de l'arc japonais, tout
comme la branche turkestane du géosynclinal méditerranéen, mais où
ferait défaut une surrection analogue à celle du Tien-Chan. Quoi qu'il
en soit, la géologie et l'histoire du Pacifique sont encore trop obscures
pour que l'on puisse se prononcer en toute connaissance de cause.

D'une façon générale, les conditions séismiques de l'océan Pacifique sont assez bien connues.

Au large du Mexique, quelques secousses sous-marines ont été
observées dans les parages des îles Revilla-Gigedo, et la côte voisine,
elle-même d'ailleurs très instable, est exposée à de dangereuses vagues
d'origine séismique. Il en sera reparlé à l'occasion du Mexique.

On ne connaît aucun tremblement de terre dans les îles volcaniques
des Galapagos.

Les Sandwich sont célèbres par leurs volcans, en particulier le
Kilauea et son lac permanent de laves fluides. Les secousses du sol
y sont assez fréquentes, au moins dans l'île d'Hawaï, et des obser-

vations suivies faites à Hilo et à Christchurch, de 1843 à 1874,
donnent une fréquence moyenne annuelle de 13, ce qui ne correspond pas à une très grande ins-
tabilité. Elles ont été recueillies
par Perrey dans ses catalogues
annuels [1]. On a aussi les observations de Lymann [2] et de Brigham [3]. L'éruption de 1868 fut
d'une colossale énergie, de très
nombreuses secousses l'accom-
pagnèrent, mais une seule, celle
du 2 avril, fut vraiment sévère.
La formation de crevasses et des
éboulements considérables en
furent les conséquences. Malgré
tout, comme sa production a été
très intimement liée à la conflagration volcanique, et que des
tremblements aussi violents ne
se sont jamais produits dans le
cours du XIXe siècle, on est fondé
à considérer l'archipel des Sandwich comme seulement pénéséismique. Certaines années s'y
passent même sans secousses,
telle 1849. Ces îles émergent
d'un seul jet au-dessus de profondeurs de 5000 mètres, d'un
étroit seuil se prolongeant loin
vers le N. W. et que jalonnent
des îlots inhabités. Il serait donc
actuellement illusoire de chercher des causes géologiques profondes pour en expliquer les

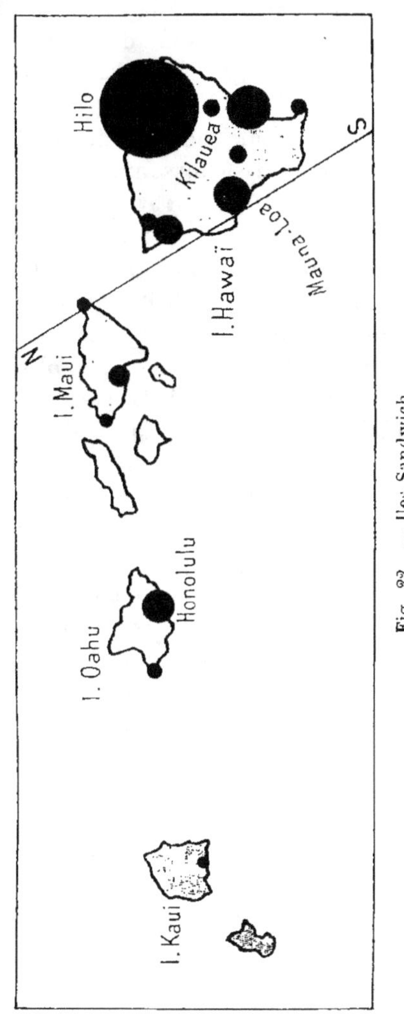

Fig. 22. — Iles Sandwich.

secousses, qui peuvent très bien, d'ailleurs, être une conséquence du
processus volcanique lui-même.

[1] Sur les tremblements de terre et les éruptions volcaniques dans l'archipel hawaïen,
en 1868 (*Soc. imp. d'Art. Sc. nat. et Arts utiles de Lyon*, 12 février 1869).

[2] Secousses de tremblements de terre depuis 1872 (Trad. d'une lettre à W. L. Green,
ministre des Aff. étr. d'Hawaï. *Bull. soc. géogr.*, Paris, 1875, 101).

[3] On the volcanic phenomena of the Hawaian islands (*Boston Soc. of nat. hist.*, I,
Part III, 373).

Entre les 5e et 10e parallèles Nord, les îles de la Micronésie, Carolines et Marshall, surtout coralligènes, forment une longue série se rattachant aux Iles Palaos. Elles sont bornées au Nord par des abîmes descendant au-dessous de 8 000 mètres. On connaît seulement deux secousses à El Correor (Carolines).

L'archipel en partie volcanique des Mariannes contraste avec les précédents par son **extrême** instabilité. Il figure une traînée méridienne comprise aussi entre des abîmes de 6 000 à 8 000 mètres, mais dont il n'est très rapproché que le long de son bord oriental, l'opposé ne descendant au contraire d'un seul jet que jusqu'à 4 000 mètres. La pose d'un câble sous-marin a même fait connaître des profondeurs de 9 590 mètres entre les îles Guam et Medway. Les tremblements de terre, fréquents et désastreux, ont été longtemps recueillis dans le bulletin de l'observatoire de Manille. On a d'ailleurs d'autres documents [1]. Le socle des Mariannes est le prolongement de celui des îles, volcaniques aussi, Bonin-Sima, et par un seuil il se rattache au Japon. Ces dernières et d'autres clairsemées dans ces parages n'ont jamais été l'objet d'observations séismiques, et leur liaison avec ce dernier pays se décèle par leurs lambeaux de roches volcaniques et nummulitiques. Des manifestations volcaniques sous-marines y ont été signalées, mais les séismes proprement dits n'y paraissent ni fréquents, ni redoutables. La séismicité, extrême à Guam, où les missionnaires des Philippines ont observé pendant de longues années, est probablement de même ordre dans les autres îles de l'Archipel des Mariannes, car on y connaît aussi des désastres, par la tradition, il est vrai. La grande instabilité de cet archipel doit attirer l'attention, en même temps que sa liaison indéniable avec le Japon. Malheureusement sa géologie et son histoire sont trop obscures encore pour qu'on puisse affirmer qu'il s'agit là d'une branche annexe du géosynclinal circumpacifique, auquel cas sa séismicité trouverait là une claire explication, tout au moins à un point de vue général.

De très rares séismes agitent la Polynésie ; on en connaît trois à Tahiti, et deux aux îles de la Société. Le 3 janvier 1903, une énorme vague d'origine probablement séismique a désolé les Pomotou, où l'on n'avait pas eu l'occasion d'en signaler de semblables jusque-là.

D'assez nombreux tremblements de terre sous-marins, indépendants de ceux de la terre ferme, ébranlent fréquemment l'angle

---

[1] M. Saderra Masó. Breves apuntes sobre los volcanes y los fenómenos seismicos de las islas Marianas (*Dep^t of the Int. Philippine Weather Bureau. Manila central Observatory.*, Sept. 1902,226).

rentrant du Pacifique, au large du Pérou méridional et du Chili. Il
ne serait pas étonnant que des observations ultérieures longtemps
continuées fassent découvrir autour des îles San Ambrosio (ou Des-
venturadas), et surtout de Juan Fernandez, quelque région séismique purement océanique, placée ainsi au bord de la branche,
remontant vers le Nord, de l'isobathe de 4 000 mètres, et correspondant ainsi exactement à celle de Daussy et du rocher de Saint-Paul
dans l'Atlantique équatorial. Rien ne manquerait même à ce rapprochement, car il semble bien que, dans ces parages du Pacifique également, se soient à plusieurs reprises manifestés des phénomènes
volcaniques sous-marins.

Toutes les autres îles occidentales du grand Océan appartiennent
au géosynclinal circumpacifique.

2. — **Terres antarctiques**.

Il n'est pas aussi arbitraire qu'on pourrait le croire tout d'abord
de parler ici des terres antarctiques. Elles forment, en effet, une masse
continentale probablement autonome ; les anciens sondages de Ross
ont montré que sur quinze degrés environ de longitude, de part et
d'autre du méridien de la Nouvelle-Zélande, elles sont entourées de
profondeurs océaniques considérables, disposition confirmée par les
mesures bathymétriques effectuées par l'expédition de la « Belgica »
(1897-1899) entre l'Amérique méridionale et la Terre de Graham
ou ses dépendances.

Il ne saurait être ici question d'observations séismologiques, et
nous ne savons encore quelles observations a pu faire en 1901 la
« Discovery » à la baie Mac Murdo, dans la Terre Victoria, où elle a dû
installer un séismographe Milne. Outre que ces terres ont été jusqu'à
présent peu étudiées, les tremblements de terre sont très difficiles à
observer dans les régions polaires en général, car ils peuvent être
très facilement confondus, à terre, avec les mouvements imprimés à
de frêles habitations par les vents soufflant presque constamment en
tempête, et à bord par ceux de la banquise, qui étreint le navire et lui
communique toutes les pressions variables auxquelles elle est soumise. Mais peut-on, dans une certaine mesure, pronostiquer les conditions séismogéniques de ces terres? Les granites et les roches éruptives anciennes signalées par Arctowski[1], le géologue de la « Belgica »,

[1] Géographie physique de la région antarctique visitée par l'expédition de la « Belgica »
(*Bull. soc. roy. belge de géogr.*, 1900. N° 1).
Id. The antarctic voyage of the « Belgica » during the years 1897, 1898, and 1899
(*Smiths. Rep. for 1901*, 377. Washington, 1902).
Id. et A. F. Renard. Notice préliminaire sur les sédiments marins recueillis par l'expé-

corroborent l'idée que cette masse continentale est stable ; par contre, ce savant assimile complètement aux Andes méridionales de la Terre des États une chaîne entrevue par l'expédition. Il en fait un ridement tertiaire, ce qui laisserait la possibilité d'y supposer des tremblements de terre, si précisément toute l'extrémité de la chaîne américaine n'en était parfaitement indemne. Il va sans dire qu'aucun argument pour ou contre n'est à tirer des volcans anciennement connus et si élevés, Erebus et Terror, au sud de la Nouvelle-Zélande, pas plus que de ceux soupçonnés tels par les explorateurs belges, île Pierre Ier et Mont William (65° S. — 64° W.).

D'aucuns[1] ont mis les séismes en avant, comme cause des périodes glaciaires, en conséquence du refroidissement produit par les masses considérables de glaces mises en mouvement à la suite de violents tremblements de terre des calottes polaires et dérivées vers les basses latitudes. Sans discuter une théorie qui n'est guère acceptable, il y a lieu d'observer que dans le Pacifique sud-oriental les navigateurs attribuent à des tremblements de terre la mise en liberté des icebergs, lorsqu'ils les rencontrent à des époques prématurées et inusitées. On ne possède pas d'observations directes relatives à un phénomène d'ailleurs plausible, au moins sur une petite échelle.

Note. — Cette stabilité des terres antarctiques, que nous n'avions fait que présumer faute d'observations, vient d'être, au moins pour un point particulier, confirmée pleinement pendant l'impression de l'ouvrage. En effet, Bernacchi, membre de l'expédition anglaise de la *Discovery*, a installé un pendule horizontal de Milne à l'île Ross, par 77° 50′ 55″ S. et 166° 44′ 43″ E. La station était située à 15 milles des volcans Terror et Erebus, et ce dernier resta en constante activité pendant toute la durée des observations, du 14 mars 1902 au 31 décembre 1903. Cependant aucun macroséisme ne s'est fait enregistrer, ce qui exclut toute secousse à 50 milles à la ronde, et en outre 136 séismogrammes tracés par l'appareil correspondaient à des séismes émanés de foyers situés à plus de 500 milles. Cette distance est le rayon sphérique d'une calotte dans l'intérieur de laquelle ne s'est produit aucun mouvement du sol pendant cette période de 21 mois et demi. — [Milne. Preliminary notes on observations made with a horizontal pendulum in the antarctic regions (*Proc. of the royal soc.*, vol. A, LXXVI, 284. London, 1905). Traduit en allemand. (*Die Erdbebenwarte*, IV, 192. Laibach, 1905.)]

dition de la « Belgica » (*Ac. roy. de Belgique. Mém. couronnés et autres*, LXI, 1901 Séance du 7 juillet 1900).

[1] Piette. Conséquences des mouvements séismiques des régions polaires (Angers, 1902).

TROISIÈME PARTIE

LE GÉOSYNCLINAL MÉDITERRANÉEN OU ALPIN

Le géosynclinal méditerranéen, ou alpin, la Téthys des géologues, part du raide talus par lequel Java et Sumatra tombent sur les grands fonds de l'Océan Indien, traverse l'Inde par la plaine alluvionnaire indo-gangétique, suit le golfe Persique et la dépression mésopotamienne, puis se prolonge par l'Europe méridionale et la Méditerranée jusqu'à l'Atlantique, du Caucase aux Pyrénées et à l'Atlas. C'est un des traits les plus notables de la surface terrestre, et il a présenté ce caractère depuis les époques géologiques les plus reculées jusqu'aux temps tertiaires, pendant lesquels il a été le théâtre de mouvements orogéniques véritablement gigantesques ; sur ses bords s'est érigé un grand géanticlinal, événement dont il conserve le souvenir par les tremblements de terre fréquents et redoutables qui l'agitent sur tout son immense développement. C'est ainsi qu'à lui seul, il a ressenti plus de la moitié de ceux relatés dans les catalogues séismiques, ce qui ne résulte pas seulement, comme on le verra par le détail, de ce que les pays les plus anciennement civilisés appartiennent à cette bande de l'écorce terrestre.

C'est dans le sens indiqué, de l'Océan Indien à l'Atlantique, que l'on va rapidement esquisser les relations des séismes ressentis par ces pays éminemment instables avec l'histoire de leurs principales vicissitudes géologiques.

Java est très sujette aux tremblements de terre, sinon partout, du moins en de nombreux points. Or, cette île forme le bord méridional d'une surface coupée à pic, vers le Sud, sur les abîmes de l'Océan Indien, tandis qu'au contraire, vers le Nord, un faible relèvement d'une cinquantaine de mètres suffirait à la rattacher à Bornéo, c'est-à-dire au continent sino-sibérien. Ce talus doit représenter une cassure, et, d'autre part, le Tertiaire de l'île est énergiquement plissé au pied des volcans de la province de Tjéribon. Ainsi se justifie la séismicité de Java.

Sumatra se trouve dans les mêmes conditions par rapport à la fracture sous-marine ; mais contrairement à ce qui se passe pour Java, les séismes s'y localisent à cette côte seule et aux failles longitudinales de ce versant, tandis que l'opposé, très stable, descend en pente douce vers les archipels malais qui la rattachent à Bornéo et à l'Asie, dont ces îles font réellement partie par leur structure.

La péninsule malaise, d'axe archéen, est tout au plus pénéséismique autour de Singapore et de Poulo-Pinang ; la ride sous-marine sur laquelle sont implantées les Andaman et les Nicobar est peut-être dans le même cas.

La Birmanie est extrêmement instable. C'est qu'elle présente des chaînes secondaires et tertiaires parallèles énergiquement plissées, qui se prolongent dans le Tibet méridional par la région séismique de Ba-Thang, et la région au moins pénéséismique du Yun-Nan. On entre véritablement là dans le domaine des plissements tertiaires, himalayens ou alpins.

Entre la Birmanie et le Brahmapoutre s'élève la pénéplaine archéenne de l'Assam, s'abaissant assez doucement au Nord vers le fleuve, mais tombant très brusquement sur les plaines de Sylhet et de Cachar par un grand pli, ou flexure, du Crétacé et du Tertiaire. Ce versant est justement d'une instabilité que ne dépasse celle d'aucune autre région du globe, et les séismes, atténués toutefois, ébranlent le pays jusqu'au défilé par lequel le Brahmapoutre aborde l'Inde au rebroussement de l'Himalaya oriental et des chaînes birmanes plissées.

Le géosynclinal longe ensuite, jusqu'à l'Afghanistan, le pied de l'Himalaya, dont la surrection, si elle était dès longtemps préparée, n'en était pas moins à peine terminée à l'époque pléistocène, tellement que des membres, et non des moindres, du Geological Survey of India veulent même qu'elle n'ait pas encore dit son dernier mot. Quoi qu'il en soit, l'âge récent des derniers mouvements explique clairement la grande instabilité de ce versant, Népâl, Kumaon, Cachemire et haut Pendjab. Le versant tibétain semble au contraire à l'abri des désastres des tremblements de terre, quoiqu'on ait signalé quelques secousses sur le haut Indus, à Iskardo par exemple ; ces séismes peuvent être, au moins provisoirement, mis en relation avec les mouvements orogéniques qui ont porté à une grande altitude les lambeaux éocènes marins de la haute vallée du fleuve et avec la structure des *Klippen* postcrétacés de la frontière tibétaine.

L'Afghanistan et le Béloutchistan ont leurs régions séismiques, mais la géologie en est encore trop peu connue pour qu'on puisse les rapporter à des événements particuliers. Qu'il suffise de faire allusion aux énormes dislocations qui ont donné lieu au rebroussement de l'Hindou-Kouch, et de rappeler que non loin de Quettah un tremblement de terre a, en 1892, réouvert près de Chaman une ancienne faille.

Le bas Indus subit des séismes notables et graves. Tout le monde connaît la formation, en 1819, de l'Allah-Bund, ou digue de Dieu, au travers du delta, à la suite d'un tremblement de terre. Mais n'est-ce pas là que la mer jurassique a, dans ces parages, commencé le démantèlement du continent gondwanien ?

Le long du 40° parallèle, le géosynclinal projette vers l'est une branche en cul-de-sac par le Turkestan, le Ferghana, la Dzoungarie et la Kachgarie. Les régions séismiques abondent dans tous ces territoires, que maintes catastrophes ont éprouvés : ce sont de lointaines conséquences de la surrection, à peine terminée à l'aurore des temps actuels, de l'énorme chaîne du Thian-Chan. En outre, de grandes failles longitudinales y jouent un rôle séismogénique bien défini.

La dépression méditerranéenne passe de l'Océan Indien au golfe d'Alexandrette par le golfe Persique, la Mésopotamie et la vallée de l'Oronte, si célèbre par les catastrophes d'Antioche. Son bord septentrional est presque partout instable, île de Kichm, puis chaînes plissées de l'Arabistan, du Louristan, du Kourdistan et de l'Azerbéïdjan en Arménie. C'est dans ces régions qu'on a toujours localisé le déluge biblique, dont Suess, dans le premier chapitre de *la Face de la Terre*, veut faire un événement séismique et cyclonique tout à la fois.

Le géosynclinal englobe aussi la fosse profonde de la Caspienne méridionale, où le Mazendéran est au moins pénéséismique au pied de l'Elbrouz aux sédiments plissés du Dévonien au Tertiaire, tandis que là vient, au sud de la Caspienne, mourir la chaîne plissée aussi du Khorassan, si souvent désolé par les tremblements de terre.

Le Caucase est extrêmement instable sur son versant méridional, qui est le plus abrupt et tombe sur la vallée de fracture de la Koura, théâtre des nombreux désastres de Chémakha. Le versant opposé, plus régulièrement plissé cependant, descend en pente moins rapide sur la steppe et ne renferme que des régions pénéséismiques entre la Caspienne et la mer Noire, ou entre le Daghestan et le Kouban. Les derniers mouvements du Caucase sont tertiaires ou alpins, et se sont propagés à l'est de la Caspienne par une ride sous-marine jusqu'au massif de Krasnovodsk, son évidente prolongation, où se rencontre une région séismique importante.

Quelques séismes criméens attestent la continuation des dislocations balkaniques jusqu'au Caucase, par delà le Pont-Euxin.

Tout le pourtour occidental de l'Asie Mineure est à un haut degré instable, et les séismes y atteignent la plus grande violence du Bosphore à Métélin, Brousse, Smyrne, Chios et Samos. C'est la conséquence de mouvements tertiaires de grande amplitude.

Les séismes de Chypre, d'ailleurs modérés, rappellent sans doute la présence du synclinal dans lequel s'est déposé le flysch, et qui est généralement assez instable en avant des plissements alpins de l'Europe moyenne.

La Crète est séismique, au moins à son angle N. W à proximité des grands fonds qui la séparent des Cyclades, et c'est à tort que nous l'avons considérée comme pénéséismique dans un mémoire récent [1].

La séismicité du Péloponèse est au contraire extrême, ce que permettait de prévoir sa structure, résultant de l'effondrement de lobes voisins coupés comme à l'emporte-pièce, et cette observation, comme l'a fait remarquer Suess, se vérifie encore dans la Chalcidique, comme à Célèbes. Les îles Ioniennes, si souvent et si durement éprouvées, se trouvent sur le bord d'un très raide talus sous-marin, dominant de grandes profondeurs et probablement dû à une fracture concomitante de l'effondrement pliocène de la Méditerranée orientale.

Les Cyclades, débris du continent égéen, récemment disloqué et affaissé, sont à peine pénéséismiques.

Dans la péninsule balkanique, très instable en plusieurs points, les plissements des terrains secondaires et les effondrements, grâce auxquels des dépressions se sont remplies de dépôts tertiaires lacustres, suffisent à rendre compte des nombreux tremblements de terre qui s'y font redouter.

Les plissements alpins ont débordé la plate-forme russe par les Carpathes, dont le noyau archéen domine la plaine hongroise, qui est affaissée, pénéséismique, et où certaines secousses, d'énergie constante sur de très grandes surfaces, semblent en relation avec des mouvements d'ensemble. La grande plaine roumaine est pénéséismique aussi.

[1] Géosynclinaux et régions à tremblements de terre (*Mém. soc. belge de géol. paléont. et hydrol.*, XVIII, 1904, 243, Bruxelles).

Dans la Mésopotamie croate, les plis tertiaires se sont heurtés à un massif ancien, et les dislocations résultantes donnent lieu aux centres d'ébranlement bien définis de Diakovar et surtout d'Agram.

Si l'ancien massif serbe, fragment du *continent oriental* des géologues autrichiens, est à peu près aséismique, par contre la Macédoine, l'Albanie et l'Épire sont la proie des tremblements de terre. Or Suess admet que la ligne Stagno-Pélagosa-Tremiti formait la côte sud d'une terre miocène, occupant l'emplacement du bassin septentrional de l'Adriatique actuelle, tandis qu'à l'Est le prolongement de cette même ligne par Dulcigno et El-Bassan était le bord septentrional d'un lac contemporain, traversant l'Albanie et la Macédoine jusqu'à Trikkala. Les côtes dalmates, si pittoresquement découpées, résultent d'un affaissement, représenté au Frioul et au Tyrol par ce qu'on a appelé les failles périadriatiques, failles dues selon toute vraisemblance au même effort avorté sur le continent. Tout cet ensemble est à un très haut degré séismique, comme aussi les régions voisines karstiques et plissées de l'Istrie, de la Carniole et de Göritz; tandis que la Bosnie et l'Herzégovine sont seulement pénéséismiques pour avoir moins pris part à ces mouvements récents si importants, contre-partie de la surrection des Alpes.

Toute la ride alpine est, à des degrés variables, sujette aux tremblements de terre, à l'exclusion de son axe cristallin, archéen et primaire, mais seule la partie orientale présente des régions séismiques. La répartition de la séismicité y est bien connue maintenant, grâce aux observations systématiques autrichiennes, italiennes et suisses. La zone de flysch, déposée en avant des plissements alpins dans un ancien synclinal rétréci à plusieurs reprises par le processus de la surrection tertiaire, délimite assez exactement une longue bande instable. C'est la répétition parfaite de ce qui s'est passé en avant des plissements hercyniens pour la bande houillère de l'Europe moyenne. On verra aussi que la région pénéséismique des Alpes françaises occupe l'emplacement d'un synclinal du second étage méditerranéen, circonstance qui s'est déjà présentée ailleurs.

Les Apennins sont probablement une des plus jeunes chaînes du globe, car le Tertiaire le plus récent y a été relevé à plus de 1 000 mètres. Ajoutant à cela l'affaissement de la Tyrrhénide et de l'Adriatide postérieurement au Miocène, ainsi que la formation en Calabre de golfes circulaires lobés au pied de fragments archéens restés fixes, l'on aura une ample justification de la forte séismicité de nombreuses régions d'Italie.

Si les Pyrénées n'appartiennent point au géosynclinal méditerranéen, tel qu'il a été tracé par Haug, ce n'en est pas moins une chaîne plissée dont la surrection date du commencement de l'ère tertiaire, c'est-à-dire un peu avant les mouvements alpins, qui ont atteint leur maximum au Miocène. Aussi, du golfe de Gascogne au golfe du Lion, n'existe-t-il que des régions pénéséismiques.

En résumé, dans cette partie de l'Europe, les Pyrénées, les Alpes et les Apennins sont, dans leur ensemble, de séismicités croissantes, en proportion du moindre temps écoulé depuis leurs surrections respectives.

Le bassin occidental de la Méditerranée est fermé au Sud-Ouest par la Sierra Nevada en Espagne et l'Atlas tellien en Afrique. Leur élévation par plissement, ainsi que l'effondrement méditerranéen simultané et contemporain, sont des événements post-éocènes, qui expliquent bien, d'une façon générale, l'instabilité des provinces littorales de l'Espagne entre Malaga et Valence et des pays barbaresques. Par contre, la Meseta ibérique est aséismique, comme n'ayant pour ainsi dire point participé à ces mouvements ; elle n'appartient du reste pas au géosynclinal.

L'embouchure du Tage est très instable et le désastre de Lisbonne en 1755 lui a donné une triste réputation. Cette région ne fait pas partie du géosynclinal méditerranéen, pas plus que les Açores, moins souvent secouées d'ailleurs. Mais on verra plus loin que les mouvements alpins ont franchi l'Atlantique pour se faire sentir dans les Antilles. Ils ont donc traversé l'Océan par un trajet qui, s'il est inconnu, a pu du moins, par son voisinage, produire des dislocations qui se manifestent par les tremblements de terre du Portugal et de l'Archipel des Indes occidentales.

CHAPITRE XI

ILES DE LA SONDE ET DU GOLFE DU BENGALE

1. — Java et Sumatra.

Le géosynclinal méditerranéen débute le long d'un raide talus
sous-marin de 3 000 à 4 000 mètres, au bord duquel surgissent successivement Java, de l'Est à l'Ouest, et Sumatra, du Sud-Est au Nord-
Ouest. La coupure du détroit de la Sonde les sépare. Le versant
opposé à l'océan Indien est naturellement le plus doux, et un relèvement d'une centaine de mètres seulement réunirait leurs plaines
basses du Nord à Bornéo et à l'Asie, en asséchant les mers plates
qui les baignent de ce côté.

Depuis le milieu du xix° siècle, la Société des sciences naturelles
de Batavia[1] publie annuellement le relevé des phénomènes séismiques et volcaniques qu'elle fait observer dans tout l'archipel des
Moluques et des îles de la Sonde — ou Insulinde — par ses nombreux
adhérents, fonctionnaires ou officiers de l'armée hollandaise d'occupation. Leur répartition y est donc très bien connue, et ne présente
plus que les lacunes mêmes de la colonisation, qui se comblent
graduellement avec les progrès de cette dernière. Ainsi les Indes Néerlandaises comptent parmi les régions du globe les plus avancées, à
ce point de vue.

La constitution géologique réelle de Java a été longtemps méconn-
nue, masquée qu'elle est par une énorme couverture de produits
éruptifs, mais les nombreux travaux de Verbeek et de ses collaborateurs du corps hollandais des mines ont fini par y faire la
lumière. Bordant sur un millier de kilomètres le raide talus de l'océan
Indien, celle île fait aussi partie du socle asiatique, dont les racines
primaires se retrouvent, sinon à Java même où elles sont cachées
en profondeur, du moins aux Karimon-Djawa, à Sumatra, à Billiton

[1] Natuurkundig Tijdschrift door Nederlandsch Indië. Uitgegeven door de Natuur-
kundige Vereeniging in Ned. Ind., Batavia.

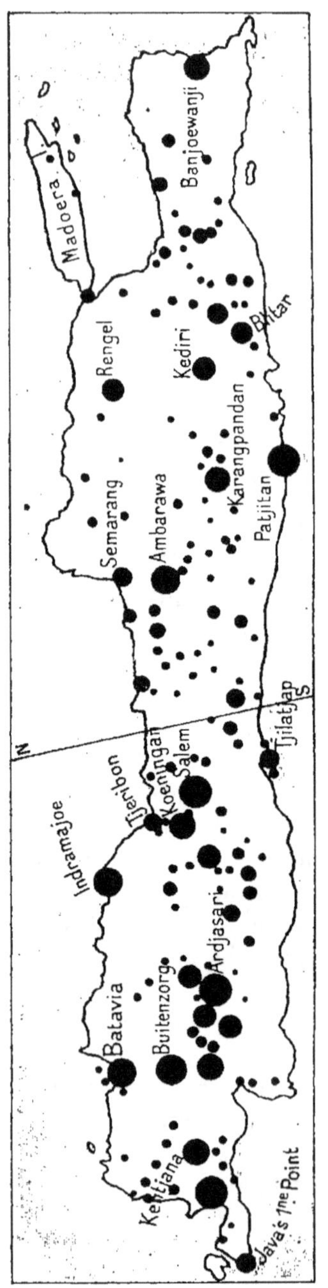

Fig. 23. — Java.

et à Bornéo, ainsi que dans les cailloux des conglomérats tertiaires de Java, constatation de beaucoup la plus démonstrative. Le substratum est un terrain schisteux, plissé, continuant celui de Malacca. Les mers carbonifériennes y ont déposé leurs sédiments, et les serpentines, diabases et porphyrites montrent que l'activité éruptive a commencé dans cette île dès le Crétacé; mais c'est au début du Miocène qu'elle y a pris son développement le plus considérable. D'après Schneider[1], à cette époque deux détroits transversaux divisaient Java en trois parties : celui de Tjéribon, au milieu duquel s'éleva le volcan de Tjérimaï, et celui de Soerabaja. Ils furent bientôt comblés par les déjections volcaniques et en même temps relevés par le mouvement général de la fin de l'époque tertiaire, pendant que s'édifiaient les gigantesques cônes actuels, dont un grand nombre sont encore actifs. Malgré la couverture éruptive et la variété des produits qui la composent, on a reconnu deux rides tertiaires longitudinales constituant l'ossature orographique de Java, mais qu'il a été très malaisé de débrouiller, cachée qu'elle est souvent par les volcans et submergée par les tufs, les laves, les cendres et les alluvions volcaniques.

Les tremblements de terre sont très fréquents à Java, parfois même

[1] Ueber den vulkanischen Zustand der Sunda-Inseln und der Molukken im Jahre 1884 (*Jahrb. d. k. k. geol. Reichsanstalt*, XXXV, 1. 1. Wien, 1885).

sévères ; mais leur intensité n'est pas suffisante pour y avoir jamais causé de véritables catastrophes, ce qui peut, dans une certaine mesure, tenir à la légèreté des constructions. Il y a tout lieu de penser qu'ils ébranlent surtout le synclinal compris entre les deux rides longitudinales. Malgré une dissémination presque uniforme des épicentres, on peut cependant distinguer certains districts plus particulièrement secoués : le détroit de la Sonde, c'est-à-dire en même temps le Sud de Sumatra (Lampong) et l'Ouest de Java ; la dépression des Préanger, de Soekaboemi à Tjiandjoer, Bandoeng, Garoet, Tasik-Malaja et Manondjaja ; les environs de Tjéribon, où se montrent les foyers d'Indramajoe, Koeningan et Salem ; la dépression transversale de Semarang, Ambarowo, Djokjakarta, dont la séismicité s'étend largement à l'ouest jusqu'à Pekalongan et Tjilatjap, à l'est jusqu'à Karangpandan et Patjitan ; le district de Kediri, Pasoeroean et Blitar ; enfin le centre de Banjoewangi, sur le détroit de Bali, qui non seulement représenterait une région d'instabilité analogue à celle du détroit de la Sonde, mais qui même aurait été ouvert au xiie ou xiiie siècle, si l'on en croit des traditions indigènes, d'ailleurs peu authentiques. L'île plate de Madoera, où se retrouvent le micaschistes du substratum ancien, participe de la stabilité relative des basses plaines littorales du Nord, tandis que la côte méridionale ne paraît pas le siège d'une activité séismique aussi grande qu'aurait pu le faire supposer sa situation de haut pays au bord de l'abrupt talus sous-marin. Si donc ce dernier accident représente une fracture du socle asiatique, il correspond à des mouvements bien éteints, opinion corroborée par l'absence de vagues séismiques et de secousses sous-marines au large. La séismicité, d'ailleurs non exagérée, de Java doit donc être, en définitive, attribuée d'une façon générale aux derniers efforts qui l'ont façonnée à la fin de l'époque tertiaire, en érigeant ses deux rides longitudinales montagneuses par plissement des sédiments de cet âge.

La proximité presque constante des centres séismiques et des évents volcaniques ne permet pas de montrer l'indépendance des deux ordres de phénomènes à Java, où les tremblements de terre peuvent trouver de très suffisantes causes dans les dislocations cachées sous le manteau superficiel éruptif, mais sans qu'il soit actuellement possible de définir pour les divers foyers d'ébranlement les accidents à rôle séismogénique. La disposition des volcans, et la présence de roches éruptives plus anciennes, montrent seulement que toute l'île a formé dès le Crétacé une bande de moindre résistance, sur laquelle les mouvements tertiaires ont pu se produire en toute liberté et laisser comme souvenir les tremblements de terre qui l'agitent.

Des traditions, dont le bien fondé n'est pas vérifiable, et rapportées par Raffles [1], font ouvrir le détroit de la Sonde, entre Java et Sumatra, par un gigantesque tremblement de terre, qui aurait dépassé de beaucoup en violence l'explosion du Krakatoa (27 août 1883), paroxysme volcanique bien connu par la disparition de l'île du même nom et d'une partie de ses voisines. Les vagues qui en furent la conséquence désolèrent les côtes opposées du détroit; signalées par les marégraphes du monde entier, c'est qu'elles firent effectivement le tour du globe. Devant la grandeur de tels effets mécaniques, l'on peut supposer que le fait traditionnel, mentionné par Raffles, n'a rien d'impossible.

La constitution géologique de Sumatra est peut-être plus simple que celle de Java ; en tout cas, elle apparaît plus clairement, les produits volcaniques l'ayant moins complètement submergée. Tous ses éléments sont alignés N. W.-S. E., comme le talus de l'Océan Indien sur lequel est implantée directement une longue chaîne d'îles morcelées, de Simaloe à Engano, îles principalement formées de Miocène. Le littoral même de l'ouest de Sumatra est constitué de produits éruptifs et détritiques tertiaires, tandis que plus à l'Est, et toujours suivant la même direction, s'allonge la traînée des volcans actuels, actifs ou éteints, qui ont surgi sur le flanc abrupt, continuant le talus sous-marin de la grande chaîne longitudinale de l'île. Celle-ci est formée d'Archéen. Le versant opposé, large et plat, fait contraste avec celui de l'Océan Indien, étroit et raide. L'ossature principale de Sumatra a été, dès les temps les plus reculés, une bande mobile, soumise à des mouvements considérables, qui se sont perpétués jusqu'à la fin des temps tertiaires, et donnent raison de ses séismes.

Les tremblements de terre ébranlent Sumatra presque exclusivement sur son versant océanique, confirmant ainsi pleinement les lois de relation entre le relief et la séismicité. Beaucoup d'entre eux ne font que mordre sur le littoral, de sorte que leur origine doit être cherchée dans le bras de mer qui le sépare de la chaîne des îles occidentales, dont quelques-unes, comme Poelo Nias, ne le cèdent en rien à la grande terre comme instabilité. Il faut provisoirement supposer que, les colons hollandais y étant beaucoup moins nombreux que dans les autres îles de la chaîne, l'absence de séismes

____
[1] *The History of Java* (I, 25. II, 232. London, 1817).

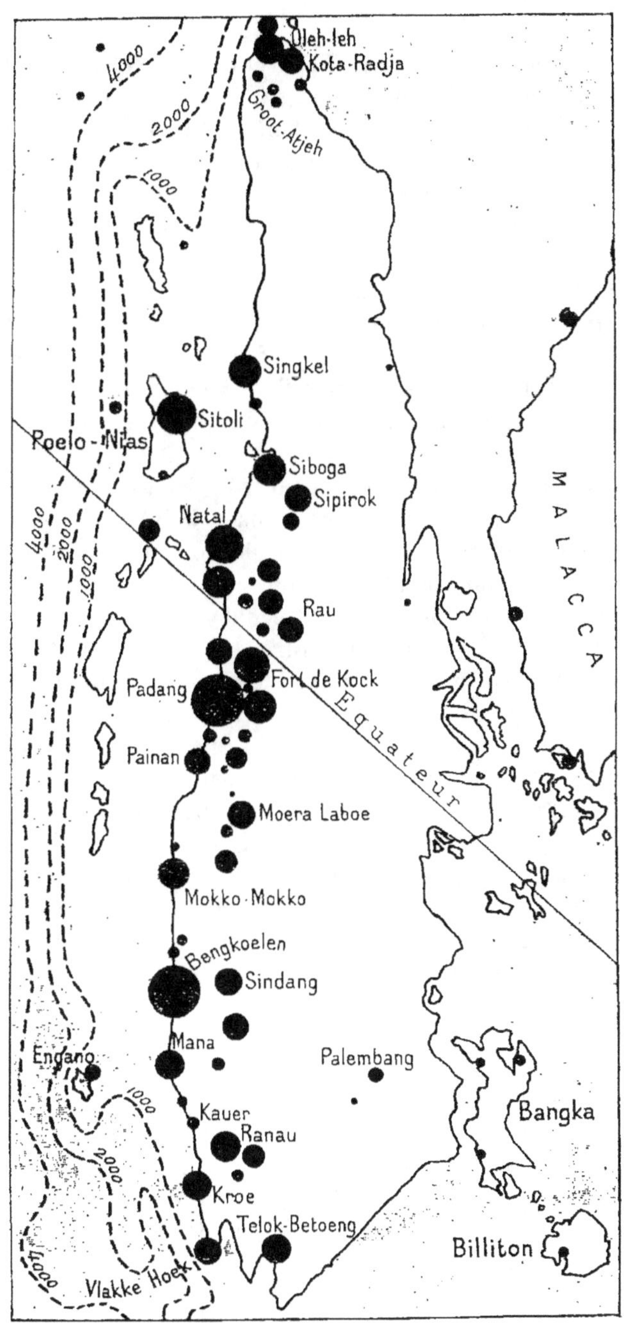

Fig. 24. — Sumatra.

mentionnés pour elles n'est qu'apparente, et qu'elles sont tout aussi instables que la précédente ; elles seraient actuellement à l'abri de l'observation, mais non des tremblements de terre. Le talus d'effondrement de l'Océan Indien à l'extérieur de ces îles représente-t-il une fracture restée mobile ? La question est difficile à résoudre par l'affirmative, malgré la grande probabilité de cette solution, car on ignore si les tremblements de terre à épicentres sous-marins ne font que mordre la ligne des îles, auquel cas ils émaneraient de l'isobathe de 4 000 mètres, c'est-à-dire de la lèvre même de l'accident. On notera cependant, en faveur de cette suggestion, que des vagues séismiques s'observent de Poelo Nias à Poelo Bras à la pointe d'Atchin, contrairement à ce qui a été dit de Java. Les circonstances ne sont donc pas identiques.

Le tremblement de terre de la nuit du 5 au 6 janvier 1843 a été suivi de vagues séismiques désastreuses à Poelo Nias. D'après la relation qu'en donne Kluge[1], l'axe de son aire pléistoséiste était dirigé perpendiculairement à la côte extérieure de Sumatra, et le temps assez considérable qui s'est écoulé entre le séisme et l'irruption de la mer montre que l'épicentre était situé au large de la chaîne des îles, c'est-à-dire au voisinage du pied du talus sous-marin. Ainsi l'accident pourrait avoir joué à cette occasion, ainsi que d'autres fois, en un de ses points où les mêmes phénomènes ont eu lieu.

Toute la côte est instable depuis Atchin, ou Atjeh, jusqu'au détroit de la Sonde, mais sans dépasser beaucoup la crête longitudinale. La lacune des observations au nord de Singkel ne résulte bien certainement que de ce que cette partie n'est pour ainsi dire pas encore conquise ; à tel point que les informations séismiques suivent, dans la publication mentionnée de Batavia, les fluctuations des campagnes de l'armée hollandaise contre les farouches sultans du Nord. Si l'on compulse ces catalogues annuels, on voit que, jusque vers 1872, les secousses ébranlent surtout la côte de Tapanoeli et de Padang, tandis que depuis ce sont celles de Bengkoelen et de Lampong pour lesquelles, de beaucoup, on en enregistre le plus. Il y a là une anomalie difficilement explicable. Ce serait avec la plus grande réserve qu'on pourrait y voir un phénomène naturel, à savoir le brusque transport de la séismicité d'une région à une autre voisine, phénomène dont il n'existerait d'analogue nulle part ailleurs. Il vaut mieux, tout au moins provisoirement, supposer un changement

---

[1] *Ueber Synchronismus und Antagonismus von vulkanischen Eruptionen und die Beziehungen derselben zu den Sonnen flecken und erdmagnetischen Variationen*, p. 44 (Leipzig, 1863).

dans la répartition des correspondants de la société de Batavia, ce qui pourrait provenir de changements dans les parties les plus colonisées ou exploitées par l'élément hollandais et européen.

Le tremblement de terre du 17 mai 1892 paraît, d'après les mesures géodésiques de Muller [1], avoir causé de très légères variations, par déplacements de masses, dans le réseau trigonométrique de la province de Tapanoeli.

Le versant océanique ne présente point partout une pente régulière ; il est accidenté longitudinalement par une série de dépressions de même direction, lacustres ou fluviales, parallèles à la côte, — lac Toba, Mandheeling, hautes terres de Padang, lac Singkarak, ou Laoet Soemper, — où parfois pénètrent, au travers de la chaîne archéenne et primaire, les cours supérieurs des fleuves du long versant opposé. Ces territoires forment ainsi, en quelque sorte, un synclinal secondaire, souvent interrompu et morcelé, et sont aussi instables que le littoral lui-même.

On sait peu de chose sur le versant oriental de la chaîne des Barisan ; les régions instables de la côte de l'Océan Indien débordent l'ossature montagneuse au moins dans le Tebing Tinggi et le Ranau. Des études géologiques récentes ont été faites dans l'Ulu-Rawas, entre les fleuves Batang-Rawas et Batang-Rupit, sur le parallèle de Bengkoelen, et l'on en peut déduire les causes d'instabilité, qui très probablement peuvent s'étendre à tout le versant [2]. Contre l'ossature primaire s'appuient de l'Ouest à l'Est un substratum de couches de la « formation malaise » (Précambrien), de l'Éocène et du Néogène, celui-ci beaucoup plus développé ; ces couches tertiaires sont affectées de plis très plats ; enfin deux dislocations importantes, dont l'une se dirige vers le foyer d'ébranlement de Tandjong Agoeng, découpent un massif affaissé et ont facilité la sortie des andésites et autres produits éruptifs tertiaires. Il y a donc un ensemble de conditions tectoniques amplement suffisant pour justifier les quelques séismes du flanc oriental de la chaîne des Barisan, au moins là où on les a signalés.

La grande plaine de l'Est paraît à peu près indemne de tremblements de terre ; cette stabilité résulte de ce que les mouvements.

<hr>

[1] Nota betreffende de verplaatsing van eenige triangulatie-Pilaren in de Residentie Tapanoeli ten gevolge van de aardbeving van 17 v. 1892 (*Nat. Tijdschr. voor Ned. Indië*. Dl. LIV. Derde aflev. 298, 1895).

[2] L. Milch. Beiträge zur Petrographie der Landschaft Ulu Rawas, Süd-Sumatra (*N. Jahrb. f. Min. Geol. u. Pal*, XVIII, 409. Stuttgart. 1904).

W. Volz. Zur Geologie von Sumatra. Beobachtungen und Studien (*Anhang 1 in Geol. u. Pal. Abhandl., herausgegeb. von E. Koken. N. F. VI. Heft 2. Jena, 1904*).

tertiaires n'ont pas atteint cette ancienne plate-forme, seulement recouverte par les débris alluvionnaires de la chaîne, et cette constitution reste la même pour les îles de Bangka, Billiton et Riouw, dont le substratum archéen n'est séparé de la grande île de Sumatra que par des canaux sans profondeur, à moitié colmatés par les apports fluviaux. Quelques rares secousses agitent ces terres, formant avec la presqu'île de Malacca une région à peine pénéséismique. Elles n'appartiennent d'ailleurs pas en propre au géosynclinal méditerranéen, mais bien plutôt au continent sino-sibérien, non plissé à l'époque tertiaire, et seulement démembré dans sa partie méridionale par des cassures peu profondes qui en ont séparé ces îles, géographiquement seulement.

2. — Malacca et îles Andaman et Nicobar.

L'isthme de Kra est archéen, tandis que le Sud de la presqu'île de Malacca est constitué par des granites, des schistes archéens et des terrains primaires. Les chaînes anciennes et parallèles, embrassant l'île de Poeloe-Pinang, déterminent l'élargissement de la péninsule. On ne doit donc pas s'attendre à une grande instabilité, et c'est bien ce qui semble résulter de pauvres observations faites de temps à autre à Malacca, Singapore et Poeloe-Pinang. On peut se demander si cette longue bande de terres fait vraiment partie du géosynclinal secondaire, quoique Haug l'y ait englobée. En tout cas, les mouvements tertiaires paraissent avoir respecté la longue péninsule.

Les îles Nicobar, Andaman, Cocos et Préparis forment un arc réunissant l'Arracan à Sumatra ; elles reposent sur un étroit et long seuil, qui nulle part ne descend à plus de 200 mètres au-dessous du plan d'eau, et qui est bordé de chaque côté par des profondeurs de 2 000 mètres et plus dans les golfes de Martaban et du Bengale. La ligne volcanique du bas Iraouaddy l'accompagne par les évents éruptifs de Narcondam et de Barren Island. Ces caractères ne font pas prévoir une grande séismicité, puisque les actions récentes se restreignent à l'affaissement de l'Océan Indien, sans plissements ni surrections importantes. Et en effet, s'il ne s'y est pas fait d'observations suivies, on sait cependant qu'en 1847 un grand tremblement de terre, avec de nombreux chocs consécutifs, s'est fait sentir dans les Nicobar et avait son origine non loin de l'îlot de Kendoel ; mais rien de semblable ne s'est reproduit depuis. Ce dernier archipel passait pour instable depuis que Suess avait rapporté une information de W. Porter, d'après laquelle les indigènes de ces îles adoraient deux seules divinités, Eranchangala et Juruwinda, présidant respectivement aux tremblements de terre et aux typhons ; mais R. D. Oldham a bien voulu nous écrire que cette affirmation était erronée. Ainsi tombe l'argument en faveur de l'instabilité. Les Nicobar appartiennent à une zone d'affaissement et les Andaman à une zone d'exhaussement ; ces deux mouvements de sens contraires équivalent à un basculement du socle, et jouent peut-être un rôle séismogénique limité aux quelques secousses observées.

CHAPITRE XII

HIMALAYA ET DÉPENDANCES

1. — **Arracan, Birmanie, Tibet méridional et Yun-Nan**.

Cette région, au moins dans sa partie la mieux connue, Arracan, bassin inférieur de l'Iraouaddy et versant droit de la vallée du Sittaung, appartient presque entièrement aux formations tertiaires, tandis que l'Archéen apparaît au delà de ce dernier fleuve et autour de Mandalay. Les plis de cette époque sont très étendus et couvrent la plus grande partie des monts Patkoï, dont les plus anciennes roches sont crétacées. L'énergie du plissement se manifeste en outre par des dislocations proportionnées, et l'une d'elles, à la lisière de la haute vallée de l'Iraouaddy, montre une longue traînée de serpentine. Cette structure s'étend au Tibet méridional et au Yun-Nan. Aussi les tremblements de terre sont-ils fréquents et redoutables dans tous ces pays. Malheureusement, les informations séismiques sont encore bien insuffisantes dans le détail, et il n'a jamais été fait d'observations systématiques.

Manipur est certainement un important foyer d'ébranlement ; mais les détails manquent. Les chaînes plissées de Patkoï sont suivies des Lushaï Hills, dont on ne connaît qu'un séisme à Fort-Aijal, renseignement insuffisant pour établir une instabilité, probable cependant par suite du plissement. Toute la vallée de l'Iraouaddy est de haute séismicité ; à Bhamo les habitants considèrent les secousses du sol comme un phénomène normal, et les villes d'Ava et d'Amarapoura ont été plusieurs fois dévastées. De Bhamo à Ava, le fleuve coule dans une vallée de plissement et l'on y a peut-être affaire à des séismes de ce genre d'action, tandis que plus au Sud jusqu'à Rangoon, il faut tenir compte d'autres phénomènes : une faille des formations tertiaires suit le flanc oriental de l'Arracan Yoma, et se manifeste par de nombreuses sources salines et les importants gisements pétrolifères de Yenangyaung ; les plissements du côté du

Sittaung, beaucoup plus énergiques que ceux de l'Arracan Yoma ; enfin la ligne volcanique de moindre résistance, et d'époque miocène, jalonnée par les volcans éteints de Popa-Doung, au S. E. de Pagan et du Chouk-Talon dans la vallée du Bassein, la branche occidentale du bas Iraouaddy. Cette dernière ligne se prolonge évidemment par Narcondam et Barren Island, c'est-à-dire par le seuil immergé de jonction avec Sumatra, tandis que la grande vallée birmane se continue par les profondeurs du golfe de Martaban.

On voit souvent les mouvements tertiaires succéder à d'autres plus anciens, de sorte que les tremblements de terre actuels ne font probablement que continuer aux mêmes lieux ceux des époques antérieures. Tel doit être le cas de la Birmanie, où la discordance du Westphalien sur les terrains plus anciens montre que les plis tertiaires se sont superposés aux plis hercyniens au sein du même géosynclinal.

La chaîne plissée de l'Arracan court le long de la côte du golfe du Bengale et atteint le cap Negrais, avec une dépression à hauteur de Sandoway. L'instabilité semble restreinte à sa partie Nord, autour de la Montagne Bleue, ou Kausa-Tong, et surtout aux environs de Chittagong, ou Islamabad. Une fois de plus le plissement paraît bien ici jouer un rôle séismogénique, compliqué de

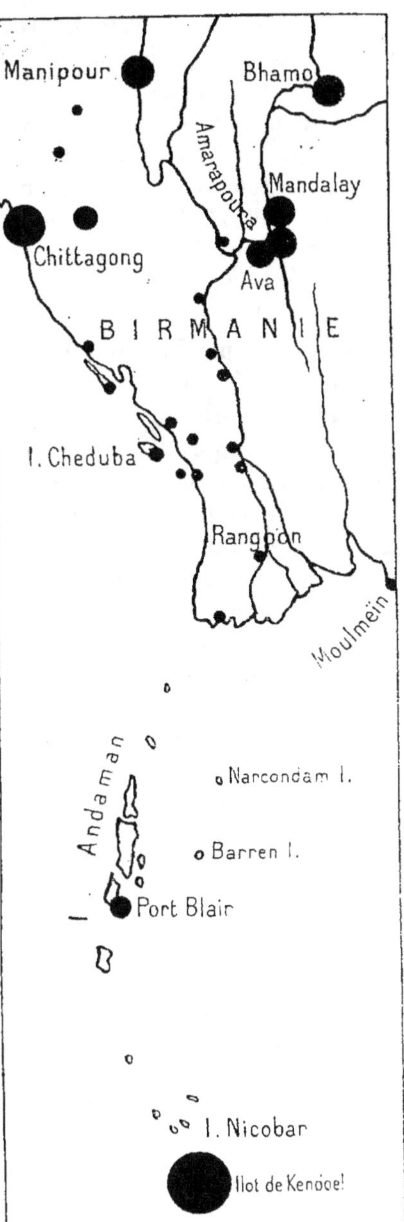

Fig. 25. — Birmanie et îles du golfe du Bengale.

mouvements d'exhaussement. La côte se serait élevée sur 100 milles de long au grand tremblement de terre du 2 avril 1762. Au contraire, dans la partie méridionale, les séismes disparaissent presque complètement et font place aux éruptions boueuses et aux sources de pétrole qui les accompagnent et les avoisinent.

Entre le coude du Brahmapoutre à Sadiya et celui du fleuve Bleu, ou Yang-Tsé-Kiang, s'étend vers le Tibet oriental et le Yun-Nan une vaste région, où quatre fleuves rapprochés coulent parallèlement du Nord au Sud, attestant ainsi que leurs vallées sont de grands synclinaux; ces plis ont été produits par une énergique poussée, arrêtée à l'Est par la masse du Tsing-Ling dans le pays des Sifans et des Lolos. Ces plis divergent en éventail lorsqu'ils arrivent au Yun-Nan, et tout porte à croire que ces mouvements sont contemporains de la surrection de la chaîne himalayenne, c'est-à-dire fort récents. Aussi ne s'étonnera-t-on pas que cette région soit le siège de vifs tremblements de terre; Ba-Thang a été dévastée en 1870. Les séismes règnent vers l'Est jusqu'à Moulmeïn, Ta-Li-Fou et Yun-Nan-Fou, accompagnant ainsi les plis divergents, qui paraissent bien en être la cause première. D'ailleurs un important géosynclinal a occupé le Yun-Nan pendant toute l'ère primaire, sinon même l'ère secondaire, ainsi qu'en témoignent les fossiles rapportés par Lantenois de son exploration de 1903[1]. Le Tertiaire y est localisé dans des cuvettes lacustres attribuables à des effondrements, et le niveau des lacs ne s'y est abaissé qu'au commencement du Quaternaire. On a ainsi des circonstances séismogéniques probablement analogues à celles de la péninsule des Balkans.

2. — **Assam**.

C'est par l'Assam que commencent les territoires qu'ont, dans l'Inde proprement dite, affectés les mouvements tertiaires, et dont les tremblements de terre ont été l'objet du catalogue de T. Oldham, déjà mentionné au sujet de l'Hindoustan. Pour le bassin du Brahmapoutre, on a en outre les observations recueillies de 1839 à 1843 par le capitaine Hannay[2], de 1874 à 1880 par le colonel Keating[3], et les

---

[1] H. Mansuy. **Examen** des fossiles rapportés de Yun-Nan par la mission Lantenois (*C. R. Ac. Sc.* Paris, CXL, 692, 1905).

[2] Memorandum of Earthquakes and other remarquable occurences in Upper Assam, from January 1839 to September 1843 (*Journ. of the Asiatic Soc. of Bengal*, XII, n° 142, 907, 1843).

[3] *The Journ. of the Asiatic Society of Bengal*, XLVI, Part II, 294. L. 4. 62.

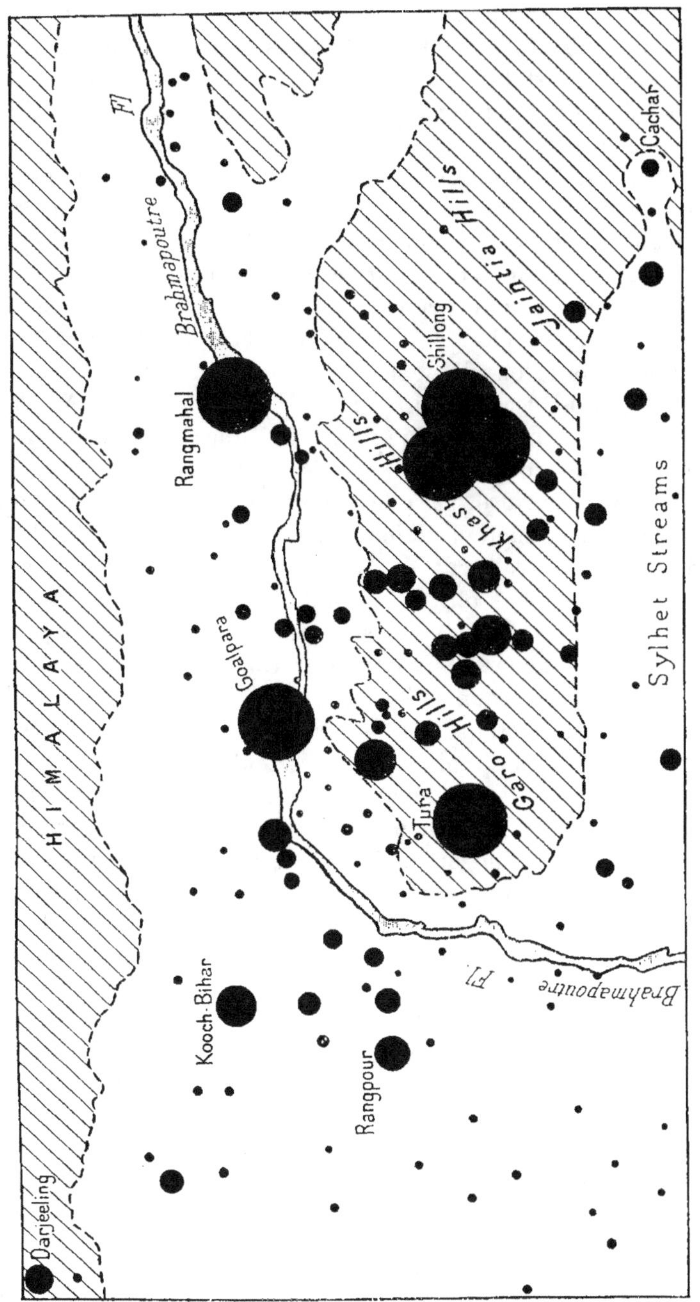

Fig. 26. — Chocs consécutifs au tremblement do terre de l'Assam du 12 juin 1897 (Les hachures représentent les régions montagneuses).

mémoires de R. D. Oldham [1] relatifs au grand tremblement de terre du 12 juin 1897 et à ses innombrables secousses consécutives. La répartition de l'instabilité dans l'Assam est ainsi fort bien connue. Une station séismographique est installée depuis longtemps à Shillong.

L'Assam est un plateau montagneux de roches cristallines et granitiques, grossièrement allongé de l'Ouest à l'Est sur 400 kilomètres de long et descendant vers le Nord en pentes douces sur le Brahmapoutre en amont de son coude de Dhubri, c'est-à-dire de son entrée dans les plaines du Bengale. Le versant méridional, beaucoup plus raide, est au contraire formé par des couches crétacées et tertiaires plissées, qui plongent brusquement sur la plaine alluviale des Sylhet Streams, le long d'une immense faille, ou flexure, dirigée W. E. Ensuite cette dislocation court au N. E. et longe le flanc N. W. de la vallée de la Damsiri jusque près de Golaghat par les Mikir et Naga Hills. Les couches crétacées et tertiaires s'amincissent naturellement vers le Nord, car elles se sont déposées le long d'un rivage peu incliné de la mer méridionale, s'arrêtant là contre le plateau, et les secondes reparaissent de nouveau de l'autre côté des Sylhet Streams. Ainsi, elles ont été violemment abaissées par une flexure résultant d'un énergique plissement, constituant un synclinal à moitié comblé par les alluvions. Les Garo, Khasi et Jaintia Hills, ou l'Assam proprement dit, forment une pénéplaine archéenne dénudée avant le creusement des vallées inférieures, car ces dernières sont beaucoup plus étroites et abruptes que leurs parties d'amont, dont elles sont séparées par des rapides et des cascades. Le plateau a donc subi un mouvement d'élévation assez récent, et plus prononcé au Sud qu'au Nord, c'est-à-dire qu'il a basculé ; les rivières, faute du temps nécessaire pour adoucir les profils transversaux de leurs basses vallées, n'ont fait encore que les approfondir au fur et à mesure de l'exhaussement, sans avoir pu les élargir en même temps. Ces vicissitudes grandioses n'ont pas été sans de grandes dislocations, et des roches éruptives ont surgi près de Shillong, tandis que la pénéplaine était fendue par de nombreuses failles secondaires. Les efforts de compression venant du Sud se manifestent de ce même côté, par les plissements des couches sédimentaires crétacées et tertiaires.

Tout fait ainsi prévoir une grande instabilité, et, en effet, l'Assam

[1] Earthquake of 12th June 1897 (*Records of the geol. Survey of India*, XVII, Part 2, 1884, 87) ; *Id.* Report on the great earthquake of 12th June 1897 (*Mem. of the geol. Survey of India*, XXIX, 1899) ; *Id.* List of aftershocks of the great earthquake of 12th June 1897 (*Id.*, XXX, Part 1, 1900).

est une des régions du globe où les tremblements de terre, outre une
grande fréquence habituelle, atteignent la plus grande énergie. Ainsi,
celui du 12 juin 1897 est un véritable événement historique, de tout
point comparable à ceux de Lisbonne en 1755, du Japon en 1891, et
d'Antioche dans le haut moyen âge. Le tremblement du Cachar [1] du
10 janvier 1869, et les nombreuses secousses observées dans la
vallée du Brahmapoutre montrent que l'instabilité s'étend aux deux
dépressions ou synclinaux qui, au Nord comme au Sud, bordent le
plateau de l'Assam. Ce séisme de 1897 a donné lieu à de très nombreuses études, et R. D. Oldham, en raison de l'immense étendue de son
aire épicentrale, ou pléistoséiste, y a vu un mouvement d'ensemble.
Aux environs de Shillong, des observateurs attentifs et dignes de foi
ont accusé des changements topographiques importants, qu'une revi-
sion de la triangulation géodésique n'a point infirmés, au contraire,
sans pourtant les laisser à l'abri de toute objection. Lors de ce
grand tremblement de terre, plusieurs failles transversales se sont
produites sur le plateau, témoignant ainsi que les efforts grâce auxquels la pénéplaine doit sa situation actuelle ne sont pas encore
complètement éteints, et que sans doute l'instabilité générale,
dont il est ici question, n'a pas d'autre origine. Malheureusement, les études de détail sont encore insuffisantes pour décider
si la répartition habituelle des secousses atteint son maximum sur
le plateau lui-même ou le long des deux dépressions du Brahmapoutre et des Sylhet Streams. Dans le premier cas, il nous semble
que le rôle séismogénique principal appartiendrait au mouvement de
bascule et dans le second au plissement, sans qu'on puisse se fier
au plus grand nombre de secousses actuellement enregistrées à Tura
et à Shillong, villes importantes du massif qui peuvent, au moins
dans une certaine mesure, n'être que des épicentres apparents par
accaparement de chocs venus d'ailleurs. Suess fait de l'Assam une
dépendance géologique de la péninsule hindoue stable ; il faut donc
bien que sa séismicité ait une origine externe : ce sont, sans
aucun doute, des poussées dues à la surrection de l'Himalaya.

Le grand tremblement de terre du 12 juin 1897 a été accompagné
de la formation de failles importantes au sud de Goalpara, dans les
Garo Hills, et au Sud-Ouest de Gowhaty ; la première présentait un
développement de 5 milles et un rejet de 2 pieds seulement. Sauf
quelques petites cassures du centre des Garo Hills, toutes se sont

---

[1] T. Oldham. The Cachar earthquake of January 10th 1869 (*Mem. of the geol. Survey of India*, XIX, Part 1, 1882).

rencontrées sur le versant septentrional de la pénéplaine de l'Assam, doucement inclinée vers le Brahmapoutre.

Des séismologues pensent que lors des grands tremblements de terre suivis d'un nombre considérable de chocs consécutifs, il se manifeste une tendance à une marche systématique de l'épicentre dans une direction déterminée, comme si une fracture terrestre se prolongeait progressivement sous l'effort des secousses, de la même

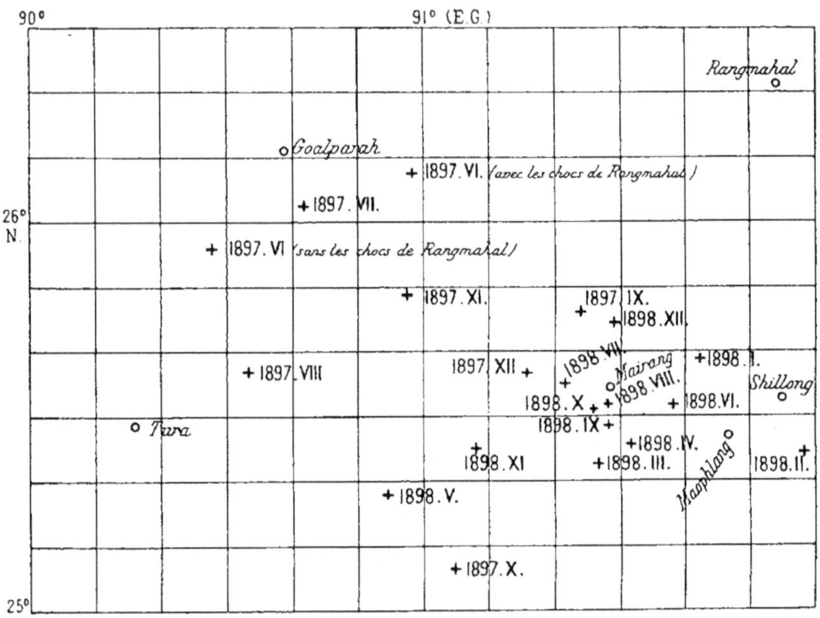

Fig. 27. — Centre mensuel des moyennes distances des épicentres des 5 238 chocs consécutifs au tremblement de terre de l'Assam du 12 juin 1897.

façon que l'on voit s'étendre graduellement une cassure d'une plaque de verre. Le séisme de l'Assam nous a donné l'occasion de vérifier ces inductions [1]. Nous avons pris les épicentres des 5 238 chocs consécutifs dont nous avons déterminé approximativement l'origine au moyen des localités ébranlées par chacun d'eux, et nous avons vérifié par le calcul que leurs épicentres ne suivent absolument aucune loi relative au temps, et qu'ils passent au hasard de l'une à l'autre des diverses parties de l'immense région épicentrale primitive.

De son coude à Dhubri jusqu'au défilé par lequel il pénètre dans

[1] Ueber das vermeintlich regelmässige Fortschreiten des Epicentrums bei Erdbeben mit zahlreichen Nachbeben (Die Erdbebenwarte, II, 1902-1903, 15. Laibach).

l'Inde, le Brahmapoutre voit sa vallée souvent ébranlée par des tremblements de terre. Ceux du district Lakhimpur-Sadiya sont très certainement autonomes ; quant à ceux d'aval, Tezpur, Nowgong, Gowhati, Goalparah et Dhubri, pour ne citer que les épicentres apparents les plus instables, il est actuellement encore à peu près impossible de dire s'ils sont propres au synclinal fluviatile, s'ils correspondent à une région séismique de l'Himalaya oriental, ou s'ils ne sont que des séismes de l'Assam : les deux dernières suppositions sont possibles, mais ne peuvent être encore tranchées, la pénétration anglaise ayant peu débordé la vallée, surtout au Nord vers le Bhoutan.

3. — **Himalaya et plaine indo-gangétique**.

L'Himalaya est une chaîne récente, dont la surrection d'origine reculée s'est continuée au moins jusqu'au Pliocène. Elle résulte d'une compression S. N., et le profil en V de ses profondes et étroites vallées montre la rapidité du mouvement d'élévation pendant lequel les torrents ont creusé leurs lits, au fur et à mesure du mouvement du fond et avant que les parties supérieures aient pu être adoucies par la dénudation. Elle est plissée et disposée en gradins successifs. Aux collines de Siwalik, le Pliocène présente une puissance considérable par suite de la dégradation de la lèvre soulevée de la grande dislocation himalayenne. Ces hauteurs correspondent à la mollasse alpine, déposée dans un synclinal en avant du plissement alpin ; de la même façon, elles forment maintenant un anticlinal dont le versant Nord plonge vers la chaîne principale. En arrière, les dépressions des Dun bordent les roches métamorphiques de l'Himalaya, et au delà l'axe archéen se dresse ainsi qu'un mur précédé de gigantesques escaliers. Au delà vers l'est, ces caractères disparaissent à Darjiling, qui est au pied du massif gneissique oriental. Les plissements présentent leur maximum à Rawal Pindi, hors de l'Himalaya, là où les calcaires jurassiques horizontaux reposent sur les couches nummulitiques, et l'énergie de l'effort S.-N. se manifeste par les actions dynamo-métamorphiques qui ont modifié les traits de structure des roches. Tous ces grands mouvements ont occasionné des dislocations de même ampleur, et plusieurs des savants du Geological Survey of India pensent même que la surrection de l'Himalaya n'a pas encore dit son dernier mot. Sans aller jusque-là, il suffit que ce phénomène se soit terminé à une date assez récente pour jouer un rôle séismogé-

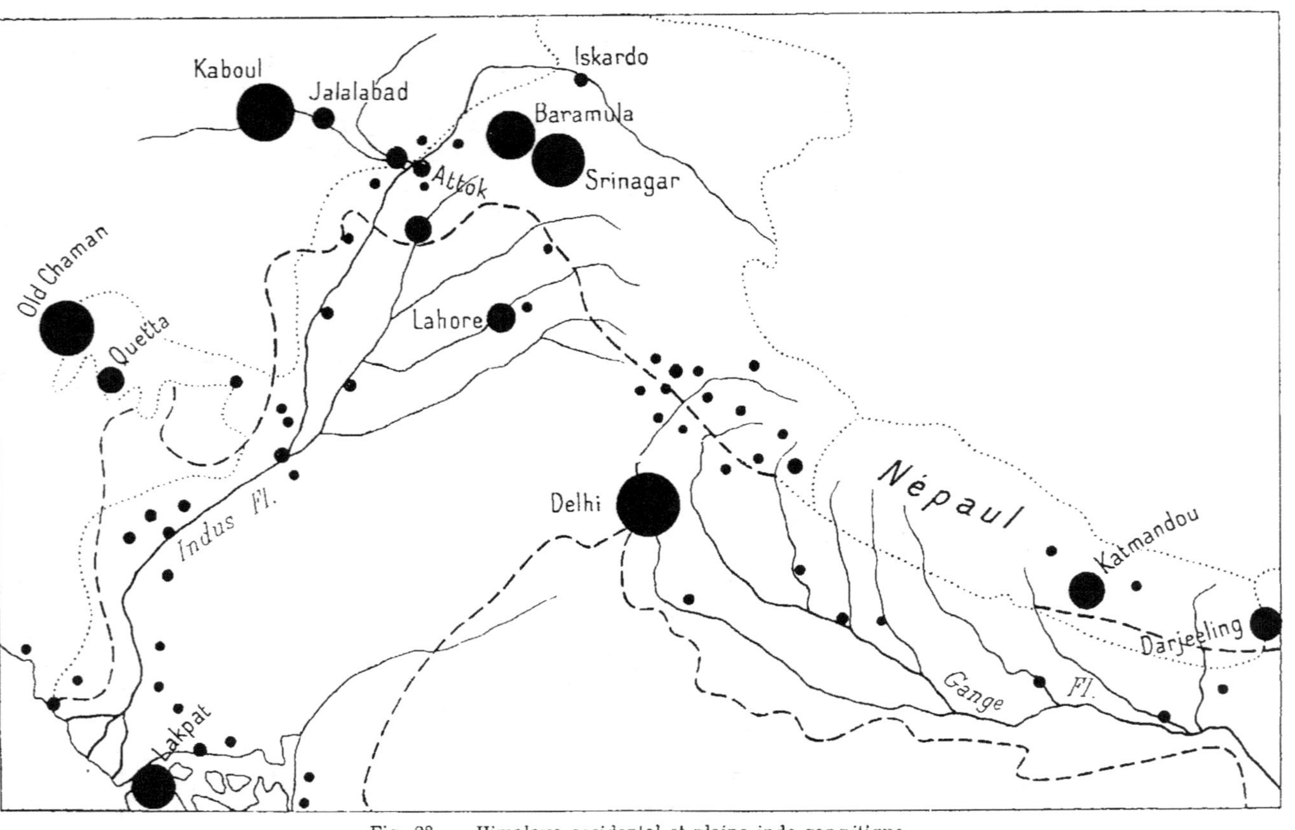

Fig. 28. — Himalaya occidental et plaine indo-gangétique.

nique indéniable, et c'est bien sur quoi tout le monde s'accorde. En outre, la grande faille des Siwalik aurait encore été accentuée pendant le Pliocène, observation d'Oldham qui peut aussi, dans une certaine mesure, expliquer la séismicité du pied de la chaîne.

Les tremblements de terre n'ayant pas été dans ces régions l'objet d'études systématiques, on ne connaît les districts séismiques d'une façon approximative que par la répartition des ravages causés.

Le Cachemire est sûrement la partie la plus exposée ; mais si la structure géologique du pays ne donne pas encore clairement les raisons d'instabilité dans le détail, par contre les causes générales surabondent. La voûte himalayenne s'épanouit devant le massif du Karakorum, de manière que les cimes formées de terrains paléozoïques et mésozoïques dominent la dépression du Cachemire, dont l'axe de plus de 100 kilomètres de long a sa direction à peu près S. E.-N. W. Un ancien lac tertiaire, remplissant l'énorme amphitéâtre, s'est à plusieurs reprises vidé partiellement, sous l'effet de violents mouvements tectoniques qui ont inscrit leurs conséquences par des terrasses alluviales à différentes hauteurs. Des plis de grande amplitude ont été tordus, charriés et écrasés. Tous ces traits concordent avec le brusque changement de direction de l'Himalaya, et les dislocations concomitantes d'ampleur proportionnée rendent compte de la très grande instabilité séismique du Cachemire, qui a été souvent désolé[1].

On est peu renseigné sur les tremblements de terre du haut Indus. Néanmoins quelques secousses signalées à Iskardo et à Gilgit pourraient faire admettre pour cette partie de la chaîne une instabilité que le relief exagéré du Moustag-Ata et du Karakorum expliquerait, comme conséquence de dislocations proportionnées.

Une seule secousse connue au Tchitral (1905) ne permet pas de soupçonner ses véritables conditions séismiques.

Les environs de Peshawar, Rawal Pindi et Attock sont très souvent ébranlés, sans qu'on y connaisse de véritable catastrophe. Cependant les anciens châteaux forts des hauts sommets, ou des passes des montagnes, montrent bien des dégâts qu'il est difficile d'attribuer entièrement aux effets du temps ou aux déprédations des guerres d'autrefois. Une grande dislocation, traversée par de nombreuses failles moindres, sépare le bassin tertiaire de Rawal Pindi des formations plus anciennes. On doit lui attribuer un rôle séis-

---

[1] E. J. Jones. Notes on the Kashmir earthquake of 30th May 1885 (*Records of the geol. Survey of India*, XVIII, Part 3, 153, 1885).

mogénique, ainsi qu'au grand chevauchement, déjà mentionné, du Jurassique sur le Nummulitique.

Les renseignements séismiques font encore défaut sur le Chamba, et c'est après en avoir étudié la géologie que le colonel Mac-Mahon[1] pense, avec d'autres géologues, que l'Himalaya subit encore un lent mouvement de surrection.

De Simla à Naini-Tal, le Sirmour, le Garhwal et le Kumaon sont très fréquemment secoués et si l'on y a pas enregistré de désastres, c'est probablement parce qu'il n'y existe pas de villes pouvant être renversées. Il y a bien dans le Jaunsar une grande faille, de Komain à Mudhaul, à laquelle on pourrait être tenté de faire jouer un rôle séismogénique, suggestion que nous avions énoncée dans un travail[2] sur les tremblements de terre de l'Inde. Mais R. D. Oldham a bien voulu rectifier cette hypothèse dans une note (p. 6) de ce mémoire, en disant que cette dislocation particulière ne peut avoir aucune influence, n'ayant pas été le siège de mouvements récents — objection à elle seule d'ailleurs insuffisante, à notre sens —, et il ajoute qu'à l'Ouest, et non loin de là, dans la vallée de Giri, une faille montre un mouvement moderne qui a dû accompagner un tremblement de terre sévère, peut-être dans les temps historiques. Les secousses sont fréquentes au Népàl, et Katmandou a eu souvent à en souffrir. Il y a donc là une région séismique, au sujet de l'existence de laquelle on ne peut encore invoquer que les causes générales d'instabilité de la chaîne plissée. Il en est de même du Sikkim, où Darjiling ressent en outre des secousses de relai venant de l'Assam, comme cela s'est produit un assez grand nombre de fois pendant la période des nombreux chocs consécutifs du grand tremblement de terre du 12 juin 1897.

L'Himalaya oriental est, à tous les points de vue, fort peu connu. Le changement de structure de la chaîne empêche de faire aucune supposition sur sa séismicité. Le Bhoutan éprouve certainement le contre-coup des secousses de l'Assam, si toutefois il n'en subit pas de propres.

Le Salt Range est le dernier district instable à signaler. C'est une chaîne en forme de croissant, à convexité tournée vers le S. S. E. et qui, comprimée entre l'Himalaya et le Soliman Range septentrional, sert sur la rive gauche de l'Indus de soubassement aux avant-chaînes tertiaires. Cet anticlinal rompu présente les accidents tectoniques les plus variés et les plus énergiques, affaissements

---

[1] Some further notes on the geology of Chamba (*Records Geol. Survey of India*, XVIII. Part 2, 79, 1885).

[2] The seismic phenomena in British India, and their connection with its geology (*Mem. Geol. Survey of India*, XXXV, Part 3, 1904).

locaux, plissements et fractures. Une importante dislocation venant du S. S. W., s'étend sur 300 kilomètres de long, traverse le Satledj et atteint le Jhelam, après avoir passé près du Chenab; elle est accompagnée d'une autre plus courte; mais comme l'instabilité ne dépasse pas le versant méridional du Salt Range, c'est qu'ayant définitivement perdu toute mobilité, elle ne joue plus aucun rôle séismogénique. Les séismes de la chaîne résultent donc seulement de ses dislocations intérieures. Il est intéressant de noter qu'aux temps géologiques, la plate-forme hindoue se terminait dans ces parages.

Dans le Bengale, on signalera le district pénéséismique de Rangpur et de Cooch-Behar; dans ce dernier pays, les roches sont les mêmes que celles de l'Assam. L'avenir seul pourra décider si cette communauté de constitution s'étend à une instabilité d'ailleurs beaucoup moindre. Plus près de la mer, les séismes ne sont point absolument inconnus, mais des causes bien définies d'instabilité n'apparaissent pas clairement. Tout ce qu'on peut dire, c'est que ces régions basses ont été le siège de mouvements récents, plus importants par leur extension que par leur amplitude verticale. Mais les géologues indiens ne s'accordent pas complètement sur leur nature : les uns pensent que le bas Brahmapoutre aurait été dévié vers l'Ouest par un exhaussement de la jungle de Madupore, tandis que d'autres croient qu'un affaissement de la vallée aurait donné le même résultat, sans aucun changement de niveau de la jungle. Il serait téméraire, dans ces conditions, de faire jouer un rôle séismogénique à ces mouvements encore discutés. Mais si l'Assam et le Behar ne sont que des fragments de l'Hindoustan démembré, comme le pense Suess, et séparés plus tard par le synclinal gangétique, se dirigeant vers le Sud dans la direction de la côte ou de la chaîne d'Arracan, le bas Bengale devient une zone d'effondrement, par lequel l'Assam aurait été isolé ; et, dès lors, il est tout naturel de penser que de grandes dislocations doivent se cacher sous l'énorme épaisseur des alluvions et suffire à donner une explication satisfaisante des quelques séismes en question; d'autant plus que certains d'entre eux, à épicentres d'ailleurs assez mal déterminés, ont, comme celui du 14 juillet 1885[1], ébranlé des surfaces considérables, dont l'extension doit plutôt se justifier par celle de l'accident générateur que par leur intensité propre. Mymensingh et Dacca forment un foyer d'ébranlement, probablement plus

[1] M. A. Medlicott. Preliminary notice of the Bengal earthquake of July 14th 1885 (*Rec.*, XVIII, Part 3, 155, 1895).
B. A. Middlemiss. Report on the Bengal earthquake of July 14th 1885 (*Id.* 199).

notable que celui de Calcutta et de ses environs, qui pourrait bien n'être qu'apparent. On ne peut quitter le Bengale sans signaler les Barrisal-guns, ces étranges bruits du delta dont l'origine séismique n'est d'ailleurs rien moins que certaine.

La plaine gangétique, en amont du coude de Monghyr, n'est pas sans être parfois ébranlée. Les secousses de Patna et de ses environs viennent peut-être du Népâl. Mais ceux de Delhi, parfois sévères, sont sans aucun doute autochtones : on ne peut les attribuer ni aux plissements antésiluriens de l'Aravali Range, qui sont d'âge trop reculé, ni même à la grande dislocation, trop éloignée pour cela, qui, terminant à l'Est le plateau des couches horizontales vyndhiennes de cette même chaîne, passe à quelque distance de la Chambal jusqu'à la Jumna, en amont d'Agra. Resterait donc à invoquer l'existence d'accidents cachés sous l'épais manteau alluvial qui a comblé l'ancien pli concave, ou le synclinal anté-himalayen, traversé tantôt plus au Nord, tantôt plus au Sud, pendant de si longues périodes géologiques, par le rivage méridional de la mer mésozoïque intermédiaire entre les continents boréal et austral, et qui faisait communiquer les mers secondaires de l'ancien continent avec celles de l'Océanie, ainsi qu'en témoignent de nombreux exemples d'affinité entre les fossiles de ces pays éloignés. Fort heureusement, et d'une manière très inattendue, ces vagues suggestions, déjà mises en avant pour le bas Bengale, trouvent ici une confirmation dans les observations pendulaires. La chaîne de l'Himalaya, malgré sa masse, est loin d'exercer sur la direction de la verticale une perturbation proportionnée. Or en 1902, Burrard[1] a constaté que toutes les stations situées au Sud d'une ligne reliant Calcutta au centre du Rajpoutana montrent le fil à plomb attiré vers le Nord, tandis qu'au Nord de cette ligne la déviation est vers le Sud. Il en conclut que du 12ᵉ au 25ᵉ parallèle doivent exister, sur plus de 1 600 kilomètres, les racines d'une ancienne chaîne, maintenant arasée jusqu'à ses fondements, remarquable par sa forte densité et parallèle à l'arc himalayen. Or qui dit chaîne, évoque l'idée d'intenses dislocations. Fussent-elles éteintes, en raison de l'ancienneté même de la ride disparue, il resterait que l'emplacement de cette ride est devenu celui d'un grand synclinal, au bord duquel s'est récemment érigé l'énorme Himalaya, et de telles vicissitudes peuvent manifestement se survivre sous forme de séismes. C'est le cas déjà étudié dans la Russie méridionale[2], mais

---

[1] Burrard. The attraction of the Himalaya (*Geogr. Journ.* 1902, 615).

[2] Sur les anomalies de la pesanteur dans les régions instables non expliquées (*C. R. Ac. Sc. Paris*, CXXXVI, 705, 1903).

en ce qui concerne la plaine indo-gangétique, on peut suggérer une explication plus simple, partant plus plausible. En effet, la poussée orogénique qui a fait surgir l'Himalaya venait du Sud, il n'est donc pas étonnant que les couches masquées sous les alluvions soient comprimées, et que la moindre rupture d'équilibre y produise des secousses par décompression, et un tel état n'a rien qui doive surprendre si l'on se réfère à l'exemple déjà mentionné des grès de la Nouvelle-Angleterre. Les séismes en question seraient dès lors en relation indirecte avec la surrection de la chaîne himalayenne.

Poussant plus à l'Ouest, on rencontre dans le Pendjab le foyer d'ébranlement de Derabund, au pied du Soliman Range, et celui des environs de Lahore, non loin du Salt Range. Ces deux chaînes présentent des accidents tectoniques assez importants pour qu'on puisse les rendre responsables de secousses, qui n'acquièrent une certaine gravité que pour le premier foyer; il est impossible de préciser davantage, les véritables épicentres étant inconnus, aussi bien pour les séismes d'autrefois que pour les désastres du commencement d'avril 1905, dont des études à désirer de la part du Geological Survey pourront éclairer la genèse.

Le bas Indus présente une région séismique très remarquable de Jacobabad à Karachi et Lakhpat. Le petit centre de Shahpur Shikarpur et Jacobabad s'étend peut-être jusqu'à Kahun, au delà de la chaîne de Catch-Cundawa, dont les dislocations sont considérables. Quant au désert de Thar (27° N., 69° E. Gr.) dans le Sindh septentrional, c'est à tort qu'on l'a regardé comme instable, et il faut abandonner l'opinion des géographes d'après lesquels ses curieuses rangées de buttes sablonneuses seraient dues à l'action de tremblements de terre, agissant comme les chocs d'un archet sur le bord d'une plaque métallique chargée de sable. C'est par le bas Indus actuel que la mer jurassique a entamé le continent gondwanien qui, jusqu'à cette époque, formait, pense-t-on, un tout jusqu'à Madagascar et à l'Afrique australe. Aussi la présence d'une région de moindre résistance et à tremblements de terre ne saurait surprendre. C'est ainsi que Brahmanabad a été autrefois renversée à une époque inconnue, et qu'en 1333 le grand voyageur Ibn-Batoutah a vu, entre Tatta et Karachi, les ruines d'un grand port, Dabil ou Dabal probablement. Lakhpat a été le siège de nombreuses secousses en juin 1845, et à leur propos Suess émet des doutes sur un nouvel affaissement séismique du delta de l'Indus.

L'événement séismique le plus célèbre de ce pays est le tremblement de terre qui, en juin 1819, a élevé en travers du Rann de

Catch l'Allah-Bund, ou digue de Dieu, par-dessus les basses vallées des rivières Pourana et Narra, ainsi séparées de la mer. Son raide talus, de 16 milles de long, se dresse comme un mur dominant la plaine du Sud. Sa hauteur a été diversement évaluée, et les géologues ont longuement disserté sur l'élévation de la lèvre nord de la faille ou l'abaissement de sa lèvre sud. R. D. Oldham [1] a montré que les deux mouvements ont réellement eu lieu, et que la somme totale de leurs amplitudes est de 20 pieds et demi. On n'a pas assez insisté sur ce fait que les éjections d'eau et de boue venues d'en bas, lors du tremblement de terre, semblent prouver le mouvement d'affaissement. Il est inutile de s'étendre plus longuement sur un phénomène dont la description se trouve partout, et dont les causes relèvent, tout comme l'instabilité générale de la région du bas Indus, de la survivance des efforts de démantèlement du continent hindou ou gondwanien.

On ne peut considérer comme bien authentique la répétition, en juin 1843, même sur une moindre échelle, des événements de 1819 dans le delta de l'Indus, qu'a mentionnée Nelson [2].

Les tremblements de terre cessent dans l'Est de la presqu'île de Kathiawar, c'est-à-dire à la limite même du géosynclinal.

4. — **Afghanistan et Béloutchistan**.

La géologie de ces pays est encore bien imparfaitement connue, et les informations séismiques se réduisent à la relation succincte de quelques grands tremblements de terre.

L'Afghanistan présente une très importante série éruptive de l'époque secondaire. Les roches porphyriques percent les couches jurassiques, ou y sont intercalées. Leurs débris ont constitué la plus grande partie des assises néocomiennes, et le Crétacé a été métamorphisé par des trapps et des granites syénitiques échelonnés jusqu'à l'Éocène. Pendant de longues périodes géologiques, au moins depuis le Carbonifère, le rivage méridional de la mer intermédiaire entre les masses continentales du Nord et du Sud a oscillé au travers de ce pays, en restant toujours à peu près perpendiculaire à l'Indus actuel. Enfin les chaînes occidentales ont subi, à l'époque tertiaire, un

---

[1] A note on the Allah-Bund in the northwest of the Rann of Kuchh (*Mem. of the geol. Survey of India*, XXVIII, Part 1, 27, 1898).

[2] Notice of an earthquake and a probable subsidence of land in the district of Cutch, near the mouth of the Koree, western branch of the Indus, in June 1843 (*Quart. Journ. of the Geol. Soc.*, II, 103, 1846).

violent plissement, qui a érigé la muraille de l'Hindou-Kouch. Toutes ces vicissitudes grandioses se décèlent par l'état extrêmement tourmenté de la région, que les agents extérieurs n'ont pas encore eu le temps d'effacer, et se manifestent par d'imposantes dislocations, dont le rôle séismogénique n'est pas douteux, quoique l'état de nos connaissances ne permette pas encore de préciser celles qui ont donné lieu aux divers tremblements de terre.

La mention d'un séisme désastreux dans le Badakchan, en janvier 1832, doit faire supposer que cette grande vallée est instable.

Les désastres séismiques paraissent avoir été graves dans toute la vallée de Caboul, et les traditions locales en conservent le souvenir. Les ruines du tremblement de terre de 1874 s'étendirent jusqu'à Kandahar, mais il est probable que si cette ville est, ce que l'on ignore, instable pour son propre compte, les chocs que l'on y ressent viennent de la région de Quettah, ou de Chaman, dont on va parler.

En 1892, un violent tremblement de terre, avec de nombreuses secousses consécutives, a disloqué la voie ferrée Khairpur-Kandahar, qui passe par le col de Bolan, au nord des monts Khojak et au travers des monts Khwaja-Amran. On savait que les séismes ne sont pas rares à Quettah, et qu'ils y causent parfois des dégâts, mais on n'y en avait jamais éprouvé de comparable à celui-ci, qui aurait été certainement désastreux dans une ville construite à l'européenne. On doit donc penser que cette région est très instable. Après le séisme, on s'est aperçu que le long d'une faille de 20 kilomètres de long, la voie ferrée avait été tordue, avec un déplacement horizontal de 80 centimètres et une dénivellation de 20 à 30. Au premier moment, la faille fut attribuée au tremblement de terre, mais Griesbach [1] a au contraire démontré que la faille est ancienne. Elle sépare les couches schisteuses de la chaîne des Khojak d'un calcaire terreux qui est probablement d'âge crétacé supérieur ou éocène inférieur. Parsemée de sources, circonstance fréquente dans les failles, elle est remplie d'une curieuse brèche dont les éléments appartiennent aux deux terrains précités. Ainsi la faille est une ancienne dislocation, grossièrement parallèle aux flexures du Khojak, et à celles qui se retrouvent aussi dans le Khwaja-Amran. Cet accident a donc rejoué en 1892, et doit correspondre à une région séismique située aux environs d'Old Chaman. A la suite de l'événement, l'ingénieur Egerton

[1] Notes on the earthquake in Báluchistán on the 20th December 1892 (*Records Geol. Survey of India*, XXVI, Part 1, 27, 1898).

Ch. Davison. Note on the Quettah earthquake of December 20th 1892 (*Geol. Magaz.*, Decade III, X, n° 350, 356, 1893).

dut raccourcir une partie de voie de 2 pieds 6 pouces anglais (ou
$0^m,76$) ; en effet, 4 paires de rails de 30 pieds et une de 24 pieds
furent remplacées par 5 paires de 24 pieds et une de 21. C'est de cette
quantité relativement considérable que l'écorce terrestre s'est maté-
riellement raccourcie en cette localité, et c'est là une observation
extrêmement intéressante au point de vue géologique. Le tremblement de terre d'Old Chaman doit donc être considéré comme un

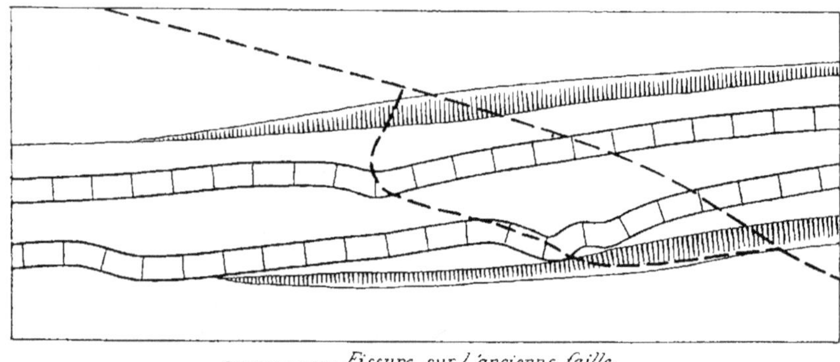

Fig. 29. — Faille d'Old Chaman et distorsion de la voie ferrée par le tremblement
de terre du 20 décembre 1892.

séisme de compression ou d'écrasement, ce qui équivaut à un phénomène d'affaissement d'un voussoir, comprimé entre deux autres
restés fixes. La diminution du rayon et de la circonférence terrestres,
par suite du refroidissement séculaire, n'est-elle pas là surprise en
flagrant délit?

De la côte méridionale du Béloutchistan, on ne connaît que trois
séismes à Gwadar, renseignement insuffisant pour que l'on soit fixé
sur son instabilité. S'il y existe une région séismique, elle pourrait
être en relation avec de modernes mouvements d'exhaussement,
décelés par la hauteur à laquelle se rencontrent des sédiments marins
post-pléistocènes, quoique ces phénomènes jouent rarement un rôle
séismogénique décidé.

CHAPITRE XIII

L'ASIE ANTÉRIEURE

1. — Perse et Mésopotamie.

On peut définir la Perse comme un grand plateau triangulaire sans écoulement, dont l'émersion date du milieu de l'ère tertiaire. Il est limité au Nord et au S. E. par deux faisceaux de plis formés surtout de terrains secondaires et qui, divergeant du haut pays de Van et d'Ourmiah, ou de l'Ararat, courent respectivement vers l'Afghanistan et le rivage de la mer d'Oman. Au pied de ce dernier, le golfe Persique et la Mésopotamie continuent la dépression méditerranéenne jusqu'à la basse vallée de l'Oronte en Syrie. A défaut d'observations séismiques suivies, ces pays ont été depuis une si longue antiquité le siège de civilisations successives, que la connaissance des désastres éprouvés suffit pour permettre non seulement de leur assigner une grande instabilité générale, mais aussi de se faire une idée en somme assez précise de la répartition des tremblements de terre, que les mouvements de la fin du Tertiaire expliquent surabondamment.

Du Mékran, quelques rares recousses de la côte sont d'insuffisants renseignements pour en conclure à l'existence d'un région d'importante instabilité.

Pénétrant dans le golfe Persique, bande affaissée, on rencontre dès son entrée l'île de Kichm ou de Tavilah, à laquelle le grand tremblement de terre récent de juillet 1902 permet d'assigner une forte instabilité probable, confirmée encore par celui de 1884. Les désastres de Chiraz, dont un au moins, celui de 1865, avait son foyer bien plus à l'Est, à Mancharageh, et les secousses fréquentes de Bender-Bouchéir, démontrent que le territoire instable s'étend sur toute la bande plissée du S. E. de la Perse et sur la dépression qui la sépare des montagnes parallèles du Kirman [1], mais dont on ne

---

[1] En 1896, un tremblement de terre a renversé, entre autres monuments, dans la ville du même nom, un tombeau fameux, la Kouba Sabz, ou dôme vert.

sait à peu près rien. Ispahan, Kachan et Hamadan ne sont pas à
l'abri de secousses très sévères, venant sans doute des nombreuses

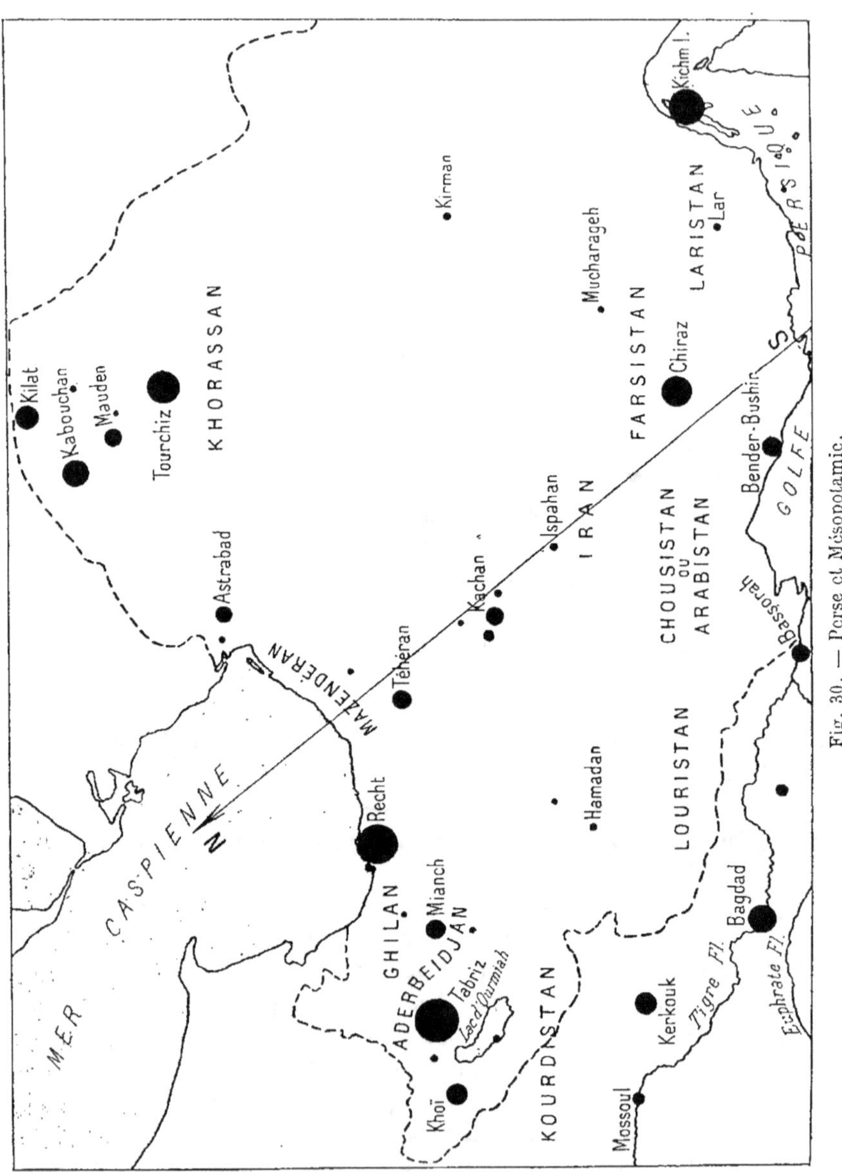

Fig. 30. — Perse et Mésopotamie.

rides parallèles situées entre la Mésopotamie et le désert central de
l'Iran, et qui vont au sud du lac d'Ourmiah se réunir à celles du

Kourdistan. Ces chaînes parallèles, où le Miocène est plissé, présentent au plus haut degré ce caractère de s'être érigées par plissement sur l'emplacement même d'une ancienne communication existant depuis les temps paléozoïques entre les mers de l'Europe, de l'Asie et de l'Insulinde, et qui, séparant les masses continentales des hémisphères Nord et Sud, a persisté au delà de l'Éocène jusqu'aux mouvements alpins, comme l'a démontré Douvillé[1] par l'examen des fossiles rapportées par de Morgan de ses longues explorations archéologiques en Perse. Ainsi là le géosynclinal, ou la Téthys de Suess, n'a subi d'interruption dans son rôle de lit à une active sédimentation qu'au commencement du Crétacé, dont les premières couches sont certainement absentes, tandis que celles du Trias peuvent se trouver quelque jour. Il serait surprenant qu'un aussi récent et radical changement d'état, après la surrection de la fin du Tertiaire, n'ait pas laissé de traces séismiques à notre époque.

La Mésopotamie est loin d'ignorer les tremblements de terre, témoin le nombre assez grand de ceux observés à Faou, Bassorah, Bagdad, Kerkouk et Mossoul ; mais y sont-ils véritablement redoutables ? C'est ce que ne laissent guère supposer l'absence d'indications précises sur les villes que les séismes auraient détruites, et le vague de relations où les chroniqueurs arabes et persans se contentent de dire que cette province a été ravagée. En tout cas, aucun événement moderne bien authentique n'est venu confirmer ces renseignements par trop imprécis. Combien n'est-il pas improbable qu'un pays où tant de civilisations se sont succédé, depuis l'aurore de l'histoire, soit, sans qu'on le sache avec certitude par des documents circonstanciés, exposé à des tremblements de terre destructeurs ! Il est donc à supposer que la Mésopotamie est beaucoup plus stable que le flanc opposé de la bordure du plateau iranien, c'est-à-dire des montagnes de l'Ardilan, du Louristan et du Khousistan.

La stabilité au moins relative de la Mésopotamie, rendue ainsi fort vraisemblable puisque les historiens ont été jusqu'à présent incapables de dire quelles villes y auraient été renversées par des tremblements de terre, soulève la très intéressante et importante question du déluge biblique. Dans le fameux chapitre par lequel débute *La Face de la Terre*, Suess donne de ce grand événement une explication qui ne saurait être passée sous silence. Sa conclusion est la suivante : « En résumé, l'événement connu sous le nom de déluge « a eu lieu sur le bas Euphrate, et a eu pour élément principal

<hr>

[1] Les découvertes paléontologiques de M. de Morgan en Perse (*C. R. Ac. Sc. Paris.* CXL, 891, 1905).

« une inondation très étendue et très dévastatrice de la plaine méso-
« potamienne. La cause essentielle de cet événement a été un violent
« tremblement de terre, qui s'est fait sentir dans la région du golfe
« Persique ou plus au Sud et qui a été précédé de plusieurs
« secousses de moindre importance. Il est très vraisemblable que,
« durant la période des plus violentes secousses, un cyclone
« venant du Sud a pénétré dans le golfe Persique. » Assurément
cette théorie est fort séduisante, mais il faut bien reconnaître qu'à
s'en tenir à la constance avec laquelle, depuis les temps historiques,
les tremblements de terre affligent ou respectent les mêmes pays, il
semble au moins risqué de les faire intervenir dans la basse Mésopotamie, où jusqu'à présent on n'en connaît pas qui aient causé de
désastres authentiques et bien avérés. Nous avons développé cette
objection ailleurs [1], et le chapitre de Suess est trop connu pour ne
pas résumer les considérations qui jettent le doute sur son explication séismico-cyclonique du déluge de la Genèse et la laissent très
hypothétique, malgré l'autorité incontestée qui s'attache à toutes les
conceptions du savant géologue autrichien.

Au moins pour les croyants, le Déluge biblique est un événement
géologique considérable dont l'homme a été le témoin oculaire, car
si détaillé et circonstancié en est le récit qu'il n'est guère admissible,
même pour les rationalistes, que ce soit un mythe forgé de toutes
pièces sans la base d'un fait physique parfaitement réel, et pour eux
défiguré, altéré par l'effet du temps. Quelle est donc l'argumentation
de Suess? Il admet tout d'abord que le récit de la Genèse est de
seconde main et qu'il faut se référer préférablement à celui tiré des
textes cunéiformes de l'Assyrie et de la Chaldée, l'épopée d'Izdubar,
exhumée des ruines du palais de Koyoundjik ; il n'y a pas lieu de
discuter ici ce côté de la question, tout à fait hors du sujet de cet
ouvrage. Suess localise ensuite le déluge dans le pays où se trouvait
la ville de Shourippak, port de mer chaldéen, ce qui n'a rien d'impossible, puisque depuis les temps préhistoriques le Tigre et l'Euphrate ont réuni leurs embouchures, primitivement séparées, en
colmatant et comblant le fond du golfe Persique, occupé maintenant
par la vallée marécageuse du Chott-El-Arab. Pour Suess, et qu'il
s'agisse des avertissements donnés par Dieu à Noé, ou de ceux de la
déesse Ea à Hasis-Adra, dans l'un et l'autre récit ce sont des tremblements de terre prémonitoires du grand séisme à la suite duquel
les eaux du golfe ont envahi la dépression mésopotamienne et ainsi

[1] La théorie séismico-cyclonique du déluge par Suess (*Revue des questions scientifiques*, octobre 1902, Louvain).

causé l'inondation diluvienne. Il pense que les *eaux souterraines*
dont parlent les deux récits ont été éjectées du sol par le tremblement de terre principal, et en effet c'est là un phénomène accompagnant souvent les grandes secousses dans les pays au sol marécageux
ou imbibé d'eau, comme la Mésopotamie croate le 9 novembre 1880,
les plaines du Brahmapoutre et les Sylhet Streams le 12 juin 1897,
et le Cachar le 10 janvier 1869, dernier fait qui a donné à T. Oldham
l'occasion d'édifier de ces phénomènes la théorie mécanique généralement acceptée. Suess observe avec beaucoup de raison que ces
eaux souterraines n'ont pu se produire, ou plutôt se manifester
qu'avant l'inondation par les eaux du ciel ou de la mer. Passant
sur le procédé discutable consistant à faire intervenir des tremblements de terre à propos de relations portant à un haut degré le
caractère de choses vues, et qui donnent par ailleurs, sans les mentionner, des détails moins frappants, — la seule question à envisager
ici est la possibilité d'un séisme d'ampleur suffisante pour faire
jaillir les eaux d'un sol marécageux et alluvionnaire, dans un pays
aussi peu instable que la Mésopotamie, puisque les montagnes voisines, celle du Louristan, n'ont jusqu'à présent fourni la mention
d'aucun séisme authentique vraiment destructeur, et que, d'autre
part, la région dangereuse de l'entrée du golfe Persique est bien
éloignée. Or on connaît le caractère de pérennité dont, sur toute la
surface du globe, jouissent les régions instables. Sans attribuer à
cette objection plus de force qu'elle n'en comporte, puisqu'après tout
il ne s'agit là que d'une question de degré, la Mésopotamie étant au
moins pénéséismique, nous serions portés à penser qu'au simple
point de vue séismologique du moins, l'explication de Suess rencon-
trerait infiniment moins de difficultés en admettant la basse vallée
de l'Indus comme théâtre du Déluge. Là, en effet, sauf le cyclone,
se sont produits en 1819 les phénomènes invoqués : tremblements
de terre violents, sortie des eaux souterraines, et surtout inondation
de longue durée, comme conséquence de la formation de l'Allah
Bund, ou digue de Dieu, en travers des rivières du delta. Ni un
raz-de-marée d'origine séismique, ni un cyclone non plus, ne peuvent rendre compte de la permanence des eaux dans les terres alors
habitées, fait capital sur lequel s'accordent les deux récits du Déluge,
et c'est là une question bien difficile à résoudre dans l'hypothèse de
Suess. Quant à transporter ainsi hors de la Mésopotamie le théâtre
de ce phénomène, c'est là une question qu'on ne peut discuter ici,
tout en signalant que si les commentateurs admettent très généralement qu'il s'est produit dans les bassins du Tigre et de l'Euphrate,

certains, moins nombreux toutefois, ont songé à ceux de l'Indus et même du Gange ; il faut bien dire d'ailleurs qu'aucun exégète sérieux ne songe plus à localiser dans l'Inde le théâtre du Déluge chaldéen, ou hébreu. Quoi qu'il en soit, il reste de ces considérations que la répartition connue des tremblements de terre à la surface du globe est peu en faveur de la séduisante théorie du savant autrichien.

L'angle montagneux d'où divergent en éventail les deux bandes plissées qui dominent et enserrent le plateau iranien, c'est-à-dire l'Azerbéidjan, est d'une haute séismicité. On y possède d'importantes séries d'observations faites à Tabriz, ville bien souvent ravagée, comme aussi Minch et Khoï. Ce sont des mouvements très récents qui ont, dans les environs d'Ourmiah, porté à de grandes altitudes les sédiments du premier étage méditerranéen déposés en discordance sur les terrains primaires, et rien n'autorise à nier que ces vicissitudes puissent avoir là des conséquences posthumes sous forme de tremblements de terre, en même temps que les plissements du Karadagh et les fractures qui ont donné lieu aux énormes épanchements éruptifs de toute la région.

Le Ghilan et le Mazendéran forment l'étroite côte méridionale de la Caspienne sur le versant abrupt de l'Elbourz, dont les sédiments plissés, depuis le Dévonien jusqu'au Tertiaire, dominent les profondeurs allant jusqu'à 700 mètres de cette partie de la mer intérieure. Dans ses travaux nombreux et bien connus sur la géologie de ces pays, Abich considère la Caspienne méridionale comme faisant partie de la zone d'affaissement de la basse Koura, de sorte que les tremblements de terre du flanc septentrional de l'Elbourz depuis Astrabad jusqu'à Enzeli, Astara et Lenkoran, seraient liés à ces mouvements. Astrabad et Lenkoran en ont subi de graves.

Le Khorassan est un pays dont les désastres sont nombreux, et dont la séismicité ne le cède guère à celle des régions les plus éprouvées. Ce pays est formé de trois chaînes plissées parallèles ; celle du Nord, le Kopet-Dagh, le sépare du désert des Turkmènes et va se rattacher au grand Balkhan sur le golfe caspien de Krasnovodsk, autre centre d'ébranlement signalé à l'attention par le grand tremblement de terre d'Ouzoun-Ada du 8 au 9 juillet 1895. Le grand Balkhan prolonge le Kopet-Dagh, et aussi le Caucase par l'intermédiaire d'un seuil de hauts fonds, coupant transversalement la Caspienne et se rattachant à la presqu'île de Bakou de l'autre côté de la mer intérieure. Ce district instable peut donc être regardé indifféremment comme appartenant aux foyers séismiques du Caucase ou du Khorassan, ou plutôt comme leur servant de liaison, et Agamemnone [1] a localisé en pleine mer l'épicentre du tremblement de terre précédemment signalé.

Le plateau central iranien est probablement stable, en tant du moins que le manque d'informations permet de le soupçonner, et cela est fort plausible puisqu'il s'agit d'un territoire qui n'a pas obéi aux plissements tertiaires du Nord et du Sud.

2. — Turkestan, Dzoungarie et Kachgarie.

Les tremblements de terre de ces pays commencent à être assez bien connus depuis le catalogue de Mouchkétov et Orlov, et la publication du bulletin du comité séismologique permanent de Saint-Pétersbourg.

Le géosynclinal méditerranéen venant de l'Himalaya, après avoir figuré en Perse une sorte de grand carrefour, pousse vers l'Est une longue branche en cul-de-sac recouvrant le Turkestan, la Dzoungarie et la Kachgarie, ainsi que leurs puissantes montagnes, Pamir et Tien-Chan. Il a fallu l'occupation russe, dans le dernier tiers du xixe siècle, pour établir leur réputation de redoutable instabilité, malgré le peu de temps d'observations scientifiques dont on dispose. Toutes les grandes villes portent la trace de tremblements de terre destructeurs.

L'instabilité commence, mais non encore extrême, dans la dépression du Zaïsan-Nor entre l'Altaï au Nord et le Tarbagataï au Sud. Kokpektinsk, Serguiopol et Aïagousk sont d'importants foyers d'ébranlement, mais, quoique cela soit probable, on ne peut pas encore affirmer que les secousses se manifestent autant sur le haut Irtych Noir qu'à l'ouest du Zaïsan. Les explorations géologiques de Mouchkétov ont montré que cette dépression est une fosse d'affaissement comprise entre des failles, et que ce mouvement très moderne a amené à la verticalité des couches de lignites récents, qui plongent sous les eaux du lac.

Il y a tout lieu de penser, d'après quelques observations qu'une région pénéséismique doit occuper la dépression de Liouk-Tchoun, cuvette effondrée à 100 mètres au-dessous du niveau de la mer dans le prolongement du Tien-Chan vers l'Est. Cet accident a affecté les terrains les plus récents de la région, les dépôts du Gobi, que l'on assimile au Permo-Trias de l'Angara. Ces circonstances correspondent bien à une instabilité modérée, encore hypothétique, il est vrai.

[1] Tremblement de terre de la mer Caspienne de la nuit du 8 au 9 juillet 1895 (*Bull. mét. et sism. de l'Obs. imp. de Constantinople*, 1895, XXXVIII).

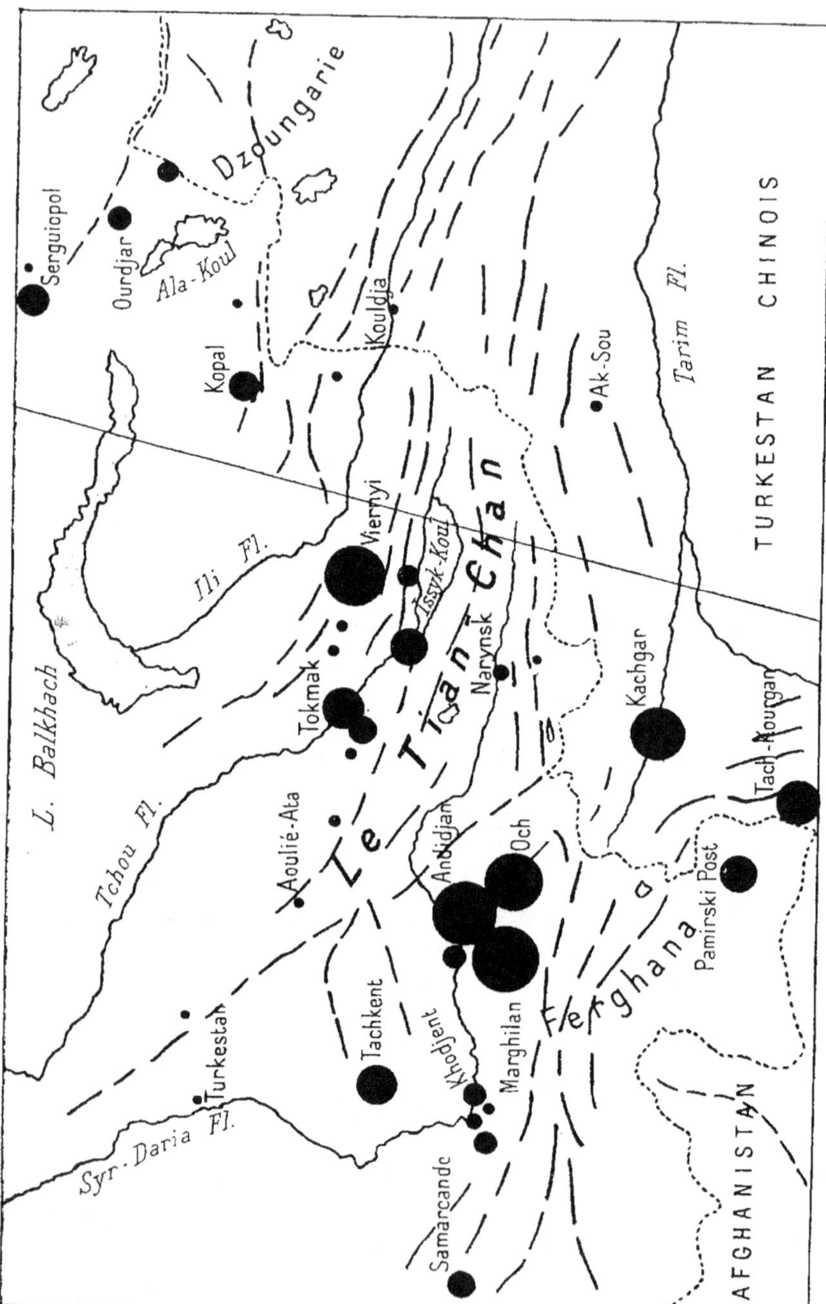

Fig. 31. — Turkestan, Dzoungarie et Kachgarie.

Au sud du Tarbagataï se présente le nœud de l'Ala-Tau dzoungare, près de Kopal et d'Ourdjar, ou de la dépression du lac Ala-Koul, dont les alentours sont assez fréquemment ébranlés. Mais c'est seulement avec la vallée de l'Ili, ou le Semiretchié, que l'on arrive aux territoires de très grande instabilité où Viernyi s'est fait connaître par le tremblement de terre destructeur de juin 1887. L'aire épicentrale s'est allongée au pied de la chaîne Alexandre, bord septentrional du Tien-Chan. Tokmak, à l'ouest de Viernyi est la localité où les chocs consécutifs ont été le plus nombreux. Ce versant tombe sur la vallée synclinale de l'Ili, qui se perd dans le Balkhach, mais on ignore si la partie supérieure du bassin de cette grande rivière, au delà de Kouldja, est aussi exposée aux séismes. La grande instabilité du Tien-Chan n'est pas pour surprendre. En effet, sa surrection est extrêmement récente et a relevé les sédiments secondaires déposés en avant du Pamir. Mais le plissement n'a pu jouer qu'un rôle peu important, parce que la trop grande rigidité de roches très anciennes sous-jacentes s'y est opposé. Dès lors, la poussée orogénique s'est résolue en dislocations longitudinales, grossièrement parallèles aux crêtes successives de direction générale E.-W. Les tremblements de terre de Viernyi ont été mis par Mouchkétov[1] en relation avec les six failles qu'il a relevées, après la ruine de 1887, sur le très petit espace compris entre Viernyi et la profonde cavité tectonique de l'Issyk-Koul, au delà de l'Ala-Tau transilien. Il y a tout lieu de croire que cette remarquable dépression est tout aussi instable que le Semiretchié, mais le manque de grands centres, et par suite d'observations, ne permet pas de l'affirmer en toute sûreté.

Si l'on pénètre davantage dans le Tien-Chan, on trouve le haut bassin du Syr-Darya ou du Naryn, dont quelques séismes peuvent décider de la séismicité d'un district placé dans les mêmes conditions que le précédent. A sa sortie du défilé d'Ousoun, le fleuve entre dans le bassin du Ferghana, terriblement éprouvé, et où les désastres d'Och, Namangan, Marghelan, Andidjan et Kokan, ne faiblissent un peu que vers la plaine de Khodjent, Tachkent et Turkestan. Non loin de là, les monuments de Samarkande portent la trace manifeste de tremblements de terre destructeurs, qui épargnent cependant Bokhara. C'est la région du Tertiaire plissé. Sans entrer davantage dans le détail de systèmes de plis croisés qui n'apprendraient rien de plus sur la genèse de ces séismes, il suffit de noter que dans cette grande région instable du Tien-Chan, la séismicité augmente visible-

[1] Le tremblement de terre de Viernyi du 28 mai 1887 (*Mémoires du comité géol.*, X, n° 1, 1890, en russe).

ment du Nord au Sud, c'est-à-dire qu'elle est plus grande dans la partie plissée que dans la partie faillée, quoique l'un et l'autre genre d'accidents soit tout aussi récent, post-tertiaire, et contemporain.

On savait depuis longtemps que Kachgar ressent assez souvent des secousses, lorsque la catastrophe de septembre 1902, et les nombreux chocs qui la précédèrent et la suivirent, sont venus apprendre que cette dépression est, au moins au pied du Pamir et du Tien-Chan occidental, aussi instable que celle du Ferghana, de l'autre côté de l'Alaï. Au N. E. de Kachgar, Aksou a été détruite en 1716, et au S. W. se trouve Tach-Kourgane, où Sven Hedin [1] arrivait le 5 juillet 1896 peu après les ravages d'un tremblement de terre ; lui-même y ressentait 80 secousses jusqu'au 27 du même mois. Il est donc certain que tout le flanc méridional du Tien-Chan est très instable et que ces conditions s'étendent sur une partie au moins du Pamir, dernière conclusion corroborée par les secousses assez fréquemment signalées au Pamirskii-Post par 74° 20′ E. Gr. et 38° 20′ N. Le Pamir est constitué en pénéplaine, divisée par de grandes ondulations de terrains triasiques, primaires et archéens, mais que de nouvelles dislocations ont porté à son altitude actuelle, en érigeant le bourrelet qui domine de 5000 à 6000 mètres le bassin plat du Tarim. Il y a donc probabilité que l'intérieur du massif est stable, et les tremblements de terre de Tach-Kourgane, Kachgar et Ak-Sou doivent être en relation avec les mouvements de la lèvre soulevée de la cassure orientale, dont la date ne doit pas différer beaucoup de celle de la surrection du Tien-Chan. Du reste du grand bassin du Tarim, l'on ne sait rien au point de vue séismique, mais tout porte à le croire à l'abri des secousses du sol, puisque, comme le Gobi, c'est un fond lacustre tertiaire non dérangé recouvrant un substratum archéen, et si toutefois l'on en néglige les autres vicissitudes ; mais il est possible que l'avenir des observations fasse découvrir l'instabilité du flanc septentrional du Kouen-Loun, formé de terrains primaires étagés sur la dépression, si sa surrection est récente, comme le pensent Obroutchev et de Launay.

Les steppes turkmènes, Kara-Koum et Kyzyl-Koum, paraissent indemnes de tremblements de terre, quoiqu'on ait pu observer quelques rares secousses dans la basse vallée de l'Amou-Darya et dans les oasis de Khiva et d'Ourgentch.

[1] A travers l'Asie centrale (*Le Tour du Monde*, nᵒ du 10 novembre 1898, 551).

3. — Caucase.

Les nombreux désastres séismiques de Chémakha sont à bon droit tristement célèbres, et le Caucase avec ses dépendances, jusqu'à l'Arménie, forme une région presque partout en butte à des tremblements de terre toujours fréquents et souvent destructeurs sur de grands espaces. Les phénomènes séismiques y sont assez bien connus, et il se publie un périodique spécial à l'observation physique de Tiflis.

Au nord de la chaîne du Caucase, une longue dépression réunit la Caspienne à la mer d'Azov. C'est le cours à moitié desséché du Manytch, reste d'un détroit ponto-caspien réunissant les deux mers, et que les eaux remplirent jusqu'à l'aurore des temps actuels. Cette traînée d'eaux saumâtres forme la véritable séparation entre l'Europe et l'Asie. En partant de là, on aborde le Caucase par une série de chaînes parallèles plissées, au nombre de quatre au moins, formées de terrains tertiaires et secondaires, et dont le flanc méridional est toujours le plus abrupt. Leur surrection est assez récente, puisque le Sarmatien y est relevé à plus de 2000 mètres dans le Daghestan, à l'orient de la chaîne. Ces plis se retrouvent à Vladikavkas et dans les presqu'îles de Taman et de Kertch. De ce même côté, les couches jurassiques, néocomiennes et tertiaires plongent en concordance ; au Sud au contraire, celles des deux premières époques sont discordantes entre elles, preuve d'un premier mouvement orogénique.

L'axe de la chaîne du Caucase est archéen dans ses deux tiers occidentaux à l'ouest du Kazbek, et elle tombe tout d'un coup par des escaliers parallèles sur les vallées du Rion et de la Koura. Cette dernière est certainement une vallée de fracture, déterminée par la faille dite de Géorgie, qui correspond de ce côté à un mouvement de descente, contre-partie du relèvement des couches sarmatiennes du Daghestan. Les volcans Kazbek et Elbrouz se sont, par une anomalie singulière, dressés en pleine chaîne, après la formation des vallées qui ont été comblées par leurs produits. L'axe archéen lui-même s'est renversé vers le Sud, et la partie orientale de la puissante ride s'est affaissée sous la Caspienne entre la presqu'île d'Apchéron et le grand Balkhan, ne laissant à sa place qu'un long seuil sans profondeur qui sépare cette mer en deux cavités. Toutes les parties basses des vallées de la Koura et de l'Araxe forment une aire d'affaissement, s'étendant selon toute apparence à toute la partie méridionale de la Caspienne, et qu'Abich et Suess regardent comme tendant à se con-

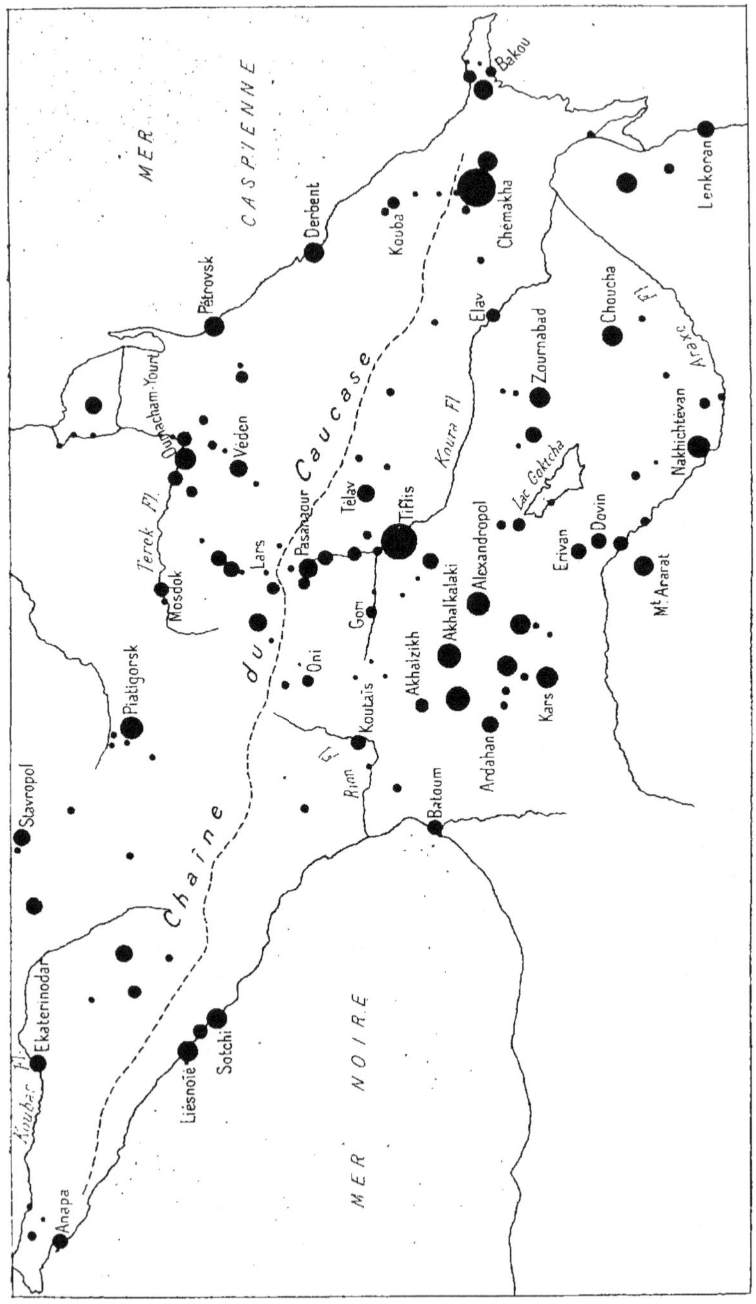

Fig. 32. — Caucase.

tinuer le long de la faille de Géorgie. Malgré son important relief, le Caucase ne plonge pas à pic dans la mer Noire, dont le fond ne s'approfondit que loin du littoral. Au sud de la Géorgie, les terrains secondaires et éruptifs, tant tertiaires que modernes, s'enchevêtrent confusément, ne permettant pas de définir encore d'une façon claire les mouvements récents auxquels on pourrait assigner un rôle séismogénique.

Passant maintenant à l'étude des tremblements de terre de ces vastes territoires, on voit d'abord que les presqu'îles de Kertch et de Taman sont stables, en dépit de leurs volcans de boue et de leurs plissements sarmatiens.

Le versant nord du Caucase est assez souvent ébranlé. Les hautes vallées des principaux affluents de gauche du Kouban ont donné quelques secousses, et l'instabilité s'accentue plus sérieusement à Stavropol et à Piatigorsk. Ce dernier point est bien connu par le grand développement de l'appareil hydro-thermal, et par les pitons et les dykes rhyolitiques de ses environs, indices de dislocations et de mouvements récents, puisque les produits éruptifs ont percé les sédiments crétacés et tertiaires. Autour du remarquable coude que fait le Térek vers le N. E. avant d'atteindre son delta, se développe une région séismique assez importante, souvent secouée, mais où cependant les tremblements de terre n'ont jamais été que sévères. Les épicentres y sont nombreux et s'étendent jusqu'à Vedeno, Groznyie, Mozdok et Vladikavkas.

Sur la côte caspienne au nord du Caucase, les ports de Derbent et de Pétrovsk ont fourni un certain nombre d'observations séismiques, et les épicentres deviennent plus rapprochés entre Kouba et Bakou. L'ignorance complète dans laquelle on se trouve relativement à la vraie position des foyers d'ébranlement, empêche d'assigner une influence séismogénique soit au mouvement de relèvement des couches sarmatiques à 2 000 mètres et plus, soit à l'existence de la fosse septentrionale profonde de la Caspienne. En 1885, au N. W. de Derbent, un tremblement de terre aurait crevassé et fait ébouler le mont Chatyle, mais en l'absence de renseignements précis sur cet événement, il faut faire d'expresses réserves sur l'intensité des secousses au Daghestan.

D'Anapa à Soukoum-Kalé, le versant Sud du Caucase est court et raide et les tremblements de terre sont assez fréquents. Sotchi est le point pour lequel on a mentionné le plus de secousses sur ce littoral. La vallée supérieure du Rion, de Koutaïs à Orbéli et à Oni, est encore bien plus sujette à des ébranlements, dont aucun cependant n'a encore jamais été désastreux ; on n'en connaît que de sévères avec des éboulements dans les montagnes. Il y a là une faille importante, dont il y aura lieu de rechercher par des études de détail le rôle séismogénique possible.

L'instabilité commence à devenir vraiment sérieuse avec le versant gauche de la Koura. De très nombreuses observations séismiques ont été relatées à Tiflis, grâce probablement en partie à sa qualité de ville ancienne et importante, mais il ne semble pas qu'elle ait jamais eu à souffrir de graves dommages, et la ruine de Mtzkhet dans son voisinage, en 1283, doit être regardée comme ayant été exagérée par les chroniqueurs arméniens. Rien ne prouve que Tiflis soit le véritable foyer d'ébranlement et l'accumulation d'épicentres riches au Sud (mont Somhetske) et au N. W. (Douchet, Kvichet et Passanaour), juste dans la direction de Vladikavkas, autre centre important situé du côté opposé de la chaîne, devra dans l'avenir attirer l'attention du savant directeur de l'Observatoire physique de Tiflis, M. Hlasek [1], de façon à décider si cette sorte d'alignement séismique apparent n'a pas une cause géologique profonde. Vers l'Est, jusqu'à la Caspienne, le versant méridional du Caucase montre des épicentres plus nombreux et plus importants.

A l'extrémité de la chaîne, la malheureuse ville de Chémakha ne compte plus ses catastrophes. Ses tremblements de terre ont fait l'objet de recherches devenues classiques d'Abich [2], dont les vues ont été acceptées par Suess et d'autres géologues. Non seulement les isoséistes des grands tremblements de terre les mieux connus sont allongés sur une ligne Marazy, Chémakha, Baskhal, parallèle à l'axe du Caucase, au cours de la Koura et aux failles géorgiennes, mais encore leurs épicentres, variables sur cette ligne, n'en sont d'ailleurs jamais éloignés ainsi qu'on peut le constater sur la carte annexée par Weber [3] à son étude du désastre du 31 janvier 1902. Ce fait met nettement ces tremblements de terre en relation avec la chute de la voûte caucasienne au Sud, accident qui contraste avec les plissements du Daghestan, deux événements post-sarmatiens et bien évidemment contre-partie l'un de l'autre. Dans cette même région de la

---

[1] *Rapports mensuels de la station à pendule horizontal de l'observatoire physique de Tiflis.* Observations faites au moyen du triple pendule horizontal de von Rebeur-Ehlert, 1900 (en russe et en allemand).

[2] *Geologische Forschungen in den kaukasischen Ländern* (II. Wien. 1878) ; *Id. Geologische Beobachtungen in den Gebirgsländern zwischen Kur und Araxes* (Tiflis, 1867) ; *Id. Ueber ein im Caspischen Meere erschienene Insel.* Beiträge zur Kenntniss der Schlammvulkane der Caspischen Region (Petersburg, 1863).

[3] Tremblement de terre de Chémakha du 31 janvier 1902 (*Mémoires du comité géol.*, nouv. sér. n° 9, 1903), (Résumé en fr.).

basse Koura, Noukha, Élisabethpol, Choucha et Lenkoran sur la
Caspienne, sont de très importants foyers d'ébranlement, mais leurs
tremblements de terre ne sont pas à comparer, même de loin, avec
ceux de Chémakha, tout en ne laissant pas que d'être parfois fort
graves. Ce territoire bas, compris entre le Caucase et l'Anticaucase,
a été considéré par Abich comme une aire d'affaissement, comprenant et continuant la fosse profonde méridionale de la Caspienne.
On aurait ainsi affaire à des séismes en intime relation avec un affais-

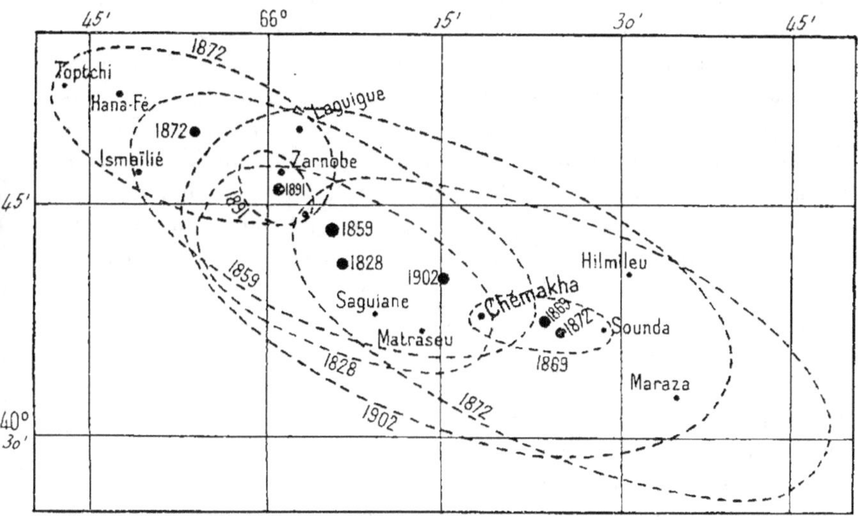

Fig. 33. — Principaux tremblements de terre de Chémakha.
(D'après Weber.)

sement en préparation sur la basse Koura, entre des failles tout à fait
analogues aux dislocations périadriatiques, qui prolongent vers le
Frioul et le Tyrol l'effondrement de l'Adriatide entre la Dalmatie et
l'Italie. Suess se demande si la Caspienne n'est pas destinée à
s'ouvrir quelque jour un large golfe dans cette direction, et allant
encore plus loin, si ces phénomènes ne présagent point un effondrement de toute la partie orientale de l'Asie mineure, comme suite à l'effondrement récent du continent égéen. Dans cette dernière hypothèse,
ce ne seraient plus seulement les tremblements de terre de la Géorgie
qui seraient en jeu, mais ceux de toute l'Arménie. A la suite d'Abich,
beaucoup de géologues pensent aussi que les éruptions boueuses de
la presqu'île d'Apchéron et du littoral voisin du delta de la Koura
sont liées tant aux fractures géorgiennes qu'à celles qui s'ébauchent

et se préparent dans la Caspienne, comme conséquence de l'effondrement de sa fosse méridionale.

« Nulle part, peut-être, dit le célèbre géologue[1], la liaison des
« tremblements de terre, qui crevassent le sol, avec les phénomènes
« des volcans de boue, des salses, des gaz inflammables qui pénè-
« trent à travers les fissures de la terre, et des sources de pétrole,
« n'a été mieux déterminée, ni plus manifeste que dans l'extrémité
« Sud-Est du Caucase, entre Chémakha, Bakou et Saillan ; c'est la
« partie de la grande dépression Aralo-Caspienne dans laquelle le
« sol a été le plus souvent remué par les tremblements de terre. »

Au sud de la Koura s'étend un épais et vaste manteau de produits éruptifs, qui cache le substratum sédimentaire et n'a pas permis
jusqu'à présent de faire une lumière complète sur les vicissitudes
de cette région extrêmement tourmentée, dépendance du massif
arménien. Ce qu'on en sait suffit, cependant, pour affirmer que les
mouvements de la fin de l'époque tertiaire y ont atteint une extraordinaire intensité, expliquant bien d'une façon générale une instabilité qui ne le cède en rien à celle de la basse Koura.

Entre ce fleuve et son grand affluent, l'Araxe, s'étend l'Anticaucase, parallèle au Caucase. Formé de deux chaînes en partie noyées
sous les déjections volcaniques, l'entre-deux des montagnes est
marqué par la dépression profonde du lac Goktcha ou Sevanga,
occupant un véritable cirque volcanique, prolongé au S. E. par le
bassin de l'Akara. L'instabilité n'y est pas exagérée.

Les tremblements de terre se donnent au contraire libre carrière
dans la vallée de l'Araxe, qui sépare l'Anticaucase de l'Ararat.
Ordobad, Nakhitchévan, Alexandropol, et surtout Erivan ont eu, à
de nombreuses reprises, des catastrophes à inscrire dans leurs
annales. Abich met ces séismes en relation avec un système compliqué de fractures profondes, correspondant elles-mêmes au développement gigantesque de l'activité volcanique dans toute la haute
Arménie, où les couches du premier étage méditerranéen ont été
morcelées et portées à de grandes altitudes, à une époque récente.
Ces mouvements, dont on ne saurait guère nier la persistance sous
forme séismogénique, ont alterné avec les éruptions trachytiques, de
sorte qu'au nord de Nakhitchévan une première série de cassures a
précédé l'effondrement de la clef de voûte, auquel est dû la vallée de
l'Araxe.

Plus au N. W., le plateau entre les hautes vallées de la Koura et

---

[1] Ueber Daghestan, Schagdagh und Ghilan (*Poggendorff's Annalen*, LXXVI, 1849, 157).

de l'Araxe atteste l'existence d'un vaste bassin lacustre tertiaire,
encore incomplètement asséché et dont les derniers témoins doivent
leur survivance aux perturbations amenées dans le régime hydrographique par l'accumulation des produits éruptifs. Quoi qu'il en
soit, ce district séismique, prolongeant celui d'Érivan et d'Alexandropol, paraît avoir tout autant à redouter des tremblements de terre,
si l'on en juge par ceux d'Akhalzyk et surtout d'Akhalkalaki. Cette
dernière ville a été le théâtre, le 19 décembre 1899, d'un grand
séisme étudié par Mouchkétov[1] et ses collaborateurs. Mais ils ont
malheureusement bien plus dirigé leurs recherches sur les conséquences de l'événement que sur ses causes tectoniques, de sorte qu'ils
n'ont pas fait la lumière sur le problème géologique de sa genèse.

4. — Arménie, Asie Mineure et Chypre.

L'Asie Mineure est un des pays du monde dont les catastrophes
séismiques ont eu le plus de retentissement dans l'histoire, et grâce
aux auteurs de l'antiquité les relations dont nous disposons s'échelonnent sur près de trente-six siècles. Il serait donc inutile d'entrer
dans beaucoup de détails sur des tremblements de terre dont les
récits se rencontrent chez tant d'historiens. Ils ont d'ailleurs été
réunis dans les catalogues déjà mentionnés d'Al. Perrey et de Julius
Schmidt (ch. IX) ; l'un et l'autre ont aussi publié les nombreuses
observations faites par leurs correspondants de 1850 à 1872 et de
1858 à 1878 respectivement, de sorte qu'en y ajoutant le bulletin
météorologique et sismique publié de 1895 à 1897 par l'Observatoire
impérial de Constantinople, on a sur la séismicité de ces pays des
renseignements très nombreux, et généralement suffisants pour en
déterminer l'exacte répartition. Ce qui manque le plus ici, c'est
l'étude des isoséistes, permettant le choix des accidents tectoniques
responsables des principaux tremblements de terre.

Il a paru assez naturel de se limiter au Nord à la vallée de l'Araxe
et à une ligne de crêtes passant au sud de Kars et à l'est d'Erzéroum
pour rejoindre le Pont-Euxin un peu à l'est de Trébizonde. Au Sud,
on a pris la ligne du pied des hauteurs qui dominent la Mésopotamie
jusqu'au Kourdistan, et qui commencent au golfe d'Alexandrette. La
limite occidentale est beaucoup moins facile à faire concorder entre
la géologie et la géographie. Le Bosphore de Thrace a ses deux

---

[1] Matériaux sur le tremblement de terre d'Akhalkalaki du 9 décembre 1899 (*Mémoires
du comité géologique, Nouv. sér.* nº 1, 1903; en russe).

bords constitués des mêmes couches dévoniennes qui se correspondent de rive à rive, mais ce terrain dépasse peu ses environs immédiats en Europe. Le golfe de Saros est extrêmement profond et se trouve dans l'axe d'une fosse linéaire descendant à plus de 1 000 mètres entre Samothrace et Thasos au Nord, Imbros et Lemnos au Sud. Il y a donc là l'indice d'une séparation naturelle, faisant de la mer de Marmara tout entière une dépendance de l'Anatolie, et constituant la limite avec les granites de la forêt de Belgrade et les terrains tertiaires inférieurs peu dérangés de la Thrace. C'est celle qui sera adoptée ici, d'autant mieux que les tremblements de terre s'affaiblissent assez sensiblement à l'Ouest de la Propontide.

Dans son état actuel, l'Asie Mineure résulte de mouvements extrêmement complexes de la fin des temps tertiaires, et sur lesquels les géologues ne sont pas encore complètement d'accord, ni dans le détail, ni même quant à leur exacte succession. Mais ces mouvements ont présenté une telle ampleur verticale et horizontale, que l'on ne doit pas s'étonner de voir que la presqu'île n'a pu reprendre son équilibre, si violemment et si récemment troublé. Aussi, quoique les causes générales d'instabilité séismique surabondent, il serait le plus souvent téméraire d'assigner un rôle séismogénique à tel ou tel accident plutôt qu'à tel ou tel autre voisin. La constitution, si manifestement éruptive des roches de beaucoup de districts, a fait considérer par maints observateurs les tremblements de terre de ces régions comme dus à un reste d'activité volcanique, explication qui ne saurait être générale et applicable à bien des localités éloignées des anciens évents, ignorât-on l'indépendance habituelle des deux ordres de phénomènes. Il suffit ici d'en citer l'exemple le plus probant, celui du golfe d'Adalia parfaitement stable, et dont cependant le rivage rectiligne au pied du puissant volcan Takhtaly (2 380 m.), ou mont des Chimères, atteste une cassure, correspondant au développement d'une activité éruptive maintenant éteinte, même au point de vue séismique, aussi bien que ces mouvements tectoniques eux-mêmes pourtant récents.

Les principales vicissitudes tertiaires et quaternaires de l'Asie Mineure consistent dans le recul de la Méditerranée, qui a occupé longtemps de grandes parties de sa surface, comme le démontrent les dépôts d'origine marine rencontrés jusque dans le haut bassin de l'Euphrate, et dans sa séparation définitive de l'Europe à la suite de l'effondrement du continent égéen. Au point de vue géographique, sa caractéristique est le nœud si compliqué de l'Arménie, où se rencontrent les Alpes Pontiques, le Taurus et les chaînes plissées de la

Perse et du Mazendéran. Il faut y ajouter les bassins fermés, ou à peu près, de l'intérieur et ses côtes, souvent découpées par des cassures. Enfin la **Propontide**, ancienne dépendance du Pont-Euxin, a été ouverte à **l'époque** pléistocène, en même temps que la mer Égée prenait la **place** d'une vaste terre capable de nourrir la nombreuse et fameuse faune de Pikermi, à laquelle de grands espaces étaient nécessaires. L'activité éruptive a joué aussi un rôle considérable dans la formation de la massive presqu'île, dont le substratum archéen se montre sur de larges surfaces et a, par sa résistance aux poussées **orogéniques** de la fin des temps tertiaires, donné çà et là naissance à des plissements qui sont loin cependant de constituer le phénomène essentiel de son modelé.

L'extrême instabilité de la vallée de l'Oronte a déjà été mentionnée à propos des tremblements de terre de la Syrie. Mais elle ne s'en tient pas là, elle remonte vers le Nord jusqu'à Malatia et Maden, accompagnant ainsi les accidents qui ont donné lieu à la dépression syrienne depuis la mer Rouge, et qui semblent venir mourir en pleine Arménie, tout en se compliquant singulièrement à la rencontre de l'Anti-Taurus. Malatia a subi, en 1893, un tremblement de terre désastreux. En se prolongeant vers le **Nord**, les séismes d'Antioche ne perdent donc rien de leur violence.

La dépression d'Adana paraît assez peu gravement ébranlée vers la mer (golfe d'Alexandrette); mais la haute vallée du Djihoun (Pyramus), entre le Taurus et l'Anti-Taurus, a été à plusieurs reprises le théâtre de violents séismes qui ont détruit Anazarbe. Il est tout à fait impossible de décider actuellement s'il s'agit là d'une région séismique autonome, ou si ces tremblements de terre de l'antiquité romaine venaient de Syrie, car on ne possède aucune indication, même vague, sur la fréquence habituelle, ou normale, des secousses dans le district d'Adana.

Les côtes méridionales de l'Asie Mineure, ou le versant méridional maritime du Taurus, sont très stables, quoi qu'on en ait dit, tout au moins celles de la Cilicie, et il faut arriver à la Lycie pour entrer dans le domaine éprouvé par les tremblements de terre. Ils commencent à Maïs, tout en restant peu redoutables jusqu'à Rhodes; c'est seulement alors qu'ils deviennent vraiment dévastateurs. Entre Rhodes et la côte de Lycie les récentes explorations autrichiennes [1] ont fait découvrir un creux de 3 500 mètres, dont les

---

[1] Luksch. Veröffentlichungen der Commission für Erforschung des östlichen Mittelmeeres. Vorläufiger Bericht über die physikalisch-oceanographischen Arbeiten im Sommer 1893 (*Sitz. ber. d. K. Ak. d. Wiss. in Wien*, Sitz. vom 12 Okt. 1893).

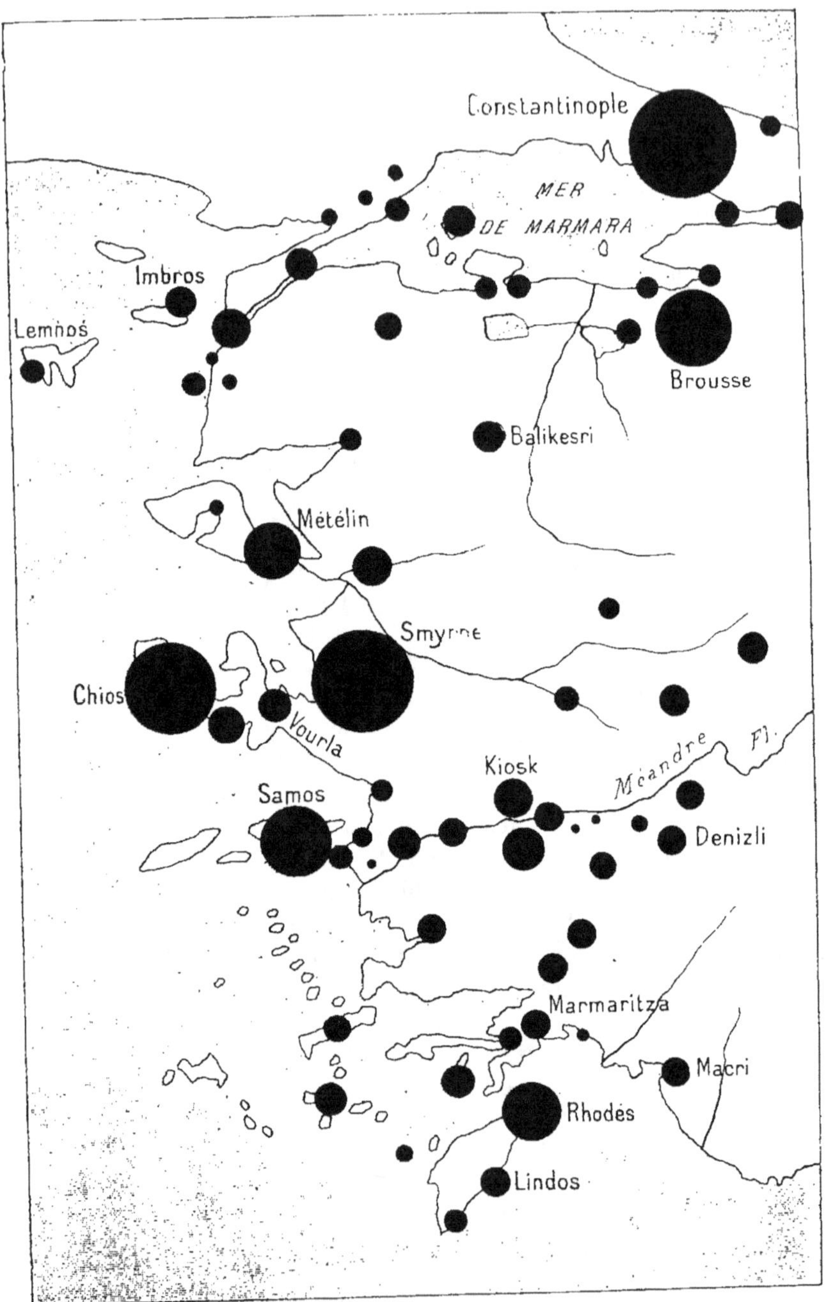

Fig. 34. — Asie Mineure occidentale.

bords les plus raides sont tournés vers l'île de Rhodes et le littoral anatolien. Rien ne s'oppose à ce qu'on lui fasse jouer un rôle séismologique au moins indirect, et l'on ne saurait trouver une objection sérieuse dans ce fait que deux autres creux se rencontrent l'un au centre du golfe d'Adalia, l'autre au sud de Chypre, sans qu'il en résulte d'instabilité au voisinage, parce que ces derniers, de 1 000 mètres moins profonds et à talus beaucoup plus doux, ne peuvent correspondre à d'aussi considérables dislocations.

Les tremblements de terre de Smyrne et de toute la vallée du Méandre, ceux de Laodicée et de Cybyre, au delà du talus montagneux, dans l'antiquité, enfin ceux modernes de Boldor et d'Isbarta, sont de véritables événements historiques connus de tous. Le fait qu'on se trouve là au bord de l'effondrement égéen permet d'en rendre responsable les mouvements orogéniques correspondants, et d'expliquer, d'une façon générale, la grande séismicité qui règne sur la côte anatolienne de la mer Egée, de Rhodes à Pergame et Métélin. Mais, du Sud au Nord, l'instabilité n'atteint pas de prime abord son maximum ; c'est ainsi que Rhodes, malgré le voisinage des manifestations volcaniques modernes de Nisyros, est comparativement moins exposée que Samos et Chio, et cette immunité, d'ailleurs toute relative, s'étend à la côte correspondante de Lycie. Rhodes fait partie d'un arc dinarique crétacé venant de la Crète par Kasos, et dont les couches, très bouleversées sur la côte orientale de la première île, qui, justement, est sa partie la plus secouée, sont brusquement séparées de la Lycie par un détroit, représentant une cassure transversale récente, dont la profondeur est de 3 800 mètres à 38 kilomètres du littoral.

La vallée du Méandre tout entière, même sa partie supérieure où elle entame le plateau anatolien, Samos et Chio forment une des régions du globe les plus exposées aux tremblements de terre. La géologie en est très complexe, et tous les genres d'accidents, récents ou non, s'y rencontrent — chaînes gneissiques démantelées, plissements, failles ayant déterminé le *Graben* de la vallée, éjections éruptives attestant des cassures, etc. — Les documents font reconnaître comme importants foyers d'instabilité à peu près toutes les villes anciennes ou modernes, mais sans qu'on puisse affirmer que ce sont les véritables épicentres ; ces derniers n'en peuvent cependant être bien éloignés. Il serait donc tout à fait illusoire d'attribuer chacun d'eux à l'accident géologique le plus voisin, tant que la détermination des isoséistes et des aires épicentrales d'un certain nombre de chocs au moins sévères, ne sera pas venue confirmer la mobilité de l'un ou de l'autre. Il sera toutefois permis de suggérer que la présence du Carboniférien supérieur semble indiquer l'existence d'un ancien géosynclinal primaire en avant du massif gneissique de la Carie, de sorte qu'il y aurait là superposition d'une région séismique due aux mouvements de la fin du Tertiaire à une région disloquée de la fin du Primaire. En un mot, les dernières poussées orogéniques auraient rejeuni, ou restauré, l'instabilité d'une région qui aurait acquis sans cela un repos au moins pénéséismique. D'autres exemples analogues confirment ailleurs cette opinion, malgré ce qu'elle peut présenter de risqué. Les traditions, sinon les chroniques de l'antiquité la plus reculée montrent que, depuis trente-six siècles au moins, les tremblements de terre agitent Smyrne et le Sipyle. C'est un bel exemple de la pérennité des conditions séismiques, et tout en faveur de l'opinion que les régions stables et instables ne se modifient guère à la surface du globe, en comparaison du peu de temps écoulé depuis que l'homme l'occupe. Wiebel, cité par Suess (II, 722), pense que la présence d'anciennes constructions au-dessous du niveau de la mer, dans la baie de Samos, peut s'expliquer par un affaissement de la côte sous l'influence d'une violente secousse séismique. Cette supposition s'accorde bien avec une observation de l'ingénieur Redeuil, recueillie par Carpentin [1], à savoir que, lors du grand tremblement de Smyrne, du 27 juillet 1880, le sol s'est affaissé de plus d'un pied, estimation faite du niveau auquel la mer arrivait à l'Échelle des Francs après cette catastrophe ; la voie ferrée s'était aussi affaissée de 0,60 m. par glissement, d'après Redeuil. Schaffer [2] ne doute pas non plus du caractère nettement tectonique des secousses de la vallée du Méandre.

Métélin [3] et Pergame ne sont pas moins exposés que les territoires précédents aux tremblements de terre désastreux, et l'instabilité s'étend au Nord jusqu'à Balikesri.

Au contraire, les tremblements de terre font trève en Troade. Le détroit des Dardanelles lui-même est assez stable, et si quelques dommages ont été mentionnés tout autour jusqu'à Gallipoli, on doit en accuser le contre-coup de séismes extérieurs. Lemnos et Imbros partagent cette sécurité relative ; cependant, cette dernière île a été en 1867 troublée par de nombreuses secousses, qui firent plus de peur que de mal, et dont les conséquences furent d'ailleurs grandement aggravées

---

[1] Notice sur les tremblements de terre de Smyrne (*Ann. Phys. et Chim.* 5ᵉ série, XXI, 1880).

[2] Das Mäanderthalbeben vom 20 September 1899 (*Mitth. geogr. Ges. in Wien*, XLIII, 221, 1900).

[3] Fouqué. Rapport sur les tremblements de terre de Céphalonie et de Métélin en 1867 (*Arch. des missions sc. et litt.*, 2ᵉ série IV, 445, Paris, 1868).

par les déplorables conditions des habitations de pauvres paysans et pêcheurs. Ces chocs doivent être attribués sans doute, comme ceux de Gallipoli, au voisinage immédiat de la longue fosse maritime profonde qui sépare ces deux îles de Thasos et de Samothrace, et forme la véritable frontière entre l'Europe et l'Asie jusqu'au fond du golfe. C'est vraisemblablement une des cassures dues à l'effondrement égéen, et qu'une ride prolonge jusqu'au delà de Rodosto. Ainsi Lemnos, Imbros, Gallipoli et Rodosto formeraient un axe séismique de second ordre, tandis que les Dardanelles n'auraient aucune signification malgré leurs apparences de longue et étroite fracture ; c'est qu'en effet, ce n'est pas un accident tectonique véritable, mais seulement une voie d'accès que la mer égéenne s'est ouverte vers la mer de Marmara, ancienne dépendance du Pont-Euxin.

L'instabilité reprend bientôt ses droits dans la partie opposée de la Propontide. Assurément, Constantinople a beaucoup souffert des tremblements de terre dans le cours des siècles passés, et celui de 1894 a été le dernier qui l'ait éprouvée. Mais c'est une ville depuis trop longtemps importante pour n'avoir pas accaparé les secousses du voisinage ; c'est donc un foyer apparent, dont il faut restituer le rôle séismogénique aux golfes tectoniques d'Ismid et de Guemlik, la même observation s'étendant évidemment à Brousse, tout aussi gravement exposée. L'histoire géologique de la mer de Marmara est encore assez confuse. On sait toutefois que c'est une cavité d'effondrement, faisant partie des nombreuses dépressions qui jalonnent le versant septentrional des Alpes depuis la mer Noire jusqu'au golfe de Gascogne, par la plaine du Danube, la vallée du Rhône et le bassin de la Garonne[1]. La grande profondeur de la Propontide (plus de 1 400 mètres) accentue ce caractère, et les golfes linéaires mentionnés plus haut représentent des accidents dont l'influence sur la production des tremblements de terre est corroborée par la distribution apparente des épicentres jusqu'à Héraclée. On peut donc mettre ces séismes en relation avec ces accidents, comme l'a fait Dück[2] pour ceux de Constantinople, en objectant au travail de ce séismologue qu'ils ne sont pas évidemment d'origine volcanique, ni un écho des manifestations éruptives récentes des îles des Princes, et des rives du Bosphore, sillon ouvert dans le Dévonien, bien plus par simple érosion qu'à la suite d'actions violentes. Vers l'Est, la séismicité ne dépasse guère Boly et Héraclée (Bender-Eregli). La présence d'une bande

[1] H. Douville (*C. R. Ac. Sc.*, Paris, CXXII, p. 678).

[2] Die Erdbeben von Konstantinopel (*Die Erdbebenwarte*, III, 121 et 177. Laibach, 1904).

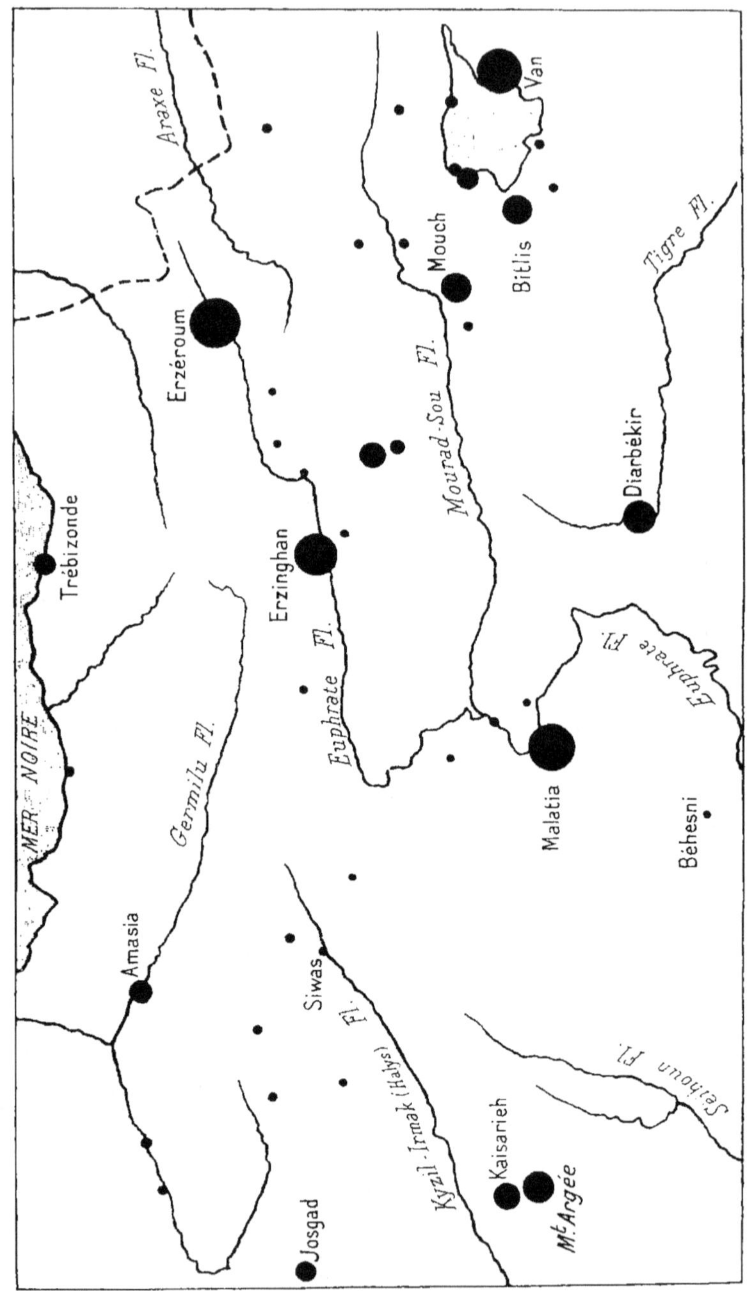

Fig. 35. — Arménie.

houillère aux environs de cette dernière ville fait de suite songer à
une survivance de l'instabilité d'un synclinal carboniférien, dont les
secousses en voie d'extinction auraient retrouvé un renouveau d'énergie à la suite des mouvements tertiaires.

Les Alpes Pontiques, assez tourmentées, paraissent cependant avoir
un peu moins à redouter que ces régions de l'Ouest. En tout cas, les
tremblements de terre de Kastamouni, de Kiankary et d'Angora
n'ont pas laissé d'aussi cuisants souvenirs que ceux de Smyrne ou
de Constantinople.

Le plateau déprimé du centre de l'Anatolie est, d'une façon certaine,
bien plus à l'abri des secousses, si toutefois on en excepte le haut
Méandre, dont il a déjà été parlé : Jozgad et Kaisarieh ont eu, à
plusieurs reprises, à essuyer des dommages d'importance.

Le nœud montagneux de l'Arménie, avec les hautes vallées de l'Euphrate et du Tigre, est d'une grande instabilité. De fait, se reliant sans
discontinuité avec les districts séismiques de l'Oronte, de l'Azerbéïdjan et de l'Araxe, sa séismicité relève directement aussi des
grands mouvements alpins qui ont plissé et brisé ses couches, et
facilité en même temps le développement exagéré des phénomènes
éruptifs auxquels le pays doit une partie de son relief, par suite de la
résistance aux actions destructives de l'atmosphère et des eaux de
certains de leurs produits, qui ont protégé les couches sous-jacentes
d'une totale disparition. Van, Bitlis, et surtout Erzinghan, Erzéroum et Diarbékir, ont eu autant que villes du monde à souffrir
des tremblements de terre. Pour expliquer leurs catastrophes, il suffit de rappeler l'amplitude des mouvements qui ont porté le Tertiaire
à de grandes altitudes en plissant le substratum, sans qu'il soit
besoin d'aller aussi loin que Suess, lorsqu'il se demande si ce pays
n'est pas menacé d'un futur effondrement méditerranéen.

A s'en tenir aux informations des anciens auteurs, Chypre serait
assez sujette aux secousses du sol, et elle aurait été souvent et gravement éprouvée. Mais les observations négatives faites pendant les
longues années qu'elle a fait partie du domaine latin, et depuis l'occupation anglaise, semblent démentir catégoriquement cette instabilité
supposée. Les dommages que ses villes ont parfois subis doivent
donc être attribués sans doute aux grands séismes de la Syrie, ou
même de la côte occidentale d'Anatolie. Le 29 juin 1896, quelques
dégâts ont été produits à Limassol par un tremblement de terre,
qui a eu d'assez nombreux chocs consécutifs. Agamemnone[1] en

[1] Le tremblement de terre dans l'île de Chypre du 29 juin 1896 (*Beiträge zur Geophysik*. VI, 1, 108. Leipzig, 1903. *Boll. soc. sism. ital.* VIII, 249, 1902-1903).

place l'épicentre en mer, au large dans le S. W., c'est-à-dire dans les profondeurs de la Méditerranée orientale, là où elle paraît avoir subi de grandes modifications à la fin de l'époque tertiaire. Il est à noter, en outre, que le flysch existe à Chypre, d'où une certaine analogie possible avec les secousses qui caractérisent dans l'Europe centrale la longue bande instable, de même nature, située en avant des plissements alpins : c'est la trace d'un ancien synclinal rétréci, comblé, soulevé et plissé, mouvements dont les conséquences posthumes se retrouvent peut-être encore sous cette forme modérée dans cette île, du côté opposé de la grande ride alpine.

Des Dardanelles à Makri, les côtes de l'Asie Mineure sont sujettes à des vagues séismiques, à l'exclusion du versant méridional du Taurus et du littoral du Pont-Euxin. Mais il est actuellement impossible de dire si ces vagues sont seulement la conséquence directe des grands tremblements de terre anatoliens à épicentres terrestres, ou si elles résultent de secousses d'origine sous-marine, situées quelque part dans la mer Egée, et qui manifesteraient ainsi un reste de mobilité des lèvres des fractures de l'Egéide, effondrée à l'époque pléistocène. Il semble très probable que les deux cas se présentent ici, tantôt l'un, tantôt l'autre.

CHAPITRE XIV

CARPATHES ET DÉPENDANCES

L'immense plaine hongroise est fermée à l'Est par les Carpathes, dressant en demi-ellipse leur bourrelet de sédiments secondaires et tertiaires plissés par la poussée orogénique alpine. Leur surrection est, en partie, contemporaine de celle des Pyrénées. Aussi l'instabilité est-elle de même ordre dans les deux chaînes, un peu plus anciennes que les Alpes. Dans l'intérieur, le substratum archéen a survécu aux érosions postérieures au mouvement, et domine le bassin d'effondrement que le Danube a vidé en forçant le passage des Portes de Fer. Les plissements carpathiques se relient aux plissements alpins par-dessous le bassin de Vienne, et, de ce côté de la Styrie, la Save limite au Sud les pays qu'il s'agit d'étudier ici. A l'extérieur, la Roumanie, la Bessarabie, la Bukovine et la Galicie forment une dépendance, bornée au Sud par le Bas Danube, à l'Est par le Boug, le long de la vallée duquel reparaît sous le Miocène le substratum archéen de la Russie méridionale, tandis qu'au Nord le bord septentrional irrégulier des couches miocènes de la Galicie sert de limite de ce côté. Nous commencerons par la zone extérieure.

1. — Provinces extérieures : Galicie, Bukovine, Bessarabie et Roumanie.

La Galicie et la Bukovine sont très stables, comme l'indique l'absence presque complète de secousses signalées dans les catalogues annuels de l'*Erdbebencommission* de l'Académie des sciences de Vienne, publiés depuis 1896, et ce ne sont pas quelques séismes recueillis à grand'peine pour Lemberg, Czernowitz et Sandec, qui peuvent changer cette appréciation. A propos d'un choc ressenti le 20 janvier 1903 à Zaleszczyki, Láska, cité par Von Mojsisovics [1], dit

[1] Allgemeiner Bericht und Chronik der im Jahre 1903 im Beobachtungsgebiete einge-

que si la région est riche en gypse et montre de nombreux effondrements, ce séisme est cependant d'origine tectonique ; la région d'ébranlement forme le bord de la plate-forme podolienne, et se trouve à peu près sur une faille qui est recouverte par les sédiments plus récents, du moins à ce qu'il pense.

En Roumanie, depuis 1892, Stephan Hepites a organisé systématiquement les observations séismiques au moyen des stations météorologiques du royaume, au nombre de plus de 300. Si cette période est courte, elle est néanmoins suffisante pour donner une idée très exacte de la répartition des séismes qui l'ébranlent, en adjoignant aux listes annuelles[1] publiées par le savant directeur de l'Institut météorologique de Bucarest, son catalogue des secousses observées de 1839 à 1892[2], et celui de Stefanescu pour les temps anciens[3]. Deux mémoires de Draghicénu, l'un séismologique, l'autre géologique[4], donnent aussi de précieux renseignements sur les tremblements de terre de Roumanie et leurs relations tectoniques. Enfin le grand catalogue des séismes russes par Mouchkétov et Orlov renseigne suffisamment sur la Bessarabie, qui, au point de vue séismique, ne pourrait être séparée de la Roumanie. De tous ces documents résulte pour ces provinces une fréquence annuelle de 12 secousses, chiffre très modéré relativement à leur grande surface et qui laisse à penser que tous leurs chocs sévères, tels ceux du 6 avril 1790, du 26 octobre 1802 et du 26 novembre 1829, avaient une origine extérieure, Balkan ou Asie Mineure, et que leurs dommages ont été notablement aggravés par la mauvaise construction, l'assiette défectueuse et l'état de vétusté des édifices.

Les épicentres sont nombreux, mais rarement riches en séismes, et les deux seules exceptions un peu notables sont Bucarest et Kichinev. Si l'on n'avait possédé que les observations antérieures à 1893, on n'aurait pas manqué de regarder ces deux villes comme des épicentres seulement apparents, opinion contredite par les obser-

tretenen Erdbeben (*Mitth. d. Erdbeben-Comm. d. K. Ak. d. Wiss.*, Neue Folge, XXV, 158, 1904).

[1] Registrul cutremurilor de pamînt in Romănia, în anul 1893... (*Analele institului meteorogic al Romaniei*, 1893, 1894...)

[2] *Id.* Registrul cutremurilor de pămînt in Romănia, 1839-1892 (*Id.* VI, 1890, A. 55, 1893).

[3] Cutremurele de pămînt in Romănia în timp de 1391 de ani, de la anul 455 pàna la 1846 (*Analele acad. romăna*, Seria II, XXIV. *Mem. Sect. scient. Bucuresci*, 1901).

[4] Les tremblements de terre de la Roumanie et des pays environnants. Contribution à la théorie tectonique (*Bucuresci Institul de arte grafice*, 1896) ; *Id.* Erlaüterungen zur geologischen Uebersichtskarte des Königreiches Rumänien (*Jahrbuch d. K. K. geol. Reichsanstalt*, XL, 399, Wien, 1890).

vations systématiques postérieures, qui ont montré l'existence de
foyers de secousses locales non ressenties à grande distance. Les
mêmes remarques s'appliquent à Galatz, Braïla et Iassy, mais avec
moins de certitude à Odessa. Par contre, des épicentres comme
Bârlad, Focsani et Tudor-Vladimirescu ont vu s'accentuer leur impor-

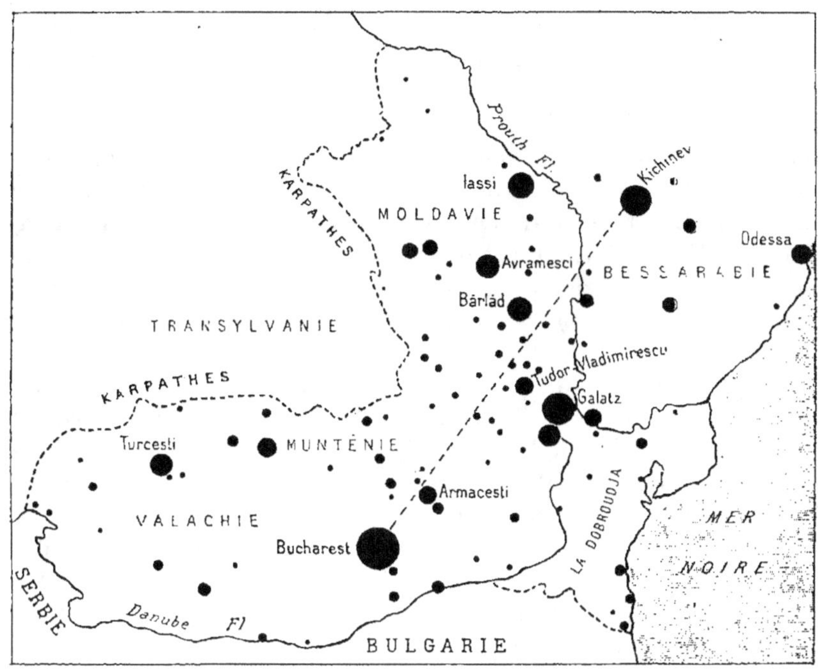

Fig. 36. — Roumanie et Bessarabie.

tance, et celui d'Avramesci, jusqu'alors insoupçonné, s'est manifesté.

Au premier coup d'œil, la carte séismique montre la stabilité de la
Valachie occidentale, de la Moldavie septentrionale et de la Dobroudja. L'instabilité, du degré modéré indiqué plus haut, se limite donc
à peu près exclusivement à la Valachie orientale, à la Moldavie
méridionale et à une petite fraction de la Bessarabie. La plus grande
densité des centres d'ébranlement se note de Iassy à la Jalomitza, et
surtout entre le Prouth et le Sereth, par conséquent dans les bassins
des rivières Bârlad et Berheciu, mais, d'une façon générale, les
épicentres se distribuent à peu près symétriquement autour de la
ligne Bucarest-Kichinev, qu'on pourrait appeler l'axe séismique de

la Roumanie et de la Bessarabie. Un géographe français, de Martonne [1], a considéré la ligne Galatz-Buzeu comme jouant ce rôle. Ainsi donc, des observations plus complètes contredisent une hypothèse qui semblait avoir une importance très grande au point de vue des relations tectoniques des tremblements de terre roumains, cette dernière ligne séparant la Valachie occidentale stable de la région d'affaissement qu'est la Jalomitza. Le véritable axe séismique Kichinev-Bucarest est tout différent ; par conséquent, ces secousses ne dépendent pas des phénomènes d'affaissement et de surrection grâce auxquels les vallées de la Valachie prennent un caractère si différent de chaque côté de la ligne Galatz-Buzeu, leur encaissement augmentant beaucoup et graduellement à mesure qu'on se dirige de l'Est à l'Ouest, tandis qu'en même temps leur direction, d'abord W.-E. devient progressivement N. W.-S. E. Le phénomène général dont dérivent ces différences est une sorte de bascule de toute la Valachie, mais n'a aucune influence séismogénique marquée.

Le massif de Măcin, qui a donné lieu au coude du Danube, est considéré par Suess comme un accident géologique d'importance capitale. La stabilité de la Dobroudja montre l'extinction de ses dislocations. Il nous semble que les rares séismes qu'on y ressent doivent provenir du foyer d'ébranlement de Balchik, situé plus au Sud en Bulgarie ; ce seraient des chocs de relai. Peut-être il y aurait-il lieu de faire une exception en faveur de ceux de Kustendjé (Constantza), où se rencontre dans les gneiss une faille, accompagnée par un appareil hydro-thermal.

D'une façon générale, l'arc carpathique moldave est un peu plus abrupt que l'arc valaque. La loi du relief se vérifie donc ici, et comme cela se présente si souvent, son influence séismogénique correspond à ce fait que les couches sarmatiques y sont plus relevées et disloquées.

Le squelette archéen des Carpathes ne se montre qu'aux ailes de l'arc roumain en Valachie, du Danube à Campulung, et en Moldavie, seulement au Nord du parallèle de Piatra. Or, la partie intermédiaire de la chaîne est à peu près exactement celle qui correspond à la région pénéséismique. Cette observation est d'autant plus importante qu'à partir de Campulung, vers l'Est et le Nord-Est, les couches de l'Éocène supérieur, contournant extérieurement l'angle des Carpathes, forment une étroite bordure à la chaîne et sont relevées contre

---

[1] Sur les mouvements du sol et la formation des vallées en Valachie (*C. R. Ac. sc. Paris*, CXXXII, 1140, 1901).

elle. Mais ces couches se prolongent au delà de la Moldavie jusqu'en Galicie, dépassant ainsi beaucoup au Nord la région instable ; ce n'est donc pas dans leurs dislocations, conséquence de leur relèvement, qu'il faut chercher la cause directe et générale de l'instabilité. Les deux ailes à noyau archéen sont réunies le long de la crête par des lambeaux mésozoïques plissés, qui à l'Ouest ne dépassent pas Campulung, tandis qu'au Nord ils remontent bien au delà de la vallée de la Bistritza. Donc, pas plus que pour les dislocations sarmatiques, on ne peut attribuer l'instabilité du sol moldave à ces plissements. Si maintenant on considère la région pénéséismique elle-même, on voit de suite qu'au Sud, entre Bucarest et le coude du Danube, et le Sereth, elle correspond à la couverture de diluvium, puis que le long de la chaîne, entre Campulung et la Bistritza, et dans la Moldavie méridionale, du Sereth au parallèle de Bârlad, elle coïncide avec le Pliocène, qu'au Nord vers Iassy, elle s'étend sur le Sarmatique, et qu'en Bessarabie enfin les trois formations précédentes se retrouvent dans le même ordre. Il apparaît ainsi très manifestement que l'instabilité est tout à fait indépendante de la nature du terrain superficiel.

On notera que de Campulung au Sereth, puis dans le Suceava occidental et le Neamtzu septentrional, les filons sont orientés respectivement vers le N. E. et vers le S. E. Dans les parties intermédiaires des Carpathes, ces mêmes directions sont aussi celles des alignements pétrolifères ; de Târgoviste à Buzeû vers le N. E., avec léger relèvement vers le N. N. E. de Buzeû à Râmnicu-Sarat, ce qui correspond aux alignements des filons et aux épanchements volcaniques de l'Ouest ; dans le Bacau occidental reparaît la direction vers le S. E. des mêmes épanchements du Suceava et du Neamtzu. Cette communauté de direction fait immédiatement penser à d'importantes dislocations d'ordre général, vers le N. E. et le N. N. E. dans les Carpathes valaques, vers le S. E. dans les Carpathes moldaves, alignements pétrolifères et éruptifs aux ailes de la chaîne, pétrolifères seulement au centre, auxquels on serait facilement tenté de faire jouer un rôle séismogénique de premier ordre. Il n'en est rien, pour deux raisons : d'abord ces accidents sont rapprochés de la crête, alors que l'instabilité en est notablement éloignée, enfin et surtout ils correspondent simultanément aux régions stables des ailes et à la région instable du centre. Ainsi donc, nous ne rencontrons que des réponses négatives à la question de l'existence de la région pénéséismique roumaine, puisque ni les plissements, ni les dislocations carpathiques ne peuvent être invoqués, pas plus que la formation

relativement récente du sillon danubien, devant la stabilité de la plaine
de Bucarest à Turnu-Severin, ni même le mouvement de bascule
mis en avant par de Martonne. Les géologues et les séismologues
roumains devront donc s'attacher à la solution de ce problème, aussi
intéressant que mystérieux jusqu'à présent.

Il serait injuste de ne pas signaler les relations tectoniques suggérées par Draghicénu au sujet d'un certain nombre de tremblements
de terre particuliers. Le grand tremblement de terre si étendu du
26 octobre 1802 aurait eu son épicentre sur la fracture parallèle à
l'Olt; mais il nous semble que ce remarquable séisme doit plutôt
être considéré comme un mouvement d'ensemble de toutes les chaînes
des Carpathes. Les secousses qui ont ébranlé Turcesti, du 19 février
au 7 avril 1832, se sont fait sentir dans le Vâlcea et l'Arges, et ont
présenté le grand intérêt de jalonner, dit Draghicénu, la voie des
recherches à faire pour la découverte des gisements pétrolifères,
étant en relation avec les dislocations qui les renferment. Le tremblement de terre du delta danubien du 14 octobre 1892 aurait eu son
foyer au lac Sinoe, et il s'est montré si bien lié à la faille du Danube,
à la faille limite des Carpathes et à la faille côtoyant la mer Noire, que
ce géologue l'appelle le séisme des grandes failles. Celui de Draghus-
chani du 10 septembre 1893 serait dû à la fracture du Prouth, comme
celui du 4 mars 1894, en relation en outre avec les dislocations mol-
davo-valaques vers Focsani. Sans nier l'influence séismogénique de
ces accidents, nous nous contenterons de faire observer que dans
son intéressant travail, Draghicénu paraît avoir été surtout guidé
par les phénomènes inhérents à la propagation des secousses, ce qui
diminue dans une certaine mesure la valeur de ses déductions, quant
au rôle de ces accidents sur la production même des tremblements
de terre de Roumanie.

On a vu plus haut que les épicentres de la Roumanie et de la Bessarabie sont nombreux, mais pauvres en séismes, et qu'ils se répartissent avec une densité à peu près uniforme sur leur surface. Ce
caractère particulier est fréquent dans les régions pénéséismiques
des formations anciennes, remarque susceptible de faire penser que
les secousses en question sont en réalité celles du substratum caché
sous le Tertiaire, c'est-à-dire celles du môle oriental ici effondré
entre le massif balkanique et la plate-forme russe, suggestion hypothétique encore, mais que des études ultérieures pourront peut-être
confirmer.

En plusieurs occasions, des tremblements de terre assez intenses,
et même sévères, ont eu leurs aires pléistoséistes allongées sur la

côte entre Odessa et les bouches du Danube. Cela conduit à en
supposer l'origine en pleine mer Noire, et à les considérer comme
appartenant à une autre région, celle de la Crimée, dont on parlera ultérieurement.

2. — Provinces intérieures. Hongrie et Croatie.

Les tremblements de terre de la Hongrie commencent à être connus
d'une manière assez satisfaisante, grâce aux catalogues annuels
de Schafarzik [1] publiés par la Société géologique de Buda-Pest,
et de Réthly [2] publiés par l'Institut météorologique de la même ville.
Ceux de la Croatie le sont encore mieux par le relevé général de
Mišo Kispatić [3] et ses listes annuelles [4].

On va maintenant aborder l'intérieur de l'arc carpathique par la
Transylvanie, ancien massif disloqué et démembré, que l'effondrement hongrois a séparé d'un autre tronçon situé au nord du grand
coude danubien de Gran. Au Sud, les sédiments secondaires et tertiaires ont été à plusieurs reprises plissés, entre le Crétacé et le Tertiaire, puis le plus énergiquement à la fin de l'Oligocène, et enfin à
la fin du Néogène, de sorte que la surrection des Alpes de Transylvanie
s'est opérée en trois phases successives, marquées d'épanchements
éruptifs et d'un intense filonnement. Les tremblements de terre ne
sont pas très fréquents, et l'on en connaît fort peu de sévères, qui
ne sont même pas bien sûrement autochtones. Cronstadt et Hermannstadt sont, comme il fallait s'y attendre, les principaux épicentres apparents, dont on ne saurait se prévaloir pour attribuer

[1] Ueber die Tätigkeit des Erdbeben-Commission der ungarischen geologischen Gesell-
schaft während des ersten Jahres ihres Bestandes. Statistik der Erdbeben in dem Jahre
1882 (*Földtani Közlöny. Zeitschr. d. ung geol. Ges.* XIII, 252, 1883).
1883 (*Id.* XIV, 151, 1884).
1884 (*Id.* XV. 202, 1885).
Az 1885, és 1886 évi magyarországi foldrengekröl (*Földtani XIX. Kötetéből*, 1888).
Bericht über die ungarischen Erdbeben in den Jahren 1887 und 1888 (*Id.* XXII).

[2] Erdbebenbeobachtungen im Königreiche Ungarn im Jahre 1903 (*Jahrb. d. K. ung.
Reichsanstalt f. Met. und Erdmagn.*, XXXI. 1901, IV Th.. Buda-Pesth, 1904).

[3] Potresi u. Hrvatskoj. Kronica potresà, 361, 1845 (iz *CVII Knjige Rada jugoslavenske
ak. znanosti i umjetnosti u Zagrebu*, 1891, 3).
Id. 1846-1882 ; *Id.* 1892.

[4] *Id.* Bericht über die kroatisch-slavonisch-dalmatischen, sowie über die bosnisch-
herzegovinischen Erdbeben in den Jahren 1884-1885 und 1886 (*Földtani Közlöny*, XIX,
82, 1889).
Id. 1887, und 1888 (*Id.* XXII, 1, 1890).
Id. Sesto i sedmo izviesce potremoga odbora za godinu 1888-1889 (iz *CIV Knjige
Rada jugoslavenske ak. znanosti i umjetnosti. u Zagrebu*, 1891 et années suivantes).

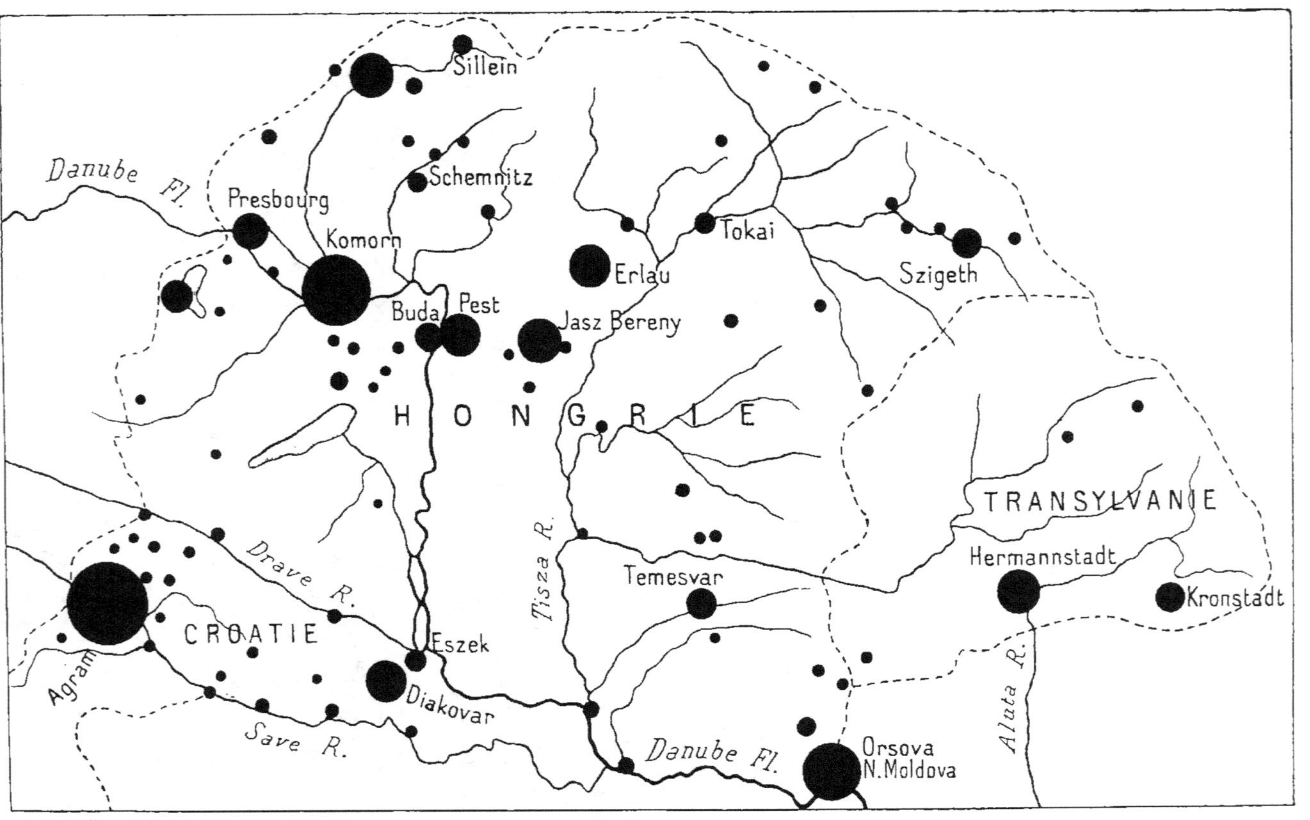

Fig. 37. — Hongrie, Transylvanie et Croatie.

leurs secousses à tel ou tel accident de la région montagneuse. En résumé, les dislocations tertiaires semblent là bien près de l'extinction, de sorte que les Carpathes et les Pyrénées, au moins en ce qui concerne leur commune pénéséismicité, se font mutuellement pendant de chaque côté de la chaîne des Alpes.

Si l'on remonte le long de l'arc intérieur, on rencontre un foyer secondaire d'ébranlement, assez limité, semble-t-il, dans le Comitat de Marmaros, où Szigeth a donné lieu à un nombre notable d'observations, sans qu'aucun séisme important y ait jamais été signalé jusqu'à présent. Le 26 mai 1885, un tremblement de terre a bien causé quelques dommages dans le Szolnok (Transylvanie septentrionale), mais on ignore si ce centre est une dépendance du précédent. Quelques secousses ébranlent Tokay et Eperies, où se trouvent de nombreuses cassures qui pénètrent dans l'intérieur de la chaîne et ont facilité la sortie des matières éruptives.

La Tatra et ses dépendances ont été le théâtre du grand séisme du 15 janvier 1858 à Sillein (Zsolna), que de très nombreux chocs consécutifs ont accompagné. Jeitteles [1] en a fait une étude approfondie, mais les considérations géologiques qu'il y développe renseignent bien plus relativement à l'influence de la constitution des régions ébranlées sur la propagation que sur la genèse du phénomène. Schemnitz est un autre foyer secondaire et local. La Tatra ne manque pas de dislocations à rôle séismogénique possible, mais le choix à faire entre elles est encore impossible sans hypothèses. Knett [2] pense que Teplitz dans le Trencsin n'a jamais été l'origine d'ébranlements séismiques, et il part de là pour montrer que si les tremblements de terre et les sources thermales résultent de dislocations, du moins leur dépendance n'est pas nécessaire.

Schafarzik [3] met les secousses ressenties à Miskolcz et environs, les 27, 28 et 29 mars 1883, en relation avec une ligne de dislocation, dirigée N. W.-S. E., qui sépare les couches carbonifères et jurassiques du Bückgebirge, situé à l'Ouest de cette localité, des formations tertiaires récentes, sables, grès et trachytes, de la vallée de la Szvinva et des hauteurs entourant cette ville.

L'Oedenburg et le Wieselburg sont parfois le siège de secousses, et cette région secondaire d'ébranlement semble se prolonger, au

---

[1] Bericht über das Erdbeben am 15 Jänner 1858 in den Karpathen und Sudeten (*Sitzungsber d. K. Ak. d. Wiss. Mat. nat. Cl.* XXXV, n° 12, 511, Wien, 1859).

[2] Die geologisch-balneotischen Verhältnisse von Trencsin (*Jahrb. 1901, 1902 des Trencsiner Naturwiss. Vereines*, XXXIII-XXXIV, Teplitz, 1902).

[3] Statistik der Erdbeben in Ungarn im Jahre 1883 (*Földtani Közlöny*. XIV, 1884. 151).

Nord, par delà le Danube, vers Tyrnau et la vallée de la Waag. En avril 1888, la vallée de la Vulka, affluent occidental du lac de Neusiedl, fut sérieusement agitée pendant plusieurs jours et Schafarzik, dans sa liste de 1887-1888 (p. 16), fait intervenir dans la production du phénomène les failles qui ont disloqué les roches cristallines. Celles-ci ne se montrent plus là que sous forme d'îlots démembrés, dominant la cuvette lacustre, et qui sont eux-mêmes le résultat de la poussée orogénique alpine dans la direction de son raccordement avec les Carpathes. La situation du lac de Neusiedl en avant de l'effondrement viennois fait penser à de Lapparent que des accidents tectoniques ne peuvent avoir été étrangers à la formation du lac. Dès lors, les séismes en question doivent en dépendre, opinion qui ne diffère pas au fond de celle de Schafarzik.

Le Bakony-Wald, qui forme pour ainsi dire la bissectrice de l'angle du Danube, est une assez importante région séismique. A son pied, le Balaton, dernier vestige peut-être du grand lac tertiaire hongrois, lui est parallèle, ce qui suffit, avec les épanchements volcaniques des alentours, pour supposer que ce lac a aussi une origine tectonique. Le massif est coupé de failles transversales, et elles semblent avoir, lors du tremblement de terre du 16 février 1901, étudié par Schafarzik[1], joué un rôle non dans sa production, car l'axe pléistoséiste est parallèle à celui du Bakony-Wald, mais seulement dans sa propagation, l'isoséiste extrême ayant été au contraire de direction perpendiculaire, c'est-à-dire orientée suivant ces dislocations. C'est à cette région séismique qu'appartient Komorn, où 1500 maisons auraient été renversées en 1763. En 1782 et 1841, les dégâts se sont renouvelés, mais apparemment sur une bien moindre échelle. En janvier 1810, des bruits séismiques se firent entendre pendant huit jours au mont Czoka, pendant que de nombreuses secousses ébranlaient Czak-Bereny; une d'elles y produisit même des dommages. Mor est un autre centre, du moins y connaît-on d'assez nombreuses secousses. Bref, le Bakony-Wald est incontestablement une importante région d'instabilité.

En dépit de l'horizontalité de son sol, la plaine hongroise n'ignore pas complètement les séismes. On en connaît un certain nombre pour Debreczen, la vallée de la Tisza, et la Jazygie, ce dernier pays étant sans doute le plus fréquemment secoué. Le tremblement de terre d'Eger [Erlau] du 25 juin 1903 a même atteint l'intensité IX d'après Réthly. Connaîtrait-on exactement les épicentres de ces

[1] Ueber das Erdbeben im nördlichen Bakony vom 16 Februar 1901 (*Földtany Közlöny*. XXXI, 1901).

secousses, qu'on ne saurait les mettre sans réserve en relation avec
les accidents cachés sous les dépôts lacustres miocènes et les alluvions.

Lajos[1] suppose que les îlots de roches anciennes de la Croatie et
de la Slavonie, cachées sous les alluvions et les formations tertiaires, se prolongent vers l'Est pour constituer, en émergeant plus
loin, les hauteurs du Comitat de Krassó-Szörény, et donnent lieu à
une ligne de dislocations représentée par la vallée de la Béga,
ébranlée le 2 avril 1901, ainsi qu'en d'autres occasions. Les isoséistes
de ce tremblement avaient, en effet, ce thalweg pour axe.

Les tremblements de terre ne sont pas rares entre la Tisza inférieure et les montagnes du Banat; en particulier, on en a signalé un
nombre respectable à Temesvar; mais on ignore si ce district pénéséismique prolonge au S. S. E. celui de la Jazygie ou si ces secousses
appartiennent au Banat, dont on va parler. Il ne semble pas qu'on y
ait jamais eu de dégâts à déplorer.

En résumé, les séismes de la plaine hongroise doivent dépendre
des dislocations cachées, dont son effondrement n'a pu manquer
d'affecter les parties de l'ancien « continent oriental » qu'il a entraînées dans sa chute.

Le Banat est un massif archéen, complètement isolé à l'Est du reste
des Carpathes par une longue faille N.-S., représentant la cicatrice
par où se sont épanchées des matières éruptives, probablement tertiaires. Cet accident se trouve juste au point où les plissements carpathiques se retournent brusquement au Sud pour rejoindre leurs
contemporains balkaniques; mais il paraît être d'origine beaucoup
plus ancienne. Les sédiments secondaires du Banat se montrent fortement plissés, là où l'érosion les a laissés subsister. On a donc ici
tout un ensemble de circonstances favorables à la séismicité, et en
effet la série des tremblements de terre de 1879 à Orsova et à Moldova
atteste bien que l'équilibre est loin d'être encore atteint.

D'après Schafarzik[2], ces tremblements de terre d'Orsova et de
Moldova ont été en relation directe avec les dislocations périphériques et radiales produites dans le Banat par l'action même de
l'effondrement hongrois.

Les Portes de Fer, par où le Danube, profitant des dislocations
de ce district morcelé, a pu se frayer un passage récent et vider
la dépression lacustre hongroise, ont été aussi ébranlées parfois, et

[1] Das Erdbeben in Südungarn vom 2 April 1901 (*Földtani Közlöny*, XXXII, 1902).
[2] Das Erdbeben in Südungarn und den angrenzenden Ländern (Buda-Pesth. 1880).

cette région pénéséismique se prolonge de l'autre côté du fleuve, en même temps que la cicatrice, de sorte que les quelques séismes du Nord-Est de la Serbie pourraient bien revendiquer la même cause.

Certains tremblements de terre de cette partie de l'Europe ont présenté, avec une énergie notable, une extension tout à fait inusitée, tel le séisme bien connu du 26 octobre 1802, qui s'est fait sentir de Saint-Pétersbourg à l'île d'Ithaque. Son épicentre est parfaitement indéterminé, tant son aire pléistoséiste est étendue, mais les relations, pour incomplètes qu'elles soient, permettent de le soupçonner dans les Alpes de Transylvanie, soit sur les bords de l'Oka, soit sur la dislocation de l'Olt, comme l'a fait Draghicénu, ainsi qu'on l'a dit plus haut, soit même enfin dans le Banat. Si ce remarquable séisme n'a pas été un mouvement d'ensemble des Carpathes, ainsi que nous l'avons suggéré, c'est à une localisation de son origine dans le Banat que nous nous rangerions le plus volontiers, tant il semble avoir d'analogie avec celui d'Orsova en 1879. Quoi qu'il en soit de ce point particulier, il n'en reste pas moins que le Banat est une importante région pénéséismique, et l'on peut aussi penser que bien des secousses de Cronstadt et d'Hermannstadt lui appartiennent en propre.

Entre la Save et la Drave, c'est-à-dire dans la Mésopotamie croate, d'anciens massifs isolés, émergeant au-dessus de la plaine néogène et alluvionnaire, représentent d'autres fragments du « continent oriental » de Peters[1], contre lesquels les plis alpins ont buté et ont dû se bifurquer au N. E. par le Bakony-Wald vers le Matra et au S. E. par les chaînes dinariques. Sous cet effort, ils ont été fortement disloqués, et ces accidents doivent prolonger sous les sédiments de la plaine qui les masquent. L'entre-deux des fleuves est donc sujet à des tremblements de terre dont les épicentres sont le plus souvent apparents, les secousses connues ayant surtout été attribuées aux villes principales, Semlin, Neusatz, Eszek, Fünfkirchen, Kanizsa et surtout Diakovar. Il ne sera possible d'invoquer avec certitude des accidents particuliers qu'au moyen de tracés d'isoséistes de tremblements importants, quoique Kišpatić, d'ailleurs avec beaucoup de vraisemblance, ait déjà fait jouer un rôle séismogénique décidé à deux de ces dislocations qui, parallèles et de direction W. N. W.-E. S. E. enserrent entre elles le horst de Diakovar.

Cette opinion ne diffère pas au fond de celle exprimée par Scha-

[1] Bemerkungen über die Bedeutung des Balkan als Festland in der Lias-Periode (*Sitz. Ber. d. K. Ak. Wiss.*, XLVIII, 418, Wien).

farzik [1] à propos du grave tremblement de terre du 24 mars 1884 en Slavonie, lorsqu'il fait intervenir les conditions tectoniques des massifs anciens de Diakovar, de la Fruska-Gora, et des couches néogènes qui remplissent la plaine interposée entre eux.

Agram et ses environs seulement ont le monopole des tremblements de terre fréquents et désastreux ; celui du 9 novembre 1880, suivi de très nombreux chocs consécutifs, a été, après beaucoup d'autres des siècles passés, une véritable catastrophe. L'extrémité occidentale de la plaine croate se termine en une sorte de coin, formé par deux cours de hauteurs, qui se rencontrent à Rann, sur la Save. Au Nord règnent les Karawanken orientales, prolongeant la chaîne Carnique plissée, où de nombreuses dislocations longitudinales abruptes, profondes et orientées W.-E. sont la règle, tandis qu'au Sud dominent les plissements Dinariques, beaucoup plus récents et dirigés vers le S. E. On ne pourrait rêver pour Agram une situation plus dangereuse, et Fr.-E. Suess [2] localise l'origine du tremblement de terre de 1880 dans le massif du Slema Vrh, qui, au nord d'Agram, émerge des couches néogènes de la plaine, pour se relier vers le N. E. au Bakony-Wald. Cette détermination de l'épicentre résulte avec évidence de ce que l'aire pléistoséiste non seulement épouse très exactement la forme de l'ovale N. E.-S. W., dessiné par le Slema Vrh, mais encore ne fait que l'auréoler légèrement de toutes parts, ainsi que l'indique la carte tracée par Wähner [3]. D'après ce dernier séismologue, l'hypothèse d'un léger affaissement de l'aire épicentrale explique bien tous les caractères physiques et mécaniques du séisme, ainsi que les particularités de son extension et de sa propagation ; et même la supposition que, dans l'avenir, le retour d'autres tremblements de terre analogues accentuera ce mouvement de descente du horst, est mise en pleine lumière par toutes les circonstances accessoires qui ont accompagné cet événement. Wähner a aussi érigé à cette occasion une théorie géométrique très ingénieuse du mouvement séismique, dont l'exposé ne rentre pas dans le cadre de cet ouvrage, mais qu'il était impossible de passer sous silence. Hantken von Prudnik [4] écarte *de plano* l'hypothèse volcanique, celle plus extraordinaire de Falb partageant les idées d'Alexis Perrey sur l'in-

[1] Statistik der Erdbeben in Ungarn im Jahre 1884 (*Földtani Közlöny.* XV, 202).

[2] Das Erdbeben von Laibach am 14 April 1895 (*Jahrbuch d. K. K. geol. Reichsanstalt,* XLVI, 411, Wien, 1897).

[3] Das Erdbeben von Agram am 9 November 1880 (*Sitzungsber. d. K. Ak. d. Wiss. Mat. nat. wiss. Cl.,* LXXXVIII, I, Juni, 15, Wien, 1883).

[4] Das Erdbeben von Agram im Jahre 1880 (*Mitth. aus d. Jahrb. d. K. ungar. geol. Anstalt.* VI, 3, 47, Budapest. 1882).

fluence de l'attraction lunaire sur le noyau central supposé fluide, et aussi la production du séisme par des éboulements des couches calcaires mésozoïques du Slema Vrh, parce que l'extension considérable du tremblement de terre s'oppose à l'adoption d'une cause inadéquate et hors de proportion avec l'effet à expliquer ; finalement il se range à l'hypothèse purement tectonique.

Le séisme d'Agram a donné lieu, dans un autre ordre d'idées, à des discussions fort importantes relatives aux changements topographiques annoncés par le colonel Lerl [1], à la suite de ses opérations géodésiques en Croatie pendant l'année 1885. Ce savant a cru relever des différences notables de niveau pour plusieurs des sommets de la triangulation, par comparaison avec les nivellements précédents de 1878 et de 1846. Le lieutenant-colonel danois Harboe [2] s'est livré à ce sujet à de très subtiles recherches ; sans admettre complètement que le séisme ait produit de brusques modifications topographiques, il pense qu'un simple accroissement progressif de la poussée orogénique tangentielle suffit à expliquer la différence entre les mesures des trois opérations séparées par un intervalle de soixante-dix ans, assez grand pour les mettre en évidence. Adoptant les vues de Suess sur l'affaissement périadriatique, il croit que ce mouvement séculaire ayant eu pour effet d'augmenter graduellement la valeur de la composante horizontale de la pression, le maximum s'est fait sentir près d'Agram et a donné lieu au tremblement de terre. Revenant plus tard sur la question [3], il admet que si les mesures de la gravité exécutées par le colonel Sterneck [4] et par l'institut naval avaient été poussées jusqu'à Agram, elles auraient, conformément à la marche connue de leurs variations le long des Alpes et des Carpathes, décelé l'effondrement de l'aire croate, mouvement en dépendance duquel le tremblement de terre d'Agram ne pourrait manquer de se trouver. D'un autre côté, Fr.-E. Suess ne croit pas que les mouvements verticaux et horizontaux qu'auraient subis les sommets de la triangulation soient suffisamment démontrés. Lerl et Harboe ont, en effet, été forcés d'admettre, et arbitrairement, la fixité d'un ou de plusieurs d'entre eux, ce qui n'est rien moins qu'évident, et Fr.-E. Suess, fait judicieusement observer combien peu les différences de niveau, réduites à deux ou

---

[1] Untersüchungen über etwaige in Verbindung mit dem Erdbeben von Agram am 9 November 1880 eingetretenen Niveauänderungen (*Mitth. d. K. K. milit. geogr. Inst.* XV. 17, 1895).

[2] Das Erdbeben von Agram am 9 November 1880 (*Beiträge zur Geophysik*, IV, 406, Leipzig, 1900).

[3] Das Erdbeben von Agram am 9 November 1880. (*Id.* V. 237, Leipzig, 1901).

[4] *Mitth. d. K. K. milit. geogr. Inst.*, XVII, 1897, Wien, 1898.

trois dizaines de millimètres au maximum, dépassent les limites probables des erreurs d'observation. Il faut donc être aussi prudent que lui, et réserver toute décision au sujet d'un phénomène concomitant possible, probable même, du tremblement de terre d'Agram, mais qui jusqu'ici ne peut être considéré comme définitivement acquis.

Les environs d'Agram présentent d'autres épicentres importants, celui de Karlstadt par exemple, mais ce dernier n'est peut-être pas indépendant de ceux de la Carniole orientale.

CHAPITRE XV

L'EUROPE SUD-ORIENTALE

1. — Crimée et mer Noire occidentale.

La côte sud-orientale de la Crimée est, à l'exclusion du reste de la presqu'île, le siège de secousses qui ne sont ni très fréquentes, ni bien sévères, et qu'il est souvent difficile de séparer de celles de la côte roumaine et bessarabienne, entre les bouches du Danube et Odessa.

On s'accorde généralement à considérer la presqu'île de Crimée comme une dépendance des Balkans : ainsi se continuerait la zone de fractures, le long et au Sud de laquelle cette chaîne, d'après von Hochstetter[1], se serait affaissée à l'époque miocène, de Pirot au cap Éminé. Cet effondrement paraît représenté dans la mer Noire par les profondeurs qui, au Sud de la ligne des caps Éminé et Sarytch, tombent assez rapidement de moins de 100 mètres à 1 000 et 1 800. Cette ligne sous-marine est elle-même le prolongement de la côte accidentée du Sud-Est de la presqu'île, tandis que ce littoral saillant descend au contraire en pente douce sur l'autre versant de la Crimée ; c'est donc une sorte de horst, compris entre deux zones d'effondrement. Les tremblements de terre dont il s'agit semblent devoir être une conséquence de cette situation. La même côte est découpée en lobes à grands rayons de courbure, disposition qu'on a eu souvent l'occasion de signaler comme favorable au développement de la séismicité. Cette observation est applicable ici à une structure qui n'est pas due, ainsi qu'on pourrait le supposer, à des fosses circulaires d'effondrement, mais seulement, d'après Daniloff[2], à de gigantesques éboulements dont les produits forment les principaux caps. Quant

[1] Die geologischen Verhältnisse des östlichen Theiles der europäischen Türkei (*Jahrb. d. K. K. Geol. Reichsanstalt*, XX, 1870, 365 ; XXII, 1872, 331, Wien).

[2] Sur la géographie physique de la Yaïla occidentale (Crimée). (*C. R. Ac. Sc.*, Paris, CXXXV, 355, 1902).

aux secousses d'Odessa et de la côte roumaine, elles ne font souvent que mordre la côte, ce qui tend bien à leur faire assigner une origine sous-marine. Or, quel autre accident pourrait leur donner naissance, sinon le raide talus plus haut mentionné, qui, de Bourgas à Eupatoria, sépare, d'après Venukoff[1], une grande surface plate de 180 mètres de profondeur maximum des grands fonds de 2250 mètres qui se rencontrent sur la ligne Théodosia-Sinope ?

2. — La péninsule balkanique.

Entre les régions situées sur le bord de l'Adriatique, la Save, le Danube, la mer Noire et la mer Égée, un grand massif archéen a joué dans l'Europe orientale le même rôle que les massifs analogues du centre et de l'ouest de ce continent. Il a arrêté au Sud les plissements carpathiques, ou alpins, et à l'Est les plissements dinariques, issus des Alpes orientales ; mais il n'en a pas moins subi les poussées orogéniques tertiaires qui l'ont en partie disloqué et même démembré, puisque le récent effondrement de la mer Égée lui a enlevé une importante partie de sa surface méridionale. Géologiquement, le « continent oriental » de Peters comprend la Serbie, la Bulgarie, la Roumélie et la Macédoine. On lui rattachera en outre l'Épire, l'Albanie, la Dalmatie, l'Herzégovine et la Dalmatie, que les plissements des Alpes orientales ont façonnés, le titre de péninsule balkanique entraînant ce compromis entre la géologie et la géographie de territoires qui, si leur structure et leur constitution diffèrent, n'en ont pas moins tous été soumis aux mouvements tertiaires. Du peu qui vient d'être dit de l'histoire de ces régions, résulte que l'instabilité séismique régnera surtout du côté de l'Adriatique, ce que confirme bien l'observation, tandis que le massif proprement dit sera, au moins relativement, plus à l'abri des tremblements de terre, les territoires plissés y étant d'ordinaire plus sujets que ceux simplement disloqués et démembrés.

Les documents séismiques sont assez nombreux pour tous ces pays. Outre les catalogues déjà mentionnés de Perrey, de Julius Schmidt et d'Agamemnone, on a pour la Bulgarie, la Bosnie et l'Herzégovine, la Dalmatie enfin, les catalogues annuels publiés par Watzoff[2],

[1] Les profondeurs de la mer Noire (*C. R. Ac. Sc., Paris*, CXI, 930, 1890).

[2] Tremblements de terre en Bulgarie au XIXe siècle. No 1 (Sofia, 1902. Bulg. ; rés. fr.).
Tremblements de terre en Bulgarie. No 2. Liste des tremblements de terre observés pendant l'année 1901 (Bulg. : résumé fr.) et années suivantes.

Baillif [1] et von Mojsisovics [2]. Le détail de la répartition de l'instabilité séismique est donc connu d'une manière vraiment très satisfaisante.

La Serbie, dont la carte géologique provisoire a été dressée par Zujović [3], termine à l'Ouest le continent oriental. Cette région est principalement formée de roches anciennes. A l'Est, cependant, le Crétacé domine entre la Morava et le Danube, en prolongement du versant septentrional du grand Balkan, et on le retrouve au sud de Belgrade avec le Primaire et le Tertiaire. Les roches volcaniques de cette dernière époque se sont épanchées assez tard et, d'après Zujović, se présentent surtout dans le prolongement des Carpathes. La Serbie est à l'abri des secousses sévères et même de faibles chocs y sont plutôt rares, mais le moment n'est pas venu, faute de renseignements suffisants, de leur assigner une origine déterminée. C'est naturellement pour Belgrade que l'on en connaît le plus grand nombre, ce qui ne suffit pas pour les faire considérer comme autochtones, et il faut probablement les attribuer au Banat. Le massif du Rudnik, au N. W. de Kragujevatz, paraît être un faible foyer d'ébranlement. Non loin de l'angle rentrant du Danube, quelques séismes dans la chaîne de l'Omolske prolongent vraisemblablement en Serbie la région séismique de Moldova-Orsova ; c'est là que se ferment les plissements de l'arc carpathobalkanique. De la ligne de fracture qu'est la frontière bosniaque, le long de la Drina, l'on ne saurait rien dire encore, mais il est permis de supposer que cette partie du pays pourra peut-être déceler des foyers d'ébranlement comme ceux du côté opposé, Dolnjé Touzla et Sarajevo, quand les observations systématiques instituées en 1903 auront été faites pendant assez longtemps. En résumé, la Serbie est un pays presque aséismique, conséquence immédiate de ce que ses roches anciennes ont fait obstacle au plissement dinarique des Alpes orientales, qui ont dû s'infléchir au S. E. vers l'Albanie.

Le Grand Balkan est une chaîne crétacée, plissée à peu près parallèlement au cours inférieur du Danube par suite de la résistance du massif archéen du Rhodope ou Despoto-Dagh à une pression venant du Nord. Il incline doucement vers le Nord sa couverture

---

[1] Zusammenstellung der im Jahre 1896, 1897, 1898, 1899, 1900, in Bosnien und Herzegovina stattgefunden Erdbebenbeobachtungen (*Ergebnissen d. met. Beob. in d. Landesstationen in Bosn. u. in Herzeg.* Wien, 1898...)

[2] Allgemeines Chronik und Bericht der im Jahre 1896-1897..., 1904, innerhalb des Beobachtungsgebietes erfolgten Erdbeben (*Mitth. d. Erbebencomm. d. K. Ak. d. Wiss. in Wien*).

[3] Geologische Uebersicht des Königreiches Serbien (*Jahrb. d. K. K. geol. Reichsanstalt.* XXXVI, 71, 1886).

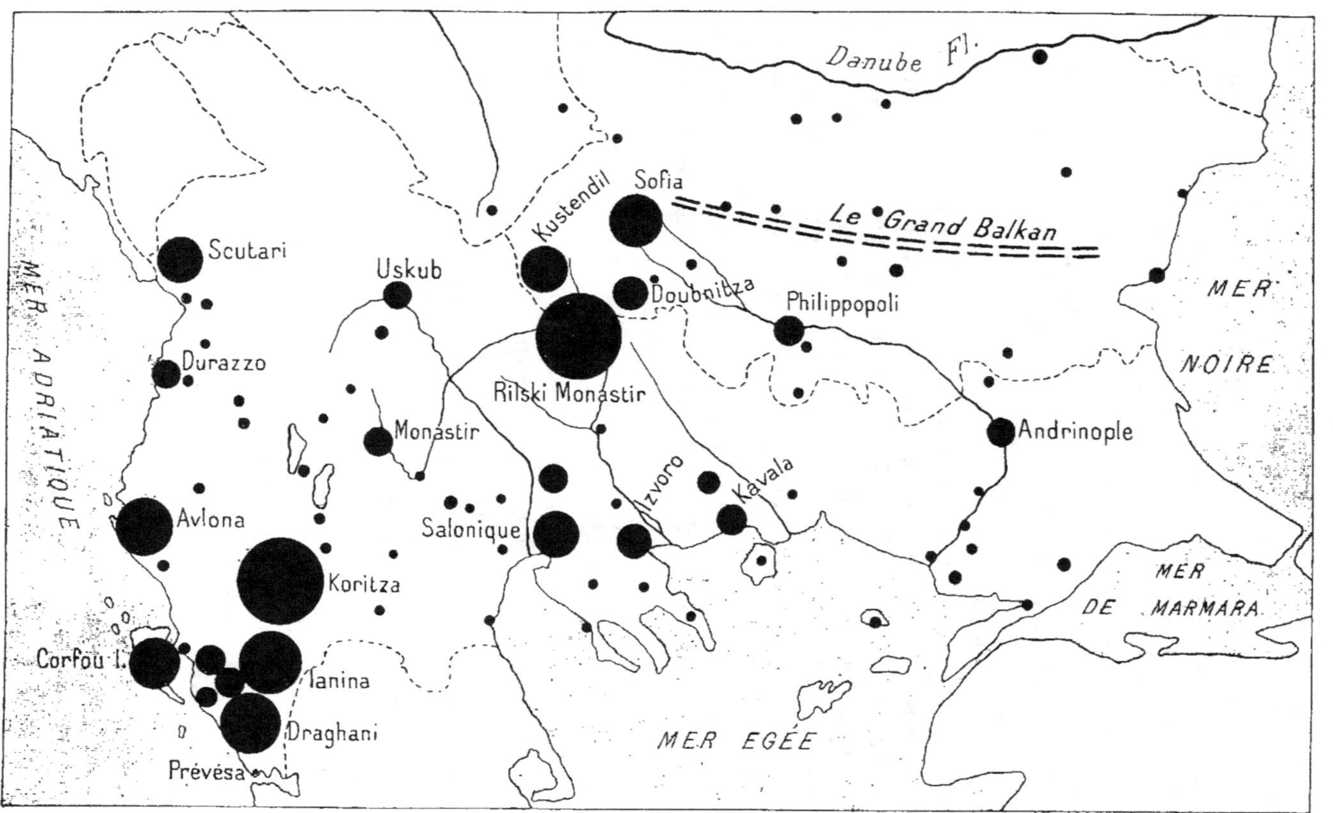

Fig. 38. — Bulgarie, Roumélie, Macédoine et Albanie.

sédimentaire, qui redevient horizontale sous la plaine alluvionnaire
bulgare. Tout ce versant est stable, et l'on n'y ressent que peu de secousses, d'ailleurs sans importance. Une chute de quelques 150 mètres
amène au sillon danubien proprement dit et quelques pointements
basaltiques, à 40 ou 50 kilomètres du fleuve, font penser à de Lapparent qu'entre la Roumanie et la Bulgarie doit se cacher, sous les
alluvions, autre chose qu'une simple vallée d'érosion. C'est à cet
accident supposé vraisemblablement un système de fractures, que
seraient dues les rares secousses du versant balkanique septentrional.

La poussée orogénique tertiaire, qui a dressé par plissement le
Balkan contre les massifs résistants du Sud, est trop récente pour
que la stabilité relative de la grande chaîne sur la plus grande partie
de son parcours ne demande une explication. Elle ne peut se trouver
que dans la résolution du plissement en fractures, et l'on sait par
expérience combien ce dernier genre d'accidents est moins favorable
à la séismicité. Et, en effet, dès longtemps, von Hochstetter a considéré le flanc méridional abrupt du Grand Balkan, entre le cap
Éminé et Pirot, comme une gigantesque faille, que les études plus
récentes ont, il est vrai, réduit à une zone de fractures. Les dislocations balkaniques se sont résolues en bassins d'effondrement qu'ont
remplis des lacs tertiaires, et les plissements sont restés stables,
pour ainsi dire comme un arc débandé, tandis que les parties rompues et affaissées ont conservé un reste de mobilité accusée par les
tremblements de terre des bassins de Sofia, de Philippopoli et d'Andrinople, pour ne citer que les principaux et les mieux connus ; du
moins est-ce ainsi que l'on peut, dans une certaine mesure, se rendre
compte d'un état de choses si particulier. Comme il était à prévoir,
les épanchements éruptifs tertiaires ont jalonné la zone rompue,
mais il serait oiseux d'en parler ici plus en détail.

Indépendamment des nombreuses secousses qui lui viennent du
Rila-Dagh, le bassin de Sofia a des chocs propres, et tout autour se
montrent des épicentres. Mais on ne saurait dire si les séismes
graves, qui ont parfois sévi dans cette ville, étaient autre chose que
le contre-coup des violents tremblements de terre du Rhodope, où
il est bien avéré que se trouve une région séismique dangereuse.

Ichtiman, Samokov et Doubnitza sont visiblement dans des conditions géologiques et séismiques tout à fait analogues.

Philippopoli a, comme on devait s'y attendre, accaparé toutes les
secousses de son vaste bassin lacustre d'effondrement. Cette ville
n'a, jusqu'à présent, pour ainsi dire jamais souffert de dommages
sérieux, constatation qui en raison de la similitude des circons-

tances, non seulement corrobore la probabilité de l'origine extérieure des séismes sévères de Sofia, mais encore laisse supposer
que la partie orientale du Rhodope ne renferme pas de foyer séismique comparable à celui du Rila-Dagh, ce que l'absence d'informations scientifiques dans ce sens ne permettait guère d'affirmer. Il est
donc vraisemblable qu'à l'avenir les relevés de l'Institut météorologique de Sofia ne feront pas découvrir de centre séismique important
de ce côté du Balkan archéen.

Quelques secousses de Jamboli et de Sliven portent à penser que
la fracture, ou l'accident tectonique de la haute Toundja, a conservé
une certaine mobilité. D'ailleurs, ce flanc méridional du Grand
Balkan pourrait bien avoir été le siège de mouvements importants
et fort récents. C'est à cette conclusion qu'est arrivé de Launay[1],
d'après une exploration de Wankoff, entre Trevna et Sliven. Voici
le résumé de ces très intéressantes observations qui, évidemment,
peuvent rendre compte de la plus grande instabilité, à la vérité
modérée, du flanc méridional de la chaîne. Il a existé à de nombreuses reprises, depuis le Carbonifèrien jusqu'à la fin du Tertiaire,
sur l'emplacement du Balkan central, un géosynclinal, où se sont
déposés des sédiments détritiques : anthracites carbonifères de la
vallée de l'Isker, charbons sénoniens, grès supracrétacés-éocènes du
flysch, lignites néogènes. Avant et après le flysch, une première
série de mouvements a produit des renversements généraux vers le
Nord, et les terrains sont brusquement interrompus au gneiss ou au
Trias vers le Sud, où se trouve le flanc abrupt jalonné par des effondrements. Ces dislocations sont attribuables à une compression du
géo-synclinal E.-W. entre deux voussoirs, la plate-forme russe et le
Rhodope, qui se seraient rapprochés l'un de l'autre en déterminant
le chevauchement du Balkan plissé sur son avant-pays resté horizontal. Des dislocations longitudinales et transversales, concomitantes de manifestations éruptives nombreuses, ont amené la formation des dépôts néogènes dans les cuvettes du flanc sud de la chaîne.
Ces derniers sont eux-mêmes disloqués. Enfin la crête orographique
granitique, dominant de 400 à 500 mètres la ligne de partage des
eaux, est plus septentrionale qu'elle de 5 à 10 kilomètres. Bien que
d'autres hypothèses soient également à considérer, dit de Launay,
cette disposition pourrait être due à un mouvement tectonique
récent, que divers autres indices amènent à supposer, par suite
duquel la crête granitique aurait continué à s'élever après le début

---

[1] La formation charbonneuse sénonienne des Balkans (C. R. Ac. Sc., *Paris*, CXL,
609, 1905).

du creusement des vallées et aurait été sciée transversalement par le travail progressif des cours d'eau.

Contrairement à ce qu'on a dit de Philippopoli, et même en tenant compte de l'exagération si facile aux chroniqueurs, il paraît bien qu'Andrinople, ou le bassin d'effondrement tertiaire de la basse Maritza, a subi de véritables ruines séismiques, outre les désastres mentionnés sans plus de détails pour la Thrace. Comme ils ont été le plus souvent associés à de graves tremblements de terre des grandes villes du voisinage, telles que Constantinople et Gallipoli, et que d'ailleurs les épicentres en sont absolument indéterminables, on peut se demander si le bassin d'Andrinople est plus exposé que ses analogues en raison de sa structure propre, ou s'il ne ferait que subir le contre-coup de quelque foyer du Rhodope oriental, comparable à celui du Rila-Dagh. La question est encore sans réponse nette.

Inéboly, Ipsala et Enos, sur la basse Maritza, ont leurs secousses propres, jamais bien sévères cependant.

Seres et Drama d'une part, et Melnik d'autre part, forment sur le bas Strouma deux centres d'ébranlement, que leur situation dans des cuvettes tertiaires, au milieu des roches archéennes environnantes, doit faire assimiler aux cas précédents de Sofia et autres. Les secousses assez fréquentes de Kavala ne sont probablement pas différentes de celles de Drama.

La Chalcidique est composée de trois presqu'îles : les deux presqu'îles orientales sont formées de schistes cristallins très fortement redressés, de gneiss et de granite, tandis que celle de l'Ouest, ou de Kassandra, montre des couches tertiaires et quaternaires presque horizontales depuis Polygyros jusqu'aux sources chaudes de Seres, d'où le nom antique de golfe Thermique. Une structure chirographaire, dont on connaît peu d'exemples aussi parfaits, y est complètement indépendante de l'allure des couches recoupées, et conjointement avec une faille, Christomanos[1] la rend responsable du tremblement de terre de Salonique du 5 juillet 1902. Cette relation peut être valable pour les séismes propres de la Chalcidique, mais non pour ceux de Salonique, ainsi qu'on le verra plus loin. Izvoro, Polygyros et Kassandra, l'antique Potidée, sont d'apparents foyers d'ébranlements. On sait que, d'après Hérodote (VIII, 22), le siège de cette dernière ville par les Perses fut troublé par un raz de marée, d'origine probablement séismique, le seul phénomène de ce genre connu pour les côtes de Macédoine.

---

[1] Le tremblement de terre de Salonique (*C. R. Ac. Sc. Paris*, CXXXV, 513, 1902).

Sans les études auxquelles ont donné lieu les grands tremblements de terre de Salonique du 5 juillet 1902 et du 4 avril 1904, cette ville aurait continué à passer pour le foyer séismique le plus important de la Macédoine. Mais depuis les travaux d'Hœrnes[1] sur ces deux séismes, il est certain que cette ville n'a fait qu'accaparer les secousses du voisinage. Le premier de ces deux tremblements de terre destructeurs a eu son épicentre entre Guvezne (Grosdovo) et Arakli, près et au Nord du lac de Langaza, au centre d'une dépression occupée par du diluvium et des couches pliocènes. Ce lac se trouve d'ailleurs en prolongement du Bechik Gol, qui tend à couper du continent les presqu'îles chalcidiques dans la direction de Salonique. De Langaza à Dojran au Nord, les isoséistes se sont disposées autour d'une dislocation comme axe, ce qui rend évident son rôle séismogénique en l'occurence. Il s'agit là d'un *Graben* d'effondrement en pleines roches archéennes, et dont un très important appareil thermal accentue encore le caractère tectonique. Plus au Nord, à l'extrémité occidentale du Rhodope, le massif du Rila a été le foyer du tremblement de terre du 4 avril 1904. L'épicentre s'est trouvé près de Dzuma-i-Bala dans le défilé de Kresna, qui correspond à une dislocation des montagnes granitiques du Pirin-Dagh et du Maleš-Planina. Rilski-Monastir est pour ainsi dire en perpétuel mouvement et le Rila-Dagh présente plusieurs autres accidents considérables auxquels on peut assigner aussi un rôle séismogénique, jusqu'à ce que des études de détail aient permis de préciser davantage ; l'instabilité du massif s'étend tout autour à Doubnitza et aux environs de Kustendil, dernière localité près de laquelle une ligne de fractures dans le gneiss marque l'emplacement de nombreuses sources sulfureuses chaudes.

Uskub, au bord d'un autre lac tertiaire, est un foyer d'ébranlement dont l'instabilité ne peut cependant pas se comparer à celle des centres précédents. C'est un peu plus au Nord qu'on atteint le seuil mal défini de la plaine de Kossovo entre le haut Ibar et le Lepenatz, affluent du Vardar. Cette disposition est trop particulière, au milieu des roches archéennes, pour ne pas laisser supposer quelque accident tectonique responsable des secousses qu'on y ressent.

On en a fini maintenant avec les fragments du continent oriental et les plissements carpathiques auxquels il a donné appui ; il reste à examiner les plissements dinariques de l'Ouest, Albanie et Épire,

---

[1] Das Erdbeben von Salonichi am 5 Juli 1902 (*Mitth. d. Erdbebencomm. d. K. Ak. d. Wiss. in Wien*. Neue Folge. XIII, 1903); *Id.* Bericht über das makedonische Erdbeben vom 4 April 1904 ; *Id.* XXIV, 1904).

qui, contraints à dévier vers le S. S. E. par la résistance du massif,
achèvent de compléter la presqu'île des Balkans sur l'Adriatique.
Si ces plissements évoquent de suite l'idée d'une grande instabilité,
ce qui est bien le cas de ces pays, cette origine directe de leurs
tremblements de terre n'est certainement pas exacte cependant,
puisque plus au Sud, dans le Pinde, ils sont stables, et cette même
restriction s'applique à la Dalmatie. Il faudra donc chercher ailleurs les causes générales de la séismicité.

Nous limiterons ici l'Albanie au cours du Drin, qui s'ouvre passage par un cañon de plus de 1 000 mètres de profondeur dans le
Crétacé plissé. Le trait principal de la géographie albanaise consiste
dans la haute muraille calcaire qui, d'Elbassan à Dulcigno, représente le bord d'un ancien lac tertiaire, se prolongeant au S. S. E.
jusqu'à Trikkala, en Thessalie, par Koritza et Kastoria. On y rencontre de nombreux foyers d'ébranlement où les tremblements de
terre ont souvent été dévastateurs, Scutari, Durazzo, Elbassan,
Bérat, etc. Plus à l'Est, si l'on ne connaît pas de véritables catastrophes, du moins Hilber[1] a signalé qu'en 1883 plus de 600 chocs
ont été ressentis en trois mois à Koritza, au sud du lac d'Ochrida ;
ce fait indique une instabilité que l'on ne soupçonnait pas jusqu'alors. Il attribue ces séismes à la double faille qui a donné lieu
à la fosse d'effondrement qu'est le lac d'Ochrida. Ses voisins, les
lacs de Presba et de Ventrok, sont formés comme lui par des affaissements de synclinaux de la chaîne plissée entre des failles parallèles, et rien n'empêche de se rallier à cette opinion sur les séismes
de cette région. Il est probable que des causes analogues peuvent
rendre compte des secousses de Divri, de Monastir et de Kastoria,
si tant est qu'elles soient indépendantes de celles de Koritza, ou du
lac d'Ochrida, ce que l'on ignore.

Yanina occupe une situation tout à fait analogue : cavité tectonique avec un lac en voie d'assèchement, et faible reste d'une nappe
tertiaire beaucoup plus considérable. Les tremblements de terre y
sont aussi fréquents que redoutables.

Corfou est un centre renommé d'instabilité, mais comme, sur la
côte, Avlona et Khimara sont tout aussi exposées, il y a lieu de
tenir pour certain qu'une région séismique, dépendant d'une même
cause, s'étend jusqu'au lac d'Ambracie, à Prévésa et Arta. Cette
cause générale ne peut être cherchée dans le plissement dinarique,
stable plus au Sud, pas plus que dans les dislocations de la bande de

---

[1] Geologische Reise in Nordgriechenland und Makedonien, 1904 (*Sitzungsber. d. K. Ak. d. Wiss. mat. nat. Cl. Wien*, CIII, 623).

flysch plissée au travers de laquelle se sont ouvertes les vallées longitudinales de l'Épire, les séismes paraissant ébranler surtout la côte. Seul le tracé, qui manque encore, des isoséistes d'un assez grand nombre de tremblements de terre pourrait mettre sur la voie de la découverte des accidents tectoniques à mettre en cause. En particulier, il serait très intéressant de savoir s'ils s'allongent parallèlement à la côte, en un mot si les secousses sont liées au raide talus sous-marin de la mer Ionienne, et par suite dépendent de l'effondrement méditerranéen, contre-partie du plissement dinarique. Tant que les études n'auront pas été dirigées dans ce sens, il serait téméraire d'accepter sans plus la précédente suggestion, cependant bien séduisante pour les tremblements de terre des côtes épirotes et albanaises. Quelques vagues séismiques sont là seules pour laisser supposer une certaine mobilité du fond de la mer Ionienne, d'autant plus que très certainement la plupart des séismes d'Otrante et de Lecce y ont leur origine.

Entre l'Adriatique et les fragments serbes et croates du continent oriental, les Alpes Illyriennes, ou Dinariques, arrêtées par la résistance de ces sortes de butoirs, se sont prolongées vers le Sud et le Sud-Est pour former les régions plissées de l'Herzégovine, de la Bosnie et de la Dalmatie. Ces territoires, formés surtout de terrains secondaires, constituent un tout géologique et géographique bien défini, que seule la nécessité d'introduire des divisions en rapport avec la nomenclature habituelle a fait arrêter au cours de la Save et de son affluent la Kulpa, jusqu'à l'angle du golfe de Quarnero ; sinon il aurait fallu englober aussi l'Istrie et la Carniole, dont la structure est exactement la même. D'ailleurs les côtes dalmates présentent un type tout spécial, justifiant ce compromis dans une certaine mesure.

Ces régions forment un triangle s'amincissant fortement vers le Sud, les plis ayant dû se resserrer considérablement contre le massif archéen du Skhar, qui a opposé une résistance invincible à la surrection alpine, et forcé les chaînes à s'infléchir au delà vers le S. S. E. Outre le plissement alpin, qui a érigé les chaînes dinariques, l'événement géologique capital est ici l'effondrement de la partie septentrionale de la mer Adriatique. Tous les géologues admettent maintenant que les îles Lagosta, Pelagosa, Pianosa et Tremiti sont les restes de la côte méridionale d'une terre adriatique récemment affaissée, à la suite d'un mouvement qui se prolongerait jusqu'à l'axe archéen des Alpes par les failles dites périadriatiques. On n'en veut pour preuves que l'absence de Tertiaire marin à

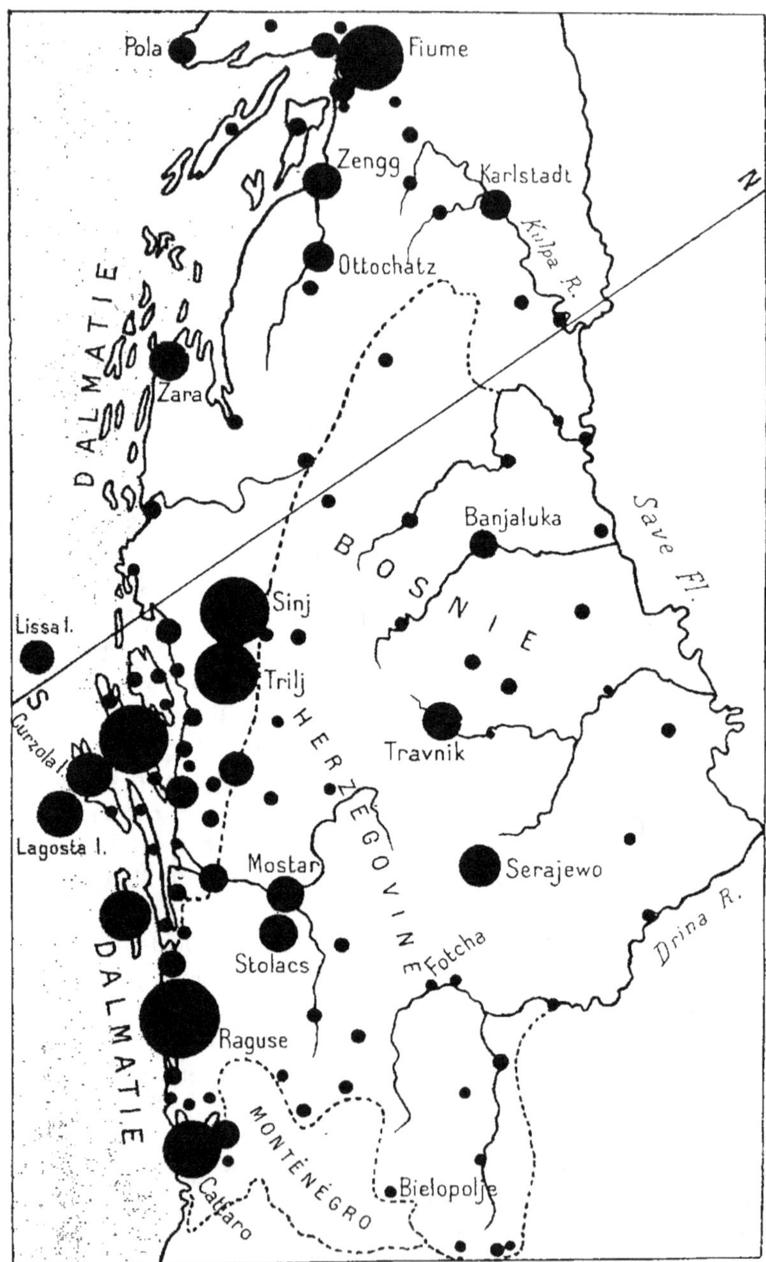

Fig. 39. — Dalmatie, Bosnie et Herzégovine.

l'ouest de la Bosnie et le fait que de tels sédiments ne se rencontrent plus au nord de Pelagosa. Le Monte Conero, près d'Ancône, et le Monte Gargano seraient en Italie les représentants de cette Adriatide disparue, tandis que les pointements éruptifs des Pietre Nere au lac italien de Lesina, précisément orientés vers Lissa, ainsi que ceux mêmes de cette dernière île dalmate, attesteraient bien la réalité de la fracture. D'autres arguments, paléontologiques et zoologiques, militent en faveur de cette hypothèse. Par une coïncidence qui n'est certainement pas fortuite, ce rivage méridional de l'Adriatide affaissée sous les eaux se trouve juste en prolongement de celui du grand lac tertiaire albanais par Elbassan et Dulcigno, ce qui montre quels profonds bouleversements ont subi ces pays depuis l'époque miocène. Les côtes dalmates ne sont point des fjords ; la mer a seulement pénétré dans les synclinaux de plissement, en profitant des cassures qui lui ont permis d'ouvrir d'étroits et profonds canaux, qui ont découpé les îles et se terminent parfois au pied de dolines effondrées.

Une telle constitution, de date aussi récente, ne pouvait manquer d'appeler une grande instabilité, preuve que l'équilibre est loin d'être atteint. Et en effet, la Dalmatie est un pays qui non seulement ne compte plus les tremblements de terre violents, mais est pour ainsi dire en perpétuel mouvement. Malheureusement, les tracés d'isoséistes sont encore trop peu nombreux pour qu'on puisse en toute sûreté invoquer les nombreux accidents tectoniques de la couverture secondaire ou tertiaire lacustre. Ces dislocations sont tantôt parallèles, tantôt perpendiculaires aux plis dinariques. Parmi les dernières, plusieurs indiquent des épicentres sous-marins. C'est donc que le plissement, et l'effondrement adriatique de même direction, ne jouent pas exclusivement un rôle séismogénique, et qu'il faut aussi compter avec les cassures transversales.

Le grand tremblement de terre de Sinj, du 2 juillet 1898, a été étudié dans tous ses détails par Faidiga [1], et von Kerner [2] a fait intervenir pour sa production des mouvements des compartiments découpés par des failles, tout autour d'un petit bassin tertiaire lacustre maintenant asséché et bouleversé. On retombe donc là sur le même genre de phénomènes que ceux qui agitent les bassins analogues du

---

[1] Das Erbeben von Sinj am 2 Juli 1898 (*Mitth. d. Erdbebencomm. d. K. Ak. d. Wiss. in Wien. Neue Folge*, XVII, 1903).

[2] Vorläufiger Bericht über das Erbeben von Sinj am 2 Juli 1898 (*Verhandlungen d. K. K. geol. Reichsanstalt*, 1898, 270, Wien) ; *Id.* Die Beziehung des Erdbebens von Sinj am 2 Juli 1898 zur Tektonik seines pleisosteistes Gebietes (*Jahrbuch d. K. K. geol. Reichsanstalt*, 1900, L. 1, Wien).

massif balkanique. Von Mojsisovics (6e Liste de 1900, p. 70) met les séismes du 26 juin 1899 et du 13 mars 1900 en relation avec une faille qui se montre le long de la ligne Ivankovic, Mont Om, Vrisnik, Bol, Civitta-Vecchia (Lesina), et qui de là vient effleurer la côte S. W. de la presqu'île de Rabal, et se fait voir aussi à San Pietro de Brazza et Almissa. Le rôle séismogénique de la dislocation de la vallée de la Narenta n'est guère niable non plus.

Kišpatić[1] fait jouer un rôle séismogénique important à une dislocation sous-marine, à la vérité hypothétique, courant E.-W. entre les îles Lesina et Curzola, qui ont été souvent le siège de séries de nombreuses secousses.

Toutes les villes importantes de la Dalmatie sont des foyers, au moins apparents, d'ébranlement, mais les véritables épicentres sont encore bien mal connus.

On sait combien sont nombreux les séismologues qui ont mis, au moyen de statistiques locales et restreintes, les tremblements de terre en relation avec les saisons, et nous en avons montré le peu de bien fondé par une étude générale[2] d'où il ressort que les maxima et les minima varient de pays à pays. A propos de ceux de la Dalmatie, Belar[3] a expliqué le maximum estival qui s'est manifesté en 1902 en disant que le long des côtes, c'est dans cette saison que se produit la plus grande différence d'échauffement entre les sols couverts par l'eau et par l'atmosphère, d'où la possibilité que se manifestent les plus grandes différences de tension dans les couches terrestres, et les secousses du sol quand ces différences atteignent une certaine valeur. L'effet est-il adéquat à la cause invoquée ?

On ne saurait passer sous silence les nombreux bruits séismiques qui, de 1822 à 1826, ont tant effrayé les habitants de l'île de Meleda. Knett, dans les mémoires déjà cités sur les bruits séismiques, explique ceux de Meleda par l'afflux des vagues de la mer dans les cavernes et les diaclases du calcaire bouleversé de cette île ; ainsi comprimé, l'air qui les remplit utilise toutes les voies possibles pour s'échapper à l'extérieur, ce qui ne peut s'effectuer sans bruit. Cette explication se rapproche beaucoup de celles de Partsch[4], à qui l'on

[1] *Bericht über die Kroatisch-slavonisch-dalmatischen, sowie über die bosnisch-herzegovinischen Erdbeben in den Jahren 1884, 1885 und 1886* (p. 100).

[2] Étude critique des lois de répartition saisonnière des séismes (*Arch. sc. ph. nat.,* Genève, 15 mai 1891).

[3] Erdbeben in Gebiete der Adria vom Jahre 1902 (*Die Erdbebenwarte.* IV, 1904-1905, 40, Laibach).

[4] *Bericht über das Detonationsphänomen auf der Insel Meleda bei Ragusa* (Wien, 1826).

doit la description du phénomène, et de Stulli[1], mais elle nous semble se heurter à cette grosse difficulté que l'action des eaux de la mer est toujours restée la même qu'en 1822, tandis que les bruits séismiques ne se sont plus renouvelés sur cette échelle ; elle est d'ailleurs de tous points inadmissible pour les bruits analogues de Guanajuato (Mexique) en 1784, et pour bien d'autres cas du même genre.

La séismicité générale de la Dalmatie, — et cette considération doit aussi s'appliquer à la Bosnie et à l'Herzégovine, — ne saurait être indépendante du géosynclinal ancien qu'on y a récemment reconnu. La présence du Carboniférien marin dans ces pays démontre l'existence, sur l'emplacement même du rivage oriental de l'Adriatique, d'une communication avec la mer russe de la même époque. Il y aurait ainsi superposition des causes séismogéniques inhérentes au géosynclinal carboniférien et de celles résultant des mouvements tertiaires, cas que nous avons déjà plusieurs fois rencontré.

En Bosnie et en Herzégovine s'introduit dans la structure géologique un autre élément de complication, à savoir la présence de noyaux primaires perçant la couverture secondaire, tandis que vers le Nord le Flysch et les dépôts néogènes vont rejoindre la Save. On n'y connaît pas de désastres séismiques, mais seulement quelques chocs très sévères ; jusqu'à nouvel ordre, il est difficile d'affirmer que ces deux anciennes provinces turques, isolées du monde civilisé pendant tant de siècles, sont vraiment plus stables que la Dalmatie. Les observations, commencées en 1896 à l'Observatoire météorologique autrichien de Sarajevo, ne permettent pas de se prononcer encore. Ces deux provinces renferment certainement un nombre considérable de foyers d'ébranlement, mais c'est tout ce qu'on en peut dire actuellement, d'autant plus que leurs séismes se confondent souvent avec ceux de la Dalmatie. Rien n'empêche de penser que les secousses de la vallée du Vrbas, celles de Banjaluka en particulier, ne soient le résultat des mouvements de la ligne de fracture qui a abaissé vers l'Ouest les couches les plus récentes.

Kišpatić[2] attribue le séisme du 18 décembre 1888 à Plevlje à une faille de la vallée de Praca, découverte par Bittner dans le Trias et celui du 13 octobre de la même année, à Prozor, à une dislocation des roches éruptives anciennes qui constituerait jusque vers Imotski

---

[1] Sulle detonazioni dell' Isola di Meleda (*Biblioteca italiana*, XXXIII, 347. Ragusa, 1823).

[2] Bericht über die kroatisch-slavonisch-dalmatischen, sowie über die bosnisch-herzegovinischen Erdbeben in den Jahren 1887 und 1888 (*Bericht der Erdbeben-Commission*, p. 16).

et Makarska, en Dalmatie, une importante ligne de chocs dont dépendrait aussi Tarcin, près de Sarajevo.

Enfin le Montenegro, où les plissements dinariques sont venus s'écraser contre le Skhar, qui en a réduit la largeur à plus de la moitié, paraît stable, en dépit des gigantesques dislocations résultant de cette compression. Mais peut-être sommes-nous trop facilement enclins à tenir pour stable un pays pour lequel nous ne possédons guère d'observations de séismes. Et en effet, si l'on en croit des renseignements de presse, un tremblement de terre, le 3 juin 1905, aurait été destructeur à Cettigné et plus encore à Scutari.

3. — La Grèce.

La Grèce, dépendance méridionale de la presqu'île balkanique, est un des pays du monde les mieux connus au point de vue séismique, car ses annales historiques datent d'une haute antiquité, et ont fourni abondante matière aux grands catalogues de Perrey et de Julius Schmidt ; ce dernier y a entretenu de 1860 à 1878 de nombreux correspondants. De 1825 jusqu'à nos jours, D. G. et B. A. Barbiani[1], de Biasi et Margaris ont poursuivi à Zante une série d'observations, interrompue seulement de 1869 à 1888, et il n'est pas de localité qui en présente une aussi étendue. Eginitis enfin[2], directeur de l'Observatoire d'Athènes, a institué depuis 1893 un service public d'informations séismiques répandu sur toute la surface du pays et assuré par le concours des instituteurs et employés des postes et télégraphes. La répartition des tremblements de terre est ainsi connue avec une précision qui ne le cède en rien à celle d'aucun pays du monde. L'instabilité est considérable, et sans compter que depuis l'antiquité on est bien renseigné sur un grand nombre de désastres, la fréquence séismique annuelle moyenne n'est pas inférieure à 275 secousses, chiffre hors de proportion avec l'exiguïté du territoire.

Grâce à l'expédition scientifique française de 1829 à 1831[3] et surtout aux voyages et aux travaux de Philippson[4], pour ne citer que les recherches fondamentales d'ensemble, on commence à se

---

[1] Mémoire sur les tremblements de terre dans l'île de Zante (jusqu'à 1863) avec une introduction par Al. Perrey (*Mém. Ac. Dijon*, XI, 1, 1863).

[2] Liste des tremblements de terre observés en Grèce durant les années 1893 à 1898 et 1899 (*Ann. obs. nat. d'Athènes*, II, 189, 1900) ; *Id.* III, 336, 1901).

[3] *Expédition scientifique de Morée. Travaux de la section des sciences physiques* (II, Paris, 1835).

[4] *Der Peloppones. Versuch einer Landeskunde auf geologischer Grundlage.* Nach Ergebnissen eigener Reisen (Berlin, 1892).

rendre compte assez clairement des principales vicissitudes géologiques qui, à l'époque tertiaire, ont finalement doté la Grèce de sa configuration actuelle : leur grandeur et leur complexité justifient une instabilité qui a fait des pays helléniques une région tout aussi classique au point de vue des tremblements de terre qu'à ceux de l'art et de la littérature. D'ailleurs tous les monuments, malgré l'excellence et le fini de leur construction, portent autant la trace des phénomènes séismiques que des déprédations barbares et turques. Non seulement à l'époque tertiaire, mais même à l'époque pléistocène, la géographie de la Grèce a subi des changements tellement considérables que sa séismicité n'a rien qui puisse surprendre. On va rapidement esquisser tout d'abord ces vicissitudes, en suivant le plus souvent les vues de Philippson, assez généralement acceptées.

L'âge des plus anciennes formations n'a pu encore être bien fixé dans la plupart des cas, à cause de l'intense métamorphisme dont elles portent la trace ; mais on sait tout au moins qu'elles étaient déjà plissées vers le milieu de l'époque secondaire, preuve que l'on va se trouver en des territoires dont la mobilité actuelle et le manque d'équilibre, ou ce qui revient au même leur position au sein d'un ancien géosynclinal, date de très loin, circonstance éminemment favorable à l'activité séismique, ainsi qu'on a eu bien des fois l'occasion de le constater ailleurs. Au cours du Crétacé, la côte orientale du Péloponèse émerge seule. Il semble très probable que les plissements tertiaires ont commencé plus tôt à l'Est qu'à l'Ouest, dans le premier cas de l'Éocène inférieur à l'Éocène moyen, dans le second vers l'Oligocène ; il est donc d'ores et déjà permis de pronostiquer une plus grande stabilité sur la mer des Cyclades que du côté méditerranéen, et c'est bien ce que l'on verra tout à l'heure se confirmer par l'observation. Les temps éogènes seront en Grèce ceux des plissements dinariques et l'époque néogène sera celle des dislocations et des morcellements.

A ce moment, une vaste terre ferme couvrait avec ses chaînes plissées et entourait le Péloponèse, les îles Ioniennes et la mer Égée jusqu'à l'Asie Mineure, ainsi qu'en témoigne l'absence de sédiments marins de cette époque. C'est alors que de grandes zones de fractures commencent à morceler cette masse continentale, qui en même temps s'affaisse ; aussi la mer envahit-elle les trouées ainsi ouvertes. Dès la période lévantine (Pliocène inférieur ou moyen), les îles Ioniennes sont séparées, des bras de mer inondent l'Élide et l'Achaïe avec la Messénie, tandis qu'un autre occupait l'emplacement du golfe de Laconie et de la haute vallée de l'Eurotas. Des lacs d'eaux alternativement douces et saumâtres déposent leurs sédiments sur les bords du golfe de Corinthe, en Étolie et en Acarnanie, dans le Péloponèse central (bassin de Mégalopolis), etc. Ces changements variés ne vont pas sans d'intenses dislocations que souligne le développement de l'appareil volcanique, trachytes du golfe d'Égine et de Poros, pendant que le volcan de Méthana s'allume jusqu'à l'aurore des temps historiques[1], en 282 avant J.-C. Cette bande éruptive forme la partie septentrionale d'une zone de moindre résistance qui s'étend jusqu'à l'Asie Mineure par Milo, Santorin, Cos et Nisyros, et sur l'emplacement de laquelle la grande terre des Cyclades s'est complètement effondrée, sans laisser d'autres reliques que d'infimes îlots rocheux. Au Pliocène survient une phase de surrection qui porte les dépôts de cet âge jusqu'à plus de 1 800 mètres en Achaïe ; les lacs intérieurs s'assèchent, le golfe de Corinthe abandonne l'isthme de Mégare à la terre ferme, l'Eubée se sépare de l'Attique et de la Béotie, le golfe d'Étolie et d'Acarnanie ne laisse plus subsister que le golfe bien déchu d'Ambracie (ou d'Arta), le golfe de Corinthe se rétrécit beaucoup jusqu'à ses limites actuelles par l'exhaussement de ses côtes méridionales, pendant que l'effondrement pléistocène ne laisse plus émerger de l'Égéide rompue que les principaux massifs transformés en îles, les Cyclades, et que la Méditerranée remplit son bassin occidental au bord des îles Ioniennes et de l'abrupte Messénie, par des abîmes de 3 500 mètres et plus.

A la fin du Pléistocène, la Grèce atteint son actuelle configuration et, sauf des mouvements négatifs d'ensemble, elle est arrivée à un état d'équilibre général seulement troublé par de violentes vicissitudes de détail, en relation avec des tremblements de terre.

En résumé, les poussées de plissement ont dominé pendant l'Éogène et les fractures pendant le Néogène ; les premières succédant à de plus anciennes, sont à peu près éteintes, sans aucun rôle séismogénique, tandis que les secondes, loin d'avoir dit leur dernier mot, se traduisent ici ou là par des secousses du sol, tellement bien que l'instabilité la plus redoutable se restreint à quatre zones de fractures : détroits de Trikhéri et d'Atalante, golfes de Corinthe et d'Égine, côtes des îles Ioniennes et de la Messénie ; ces zones constituent les régions séismiques les mieux déterminées, et en dehors desquelles on n'a plus à mentionner que d'insignifiants foyers d'ébranlement. Philippson (*l. c.*, 439) attribue à la plupart de ces derniers un caractère très local, et fait intervenir dans la genèse de

---

[1] Pausanias, VI, 23, 36.

leurs secousses les éboulements causés par la dissolution des couches calcaires, lavées par les eaux souterraines circulant dans les diaclases.

On va maintenant passer à l'étude détaillée des diverses régions séismiques de la Grèce.

L'Eubée est remarquable par la fréquence des secousses qui

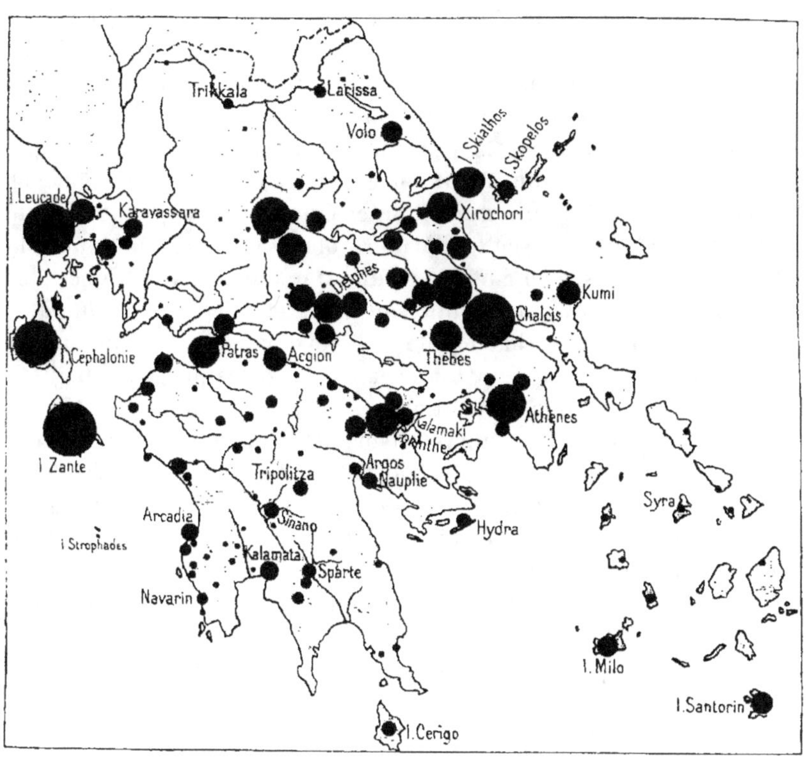

Fig. 40. — Grèce.

l'ébranlent. Chalcis, Kourbatzi, Achmet-Aga, Koumi et Aïdipso sont des foyers d'agitation, sans compter d'autres moins riches, mais tous appartiennent à la moitié septentrionale de l'île, et le nombre annuel moyen n'est pas inférieur à 40. Un certain nombre de chocs de Chalcis peuvent très bien venir de la Béotie. Si l'on ne tient pas compte de certaines assertions, données d'ailleurs par d'anciens auteurs sans désignation de localités éprouvées, ce qui donne le droit de les mettre en doute, il paraît bien certain que l'Eubée n'a jamais eu à souffrir de tremblements de terre désastreux. Il faut donc con-

sidérer cette île comme pénéséismique, avec plus de fréquence que
d'intensité de secousses. Sa partie méridionale est surtout constituée de terrains azoïques, micaschistes, gneiss et cipolins, qui ne
font qu'apparaître çà et là dans le Centre et dans le Nord d'après
Deprat [1] ; ce géologue n'a reconnu que des plissements hercyniens
dans le Sud, tandis qu'il a vu ceux de l'époque tertiaire affecter le
Centre et le Nord, circonstance en parfait accord avec la répartition,
mentionnée plus haut, de l'instabilité, beaucoup plus forte au Nord
qu'au Sud, ce qui devait être puisque dans le Nord les mouvements
tertiaires se sont superposés aux mouvements antérieurs, non seulement à l'Éocène, mais au Miocène et au Pliocène. Enfin des dislocations post-sarmatiques ont affecté en particulier les couches
aquitaniennes de Koumi, qui est précisément le seul point instable
de la côte extérieure : cette dernière observation exclut tout rôle
séismogénique des événements tardifs qui ont séparé l'Eubée des
Cyclades. Les mouvements pliocènes ont été de grands effondrements, qui ont comme haché l'île et l'ont séparée du continent tout
en se prolongeant jusqu'au Quaternaire. Ainsi les plissements justifient suivant leur âge la répartition générale des séismes de l'Eubée,
en même temps que les dernières dislocations ont appelé l'instabilité,
surtout développée le long des détroits d'Atalante et de Trikhéri.
C'est le long de ce dernier, en effet, que se pressent sur un petit
espace les épicentres si importants de Kourbatsi, Aidipso et Xerochori.

Les Sporades au Nord, ou les îles magnésiques, Skyathos, Sko-
pelos, où domine le Crétacé plissé [2], sont probablement aussi souvent
ébranlées que la côte nord de l'Eubée, mais les tremblements de
terre y semblent parfois plus violents, témoin celui du 4 octobre 1868,
qui a fort endommagé les habitations de Skyathos ; mais on est encore
bien loin d'un véritable désastre. Thucydide [3] mentionne la ruine de
Péparèthe (la Pelagonisi actuelle suivant les uns, Skopélos suivant
les autres), fait que l'événement de 1868, avec ses nombreux chocs
consécutifs, rend très vraisemblable. Ces îles, où se continuent sous
les terrains secondaires les schistes anciens de l'Othrys, font partie
du massif cristallin de l'Égéide septentrionale affaissée, dont Philippson a retrouvé les vestiges jusque dans Samothrace et le golfe
de Saros. Les mouvements d'effondrement semblent donc se pro-

---

[1] *Etude géologique et pétrographique de l'île d'Eubée* (Besançon, 1904) : *Id.* Sur la
structure tectonique de l'île d'Eubée (*C. R. Ac. Sc. Paris*, CXXXVII, 666, 1903).

[2] A. Philippson. Beiträge zur Kenntniss der griechischen Inselwelt (*Pet. geogr. Mitth.
Ergänzungsband* XIX, Heft 134, Gotha, 1901).

[3] *Guerre du Péloponèse*, III, LXXXIX.

longer ici, aussi bien dans le détroit de Trikhéri que sur le continent
dans le golfe de Lamia (Zeitoun), et c'est à eux qu'on aurait dû, en
mai 1758, la disparition sous les flots d'une partie de Pondiconiso à
la pointe N. E. de l'Eubée, ainsi que de deux îlots dans ce même
golfe de Lamia. Suess mentionne, en 427 avant J.-C., la disparition
de Skarphia dans le golfe Malique, à la suite d'un violent tremblement de terre. C'est donc que les efforts du morcellement égéen se
perpétueraient vraisemblablement encore dans les Sporades du Nord,
le détroit de Trikhéri et le golfe de Lamia, aussi bien que dans la
vallée du Sperchios, au pied sud de l'Othrys; mais ces tremblements
de terre ne sauraient être mis en relation avec les plissements dinariques de l'arc oriental, prolongé jusqu'à Skyros et Lemnos, parce
que le Pinde, d'où ils se détachent, est absolument stable.

La Thessalie est un fond de lac tertiaire, vidé par les dislocations
de la vallée de Tempé entre l'Olympe et l'Ossa. Il s'étendait jusque
sur l'Albanie par-dessus le Pinde, ainsi qu'on l'a vu antérieurement,
de sorte qu'en réalité, la plus grande partie de cette région est extérieure à la Grèce. La Thessalie et le bassin de Grevena forment un
Graben d'effondrement surtout instable du côté de l'Ouest, que les
cartes actuelles n'indiquent que fort imparfaitement. Dans la partie
qui nous occupe ici, Trikkala[1] est le seul foyer un peu notable d'ébranlement, et les tremblements de terre n'ont guère produit de dommages que quand, par exemple, Larissa s'est trouvée englobée dans
l'aire pléistoséiste de quelque grand tremblement de terre extérieur,
tels ceux de la Locride. Volo est un autre centre, situé sur le golfe
d'effondrement du même nom, qui a été coupé dans la masse de
l'Othrys.

Plus au Sud, la Phocide, la Locride et la Béotie forment une région
séismique extrêmement éprouvée par les tremblements de terre. On
y a subi bien des catastrophes, et le séisme du 20 avril 1894 mérite
une mention spéciale, non pas tant par les dommages causés que
par l'ouverture d'une longue faille de 55 kilomètres de long, parallèle au rivage du canal d'Atalante, et avec un rejet de 50 centimètres à 2 mètres, variable suivant les terrains traversés. Papava-
siliou[2] pense avec beaucoup de raison que cette dislocation est ana-

---

[1] Le peu d'importance des tremblements de terre dans la haute vallée de la Salamvria
(monts des Météores), est à rapprocher de la stabilité parfaite du district des formations
analogues du « Quadersandstein » de la Suisse saxonne. Ce sont des grès, qui, par leur
résistance aux agents extérieurs de dénudation et d'érosion, ont donné naissance à
ces formes pittoresques sans intervention de dislocations à rôle séismogénique.

[2] Sur le tremblement de terre de Locride d'avril 1894 (*C. R. Ac. Sc. Paris*, CXIX,
112, 1894).

logue à celles qui, à la fin du Tertiaire, ou au commencement du Quaternaire, ont creusé le golfe d'Eubée, de même direction, au travers des terrains crétacés qui réunissaient cette île au continent, et au-dessus desquels s'étaient déposés des sédiments lacustres. Ce tremblement de terre accuse donc nettement la continuation de ces efforts de morcellement, et on est en droit de penser qu'il en est de même de toutes les secousses de cette région séismique, des nombreux désastres de Thèbes et des secousses de Chalcis, de l'autre côté du détroit.

La troisième région de fractures du sol hellénique correspond aux golfes de Corinthe et d'Égine, seulement interrompus par le faible relief de l'isthme de Corinthe. Cet accident a coupé net les plissements dinariques du Pinde et sa partie orientale, le golfe d'Égine, est de beaucoup la plus stable, car Athènes n'a jamais été sérieusement éprouvée. Cette ville et le Pirée ne sont donc que des épicentres apparents, dont le repos relatif s'étend aux îles et à la presqu'île de Nauplie.

Le danger séismique est au contraire extrême à peu près sur tout le pourtour du golfe de Corinthe, et montre trois principaux points d'élection : le Parnasse, l'isthme, et le littoral de l'Achaïe.

Le massif du Parnasse est remarquable par l'accumulation d'épicentres rapprochés, tous très riches en secousses; il est donc probable que toutes les dislocations qui l'accidentent jouent à leur tour. Jusque vers Ægosthena, cette partie septentrionale des côtes du golfe de Corinthe est coupée abruptement par l'effondrement, et les plus grandes profondeurs se rencontrent précisément vers Galaxidi, un des points les plus exposés. Le Parnasse est situé à l'est des plissements dinariques, si stables, du Pinde, et à l'ouest d'une côte bien moins souvent ébranlée, caractère qu'elle partage avec l'isthme de Mégare, ce qu'on peut expliquer par son émersion plus ancienne que celle de l'isthme de Corinthe, et son moindre état de dislocation.

L'isthme de Corinthe est un second foyer de redoutable instabilité avec les nombreux tremblements de terre connus pour Kalamaki, Isthmia, Corinthe, Kiaton, et Nemea jusque dans le massif montagneux du Sud. Il semble que ce district séismique prolonge celui du haut Eurotas, aussi bien que celui de l'Argolide, tous deux d'ailleurs beaucoup moins importants; cette dernière observation s'accorde avec ce qui a été dit au début, sur le passage des mers tertiaires par ces deux voies dont le fond est maintenant émergé, preuves de mouvements considérables dont ces tremblements de terre manifesteraient un reste de vitalité.

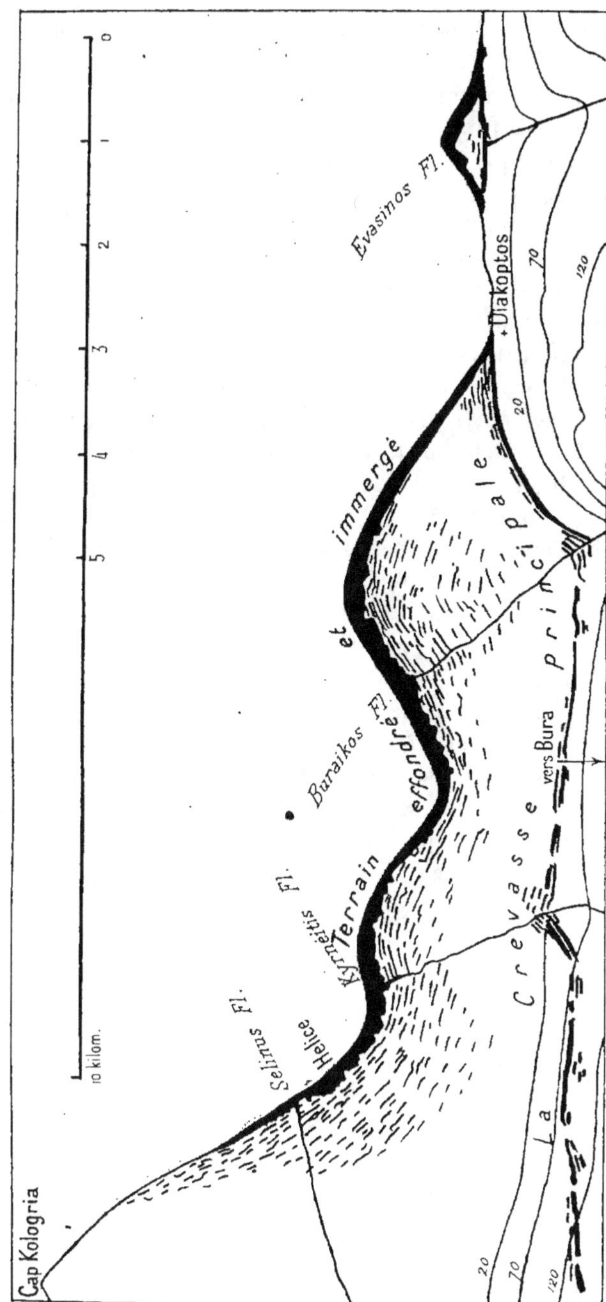

Fig. 41. — Effets du tremblement de terre du 26 décembre 1861 sur le littoral d'Hélice et de Bura (d'après Julius Schmidt).

Continuant vers l'Ouest, on a affaire jusqu'à Diakophtitika à un littoral assez large, découpé en escaliers par des failles parallèles à l'axe du golfe, et qui tombe assez doucement sur le fond de l'entaille maritime. On n'y rencontre guère que le foyer de Xilocastro, parfois éprouvé, ce qui laisse à penser que la stabilité n'est qu'apparente et ne résulte que de la pauvreté et de l'absence de grands centres habités. Mais au delà, on arrive à la région si instable du détroit de Patras, resserré entre l'Achaïe et le continent. Les tremblements de terre sont violents et fréquents à Patras et surtout à Vostitza, au voisinage d'Helice et de Bura, que les auteurs de l'antiquité font engloutir sous les eaux de la mer en 373 avant J.-C.[1] Cet événement historique n'a plus rien d'improbable, et on ne peut maintenant sans parti pris taxer d'exagération les anciens récits, depuis que Julius Schmidt (*l. c.*) a montré par quel mécanisme, lors du désastre de Vostitza le 26 décembre 1861, la masse des alluvions côtières avait été sur une longueur de 13 kilomètres séparée des terrains plus anciens et s'était enfoncée en glissant dans l'eau : 130 hectares disparurent de la sorte à l'est de cette ville, bâtie sur l'emplacement de l'antique Ægion. En arrière du ruban de côte ainsi brusquement immergé, d'innombrables crevasses s'ouvrirent partout jusqu'au pied des collines sur la plaine littorale, et parallèlement au rivage le plus rapproché. L'une d'elles, plus importante que les autres, entama même les hauteurs. Ce tremblement de terre avait, d'après Schmidt, son épicentre dans le golfe entre Ægion et Itea, par 22° 30′ E. Gr. et 38° 13′ N., et il avait sans aucun doute travaillé dans une notable mesure à l'agrandissement du bras de mer ; aussi W. G. Forster[2] en tira-t-il cette conclusion que les séismes des côtes grecques sont dus à des éboulements aussi bien des côtes elles-mêmes que des inégalités qui accidentent le fond des mers voisines. Ingénieur de la Compagnie des câbles helléniques sous-marins, il eut maintes fois l'occasion de constater pendant de longues années des ruptures de câbles à la suite de tremblements de terre, et en même temps, dans la topographie des fonds, que ses fonctions le forçaient à connaître et à étudier, de notables changements accusés par de grandes différences dans les sondages à peu d'années d'intervalle, avant et après les phénomènes séismiques dont il s'agit. On pourrait bien se demander si ces éboulements, d'ailleurs hors de toute contestation possible, sont, comme le pense Forster, la cause ou l'effet des tremblements de terre de la Grèce. Mais quand on

[1] Pausanias, lib. VII.
[2] Earthquake origin (*Trans. seism. soc. of Japan*, XV, 73, 1890).

réfléchit à la façon dont le Péloponèse est découpé par des golfes profonds, aux rebords souvent accores, et qui lui ont donné sa remarquable configuration chirographaire, quand on voit aussi avec quelle parfaite indépendance d'allures ces indentations coupent les roches intéressées, sans aucune relation ni avec leurs plissements, ni avec leurs directions, il faut reconnaître que loin de jouer un rôle séismogénique, les éboulements et les modifications topographiques sous-marines sont au contraire, et au même titre que les tremblements de terre, des effets consécutifs des efforts, encore en action, du morcellement du sol hellénique. D'ailleurs, l'opinion de l'ingénieur anglais ne pouvait s'appliquer au rivage du massif parnassien, le long duquel les alluvions au fur et à mesure de leur formation tombent de suite au fond, sans pouvoir s'arrêter au bord des escarpements, ni par conséquent pouvoir glisser ultérieurement ; ils doivent par conséquent reconnaître une origine toute différente. De la même façon, l'embouchure du golfe de Corinthe montre en Acarnanie et en Élide, c'est-à-dire sur les deux rives, la même disposition de pentes et d'alluvions que dans la partie resserrée, le détroit de Patras, et cependant la séismicité diminue notablement dans la direction des îles Ioniennes. Il est donc bien démontré que le peu de fixité des dépôts alluvionnaires sur les flancs de la dépression corinthienne ne peut jouer aucun rôle séismogénique, et il était d'autant plus important d'insister sur ce point que Forster a voulu généraliser et a admis que toutes les côtes instables de structure analogue ne reconnaissent pas d'autre cause à leur séismicité. Nos conclusions, relativement à l'influence perpétuée sous forme de tremblements de terre des efforts d'ouverture du golfe de Corinthe ou de Lépante, sont encore corroborées par la forme des isoséistes des tremblements de terre qui en agitent les bords : elles sont en effet, le plus souvent, fort allongées et couchées sur l'axe même de la dépression, observation faite très anciennement.

L'Étolie et l'Acarnanie sont beaucoup moins sujettes aux ébranlements séismiques que les régions précédentes, en particulier celle de Patras, à laquelle appartient sans aucun doute le foyer de Naupacte ou de Lépante. On a déjà signalé le parfait repos des plis dinariques du Pinde qui en occupent une notable surface, conjointement avec le fond lacustre tertiaire qui se maintient encore par le golfe d'Ambracie, dernier vestige de sa considérable extension d'autrefois. On y trouve une région séismique avec les centres d'Arta, Karavassara, Katouna, Mont Boumistou et Prévésa, aux secousses plus fréquentes que vraiment à craindre. Ces trois derniers épicentres pourraient bien appartenir en réalité à la région si dangereuse des îles Ioniennes, et Hilber (*l. c.*) a signalé près de Karpenisi sur la route de Marathia une faille importante, qui semble susceptible d'expliquer ce foyer d'ébranlement secondaire.

Les îles de Leucade ou Sainte-Maure, de Céphalonie et de Zante forment une des régions du globe les plus fréquemment et les plus cruellement éprouvées par les tremblements de terre, encore aggravés par une déplorable négligence dans l'art des constructions et par l'emploi des pires matériaux, fatale incurie commune d'ailleurs à tout le Levant. Cette extrême instabilité ne trouve certainement pas sa raison d'être dans la structure des couches secondaires et tertiaires qui en occupent la surface, et il faut la rechercher dans l'existence du talus sous-marin par lequel leur socle tombe brusquement jusqu'à 2000 mètres et plus de profondeur. C'est ainsi que sur la côte occidentale de Céphalonie, à un mille d'Ortholethia, la sonde indique 731 mètres, puis descend rapidement à 2559. Entre les îles, la Sicile et l'Italie méridionale, la Méditerranée présente un creux important, et il est bien avéré que beaucoup de séismes y ont leurs épicentres. L'opinion que la plupart des tremblements de terre de Zante auraient leur origine entre cette île et le Péloponèse est assez répandue, mais elle est contredite par ce fait que les secousses l'agitent surtout au Sud, du côté de l'abrupt, c'est-à-dire du côté opposé à la ville de Zante, qui n'est qu'un foyer apparent. Aussi bien la constitution géologique des îles est la même que celle de l'Élide, peu gravement atteinte. Issel et Agamemnone ont fait du désastre de Zante en 1893 une étude approfondie[1], et sans s'y décider formellement, ils ont fait jouer un rôle séismogénique important à l'introduction de l'eau de la mer dans les fissures du calcaire, et au dégagement de vapeur produit à son arrivée dans les régions profondes de haute température, ressuscitant ainsi la théorie hydrothermale de Daubrée, aujourd'hui bien oubliée. Ils admettent cependant aussi qu'il se produisit, lors de ce même tremblement de terre, de grands effondrements sous-marins, et ils citent à l'appui des fonds qui, portés comme ayant 320 brasses sur la carte anglaise de 1862, se sont trouvés ensuite en avoir plus de 500 ; ils regardent enfin comme tout à fait vraisemblable que certains grands séismes helléniques ont eu leur épicentre en pleine Méditerranée, opinion conforme à celle de Julius Schmidt. Ces séismologues n'avaient donc qu'un pas à faire pour attribuer les secousses des îles Ioniennes

---

[1] Intorno ai fenomeni sismici osservati nell' isola di Zante durante il 1893 (*Ann. dell' Off. cent. di met. e di geodin.*, XV, Parte I, Roma, 1893).

à des mouvements du talus, lèvre de la fracture le long de laquelle
la Méditerranée occidentale s'est effondrée au travers d'une partie
de la masse continentale post-oligocène. Cette influence séismogénique est d'autant plus probable que l'île d'Ithaque, du côté opposé
du talus, est bien plus stable.

Zante, vraisemblablement la plus souvent ébranlée des îles, se
trouve à l'intersection de cette zone de fractures avec celle du golfe
de Corinthe : double motif à tremblements de terre.

La zone d'ébranlement se continue le long des côtes de Messénie,
tout aussi souvent dévastées par les séismes destructeurs. C'est sur
le talus sous-marin que Mitzopoulos[1] place l'épicentre de la secousse
de la Triphylie du 22 janvier 1899, et Philippson en fait autant pour
celui de Philiatra du 29 août 1886. Ce dernier en donne pour preuves
la forme de l'aire plésistoséiste, qui ne fit que mordre le littoral et
engloba les Strophades, la vague séismique qui envahit le rivage
d'Agrili, au nord de Philiatra, et la rupture du câble de la Crète à
Zante, entre cette dernière île et les Strophades. Forster a
signalé à l'occasion de ce tremblement de terre des effondrements
de plus de 1 000 brasses le long de l'accident, mais ces chiffres semblent très sujets à caution, n'ayant pas été l'objet d'une sérieuse
enquête ; cela ne diminue d'ailleurs en rien la probabilité que le phé-
mène se soit produit à la suite d'un mouvement de la lèvre de la
fracture, tant le 27 août 1887 que lors d'autres séismes antérieurs
et postérieurs.

D'importants séismes helléniques ont eu leurs épicentres entre la
Morée et la Crète, et ces mêmes parages ont été à plusieurs reprises
le siège de secousses sous-marines moins importantes. Il apparaît
donc que le rôle séismogénique de la fracture se prolonge jusque-là,
en même temps que les profondeurs s'accentuent dans cette même
direction, atteignant 3 336 mètres à 18 kilomètres seulement de
l'île Sapienza. Mais comme l'a montré Rudolph, c'est à tort que
Julius Schmidt, s'appuyant sur des déterminations de temps d'une
exactitude plus que contestable, a étendu cette instabilité d'une portion du domaine maritime à tout le bassin oriental de la Méditerranée, en y plaçant les foyers de plusieurs grands tremblements de
terre. Ces calculs sont d'autant plus suspects qu'ils l'ont conduit à
supposer en Arabie, ou dans le nord de l'Égypte, pays essentiellement stables, l'épicentre de celui du 24 juin 1870, qui a ébranlé tout
le Levant, depuis le fond de l'Adriatique jusqu'au détroit de Bab-el-

[1] Das Erdbeben von Tripolis und Triphylia in den Jahren 1898 und 1899 (*Petermanns
geogr. Mitth.*, XII, 1900).

Mandeb, résultat peu admissible. On ne saurait non plus apporter comme preuve de l'instabilité de la zone sous-marine de fractures les dégagements de vapeurs ou de gaz enflammés que des navigateurs, ont à maintes reprises signalés dans ces parages jusque vers l'Italie méridionale, lors des grands séismes. Rudolph en a fait bonne justice, et Philippson a de même révoqué en doute de semblables phénomènes signalés le 27 août 1887. La mobilité de la zone de fractures se passe aisément d'un tel argument, d'après lequel ce serait bien une ligne de moindre résistance soulignée par les manifestations volcaniques, alors que toute la région hellénique est absolument dénuée de toute roche éruptive, même tertiaire, du côté de la mer Ionienne.

Continuant maintenant le tour du Péloponèse par le Sud, on rencontre au fond du golfe de Coron, ou de Messénie, un foyer d'ébranlement, celui de Kalamata, qui jusqu'au pied de l'Ithome ne manque pas de tremblements de terre au moins sévères, ce qui fait contraste avec la stabilité du massif montagneux de la Pylie. Les mêmes circonstances se présentent pour le fond du golfe de Marathonisi, ou de Laconie, et Sparte a eu parfois à souffrir de graves dommages. Cérigo est moins souvent ébranlée. On est donc en droit de supposer un reste de vitalité aux efforts tectoniques qui ont découpé les pointes méridionales de la Morée et qui, après avoir permis l'invasion de la mer tertiaire dans son intérieur, ont violemment relevé le fond de ces dépressions. Cette conclusion est d'autant plus plausible que l'instabilité de la vallée moyenne de l'Eurotas lui est commune avec le haut bassin de ce fleuve, et se prolonge presque sans discontinuité jusque vers la plaine de Corinthe, par-dessus monts et vallées, c'est-à-dire sur l'emplacement même de l'ancien détroit. La plaine de l'Argolide, en continuation du golfe de Nauplie, a aussi ses tremblements de terre, ce qui complète à ce nouveau point de vue l'analogie parfaite des trois profondes indentations du Péloponèse, tandis que les arêtes montagneuses qui les séparent les unes des autres sont moins exposées.

A cette cause générale de l'instabilité au moins relative de certaines localités de l'intérieur de la Morée, ne peuvent manquer de s'ajouter l'influence locale de dislocations particulières et d'autres mouvements complexes et récents. Mais on ne pourra préciser que plus tard, au moyen de tracés d'isoséistes qui manquent encore complètement pour d'importants tremblements de terre. Par exemple dans la plaine de Karytena et dans le bassin supérieur de l'Alphée, un calcaire d'eau douce à lignites a été déposé dans un lac tertiaire occupant

la plaine de Sinano (Mégalopolis) entre Léondari et Karytena, points
souvent ébranlés. Plus tard, après le dépôt de couches pliocènes,
une fracture S. E. - N. W. du massif qui sépare les bassins supérieur et inférieur de l'Alphée, a changé le lac en plaine, et cet accident joue un rôle séismogénique d'autant plus probable, que parallèle à la fracture sous-marine instable, il semble dépendre des
mêmes efforts de démantèlement de l'ancienne masse continentale ;
mais cette suggestion aura besoin d'être corroborée par des tracés
d'isoséistes. De la même façon, en Laconie, les traces de quatre
bassins étagés attestent des mouvements en sens inverse de ceux
de morcellement, ce qui n'a pu manquer d'introduire dans les dislocations récentes une complexité telle que l'équilibre a bien de
la peine à s'établir définitivement. En Laconie encore, une fracture
N. E. a soulevé les terrains tertiaires du bord oriental de la vallée de
Sparte et formé la gorge profonde de Kélesphina. Une autre cassure
transversale a coupé en deux le mont Marmarovouno au sud du
Taygète, à peu près à la limite de l'Arcadie, et qui fait partie d'une
chaîne se prolongeant à l'est de Vervéna, en s'alignant N.-S. avec la
vallée de Kélesphina. Cet accident met à nu les schistes anciens ;
provoqué par la résistance opposée au mouvement par les plis dinariques, il est de nature à expliquer le foyer secondaire d'ébranle-
lement de Vervéna.

La côte d'Épidaure ne présente qu'un seul et peu notable centre
séismique, celui de Monemvasia, preuve que, de ce côté, l'effondrement de l'Égéide s'est bien éteint, après avoir séparé la Morée de
l'ancienne terre dont les parties hautes émergent seules dans les
Cyclades.

4. — Cyclades et Crète.

L'histoire géologique des Cyclades commence à devenir assez
claire dans son ensemble, grâce aux travaux de Philippson. A l'exception des plus extrêmes du S. E., composées de roches sédimentaires, ces îles forment une grande masse cristalline se rattachant à
l'Attique et à l'Eubée méridionale. L'on y voit s'élever maints massifs gneissiques, et leur plissement principal est antérieur au Crétacé.
Au S. E., s'accolent à cet ancien noyau les îles sédimentaires d'Amar-
gos, d'Anaphi et de Santorin, dont le plissement principal était déjà
terminé avant le dépôt des couches éocènes (?) de Theologou (Anaphi
occidental) ; il semble qu'on doive les regarder comme un fragment
des terres de l'Anatolie. Toutes ces îles reposent sur un socle commun,

peu profond et dont le fond médiocrement accidenté prouve qu'elles
ne sont pas séparées entre elles par des fosses d'effondrement :
c'est une ancienne surface d'abrasion. Aux temps miocènes, une
grande terre, l'Égéide, réunissait la Macédoine et l'Asie Mineure, la
Grèce et la Propontide ; elle s'est d'abord affaissée après le Pliocène
supérieur et le creusement des vallées actuelles qui accidentent les
îles, puis les parties externes à l'archipel se sont complètement effondrées, ainsi qu'en témoigne la disposition des fonds.

Les tremblements de terre sont si peu fréquents dans les Cyclades
que, d'après Hérodote[1], on avait toujours cru ces îles à l'abri de ces
phénomènes jusqu'à celui de Délos en 486 avant J.-C., ce qui ne veut
pas dire qu'il ait été même sévère, puisque cet historien n'en mentionne
aucune conséquence fâcheuse. L'assertion de Pline[2] que Zea, ou
Céos, aurait à la suite d'un tremblement de terre vu disparaître avec
ses habitants un terrain de 30 000 pas, et couper l'isthme qui la réunissait jadis à l'Eubée, a paru trop peu fondée aux savants membres
de l'expédition de Morée pour mériter une réfutation. Nous ne pou-
vons cependant nous empêcher d'être impressionné par l'assurance
avec laquelle l'ancien naturaliste, se faisant l'écho d'antiques traditions qui ne pouvaient guère provenir d'observations scientifiques
a posteriori, parle de cet événement ; dans un autre passage[3], il revient
« sur la manière dont la nature a séparé l'Eubée de la Béotie, les îles
d'Atalante et de Macris de l'Eubée » ; ne peut-on pas voir là des bouleversements dont l'homme aurait été témoin, et dont le souvenir très
précis se serait transmis de génération en génération malgré leur
antiquité fort reculée ? Cela s'accorderait bien avec les connaissances géologiques modernes, qui montrent que le démembrement
de l'Égéide est un fait récent et qui a pu çà et là se compléter à l'aurore des temps historiques. Quoi qu'il en soit, on ne connaît aucun
tremblement de terre sérieux dans les Cyclades, archipel décidé-
ment pénéséismique. Qu'il s'agisse de celles du Nord ou de celles du
Sud, dont la constitution géologique est si différente, ainsi qu'on l'a
dit plus haut, leurs plissements, d'ailleurs anciens et bien antérieurs
aux plissements dinariques de la Grèce, sont définitivement éteints.

L'effondrement égéen a eu pour contre-coup les épanchements
volcaniques disséminés de l'Asie Mineure au Péloponèse par Nisyros,
dont on connaît une éruption solfatarienne ou boueuse, en 1873,
Santorin, aux éruptions anciennes et modernes si célèbres par

[1] VI, 98.
[2] II, XCIV.
[3] II, XC.

l'érection d'îles nouvelles, Polykandros, Milo, Égine et Méthana, qui a certainement présenté au moins une conflagration historique. Les Cyclades méridionales, soit sur cette ligne de moindre résistance, soit en son voisinage, ne sont donc pas plus instables que les autres, malgré des affirmations contraires, preuve de l'extinction totale des mouvements égéens, et seule Milo a eu en 1862 une série de secousses, d'ailleurs faibles.

Les auteurs de l'antiquité et du moyen âge mentionnent un certain nombre de tremblements de terre désastreux en Crète, et le XIXe siècle y en a compté de fort sévères, malheureusement sans que des détails circonstanciés aient été conservés. On est donc, malgré le peu de suite avec laquelle des observations séismiques y ont été faites, en droit de considérer comme instable au moins sa côte septentrionale à l'ouest de Candie, mais de l'Est et de toute la côte méridionale on ne sait pour ainsi dire rien. Cette île est un fragment de l'arc dinaro-taurique, mais comme ces plissements ne sont pas en relation avec les séismes de la Grèce, il faut ici étendre la même conclusion. L'île est longée au Sud par de grandes profondeurs, mais ne connaissant pas de secousses sur la côte correspondante, on ne peut en l'état actuel de nos connaissances assigner aux tremblements de terre de la Crète l'origine attribuée plus haut à ceux des îles Ioniennes et de la Messénie, c'est-à-dire les mettre en relation avec le talus sous-marin. Reste la partie de l'île, souvent dévastée, comprise entre la Canée et Candie, la seule sur laquelle on soit suffisamment renseigné quant à l'intensité des secousses du sol. Or Cayeux[1] a récemment étudié la tectonique de ce district occidental et montré que les curieux promontoires de Bousa et de Spada sont deux anticlinaux dont les flancs, du côté de la Grèce, ont été rompus et sont restés abrupts, à l'inverse des pentes orientales plus douces. C'est là une structure d'effondrement, dans le sens d'un plissement tout à fait indépendant de la direction E.-W. des accidents dinariques. A défaut d'autre indication, on peut provisoirement, mais toutefois avec beaucoup de réserve, attribuer à ces dislocations et à ces effondrements les tremblements de terre de cette partie de l'île. Cette réserve est d'autant plus nécessaire qu'il faut, pour admettre cette hypothèse, supposer en même temps que seule l'absence de villes importantes a empêché jusqu'ici de mentionner des dommages à l'extrême Nord-Ouest de l'île, justement là où se remarque cette structure caractéristique. En résumé, l'instabilité de la Canée, de Rethymo et de Candie

[1] Sur les rapports tectoniques entre la Grèce et la Crète occidentale (*C. R. Acad. Sc.*, *Paris*, CXXXIV, 46, 1902).

reste fort obscure. On observera cependant qu'entre la Crète et les Cyclades se rencontre un creux profond de 1 000 mètres et que des vagues séismiques ont été souvent signalées sur la côte septentrionale. C'est une indication que les séismes en question pourraient peut-être dépendre de cet accident, concomitant lui-même de l'effondrement égéen.

Les îles de Kasos et de Karpathos, qui ferment à l'Est la mer de Candie, sont très stables ; on n'y connaît que de rares et faibles secousses, en dehors de celles qui leur viennent de la Crète, ou de Rhodes. Kasos, coupée au S.E., par une falaise abrupte, montre des plissements tauriques, et son aséismicité est une nouvelle preuve à l'appui de l'extinction de ces mouvements orogéniques dans le domaine grec.

CHAPITRE XVI

1. — Les Alpes orientales.

Depuis longtemps, les savants Autrichiens ont cherché à trouver dans la géologie des Alpes orientales les causes tectoniques des tremblements de terre qui les ébranlent constamment, et il suffit de rappeler les noms de Bittner, Boué, Canaval, Höfer, Hœrnes, Knett, von Mojsisovics et Suess, pour se convaincre que c'est dans ces pays qu'est pour ainsi dire née, et en tout cas que s'est le plus développée la séismologie tectonique ou géologique. Ajoutant à cela une grande richesse de documents historiques, ainsi que l'organisation systématique de l'étude des macroséismes par l'Académie des Sciences de Vienne depuis 1895, l'on ne sera pas étonné de la clarté qui commence à se faire sur la genèse des séismes de l'Autriche ; mais en même temps, on se rendra compte par les lacunes existant encore des progrès considérables qui restent à faire dans cette voie féconde.

C'est d'une manière un peu artificielle que nous bornerons les Alpes orientales vers l'Ouest aux cours supérieurs du Rhin et de l'Adda. Dans ces limites, la chaîne apparaît constituée de la manière suivante : une large bande archéenne, ou cristalline, bordée au Nord et au Sud par les couches primaires qui ne laissent pas que de la pénétrer irrégulièrement. Au Nord, les chaînes calcaires secondaires dominent la plaine tertiaire, tandis que sur le versant italien elles se dévient fortement au Sud-Est pour former, ainsi qu'on l'a déjà vu, les chaînes dinariques de la Carniole et de la Dalmatie. Au delà de Vienne, la bande centrale a été coupée net par effondrement au-dessus de la dépression du lac de Neusiedl et des plaines hongroises, pendant que de l'autre côté du Danube les formations tertiaires de la basse Autriche ont été comme enserrées dans un étau entre l'ancien massif résistant de la Bohême, qui a opposé un obstacle invincible à la grande chaîne de l'Europe méridionale, et

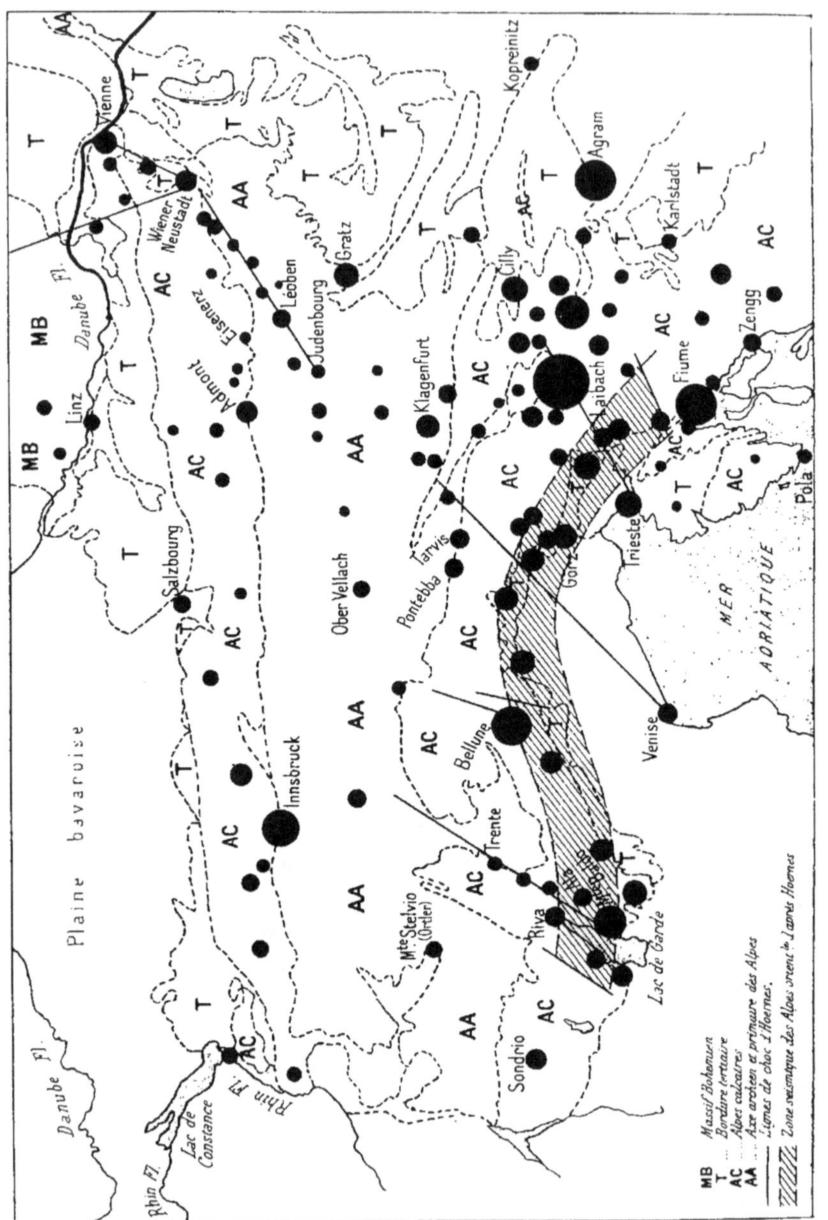

Fig. 42. — Alpes orientales

les petites Carpathes de Presbourg, prolongement dévié des Alpes vers le N. E. C'est dans ce cadre que l'on va étudier les tremblements de terre des Alpes orientales.

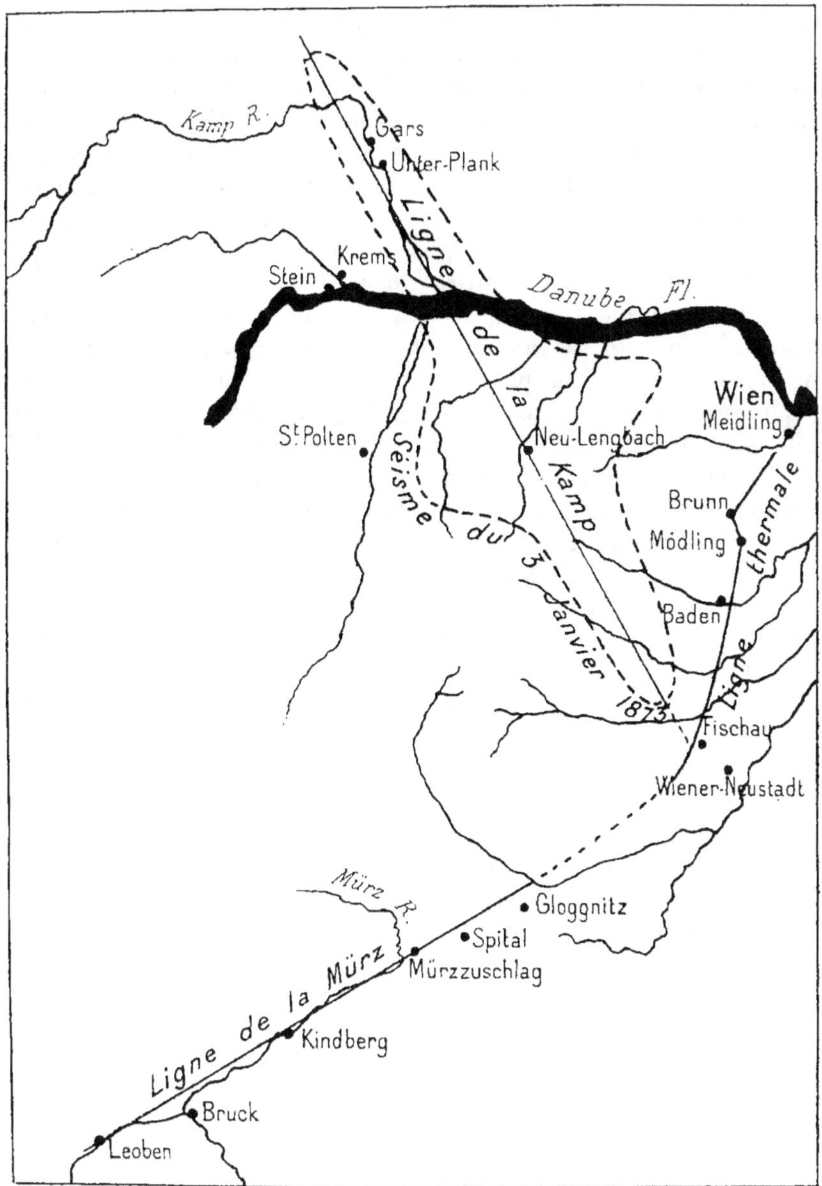

Fig. 43. — Carte séismique de la Basse-Autriche (d'après Suess).

La plus connue des « lignes de chocs » de ce pays est celle de la Kamp dans la Basse-Autriche, que Suess a établie à la suite de son étude sur le tremblement de terre du 3 janvier 1873[1]. Son épicentre se trouvait vers Johanesberg à l'est de Saint-Pölten, et ses isoséistes lançaient deux étroits et longs bras le long du thalweg de la Kamp, et dans une direction diamétralement opposée vers Wiener Neustadt. Cette observation démontre bien que la vallée a facilité la propagation du mouvement séismique dans les couches tertiaires de la dépression jusque vers Horn, à la rencontre du solide massif bohémien, et Suess a dû avouer lui-même que la ligne de choc ne se laisse pas reconnaître à la surface, autrement dit qu'elle ne correspond pas à un accident tectonique concret, visible et connu. Elle n'aurait donc aucune signification séismogénique, et correspondrait seulement à une liaison géométrique, plus ou moins arbitrairement exécutée sur la carte, si Bittner[2] n'avait démontré la probabilité des dislocations profondes que Suess n'avait fait que soupçonner hypothétiquement. Nous n'admettrons donc désormais que les lignes d'ébranlement coïncidant avec des accidents bien définis, pour ne pas tomber.dans la même erreur que Höfer[3], mettant, par ce procédé peu soutenable, les séismes de la Carinthie en relation avec ceux de l'Odenwald, sans se préoccuper des considérables intervalles de temps — jusqu'à plusieurs semaines — qui séparent les secousses de l'un et de l'autre foyer et qu'il suppose démontrer leur dépendance mutuelle. Fr.-E. Suess est revenu[4] sur la fameuse ligne de la Kamp, et Knett[5] a élargi la conception d'Édouard Suess, en définissant dans la Basse-Autriche cinq autres lignes de choc, contre lesquelles reste valable l'objection précédemment avancée.

La dépression de Vienne à Wiener Neustadt est une région séismique plus remarquable par les études que lui a consacrées Suess que par l'intensité et le nombre, également modérés, des secousses que l'on y ressent. C'est un effondrement, affectant non seulement la bande de Flysch, mais aussi les Alpes Calcaires, coupées là très brusquement. Au contraire le noyau primaire de la chaîne se pro-

---

[1] Die Erdbeben Niederösterreichs (*Denkschriften d. K. Ak. d. Wiss.*, XXXIII, Wien, 1873).

[2] Die geologischen Verhältnisse von Hernstein in Niederösterreisch (*I. Theil d. von M. A. Becker herausgegeben Werkes : Hernstein. Sein Gutsgebiet und das Land im weiterem Umkreise.* 217, Wien, 1882).

[3] Die Erdbeben Kärntens und deren Stosslinien (*Denkschriften d. mat. naturwiss. Cl. d. K. Ak. d. Wiss.*, XLII, Wien, 1880).

[4] Die Erderschütterung in der Gegend von Neulengbach am 28 Jänner 1895 (*Jahrbuch. d. K. K. geol. Reichsanstalt*, XLV, 77, Wien, 1895).

[5] Neue Erdbebenlinien Niederösterreichs (*Verhandl. d. K. K. geol. Reichsanstalt*, 1901. 266). *Id.* Vorläufiger Bericht über die Fortsetzung der Wiener Thermenlinie nach Nord (*Id.*, n° 10).

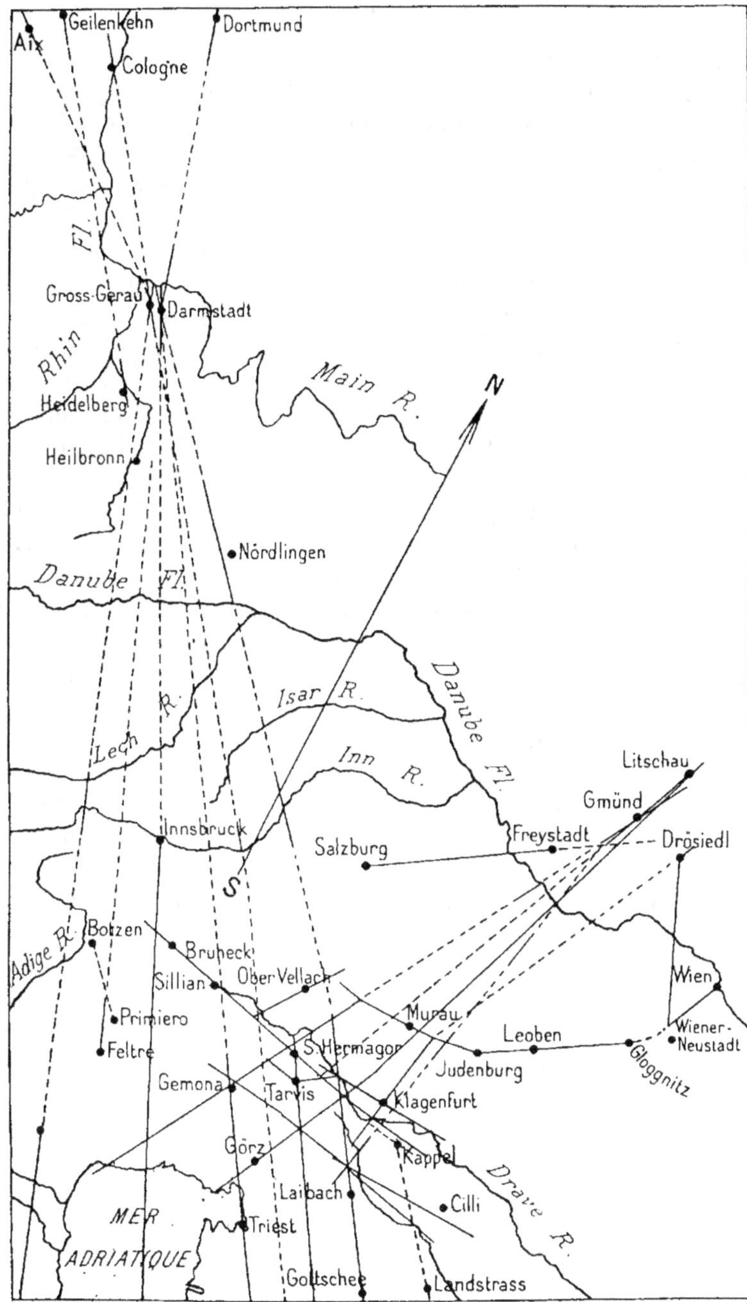

Fig. 44. — Relations des lignes de choc des Alpes Calcaires Méridionales avec les foyers séismiques extérieurs (d'après Höfer).

longe davantage vers l'Est, jusqu'à Güns. Toutes sortes de dislocations s'y rencontrent ; les décrochements du Trias recouvrent le Crétacé dans la Hohewand, et cela parallèlement à la ligne de la Kamp, l'appareil hydrothermal atteste de profonds bouleversements ; il ne manque donc pas de causes qui peuvent rendre compte de tremblements de terre parfois sévères à Wiener Neustadt.

Le bassin de Salzbourg est une nouvelle région de secousses, et à l'Est de ce bassin les dislocations longitudinales des Alpes Calcaires suffisent à expliquer les épicentres tels qu'Ischl, Aussee, Admont, Hieflau, Mariazell, etc., qui, de Gmunden à Vienne, jalonnent la bande du Flysch.

La ligne d'ébranlement de Wiener Neustadt se prolonge par delà le Semmering par les vallées de la Mürz et de la Mur, qui forment jusqu'à Leoben la plus importante des lignes de la haute Styrie. Elle a été étudiée en détail par Hœrnes [1], qui lui ajoute celle moins étendue de Saint-Michael-Rotenmann, correspondant d'après Löwl [2] à un ancien cours d'eau des Tauern, dont la vallée est maintenant occupée, à la suite de dislocations tertiaires assez récentes, par deux rivières coulant en sens inverse, la Liesing, affluent de la Mur, et la Palten, affluent de l'Enns. On se trouve là dans la zone des grauwackes primaires, entre le bord septentrional des Tauern et les Alpes Calcaires du Nord. Cette remarquable ligne styrienne d'instabilité, — haute Enns et Palten, Liesing, Mur et Mürz, — présente une grande uniformité de structure ; elle correspond au bord des dislocations des anciennes roches cristallines qui résultent très vraisemblablement, ainsi que leurs analogues des Tauern, du refoulement latéral des Alpes contre le massif bohémien. L'âge reculé de cet ancien cours fluvial se manifeste par la largeur des fonds de vallées, le morcellement qui s'est produit depuis dans le système des thalwegs, le retour des eaux dans le même sens dans quelques-unes de ses parties, enfin la formation de nouvelles lignes de partage, toutes circonstances concordant pour montrer que le processus orogénique, dont dépendent ces lignes de dislocations, n'a pas encore cessé et s'exprime par les fréquentes secousses de la bande primaire.

Gratz se trouve au sud d'un massif paléozoïque isolé, séparé lui-même de la bande précédente par la zone centrale de la haute Mur.

---

[1] Bericht über das obersteierische Beben vom 27 November 1898 (*Mitth. d. Erdbeben-Comm. d. K. Ak. d. Wiss. in Wien*, XIII, 1898) ; *Id.* Bericht über die obersteierischen Beben des ersten Halbjahres 1899 (*Id.*, XIV, 1899).

[2] *Ueber Thalbildung* (Prag, 1884).

Tout cet ensemble est stable, en dépit de quelques épicentres sporadiques.

Ce sont au contraire des accidents transversaux qui donnent lieu aux lignes d'ébranlement Windisch-Garsten, Gratz-Leoben-Eisenerz, Kindberg-Mariazell, et Scheibbs, établies par Hœrnes. Elles sont d'ailleurs moins importantes que les lignes longitudinales. En particulier, la seconde correspond au coude brusque par lequel la Mur quitte en aval de Leoben son sillon parallèle à la chaîne pour se diriger à angle droit vers la capitale de la Styrie ; elle paraît devoir être attribuée à l'influence des effondrements manifestés aux environs de cette ville, où se montrent en plein massif paléozoïque des lambeaux des couches de Gosau. Les quelques chocs de cette partie de la Styrie seraient peut-être en lointaine dépendance avec le mouvement qui a ramené ces couches au jour.

Les tremblements de terre sont, en Carinthie, fréquents sinon destructeurs, surtout au Sud ; celui du 25 janvier 1358 a cependant causé un véritable désastre, et défrayé l'imagination des anciens chroniqueurs, en détruisant une partie de Villach par suite de l'éboulement du mont Dobratsch. On a là une très importante ligne de dislocations qui, de Brunecken à Sillein, puis par la vallée de la Gail, la dépression de Klagenfurt et le bord septentrional des Karawanken et du Bachergebirge, s'étend le long de la rive droite de la Drave. C'est aussi une bande séismique correspondant aux Alpes Carniques, composées de couches primaires complètement séparées des sédiments secondaires des Alpes Juliennes. Les accidents longitudinaux résultant de la surrection des Alpes abondent, et ajoutent leur influence séismogénique à celle des plissements hercyniens, qui ont donné accès aux éruptions tonalitiques, de sorte que la mobilité de la région se trouve rajeunie sous la forme des séismes actuels. Des dislocations transversales apportent aussi leur facteur d'instabilité, et c'est par exemple le cas des failles de Gmund, d'Obervellach et de Windisch-Grätz. Canaval[1] a mis en évidence le rôle de la première, à l'occasion du tremblement de terre du 25 novembre 1882.

La chaîne primaire Carnique s'épanouit largement dans les Karawanken orientales entre Marburg sur la Drave et Rann sur la Save, avec un bassin tertiaire d'effondrement, où Cilli et Gonobitz sont de notables foyers d'ébranlement, pour ne citer que les plus importants. Stein, Radmansdorf, Tarvis et Pontebba sont d'autres épicentres, jalonnant les dislocations du bord méridional de la même chaîne.

---

[1] Das Erdbeben von Gmund am 25 November 1881 (*Sitzungsber. d. K. Ak. d. Wiss. mat. nat. Cl.*, LXXXVI, 353, Wien, 1882).

Hœrnes et Seidl[1] attribuent le séisme de Trifail, du 31 mars 1904, à deux grandes failles longitudinales des Alpes de Stein, dans leurs avant-monts du Sud, autant dire à un mouvement de la tranche qu'elles comprennent entre elles. On pourrait objecter à cette manière de voir, dans ce cas particulier, la forme circulaire qu'ont prise les isoséistes, ce qui indique l'existence d'un point comme épicentre et non d'une ligne épicentrale.

La ville si exposée de Laibach s'élève en partie sur le Schlossberg, massif primaire isolé entre deux bassins tertiaires d'effondrement contre lesquels viennent mourir les derniers plissements carniques. Souvent ravagée, elle est entourée d'autres épicentres comme Möttling, Stein, Krainburg, Bischoflack, Vodiz, Tersain, Janchen, etc., qui lui font un cortège de foyers presque aussi instables. Les conditions tectoniques de ces deux bassins d'effondrement ne permettent pas de douter des causes orogéniques d'un danger que Fr.-E. Suess[2] n'a cependant pas osé formellement attribuer à un phénomène géologique particulier, lors du grave tremblement de terre du 14 avril 1895.

Au Sud des Alpes Carniques, les Alpes Calcaires ou Dolomitiques de la haute Italie reproduisent à peu près les mêmes circonstances que leurs homologues du Nord, le long de la vallée du Danube. Elles ont été le théâtre du grand tremblement de terre de Bellune, du 29 juin 1873, dont on parlera plus en détail au chapitre consacré à l'Italie.

A l'ouest de Bischoflack se rencontre un petit massif primaire isolé qui termine les Alpes Juliennes et d'où partent vers le S.E. les Alpes Dinariques mésozoïques, couvrant de leurs plis N.W.-S.E. la Carniole et l'Istrie. De Rann à Samobor, Möttling et Karlstadt sur la Kulpa, elles dominent la plaine tertiaire croate, tandis qu'à l'Ouest elles ne dépassent pas la vallée inférieure de l'Isonzo et sont, de ce côté, fortement entamées et masquées par les couches tertiaires. C'est la région *karstique* par excellence, aux très nombreux épicentres presque constamment en mouvement. Il n'y a pas le moindre doute que ces tremblements de terre souvent graves, tels les désastres de Klana en 1870[3] et de Fiume en 1750[4], ne soient liés au processus du plissement tertiaire se continuant encore sous cette forme. Toute

[1] Bericht über das Erdbeben in Untersteiermark und Krain am 31 März 1904 (*Mitth. d. Erdbebencomm. d. K. Ak. d. Wiss. in Wien*. Neue Folge, XXVII, 1905).

[2] Das Erdbeben von Laibach am 14 April 1895 (*Jahrbuch d. K. K. geol. Reichsanstalt*, XLVI, 1896, 411. Wien, 1897).

[3] D. Stur. Das Erdbeben von Klana im Jahre 1870 (*Jahrb.* etc., XXXI, 23, 1871).

[4] Von Radics. Geschichtliche Erinnerungen an das grosse Erdbeben in Fiume im Jahre 1750 (*Die Erdbebenwarte*, II, 259. Laibach, 1902).

la contrée est fort bouleversée, et en outre, des secousses très locales, mais nombreuses, sont peut-être la conséquence d'effondrements par dissolution du calcaire, sous l'action du régime hydrographique si particulier des « dolines » et des eaux courantes pénétrant par d'innombrables diaclases, explication très admissible et valable pour de nombreuses secousses d'un caractère très local. Quoi qu'il en soit, von Mojsisovics[1] a eu fréquemment l'occasion d'attribuer un rôle séismogénique à telles ou telles dislocations des vallées de l'Isonzo, de la Wippach et de la Reka, ainsi que des hauteurs d'Adelsberg, etc. Les fractures de même direction qui ont accompagné l'effondrement adriatique sont aussi à mentionner comme intervenant dans la genèse des secousses; Suess cite les quatre principales de ces dislocations.

Le tremblement de terre destructeur de mars 1870 à Klana, mentionné plus haut, a donné lieu à d'intéressantes observations sur un effondrement qui se produisit près de Novakračina, en forme d'un puits qui finit par avoir 18 pieds de profondeur sur 100 pieds carrés de section. C'est avec raison que Tietze[2] fait de ce phénomène une conséquence du séisme, par affaissement de la voûte de quelque cavité du calcaire sous-jacent à la suite d'une lente dissolution par les eaux souterraines, car le temps assez long que mit l'accident à se produire ne permet pas d'en faire la cause même du séisme. On a beaucoup discuté sur la véritable signification tectonique et séismogénique d'un remarquable accident, qui se présente près de Buccari, centre d'instabilité, mais qui, d'après Stache[3], serait séparé du bassin de la Recca par un faîte de caractère seulement géographique. Au contraire, Hœrnes[4] et Suess[5] en font une dislocation périadriatique, dont le rôle dans les tremblements de terre de la région jusque vers Klana, devient tout à fait indéniable.

Le grand accident Bellune-Laak se prolonge à l'Ouest pour pénétrer dans le Tyrol méridional par le val Sugana, où quelques épicentres dénotent son influence. Cette partie du Tyrol présente une structure extrêmement compliquée autour de la haute Adige, entre l'Ortler ou le Stelvio et le Brenner, puisque les couches mésozoïques y enva-

[1] Allgemeines Bericht und Chronik der im Jahre (1898, p. 94 ; 1899. p. 102 : 1902, p. 82 : 1903. p. 54) innerhalb des Beobachtungsgebiete erfolgten Erdbeben (*Mitth. d. Erdbebencomm. d. K. Ak. d. Wiss. in Wien*).

[2] Zur Geologie der Karsterscheinungen *Jahrb. d. K. K. geol. Reichsanstalt*, XXX, 734, 1880).

[3] Die Eocängebiet in Inner Krain (II Folge, IV). Die Gebirgspalte von Buccari (*Jahrb. d. K. K. geol. Reichsanstalt*, XIV, 1864).

[4] *Die Erdbebenkunde*, 381.

[5] *Die Entstehung der Alpen*, 92.

hissent la zone alpine primaire centrale. C'est dans cette région que se terminent les mouvements périadriatiques, et de nombreuses autres dislocations, comme celles de la Judicarie, de Vilnöss, celles qui ont découpé la Cima d'Asta, etc., sont là tout indiquées pour rendre compte des foyers d'instabilité du Trentin, où les secousses ne laissent pas que d'être parfois sévères.

Le Tyrol allemand, au nord des Alpes, est divisé en deux parties par la vallée de l'Inn entre Kufstein et Landeck, séparant les Alpes Calcaires bavaroises de la bande centrale primaire et archéenne. Les épicentres y sont plus nombreux que riches en séismes, et ils relèvent des mêmes causes générales d'instabilité qu'entre Salzbourg et Vienne. Il se rencontre des foyers jusque dans les hautes vallées des affluents du Danube, Isar et Lech, ainsi que dans le Vorarlberg, comme sur la rive droite de l'Inn dans le massif de l'OEzthal. Mais nulle part les séismes ne sont graves. Leur étude détaillée entraînerait beaucoup trop loin, et d'ailleurs la détermination des accidents tectoniques auxquels on peut plausiblement les attribuer est extrêmement délicate, en raison même de leur multiplicité. Cette recherche est complètement à faire.

2. — Les Alpes occidentales et le bassin du Rhône.

Les renseignements séismologiques relatifs à la Suisse sont d'une grande valeur. Non seulement les documents historiques recueillis par Otto Volger [1] abondent, mais depuis 1878, sous l'influence de Forel [2], Forster [3], Tarnutzer [4], Früh [5], Soret, Heim, Riggenbach-Burckhardt, etc., membres ou fondateurs de la commission séismologique suisse, les observations des macroséismes se poursuivent régulièrement. Mais du côté français des Alpes, les observations historiques existent seules, et l'on ne peut citer que Villard [6], et, comme toujours, Perrey [7], enfin Fournet [8].

[1] *Untersuchungen über das Phänomen der Erdbeben in der Schweiz.* I, Chronik der Erdbeben in der Schweiz; II, Die Geologie von Wallis; III, Die Erdbeben in Wallis (Gotha, 1857-1858).

[2] Les tremblements de terre étudiés par la commission sismologique suisse. 1876, 1886 (*Archives sc. phy. et nat. de Genève.* 1880, 461 ; 1884, 147 ; 1883, 377 ; 1885, 39).

[3] *Die schweizerischen Erdbeben in den Jahren 1884 und 1885* (Zürich, 1886).

[4] *Die schweizerischen Erdbeben im Jahre 1887* (Bern, 1888).

[5] *Die Erdbeben in der Schweiz in den Jahren 1888, 1891, 1892,.....* (Zürich).

[6] Météorologie régionale. Série chronologique de tous les faits recueillis; 299-1821 (*Bull. arch. et statist. de la Drôme.* Valence, 1889).

[7] Mémoire sur les tremblements de terre ressentis dans le bassin du Rhône (*Ann. soc. agric. hist. nat. et Arts utiles de Lyon*, VIII, 1845).

[8] Notes additionnelles aux recherches sur les tremblements de terre du bassin du Rhône de M. A. Perrey (*Id.*).

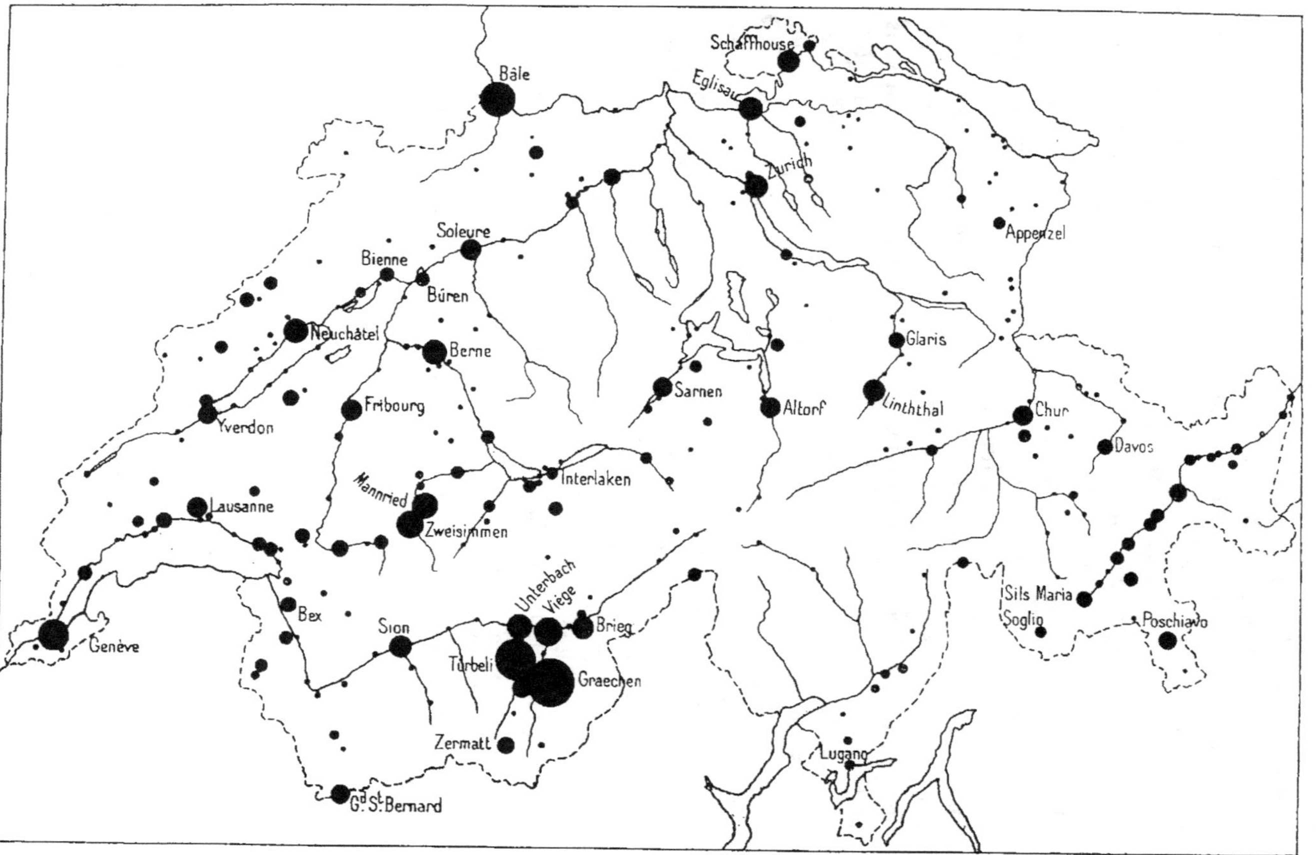

Fig. 45. — Suisse.

Du Rhin au sillon rhodanien du Sud-Est de la France, la structure générale des Alpes occidentales ne diffère pas essentiellement de celle des Alpes orientales. Il y a toujours une large bande centrale, cristalline et primaire, contre laquelle s'appuient les formations secondaires et tertiaires, repoussées en avant par l'acte de la surrection, mais le morcellement y est beaucoup plus accentué, en particulier en ce qui concerne les homologues des Alpes Calcaires autrichiennes, résultat dû sans doute à ce qu'on se trouve là en présence de l'angle de la chaîne. Les massifs résistants des Vosges et de la Forêt-Noire remplacent ici celui de la Bohême et ont joué exactement le même rôle, celui d'arrêter les mouvements tertiaires vers le Nord, et en même temps de forcer les plis à s'écraser pour ainsi dire contre eux en formant les chaînes parallèles du Jura, qui sont sans analogues du côté autrichien. Les dernières vicissitudes géologiques ont été beaucoup plus complexes, de sorte que la recherche des causes séismogéniques particulières sera encore bien plus délicate. A l'Ouest comme à l'Est, la chaîne des Alpes occupe un emplacement qui a, depuis des temps très reculés, été le théâtre d'intenses mouvements de tout genre ; de sorte que si les tremblements de terre y résultent des plus récentes vicissitudes, ils n'en sont pas moins les héritiers directs de ceux du temps passé, ou les manifestations posthumes des efforts anciens éteints remplacés par d'autres.

De cette rapide esquisse découlent quatre divisions principales et assez rationnelles de la région des Alpes occidentales : le Jura, le plateau suisse, les Alpes suisses, les Alpes françaises.

Le Jura représente dans son ensemble un grand plateau découpé par des plissements parallèles et des failles transversales, tous accidents résultant des mouvements alpins dès longtemps commencés avant leur maximum de l'époque miocène. En dépit de l'âge assez peu reculé de ces dislocations, les tremblements de terre ne l'agitent plus du tout du côté français et plutôt légèrement à l'Est, au-dessus et le long de la dépression de la vallée de l'Aar et des lacs de Bienne, Neuchâtel et Genève, conformément à la loi du relief, qui est beaucoup plus brusquement accentué à l'Est qu'à l'Ouest sur la vallée de la Saône. C'est donc qu'il s'agit là d'efforts presque complètement éteints, même les plus récents, aussi bien que ceux qui bien antérieurement avaient préparé les derniers mouvements sur le même théâtre. Aux environs de Bâle seulement, les tremblements de terre prennent une certaine importance, et l'on peut en citer un, celui du 18 octobre 1356, qui a été fort sévère, destructeur même, et a secoué une grande partie de l'Europe centrale. Les séismes de ce district

appartiennent d'ailleurs plutôt à la vallée du Rhin, et l'épicentre de
ce dernier doit du reste être regardé comme assez mal déterminé,
d'autant plus que les relations d'une époque aussi lointaine sont
remplies de lacunes et d'exagérations.

Les tremblements de terre de mai 1876 dans les environs de
Neuchâtel ont été attribués[1] à l'effondrement de cavités, existant
dans un terrain contenant des matières solubles entraînées par les
eaux d'infiltration. Le séisme de Granson du 23 février 1898 a été
accompagné d'une violente agitation des eaux du lac de Neuchâtel[2].

Le Jura suisse a été en décembre 1880 le siège de plusieurs
secousses nettement longitudinales, disposition tout à fait en faveur
d'une tardive intervention des causes qui ont donné à la chaîne sa
structure plissée, et la même observation s'applique au séisme du
15 février 1888 relativement à la région de la mollasse.

Hœrnes[3] attribue la secousse du 7 mai 1880, à Villeneuve et
Mézières, à l'action dissolvante des sources thermales, et à un mouvement d'affaissement celle du 16 juin 1881 au Val de Ruz, vallée
du bord interne de la chaîne jurassique la plus méridionale du canton
de Neuchâtel.

Entre les lacs de Constance et de Genève s'étend au S. E. de la vallée de l'Aar, la longue plaine suisse, accidentée de collines et que
dominent les Préalpes, Alpes de Fribourg, de l'Emmenthal, de
Schwytz et de Glaris, de Saint-Gall et d'Appenzell : territoire profondément disloqué et où des lambeaux secondaires ont été poussés par
dessus les couches tertiaires qui les constituent presque entièrement.
C'est la région de la mollasse qui occupe la plaine, et que recouvrent
les Préalpes violemment bouleversées. Il s'agit là d'un vaste synclinal tertiaire graduellement rétréci du Sud au Nord par la surrection
des Alpes, et en même temps comblé par les produits de l'érosion de
la chaîne en voie de formation et finalement asséché, puis soulevé.
Les épicentres sont fort nombreux sur toute la surface de la dépression et dans les Préalpes, mais les secousses sont le plus souvent
faibles et locales, comme il convient en un pays où un grand nombre
d'accidents particuliers, n'ayant pu reprendre complètement leur
équilibre, peuvent jouer un rôle séismogénique. Fréquemment aussi
leurs effets sont exagérés par le peu de consistance des terrains

[1] Jägerlehner. Spuren von Bodenbewegungen im nördlichen Theile der Waadt während
der letzen fünfzig Jahre (*Jaresber. d. Geogr. Ges. zu Bern.* XIII, 15).

[2] A. Forel. Le tremblement de terre de Granson (*Bul. soc. sism. ital.*, IV, 71, 1898).

[3] *Die Erdbebenkunde* (402, Leipzig. 1893).

morainiques ou des cônes de déjections sur lesquels bien des villes
sont édifiées comme Berne, Zurich, etc. circonstances qui ont bien
des fois induit en erreur sur leur véritable intensité. Il arrive aussi
que les séismes sont surtout ressentis au contact des alluvions de la
plaine avec les collines plus résistantes, comme Früh l'a fait
observer pour le Rheinthal de Saint-Gall et d'Appenzell, mais c'est
surtout là un phénomène subsidiaire de propagation.

Le bord des Préalpes est occupé par une série de lacs, où l'on
croyait voir autrefois des dislocations et des effondrements, à la
faveur desquels ils s'étaient établis. Cette opinion n'est plus admissible maintenant que Penck a montré le rôle considérable joué par les
anciens glaciers dans l'acte du creusement des lacs subalpins. On ne
peut donc continuer à trouver, comme on le faisait jusqu'à présent,
la raison d'être des séismes de la bordure dans ces accidents, dont
l'existence n'est plus soutenable, et il faut revenir à une cause d'ordre
général entrant en jeu, tantôt ici, tantôt là, suivant des circonstances qui restent à élucider. En particulier, le canton de Glaris est
caractérisé par d'assez nombreuses secousses, mais faibles et d'un
caractère très local. Escher[1] en a réuni 181 pour le xviiie siècle, dont
à peine 1/20e d'origine extérieure. Celles de 1701 et 1702 n'attaquè-
rent que la haute vallée de la Linththal, et avaient leur centre au
village même de Linththal. Au printemps de 1764, on compta, dans
le même canton de Glaris, plus de 20 chocs en un mois, mais la fréquence diminua très sensiblement au xixe siècle. Beaucoup de ces
petits tremblements de terre eurent, d'après d'assez précises relations,
des aires elliptiques ou ovales à grands axes dont la direction coïncidait avec celle des Alpes, et celui du 2 mai 1877 fut brusquement
limité à une ligne également parallèle à la chaîne entre Ragatz,
Glaris et Linththal. Cette grande fréquence du frémissement du sol
donne, dit Hœrnes, l'impression que le plissement se continue encore
sous nos yeux, et on ne peut concevoir le lent processus de plissement sans d'innombrables secousses de ce genre.

Zweisimmen, dans la Simmenthal, a été d'avril à octobre 1885 le
siège de très nombreuses secousses d'un caractère très local, auxquelles Forster donne comme origine la dissolution de couches de
gypse et de carbonate de chaux et la rupture d'équilibre qui en avait
été la conséquence, opinion partagée aussi par Sinner[2].

Les tremblements de terre de la Suisse tendent à montrer que le

---

[1] Cf. Hœrnes. *Die Erdbebenkunde*, 218.

[2] Sur la cause des tremblements de terre du Simmenthal (*Arch. Sc. ph. nat. de
Genève*, 3e série, XIV, 287).

processus orogénique n'a pas entièrement cessé [1], ce qui est certainement exact d'une façon générale, ces séismes étant la manifestation
matérielle tangible de la continuation des efforts tectoniques correspondants. Mais on a eu tort d'en voir une preuve dans des mesures
géodésiques d'après lesquelles, dans l'espace d'une trentaine d'années,
le triangle Lägern-Rigi-Napf aurait subi des modifications telles que le
sommet du Lägern, dans le Jura d'Argovie, se serait rapproché d'un
mètre des deux autres situés dans les chaînes subalpines. L'ingénieur
en chef, directeur du bureau topographique fédéral à Berne, M. Held, a
bien voulu, à la date du 8 avril 1905, nous renseigner à cet égard. A
son avis, toutes les conclusions tectoniques, et par conséquent séismologiques, ajouterons-nous, qu'on voudrait tirer de la comparaison
des mesures de 1830 avec celles de 1870, sont prématurées et pèchent
par la base, parce que, lors de cette première série d'opérations, il n'a
pas été pris des précautions suffisantes pour assurer d'une manière
certaine la détermination et la fixité absolue de la position du centre
des signaux. D'ailleurs, le sommet du Lägern est devenu tout à fait
inutilisable pour cette comparaison, par suite de l'incendie de la
maison de garde en 1876. Nous perdons de la sorte une observation
favorable à notre thèse, et en l'exactitude de laquelle nous avions
cru jusqu'à cette date si rapprochée, sur la foi des savants qui l'avaient
mise en avant.

Les Alpes proprement dites sont bien plus stables, malgré les
gigantesques dislocations qui accidentent tous les terrains souvent
très métamorphisés qui les constituent, et on a déjà vu le même
fait se produire dans l'est de la chaîne. Elles sont coupées longitudinalement par les hautes vallées opposées du Rhin et du Rhône,
alignées dans le sillon de la Furca, et qui toutes deux se retournent presque à angle droit pour se déverser dans les lacs de Constance et de Genève. C'est dans ces profonds sillons seulement que
se font ressentir les tremblements de terre. Brigue et Sion, dans celui
du Rhône supérieur, ont été le théâtre de nombreuses secousses en
1756, et plus récemment, le 15 juillet 1855, le grand séisme de Viège
a été suivi d'innombrables chocs consécutifs, avec bruits séismiques
observés et catalogués par Tscheinen à Græchen et par Lehrer à
Unterbach. Otto Volger en a fait une étude détaillée, mais nous ne
croyons pas fondée l'explication qu'il en donne, à savoir la rupture
d'équilibre dans les couches profondes par disparition à la suite de
dissolution de strates gypseuses ou carbonatées, l'énorme extension

---

[1] F.-A. Forel. Les tremblements de terre orogéniques étudiés en Suisse (*L'Astronomie*,
décembre 1883 et janvier 1884. Paris).

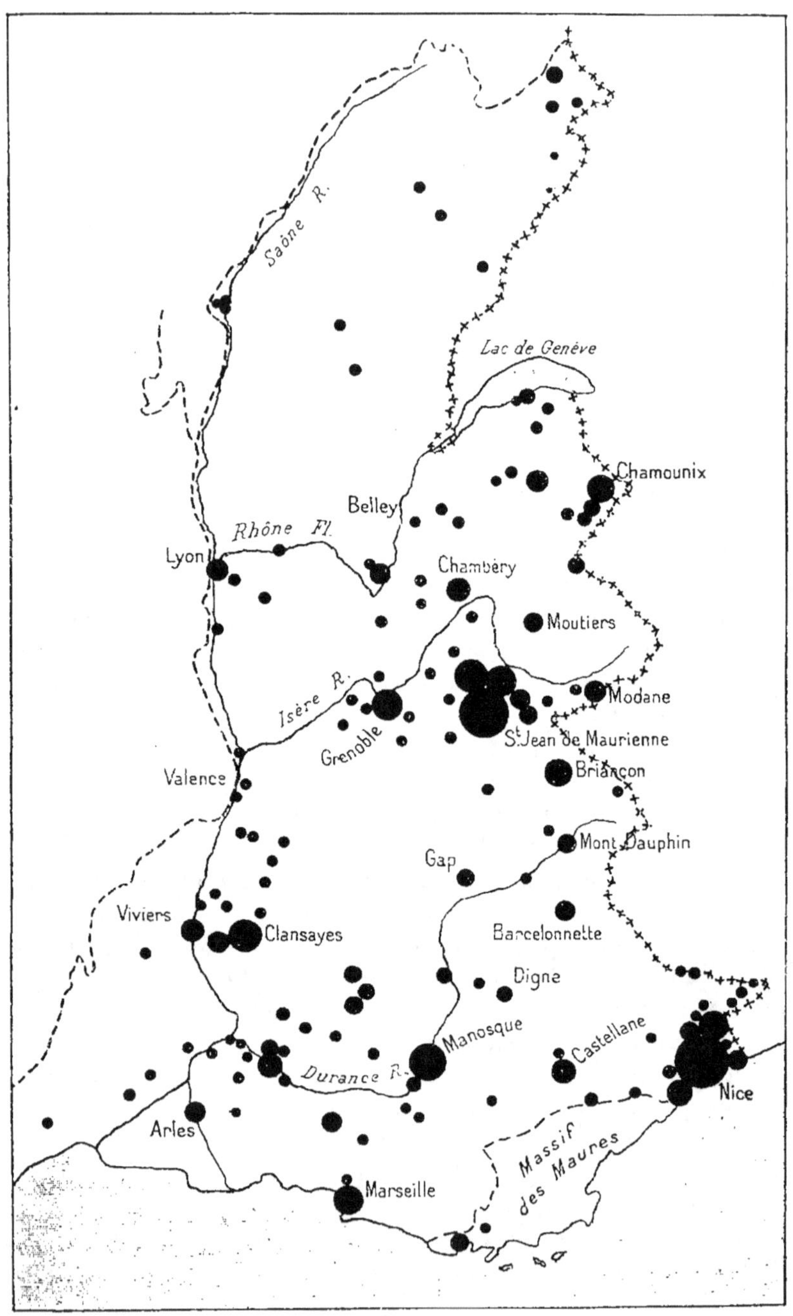

Fig. 46. — Vallée du Rhône et Alpes françaises.

du tremblement de terre initial étant, ce nous semble, hors de proportion avec la cause mise en avant. Les secousses de la vallée du Rhône entre Martigny et Montreux ont un caractère tectonique décidé qui doit s'étendre aussi à celles assez fréquentes de la rive nord du Léman, profonde cavité ouverte postérieurement au Pliocène, époque à laquelle le Rhône supérieur et la Dranse étaient encore, semble-t-il, des tributaires du Rhin.

Les Grisons ne manquent pas d'épicentres sporadiques, mais, de toutes leurs vallées, c'est l'Engadine qui est la plus instable, et Tarnutzer (*l. c.* 1887, p. 3) en attribue les secousses à des décrochements dans les schistes cristallins profondément pénétrés par les couches secondaires. Ce sillon, souvent ébranlé, se prolonge par le cours de la Maira, affluent du lac de Côme, dont la haute vallée est la continuation de la même ligne séismique. En rapprochant ce que dit Heim[1] du tremblement de terre, si étendu, des Grisons, le 7 janvier 1880, de ses recherches sur la formation des montagnes, on voit que ce savant rapporte ce séisme, et ceux analogues de la Suisse, aux perturbations introduites par la surrection des Alpes dans la tectonique et dans le régime hydrographique des territoires qui sont devenus le bassin du Rhin supérieur, en conséquence des dislocations correspondant à ces mouvements.

Passant aux Alpes françaises, à l'est de la vallée du Rhône, c'est là que se font le plus vivement sentir les tremblements de terre, parfois même redoutables comme dans les Alpes-Maritimes.

Le Dauphiné et la Savoie sont assez instables. Ici, de même qu'en Suisse, il serait assurément fort téméraire de faire un choix quant au rôle séismogénique à attribuer à divers accidents tectoniques auxquels a donné lieu la surrection de la chaîne. L'activité séismique diminue notablement dans les Hautes-Alpes.

Le long de la vallée de la Saône, le Châlonnais avec quelques séismes, et le Lyonnais un peu plus instable, se détachent au milieu de régions très stables. Là de nombreuses dislocations suffisent à rendre compte de secousses dont l'origine première n'en reste pas moins obscure, faute d'études sur des tremblements de terre particuliers. Mais plus en aval, les environs de Montélimar, Viviers, Avignon, Manosque et Digne se présentent avec un caractère décidé d'instabilité. Or si l'on joint par une ligne les épicentres extrêmes du côté de l'Est, Marseille, Digne, Gap et Grenoble, puis que l'on continue par Chambéry et Annecy jusqu'à l'extrémité orientale du lac de

---

[1] *Die schweizerischen Erdbeben von November 1879 bis Ende 1880* (Bern. 1881).

Genève, on exclut, il est vrai, la Tarentaise et la Maurienne avec
leurs foyers propres [1], mais la ligne ainsi obtenue, fait remarquable,
coïncide avec le littoral oriental de la mer du premier étage méditerranéen. La coïncidence entre les limites de la région pénéséismique et de la mer miocène n'est guère moins frappante à l'Ouest,
la ligne Belley-Valence ne laissant pas d'épicentres au delà. Si donc
on néglige la Tarentaise et la Maurienne, on peut dire que les foyers
d'ébranlement de la Savoie, du Dauphiné, du Vivarais et de la Provence occupent entièrement et exclusivement le lit de cette mer tertiaire, d'une époque bien définie, c'est-à-dire un synclinal actuellement asséché par surrection ; par suite, les séismes dont il s'agit
ici seraient dus à la survivance de ce mouvement, ou au manque
d'équilibre, non encore complètement rétabli, qui en est résulté ; mais
il faut chercher d'autres causes à ceux de ces deux provinces mises
de côté et des Hautes-Alpes. C'est pour ces dernières que l'érection
finale des grandes Alpes deviendrait une cause plus immédiate et
moins vague d'instabilité, par suite de leur proximité de l'axe cristallin et primaire. Une traînée de Carbonifère et de Trias témoigne
du passage d'un ancien géosynclinal dans le Briançonnais, dont
les séismes, parfois sévères, peuvent peut-être ainsi s'expliquer. Il
est bien entendu que la surrection du synclinal miocène des hauteurs subalpines ne jouerait qu'un rôle général, n'excluant pas l'existence de causes secondaires plus directes, à rechercher par des études
ultérieures et détaillées de séismes dans des dislocations locales, dérivant d'ailleurs elles aussi du mouvement d'exhaussement du lit de
la mer miocène, maintenant occupé par les vallées du Rhône et de
ses affluents de gauche. Au point de vue géologique, cette région ne
diffère pas essentiellement de la dépression suisse, mais elle est certainement plus souvent ébranlée.

Les plissements si compliqués de la Provence ont érigé cette région
vers la fin de l'Éocène. C'est donc une sorte de prolongement des
Pyrénées. Ces deux chaînes ont dû se raccorder au travers du golfe du
Lion, coupure d'effondrement que jalonne une ligne d'épanchements
éruptifs entre le système volcanique auvergnat et celui du cap de Gata
par les évents de l'Hérault, du pays d'Olot et les Columbretes. Il serait
dès lors étonnant que la Provence ne fût pas pénéséismique, ce qui
est bien la réalité ; mais elle n'a pas subi de mouvements principaux

---

[1] De 1838 à 1840, Montrond-en-Maurienne a été le théâtre de très nombreuses secousses,
phénomène tout à fait analogue à ce qui s'est passé autour de Pignerol de l'autre côté
de la chaîne. — Cf. Al. Billiet. Mémoire sur les tremblements de terre ressentis en Savoie
(*Mém. Ac. roy. de Savoie*, XIII, 245, Chambéry, 1845).

à une époque assez récente pour avoir constitué une région séismique.

On remarquera la stabilité du massif archéen et primaire des Maures, ce qui n'est pas pour surprendre. On notera toutefois que cette communauté d'équilibre séismique avec l'extrémité orientale des Pyrénées et la Corse prouve l'extinction complète des efforts post-alpins qui, lors de l'effondrement de la Tyrrhénide, ont découpé le golfe du Lion, conclusion que ne suffisent pas à infirmer les vagues, d'origine probablement séismique, observées une fois seulement à Aigues-Mortes.

Enfin les Alpes-Maritimes sont la seule partie du sol français réellement exposée à des tremblements de terre destructeurs, mais dont la violence n'approche cependant pas de celle des catastrophes de pays comme l'Amérique centrale, le Pérou, le Chili, le Japon, etc. Cette région séismique appartient plutôt à l'extrémité occidentale des Alpes Liguriennes, et participe en même temps à leur instabilité et à leur histoire géologique. On en parlera plus en détail au chapitre suivant, notamment en ce qui concerne le grand tremblement de terre du 23 février 1887, bien connu par ses dégâts sur la Côte d'Azur.

3. — Les Pyrénées.

Les Pyrénées s'étendent en ligne droite du cap Creus au cap Finisterre, mais la seule partie dont on ait à s'occuper ici est la chaîne franco-espagnole, qui n'appartient d'ailleurs pas au géosynclinal méditerranéen tel que l'a tracé Haug. Nous l'y avons cependant incorporée, parce que sa surrection post-éocène n'est pas si antérieure aux mouvements alpins qu'on ne puisse la considérer comme les ayant remplacés dans cette partie de l'ancien massif primaire représenté par la Meseta ibérique, pendant symétrique du Massif Central français. Cette ancienneté un peu plus grande explique une dégradation plus avancée.

C'est contre l'axe granitique et primaire de la chaîne des Pyrénées que les sédiments secondaires et tertiaires ont été relevés, plissés et charriés en bandes longitudinales, plus régulières, plus complètes en Espagne qu'en France et comprises entre les vallées déprimées de l'Èbre et de la Garonne qui coulent en sens opposés. Il y a donc, au point de vue géologique, parfaite similitude de part et d'autre, puisque ces dépressions séparent la chaîne, en France du Plateau Central, et en Espagne d'un fragment de la Meseta situé au sud de Saragosse, au delà d'un faisceau de plis postcrétacés.

Comme en beaucoup d'autres lieux, ces mouvements n'ont fait qu'en suivre de plus anciens, car si la chaîne des Pyrénées a commencé à se rider à la fin de l'Éocène, ce qui en fait avec les Carpathes un plissement alpin du début, il n'en est pas moins vrai que son axe, déjà dessiné à l'ère hercynienne, avait subi des dislocations avant le Carbonifère, puis ensuite pendant le Trias. De telles circonstances ont dès lors appelé seulement la pénéséismicité et rien de plus, ainsi qu'on va le constater, les mouvements éocènes étant en voie d'extinction.

Les informations systématiques manquent, et les renseignements sont plus abondants au Nord qu'au Sud, ne serait-ce qu'en raison des observations régulières de l'Observatoire du Pic du Midi, depuis longtemps suivies[1]. On ne trouve pas ici de véritables régions séismiques, seulement des districts pénéséismiques, dont un seul de notable fréquence, ce qui, d'une façon générale, tient sans doute à une plus grande ancienneté de la ride par rapport à celle des Alpes. L'instabilité y est intermédiaire entre celle des Alpes et celle des massifs armoricains, dans l'ordre même, par conséquent, de l'âge des plissements correspondants.

Il est à peu près certain que le versant français est un peu plus instable que son opposé espagnol conformément à la loi de plus grande séismicité du flanc le plus abrupt. Cette loi trouve ordinairement sa raison d'être dans la plus grande dislocation du penchant le plus raide; mais ici, cette différence de bouleversement en faveur du Nord n'est pas évidente, car l'aspect plus tourmenté de la chaîne de ce côté résulte en grande partie de ce que les agents extérieurs de dégradation y ont été de tout temps bien plus actifs depuis la surrection, par suite de circonstances atmosphériques particulières. La véritable signification de la plus grande instabilité du versant français échappe donc, quant à présent, si l'on ne veut pas admettre qu'un décapement plus considérable des couches sédimentaires du Nord, et leur disparition souvent complète jusqu'aux racines cristallines et primaires de la chaîne, favorisent de ce côté la manifestation sous forme de séismes des efforts tectoniques profonds, encore en action sur les lambeaux sédimentaires restés en place et manquant d'équilibre; raison d'ailleurs bien imprécise, mais que l'état actuel de nos connaissances ne permet pas de pousser plus loin.

Certains séismes affectent les Pyrénées de bout en bout, entre les méridiens de Barcelone et de Bordeaux, par exemple celui du 15 jan-

---

[1] Observations sismiques faites à l'observatoire du Pic-du-Midi (Station de Bagnères-de-Bigorre) de 1896 à 1904. — Explorations pyrénéennes (*Bulletin de la Société Ramond*, XXXIX, 1904, p. 49, 152, 175.

vier 1870, parmi plusieurs autres analogues. Malheureusement, il n'a encore été fait aucune étude de détail sur leurs aires épicentrales et sur le tracé de leurs isoséistes. On est donc réduit à les regarder provisoirement comme résultant de mouvements d'ensemble, correspondant à une survivance atténuée du mouvement de surrection.

Une coupe entre le Plateau Central et les Pyrénées, par exemple de Saint-Yrieix à Pau, rencontre successivement tous les terrains sédimentaires de plus en plus jeunes, du Jurassique au Pléistocène ; ainsi l'Aquitaine, malgré des vicissitudes nombreuses et diverses, a été, jusqu'à son émersion définitive, un bras de mer passant au sud de l'ancienne île. Il n'y a pas lieu de s'étendre davantage sur des transformations qui ont, en fin de compte, laissé l'Aquitaine parfaitement stable, en dépit de rares et faibles secousses, dont il suffit de dire que certaines paraissent avoir pour axe la vallée de la Garonne entre Toulouse et Bordeaux, ainsi ceux du 7 mars 1743 et du 9 avril 1815, les plus notables d'entre eux.

De Boucau à Fontarabie, la côte du fond du golfe de Gascogne ressent des séismes dont l'origine, peut-être sous-marine, correspond sans doute à une très ancienne dislocation, mise en évidence par le Gouf du Cap Breton, ceci sous toutes réserves.

La région instable des Pyrénées françaises s'étend au pied de la partie occidentale de la chaîne, entre Saint-Jean-Pied-de-Port et le Val d'Aran. Elle est à cheval sur les terrains tertiaires et crétacés, ces derniers naturellement les plus relevés. On ne saurait, sans faire d'hypothèses, en attribuer l'existence à des accidents particuliers bien définis et on en est réduit à invoquer la surrection. Encore cette explication laisse-t-elle un doute dans l'esprit, puisque si le maximum de séismicité se montre autour du Pic du Midi de Bigorre, d'un autre côté la partie orientale, à l'est du Val d'Aran, est au contraire très stable. Une telle suggestion exige donc pour être vérifiée des études séismologiques de détail, qui manquent encore complètement.

L'activité séismique renaît sur une plus faible échelle dans le Roussillon et dans l'Ampurdan, dépressions symétriques qui remplacent d'anciens golfes pliocènes d'émersion récente, et dont l'emplacement semble avoir été préparé de longue date. Ces golfes pénétraient profondément dans les montagnes, et, au moins dans le Roussillon, les épicentres jalonnent leurs dernières ramifications, à l'exclusion des parties hautes. Cette région pénéséismique s'étend sur le massif côtier primaire et archéen de Gérone à Barcelone, reste de la terre qui jusqu'à l'aurore des temps actuels embrassait les Maures de Pro-

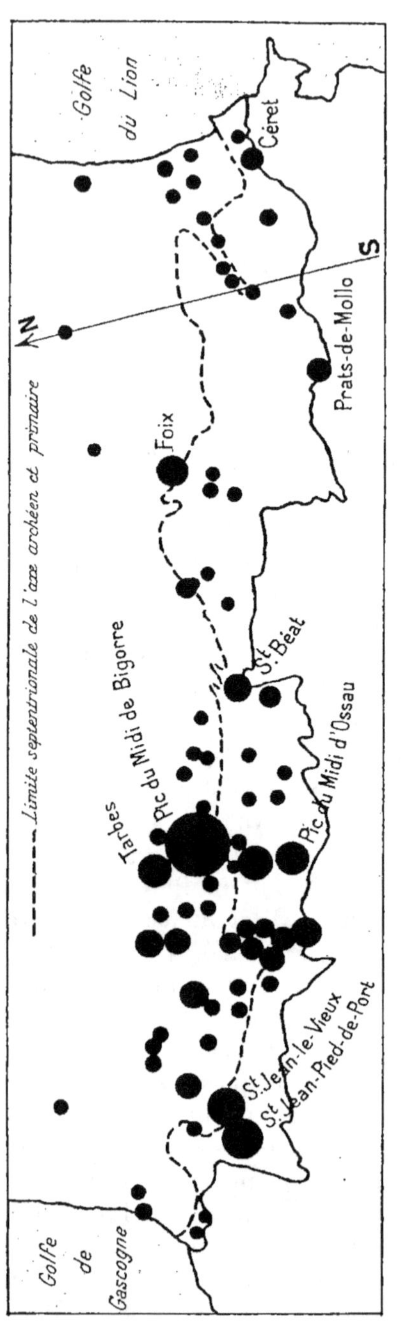

Fig. 47. — Pyrénées françaises.

vence et une partie de la Corse, en avant du golfe du Lion, et dont l'effondrement fut peut-être contemporain des volcans d'Olot, actifs à l'époque quaternaire, sinon même plus tard encore. Ces mouvements, les plus récents de la péninsule ibérique, prennent toute leur véritable importance si l'on tient compte d'un raide talus de 1500, et même de 2 000 mètres, qui prolonge sous les eaux le relief de la Catalogne. On peut donc évidemment les rendre responsables des séismes des Pyrénées-Orientales, aussi bien françaises qu'espagnoles, tandis que ceux de Béziers, Carcassonne, Cette et Montpellier sont dus sans doute aux plissements tertiaires des collines du bas Languedoc, résultant de l'écrasement contre l'obstacle résistant de la Montagne Noire des sédiments poussés vers le Nord, à l'époque tertiaire, par l'acte même de la surrection. En Catalogne, les épicentres sont assez nombreux et disséminés, mais tous plutôt pauvres en séismes, caractère fréquent de la répartition de l'instabilité à la surface des massifs anciens et pénéséismiques, conformément à tant d'exemples déjà mentionnés.

La vallée de l'Èbre est un fond de lac miocène, resté encore plus stable que le détroit aquitain, et cette aséismicité s'étend au versant espagnol tout entier des Pyrénées, malgré la grande altitude à laquelle y ont été portés l'Éocène et le Crétacé.

Faibles et rares cependant, les séismes reparaissent en Navarre et sur un territoire triangulaire compris entre Marquina, Burlada et Calahorra ; les environs de ce dernier point semblent avoir été assez éprouvés le 18 mai 1817. Cette région pénéséismique n'est probablement pas distincte de celle déjà mentionnée sur le versant français, de Boucau à Fontarabie. Tout ce qu'on en peut dire c'est que, correspondant au fond du golfe de Gascogne, elle prolonge sur terre une dépression océanique profonde de 5000 mètres. Cette disposition indique un accident tectonique de première importance, et il ne serait pas étonnant qu'il jouât un rôle séismogénique, au moins indirect, jusque de l'autre côté de la chaîne, dans la vallée de l'Arga, simple suggestion dont la confirmation est réservée à l'avenir. Peut-être n'est-il pas inutile non plus de noter que dans la province d'Alava, les ophites ont traversé toutes les couches, sauf le Miocène. Adan de Yarza[1] en conclut à leur âge oligocène. Ces mouvements ne sont-ils d'ailleurs point trop anciens pour se survivre ?

[1] *Annuaire géologique* de Dagincourt, III, 577, Paris, 1887.

CHAPITRE XVII

L'ITALIE

L'Italie est certainement un des pays du monde dont les tremblements de terre sont le mieux connus. Non seulement les documents historiques sont innombrables, mais encore depuis plusieurs siècles les savants italiens ont donné toute leur attention à ces phénomènes, dont leur patrie subit les dommages d'une façon presque constante. On peut presque dire que c'est en Italie qu'est née la séismologie moderne, sous l'impulsion de Stefano De Rossi[1] et Pietro Tacchini[2], tellement qu'à partir de 1873 de nombreuses stations séismologiques, dues tout d'abord à l'initiative privée, puis ensuite soutenues par le gouvernement, se sont établies sur toute la surface du royaume[3], alors que les autres pays cultivés étaient loin de songer à se soumettre à une nécessité, d'ailleurs non encore même reconnue par tous plus de trente ans après. Depuis une dizaine d'années, les observations sont centralisées à Rome, à l'Office central de Météoralogie et de Géodynamique. Cependant les séismologues italiens ne se sont guère orientés du côté des recherches géologiques, ne suivant pas en cela l'exemple de leurs voisins d'Autriche, et leurs théories sont généralement empreintes de la tendance à faire intervenir les causes volcaniques ou plutoniennes, ce qu'il faut attribuer à l'influence des idées que De Rossi a développées toute sa vie.

Les travaux des séismologues italiens sont innombrables, et le véritable monument que Baratta[4] a érigé à la répartition des tremblements de terre de l'Italie se termine par un index bibliographique de plus de 900 articles. Ce catalogue des tremblements de terre de la péninsule laisse bien loin derrière lui celui pourtant fort impor-

[1] *La Meteorologia endogena* (Milan, 1881). *Bollettino del Vulcanismo italiano* (Roma, 1874-1896).

[2] *Bollettino della società sismologica italiana* (Roma, 1895.....)

[3] Il en existait 133 en 1887 (*Osservatori geodinamici in corrispondenza con l'archivio geodinamico di Roma. Bull. del vulc. ital.*, XIII, 81, Roma, 1886).

[4] *I terremoti d'Italia* (Torino, 1901).

tant de Perrey [1], et le savant séismologue italien l'a synthétisé en

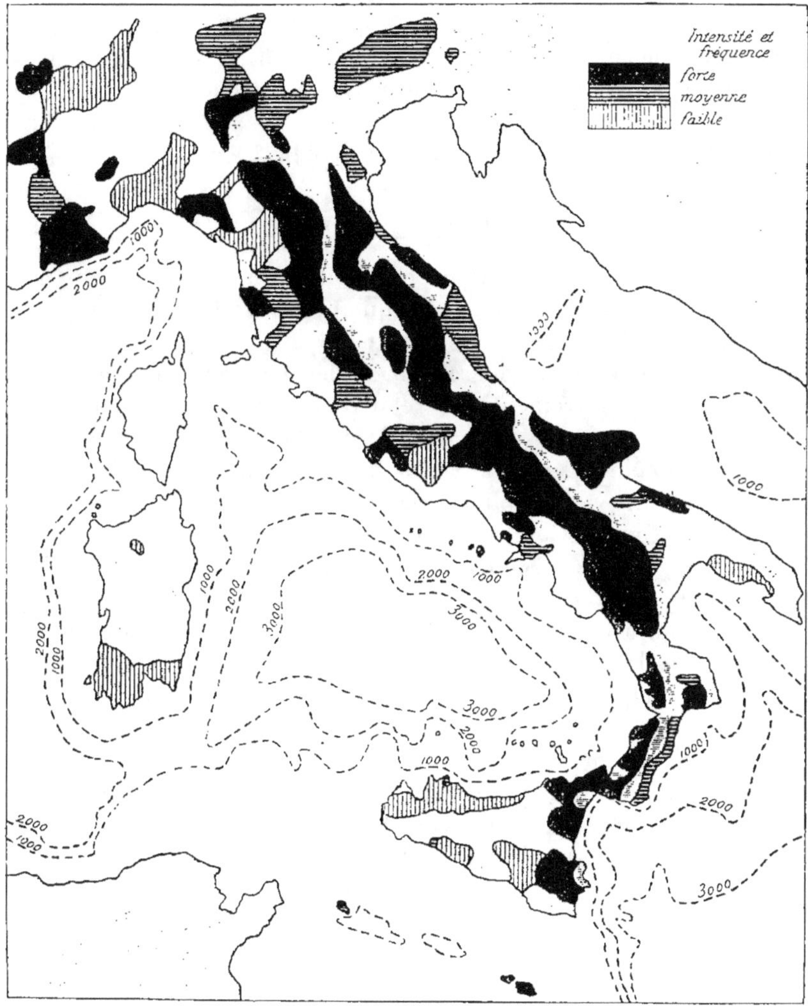

Fig. 48. — Intensité des tremblements de terre en Italie (d'après Baratta et Gerland).

une carte d'ensemble [2] qui nous servira de guide, ainsi que celle de Gerland [3].

[1] Mémoire sur les tremblements de terre de la péninsule italique (*Ac. roy. de Belgique,* Mém. XXII, 1847).

[2] *Carta sismica d'Italia* (Voghera, 1901).

[3] Die italienischen Erdbeben und die Erdbebenkarte Italiens (*Petermanns. geogr. Mitth.,* 1901, 265, pl. 20).

Entre le golfe de Gênes et la mer Adriatique le versant méridional des Alpes avec le bassin du Pô, puis la chaîne des Apennins avec ses dépendances, enfin la Sicile, telles sont les trois divisions naturelles de l'Italie. Elles diffèrent d'âge, de constitution, et leurs vicissitudes géologiques ne sont pas les mêmes, non plus que la fréquence et l'intensité des tremblements de terre qui les agitent. C'est dans cet ordre qu'on va les étudier successivement.

1. — **Italie continentale**.

Le versant italien des Alpes occidentales est relativement peu exposé aux tremblements de terre, quoique ce soit de ce côté qu'est venue la poussée orogénique à laquelle la grande chaîne doit sa surrection. D'une façon générale, la vallée proprement dite du Pô est très stable; autrement dit, relativement peu de secousses y prennent naissance. Au contraire, de nombreux centres d'ébranlement s'échelonnent sur tout le versant des montagnes, mais les chocs redoutables y sont plutôt rares.

Au sud de Cuneo (Coni), Boves a souffert quelques dommages le 23 mai 1835 ; mais on n'en connaît pas d'autres cas. Vinadio et Valdieri ressentent des secousses d'un caractère très local. Le bassin inférieur de la Stura aurait peut-être plus à craindre, si l'on en croit les chroniques de la ville de Cuneo, mais s'agit-il de séismes propres? C'est fort douteux ; il est bien plus probable qu'ils étaient d'origine ligurienne. Les hautes vallées du Pellice, du Chisone et de la Dora Riparia forment une région séismique fort importante allant jusqu'à Suse, et franchissant peut-être les Alpes jusqu'à Briançon. Le tremblement de terre désastreux de 1808 a été suivi d'innombrables secousses consécutives. Enfin Ceres et Lanzo, dans la vallée de la Stura du Nord, terminent cet ensemble de régions presque contiguës d'ébranlement. Cette partie des Alpes occidentales est caractérisée par une série de hautes cimes cristallines depuis longtemps émergées et qui ont servi de noyau à la sédimentation. D'après Zaccagna[1], les poussées orogéniques s'y sont manifestées par trois fois, avant le Carboniférien, à la fin du Lias et à la fin de l'Éocène ; si le premier mouvement a suffi à donner à la chaîne sa forme arquée, c'est plus tard qu'elle a atteint sa plus grande altitude, et l'ancienneté relative du dernier mouvement donnerait la clef de la stabilité, relative aussi, que l'on vient de constater et qui rappelle celle des Pyrénées, de surrection contemporaine.

[1] Nota sulla geologia delle Alpi occidentali (*Boll. Com. geol. italiano*, VIII, 346).

Plus au Nord, il faut remonter jusqu'à la vallée d'Aoste pour retrouver un foyer tant soit peu notable ; mais au sentiment de Mercalli [1], quelques dommages parfois éprouvés dans les villages au débouché dans la plaine doivent être attribués à ce qu'ils sont construits sur des terrains morainiques sans aucune consistance. Des centres isolés et locaux se rencontrent sur les pentes jusqu'à la vallée du Tessin ; ce sont ceux des environs de Biella, de Varallo et de l'Ossola. Les grands lacs de la haute Italie, lac Majeur, lac de Lugano et lac de Côme, sont des vallées d'érosion, surcreusées par les anciens glaciers, et barrées par des moraines ; leur stabilité prouve l'extinction totale des accidents qui en ont permis le creusement grâce à un relèvement du massif. En amont du lac de Côme, la haute vallée de l'Adda, ou Valteline, est plus riche en épicentres à secousses assez fréquentes, mais on n'y connaît pas de tremblements de terre vraiment graves ; la catastrophe de Piuro du 4 septembre 1618 n'avait rien de séismique, due qu'elle était à un grand éboulement de terrains, phénomène fréquent dans les Alpes italiennes.

La rive occidentale du lac de Garde présente aux environs de Salò et de Vestone une région d'instabilité qui descend dans la plaine jusqu'à Mantoue et se prolonge le long de la frontière du Trentin jusque vers Asiago, par le pays des Sette Comuni. Brescia et ses environs ont parfois eu à souffrir sévèrement, mais pas au point de constituer une région très dangereuse, car il faut dans une assez large mesure tenir compte de l'exagération habituelle des chroniqueurs du moyen âge. Les secousses sont fréquentes à Desenzano, plus encore au Monte Baldo, au bord faillé et chevauché, où l'on connaît des séries de chocs et de bruits séismiques. En résumé, toute cette région du lac de Garde est largement pénéséismique et se rattache à celle du Trentin et de la Judicarie, dont on a déjà parlé et dont elle n'est séparée que par la frontière politique entre l'Autriche et l'Italie. Le lac de Garde est une dépression tectonique synclinale, qui remonte aux temps mésozoïques, mais dont la configuration définitive actuelle résulte de mouvements divers ; les principaux ont eu lieu vers le commencement du Miocène, avec la surrection et la dislocation du Monte Baldo, puis vers la fin du Pliocène avant le dépôt de l'étage « villafranchien », et finalement vers la fin de la période glaciaire. Ils sont donc assez récents pour expliquer une instabilité qu'on pourrait presque s'étonner de ne pas voir

---

[1] *I terremoti della Liguria e del Piemonte*, 134 (Napoli, 1897).

plus grande. Bettoni[1] explique les secousses du lac de Garde par les nombreux accidents tectoniques particuliers qu'on y rencontre avec une grande multiplicité des épicentres particuliers. Baratta[2] attribue à des mouvements de la fracture de Tregnano, val d'Illasi, le tremblement de terre du 7 juin 1891. Dans le travail où il formule cette conclusion, ce séismologue donne une esquisse des nombreuses failles qui accidentent les Tredici Comuni et les Sette Comuni, et qui peuvent rendre compte de leurs épicentres plus nombreux que riches en secousses.

Le Bellunais est la région séismique la plus importante du versant italien des Alpes, et le tremblement de terre du 29 juin 1873 a donné lieu de la part des géologues autrichiens Bittner[3] et Höfer[4] à des travaux de la plus grande valeur. Son foyer se trouvait entre Bellune et le lac de Santa Croce, à une petite distance de cette ville. Le tracé des homoséistes, c'est-à-dire des courbes lieux des points où l'ébranlement s'est fait sentir simultanément, a fait connaître à Höfer cette très remarquable particularité qu'ils sont trilobés dans les directions N. W.-S. E. et W.-E., ou respectivement vers Innsbruck, vers l'Adriatique et vers Laibach, ou mieux Laak en Carniole. Cette disposition lui a fait penser que le tremblement de terre était dû à un mouvement simultané de deux séries d'accidents tectoniques, ainsi qu'on va le voir d'après ce savant séismologue. Il est assurément contraire à la réalité des faits de parler d'une faille adriatique, mais on rencontre tout un système de dislocations S. E.-N. W., qui, au N. W. de Bellune, se montrent dans la vallée du Cordevole et se prolongent jusqu'à la remarquable dépression du Brenner, en plein cœur de la chaîne principale des Alpes; c'est une direction jalonnée par des foyers secondaires d'instabilité. Dans l'azimuth diamétralement opposé, on se trouve dans l'exact prolongement de la ligne extérieure des îles dalmates, c'est-à-dire de la limite orientale de l'effondrement adriatique. L'autre direction, Bellune-Laak, est la limite méridionale des terrains rhétiens le long de laquelle les couches carbonifériennes, triasiques et crétacées sont tellement enchevêtrées les unes dans les autres par des chevauchements que leur disposition primitive est absolument méconnaissable. Cette même ligne est aussi d'une très grande impor-

---

[1] Il terremoto del 31 Ottobre 1901 (*Bull. soc. sism. ital.*, VIII, 162).

[2] Il terremoto veronese del 7 Giugno 1891 (*Ann. dell' Officio centr. met. e geodinam.* Serie II, Parte III, XI, 1889. 54. Roma, 1892).

[3] **Beiträge zur Kenntniss des Erdbebens von Belluno von 29 Juni 1873** (*Sitzungsber. d. K. Ak. d. Wiss., nat. Cl.*, LXIX, IV, 541, 1894).

[4] **Das Erdbeben von Belluno am 29 Juni 1873** (*Id.*, LXXIV, V, 819).

tance dans la tectonique des Alpes orientales, car elle sépare des Karawanken les Alpes Juliennes qui se dirigent ensuite vers le S. E. La forme des homoséistes montre que le double système d'accidents qui se croisent près de Bellune a joué en même temps le 29 juin 1873, à l'exception du prolongement occidental du second,

Fig. 49. — Homoséiste du tremblement de terre de Bellune du 29 juin 1873 (d'après Höfer).

vers le val Sugana dans le Trentin, puisque ces courbes ne présentaient pas un quatrième lobe vers l'Ouest dans cette direction. C'est justement cette dernière observation qui empêche de voir dans la forme trilobée des homoséistes le simple résultat d'un phénomène de plus facile propagation du mouvement séismique, le long des accidents, et conduit à y voir un réel mouvement de dislocation, sauf vers l'Ouest.

A l'est de Bellune, le Frioul renferme des épicentres importants,

Claut, Tolmezzo, Udine, etc., sans compter beaucoup d'autres moins riches en séismes. Il faut sans doute faire intervenir les dislocations de la ligne Bellune-Laak, dont on vient de parler, et lui attribuer les tremblements de terre qui s'y font parfois sentir sévèrement. C'est à des phénomènes d'éboulements par dissolution que Haidinger[1] attribue les bruits séismiques du mont Tomatico près de Feltre.

La vallée proprement dite du Pô est stable, en dépit des désastres signalés par exemple en grand nombre à Venise ; mais très certainement tous, d'ailleurs exagérés par les chroniqueurs, étaient dus à des secousses venant de l'extérieur, et il en est de même pour la plaine littorale jusqu'à Trieste, où l'effondrement adriatique doit jouer un rôle ; quant aux épicentres locaux, l'épaisse couverture alluvionnaire empêche de faire à leur sujet aucune suggestion tectonique plausible. Il est cependant très vraisemblable que les secousses de Milan et de Bergame, ville située au bord faillé de la chaîne des Alpes, sont en relation avec l'effondrement qui a donné lieu à la vallée, ancien golfe ultérieurement soulevé et comblé. Aussi bien, le pied des monts ne manque pas de dislocations particulières, capables ici ou là d'avoir leur influence, et c'est ainsi que Baratta[2] a pu faire intervenir plusieurs fractures lors du tremblement de terre de Lecco, du 5 mars 1894 ; il n'est pas impossible non plus que certaines secousses faibles et locales soient dues au simple tassement des matériaux détritiques sans consistance.

2. — Italie péninsulaire.

On peut dire que, de la Ligurie à la Basilicate et à la Calabre, la chaîne des Apennins est exposée aux plus violents tremblements de terre, quoique çà et là se présente quelque adoucissement à leur énergie et à leur fréquence. C'est que sa surrection est extrêmement récente, puisque le Pliocène y est souvent porté à plus de 1000 mètres d'altitude ; le versant adriatique est plissé, tandis que son opposé tyrrhénique est surtout fracturé. Les Apennins se sont érigés en deux fois, tant à la fin de l'Éocène en même temps que les Pyrénées et la Provence qu'après les Alpes, par compression entre l'Adriatide et la Tyrrhénide, dont les ruines sont la Corse, la Sardaigne, la Calabre, les monts métallifères de Toscane et l'Archipel de l'île d'Elbe, tandis que la contre-partie du mouvement d'élévation a été l'effondrement

---

[1] Das Schallphänomen des Monte Tomatico bei Feltre (*Jahrbuch d. K. K. geol. Reichsanstalt*, V. 566, Wien).

[2] Il terremoto di Lecco del 5 Marzo 1894 (*Boll. soc. sism. ital.*, I, 19).

de ces deux terres. On observera que la périphérie de cet affaissement occidental est, en Espagne, dans le Midi de la France, en Italie et dans les pays barbaresques, tout entière auréolée d'épanchements éruptifs ou d'évents volcaniques soulignant ces divers mouvements.

La région séismique ligurienne commence en France vers Nice, et s'étend jusqu'à Varazze pour diminuer beaucoup d'instabilité à l'Est dans la Rivière du Levant, ce que Mercalli explique par la résistance de roches serpentineuses très développées qui, commençant entre Albissola et Varazze, se continuent jusqu'à Sestri Ponente, aux portes de Gênes. La Ligurie a de tout temps payé un large tribut de vies et de dommages aux secousses de son sol, et le tremblement de terre du 23 février 1887, présent à toutes les mémoires, a été l'occasion des fort importants travaux d'Issel [1], Taramelli et Mercalli [2], pour ne citer que ceux dont nous adopterons les conclusions.

Il semble bien que ce mémorable événement a pris naissance en plein golfe de Gênes, à quelques 15 milles de la plage entre San Remo et Oneglia, ce qui est conforme au tracé des isoséistes de Taramelli et Mercalli, et c'est aussi l'opinion de De Rossi [3], qui place, il est vrai, l'épicentre sous-marin beaucoup plus à l'Est, à tort selon nous.

Issel a fait une étude approfondie des divers mouvements positifs et négatifs les plus récents des Alpes de Ligurie — c'est intentionnellement que nous employons cette dénomination au lieu de celle d'Apennins, cette dernière chaîne ne commençant réellement qu'au col de Giovi, ou d'Altare. Issel résume ainsi qu'il suit les derniers mouvements de ce territoire : haute surrection pendant le Messinien et creusement des vallées, maintenant submergées, en avant de la côte de la Rivière du Ponant, vallées que décèle nettement le tracé des isobathes; grand affaissement pendant le Pliocène et formation de dépôts littoraux, actuellement très relevés par suite d'un second soulèvement du début du Quaternaire à environ moitié de l'amplitude du premier mouvement; c'est alors que se sont formés les dépôts terrestres néolithiques, remplissant, au-dessus du niveau de la mer, les grottes qui ont fourni tant de précieux documents pour la pré-

---

[1] Il terremoto del 1887 in Liguria (*Suppl. al Boll. del R. Com. di Geol.* Roma, 1888).
Il terremoto del 1887 in Liguria (*Suppl. al Boll. d. R. Com. geol. d'Italia*, anno 1887, Roma, 1888).

[2] Il terremoto ligure del 23 Febbraio 1887 (*Ann. del Off. c. di met. e di geodinam.*, VIII. Parte IV. Roma, 1888).

[3] Relazione a S. E. il Ministro di Agricoltura, Industria e Commercio del Direttore dell' Archivio Geodinamico. sui terremoti del Febbraio 1887 (*Gazetta ufficiale* 12 Marzo 1887; *Bull. del. vulc. ital.*, XIV, 5. Roma, 1887).

histoire. Ce géologue pense que de violents tremblements de terre ont certainement secoué le sol de la Ligurie pendant la série de ces grandes transformations d'ensemble, compliquées elles-mêmes d'autres modifications de détail en divers sens ; il est même peu rassuré sur l'avenir réservé à ce pays, toujours exposé à subir de nouveaux désastres. Le grand séisme de 1887 n'est pas le seul à avoir eu son épicentre en mer, comme le témoignent les tracés d'isoséistes donnés par Mercalli pour plusieurs grands tremblements de terre antérieurs (*l. c.*, 7). Cette côte est d'ailleurs exposée à des vagues séismiques de Nice à Savone exclusivement, ce qui coïncide exactement aussi avec le resserrement des isobathes qui, au contraire, sur le méridien de Savone, se rejettent brusquement vers le Sud pour laisser la Rivière du Levant beaucoup plus stable, avec son talus sous-marin notablement plus doux. C'est donc que, sans doute, l'effondrement des terres tyrrhéniennes intervient encore, et Tarnutzer, dans son catalogue des séismes suisses pour 1887, admet expressément que le 23 février de cette année un voussoir sous-marin s'est brusquement enfoncé en profondeur.

C'est à partir du col de Giovi que commence, avons-nous dit, le véritable Apennin ; mais la chaîne a laissé un témoin comme égaré dans la plaine du Pô, le massif miocène des collines du Montferrat, qui justement ne laisse pas que de former une région isolée d'ébranlement d'une certaine importance.

Il serait hors de proportion avec les limites imposées à cet ouvrage de détailler les innombrables centres d'instabilité qui, de Parme au Monte Pollino sur le golfe de Tarente, s'échelonnent pour ainsi dire sans interruption le long des versants des Apennins, mais ne les dépassent guère, de sorte que, sauf des exceptions locales, les côtes sont relativement à l'abri des tremblements de terre, ou du moins en ressentent peu qui leur soient propres. Dans ces conditions, nous nous contenterons de mentionner les quelques rares suggestions géologiques possibles, les séismologues italiens ayant jusqu'ici peu dirigé leurs efforts dans cette voie.

Les Alpes Apuennes sont, avec la dépression de la Garfagnana, le théâtre de secousses plus nombreuses que redoutables, encore que les tremblements de terre y soient de temps à autre assez sévères, mais non vraiment destructeurs. Ce district des marbres si célèbres de Carrare, triasiques et jurassiques, est fort disloqué, mais depuis assez de temps pour n'avoir subi comme vicissitude post-miocène que l'assèchement du bassin lacustre, de sorte qu'aucun accident important et très récent n'est venu apporter une influence séismogénique suffisamment accentuée pour devenir vraiment dangereuse.

Sur l'autre versant, les salses et les terrains ardents du Modenais correspondraient, d'après Vélain [1], à une fracture des masses suba-pennines, ouverte dans une direction sensiblement parallèle à la crête, mais qui, ainsi, qu'il arrive généralement, n'a donné lieu qu'à une ins-tabilité modérée, au moins relativement. Le versant des Romagnes à l'est du Monte Cimone est plus souvent et plus gravement ébranlé, et l'on entre là dans les couches plissées par la surrection apen-nine. Mais un nouveau facteur séismogénique s'introduit aussi, l'in-fluence des failles périadriatiques de Suess, quoiqu'il soit difficile de faire le départ des secousses qui leur sont dues. Elles se manifestent près d'Ancône par le petit massif du Monte Concro, fragment de l'ancienne Adriatide affaissée. C'est ainsi que, sans qu'on ait pu déter-miner son épicentre, le tremblement de terre du 12 mars 1873 a donné des isoséistes allongées S.E.-N.W., en rapport avec la sup-position que le séisme dépendait de ces mouvements, et c'est aussi le cas de plusieurs autres du Ferrarais.

La région séismique du Modénais se prolonge au Sud, et en dehors des Apennins, jusqu'au delà de Florence, par les collines du Chianti vers Orvieto, avec une pointe occidentale vers Livourne par les collines toscanes et le Val d'Elsa [2]. Verri [3] considère les tremblements de terre du Val di Chiana et de la haute vallée du Tibre comme ayant été un facteur important dans les révolutions qu'ont subies ces bassins depuis le Pliocène inférieur; la dernière serait tellement récente que les traits géographiques décrits par Strabon et par Pline auraient déjà été notablement modifiés. Il y a là des éléments de mobilité qui ne peuvent que jouer un rôle séismogénique effectif. Une faille post-pliocène importante suivrait d'ailleurs la vallée du Tibre sur une grande longueur. Ces considérations de Verri concordent avec celles de Ponzi sur les tremblements de terre dans les collines subap-pennines, à la fin de l'époque tertiaire [4].

Les Apennins de l'Ombrie et des Abbruzes, hautes terres plissées, renferment un nombre considérable d'épicentres, dont plusieurs fort importants, et les désastres d'origine séismique n'y sont pas rares.

[1] *Les Volcans : ce qu'ils sont, ce qu'ils nous apprennent* (Paris, 1884).

[2] M. Baratta. Alcune considerazioni sintetiche sulla distribuzione topografica dei ter-remoti nella Toscana (*Riv. Geogr. ital.*, I, fasc. X, dicembre 1894; II, fasc. I, Gennaio 1895).

[3] Azioni delle forze nell' assetto delle valli (*Boll. soc. geol. ital.*, V, n° 3). *Id.* Sui movi-menti del Val di Chiana, e loro influenza nell' effetto idrografico del bacino del Tevere (*Rend. del R. inst. Lombardo di sc. e lett.*, Serie II, X, fasc. XVIII. Milano, 1877).

[4] I terremoti delle epoche subappenine (*Boll. del R. Comitato geol. d'Italia.* Marzo-Aprile 1875, 175).

Verri pense que les parties supérieures des vallées instables, creusées pendant le Pliocène, ont passé par des phases lacustres, ou palustres, dues à des ressauts ou à des barrages produits par des tremblements de terre, et ensuite colmatées et finalement comblées par l'apport des produits de l'érosion. Il n'y a pas de raisons pour que ce processus ait, à l'époque actuelle, dit son dernier mot.

Le versant oriental, ou les Marches, est comparativement plus stable, mais sans que les secousses du sol y perdent leurs droits. Baratta[1] pense que plusieurs d'entre elles ont leur origine sous l'Adriatique, comme celle du 21 septembre 1897, et en fait bien des tracés d'isoséistes confirment l'influence des mouvements périadriatiques.

Dans beaucoup de ses écrits, De Rossi a insisté sur le rôle des fractures des Monts Albains et du Latium, mais on peut dire que ses efforts se sont surtout appliqués à démontrer le caractère volcanique de secousses en somme relativement rares et faibles. Naturellement, Rome est beaucoup plus stable que ne le feraient supposer les innombrables tremblements de terre que sa longue histoire a permis de lui attribuer, faute d'autres renseignements. De Rossi[2] expliquait les séismes de Rome, de Pompéi et de la région, par les mouvements d'une fracture N.N.W.-S.S.E. passant par le Vésuve (?), et à peu près parallèle au littoral. Ce faisant, il obéissait aux idées de son temps, alors que les appareils volcaniques étaient considérés comme surgissant au-dessus de failles ; tant que ladite fracture n'aura pas été suivie sur le terrain, cette explication restera tout à fait incertaine et douteuse.

La Sabine possède une structure karstique, et parfois elle est le siège de secousses nombreuses, qui ne laissent pas d'être sévères. C'est le cas d'une série en 1901 à Monte Catino, Monte Rotondo et Palombara. Après une visite sur les lieux, Cancani[3] attribua le phénomène à un manque de soutien des couches calcaires, à la suite d'un lent travail d'érosion souterraine, et, en effet, il a pu citer, à l'appui de cette explication, des exemples d'affaissements locaux vraiment indé-

---

[1] Sul terremoto di Sinigallia del 21 settembre 1897 (*Boll. Soc. geol. ital.*, XVI, fasc. 2, 1897).

[2] Intorno al terremoto che devastò Pompei nell'anno 63 e ad un bassorilievo votivo pompeiano che lo rappresenta. Centenario del sepellimento di Pompei per l'eruzione vesuviana del 79 (*Bull. del. Vulc. ital.*, VI, 109). *Id.* Le fratture vulcaniche laziali ed i terremoti del Gennaio 1873 (*Atti della R. Acc. dei Nuovi-Lincei*, XXVI). *Id.* Analisi dei tre maggiori terremoti italiani nel 1894 in ordine specialmente alle fratture del suolo (*Id.* XXVIII).

[3] Sul periodo sismico iniziatosi il 24 aprile 1901 nel territorio di Palombara Sabina (*Boll. soc. sism. ital.*, VII, 169, 1901-1902).

niables. On peut dire qu'il a pris sur le fait ce processus séismique particulier, bien souvent avancé sans preuves.

Assurément, Naples a eu fréquemment à souffrir de tremblements de terre ; mais il est encore bien douteux qu'une région séismique véritable se trouve tout autour de son golfe ; autrement dit, si l'on en excepte les secousses généralement peu étendues lui venant du Vésuve, ou des Champs Phlégréens, le sol de Naples est en somme

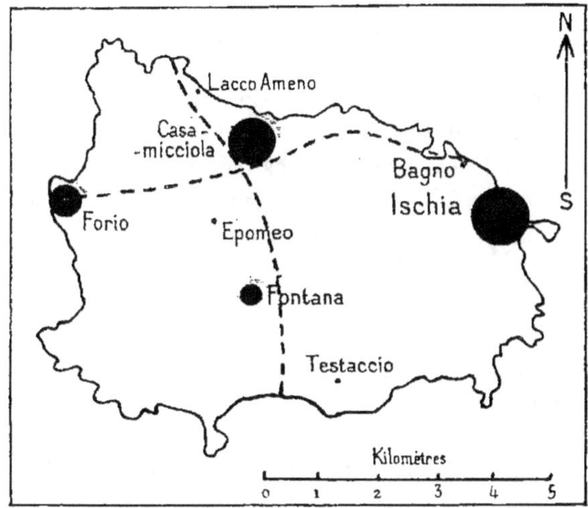

Fig. 50. — Ischia.

beaucoup plus stable que le ferait peut-être penser sa position au centre d'un golfe d'effondrement, actuellement comblé jusqu'au pied des hauteurs par une épaisseur de plus de 500 mètres de tufs et de cendres volcaniques ; le peu de consistance de ces matériaux a eu plusieurs fois l'occasion d'aggraver les effets de secousses plutôt modérées.

Non loin de là, Ischia est célèbre par ses tremblements de terre désastreux de 1881 et de 1883, dont le caractère, très local en dépit de leur extrême violence, les a fait attribuer à l'Epomeo, volcan éteint depuis le xive siècle. Dubois[1] a fait observer que Casamicciola se trouve à l'intersection de deux fractures, se rencontrant en cela avec Baldacci[2] qui nomme celles de Bagni d'Ischia-Forio et de Lacco Ameno-Testaccio et le long desquelles, pense-t-il, se maintient l'activité

---

[1] Further notes on the earthquakes of Ischia (*Trans. seism. soc. of Japan*, VIII, 95).

[2] Alcune osservazioni sul terremoto avvenuto all' isola d'Ischia il 28 Luglio 1883 (*Boll. del R. Comitato geol. d'Italia*, 1883, n°s 7-8).

volcanique résiduelle de l'Epomeo, en même temps que l'instabilité séismique. Le désastre du 28 juillet 1883 a donné naissance à une littérature séismologique considérable, au sujet de laquelle il nous suffira de citer les théories principales. Stefanoni[1] l'attribue à l'écroulement d'un pilier souterrain d'argile érodé par les eaux thermales, et Vélain[2] donne une grande importance à leurs effets locaux, ainsi qu'à la tension de leurs gaz accumulés, opinion partagée par Daubrée[3].

Mercalli[4] considère l'existence des fractures invoquées, et précédemment désignées, comme peu vraisemblable surtout en ce qui concerne la première, tangente à l'Epomeo, tandis que les évents volcaniques en présentent le plus souvent de radiales, dit-il. D'après ce savant, le caractère volcanique des tremblements de terre de l'île d'Ischia résulte de la forme des aires épicentrales, ellipses allongées dont le grand axe coïncide avec un rayon de l'Epomeo, c'est-à-dire une fente radiale, accusée par les fumerolles de Monte Cito et d'Ignazio Verde et les sources chaudes de Rita et de Capitello. Les perturbations observées, lors des séismes, dans le régime des unes et des autres, prouveraient que ces phénomènes ont la même origine que les tremblements de terre. Enfin, dernier argument qui nous semble moins probant, avant 1762, il n'a pas été relaté de grand séisme sans éruption ou manifestation d'activité du volcan. Mercalli conclut que, depuis cette date, les grands tremblements de terre d'Ischia ont eu leur foyer près de Casa Menella et à peu de profondeur, ce qui démontre leur origine volcanique. Il nous semble que la démonstration repose surtout sur leur caractère toujours très local et ne s'étendant jamais au dehors.

La Molise, la Province de Bénévent, et surtout la Basilicate[5] doivent à leurs catastrophes séismiques une triste réputation, trop bien méritée. De nombreuses dislocations de l'Apennin doivent suffire à les expliquer, mais on est loin de pouvoir encore définir les accidents particuliers auxquels elles sont dues. Dans son bel ouvrage, à juste titre classique, sur le grand tremblement de terre du 16 décembre 1857, Mallet[6] a principalement étudié l'influence de la structure du sol et

---

[1] *Il Messagero* (Roma, 2 e 3 Agosto 1883).

[2] Le tremblement de terre d'Ischia du 28 juillet 1883 (*La Nature*, n° 533, 18 août 1883, 182, Paris).

[3] Rapport sur le tremblement de terre ressenti à Ischia le 28 juillet 1883 ; causes probables du tremblement de terre (*C. R. Ac. Sc. Paris*, XCVII, 768, 1883).

[4] L'isola d'Ischia ed il terremoto del 28 Luglio 1883 (*Mem. del R. Ist. Lombardo-Milano* (1884).

[5] M. Baratta. *L'acquedotto pugliese e i terremoti* (Voghera, 1905).

[6] *The first principles of observational seismology as developed in the report to the*

de ses accidents tectoniques sur la propagation du séisme, ainsi que sur son action dans les différents centres habités, mais sans s'attaquer le moins du monde à la cause géologique de l'événement ; le problème ne pouvait guère être alors abordé utilement. L'Apennin napolitain est affecté d'accidents nombreux et considérables, nouveau genre de structure qui prend graduellement la place des plissements de l'Ombrie et des Abruzzes. Parmi ceux auxquels on peut vraisemblablement assigner un rôle séismogénique, il faut citer la dépression du Val di Diano au pied du mont Marta.

Baratta[1], s'appuyant sur les travaux de De Lorenzo sur la géologie de l'Apennin de la Basilicate méridionale, attribue le tremblement de terre de Viggianello, du 28 mai 1894, aux fractures dirigées N. W.-S. E., qui accidentent le groupe montagneux du Monte Pollino, composé de Trias, de Lias, de Crétacé et d'Éocène, et dont les prolongements passent par cette ville, ainsi que par Rotonda, les localités alors le plus vivement secouées. Il ajoute que les foyers séismiques de Lagonegro et de Mormanno, les seuls centres habités de ces parages, doivent reconnaître la même origine.

Toutefois, il faut bien se garder, ainsi qu'on l'a fait d'après les anciennes théories relatives aux volcans, d'invoquer une ligne particulière de dislocations sur laquelle se serait érigé le volcan éteint, le Vultur, au bord du bras de mer pléistocène longeant la plate-forme des Pouilles ; De Lorenzo[2] a en effet démontré la non-existence d'un accident de ce genre. Il y aurait là, pour les séismologues italiens, de très intéressantes études à entreprendre.

Revenant à l'Adriatique, on trouve avec le Monte Gargano jusqu'à Foggia, et tout autour de la lagune de Lesina, un important foyer d'ébranlement, celui de la Capitanate, étudié spécialement par Baratta[3]. Ce massif du Monte Gargano est tout à fait indépendant de l'Apennin et c'est un reste des terres respectées par l'effondrement adriatique ; il forme en effet, avec les collines de la Pouille, une chaîne unique se reliant à travers la mer au système de l'Europe sud-orientale, dont elle a été détachée par affaissement ; cette disjonction aurait eu lieu à la fin de l'Éocène ou au commencement du

Royal Society of London of the expedition made by command of the Society into the interior of the Kingdom of Naples, to investigate the circumstances of the great earthquake of December 1857, 2 vol. in-8, London, 1862.

[1] Il terremoto di Viggianello (Basilicata) del 28 Maggio 1894 (Boll. Soc. Sism. ital. I. 82).

[2] Atti dell' Acc. Sc. di Napoli (X. sér. 2ᵃ, n° 1, 1900).

[3] Sulla attività sismica nella Capitanata (Ann. dell' Uff. centr. di Met. e di 'geodin., XVI. Parte I, Roma, 1894).

Miocène, époque à laquelle l'Adriatique ne communiquait pas avec la Méditerranée, mais formait peut-être un grand lac de direction parallèle à celle des deux chaînes de la Pouille et de l'Albanie. Beaucoup de tremblements de terre du littoral de la Capitanate ont dû avoir leur épicentre en mer dans les parages des îles Tremiti, qui ne présentent pas une instabilité en rapport avec celle que pourrait faire supposer

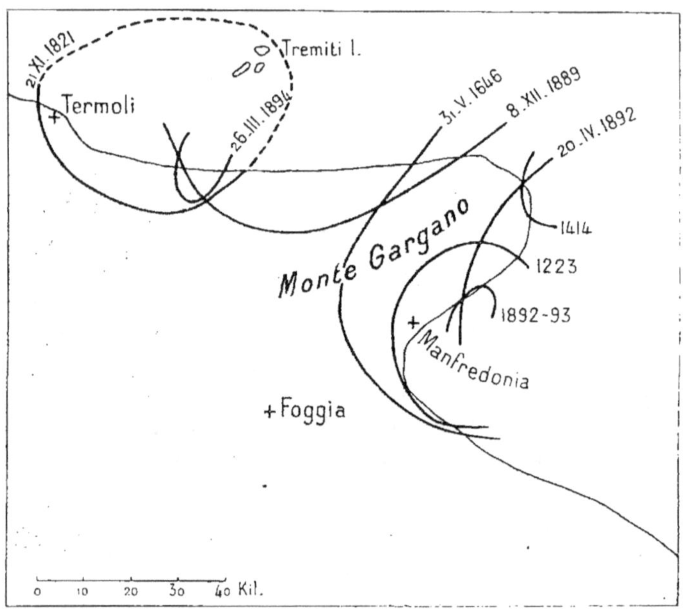

Fig. 51. — Monte Gargano. Séismes à épicentres sous-marins.

leur nom : c'est qu'il provient, non d'une fréquence particulière des secousses, mais bien seulement de la contraction des mots « Isole de tre Monti », qui rendent bien leur aspect à distance, explication tirée par Baratta (*l. c.* 23, p. 41) d'un ancien auteur, Coccarella[1].

Les Pouilles proprement dites sont très stables, et ne ressentent guère que le contre-coup des tremblements de terre de la mer Ionienne et de la Dalmatie méridionale.

Les Calabres sont une des régions séismiques le plus instables de l'Europe et plusieurs de leurs désastres ont laissé des traces impérissables dans les annales historiques, de sorte que la bibliographie de leurs tremblements de terre, telle que l'a établie Mercalli[2], mentionne

---

[1] *Cronica istoriale di Tremiti* (p. 12, Venezia, 1606).

[2] *I terremoti della Calabria meridionale e del Messinese.* Saggio di una monografia sismica regionale (Roma, 1897).

pour cette seule province le nombre considérable de 139 mémoires
particuliers.

L'ossature de la presqu'île calabraise est constituée par les deux
importants massifs archéens, ou cristallins, du Sila et de l'Aspromonte, faisant à l'extrémité méridionale de l'Apennin l'exact pen-

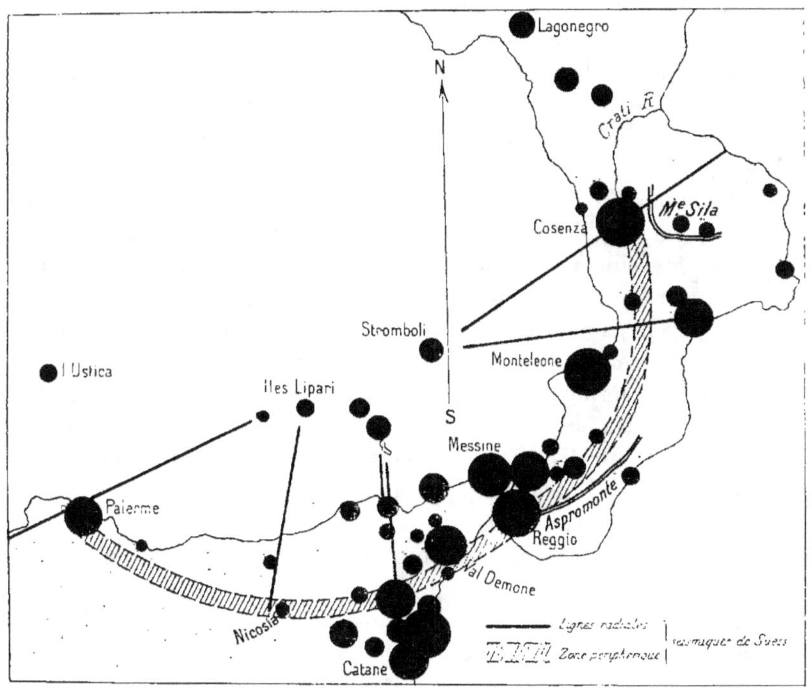

Fig. 52. — Calabre et Sicile du N.E.

dant des Alpes Liguriennes, comme si la surrection de la chaîne
s'était faite entre ces deux piliers restés fixes. Les mêmes terrains
granitiques et gneissiques se retrouvent en Sicile, dans les monts
Péloritains, situés de l'autre côté du détroit de Messine, de sorte
qu'on ne peut logiquement les séparer ni au point de vue géologique, ni relativement aux tremblements de terre qui leur sont
très souvent communs. Le Crétacé et l'Éocène disloqués frangent les
anciens massifs, tandis que le Pliocène supérieur a été porté en
couches presque horizontales à plus de 1000 mètres d'altitude. Les
golfes lobés de Santa Eufemia et de Gioja résultent d'effondrements, mais on ne saurait regarder ces mouvements comme causes
de séismes, parce que d'autres semblables accidentent la côte tyrrhé-

nienne, qui depuis Gênes jouit d'une assez grande stabilité, en même temps que les isobathes entourent au milieu de la mer italo-sarde un abîme de 3 000 mètres et s'éloignent beaucoup du littoral, qu'elles touchent presque au contraire au pied des Alpes de Ligurie si instables.

Parmi les innombrables et éphémères explications qui ont été données des tremblements de terre des Calabres et du détroit de Messine, la plus connue et la plus en vogue est, sans contredit, celle de Suess[1]. Malgré la haute autorité qui s'attache à tous les travaux de ce grand géologue, Mercalli (*l. c.*, 25, p. 148) n'a pas craint de montrer que sa théorie est en contradiction formelle avec les faits d'observation. Le savant autrichien estime que les centres des secousses dont il s'agit se répartissent suivant une ligne courbe qui, partant des monts Madonie en Sicile, passe par l'Etna, franchit le détroit de Messine à Ali, suit le bord occidental de l'Aspromonte par Santa Cristina, Oppido, Terranova, Soriano et Girifalco, et se prolonge par la vallée du Crati vers le Mont Sila. Les îles Éoliennes, ou Lipari, forment comme le centre de ces séismes périphériques ; enfin d'autres lignes, partant de ces îles, correspondent à des secousses radiales. Suess[2] pense que sa grande ligne enveloppante a joué en 1783 en divers de ses points, que dans l'aire limitée par la fracture de 1783, l'écorce terrestre s'affaisse en cuvette et qu'en même temps il se forme des failles radiales convergeant vers les Lipari ; si ce mouvement s'accentuait, il finirait par y avoir effondrement ou disparition du massif vaticanique, des falaises de Scylla, et du môle des Peloritani et des Madonie. Il est clair que, dans son opinion, les tremblements de terre des Calabres et du Messinese préparent cet effondrement. Les cartes séismiques de Mercalli montrent bien que des foyers d'ébranlement se répartissent sur la ligne Ali, Reggio, Oppido, Polistena et Girifalco, et ne sont pas indépendants les uns des autres, mais que, d'autre part, les centres des Madonie et de la vallée du Crati se sont toujours montrés autonomes, à plus forte raison celui de Catanzaro et d'autres encore.

De son côté Cortese[3] fait intervenir, ce nous semble avec raison, les très récentes dislocations orogéniques qui ont donné sa structure actuelle au massif calabrais, et en particulier deux d'entre elles : la faille du détroit de Messine qui se prolonge au S. S. W. vers l'Etna

---

[1] Die Erdbeben des südlichen Italiens (*Denkschriften d. Mat. naturwiss. Cl. d. K. Ak. d. Wiss. in Wien*, XXIV, 1874).

[2] *La Face de la Terre*, I, 107-113.

[3] Descrizione geologica della Calabria (Geotettonica e sismologia) (*Mem. del R. Com. geol. d'Italia*. Roma, 1895).

et au N. N. E. par la vallée du Mesima jusqu'à la Punta dell' Alice dans
le Cotronese, et celle qui traverse la dépression de Catanzaro, entre les
caps Suvero et Stalletti. Il faut se rallier sans réserve à une explication pleinement concordante avec les tracés d'isoséistes donnés
par Mercalli, et que, du reste, accepte Baratta[1]. Cortese[2] avait préludé
lui-même à sa théorie générale des tremblements de terre calabrais
par une étude antérieure sur le séisme de Bisignano, du 3 décembre
1887, pour la genèse duquel il fait intervenir la faille du Crati.

Des phénomènes bradyséismiques ont été observés en Calabre[3],
mais on ne peut leur faire jouer aucun rôle séismogénique puisqu'ils
affectent aussi la presqu'île de Tarente et d'Otrante, privée de séismes
propres, du moins de séismes sévères.

Les nombreux tracés d'isoséistes donnés par Mercalli pour les tremblements de terre calabrais ne laissent pas supposer d'épicentres sous-
marins, observation qui va tout à fait à l'encontre de la théorie de
Suess ; et cependant, de Naples à Messine, le littoral est exposé à des
vagues apparemment d'origine séismique.

Riccò[4] a fait une très intéressante étude détaillée des anomalies
de la pesanteur dans l'Italie méridionale et la Sicile, et voici la
conclusion du savant directeur de l'Observatoire géophysique de
Catane : « Traçant sur la carte des courbes isanomales de gravité
« les aires séismiques principales, telles qu'elles résultent de la *Carta*
« *sismica d'Italia* du Dr Baratta et qu'elles ont été reproduites par
« Gerland, on observe que ces aires se trouvent là où les isano-
« males irrégulièrement rapprochées et fortement repliées, indi-
« quent les lieux de plus grand manque d'équilibre de la gravité,
« comme il était à prévoir. Cela peut expliquer pourquoi la Sicile
« orientale et la Calabre occidentale sont particulièrement dévastées
« par les tremblements de terre, ainsi que la Basilicate, les Abbruzes
« et la région garganique. » De son côté Platania[5], entrant davantage dans le détail en ce qui concerne les alentours de l'Etna, a

[1] I terremoti di Calabria (*Riv. geogr. ital.*, II, Roma, 1893).

[2] Il terremoti di Bisignano del 3 Dicembre 1887 (*Ann. della Met. ital.*, Serie II, VIII.
Parte IV, 1886, 59. Roma, 1888).

[3] A. Issel. Supposto sprofondamento del golfo de Santa Eufemia (*Annali idrografici*,
I, Roma, 1900).

[4] Controllo delle osservazioni di gravità fatte en Sicilia e Calabria (*Boll. dell' Ac.
Gioenia di sc. nat. in Catania*, Fasc. LVI, Dicembre 1898). — Zona e Saija. Differenza de
longitudine tra Catania e Palermo e determinazione delle anomalie della gravità in Catania. (*Id.* Fasc. LX. Giugno, 1899). — Riassunto delle determinazioni di gravità relativa
fatte nella Sicilia orientale, in Calabria e nelle isole Eolie (*Rendiconti della R. Ac. dei
Lincei. Cl. di Sc. fis. mat. e nat.*, XII. Seduta del 21 Giugno 1903).

[5] Sur les anomalies de la pesanteur et les bradysismes dans la région orientale de
l'Etna (*C. R. Ac. Sc. Paris*, CXXXVIII. 859, 1904).

rapproché ces anomalies des mouvements bradyséismiques que l'on

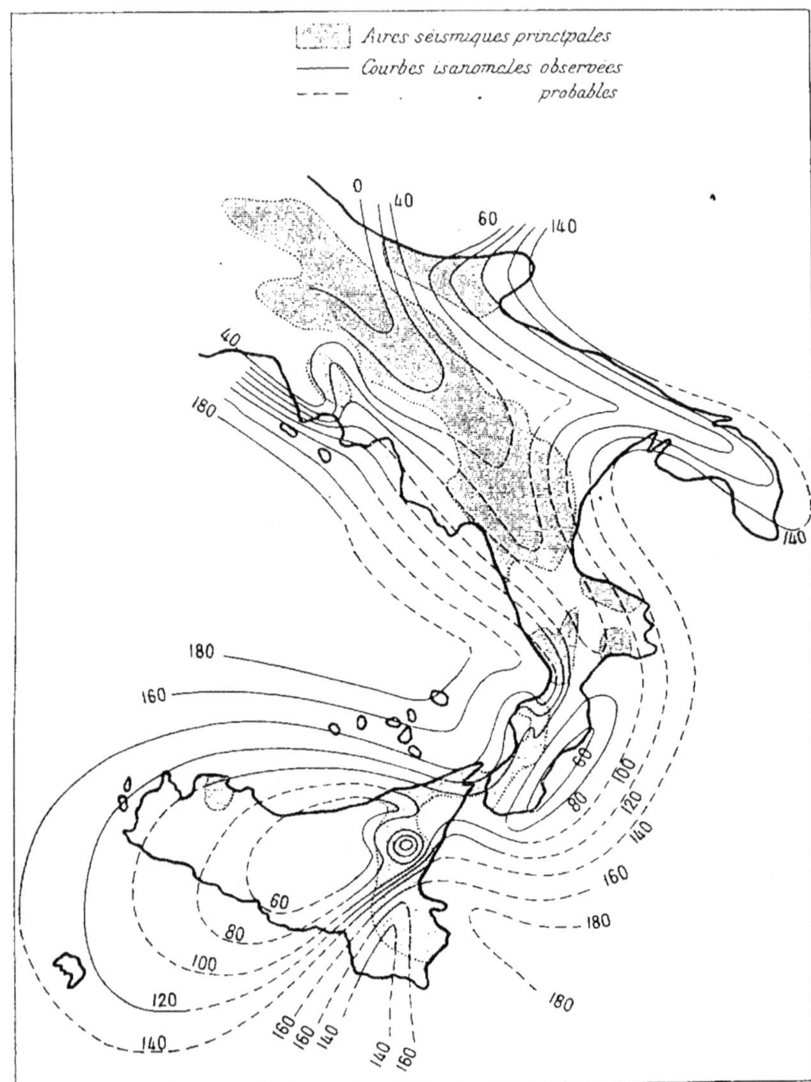

Fig. 53. — Italie méridionale et Sicile. Courbes isanomales de la gravité
(d'après Riccò).

y a observés. De Lapparent[1] a fait siennes les conclusions de Riccò

[1] Sur la signification géologique des anomalies de la pesanteur (*C. R. Ac. Sc. Paris*,
CXXXVII, 827, 1903).

et leur a donné la signification tectonico-séismologique qui leur
manquait. Nous noterons cependant que, dans le détail, les résultats
des observations de Riccò ne sont pas aussi probants qu'ils le
paraissent : en effet, les isanomales dessinent pour ainsi dire sur
l'Italie méridionale deux thalwegs, là où précisément elles se
replient fortement ; l'un suit la crête des Apennins et en partie
celle des Calabres, instables, mais l'autre coïncide avec la ligne
médiane de la presqu'île stable de Tarente et d'Otrante ; cette opposition n'est pas sans appeler un certain doute sur lesdites conclusions.

3. — Sicile et îles adjacentes.

Les îles éoliennes ou Lipari et Ustica sont d'origine volcanique,
les premières en partie encore actives. Situées non loin des grands
fonds de la mer Tyrrhénienne, elles sont le siège de secousses modérées, et celles du Stromboli ne s'étendent guère aux autres îles.
Le caractère volcanique de ces séismes paraît donc assez probable.

Si l'on excepte le massif ancien et cristallin des monts de Messine,
ou Péloritains, qui ont été séparés de la Calabre par une faille que
Cortese date de la fin du Pliocène inférieur, la Sicile, où le Trias
s'appuie contre ces terres démembrées, a été morcelée par une série
de cassures déjà bien dessinées au Pliocène. Cette grande île est
caractérisée par un ensemble très complexe de collines arrondies,
et ses terrains sont de plus en plus récents du Nord vers le Sud.
Rien ne peut laisser prévoir une instabilité exagérée, ce que confirment bien les observations.

L'Etna s'élève au milieu d'un cirque d'effondrement circulaire,
autrefois occupé par un golfe, au milieu duquel il s'est graduellement
érigé en le remplissant par ses projections. Il est très malaisé de
faire pour la plaine de Catane et pour la périphérie du cône de
3 300 mètres qui la domine, le départ entre les secousses d'origine
volcanique et celles dont la cause tectonique doit être probablement
recherchée dans la formation même de l'ancien golfe circulaire.
Mais, tout en tenant compte des paroxysmes volcaniques, il semble
que les tremblements de terre de dislocation du pourtour doivent
prédominer, puisque Riccò et Franco [1] ont établi la stabilité habituelle de l'observatoire de l'Etna. Les désastres de Catane, lorsqu'ils
ne résultent pas de coulées volcaniques, ou des tremblements de
terre calabrais, ont été certainement aggravés par le peu de consistance des matériaux de projection sur lesquels cette ville est édifiée,

[1] La stabilità del suolo dell' osservatorio etneo (*Bol. Acc. Gioenia di sc. nat. in
Catania*. Fasc. LXV, novembre 1900).

et d'ailleurs les anciennes chroniques paraissent les avoir exagérés.

Au Sud de l'Etna, le massif du Monte Lauro présente un foyer d'ébranlement qui s'étend jusqu'à Syracuse, ville qui, du moins, a eu à en souffrir.

A la suite de l'étude d'une petite série de secousses en mars 1901, Arcidiacono [1] attribue l'existence de ce foyer séismique à un effet purement mécanique, produit sur les sables supportant les fondations des édifices de Nicosia par le gonflement des argiles sous-jacentes du Miocène moyen, à la suite de pluies abondantes.

De Cefalù à Marsala et de Sciacca à Girgenti, les côtes de Sicile sont faiblement ébranlées. Corleone est peut-être un centre d'instabilité ; cette ville semble située dans une aire d'affaissement, limitée au Nord par une falaise calcaire surmontée par deux ruines du moyen âge, Castello Sovrano et Castello Sottano, châteaux qui auraient été renversés en 1537 par l'effet d'un tremblement de terre, à moins que ce bouleversement topographique, la formation des falaises, n'ait été lui-même la cause première des séismes, question que Crescimanno [2] ne résout point.

Au Sud, les côtes de Sicile émergent d'un large socle sans profondeur dont une partie est le banc de l'Aventure, sur les bords duquel s'élèvent Pantelleria, l'île volcanique éphémère Julia et Malte, tandis que les régions instables de la Sicile, Messinese, Etna et Syracuse, c'est-à-dire la côte orientale, se dressent le long du raide talus de l'isobathe de 1 000 mètres venant de la mer Ionienne. Les tremblements de terre sont plutôt rares à Pantelleria, où un léger paroxysme séismique, en 1891, a accompagné des manifestations volcaniques, et en même temps, paraît-il, un sensible relèvement de sa côte et de la pointe Karuscia [3]. Malte, indépendamment des secousses qui lui viennent de la mer Ionienne, est assez souvent ébranlée ; les nombreuses failles qui coupent ses couches miocènes en divers sens dénotent une zone affaissée dont elle représente, avec Gozzo, les derniers témoins. Ces deux îles, ainsi que Linosa et Lampedusa, parfois secouées, se trouvent au bord d'une fosse profonde, située entre la Sicile et la Tunisie, dont un effondrement a rompu l'unité territoriale, événement qu'attestent les phénomènes volcaniques sous-marins de 1831 à l'île Julia, ou Ferdinandea, comme conséquence des fractures concomitantes.

---

[1] Il terremoto di Nicosia del 26 Marzo 1901. *Boll. Acc. Gioenia di sc. nat. in Catania.* (Fasc. LXIX, Giugno).

[2] I terremoti di Corleone (*Boll. del vulcanismo italiano*, III, 97, 1876).

[3] M. Baratta. *Gli odierni fenomeni endogeni di Pantelleria* (Milano, 1892).

CHAPITRE XVIII

BASSIN OCCIDENTAL DE LA MÉDITERRANÉE

1. — Corse, Sardaigne et Baléares.

Les mouvements tertiaires alpins du continent ont eu pour contre-partie l'effondrement du bassin occidental méditerranéen, important événement qui, s'il a commencé à la fin des temps secondaires pour ne s'achever qu'au Quaternaire, n'a plus laissé comme témoins que les débris d'une chaîne plissée et dressée après le Nummulitique.

La Corse est un de ces fragments de la Tyrrhénide, qui aurait été plus tardivement séparée de la France que de l'Italie. Est-ce fortuitement que les cinq seuls séismes connus aient tous été signalés sur le versant occidental, archéen et primaire, plus récemment effondré que l'opposé, tertiaire, et en même temps du côté où se rencontrent les plus grandes profondeurs, conformément à la loi du relief? La Sardaigne ne diffère pas essentiellement de l'île française ; le granite y prend aussi une importance considérable et les terrains secondaires reposent en discordance complète sur le substratum primaire. Ces deux grandes terres constituent donc un fragment des anciens massifs, stables par conséquent, et n'appartenant pour ainsi dire pas au géosynclinal, mais bien seulement à l'aire affectée par contre-coup par les mouvements alpins. Les éruptions post-pliocènes et quaternaires n'ont laissé aucun élément d'instabilité en Sardaigne, où les séismes sont aussi rares qu'en Corse, et ne se produisent que dans le massif primaire du N. W, si l'on ne tient pas compte des secousses qui viennent d'Algérie l'ébranler quelquefois.

Comme les Maures de Provence, l'île d'Elbe avec le petit archipel Toscan et le curieux Monte Argentario, sont d'autres fragments encore plus morcelés et tout aussi stables de la Tyrrhénide.

Les Baléares sont implantées sur un socle commun, et de grandes profondeurs les séparent de la Corse et de la Sardaigne. Le rivage rectiligne de Majorque est l'indice d'un accident important vraisemblablement en relation avec l'affaissement méditerranéen, et c'est précisément là qu'eut lieu en 1851 et 1852 un tremblement de terre dont une des nombreuses secousses endommagea quelques édifices. Si ce cas est unique, c'est donc que les séismes des Baléares se présentent à des intervalles très éloignés, et cela explique bien l'opinion des chroniqueurs catalans que ces îles sont à l'abri des secousses du sol.

En résumé, l'intérieur du bassin occidental de la Méditerranée est parfaitement stable. Quelques rares séismes de la Corse et de la Sardaigne doivent dépendre de dislocations de leur substratum ancien, tandis que l'effondrement tertiaire de la Tyrrhénide se rappelle au souvenir des habitants de Majorque par des secousses parfois sévères de son littoral septentrional, si toutefois même le plissement post-nummulitique n'intervient pas.

2. — Espagne du Sud-Est.

L'Espagne du Sud-Est, Andalousie et royaumes de Murcie et de Valence, est une des régions de l'Europe méridionale qui a eu le plus à souffrir des tremblements de terre, et à plusieurs reprises elle a subi de véritables catastrophes ; celle du 24 décembre 1884 est encore présente à toutes les mémoires. Les renseignements séismiques, quoique ne résultant pas d'observations systématiques, sont assez nombreux cependant pour que l'on puisse considérer comme suffisamment bien connue la répartition des centres d'ébranlement et des points les plus exposés de cette partie si instable de la péninsule ibérique. Il n'existe encore que deux catalogues, celui de Perrey[1] et celui plus récent de Taramelli et Mercalli[2].

Au point de vue géologique, la région est très naturelle, limitée qu'elle est au Nord par une grande ligne de dislocation partant du cap Saint Vincent sur l'Atlantique et aboutissant au cap de la Nao sur la Méditerranée, après avoir suivi le bord méridional de la Meseta ibérique, archéenne et primaire, par les Algarves et la Sierra Morena. C'est une grande faille, isolant du reste de l'Espagne la dépression tertiaire du Guadalquivir, ainsi que les terrains secondaires et primaires de l'Andalousie et de la Sierra Nevada. Les tremblements de terre dépassent un peu cette limite au N. E, puisqu'ils atteignent Valence, mais c'est un détail qui ne diminue en rien la netteté du

---

[1] Sur les tremblements de terre de la péninsule ibérique (*Ann. sc. ph. et nat. de Lyon*, 1847).

[2] I terremoti andalusi cominciati il 25 décembre 1884 (*Reale Acc. dei Lincei*, CCLXXXIII, 1885-86. Roma).

rôle de la ligne de démarcation entre les parties stables et instables.

Au pied de la falaise de la Sierra Morena, le détroit Bétique, ou du Guadalquivir, est un trait fort ancien ; unissant l'Atlantique et la Méditerranée, il séparait les deux vieux massifs, la Meseta ibérique et un autre plus méridional, disloqué et démembré par les mouvement alpins. Il était en même temps fermé lors de ces derniers événements, puis remplacé par le détroit actuel de Gibraltar, ouvert plus au Sud à l'époque pliocène, et de chaque côté duquel subsistent à l'état de débris la Sierra Nevada et l'Atlas marocain, témoins encore imposants de l'ancienne chaîne effondrée le long de son axe. La dépression bétique, ainsi obstruée assez tardivement, peut-être seulement au commencement de l'ère quaternaire, avait d'abord subi des oscillations diverses, comme l'indiquent dans la vallée du Guadalquivir des intercalations de couches lacustres dans les dépôts marins. Ces vicissitudes n'ont pas été sans d'énergiques plissements, et ceux des couches tertiaires des vallées du Guadalete et du Guadalquivir ont été arrêtés net par l'inertie de la Sierra Morena, dominant la plaine alluviale près de Séville. Une importante dislocation Lorca-Guadix-Grenade, à peu près en prolongement de la basse Segura et de son affluent la Sangonera, est marquée par des bassins tertiaires d'effondrement, tels que la Vega de Grenade ; elle sépare les chaînes secondaires du Nord, plissées en direction N. E., de la Sierra Nevada au Sud, celle-ci beaucoup plus ancienne et où les accidents forment un système de failles E.-W., parallèles au littoral. Cette chaîne tombe à pic, puisque le sommet du Mulhacen, à 3 481 mètres d'altitude, n'est qu'à 35 kilomètres de la côte ; mais le profil transversal du détroit de Gibraltar est à pente bien plus douce qu'on n'aurait pu le supposer d'après le relief exagéré de la Cordillère. Plus à l'Ouest, les plis s'infléchissent vers le Sud pour se raccorder avec ceux du Djébel-Mouca entre Tanger et Ceuta, de l'autre côté du détroit. Ces mouvements si complexes, et d'une grande amplitude, ont donné lieu à des épanchements éruptifs, jalonnant entre les caps de Palos et de Gata le littoral, dont la direction est ici, non seulement parallèle à la ligne Lorca-Grenade, mais encore au raide talus sous-marin de l'isobathe de 2 000 mètres, qui représente la lèvre de l'effondrement méditerranéen. Où trouver un ensemble de vicissitudes récentes, et d'accidents de tous genres, plus favorables à l'instabilité séismique que ces circonstances géologiques ainsi rapidement esquissées ?

Jusqu'à Huelva, le versant méridional des Algarves est le théâtre de séismes qui atteignent parfois un certain degré de sévérité, mais

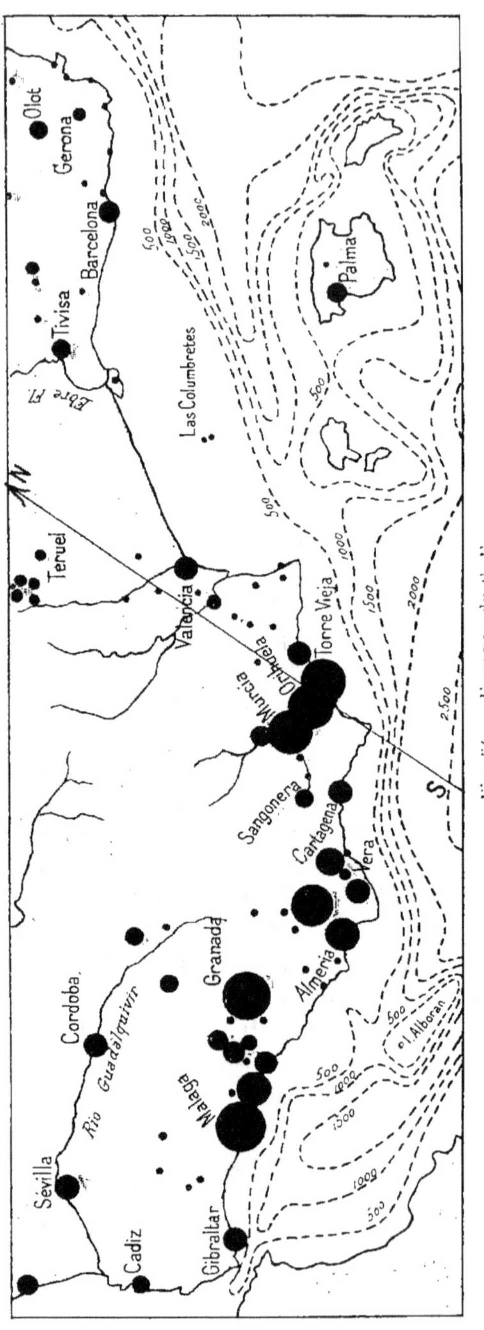

Fig. 54. — Espagne du S. E.

dont l'origine véritable, peut-être sous-marine, est encore difficile à discerner, faute d'études suffisantes.

En Andalousie, la séismicité ne dépasse point la rive droite du Guadalquivir, fait très compréhensible puisque la Sierra Morena a arrêté les mouvements tertiaires alpins. Cadix, Séville, Cordoue, Linares sont d'apparents foyers d'ébranlement, mais de médiocre importance; on ne saurait d'ailleurs affirmer que ce sont les véritables épicentres, ou qu'ils ne résultent pas de séismes venant des accidents situés plus au Sud et déjà mentionnés. C'est qu'en effet le Guadalquivir coule au milieu de marnes et de mollasses miocènes, déposées lors de la fermeture du détroit et restées parfaitement horizontales; sa vallée, depuis le point où il se coude vers le S. W., près de Cantillana, jusqu'à l'embouchure, consiste, d'après certains géologues, en une série de segments parallèles au fleuve qui ont joué librement à différentes reprises depuis le commencement de l'ère mésozoïque jusqu'après les dépôts pliocènes à caractère méditerranéen ; c'est ce qui a permis à la mer de s'introduire au pied de la Sierra Morena par un canal de plus en plus étroit, qui a fini par s'obstruer définitivement au commencement du Quaternaire. Les strates comprises entre les failles ont conservé leur horizontalité, tandis qu'à faible distance elles présentent des plissements plus ou moins accusés. Il y a donc des dislocations suffisantes à invoquer, si toutefois les villes baignées par le fleuve sont de véritables épicentres. Les secousses de Jaen et d'Ubeda trouvent une claire explication dans les efforts qui ont fait chevaucher entre Jaen et Grenade le Jurassique, le Crétacé et le Tertiaire. Une grande faille coupe le rocher de Gibraltar, qui paraît bien avoir ses séismes propres. Comme on a déjà eu l'occasion de le faire observer, la région séismique andalouse occupe un emplacement au moins deux fois plissé, à l'époque hercynienne et à l'époque tertiaire, mais, il est vrai, suivant des directions différentes, superposition déjà bien des fois mentionnée.

Les environs de Malaga sont très instables, et des désastres y sont à de nombreuses reprises relatés dans les anciennes chroniques. Le plus récent, celui de 1884, a eu son centre non loin de cette ville, d'après le tracé des isoséistes donné dans le rapport [1] de la commission que l'Académie des sciences de Paris a envoyée sur les lieux après l'événement, un peu au Nord de la Sierra de Jatar, près d'Alhama. Taramelli et Mercalli le placent plus au Sud, près d'Arenas del Rey. Enfin Grenade n'est pas moins exposée que Malaga, sans que l'on puisse localiser avec précision le centre de ses séismes destructeurs. Il est probable qu'il s'agit là d'une seule et même origine, située quelque part dans les sierras intermédiaires. L'événement de 1884 est le seul qui ait été étudié scientifiquement, et son importance est telle qu'il y a lieu d'exposer les diverses explications auxquelles il a donné lieu, mais sans chercher à faire un choix définitif que des études sur des séismes ultérieurs pourraient peut-être bien ne pas vérifier.

Taramelli et Mercalli invoquent, mais sans préciser, les phénomènes stratigraphiques, géologiquement assez récents, auxquels cette partie du bassin méditerranéen doit son actuelle délimitation. La théorie de Mac-Pherson [2] ne diffère pas sensiblement de la précédente

[1] *Mém. de l'Ac. des Sc.*, XXX. n° 2: Mission d'Andalousie (F. Fouqué, directeur: Michel Lévy, Marcel Bertrand, Barrois, Offret, Kilian, Bergeron, Bréon). Études relatives au tremblement de terre du 25 décembre 1884 et à la constitution géologique du sol ébranlé par les secousses.

[2] *Los terremotos de Andalucia* (Conferencia leida en febrero de 1885 en el Ateneo de Madrid).

lorsqu'il considère les mouvements séismiques, que l'on sait avoir ébranlé la région depuis les temps les plus reculés de son histoire, comme la manifestation actuelle des efforts qui ont présidé à la formation de ses montagnes. Il a noté qu'à proximité des grandes failles bordant de l'W. N. W. à l'E. S. E. les Sierras de Teja et d'Almijarra, correspond le maximum de l'énergie dynamique du tremblement de terre. L'espace compris entre les Sierras de Teja et de Ronda est partagé par des failles en bandes parallèles à leurs crêtes, tandis que de l'autre côté de la Serrania apparaît le foyer secondaire de Casares et d'Estepona. Cette disposition indiquerait que la plus grande intensité des secousses s'est localisée là où il existe des fractures, encore mal soudées à une certaine profondeur.

Martinez[1] a soutenu l'hypothèse que le désastre de 1884 a été causé par des éboulements intérieurs. Il se base sur ce que la région pléistoséiste embrasse une sorte de cuvette sans écoulement apparent, et que des sources, apportant au jour du calcaire arraché aux couches profondes, forment d'épais dépôts de tuf au détriment des cavités ainsi creusées; la rivière qui circule dans ce bassin s'y infiltre et disparaît. Cette théorie peut expliquer la violence des effets du tremblement de terre en certains points particuliers, mais non l'extension de la surface dévastée, ni le nombre des secousses consécutives.

Au rapport de la commission française, la région épicentrale coïncide exactement avec une crête montagneuse dont le versant méridional, abrupt et faillé, est surtout composé de terrains cristallins, tandis que l'opposé, plus adouci, résulte de plis de refoulement, jurassiques et crétacés. Cette crête s'infléchit brusquement en deux points, de manière que sa partie moyenne offre une direction très différente de celle de ses deux parties terminales. Le terrain est donc plissé suivant une ligne brisée en forme de baïonnette. Du point de cassure, situé près de Zaffaraya, part la Sierra de Tejeda, qui, prenant une direction différente des précédentes, s'allonge au S. E. en se prolongeant vers la mer. Or le milieu de l'épicentre, le nœud pour ainsi dire du tremblement de terre, siège précisément en ce lieu; l'épicentre est à cheval sur la bande médiane de Chorro à Zaffaraya, sur le rameau oriental et sur la Sierra Tejeda. Il correspond donc à un étoilement de fractures profondes, et de plus il est dirigé comme l'un des faisceaux principaux de ces fentes, c'est-à-dire E.-W.

Les géologues français n'ont pas osé tirer une conclusion formelle

[1] *Los temblores de tierra* (Málaga, 1885).

de leur si frappante description. Il semble que, sans être téméraire, on doive admettre une dépendance directe entre le séisme de 1884 et ces accidents ; allant même plus loin, il est à supposer qu'ils ont à d'autres époques joué un rôle séismogénique bien défini. Les mêmes savants ont montré aussi que de la Serrania de Ronda à la Sierra de Baza, la chaîne bétique se divise naturellement en divers tronçons résultant de sa rupture après l'époque triasique ; ces tronçons

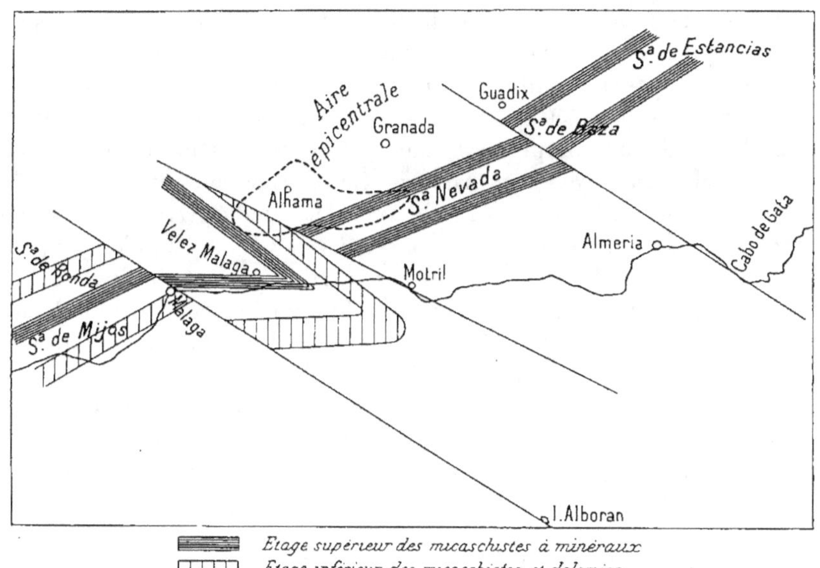

Fig. 55. — Structure de la chaîne bétique (d'après les travaux de la mission française de 1884).

ont chevauché les uns sur les autres, et les dénudations tertiaires et postérieures n'ont fait qu'accentuer leurs limites. Aussi les grandes vallées actuelles et les divers bassins tertiaires sont-ils alignés suivant trois grandes lignes de failles parallèles entre elles et dirigées à 120°, Mora-Malaga-île d'Alboran ; Zaffaraya-Motril ; Guadix-Almeria-Cap de Gata.

La conclusion formulée par Ch. Barrois et A. Offret est à citer tout entière :

« Il semble donc qu'il y ait là un état d'équilibre instable de cet « édifice bétique, assez bien représenté dans les monts de Velez-« Malaga par un arc tendu dont les deux extrémités seraient appuyées « sur la Ronda, d'une part, sur la Nevada, d'autre part, et dont l'effort

« se traduit par une poussée continue sur les deux failles de Malaga
« et de Motril, qui le limitent de part et d'autre. Les multiples discor-
« dances de stratification et les oscillations du sol qui se répètent
« dans la région, depuis l'époque secondaire, peuvent, dans cette
« hypothèse, être attribuées à ce que la Sierra de Ronda et la Sierra
« Nevada ne contre-balancent pas exactement par leur masse ces
« poussées exercées sur leurs flancs. Nous sommes ainsi amenés
« naturellement à regarder les failles transverses de Malaga, Motril,
« Guadix comme les lignes prédestinées suivant lesquelles seront sur-
« tout appelées à se manifester au dehors, dans la région bétique, les
« modifications d'équilibre ou les actions des forces souterraines[1]. »

Cette dernière phrase ne doit pas s'entendre seulement au futur,
car elle rend bien compte de la position des principaux centres d'instabilité, Malaga, Grenade et Almeria. Cette conclusion est-elle valable
pour la vallée de l'Almanzora, où Vera et Huercal-Overa ont été en
1863 le siège de très nombreuses secousses? C'est ce qu'on ne peut
guère décider actuellement, en les attribuant à la faille Guadix-
Almeria-Cap de Gata, plutôt qu'à quelque autre accident plus local.
En tout cas, ce district a été tout aussi souvent et gravement éprouvé
que les précédents par les tremblements de terre.

Dans plusieurs circonstances, par exemple en 1804, les relations
s'accordent à montrer que la ligne épicentrale se dispose parallèlement au flanc Nord de la Sierra Nevada. On est ainsi amené à faire
jouer un rôle séismogénique à la dislocation mentionnée plus haut,
basse Segura-Guadix. Cela est d'autant plus plausible que l'extrémité orientale de cette ligne passe par Murcie, Orihuela et Torrevieja,
trois points dont l'instabilité ne le cède en rien à celle de l'Andalousie occidentale. Il ne faut pas non plus perdre de vue que les
chevauchements signalés par R. Douvillé[2] prolongent vers le S. W.
les accidents analogues signalés antérieurement par Nicklès[3] dans
les provinces de Murcie, Alicante et Valence. Précisément, la séismicité s'évanouit au delà de Valence, observation très favorable à
l'influence séismogénique des plissements de ces chaînes secondaires. Et si le premier de ces deux géologues a pu dire que ces phénomènes de recouvrement sont maintenant connus de Vienne à
Cadix dans la zone des plissements alpins, nous ajouterons qu'ils

[1] Ch. Barrois et A. Offret, l. c., 118-119.

[2] Sur les Préalpes subbétiques au sud du Guadalquivir (C. R. Ac. Sc. Paris, CXXXIX,
894, 1904).

[3] Sur les terrains secondaires des provinces de Murcie, Almeria, Grenade et Alicante
(Id. CXXII, 550, 1896).

accompagnent presque partout des régions à tremblements de terre.

Il n'est pas sans intérêt de noter que, de l'île d'Alboran au cap Creus, le bassin occidental de la Méditerranée présente un raide talus à peu près rectiligne, descendant jusqu'à la profondeur de 2 000 mètres [1], et que la séismicité coïncide seulement avec les points du littoral voisins de l'abrupt ; elle est extrême dans sa première section collée au rivage entre les caps de Gata et de la Nao, et beaucoup plus faible dans la seconde, celle du Nord, entre Barcelone et le cap Creus ; elle est nulle dans la partie intermédiaire, du cap de la Nao à Barcelone, alors que l'isobathe de 2 000 mètres est très éloignée de terre. Il est donc très naturel de faire intervenir aussi en quelque mesure cette remarquable ligne d'effondrement, sinon directement, puisque cette mer n'a pas de séismes sous-marins, du moins indirectement, par les accidents tectoniques causés à terre par contre-coup du grand événement géologique tertiaire.

3. — Les pays barbaresques; Maroc, Algérie et Tunisie.

Les pays barbaresques, Maroc, Algérie et Tunisie, constituent dans le Nord de l'Afrique une unité géologique et géographique bien définie, et c'est la seule région de ce continent où, sauf une importante exception en Abyssinie, les tremblements de terre soient un phénomène commun et redoutable. C'est une province séismique bien caractérisée, malgré de grandes différences locales dans la fréquence et l'intensité des secousses qui l'ébranlent. Elle complète ainsi avec la Calabre, la Sicile orientale, la Ligurie et l'Espagne du S.E., le périmètre presque partout instable du bassin occidental de la Méditerranée, effondré et partout entouré de pointements volcaniques actifs ou éteints. Ces pays, à peu près les seuls de haute séismicité sur l'immense surface du continent africain, sont aussi les seuls qui y aient été plissés et disloqués à une époque relativement récente. A ce point de vue, ils appartiennent réellement à l'Europe, aux territoires affectés par les plissements alpins, en un mot au géosynclinal méditerranéen, dont ils ont partagé à l'époque tertiaire toutes les grandioses vicissitudes.

En ce qui concerne les tremblements de terre, le Maroc et la Tunisie sont encore bien imparfaitement connus, mais l'Algérie l'est très suffisamment, quoique des observations systématiques n'y aient

---

[1] F. De Botella y Hornos. *Mapa hipsométrico de España y Portugal con las curvas submarinas y la litología del fondo de los mares* (Madrid, 1888).

jamais été faites. Perrey a pu, pendant les longues années de ses relevés annuels, compléter son assez pauvre catalogue historique[1] par les nombreuses observations que lui envoyaient les officiers de l'armée d'occupation, de sorte que la répartition des secousses y est maintenant connue d'une manière très satisfaisante, ne demandant plus que des améliorations de détail.

L'exposé des conditions générales d'instabilité séismique résultera de la simplicité relative de constitution que présentent les pays barbaresques, disposés qu'ils sont de telle manière que le long d'un méridien quelconque les diverses circonstances géographiques, géologiques et séismiques s'y montrent partout dans le même ordre, et même sur des largeurs assez régulièrement uniformes.

Ce qu'on appelle le massif barbaresque s'étend de la Méditerranée au Sahara. Il s'élève brusquement de l'isobathe de 2500 mètres qui, de Bône à Nemours, par conséquent — remarque importante — en Algérie seulement, se tient à une distance moyenne de 75 kilomètres du littoral, en lui restant à peu près parallèle. A hauteur de Nemours, cette courbe rebrousse au N. W. pour remonter le long des côtes d'Espagne et passer à l'est et non loin des Baléares, tandis qu'à l'autre extrémité elle pique droit au Nord sur les côtes de Sardaigne, qu'elle laisse à sa droite. Seule l'isobathe de 200 mètres contourne, et à grande distance les côtes tunisiennes, les abîmes ne reparaissant qu'entre la pointe S.E. de la Sicile et la Crète, c'est-à-dire fort loin des régions étudiées ici. Or la bande littorale instable semble bien être strictement limitée à l'espace compris entre Bône et Oran, et correspondre ainsi exactement au voisinage de l'isobathe de 2500 mètres, tant qu'elle accompagne la côte. A l'Est, il est certain que la séismicité n'empiète point sur les côtes de Tunisie ; mais à l'Ouest l'instabilité, nulle autour de Nemours, où l'isobathe s'éloigne vers le large, renaît affaiblie vers Melilla. D'un autre côté, comme de l'île d'Alboran aux Colonnes d'Hercule les isobathes successives pénètrent de plus en plus loin dans le détroit à mesure que la profondeur diminue vers l'Ouest, il est permis de penser que relief immergé et séismicité marchent de pair.

En avant des côtes barbaresques les roches éruptives tertiaires, et même plus modernes, forment une série de lambeaux littoraux et insulaires, discontinus et d'âges variés, ne s'éloignant jamais beaucoup vers l'intérieur des terres. C'est l'indice d'une grande fracture, ou ligne de moindre résistance, parallèle à la côte. Ces épan-

---

[1] Note sur les tremblements de terre en Algérie et dans l'Afrique septentrionale (*Ac. de Dijon*, 1845-1846, 299).

chements se montrent depuis le cap Blanc jusqu'aux Zaffarines, à l'île d'Alboran et dans l'Atlas marocain. Cette bande éruptive, jalonnant de bout en bout le littoral Nord des pays barbaresques, atteste la continuité et l'énergie, pendant de longues périodes, des mouvements tectoniques ayant donné lieu au relief actuel de l'Atlas, au Sud de la Méditerranée affaissée.

Comme contre-partie des paroxysmes volcaniques, les dépôts marins, secondaires et tertiaires, ont été dans la chaîne portés à des altitudes considérables, tandis que le bassin occidental méditer-ranéen occupe entre l'Espagne, l'Algérie, la Sardaigne et les Baléares, l'emplacement d'un massif primaire effondré, et dont les témoins subsistent en grand nombre le long de la côte depuis le Djebel Edough, à l'ouest de Bône, jusqu'à la presqu'île de Ceuta. Tous ces fragments bien déchus d'une vieille chaîne archéenne démantelée, qui bordent le massif immergé sous les eaux, sont disséminés au travers des couches secondaires et tertiaires de l'Atlas tellien, sou-levé en une bande parallèle, de sorte que le littoral se trouve compris entre une zone maritime d'effondrement et une zone continentale de surrection, deux mouvements de sens contraires, mais concomitants et de date peu reculée, et sa séismicité se justifie ainsi amplement d'une manière générale.

On pourrait croire que cette instabilité séismique décèle la conti-nuation, ou la survivance, des mouvements d'affaissement. Il n'en est rien. En effet, la Sardaigne est aussi un débris du massif, et cepen-dant elle est absolument stable, en dépit des manifestations volca-niques pliocènes et quaternaires de sa côte occidentale, où les terrains tertiaires lui font une constitution générale tout à fait ana-logue à celle de l'Algérie si instable. La Corse, tout aussi rarement ébranlée, est un autre fragment. Majorque, dernier témoin d'une chaîne plissée qui s'étendait vers l'Est, n'est pas moins stable, et là encore l'analogie se poursuit par les épanchements volcaniques des Columbretes. D'ailleurs les séismes sous-marins sont incon-nus, ou à peu près, dans cette partie de la Méditerranée, et cela malgré une très intensive navigation. Quelques raz de marée d'ori-gine séismique ne sont pas pour infirmer cette constatation. Ainsi, avec une grande similitude de structure ici ou là, d'aussi grandes dif-rences de séismicité ne permettent pas de penser que l'affaisse-ment a laissé quelque trace, si faible soit-elle, de mobilité. Les isoséistes limites de certains tremblements de terre graves — 21 août 1856, 2 janvier 1867 — n'ont guère que mordu la côte de Dellys à Bône et de Ténès à Bougie respectivement. Leurs épicentres

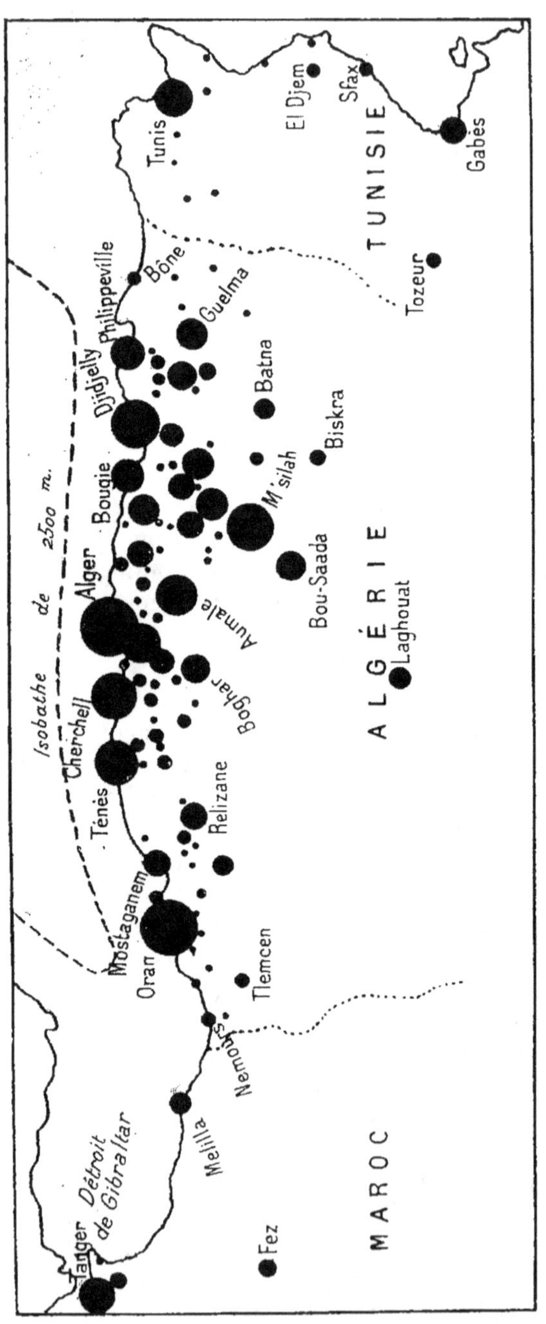

Fig. 56. — Pays barbaresques.

étaient donc sous-marins, mais sans qu'on puisse dire qu'ils se trouvassent sur la ligne de fracture, c'est-à-dire sur l'isobathe. Il faut considérer ces deux observations comme tout à fait exceptionnelles, malgré l'opinion d'Elisée Reclus [1] d'après laquelle les parages de l'île Galite seraient fréquemment ébranlés, ce qui d'ailleurs serait bien extraordinaire à si peu de distance d'une partie très stable de la côte africaine.

Si maintenant on considère au contraire la côte elle-même, on voit qu'elle présente de Bône à Oran un grand nombre de points riches en séismes, et parfois sévèrement endommagés. Djidjelli et Cherchell, en particulier, ont été en de courts

[1] *Nouvelle Géographie universelle*, XI, 148.

laps de temps le siège de secousses plus nombreuses que graves. On doit les attribuer à des causes locales d'instabilité, tout à fait indépendantes de la ligne de fracture ou de moindre résistance. Il faut en voir l'origine dans le découpage des côtes algériennes en lobes demi-circulaires, comme taillés à l'emporte-pièce, qui représentent des affaissements peut-être subséquents, secondaires et en relation avec le mouvement d'effondrement et de surrection de part et d'autre de l'isobathe de 2500 mètres. L'instabilité ne se montre donc pas au pied du talus, mais à une certaine hauteur, comme conséquence éloignée de l'édification de l'Atlas tellien, dont Welsch[1] fait un événement post-tortonien. Ses lieux d'élection sont surtout les points de contact des terrains tertiaires et quaternaires, avec cette restriction aux dires de Chesneau[2] et d'autres que si en ces points les effets mécaniques des tremblements de terre sont le plus redoutables, leurs épicentres n'y sont pas forcément localisés. Tous ces golfes lobés sont instables : Philippeville, Djidjelli, Bougie, Alger, Mostaganem, Oran et peut-être Melilla, conformément à l'opinion de Suess que de semblables accidents sont généralement le siège de séismes. Gouraya et Ville-bourg[3], célèbres par le désastre des 15-16 janvier 1891[3]. Ténès et Cherchell doivent leurs secousses aux dislocations de leurs couches tertiaires, dont le peu de consistance aggrave les effets.

Oran est un foyer notable d'ébranlement, et la catastrophe de 1790 ne s'est pas encore effacée du souvenir de la population indigène. L'instabilité s'étend loin dans l'Est, jusqu'à Perregaux et Rélizane. Il est bien possible que la dépression de la Sebka de Misserghin joue un rôle séismogénique, ainsi que des dislocations qui, dans le Sahel d'Oran, ont amené le déversement des schistes oxfordiens par-dessous le Lias, si toutefois l'ancienneté de cet accident n'est pas trop grande.

La chaîne de l'Atlas Tellien est parallèle au littoral; sa surrection, concomitante à l'effondrement méditerranéen de la fin du Miocène, a entraîné jusqu'à nos jours l'instabilité de son flanc septentrional au bord Sud de la Mitidja, d'El-Affroun à Blidah. Un accident considérable, le pli renversé et étiré du massif de Blidah[4], paraît pouvoir rendre compte de la grande instabilité de

[1] Note sur les étages miocènes de l'Algérie occidentale (*C. R. Ac. Sc. Paris*, CXV, 566, 1892).

[2] Note sur les tremblements de terre en Algérie (*Ann. des Mines*, 1892, 1, Paris).

[3] A. Pomel. Les tremblements de terre du 15 et du 16 janvier (1891) en Algérie (*C. R. Ac. Sc. Paris*, CXII, 643, 1891).

[4] E. Ficheur. Sur l'existence de phénomènes de recouvrement dans l'Atlas de Blidah (*Id.*, CXVI, 156, 1893). *Id.* Sur le renversement des plis sur les deux versants de l'Atlas de Blidah (*Id.*, CXXII, 548, 1896).

cette ligne, en même temps qu'une très mauvaise situation des centres habités sur des terrains sans consistance, et en discordance par rapport à ceux du massif, aggrave singulièrement le danger des secousses, tandis que le centre de la Mitidja résiste ordinairement beaucoup mieux sur ses profondes couches alluvionnaires, formant coussin en quelque sorte.

En pénétrant davantage dans l'intérieur de l'Atlas tellien, on voit que, de Takitount à Fort-National, la Kabylie présente des centres d'ébranlement plus nombreux que riches en séismes, ce qui est le propre des massifs archéens et primaires.

Il semble que les tremblements de terre d'Aumale tirent leur origine du massif du Dehrah situé au Sud. Cette ville appartient au flanc Sud de l'Atlas, très instable de Boghar à Guelma, en passant par Bordj-bou-Arréridj, Sétif et Constantine, naturellement à des degrés très divers ; si la surrection de la chaîne joue un rôle séismogénique général, on doit toutefois en reconnaître un plus immédiat aux efforts grâce auxquels se sont formés les lacs tertiaires, miocènes et pliocènes, de Sétif, Bordj-bou-Arréridj et Mansourah, qui sont justement les points les plus sévèrement éprouvés. Savornin[1] a constaté que la structure simple de l'Atlas Saharien, caractérisée par des ébauches de plis entre le Crétacé supérieur et l'Éocène inférieur, s'est étendue dans la région au nord des plaines du Hodna. Un géosynclinal miocène (Cartennien) s'y est constitué et a subi ultérieurement (fin du premier étage méditerranéen) un nouveau plissement, qui a rénové la structure primitive en la compliquant de plis étirés et de grandes fractures, parfois avec chevauchements. Or c'est la région de ces mouvements complexes qui est le théâtre des séismes du flanc méridional de l'Atlas tellien. L'influence séismogénique de ce géosynclinal peut être précisée davantage maintenant, d'après les résultats des nouvelles explorations de Ficheur et de Savornin[2]. Au sud de la dépression d'Aumale à Mansourah, le massif de l'Ouennougha domine l'extrémité nord-occidentale de celle du Hodna par de larges croupes arrondies et faiblement découpées, qui s'étendent, à l'Est, jusqu'à la Medjana, au Nord-Ouest de Bordj-bou-Arréridj. Elles sont principalement formées de grès de l'Éocène supérieur et du Miocène inférieur, disposés en grandes barres, échelonnées en gradins réguliers, sur près de 80 kilomètres de l'Ouest à l'Est, le long du

[1] Esquisse géologique des chaînons de l'Atlas, au Nord-Ouest du Chott-el-Hodna (*C. R. Ac. Sc. Paris*, CXL, 155, 1905).

[2] Sur les terrains tertiaires de l'Ouennougha et de la Medjana (*C. R. Ac. Sc. Paris*, CXLI, 148. 1905).

flanc méridional du massif. Leur puissance de 400 à 500 mètres, disent ces géologues, correspond à un dépôt formé dans un géosynclinal en voie d'affaissement continu, qui s'est produit sur l'emplacement de dômes crétaciques à noyau jurassique, résultant euxmêmes de l'arasement de plis antétertiaires. Or cette région est précisément jalonnée à peu de distance par les foyers séismiques, au moins apparents, de Bordj-bou-Arréridj, des Bibans, de Mansourah, d'Aumale et du Djebel-Dira. Si cette ligne présente une lacune d'Aumale à Mansourah, cela tient seulement, sans doute, à l'absence d'importants centres habités dans cette dépression. Ainsi cette ligne d'épicentres, parallèle au massif, correspond exactement au géosynclinal cartennien, maintenant relevé, dont les mouvements jouent un rôle séismogénique posthume d'une complète évidence.

La vallée moyenne du Chélif, au nord de l'Ouarsénis, sépare dans la chaîne deux parties dont les ébranlements séismiques sont indépendants et ne se propagent presque jamais de l'une à l'autre.

Trois systèmes généraux de plissements se montrent en Algérie. Quelle influence séismogénique directe possèdent-ils?

Le système le plus étendu affecte l'Oranie, instable en partie à la vérité, mais en même temps la région de l'alfa très stable depuis les frontières du Maroc jusqu'à la dépression du Hodna, ainsi que l'Atlas saharien aséismique jusqu'à Bou-Saada, l'Aurès pénéséismique, enfin le massif des Nemencha, dont on ne sait qu'une chose, c'est que le camp romain de Lambessa avait été reconstruit en 268 à la suite d'un tremblement de terre[1]. Ces plissements sont donc éteints. Il n'en est peut-être pas de même des deux autres systèmes qui s'étendent l'un, W.-E., sur toute la partie instable de l'Atlas tellien, mais à l'exclusion de l'Oranie, et l'autre sur les régions pénéséismique de la Kabylie et séismique du Hodna. Mais il faudrait à une affirmation dans ce sens des études plus circonstanciées sur les tremblements de terre d'Algérie.

On a déjà signalé plus haut, et en passant, la stabilité de l'espace intermédiaire entre les deux Atlas, tellien et saharien ; c'est la région des Chotts, des hauts plateaux, ou de l'alfa, le « petit désert » en un mot. Elle résulte de ce que cette suite de hautes plaines est très anciennement plissée et que le Jurassique et le Crétacé n'y sont affectés que de larges rides sans grandes dislocations.

L'Atlas saharien est séismique à l'Ouest. A Laghouat seulement, on a signalé quelques rares secousses. Au contraire, l'extrémité orien-

---

[1] Gaston Boissier. L'Afrique romaine (*Revue des Deux Mondes*, 1894, I, 498).

tale tant de la chaîne que de la région des hauts plateaux, c'est-à-dire l'Aurès et le Hodna, mais surtout cette dépression, sont très instables. En particulier M'Silah est un important centre d'ébranlement. Bou-Saada n'est pas non plus à l'abri des dommages, mais peut-être seulement à cause de sa position défectueuse, sur des terrains détritiques, à l'issue d'une vallée.

La répartition des tremblements de terre algériens est tout à fait indépendante du réseau hydro-thermal.

Abordant maintenant la Tunisie par le Sud, on rencontre tout d'abord Tozeur avec quelques séismes sur le bord de la ligne des Chotts Fedjedj, Djérid, Rharsa et Melrhir, qui, en prolongement du golfe de Gabès, pénètrent au loin dans le désert le long d'énormes falaises : au nord sur 140 kilomètres de long jusqu'au seuil de Kritz, avec une dénivellation d'environ 500 mètres ; au Sud sur une distance moindre et une différence de niveau de 300 mètres seulement. Comme Gabès, au débouché oriental, est souvent sujette aux tremblements de terre, ainsi que le montre le paroxysme de juin 1881, il se pourrait que cet accident considérable jouât un rôle séismogénique important dans le Sud de la Régence ; c'est une boutonnière analogue à celle du pays de Bray, formée par un double mouvement positif et négatif. Les observations sont encore insuffisantes pour décider de l'origine d'une région d'ébranlement qui s'étend peut-être jusqu'au pied de l'Aurès en Algérie.

Plus au Nord, Sfax, Méhadia et surtout El-Djem paraissent constituer un foyer indépendant d'instabilité. Comme dans ces parages un lehm d'origine terrestre recouvre le Crétacé et s'enfonce sous la mer, il faut en conclure à un affaissement récent, qu'on ne saurait cependant mettre en relation avec ces séismes, ces mouvements étant communs avec d'autres points stables du littoral tunisien.

Le profil déchiqueté du Zaghouan se dresse à 1 295 m. au-dessus de la plaine, et, de très loin, sert d'amer aux navigateurs : c'est un ensemble de dômes liasiques, alignés S. W. à N. E., séparés par des cuvettes synclinales[1] et coupés par de nombreuses failles, dont la principale, celle du Sud, accuse, d'après Rolland, un rejet de 1 500 m., évaluation que Pervinquière[2] regarde comme très admissible. Ligne maîtresse de dislocations, cet accident résulte de ce que les poussées orogéniques ont rencontré une résistance ; le Djebel

---

[1] Ficheur et Haug. Sur les dômes liasiques du Zaghouan et du Bou-Kournin (*C. R. Ac. Sc. Paris*, CXXII, 1354, 1896).

[2] Étude géologique de la Tunisie centrale (*Régence de Tunis. Carte géologique de la Tunisie*. Paris, 1903).

Zaghouan est le principal d'entre ces dômes ; son flanc nord correspond à la profonde échancrure du golfe de Tunis et à l'isolement du cap Bon. Il est impossible de méconnaître la relation des séismes des environs de Tunis avec un accident tectonique de cette ampleur, mais sans que ses tremblements de terre soient jamais destructeurs, si on en excepte toutefois le désastre plus ou moins authentique d'Utique en 407 ou 410. En Kroumirie, un petit foyer d'ébranlement paraît exister du Kef à Béja, suivant la direction de l'Oued Mellègue, affluent de droite de la Medjerda, c'est-à-dire parallèlement à la faille du Zaghouan, ce qui corrobore la supposition faite plus haut de son influence séismogénique, complétant ainsi celle qu'elle exerce manifestement sur la tectonique de ce bassin par des accidents subordonnés.

On a déjà eu à signaler la stabilité du littoral nord-tunisien simultanément avec la disparition des grands fonds, circonstance déjà bien souvent notée, et qui coïncide ici avec la séismicité de l'Algérie.

D'une façon générale, l'instabilité séismique de la Tunisie n'atteint pas le degré qu'on aurait pu attendre de son histoire géologique telle que l'a résumée Pervinquière dans son important mémoire, dont nous allons reproduire presque textuellement les principales conclusions pour ce qui concerne surtout le centre du pays. Tout concorde, en effet, pour y montrer des vicissitudes très récentes et de grande ampleur, qui auraient dû se traduire actuellement par une séismicité bien plus accentuée que celle observée réellement. A plusieurs reprises les actions de plissement se sont manifestées, à l'ère paléozoïque d'abord, puis après le dépôt des calcaires du Lias ; c'est alors que s'érigèrent le Zaghouan et d'autres massifs analogues du centre de la Tunisie. Mais le mouvement le plus important, celui qui donna aux montagnes leur forme actuelle, au moins dans les grands traits, est postérieure au Miocène moyen, ou même supérieur, puisque les couches de cet étage sont redressées. Ce fut la grande époque des plissements, bientôt suivie d'une autre presque aussi intense. D'autres mouvements amenèrent par endroits les poudingues ou grès pliocènes jusqu'à la verticale. On a donc là les preuves d'un mouvement fort important, quoique de date très récente. Aucun mouvement postérieur à ce dernier ne peut être constaté dans le centre ; mais les plages soulevées de Monastir et autres, indiquent que le niveau du rivage a varié par rapport à celui de la mer pendant les temps pléistocènes. Le peu de temps écoulé depuis les dernières vicissitudes de plissement se démontre encore par le fait que le trait le plus saillant de l'hydrographie tunisienne est l'étroite dépendance dans laquelle se trouvent les rivières par rapport au relief, ce qui est une preuve de la jeunesse de ce dernier. Les oueds courent parallèlement aux plis, les contournent pour profiter des abaissements d'axe, mais ne les coupent que d'une manière tout à fait exceptionnelle, ce qui les oblige à des détours infinis. En résumé, le relief de la Tunisie résulte de vigoureuses actions très récentes et, cependant, elle ne compte point parmi les régions vraiment instables du pourtour de la Méditerranée; il y a là une anomalie, difficile à expliquer en l'état actuel de nos connaissances.

Le Maroc est fort peu connu au point de vue des tremblements de terre. Il y a tout lieu de penser que la bande primaire de la côte, entre Melilla et le détroit de Gibraltar, doit y être peu sujette. Du bassin de la Moulouya et de l'Atlas marocain l'on ne sait absolument rien.

Tétouan, Ceuta et Tanger, bref les abords même du détroit, sont assez souvent secoués; ces parages participent ainsi en quelque mesure à l'instabilité de l'Andalousie.

Les chocs consécutifs au grand désastre de Lisbonne du 1ᵉʳ novembre 1755 ont eu dans le Maroc septentrional, surtout à Fez et à Mequinez, des effets destructeurs, qui sont venus compléter les ruines du séisme principal. On serait tenté d'y voir des tremblements de terre de relai de cet événement fameux dans les annales séismiques, et dont le foyer se trouvait certainement dans l'océan. Mais comme Rabat et Saleh, ainsi que Fez et Mequinez, ont à d'autres époques souffert tout à fait indépendamment des séismes de l'embouchure du Tage, il est probable que le bassin du Sebou renferme une région instable autonome, soit par suite d'un reste de mobilité des accidents qui ont découpé l'Atlas marocain en une triple série de terrasses successives, paléozoïque, secondaire et tertiaire [1], soit comme conséquence posthume des efforts orogéniques et tectoniques qui ont donné accès par l'Oranie à la mer miocène venant de l'Ouest, simultanément avec l'existence du détroit bétique : ce détroit, symétriquement placé dans la vallée du Guadalquivir, et maintenant émergé aussi, est autour de Grenade d'une instabilité de même ordre.

On ne saurait rien dire des quelques séismes sévères signalés à Marrakech et Agadir. On sait seulement que le massif qui les sépare est extraordinairement disloqué.

[1] Brives. Sur la constitution géologique du Maroc occidental (*C. R. Ac. Sc. Paris*, CXXXIV, 922, 1902).

CHAPITRE XIX

EMBOUCHURE DU TAGE ET ATLANTIQUE SUBTROPICAL DU NORD

Le fameux tremblement de terre de Lisbonne du 1er novembre 1755 a rendu le Portugal tristement célèbre au point de vue séismique, et les relations de cet événement véritablement historique se rencontrent partout. Depuis longtemps, l'opinion a prévalu que son épicentre se trouvait quelque part dans l'Océan Atlantique, et le tracé de la limite de son aire pléistoséiste par Choffat[1] est venu confirmer ce qui n'était jusqu'alors qu'une opinion, et que rend bien probable aussi le grand travail de Wœrle[2]. La région instable du Portugal ne se restreint pas uniquement aux abords de l'embouchure du Tage, elle s'étend au moins jusqu'à Setubal, qui a notablement souffert le 11 novembre 1858. Cette ville se compose de trois parties se suivant les unes les autres de l'Ouest à l'Est : Palhaes, sur un sable grossier pliocène et une argile solide; la partie moyenne, puis Troino, la plus orientale, qui reposent sur des alluvions modernes et souffrirent le plus. Cette inégalité dans les dommages subis est attribuée par Choffat à une relation entre le séisme dont il s'agit et une dislocation, car, dit-il, les quartiers ruinés se trouvent à l'intersection de deux failles N.-S. et N. E.-S. W. qui limitent la chaîne du Viso. Ces conclusions ne nous paraissent pas admissibles : en effet, Setubal est très près du bord de l'aire pléistoséiste, et les effets à expliquer sont simplement dus à des différences de solidité des sous-sols, comme cela se présente si souvent : simple conséquence de phénomènes secondaires de propagation. Le grand tremblement de terre de 1755 a présenté des circonstances tout à fait analogues ; Rudolph est tombé à son sujet dans la même erreur, et il en place l'épicentre dans

[1] Les tremblements de terre de 1903 en Portugal (Extrait du *Bull. du Service géol. du Portugal.* Traduit en allemand par M. Luckmann dans *Die Erdbebenwarte,* IV, 12, 1904. 1905, Laibach).

[2] Der Erschütterungsbezirk des grossen Erdbebens von Lissabon (*Münchner geogr. Studien.* Herausgeg. von S. Günther. 8° St. München, 1900).

le haut de la banlieue de Lisbonne, estimant que le retrait du Tage
et son désastreux flot de retour ne suffisent pas à démontrer l'origine

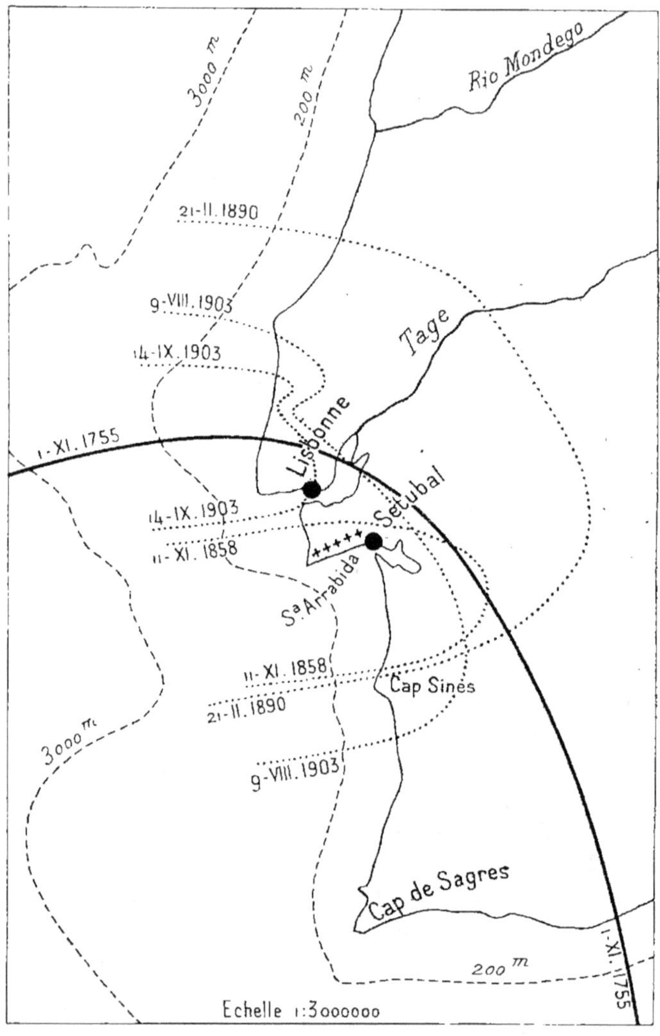

Fig. 57. — Aires pléistoséistes des principaux tremblements de terre
du Portugal (d'après Choffat).

sous-marine du séisme et ne furent que sa conséquence directe et
immédiate sur le sous-sol de l'embouchure elle-même du fleuve. Au
contraire, les tracés qu'a donnés Choffat de l'aire pléistoséiste de 1755
et des isoséistes des tremblements de terre du 11 novembre 1858,

du 9 août et du 14 septembre 1903, démontrent péremptoirement leur origine sous-marine, déduction à étendre à d'autres séismes moins bien étudiés, mais qui semblent n'avoir fait que mordre les côtes portugaises. Ainsi donc, il faut dénier toute influence séismogénique directe aux mouvements qui ont relevé l'ancien golfe tertiaire, représenté par l'estuaire actuel, ainsi qu'aux dislocations de l'Arrabida. Cette chaîne est formée de plis asymétriques qui tombent sur la côte par effondrement de leurs flancs méridionaux, et s'il existe à terre quelque foyer très local, ce qui paraît d'ailleurs fort probable, il ne s'agit là que de secousses sans importance, et les grands séismes du Sud-Ouest du Portugal sont indépendants de ces accidents.

De tout cela résulte sans conteste que le tremblement de terre de 1755, et ceux moins importants qui l'ont suivi ou précédé, tirent leur origine de l'océan, dans le S. W., si bien que Choffat en conclut qu'autrefois les séismes abordaient le Portugal par les Algarves, plus souvent autrefois que maintenant, affirmation qui nous paraît insuffisamment démontrée. Quoi qu'il en soit, il existe dans ces parages maritimes une structure remarquablement tourmentée, indice de vicissitudes géologiques auxquelles on doit sans doute attribuer les séismes en question. En effet, à 200 kilomètres à l'W. S. W. du cap Saint-Vincent, le banc de Gorringe forme séparation entre deux abîmes de 5 000 mètres. Celui du Sud peut avoir eu, dit Choffat, quelque influence sur la formation de la côte des Algarves, il serait donc en relation avec la structure tectonique du Sud-Ouest de la péninsule et se relierait à la dislocation de la Sierra Morena, tandis que celui du Nord se dirige droit vers la côte de l'Alemtejo et aboutit aux embouchures du Tage et du Sado.

Dans un voyage aller et retour, exécuté du 28 juillet au 28 septembre 1901, entre Hambourg et Rio de Janeiro, Hecker [1] a fait des observations nombreuses sur les variations de la gravité. Il en est résulté que, malgré des fluctuations diverses, les anomalies varient de $-1^{mm},77$ à $+1^{mm},61$ par rapport à la valeur normale de g. Trois maxima se manifestent nettement : vers l'embouchure du Tage ; au voisinage du Rocher Saint-Paul ; le long des côtes du Brésil. Les deux premiers correspondent à des régions séismiques ; le dernier à une région au contraire aséismique. Ainsi, à elles seules ces observations ne suffiraient pas à établir entre les deux ordres de phéno-

---

[1] Bestimmung der Schwerkraft auf dem atlantischen Ozean, sowie in Rio de Janeiro, Lissabon und Madrid (*Veröffentlichung des Kön. preuss. geodätischen Inst.*, Neue Folge, N° 11. Berlin. 1903).

mènes un lien à l'abri de toute critique. Mais si l'on se reporte à ce qui a été signalé pour la Russie méridionale, la plaine indo-gangétique et l'Italie méridionale, l'exception relative aux côtes du Brésil perd de son importance, puisque dans cinq cas sur six, il y a coïncidence entre les maxima des anomalies de la pesanteur et l'instabilité séismique. On a antérieurement rappelé l'ingénieuse explication qu'a donnée de Lapparent de cette relation expérimentale, au point de vue géologique.

Procédant par analogie, les géologues admettent assez généralement que les plissements alpins ont, comme leurs devanciers, calédoniens et hercyniens, franchi l'Atlantique pour affecter la zone des Antilles, où ils existent sans discussion possible, ainsi qu'on le verra plus loin. En dehors d'anciennes, mais bien vagues traditions, d'ailleurs maintenant considérées comme sans base aucune, dont on ne saurait faire état ici, et relatives à la disparition sous les yeux de l'homme d'un continent occidental, l'Atlantide, bien des raisons géologiques et zoogéographiques militent en faveur de l'effondrement récent de terres dans l'Atlantique subtropical au Nord de l'équateur et sur le trajet supposé des mouvements alpins entre le Maroc ou le Sud-Ouest de la péninsule ibérique et les Antilles. La question est encore bien discutée, mais si les archipels qui émergent de cette partie de l'océan, Açores, Canaries et îles du Cap Vert, n'appartiennent pas aux continents voisins, dont ils sont séparés par de grandes profondeurs, leur constitution essentiellement volcanique et la présence de sédiments miocènes prouvent qu'ils ne faisaient pas non plus partie du continent supposé effondré, et dont la côte méridionale se trouvait ainsi forcément plus au Nord. Si donc les plissements alpins ont franchi l'Atlantique, c'est près de leurs bords qu'ils ont affecté les terres disparues et en avant desquelles les fractures éruptives ont pris naissance.

Les tremblements de terre, par la continuité de leurs foyers entre l'Europe et l'Amérique dans cette région de l'Atlantique, apportent à eux seuls un puissant argument en faveur de l'hypothèse que les vicissitudes tertiaires ont passé pour ainsi dire sans discontinuité d'un continent à l'autre. On vient de montrer que ceux du Sud-Ouest du Portugal tirent leur origine de ces parages océaniques, où, de plus, de nombreuses secousses exclusivement sous-marines ont été signalées. Ces observations couvrent tout l'espace compris entre la péninsule ibérique, les Açores, les Canaries et les Petites Antilles, et cette bande sous-marine d'ébranlement ne s'étend ni au Nord, ni au Sud, restriction hors de doute puisque la navigation est aussi active au delà des limites de la zone en question. Les séismes se répartissent donc de manière à corroborer l'hypothèse.

La zone séismique sous-marine passe au Sud des Açores, où la présence du Miocène montre bien que ces îles sont au Sud de l'Atlantide supposée. Par conséquent, les mouvements méditerranéens n'auraient laissé de souvenir posthume, sous forme d'instabilité, qu'au fond de la mer qui bordait ces terres au Sud, et cela vient à l'appui de l'opinion de Suess[1], à savoir que les accidents produits par les mouvements en question se sont retournés autour du détroit de Gibraltar et qu'on ne peut en chercher la continuation sur le continent africain que dans le prolongement de l'Atlas marocain, au nord de l'Oued Draa, région encore bien mal connue.

Ce passage supposé des plissements alpins au travers de l'Atlantique subtropical ne va cependant pas sans de sérieuses objections, et de Launay, par exemple, ne pense pas que la chaîne alpine se soit jamais prolongée ainsi sous forme de ridements montagneux de direction E.-W., car, même après effondrement, il s'y manifesterait des relèvements de fonds qu'on n'aperçoit pas. D'un autre côté, on vient de voir que les séismes sous-marins s'observent surtout au Sud des Açores, et il en devait être ainsi. En effet, dès l'époque cambrienne une mer intérieure s'étendait sur l'Atlantique actuel entre les points qui sont devenus maintenant l'Espagne et la côte orientale des États-Unis, esquissant de la sorte un prolongement de la Méditerranée future, dont elle était pour ainsi dire une ébauche et le point de départ, l'amorce en un mot. Tout en conservant la même origine en Amérique, cette mer intérieure, entre les masses nord et sud-atlantique, s'est graduellement infléchie vers le Sud, et à l'époque westphalienne elle passait largement au Sud de l'Atlas pour aller englober le bassin oriental de la Méditerranée et rejoindre le Pacifique par le Gobi. On serait tenté de trouver là une explication de la position des séismes sous-marins au Sud de l'Archipel des Açores.

Les Açores sont surtout connues par leurs conflagrations volcaniques[2], aussi fréquentes dans la mer d'alentour que sur les îles elles-mêmes, ce qui ne les empêche pas d'être le théâtre de violents tremblements de terre tout à fait indépendants des phénomènes éruptifs. Tel ne doit cependant pas être le cas pour les nombreuses

[1] Ueber die Asymmetrie der nördlichen Halbkugel (*Sitzungsb. d. K. Ak. d. Wiss.*, Sitzt vom 21 April 1898).

[2] L. de Araujo. *Memorias de Tremores mais notaveles e irrupçoes de fogo, acontecidos nas ilhas das Açores. 1522-1800* (Lisboa, 1801).

Al. Perrey. Documents sur les tremblements de terre et les éruptions volcaniques dans le bassin de l'Océan Atlantique (*Mém. Ac. de Dijon*, 1847, 48).

secousses qui ont, en 1867, ébranlé Serreta, dans l'Ouest de l'île Ter-
ceira, car un mois après, à peine, une éruption sous-marine éclatait
dans le voisinage. Leur nature volcanique est donc à peu près
indiscutable. Elles font ainsi bien partie de la zone séismique dont la
continuité avec celle de l'embouchure du Tage, démontrée plus haut,
est encore accentuée par le fait que bien des séismes ont ébranlé
simultanément le Portugal et l'archipel. Les îles extrêmes de l'Ouest,
Flores et Corvo, n'ont pas jusqu'ici donné lieu à des observations de
secousses propres, mais on ignore si ce fait ne résulte pas uniquement de ce que ces îles sont beaucoup moins visitées que les autres.

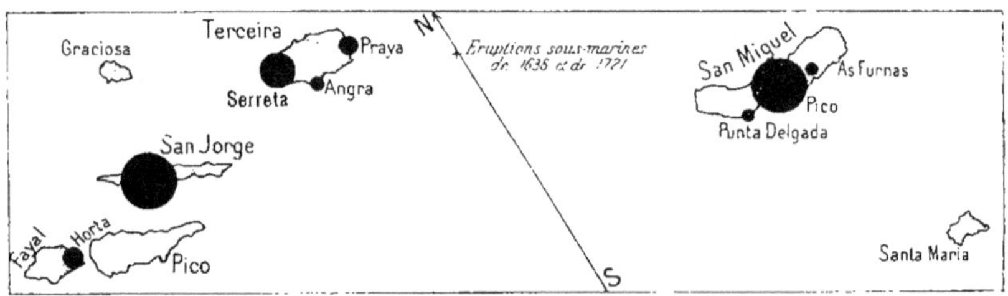

Fig. 58. — Açores.

On ne saurait passer ici sous silence les intéressants résultats des
plus récents sondages, exécutés à bord de l'*Hirondelle* en 1903. Ils
ont été résumés ainsi qu'il suit par Thoulet[1] : « Les sept îles orien-
« tales de l'archipel des Açores apparaissent comme les sommets
« d'un immense cratère en demi-cercle dont l'ouverture est tournée
« vers le Sud. Le sol sous-marin est hérissé de pics aux flancs
« abrupts et de caldeiras, véritables cratères adventifs aux pentes
« raides. Si l'on supprime par la pensée l'eau qui recouvre le lit
« marin, on verra que celui-ci possède une ressemblance parfaite
« avec un paysage lunaire, ou, pour prendre une image moins loin-
« taine, avec les Champs Phlégréens près de Naples. » Il n'est guère
possible, nous semble-t-il du moins, qu'une structure aussi remarquable et d'une telle ampleur ne résulte que d'efforts volcaniques, et
que de gigantesques efforts tectoniques ne soient encore en œuvre
et capables de rendre compte des tremblements de terre des Açores.

Madère, entourée de toutes parts de grandes profondeurs océaniques, participe de la constitution aussi bien volcanique que sédimentaire (tertiaire) des Açores, surtout de Santa Maria, la plus orientale de ces dernières. D'après Oswald Heer, son émersion serait

[1] Océanographie de la région des Açores (*C. R. Ac. Sc. Paris*, CXXXVIII, 1643, 1904,).

quaternaire, si l'on s'en rapporte aux plantes fossiles trouvées sur son versant septentrional et aux coquilles terrestres qui forment de prodigieux amas dressés en muraille au cap Saô Lourenço. Des tremblements de terre autonomes y sont plutôt rares, en tout cas jamais sévères.

Les Canaries, d'ailleurs toutes d'origine volcanique[1], en partie au moins, forment deux groupes distincts : Lanzarote et Fuerteventura, à l'E., plates-formes allongées, et les autres, à l'W., cônes éruptifs s'élevant de grandes profondeurs. Les deux premières paraissent conti-

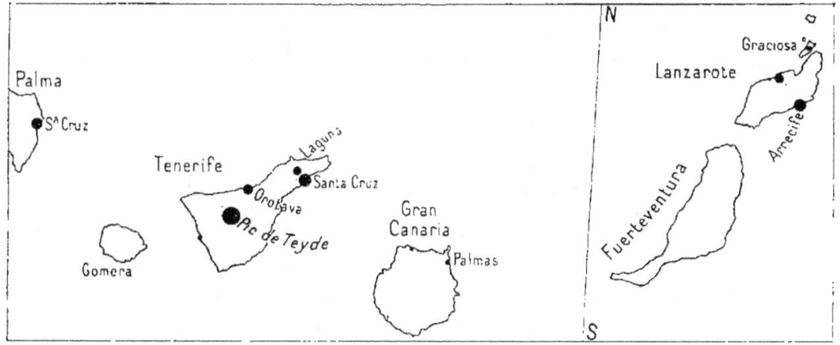

Fig. 59. — Canaries.

nuer l'Atlas marocain, brusquement coupé au cap Ghir ; aussi des géologues les considèrent-ils comme les fragments d'une ancienne terre effondrée, et dont l'écroulement a favorisé les manifestations éruptives. En général, l'archipel canarien semble assez stable et l'on n'y connaît aucun tremblement de terre désastreux, pas plus qu'on n'a signalé d'éruptions sous-marines aux alentours, comme il y en a eu tant dans les Açores.

Les îles du Cap Vert sont volcaniques aussi, mais il paraît qu'un substratum ancien de gneiss et de granite y prend une certaine importance. Elles constitueraient ainsi un vieux débris, émergeant au bord d'un raide talus de 4000 mètres et dont le morcellement aurait favorisé par fracture la sortie des produits éruptifs. Aucune trace de plissement récent n'y a été relevée, ce qui s'accorde bien avec leur stabilité plus grande que celle des Canaries, car le tremblement de terre destructeur signalé par C. W. Fuchs pour le 5 mars 1873 ne paraît guère authentique.

[1] L. de Buch. *Description physique des îles Canaries* (Paris, 1836).
Sainte-Claire Deville. *Études géologiques sur les îles de Ténériffe et de Fogo* (Paris, 1847).

Les Bermudes ferment au N. W. la partie de l'Atlantique dont il s'agit ici. On y connaît un certain nombre de secousses, d'ailleurs sans gravité. Suess considère leurs parties les plus élevées comme un lambeau isolé de la grande plaine tertiaire de la Floride. Ces îles devraient alors jouir de la même stabilité que la presqu'île américaine et les Bahamas, de sorte que ces séismes ne leur seraient pas propres et proviendraient du fond atlantique instable à des degrés divers jusque dans ces parages, et dont les profondeurs sont excessives jusqu'aux Antilles. D'autres auteurs, comme de Lapparent, regardent les Bermudes comme édifiées par des coraux au sommet d'un cône volcanique tronqué et pensent que plusieurs vicissitudes y auraient laissé leurs traces depuis la fin des temps tertiaires. Dans cette supposition, les séismes trouveraient une origine tectonique plus certaine.

On a suggéré plus haut que le golfe du Tage doit indirectement sa séismicité au voisinage du trajet suivi au travers de l'Atlantique par les plissements méditerranéens. De la même façon, à l'autre extrémité de la zone océanique d'ébranlement, se rencontre sinon une région séismique, du moins un point : Charleston, qui, le 31 août 1886, a été dévasté par un tremblement de terre. Cette symétrie de position avec Lisbonne permet de penser que, là aussi, les mouvements tertiaires peuvent avoir eu cette conséquence posthume, rappelant la catastrophe de 1755. Cette hypothèse doit cependant n'être énoncée que sous les plus expresses réserves, parce que les secousses sous-marines ne dépassent pas les Bermudes au Nord, contrairement à la continuité séismique bien reconnue entre le Portugal et les Açores.

QUATRIÈME PARTIE

LE GÉOSYNCLINAL CIRCUMPACIFIQUE

———

Le géosynclinal circumpacifique se définit de lui-même du cap Horn au détroit de Bering et à la Nouvelle-Zélande. C'est un immense bourrelet de grandes chaînes plissées, de surrection tertiaire, autour du Grand Océan, et entouré extérieurement par des terres d'architecture tabulaire ou d'ancienne consolidation, versants orientaux des deux Amériques, Sibérie, Chine et Australie. Les flancs intérieurs sont abrupts, surtout du côté américain, où les chaînes atteignent leur maximum d'élévation ; mais, sur toute la périphérie, les profondeurs océaniques sont considérables à peu de distance des côtes. Cette ride circulaire, morcelée dans sa moitié asiatique, renferme les régions les plus instables du globe, et les tremblements de terre la désolent sur tout son pourtour, tandis que les volcans s'y répartissent si régulièrement qu'on l'a dénommée le « Cercle de feu ». Borde-t-elle un ancien continent pacifique, maintenant effondré? La question est bien controversée, mais ce n'est pas le lieu de la discuter ici, les raisons d'instabilité séismique y étant par ailleurs surabondantes.

Si la question d'un ancien continent pacifique effondré est encore très discutée, on s'accorde cependant, en général, à considérer, dit de Launay, « son cercle côtier comme une immense cassure de « l'écorce, une zone d'affaissement remarquablement continue, « entourant un compartiment plus solide, autour duquel s'est fait, « à l'époque tertiaire, un rempli montagneux. La ligne de rivage « n'est pas là un fait accidentel, mais un fait d'origine géologique « profonde ». Mais si ce trait est admis de tous, l'existence du continent, regardée presque comme certaine par Haug et d'autres, est niée catégoriquement par de Lapparent et Koken [1], qui voient dans le Grand Océan un des accidents les plus anciens du relief terrestre. Accentué considérablement pendant le Tertiaire, il avait dû être au moins esquissé anciennement, puisque dès la fin de l'ère primaire l'îlot des Montagnes Rocheuses faisait le pendant du môle sino-sibérien, que l'on rencontre l'indication d'une certaine proximité de rivages au Kamtchatka et en Corée et qu'enfin la côte américaine du Pacifique date du Trias. Quoi qu'il en soit, l'instabilité de la périphérie s'explique dans l'une et l'autre hypothèse.

On va parcourir rapidement ces régions à tremblements de terre, du détroit de Magellan à la Nouvelle-Zélande.

Le Chili est extrêmement instable, sauf au sud de Valdivia jusqu'au cap Horn; c'est que, dans cette partie méridionale, la chaîne des Andes est fortement abaissée et qu'en même temps les fonds marins se relèvent loin dans l'Ouest, observation à l'appui de l'hypothèse d'une terre effondrée, au moins dans ces parages. Au nord de cette ville, au contraire, la séismicité la plus intense règne presque uniformément jusqu'au Pérou, ce qui correspond aux grandes altitudes de la Cordillère et à l'approfondissement simultané de l'Océan, tel qu'en bien des points, entre la crête et le fond de la mer, la dénivellation atteint d'un seul jet jusqu'à 12 000 mètres; et ce sont précisément là que se rencontrent les points les plus exposés. Les Andes occuperaient ici l'emplacement d'un ancien golfe ou synclinal jurassique, creusé entre le continent sud-atlantique et celui supposé affaissé sous le Pacifique. Sur le flanc argentin de la chaîne, l'instabilité se restreint à la région plissée qui s'étend de Salta à Mendoza.

La séismicité ne s'évanouit qu'au Pérou septentrional, dans le désert de Sechura, dépression prolongeant le haut Amazone.

Les régions séismiques de l'Ecuador et de la Colombie se rattachent à celles des Andes vénézuéliennes, plissées et disloquées, et qui dominent d'une part la fosse affaissée et instable du lac de Maracaybo, ainsi que la Méditerranée caraïbe, et d'autre part les sédiments tertiaires et crétacés des Llanos, restés à peu près horizontaux et à l'abri des tremblements de terre.

Le géosynclinal, ainsi rebroussé vers l'Est, remonte au Nord par les Petites Antilles, dont la séismicité, d'ailleurs grande, a certainement été exagérée. Il revient ensuite à l'Ouest pour englober l'arc des Grandes Antilles, d'une redoutable instabilité et qui représente

[1] *Die Vorwelt und ihre Entwickelungsgeschichte*(Leipzig, 1893).

une chaîne bifurquée de surrection tertiaire, au sommet d'un socle enserré de près par des abîmes océaniques, dont les plus connus, la fosse de Bartlett et celle des îles Vierges, atteignent respectivement 6 000 et 8 000 mètres. On a déjà vu qu'au large des Petites Antilles, l'Atlantique est fréquemment ébranlé par des secousses sous-marines, formant une région instable sous la branche, qu'on suppose immergée, du géosynclinal méditerranéen venant du Maroc.

La Méditerranée caraïbe ou antillienne, le Veragua d'axe archéen, et la basse plaine tertiaire de la Magdalena, sont à peu près aséismiques, parce que ces surfaces n'appartiennent pas au géosynclinal. Celui-ci recouvre au Centre-Amérique le Honduras aséismique, le Salvador et le Guatémala qui sont parmi les régions du globe les plus dangereusement exposées, mais il laisse au Sud le Nicaragua nettement plus stable, ainsi que le Costarica séismique. Ce dernier pays constituerait donc une anomalie ; mais on peut la négliger provisoirement, la géologie de ces régions étant encore trop mal connue pour que l'on puisse affirmer que ces deux foyers d'ébranlement ne font pas partie du géosynclinal.

Le Yucatan est une dalle calcaire presque horizontale, participant aux conditions de repos des Bahamas et de la Floride. Ce sont d'ailleurs des territoires qui n'ont subi que des dérangements verticaux, sans plissement.

Les traits principaux de l'orographie mexicaine datent du début de l'époque tertiaire, et l'intensité des séismes s'y montre du côté du Pacifique en rapport avec l'amplitude des dislocations qui ont donné lieu à l'énorme relief abrupt de plateau de l'Anahuac, tandis que le versant atlantique, aux pentes moins accentuées, et la dépression du Bolson de Mapimi sont presque aséismiques, comme aussi la Sierra Madre occidentale et la Vieille-Californie, de squelette archéen, granitique et primaire.

Le grand bassin fermé du lac Salé, ou de l'Utah, reste bien déchu de l'ancien lac Bonneville, résulte de l'affaissement par gradins d'une ancienne chaîne plissée, d'où son état pénéséismique ; tandis que la séismicité des flancs de la Sierra Nevada de Californie provient de ce qu'elle a été isolée du Grand Bassin par de grandes failles postérieures aux épanchements volcaniques pliocènes. Au contraire, les Rocheuses de l'Est sont un très ancien anticlinal dès longtemps émergé et consolidé, entamé par les transgressions crétacées et que les tremblements de terre respectent.

Les Rocheuses canadiennes ont été énergiquement plissées, et l'on y voit le Cambrien chevaucher le Crétacé. Or l'archipel de la Reine-

Charlotte est probablement séismique, et la région de Sitka peut être pénéséismique.

L'Alaska est peu sujet aux tremblements de terre, et le Kamtchatka, de l'autre côté de la mer plate de Bering, n'en subit pas davantage de dangereux. Ces deux presqu'îles sont prolongées par les archipels linéaires et essentiellement volcaniques des Aléoutiennes et des Kouriles, où les séismes ne prennent guère plus d'importance, en dépit des énormes profondeurs de l'Océan à leur voisinage immédiat. C'est que ces abîmes du Pacifique, s'ils correspondent à l'effondrement d'un continent hypothéthique, du moins ne bordent pas une grande chaîne plissée de surrection concomitante et récente, quoique les plissements tertiaires aient passé d'Amérique en Asie par ces voies insulaires, et la fracture, si elle a réellement eu lieu, n'a favorisé que les phénomènes volcaniques à l'exclusion des séismes, exemple bien frappant de l'indépendance des deux ordres de manifestations.

Sakhaline est à l'abri des tremblements de terre ; cette île participe de la constitution en bandes sédimentaires ainsi que de la stabilité du Nord de l'île de Yézo. A peine si, dans le Sud, quelques secousses de Korsakov rappellent le voisinage d'un ancien géosynclinal carboniférien.

Le Japon doit être considéré comme un des pays classiques des tremblements de terre, depuis que leur étude y a pris, dans ces trente dernières années, l'admirable développement que l'on sait. Il forme un territoire morcelé, dont l'axe archéen est flanqué à l'Ouest de sédiments de tous les âges, Tertiaire compris, plongeant vers la mer de Corée qui le sépare du continent sino-sibérien. A l'Est, il est constitué par des couches primaires et secondaires plissées et relevées aux abords abrupts de la fosse du Tuscarora, qui descend à plus de 8 000 mètres. Le versant occidental est de beaucoup le plus stable et les tremblements de terre ne s'y font sentir avec quelque intensité que le long des failles longitudinales parallèles à l'axe montagneux, ainsi qu'autour de golfes découpés en lobes, affaissés dans les terrains anciens, rappelant à tous les points de vue les conditions séismogéniques du littoral algérien et des côtes de l'Italie méridionale. Pendant son long séjour au Japon, J. Milne a fait une découverte capitale, dont nous avons plusieurs fois utilisé les applications analogues en bien des points du globe, à savoir que sur la côte orientale, presque tout entière séismique au suprême degré, les secousses ont très souvent leurs épicentres sous-marins et situés soit sur le talus de la fosse, soit sur son intersection avec le fond de l'Océan, c'est-à-dire en définitive sur la lèvre de l'énorme fracture supposée. La dépression centrale du Japon, la *Fossa magna* de Naumann, joue aussi un rôle séismogénique, mais bien moins accusé qu'on ne le croyait jusqu'à présent.

L'archipel pénéséismique des Riou-Kiou et Formose, peut-être séismique au Sud, prolongent l'arc japonais en avant du continent asiatique et au bord des grands fonds océaniques. La géologie de ces îles est encore trop peu connue pour qu'on puisse rien dire de plus de ces parties du géosynclinal.

Les Philippines sont tout aussi exposées aux tremblements de terre que le Japon. Ces îles surgissent de grandes profondeurs et, de leur histoire pendant les périodes secondaire et primaire, on ne sait rien encore. Ensuite, après le dépôt des lignites de Cebù, se produisit un affaissement, puis un énergique plissement, écho des mouvements contemporains de l'Europe et de l'Asie à la fin de l'Éocène, et auquel succéda le relèvement d'une terre reliant ces îles à Bornéo. Le milieu du Miocène fut marqué par un nouvel affaissement, réduisant Luçon et Mindanao à l'état de groupe de petites îles ; mais une lente surrection, à peine terminée peut-être à l'heure actuelle, remplaçait bientôt cet éphémère état de choses. Tous ces mouvements récents et divers, et ce plissement au bord d'une mer extrêmement profonde, à l'intérieur aussi bien qu'à l'extérieur de l'archipel, rendent bien compte d'une instabilité d'ailleurs irrégulièrement distribuée.

Les conditions séismiques et géologiques des Moluques sont tout à fait comparables à celles des Philippines, avec la circonstance aggravante de la structure chirographaire de Célèbes et d'Halmaheira. Les plissements tertiaires de Java s'y prolongent par la chaîne des îles à l'Est de Bali et ils ont aussi affecté Célèbes. Une opinion unanime fait de ces îles les homologues des Antilles, et de la mer des Moluques l'exact pendant de la Méditerranée caraïbe ; il faut ajouter que c'est la seconde intersection des deux géosynclinaux, et l'intensité des tremblements de terre ne sera pas pour surprendre.

Le côté nord de la Nouvelle-Guinée est probablement pénéséismique, séismique seulement à son extrémité orientale, ainsi qu'à l'archipel Bismarck. Qu'on admette avec les uns qu'il s'agit là de rides accumulées contre le massif résistant et fixe de l'Australie, que l'on préfère y voir, comme d'autres, avec les îles du Sud-Est, les restes d'une grande cordillère presque complètement submergée d'un continent Pacifique lentement affaissé, ou que l'on songe à une surrection à peine terminée, et seule capable d'expliquer, comme aux Fidji, la disposition étagée des terrasses coralliennes successives : de toutes les manières, on a affaire à des îles surgissant de grandes profondeurs, indices de gigantesques dérangements, et soumises à des mouvements d'amplitude notable depuis une époque peu reculée, et leurs tremblements de terre y trouvent ample justification.

Le géosynclinal circumpacifique se termine en apparence à la Nouvelle-Zélande, généralement pénéséismique, mais nettement séismique autour du détroit de Cook, région où un tremblement de terre, en 1850, paraît avoir donné lieu à une grande dislocation résultant d'un mouvement de bascule. Ces îles présentent toute la série sédimentaire au pied d'une chaîne ancienne, puisque dès le Jurassique elle était déjà en butte à la dénudation. La chaîne est stable, ce qui était à prévoir ; les territoires sédimentaires sont pénéséismiques, comme non plissés, mais d'émersion récente et ayant à l'époque tertiaire subi plusieurs mouvements de sens inverses ; enfin les abords du détroit de Cook sont très instables, parce que ce détroit représente une rupture peu ancienne de la ride en deux tronçons.

Au delà, le géosynclinal se perd dans l'océan, de même qu'à son extrémité magellanique ; mais on ignore absolument s'il atteint les terres antarctiques, dont on ne sait rien au point de vue séismique.

CHAPITRE XX

LES ANDES

1. — Les Andes du Sud. Chili et Argentine occidentale.

Les Andes du Sud, comprenant le Chili et les provinces péruviennes d'Arequipa et de Moquegua, s'étendent depuis le saillant de l'Amérique méridionale à la Punta de Atico par 16° de latitude Sud jusqu'au cap Horn ; peut-être eût-il été plus rationnel de ne les faire commencer qu'à l'angle rentrant d'Arica : nous ne l'avons pas fait devant l'impossibilité d'en séparer la région séismique d'Arequipa. Leurs tremblements de terre sont bien connus depuis les travaux de Perrey[1], Troncoso[2] et Vergara[3], mais surtout grâce au mémoire synthétique de Goll[4].

Sauf les territoires Magellaniques et le Chili proprement dit au sud de Valdivia, cette région est parmi les plus instables du globe, et les désastres ne s'y comptent plus, qu'ils soient produits par des vagues d'origine séismique sous-marine ou par des tremblements de terre. Les renseignements abondent pour le littoral, mais on est moins documenté en ce qui concerne la Cordillère et ses abords immédiats. Il est vrai que ces informations se rapportent pour la plupart aux villes principales, mais comme elles sont nombreuses, cette cause d'erreur a peu d'influence, et l'on peut dire qu'en somme la répartition de l'instabilité séismique est connue d'une manière très satisfaisante. Il n'en est malheureusement pas de même pour la géologie, malgré de très importants travaux, de sorte qu'il est le

[1] Documents sur les tremblements de terre au Chili (*Ann. Soc. imp. Agric., Hist nat. et Arts utiles de Lyon*, VI. 1854).

[2] Tremblements de terre au Chili, 1847-1856. Dans Perrey. Liste des tremblements de terre pour 1857, 2ᵉ partie (*Mém. Ac. roy. de Belgique*, X).

[3] Temblores y ruidos subterráneos. Santiago de Chile (1873-1881 et 1882-1884) (*Anuario del obs. astron. de Santiago*).

[4] Die Erdbeben Chiles. Ein Verzeichniss der Erdbeben und Vulkanausbrüche in Chile bis zum Ende des Jahres 1879. nebst allgemeinen Bemerkungen zu diesen Erdbeben (*Münchener geogr. Studien*. Herausgeg. von. Siegm. Günther, XIV Stück, München, 1903).

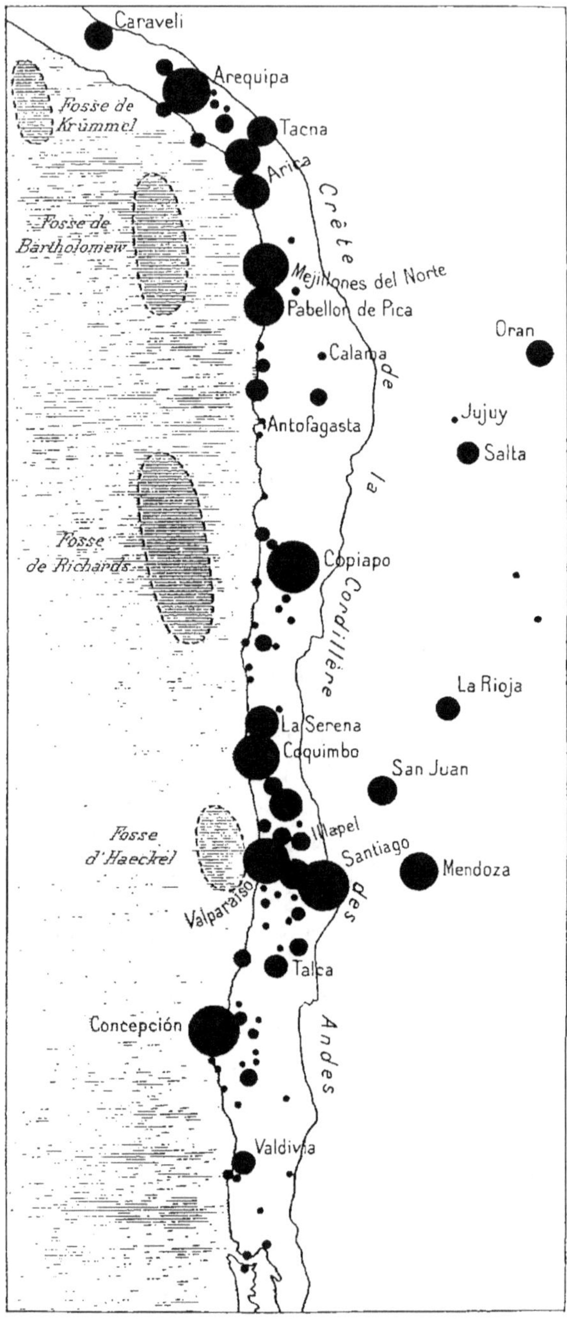

Fig. 60. — Andes du Sud.

plus souvent difficile d'assigner un rôle séismogénique indiscutable à des accidents locaux bien définis, et que seules les causes générales apparaissent clairement.

La chaîne des Andes méridionales forme une série disloquée de paquets d'âge secondaire, dont la tranche est tournée vers l'ouest, ce qui accentue la pente de ce côté ; aussi les séismes ne se donnent-ils libre carrière que sur ce versant, conformément à la loi du relief. Ce relèvement de la bande suppose presque inévitablement l'effondrement d'une autre partie jointive de l'écorce terrestre, et cette déduction semble tout à fait d'accord avec les récentes découvertes faites dans l'Ouest de la République Argentine. On a en

effet trouvé dans les Andes, entre le 32ᵉ et le 39ᵉ parallèle, des conglomérats jurassiques indiquant le voisinage d'une côte et qui auraient
puisé leurs éléments dans des porphyrites d'origine sous-marine. Les
argiles et les grès du versant oriental des montagnes du Rio Grande
correspondraient à des dépôts de mer plus profonde, et cela semble
démontrer l'existence, à l'époque jurassique, d'un grand golfe andin
s'arrêtant au rivage oriental d'une terre pacifique, qui s'étendait plus
ou moins loin dans la direction de la Nouvelle-Zélande ; cette hypothèse assez plausible ne résout pas la question, tout à fait différente,
de l'existence controversée du continent pacifique, que certains géologues croient avoir occupé, à une époque antérieure, l'emplacement du
Grand Océan, tandis que d'autres regardent celui-ci comme un des
plus anciens traits de l'écorce terrestre. Cette terre simplement voisine de l'Amérique du Sud aurait existé pendant longtemps et depuis
une époque très reculée, du Dévonien au Crétacé, puisque le Trias
semble y faire défaut et que d'autre part la flore à *Glossopteris* se
retrouve tant au Brésil que dans l'Argentine, observation qui a fait
conclure à l'existence d'un continent africano-brésilien. Ce golfe
jurassique aurait fait plus tard place au bourrelet andin, dont
l'abrupte tranche occidentale constitue les territoires ici étudiés
dont la séismicité s'expliquerait, dès lors, d'une façon générale, par
leur grand voisinage de l'isobathe de 4 000 mètres, qui représenterait la lèvre de la fracture le long de laquelle la terre pacifique
se serait effondrée par un mouvement de bascule, contre-partie de
la surrection. On s'explique ainsi que les plissements se soient surtout
localisés à l'est, où les Précordillères de Salta et de Mendoza sont les
seules régions séismiques du versant oriental.

La surrection des Andes a certainement été un phénomène de
longue haleine et a dû débuter bien avant l'époque tertiaire : la
dernière grande phase de dislocation, antérieure à la sortie des andésites, paraît avoir elle-même précédé les mouvements alpins. Mais
depuis cette époque déjà reculée, les dislocations n'ont pas cessé de
se produire, avec moins d'ampleur il est vrai, ce qui suffit à rendre
compte de l'instabilité actuelle. Le mouvement d'ascension d'une
des lèvres de la fracture pacifique ne s'est réellement arrêté qu'à
une époque relativement récente, en donnant lieu à un énorme relief
total de 12 000 mètres, dont 4 000 immergés, entre la crête de la
chaîne et le fond des abîmes littoraux. Des mouvements d'une telle
amplitude ne peuvent que se survivre sous forme de séismes. Les
Andes correspondent donc à un géosynclinal accusé par le golfe
jurassique, et les conséquences séismiques de leur histoire reste-

raient valables, même si l'existence d'une terre occidentale plus ancienne se trouvait ultérieurement infirmée par la découverte de faits nouveaux.

On va maintenant passer au détail de la répartition de l'instabilité le long de cette bande de quelques 4000 kilomètres de côtes, en commençant par le Nord.

Les tremblements de terre du Pérou méridional ont été recueillis par G. de Castelnau[1] pour la période de 1810 à 1845, mais nous ignorons d'après quelles sources locales. Caraveli, Moquegua et Arequipa ont subi de très nombreuses catastrophes, ainsi que Tacna, Arica, Iquique, Pabellon de Pica et Huanillos. On a donc affaire à une côte dont la séismicité ne se dément nulle part et ne cesse au Sud qu'au Rio Loa. Elle correspond au relief puissant des Andes, encore accentué par le voisinage immédiat des fosses de Krümmel en face de Caraveli et de Bartholomew entre les parallèles d'Arica et de Pabellon de Pica.

Plus au Sud, la bande littorale s'élargit considérablement, en s'étageant par gradins, la crête des Andes s'abaisse et on se trouve entre l'intervalle des fosses de Bartholomew et de Richards. Ainsi donc le relief s'atténue par le haut et par le bas. La région s'étend sur le désert du Rio Salado et sur les parties respectivement méridionale et septentrionale de ceux de Tamarugal et d'Atacama ; c'est le pays des nitrates. On est moins bien renseigné que pour la région précédente sur la fréquence et l'intensité des tremblements de terre ; mais les séismes y prennent le plus souvent, comme à Calama, une fois au moins sévèrement éprouvée, un caractère très local, rendant fort probable une séismicité notablement moindre, et par conséquent en rapport avec la diminution du relief émergé et immergé.

La Cordillère redevient abrupte et la séismicité redoutable, en même temps que la bande littorale se rétrécit de nouveau vers le sud. Le premier grand foyer d'ébranlement, Copiapo, est séparé de celui de Coquimbo, probablement tout aussi instable, par un intervalle sans épicentres connus ; mais il y a tout lieu de supposer que cette lacune est simplement due à l'absence d'anciennes villes importantes où aient pu se faire des observations. Il se trouve là un grand synclinal jurassique et néocomien compris entre les Andes et les restes d'une chaîne granitique côtière démantelée, contre laquelle se développent dans le Sud des roches sédimentaires très plissées, d'aspect

[1] *Expédition dans les parties centrales de l'Amérique du Sud exécutée de 1843 à 1847*. Catalogue des tremblements de terre et secousses ressentis sur la côte du Pérou et plus particulièrement à Arequipa, depuis 1810 jusqu'à 1845 (t. V. pp. 303-358. Paris, 1854).

archéen, mais qui pourraient bien n'être que du Crétacé supérieur profondément métamorphisé. Si ces conclusions sont ultérieurement confirmées, un plissement énergique de date relativement peu ancienne interviendrait probablement pour jouer un rôle séismogénique décidé.

Une fois de plus, le relief va maintenant changer de caractère ; au lieu de s'abaisser brusquement jusqu'au bord de la mer, la chaîne tombe sur le fond d'une longue dépression longitudinale, séparée du littoral par une série de hauteurs secondaires, assez souvent et complètement interrompues par de vastes plaines. Cette dépression, marquée par les ensellements des contreforts transversaux, est l'accident le plus considérable du Chili central ; elle se prolonge très loin dans le Sud, mais en dépit de sa grande importance géographique, géologique et probablement tectonique, force est de lui dénier toute influence séismogénique, malgré la haute autorité de Suess. C'est qu'en effet, elle coïncide sur son long parcours avec des conditions très diverses d'instabilité : d'Illapel à Santiago et Concepción, elle possède une séismicité exagérée qui a causé de nombreux désastres ; plus au Sud, jusqu'à Ancud et Puerto-Montt, la fréquence diminue beaucoup en même temps que le relief de la chaîne côtière, et Valdivia est le seul point qui ait subi des dommages ; au delà et jusqu'à l'isthme d'Ofqui, la mer l'a envahie et l'a morcelée pour former Chiloé et l'archipel des Guaytecas, tandis que de leur côté les tremblements de terre ont à peu près complètement disparu. Les séismes de Valparaiso sont sans doute en rapport avec la fosse d'Haeckel, qui vient presque toucher la côte, et ce sera aux recherches géologiques futures à définir les causes locales de l'instabilité de la précordillère entre cette ville et Santiago, de la partie nord de la dépression jusqu'au Rio Bobio, de Concepción et de Valdivia. D'après Noguès[1], les tremblements de terre du Chili central affectent deux directions générales, normales entre elles et d'ailleurs en relation avec la structure orographique du pays et les systèmes des failles : les uns prennent la direction N.-S., parallèlement à la Cordillère et suivant les cassures stratigraphiques qui ont formé la grande dépression longitudinale, tandis que les autres prennent la direction E.-W., normale à la Cordillère et en relation avec un autre système de failles. Il est encore prématuré de décider s'il s'agit d'un simple phénomène de propagation, ou d'une cause tectonique à rôle séismogénique certain.

[1] Mouvements séismiques du Chili ; tremblements de terre du 23 mai 1890 (*C. R. Ac. sc. Paris*, CXI, 616, 1890).

La stabilité absolue des territoires magellaniques au sud de l'isthme d'Ofqui présente un très haut degré de probabilité, quoique des observations régulières n'aient encore été faites qu'à Punta Arenas, où une longue série, commencée en 1842, c'est-à-dire depuis sa fondation et qui n'a souffert aucune interruption, n'a pu mentionner qu'une seule secousse. L'attention des Chiliens est trop portée à s'occuper des tremblements de terre, qu'ils redoutent tant à bon droit, pour qu'ils les laissent échapper sans les mentionner, même dans la région des fjords du Sud qui est, sinon colonisée, du moins exploitée depuis un certain nombre d'années, à cause de ses richesses forestières. On regardera donc cette stabilité comme à peu près démontrée ; elle coïncide en même temps avec l'abaissement de la Cordillère et le relèvement des fonds océaniques bien loin au large dans l'Ouest.

La croyance, si longtemps classique et indiscutée depuis Lyell[1], d'après laquelle les grands tremblements de terre de l'Amérique du Sud auraient été à diverses reprises accompagnés d'un soulèvement notable des côtes et même de la chaîne, d'où l'on concluait sans réserves à la continuation à l'époque actuelle du mouvement tertiaire de surrection des Andes, doit être définitivement rejetée depuis la magistrale réfutation qu'en a faite Suess dans *la Face de la Terre*. Il ne saurait être question de reprendre ici l'examen d'un problème géologico-séismique si bien élucidé ; mais il ne sera pas inutile de résumer une critique si serrée de phénomènes accessoires réels, quoique mal interprétés, d'autant plus que ces considérations sont applicables à d'autres points du globe où l'on a voulu aussi, par l'observation de faits analogues, démontrer la réalité d'exhaussements appréciables et concomitants de grands tremblements de terre.

Au Callao, l'existence prétendue de débris de cuisine préhistoriques ou kjökkenmöddings comme les appellent les archéologues danois, ne correspond qu'à des idées fausses quant à la preuve qu'elle apporterait des mouvements verticaux du littoral ; il s'agit en réalité d'un banc qui se forme et disparaît alternativement sous l'action des vagues et des courants, sur la côte de l'île de San Lorenzo. Quant aux modifications topographiques constatées sur la langue de terre qui la réunit au continent, affaissement de 1746 ou exhaussement de 1760, à la suite des tremblements de terre violents qui agitèrent alors le Pérou, il n'y faut voir, pense Suess, qu'un effet des vagues séismiques dispersant ou amoncelant les bancs variables d'atterrissement.

[1] *Principles of Geology* (11ᵗʰ edition, II, 156, 1872).

En ce qui concerne Valparaiso et son tremblement de terre de 1822, les informations de l'époque même sont contradictoires, ce qui jette un doute formel sur la valeur des principales observations, base de la théorie de Lyell. C'est à Miss Graham[1] qu'est due la formation de la légende d'un exhaussement du littoral sur 100 milles de long et en particulier d'une hauteur de 3 pieds à Quintero, sa résidence. Mais Belcher, dans une lettre à la Société géologique de Londres, lue le 2 décembre 1835, contredit formellement ce témoignage, ainsi que ceux de Fitzroy et de Darwin, le commandant et le naturaliste fameux de l'expédition du « Beagle », qui se trouvaient à Concepción au moment même de l'événement; il s'appuie pour cela sur les observations contraires du colonel Walpole, de Rivera, et surtout du malacologiste Cunning, qui connaissait admirablement toute la côte pour avoir habité le Chili de 1822 à 1831 et l'avoir parcourue en tous sens à la recherche des coquillages dont il faisait l'étude. Là encore, des mouvements dans les atterrissements, bouleversés par les vagues de tremblements de terre ou de tempêtes, suffisent à expliquer tous les changements bien réels, mais temporaires, qu'on y a observés. C'est ainsi qu'on a pu voir, le 28 août 1746, les vagues séismiques soulever d'énormes masses de sédiments mal affermis et amonceler sur les ruines des habitations des amas de sables et de galets. Suess ne manque pas non plus de tenir grand compte de l'opinion d'un des plus savants géologues du Chili, Philippi[2], niant les anciens mouvements supposés et sur le témoignage duquel Hochstetter s'appuie aussi à propos du tremblement de terre du 13 août 1868 pour affirmer qu'aucune élévation du sol n'en fut la conséquence, ni au Chili, ni au Pérou. Enfin les sédiments littoraux exondés à la suite du désastre de la Concepción, en 1835, reprirent leur position primitive au bout de peu de semaines, ce qui semble bien s'opposer à l'hypothèse d'un soulèvement permanent et réel du substratum.

Suess met aussi en évidence les caractères des côtes de l'Amérique du Sud qui ont conduit Lyell à son interprétation erronée, mais si longtemps classique, des phénomènes observés; ce sont : le grand développement des dépôts détritiques étagés en terrasses littorales, mais sans relation aucune avec les tremblements de terre; l'accumulation des kjökkenmöddings sur toute la côte (et à ce compte combien d'autres, même en pays stables, n'auraient-elles pas été soulevées,

[1] An account of some effects of the late (19th november 1822) earthquake in Chili. Letter to H. Warburton (*Trans. Geol. Soc. of London*, I, 413, 1822).

[2] Die sogenannte Wüste Atacama (*Petermann's geogr. Mitth.*, 1856, 56).

elles aussi, par des séismes ?) ; enfin l'immense alignement volcanique du Chili, qui, avec les idées autrefois en cours sur les soulèvements, avait tout naturellement amené à concevoir la surrection en bloc d'une longue bande littorale, sinon même de la Cordillère elle-même.

Il n'en est pas moins important de dire, cependant, que la disparition d'une théorie longtemps acceptée n'enlève pas le moins du monde au soulèvement de la chaîne des Andes le rôle fondamental que tout tend à lui faire assigner dans la genèse des tremblements de terre du Chili et du Pérou, et qui restent, comme le long de toutes les autres grandes chaînes tertiaires, une de ses conséquences posthumes et éloignées. Leur production est, seulement, un peu plus compliquée dans le détail, puisqu'elle dépend sans aucun doute de la survivance d'efforts tectoniques de second ordre, plus locaux et plus ou moins récents, mais qui n'en résultent pas moins, eux aussi, de l'acte même de la surrection.

Il n'est pas de pays où, plus qu'au Chili, se manifeste l'indépendance des phénomènes séismiques et volcaniques. Ces derniers se sont développés dès le milieu des temps secondaires au moins, et tant pendant l'époque tertiaire qu'actuellement, le théâtre de leur activité n'a guère changé, accompagnant la crête des Andes de part et d'autre sans la déborder largement ailleurs qu'à l'Est. Si l'on se rapporte aux travaux de Bel [1] ou de Stübel [2], on rencontre ici, sur cette immense bande, toutes les combinaisons possibles entre la présence de volcans actifs ou éteints ou même l'absence de cônes éruptifs, et la séismicité, la pénéséismicité ou l'aséismicité. On ne reviendra plus sur une observation qui reste vraie pour toute la chaîne des Andes, jusqu'à l'Ecuador et à la Colombie.

Les abîmes océaniques le long des Andes méridionales jouent-ils un rôle séismogénique ? C'est extrêmement probable, étant donnée leur relation, indiquée plus haut, avec les régions les plus durement éprouvées. Mais on n'a pas pour l'affirmer d'études dirigées dans ce sens comme au Japon et sur sa côte orientale, le long de la fosse du Tuscarora. On ne sait pas si les isoséistes d'un nombre notable de grands tremblements de terre ne font que mordre le littoral. En tout cas, les vagues séismiques sont fréquentes et désastreuses [3]. Elles résultent

---

[1] Mission scientifique au Chili et dans le nord de la Bolivie (*Arch. des missons sc. et litt.*, VII, 111, Paris, 1897).

[2] Ueber die Verbreitung der hauptsächlichsten Eruptionszentren und der sie kennzeichnenden Vulkanberge in Südamerica (*Petermann's geogr. Mitth.*, 1, 1. 1902).

[3] F. von Hochstetter. Ueber das Erdbeben in Peru am 13 August 1868, und die dadurch veranlässten Fluthwellen im Ocean, namentlich an den Küsten von Chili und von Neu-Seeland (*Sitzungsb. d. K. Ak. d. Wiss., mat. nat. Cl.*, LVIII. LX. Wien, 1868, 1869).

souvent de tremblements sous-marins, mais la position de leurs épicentres n'a pu encore être déterminée ; on ignore s'ils se trouvent sur le talus sous-marin, sur la lèvre de la fracture du Pacifique, ou plus au large.

La Cordillère constitue un puissant obstacle à la propagation des mouvements séismiques, mais d'une manière beaucoup moins absolue qu'on l'a prétendu ; c'est ainsi que les secousses du Chili central, Valparaiso et Santiago, se font parfois sentir dans les pré-Cordillères argentines plissées, et réciproquement, mais naturellement elles perdent les unes et les autres leur caractère destructeur en franchissant les Andes. Ces chaînes limitent à l'Est le géosynclinal circumpacifique et sont formées de sédiments jurassiques et néocomiens plissés. A l'Est, le Crétacé supérieur relevé a beaucoup moins fortement subi l'effort de compression latérale et ces rides parallèles sont fort instables. Oran, Jujuy, Salta et Tucuman sont fortement ébranlées, et Mendoza a subi de véritables désastres. Négligeant l'opinion de Brackebusch[1] qui attribue ces tremblements de terre à la combustion spontanée des couches bitumineuses, probablement rhétiennes, qui continuent vers le Sud les dépôts pétrolifères de Jujuy, et à des explosions des gaz dégagés par ce phénomène hypothétique, nous ferons de ces secousses des séismes de plissement, au moins provisoirement, par analogie avec tant d'autres cas du même genre rencontrés en diverses parties du globe.

2. — Les Andes du Centre. Pérou, Bolivie et Ecuador.

On comprend ici la partie des Andes qui s'étend de la Punta de Atico ou mieux du nœud de Puquiò jusqu'à celui de Pasto, c'est-à-dire le Pérou central et septentrional, la plus grande partie de la Bolivie et de l'Ecuador. En dehors des relations de désastres[2], on ne possède que le catalogue de Perrey[3], et des observations systématiques suivies manquent totalement. La géologie de ces pays n'est guère mieux connue ; il faut donc renoncer à tout rapprochement entre les circonstances géologiques et les phénomènes séismiques,

[1] *Estudios sobre la formación petrolífera de Jujuy. Viaje á la provincia de Jujuy* (Buenos-Ayres, 1883).

[2] Hales. *Histoire des tremblements de terre arrivés à Lima, capitale du Pérou, et autres lieux, avec la description du Pérou* (Traduit de l'anglais. La Haye, 1752). — P. F. Cevallos. *Resúmen de la historia del Ecuador desde el origen hasta 1845* (2ᵉ édicion, Guayaquil, 1886).

[3] Documents sur les tremblements de terre au Pérou, dans la Colombie et dans le bassin de l'Amazone (*Ac. roy. de Belgique*. Séance du 7 novembre 1857).

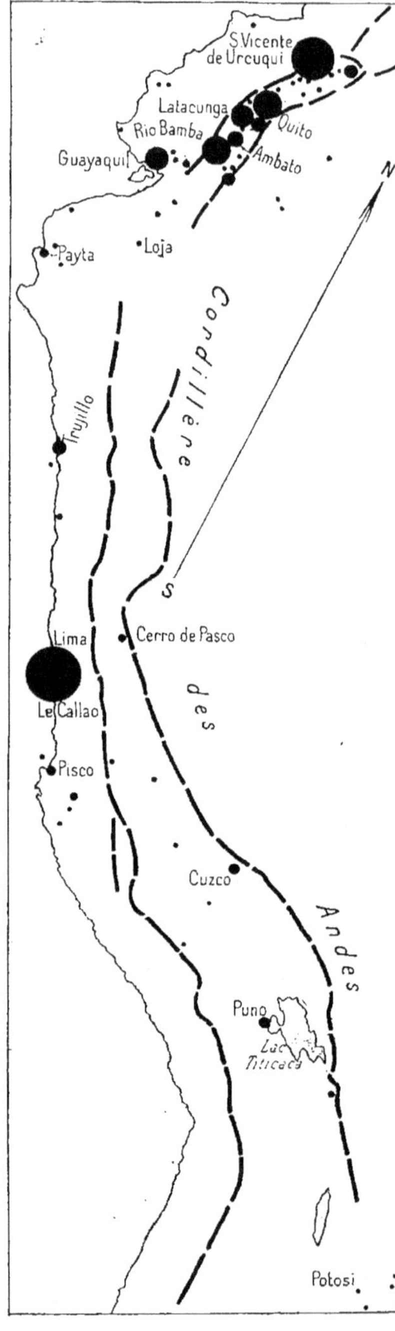

Fig. 64. — Andes du Centre.

et se borner à en rapporter d'une façon aussi vague que générale l'instabilité à la surrection peu ancienne des Andes.

Le versant maritime des Andes péruviennes est certainement très instable, et les désastres de Pisco, du Callao et de Lima sont célèbres dans l'histoire des tremblements de terre ; les vagues séismiques ont aussi apporté parfois leur part de dommages. L'isobathe de 4 000 mètres se tenant à proximité du littoral, il est probable qu'elle joue ici le même rôle séismogénique que le long des côtes du Chili. Si les mouvements tertiaires andins sont certainement la cause générale et lointaine des tremblements de terre du Pérou central, ils se sont superposés aussi, comme on a déjà eu tant de fois à le constater, à une chaîne hercynienne plissée qui a dû exister entre le môle brésilien et un avant-pays qui aurait disparu sous les flots du Pacifique. L'instabilité ne paraît pas dépasser Lima au Nord, et en tout cas Trujillo ne ressent que de faibles et rares secousses. Le désert de Sechura, continuant pour ainsi dire le sillon amazonien, est certainement très stable.

Guayaquil ressent quelques séismes, jamais graves, et il semble probable que la dépression des Rios Daule et Esmeraldas forme une région pénéséismique seulement, car il faut tenir en forte suspicion la ruine de Puerto

Viejo dans le département de Manabi, donnée par les journaux américains de mai 1896.

L'entremont des Cordillères de l'Ecuador est d'une instabilité qui nulle part ailleurs n'est dépassée, de sorte que ce pays réalise une des rares coïncidences entre une extrême séismicité et un énergique développement des phénomènes volcaniques. Ambato, Latacunga, Quito et Rio Bamba jouissent, à cause de leurs nombreuses catastrophes, d'une triste réputation, qu'aggrave encore la renommée des gigantesques volcans du voisinage. Le plateau de Quito et de Rio Bamba est très disloqué, et c'est tout ce qu'on peut dire des hauteurs transversales qui le séparent en cirques, disposition reconnaissable sur toute la longueur de l'intervalle des deux Cordillères.

Le haut bassin du Napo ressent bien quelques légers tremblements de terre, mais on ne saurait dire si ceux qu'on a signalés jusqu'ici à Archidona sont autochtones, ou s'ils ne viennent pas de l'entre-Cordillère.

Le massif intérieur des Andes péruviennes et leur versant bolivien sur le Titicaca sont tout au plus pénéséismiques de Cuzco à Puno, La Paz et Chuquisaca.

3. — Les Andes du Nord. Colombie et Vénézuéla.

Des pics de la Fragua, entre les sources de la Magdalena et du Caqueta, affluent de l'Amazone, s'étend en Colombie et dans le Vénézuéla jusqu'à la Trinidad un immense arc montagneux convexe vers le Nord et qui borde la mer des Caraïbes à l'est du Golfo Triste. Il porte successivement les noms de Cordillère orientale, Cordillère de Mérida et Cordillère Caraïbe. Cette partie de géosynclinal comprend encore les deux Cordillères qui, à partir du nœud du Pasto, enserrent la vallée du Cauca, ainsi que le littoral colombien, et enfin le bassin de l'Atrato; mais l'isthme du Darien ne lui appartient point.

La géologie de ces pays est peu connue dans ses détails, et les renseignements séismiques ne sont sérieux que pour le bassin de la Magdalena, et le Vénézuéla [1]. Toutefois les catalogues généraux ont fourni assez de documents pour permettre de se faire une idée satisfaisante des principaux foyers d'ébranlement, ne serait-ce aussi que par la connaissance des villes qui ont eu le plus à souffrir des tremblements de terre. La description des circonstances séismiques sera faite de l'Est à l'Ouest, c'est-à-dire en partant des points les mieux connus.

[1] R. Ibarra. *Temblores y terremotos en Caracas* (Caracas, 1862).

Du littoral nord de la Trinidad au fond du Golfe Triste, la chaîne Caraïbe, d'axe archéen ou primaire, se développe en ligne droite le long de la mer, puis s'infléchit au S. W. par la Cordillère de Mérida jusqu'aux sources de l'Apure. Sur le flanc méridional, les sédiments secondaires sont assez peu relevés et disloqués et font suite aux terrains tertiaires presque horizontaux des Llanos, stables et d'ailleurs situés en dehors du géosynclinal. Sur le versant septentrional, entre la crête et la dépression du lac de Maracaybo, les couches sont au contraire violemment plissées et redressées jusqu'à la verticale. Ici l'isobathe de 4 000 mètres s'éloigne beaucoup du littoral ; partant de l'ouest de l'îlot d'Aves, elle descend directement au Sud pour se retourner en direction E.-W. de façon à longer le chapelet des îles Sous-le-Vent, de Blanquilla à Oruba. Ainsi la chaîne Caraïbe surgit d'un socle immergé et doucement incliné jusqu'à la profondeur de 2 000 mètres, d'où émergent les îles qui se dressent au sommet d'une ride tombant rapidement à 4 000 et 5 000 mètres sur la Méditerranée antillienne. Dans les îles Sous-le-Vent se retrouvent des lambeaux de couches primaires, des sédiments secondaires, des dépôts quaternaires, et enfin des roches éruptives d'âge encore assez mal déterminé d'ailleurs ; elles forment donc une bande qui a subi des vicissitudes nombreuses, surrections et affaissements, et en particulier le Crétacé y est en plusieurs points fortement relevé et plissé. Quoi qu'il en soit, les séismes n'y sont pas redoutables.

A l'orient de la Sierra de Mérida s'étend la profonde et large dépression du lac de Maracaybo, que Sievers [1] regarde comme une cavité d'effondrement en partie colmatée, comblée et flanquée au Nord par des fragments archéens : à l'Est la presqu'île de Paranagua, à l'Ouest le noyau de celle de Goajira et le massif de la Sierra Nevada de Santa Marta. Ces lambeaux, homologues de ceux de la chaîne Caraïbe, tendent comme elle à converger vers le S. W. de façon à se rattacher, malgré une grande interruption dans la basse Colombie, à l'axe archéen de la grande Cordillère entre la Magdalena et le Cauca. De ce côté le Quaternaire, et surtout le Jurassique, prédominent sur le Crétacé, et l'ossature ne réapparaît plus qu'à l'ouest de l'Atrato. On s'occupera d'abord de l'arc Trinidad-Picos de la Fragua, où il n'existe que des volcans de boue, contrairement au puissant appareil éruptif de la haute Colombie ; les régions à tremblements de terre vont être mises en parallèle avec ces traits géographiques et géologiques généraux en allant de l'Est à l'Ouest.

---

[1] Die Cordillere von Merida, nebst Bemerkungen über das karibische Gebirge (*Geogr. Abhandl. herausgeg. von A. Penck*, III, n° 1.)

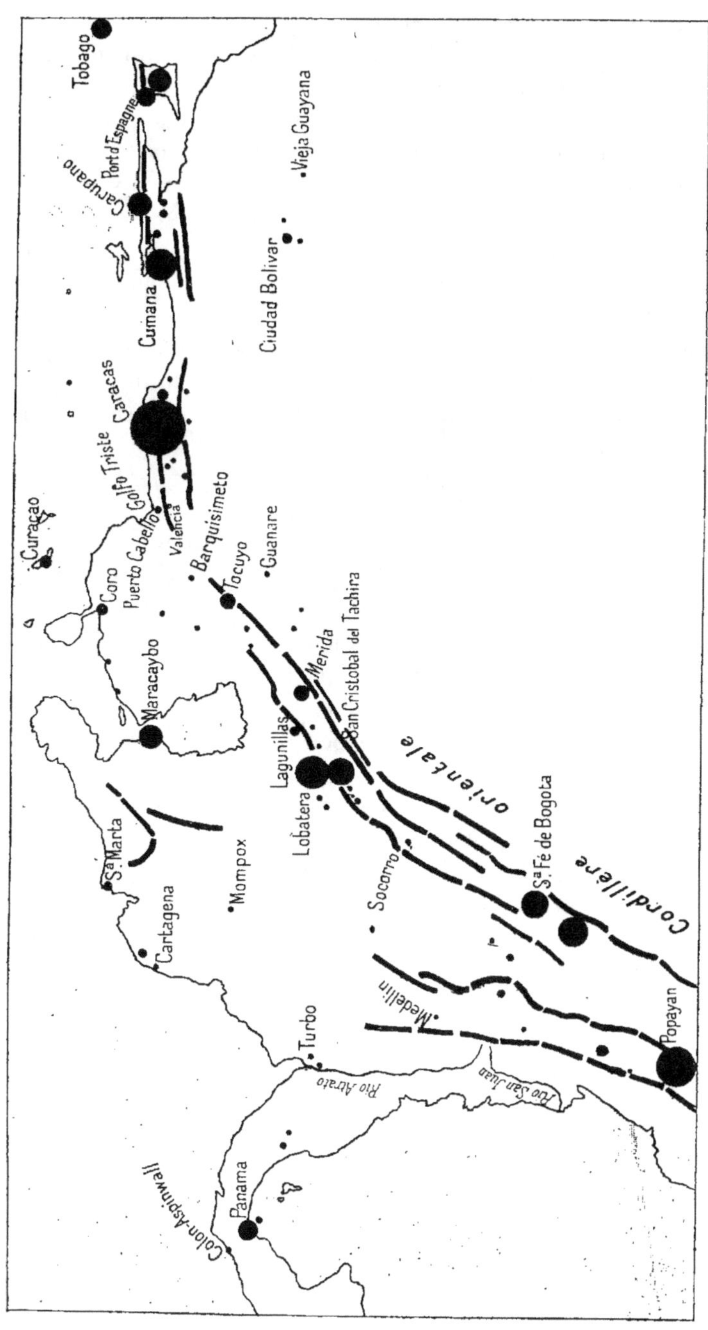

Fig. 62. — Andes du Nord.

Une première zone très instable s'étend de Spanish Town à Cumana, correspondant ainsi à un élément bien défini de la chaîne Caraïbe, seulement interrompu sur d'étroits espaces par la Boca del Drago, faille d'effondrement, vers l'Est, et par la dépression de Carupano, autre fracture. Les ruines de Cumana sont à bon droit célèbres dans l'histoire des tremblements de terre, et Cariaco y a largement participé. Le golfe de Paria pénètre profondément vers l'Ouest en marchant à la rencontre de celui de Cariaco, de sorte qu'ils forment une importante coupure tectonique. Une plaine basse de même direction, reste de lagunes colmatées, les réunit. De vagues traditions indiennes relatent une irruption de la mer dans cette dépression peu avant l'arrivée des Espagnols. La double péninsule archéenne d'Asaya est donc séparée de la chaîne mésozoïque parallèle du Sud, ou de Cumanacoa, par une cassure qui aurait rejoué récemment, et dont un reste de mobilité expliquerait amplement les séismes fréquents et destructeurs de ces parages.

Le golfe à l'ouest de Barcelona et la plaine du Rio Unare correspondent à une interruption de la chaîne. Ce sont des territoires crétacés et tertiaires, se reliant à ceux de même nature des Llanos. Ces derniers sont stables faute de dérangements, car ils sont restés horizontaux ; mais le littoral l'est-il au même degré, en raison de la communauté de constitution géologique ? C'est probable, sans que l'absence de renseignements et de centres dès longtemps colonisés permette encore de l'affirmer.

Vient ensuite la Sierra de Caracas, si gravement exposée. Son relief est considérable, et elle se présente comme une gigantesque falaise au-dessus de La Guayra. Tout fait présumer que les tremblements de terre sont ici d'origine tectonique, comme le lac de Valencia qui est le trait géographique le plus saillant. Tout ce bloc montagneux est instable au plus haut degré.

Plus à l'Ouest, la Cordillère s'abaisse beaucoup et fait place à la dépression de Barquisimeto, et les séismes, sans disparaître complètement, perdent du moins toute sévérité.

On a déjà vu que les îles Sous-le-Vent ne ressentent que peu de secousses propres, en dehors de celles qui leur viennent du continent. Ce fait, et l'absence de séismes sous-marins dans la mer des Caraïbes, montrent que la fracture représentée par l'isobathe de 4 000 mètres, — si toutefois c'est une cassure correspondant à l'effondrement de la Méditerranée antillienne, — a du moins perdu toute mobilité.

L'instabilité renaît au plus haut degré le long du flanc nord-occidental de la Sierra de Mérida, et sur tout son développement de Trujillo à San Cristobal del Tachira, avec maximum au Sud, mais sans dépasser, avec ce degré du moins, la dépression du Rio Zulia, affluent du lac de Maracaybo. Au contraire le versant des Llanos est beaucoup plus stable. Cela résulte sans aucun doute de ce que la surrection de la Cordillère n'a que peu dérangé les sédiments de ce côté, tandis qu'elle se présente comme un véritable mur de 3 000 mètres au-dessus du lac de Maracaybo, avec des bouleversements qui ont relevé les couches secondaires et tertiaires jusqu'à la verticale, et non loin desquelles Lagunillas, ville récente, a autant souffert en 1892 que Mérida depuis sa fondation. Sievers a observé que les roches cristallines de l'axe de la Cordillère ont à peine frémi sous l'action du tremblement de terre qui a renversé Cucuta, Rosario et San Antonio en 1875.

La dépression à moitié colmatée du lac de Maracaybo est vraisemblablement un territoire effondré, comme contre-partie de la surrection de la chaîne, et la ville du même nom ne ressent que de rares secousses peu sévères, qui proviennent peut-être de la Sierra de Perija, formée de Crétacé énergiquement plissé[1].

L'énorme massif primitif isolé de la Sierra Nevada de Santa Marta n'est pas aussi stable que sa constitution aurait pu le faire supposer par analogie, et la ville du même nom a parfois souffert, mais incomparablement moins que les localités voisines de la Sierra de Merida. C'est un fragment de la chaîne caraïbe. On ne manquera pas d'observer que, plus à l'Ouest, l'isobathe de 4 000 mètres quitte la côte pour remonter au Nord, mais il ne faut pas donner à cette remarque plus d'importance qu'elle n'en comporte réellement, puisque l'on a signalé plus haut la stabilité des îles Sous-le-Vent, qu'elle suit de fort près.

La basse Colombie, sans ignorer les séismes, est stable. Comme à la Trinidad, les volcans de boue, Galera Zamba et Turbaco, n'y ont apporté aucun danger de tremblements de terre. On connaît un certain nombre de secousses pour Cartagena de las Indias et Mompox ; et un séisme du Rio Sucio s'est étendu, en 1882, sur tout l'isthme de Darien ; il aurait été assez sévère et donné des inquiétudes pour l'avenir aux constructeurs du canal interocéanique de Panama. Ces craintes n'étaient d'ailleurs pas justifiées.

L'Atrato, sur la mer des Antilles, et le Rio San Juan, sur le Pacifique, coulent dans une dépression tertiaire qui forme la véritable

[1] Sievers. Die Sierra Nevada de Santa Marta und die Sierra de Perija (*Zeitschr. d. Ges. f. Erdkunde*, XXIII, 1).

séparation entre l'Amérique du Sud et l'Amérique centrale. On n'y connaît pas de secousses, et la seule indication scientifique possible, faute de renseignements sur sa stabilité ou son instabilité, est qu'on est là bien en dehors du géosynclinal secondaire, tel qu'il a été tracé par Haug; mais cela ne prouve pas absolument que les mouvements tertiaires n'aient point atteint ces deux vallées.

De la Cordillère orientale on ne sait rien au point de vue séismique; elle est probablement stable, s'il se confirme qu'elle est de constitution surtout cristalline.

Du Cerro de Pasto se détachent deux autres Cordillères, avec axes archéens, contre lesquels le Crétacé est fortement redressé; elles séparent le versant pacifique et les vallées synclinales du Cauca et de la Magdalena. Des tremblements de terre du versant occidental, l'on ne sait absolument rien; mais ceux de Popayan, Cali, Honda et Bogota ont causé de véritables désastres. Leur origine est probablement la même que pour ceux du versant septentrional de la Sierra de Mérida, sans que le dévelopement inusité de l'appareil volcanique dans la haute Colombie ait rien ajouté à la séismicité puisqu'il manque dans le Venezuela. Hettner et Link [1] n'ont signalé de vraies cassures que dans les environs de Bogota.

[1] Zur Geologie und Mineralogie der Columbianischen Anden (Berlin, 1888).

CHAPITRE XXI

LES ANTILLES ET LE CENTRE-AMÉRIQUE

1. — Les Antilles.

Le seul nom de ces îles suffit à évoquer le douloureux souvenir d'effroyables catastrophes, et si le grand tremblement de terre de Port-au-Prince en 1692 et d'autres analogues se sont un peu effacés de la mémoire des hommes, le désastre de Saint-Pierre de la Martinique en 1902 est là pour s'ajouter aux tremblements de terre et rappeler le double danger, séismique et volcanique, auquel les Indes Occidentales sont exposées.

Il n'y existe pour ainsi dire pas d'observations systématiques, et les stations séismologiques modernes de la Trinidad et de la Martinique ont un tout autre but que celui de récoler les macroséismes. Mais comme le vaste archipel a été pendant de longs siècles le foyer d'où la civilisation européenne s'est, à la suite de Christophe Colomb, irradiée en Amérique, les relations de tremblements de terre abondent dans les documents les plus divers, de sorte que la répartition des points les plus exposés est connue d'une manière très satisfaisante [1]. Il en est de même pour l'histoire et la structure géologiques.

Les Petites Antilles, Iles du Vent ou Caraïbes, et les Grandes Antilles forment de part et d'autre de la passe de Sombrero ou d'Anegada deux unités géographiques et géologiques différentes et bien définies : on avait cru jusqu'à ces dernières années que la structure des Grandes Antilles s'étendait jusqu'à la Barbade et à la Grande Terre de la Guadeloupe, mais les plus récents travaux, en particulier ceux de Hill [2], ont encore accentué la distinction entre les

---

[1] Al. Perrey. Sur les tremblements de terre aux Antilles (*Mém. Ac. de Dijon*, 1845-46, 325). A. Poey. Catalogue chronologique des tremblements de terre ressentis à l'île de Cuba de 1551 à 1855 (*Nouv. Ann. des Voyages*. Juin 1855); *Id*. Supplément au tableau chronologique des tremblements de terre... (*Id*. décembre 1855).

[2] The Geology and physical Geography of Jamaica : Study of a type of Antillean development (*Bull. of the Museum of compar. Zoloogy*. XXXI. Cambridge, September 1899).

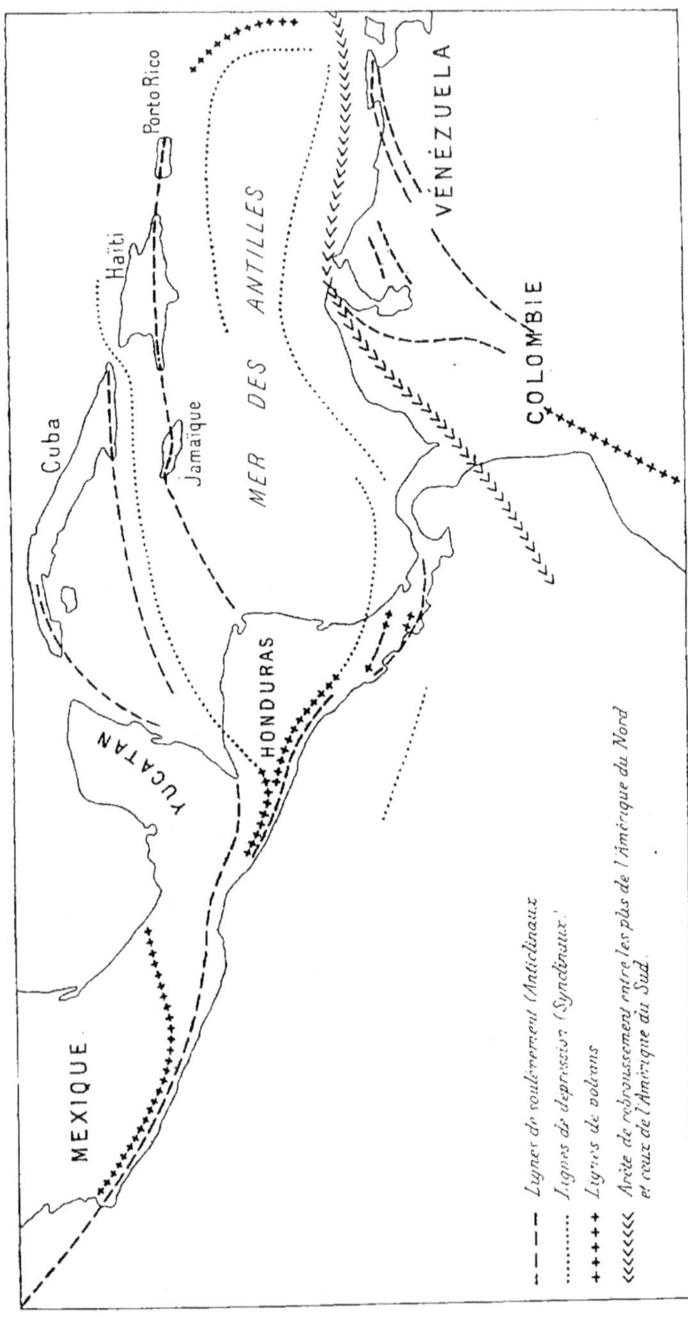

Fig. 63. — Lignes de plissement et volcans de l'Amérique centrale (d'après Marcel Bertrand).

deux groupes. Nous suivrons principalement cet intéressant travail.

Les Grandes Antilles bordent au Nord la Méditerranée Antillienne, ou mer des Caraïbes, et ces îles ont été depuis les temps jurassiques le théâtre de révolutions considérables, qui ont à plusieurs reprises bouleversé leur configuration, les faisant émerger et s'immerger tour à tour, pendant que leurs systèmes montagneux s'édifiaient, se dégradaient et se rajeunissaient de nouveau. Ces transformations successives, à peine terminées actuellement, justifient pleinement, d'une façon générale, leur extrême instabilité.

Il n'est pas du tout certain que les deux îles principales, Haïti et Cuba, possèdent un axe archéen ou paléozoïque, comme on l'avait cru jusqu'à ces dernières années, et il est probable qu'au début de l'époque crétacée, une barrière terrestre, plus orientale que les isthmes centre-américains, séparait les faunes pacifique et atlantique : le socle submergé des Petites Antilles pourrait bien représenter les restes de cet obstacle au mélange des formes de la vie. Les conséquences lointaines de cet ancien état de choses se manifestent encore aujourd'hui par les caractères de la faune abyssale de la mer des Caraïbes, au type plus pacifique qu'atlantique. Au Crétacé supérieur seulement, malgré de nombreuses obscurités de détail, on commence à reconnaître assez exactement la série des événements successifs qui ont amené la configuration actuelle des Indes Occidentales. On va les esquisser rapidement, car ils expliquent bien les tremblements de terre des Antilles par leur grandeur même et le peu de temps écoulé depuis les derniers de ces bouleversements.

A la fin du Crétacé, l'activité volcanique prend un développement considérable, en même temps que le golfe du Mexique s'étend très loin vers le Nord entre la terre appalachienne et celle correspondant à l'emplacement des Montagnes Rocheuses. On ne sait trop encore où prenaient naissance ces phénomènes éruptifs, peut-être au bord méridional d'une grande île Bahama-antillienne. Bientôt après, se produisit une énorme dénudation, et l'épaisseur des dépôts force à conjecturer quelque part l'existence d'une grande surface émergée, qu'on ne peut guère supposer qu'à l'Ouest, dans le Pacifique même. Quoi qu'il en soit, et comme il arrive souvent au sein des géosynclinaux, cette période de sédimentation fut, de l'Éocène à l'Oligocène inférieur, suivie d'une grande submersion qui ne laissait guère émerger que les plus hauts sommets des Grandes Antilles, et dont l'amplitude se manifeste par la présence des boues à globigérines et à radiolaires particuliers aux grands fonds. A cet effondrement succéda pendant l'Oligocène moyen la grande poussée orogénique de plissement à laquelle les Antilles, le Mexique, le Centre-Amérique et le Nord de l'Amérique méridionale doivent leurs principaux traits structuraux. C'est alors que s'édifièrent deux axes montagneux ; celui du Nord comprend les îles Vierges, Porto-Rico, Saint-Domingue, la presqu'île Nord d'Haïti, la Sierra Maestra de Cuba, enfin la ride sous-marine qui, supportant les Caymans et le banc Misteriosa, se dirige vers le fond du golfe de Honduras entre les profondes fosses de Bartlett et du Yucatan ; celui du Sud se détache du premier au massif de Cibao en Saint-Domingue et comprend la presqu'île sud d'Haïti, la Jamaïque, et les bancs San Pedro, Rosalinde et Mosquito, ce dernier contigu au Nicaragua ; le mouvement orogénique est *grosso modo* dirigé E.-W., et il correspond comme âge à la surrection des Pyrénées. Si donc les Antilles en étaient restées là, elles ne seraient probablement pas plus exposées aux tremblements de terre que cette chaîne de l'Europe occidentale. Malheureusement pour elles, d'autres événements plus récents se sont produits, et d'ailleurs il s'y est présenté une particularité qui, à elle seule, aurait peut-être suffi à engendrer l'instabilité actuelle. Elle consiste en ce que, dans les deux Amériques, les masses qui par leur résistance au mouvement orogénique donnèrent lieu au plissement étaient inversement placées, dans l'Atlantique pour l'Amérique du Nord, dans le Pacifique pour l'Amérique du Sud, de telle sorte que leurs axes se dépassaient quelque part en échelon entre les 10e et 25e parallèles et les 75e et 100e méridiens, vaste région comprenant les Indes Occidentales et le Centre-Amérique. Ainsi les Antilles, sous l'influence de ce double mouvement pour ainsi dire contrarié, subirent de ce fait un gigantesque effort de torsion au moment du plissement oligocène.

Les vicissitudes antilliennes ont continué presque jusqu'à nos jours par une série de submersions et d'émersions partielles qui les ont démembrées telles qu'elles subsistent aujourd'hui, et qui sont mises en évidence par l'âge successif des récifs coralliens et des terrasses littorales. Le détail de ces mouvements n'apprendrait rien de plus au point de vue séismologique, et il suffira de noter que ces dénivellations furent d'amplitude décroissante, de sorte que les Grandes Antilles semblent tendre au repos. On va maintenant en étudier les tremblements de terre de l'Est à l'Ouest, en notant que sauf Cuba, instable seulement à ses deux extrémités, toutes ces îles ont subi de graves catastrophes séismiques, et la fréquence des secousses simplement modérées y est partout considérable.

Les îles Vierges, Porto-Rico et Saint-Domingue forment une pre-

mière région d'ébranlement. **Au
Nord, l'isobathe de 4 000 mètres
les suit de très près, en se retour-
nant brusquement à hauteur du
vieux cap Français pour remonter le long des Bahamas ; et justement vers l'Ouest, au delà de
ce point, le littoral septentrional
de Saint-Domingue paraît moins
instable que le reste de l'île. A
hauteur de Porto-Rico, les fonds
s'abaissent jusqu'à 8 000 mètres
dans la fosse des îles Vierges.
Au Sud, la même isobathe de
4 000 mètres de la mer des Caraïbes monte droit au Nord à la
hauteur des îles Vierges, précisément moins stables que les Petites
Antilles, puis suit les côtes pour
redescendre vers le Sud à peu
de distance d'Azua. En résumé,
au Sud comme au Nord, les îles
dont il s'agit forment le sommet
d'un double et raide talus immergé
et strictement limité à elles
seules, si toutefois l'on en excepte
les Bahamas,** que les tremblements de terre n'agitent point
parce que cet archipel est indemne de plissements. Saint-
Thomas est ici le point le plus
exposé. Cette île est accore sur
l'isobathe de 2 000 mètres qui
traverse les îles Vierges, ce qui
aggrave encore l'influence des
pentes extérieures, c'est-à-dire
de l'effondrement et du démantèlement. Leurs séismes sont remarquables par leur intensité et le
nombre des secousses consécutives. Il semble bien que celui du

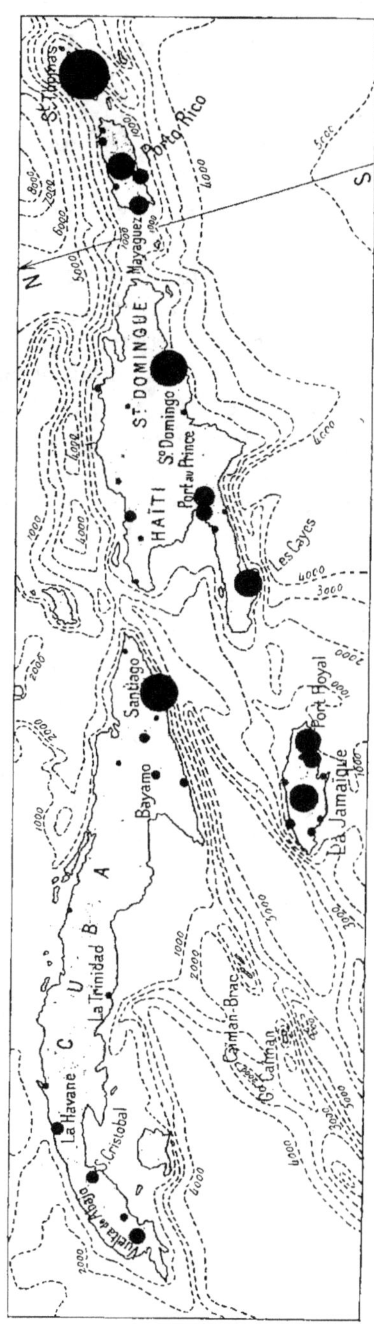

Fig. 64. — Les Grandes Antilles.

8 février 1843, étudié par Sainte-Claire Deville[1], ait eu son origine
en mer et un peu au Nord, et cette conclusion doit d'autant plus
vraisemblablement s'étendre à d'autres tremblements de terre, en
particulier à celui de novembre 1869, si riche en chocs consécutifs,
que des séismes sous-marins ont été signalés en assez grand nombre
dans ces parages.

Avec moins de relief et des couches moins dérangées, Porto-Rico est
un peu plus stable que ses voisines de l'Est et de l'Ouest, et par une
coïncidence qui ne peut être fortuite, Arecibo, la seule ville qui ait
eu vraiment à souffrir, est située sur la côte nord qui confine à
l'abîme de 8000 mètres.

Deux dépressions longitudinales importantes traversent Saint-
Domingue ; celle du Sud, ou le Cul-de-Sac, va de Port-au-Prince à
Azua et Santo Domingo, tandis que celle du Nord correspond à la
vallée du Rio Yaqui, où Altamira et Concepción de la Vega ont
autant souffert que les villes précédentes[2]. Ces deux accidents géographiques correspondent donc à des dislocations qui n'ont pas repris
leur équilibre final.

La branche méridionale des Grandes Antilles est extrêmement
instable aussi. Elle comprend la presqu'île de Jacmel, très rapprochée de l'isobathe de 4000 mètres de la mer des Caraïbes qui, là, est
revenue près du littoral, et l'île de la Jamaïque touchant vers le
N.W. aux fonds de 5000 mètres qui la séparent de Cuba. La catastrophe du 12 juin 1692 à Port-au-Prince est un véritable événement
historique. Le Cul-de-Sac se prolonge jusque-là et y retentit souvent
de bruits séismiques, attestant peut-être la permanence de l'activité
des efforts tectoniques.

Si à la Jamaïque les villes de Port Royal, Kingston et Spanish
Town accaparent de beaucoup le plus grand nombre des séismes
connus de l'île, c'est sans doute uniquement par suite de leur prépondérance politique aux diverses époques de son histoire. Mais de
graves tremblements de terre de Savanna la Mar, près de l'isobathe
de 5000 mètres, doivent suffire à lui faire supposer une séismicité
tout aussi grande.

La chaîne septentrionale des Grandes Antilles débute par la
presqu'île haïtienne de Saint-Nicolas, et, comprenant la Sierra
Maestra de Cuba, se prolonge comme on l'a dit plus haut par les

---

[1] *Observations sur le tremblement de terre de la Guadeloupe le 8 février 1843* (Basse-
Terre, 1843).

[2] G. Agamemnone. Il terremoto di Haïti nella mattina del 29 dicembre 1897 (*Boll. soc.
sism. ital.* 1898 177).

îlots des Caymans et le banc Misteriosa entre des abîmes dont l'un atteint plus de 6 000 mètres. La presqu'île de Saint-Nicolas est plus stable que celle de Jacmel, et elle confine aux Bahamas stables. La Sierra Maestra de Cuba est un mur rectiligne tombant d'un seul jet de 2 300 mètres d'altitude à des fonds de 6 000 mètres, au total une dénivellation de 8 300 mètres que l'on peut compter parmi les plus considérables de celles connues à la surface du globe, au moins avec cette continuité. Santiago de Cuba, juste en face de l'extrémité orientale de la fosse, est très instable, mais on ignore si les tremblements de terre agitent autant la partie orientale de la Sierra, alors que les fonds se relèvent rapidement jusqu'au cap Maisi. En tout cas, Santiago correspond à une percée dans la Sierra Maestra, indice d'importantes dislocations. Les observations manquent pour les Caymans, de sorte que quelques secousses mentionnées ne permettent pas de se prononcer sur leur véritable séismicité. En 1883, des bruits séismiques y ont été entendus et attribués, évidemment à tort, à la fameuse éruption du Krakatoa[1].

Au delà du Rio Cauto vers l'Ouest commence la Sierra de Cumanayagua, que sa constitution géologique a fait considérer comme un quatrième fragment de l'ancienne chaîne démembrée. On a tout lieu de supposer qu'elle est stable, ainsi que le centre de Cuba. Il est très digne d'attention d'observer que cette aséismicité correspond à l'éloignement de l'isobathe de 4 000 mètres, qui ne reparaît que près de Trinidad et de l'île des Pins, cela justement vers le seul foyer d'ébranlement connu dans la partie occidentale de l'île, celui de San Cristobal et de Vuelta Abajo, que Salterrain et Viñes[2] limitent entre les méridiens de Las Mangas et de Santa Cruz de los Pinos.

Le littoral nord de Cuba est rarement ébranlé, ce qui s'explique parce qu'il appartient en partie aux couches tertiaires peu dérangées et aux formations coralliennes récentes des Bahamas parfaitement stables, qui ne font pas plus que cette bande côtière partie du géosynclinal, en tant du moins que théâtre des grands mouvements tertiaires de surrection.

En résumé, la haute séismicité générale des Grandes Antilles est tellement liée au tracé des isobathes qu'on ne peut se refuser à la considérer comme une conséquence des fractures dont les raides talus sous-marins représentent les lèvres. Mais malgré une très intense

---

[1] A. Forel. Bruits souterrains entendus le 26 août 1883 dans l'îlot de Caiman-Brac (*C. R. Ac. Sc. Paris*. C, 755, 1885). — *Id.* L'éruption du Krakatoa entendue jusqu'aux antipodes (*La Nature*, 9 mai 1885. Paris).

[2] Ligera reseña de los temblores ocurridos en la isla de Cuba (*Boll. Com. del Mapa geol. de España*, X, 371, 1883).

navigation, depuis quatre siècles, on ne connaît pour ainsi dire pas
de séismes sous-marins dans la mer des Caraïbes, tandis qu'ils sont
fréquents dans l'Atlantique à l'extérieur de l'arc Antillien, ainsi que

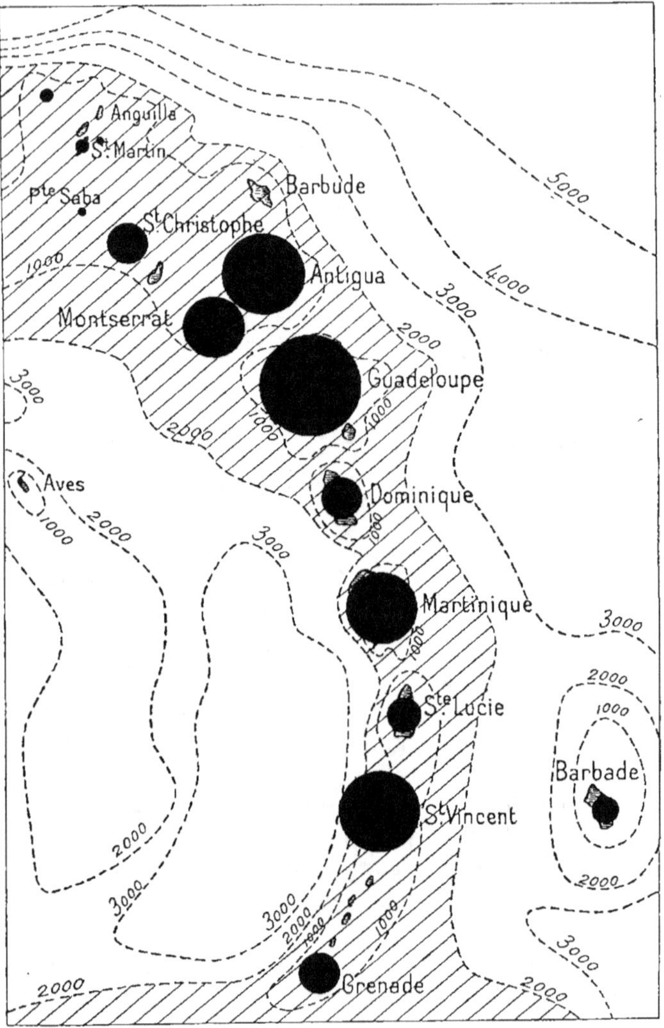

Fig. 65. — Les Petites Antilles.

les vagues séismiques en bien des points des côtes : tout autour de
la Jamaïque, littoral nord de Porto-Rico et archipel des îles Vierges.
Il faut donc admettre que le mouvement d'effondrement est complètement éteint dans la mer des Caraïbes, mais qu'il se perpétue dans

l'Atlantique, et aussi que peut-être un mouvement positif ou négatif des Grandes Iles se continue. Il faudrait avoir des tracés d'isoséistes pour s'orienter dans ces considérations encore bien hypothétiques.

Les manifestations volcaniques récentes ont été à peu près nulles dans ces terres, contrairement au rôle important qu'elles y ont joué au commencement du Tertiaire.

Les Petites Antilles, îles Caraïbes ou du Vent, ferment à l'Est la Méditerranée américaine par une courbe presque ininterrompue, dont la légère convexité est tournée vers l'Atlantique. Elles reposent sur une étroite plate-forme située à 2 000 mètres de profondeur, et qui surgit elle-même des abîmes de l'Est et de l'Ouest ; on est en droit de les regarder comme un reste de l'antique barrière entre les deux océans, et dont l'îlot d'Aves serait peut-être la dernière relique émergée. Au point de vue géologique, ces îles sont de deux types bien différents, le type exclusivement volcanique ou caraïbe, comme la Martinique, et le type sédimentaire ou antillien, comme la Barbade ; quelques-unes d'entre elles participant de l'une et de l'autre structure, comme Antigua. La Guadeloupe est formée de deux îles accolées, la Basse Terre et la Grande Terre, respectivement volcanique et sédimentaire. Au point de vue de la situation, l'archipel peut se diviser en deux ceintures : l'intérieure, presque exclusivement volcanique (Saba, Saint-Eustache, Saint-Christophe, Nevis, Montserrat, Basse Terre de la Guadeloupe, la Dominique, la Martinique, Sainte-Lucie, Saint-Vincent, les Grenadines, la Grenade) comprend les sommets les plus récents et les plus élevés de la chaîne ; l'extérieure est sédimentaire et volcanique tout à la fois (Sombrero, Dog, Anguilla, Saint-Martin, Saint-Barthélemy, Antigua, la Grande Terre de la Guadeloupe, Marie Galante, la Désirade) ; la Barbade est à part.

Les premières ont été édifiées par les évents volcaniques en activité depuis le commencement du Tertiaire, mais qui, presque complètement éteints au Pléistocène, en sont maintenant réduits, pour la plupart, à la phase solfatarienne ; les secondes ne sont en réalité que des fonds marins, amenés au jour par surrection à la faveur d'une cassure, probablement représentée par le talus atlantique bien plus accentué que la pente caraïbe. C'est donc du côté extérieur qu'il faut s'attendre à voir prédominer l'instabilité séismique. Cette suggestion est corroborée, dans une certaine mesure, par l'absence de secousses sous-marines dans la Méditerranée antillienne, tandis que ces parages de l'Atlantique en ont fourni un assez grand nombre ; mais les îles des deux ceintures sont trop rapprochées les unes des autres pour que les observations aient pu mettre nettement en évidence cette supposition. Il faudrait des tracés d'isoséistes qui manquent encore. En tout cas, la cassure est assez profonde et assez récente, pléistocène ou peut être même actuelle, pour qu'en l'absence de poussée orogénique et de plissement l'archipel des Petites Antilles soit fréquemment ébranlé.

On y a éprouvé un certain nombre de tremblements de terre fort sévères et même destructeurs, mais pour se faire une idée exacte de la véritable séismicité, il faut tenir compte de l'extrême incohérence des matériaux volcaniques dont les îles du type caraïbe, dans le sens que Hill a donné à ce terme, sont à peu près exclusivement composées ; sans aucun doute, plusieurs de leurs séismes graves auraient passé à peu près inaperçus dans les Grandes Antilles, incomparablement mieux assises sur leurs sédiments ou leurs produits éruptifs massifs beaucoup plus résistants que les cendres ou les tufs volcaniques de leurs petites voisines. Il faut ajouter aussi que, dans ces dernières, il s'est produit des séries d'innombrables, mais faibles secousses, qui donnent l'impression, contraire à la réalité, qu'elles sont plus instables que les grandes terres de l'Ouest.

La question des ruptures de câbles sous-marins par tremblements de terre est d'un grand intérêt, tant pratique que théorique. Nous avons étudié le premier point de vue dans un travail purement technique [1], et nous étions arrivés à cette conclusion, conforme à l'avis des ingénieurs de la Compagnie française des câbles télégraphiques, que seuls des tremblements de terre d'une intensité particulièrement violente peuvent briser des objets d'une aussi grande élasticité, construits suivant une forme et essayés sous une résistance telles qu'une rupture exige un effort d'une brusquerie et d'une grandeur considérables. Cependant ces accidents sont fréquents et on les explique comme on peut, par leur frottement répété sur des arêtes vives de rochers lors des vibrations séismiques du fond de la mer, par la formation d'affaissements de grande largeur et alors le porte-à-faux du câble le fait rompre sous son poids, enfin par enfouissement sous des quartiers de roches apportés par les courants de profondeur, les icebergs, ou l'écroulement par tremblements de terre de raides talus sous-marins. Cela équivaut à faire dans chaque cas particulier une hypothèse que les opérations de relèvement sont le plus souvent impuissantes à vérifier. Conformément aux vues de W. G. Forster, ingénieur des câbles helléniques, Milne a cherché à mettre en relation les ruptures de câbles de ces dernières années, et

[1] L'art de construire dans les pays à tremblements de terre (*Beiträge zur Geophysik.*, VII, 137 Leipzig, 1904).

sur toute la surface du globe [1], avec les tremblements de terre ressentis dans les régions voisines, soit simultanément, cas très rare, soit dans le cours d'un intervalle de temps plus ou moins long et variant de quelques heures à une journée, soit en coïncidence plus ou moins approchée avec des tracés de séismogrammes correspondant à des télésismes observés dans des stations séismographiques souvent fort éloignées des mers où ces ruptures s'étaient produites, et lors même que les côtes voisines sont connues pour leur immunité séismique. C'est dire combien les recherches de Milne paraissent peu probantes quant au rôle qu'il veut faire jouer aux tremblements de terre dans ces phénomènes de rupture, sauf dans quelques cas particuliers de coïncidence manifeste. Les éruptions de la Martinique et de Saint-Vincent en 1902 ont donné à Lacroix [2] l'occasion d'étudier ces intéressants phénomènes.

Ce savant a commencé par compléter, au moyen de documents fournis par les Compagnies française et anglaise des câbles télégraphiques, la liste des ruptures qui se sont produites en 1902 autour des Petites Antilles et qui ont été publiées dans le rapport de la commission anglaise sur l'éruption de la Soufrière de Saint-Vincent [3].

Le plus grand nombre de renseignements ont été fournis à Lacroix par Brown, secrétaire de la *West India and Panama Telegraph Company*.

Il résulte de ces investigations qu'aucune rupture n'a coïncidé réellement aux alentours de la Martinique avec une quelconque des rares et faibles secousses ressenties dans cette île pendant l'année 1902; que les secousses de Saint-Vincent ont été toutes localisées autour de la Soufrière et ne peuvent donc être mises en cause; que si les opérations de repêchage des câbles, exécutées en vue de leur réparation, ont bien constaté qu'ils étaient souvent enfouis sous d'énormes quantités de matériaux divers, cendres, lapillis, boues, roches, arbres même, apportés au loin en mer par les torrents causés par les éruptions de la Montagne Pelée, ces phénomènes accessoires et consécutifs avaient toujours eu lieu plusieurs heures après les ruptures constatées; et qu'enfin des éruptions sous-marines ne peuvent être invoquées non plus, car aucune n'a été constatée scientifiquement, et que dans un seul cas, d'ailleurs douteux, le câble à réparer aurait été retiré chaud.

[1] Third Report of the Committee on seismic investigation (*Brit. Ass. for the Adv. of Sc., Bristol Meeting*, 1898, 292).

[2] *La Montagne Pelée et ses éruptions* (Paris, 1905).

[3] Tempest Anderson et Flett. Report on the eruption of the Soufrière in Saint Vincent 1902 and on a visit to Montagne Pelée in Martinique (Part I. *Phil. Trans. of the Roy. Soc. London. Series A. CC. 353*).

En résumé les causes de rupture des câbles télégraphiques sous-marins restent bien mystérieuses, et il était nécessaire de montrer au moyen des seules études directes et sérieuses faites jusqu'à présent, que les vues de Forster et de Milne à ce sujet ne sont rien moins que prouvées, non plus que les conséquences déduites par ce dernier sur la répartition générale des régions à tremblements de terre à la surface du globe, et en particulier des océans.

On ne manquera pas de remarquer le contraste frappant qu'ont présenté les deux éruptions presques simultanées de 1902 au point de vue des phénomènes séismiques : insignifiants dans l'île française, ils ont été nombreux, mais faibles dans l'île anglaise.

La Barbade forme un petit monde géologique à part, différant des Antilles aussi bien que de l'Amérique du Sud. Elle semble appartenir à une ride atlantique submergée et les tremblements de terre autochtones y sont peu fréquents.

La séismicité des Antilles s'étend aux régions environnantes, Centre-Amérique et Nord de l'Amérique méridionale. La Méditerranée caraïbe terminant à l'Ouest la série des dépressions instables qui se succèdent presque sans interruption depuis les îles de la Sonde par le golfe Persique, la Mésopotamie et la Méditerranée, il serait d'autant plus étrange qu'il en fût autrement, qu'elle appartient en même temps aux deux géosynclinaux dont elle forme le nœud de croisement, et qu'elle a subi les vicissitudes tertiaires les plus récentes.

2. — Le Centre-Amérique.

Le Centre-Amérique, compris entre les grandes chaînes des Andes et des Montagnes Rocheuses, s'étend entre les isthmes du Darien et de Tehuantepec, et il semble avoir constitué jadis trois grandes îles inégales, séparées entre elles et d'avec les deux masses continentales du Nord et du Sud par les détroits, maintenant exondés, de Tehuantepec, Nicaragua, Panama et Darien. Ces pays sont très exposés aux éruptions volcaniques, et les catastrophes séismiques ne s'y comptent pour ainsi dire plus ; l'histoire de ces événements est maintenant bien connue [1]. Il manque cependant à la recherche des causes d'instabilité des tracés d'isoséistes et de sérieuses déterminations d'épicentres, ce qu'aggrave encore l'absence d'explorations géologiques détaillées.

[1] De Montessus de Ballore. *Tremblements de terre et éruptions volcaniques au Centre-Amérique* (Dijon, 1888).

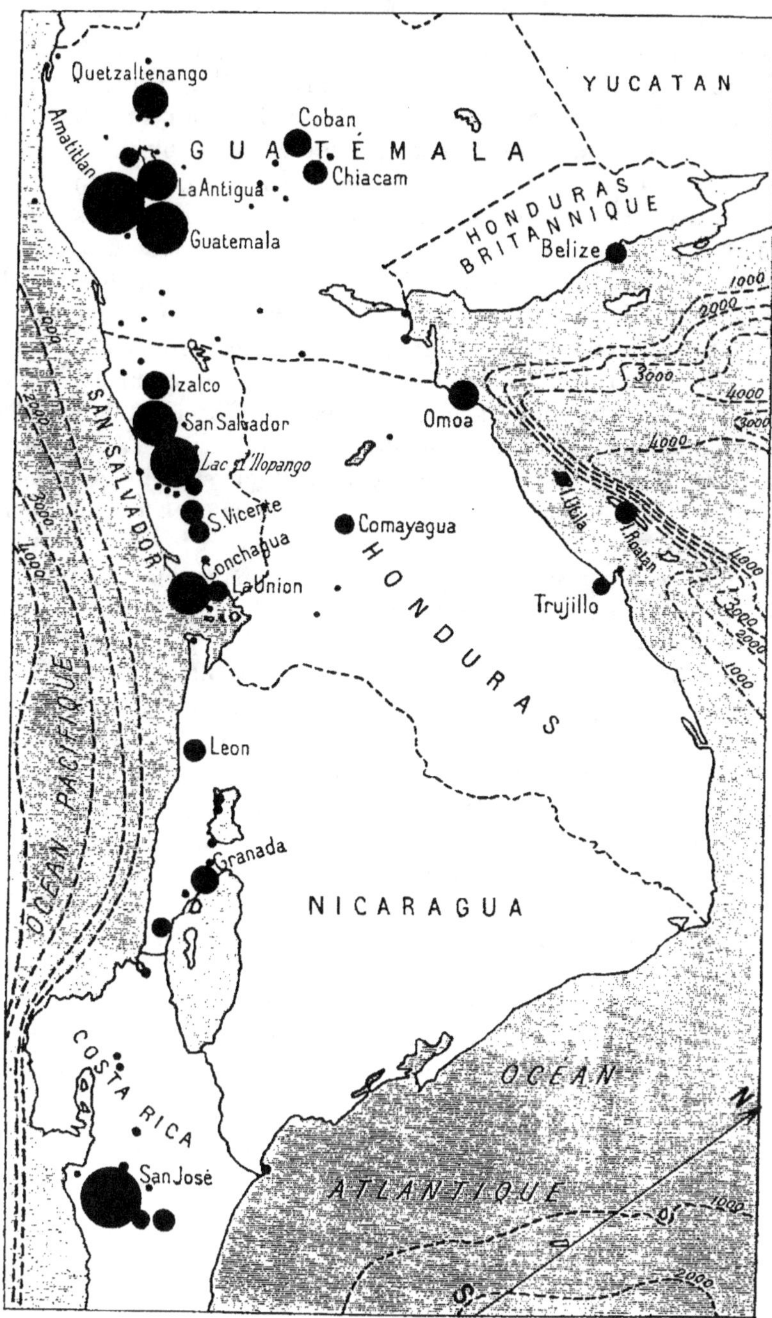

Fig. 66. — Le Centre-Amérique.

D'une façon générale, le versant Pacifique est le seul instable, quoique l'isobathe de 4000 mètres ne suive ce littoral qu'à quelques 200 kilomètres, et le versant opposé, descendant en pente douce sur la mer des Antilles, est au contraire d'une remarquable stabilité.

Le Yucatan est une grande dalle de calcaire tertiaire, frangée de Quaternaire, et restée horizontale, non plissée et sans grands dérangements. Sa constitution est karstique, et ses *Cenotes* correspondent aux dolines des Alpes orientales. Ignorant les tremblements de terre, elle participe au repos séismique de la Floride et des Bahamas avec lesquelles elle formait naguère un ensemble, simplement morcelé, récemment, le long de cassures franches représentées par les fonds de 2100 mètres qui la séparent de l'extrémité occidentale de Cuba, et ceux de 3 500 mètres de la Méditerranée mexicaine. L'absence de tout plissement tertiaire rend bien compte d'une stabilité qui s'étend aussi au Tabasco, où règnent à peu près les mêmes circonstances géologiques.

Le Centre-Amérique s'étend au Nord jusqu'à l'isthme de Tehuantepec et par conséquent le Chiapas, tout au plus pénéséismique, doit être considéré comme lui appartenant. San Juan Bautista et San Cristobal forment un médiocre foyer d'ébranlement, qu'expliquent le relèvement et les dislocations consécutives des sédiments secondaires contre la Cordillère longitudinale archéenne, ou Sierra Madre, du Centre-Amérique [1]. Le désastre qu'aurait en 1828 produit un tremblement de terre à Villa Hermosa et Tacotalpa paraît peu authentique ; c'est sans doute quelque séisme simplement sévère, considérablement exagéré ; en tout cas on n'y connaît aucun autre fait de ce genre.

Depuis les voyages de Karl Sapper [2], on commence à comprendre les grandes lignes, déjà esquissées par Dollfus et de Montserrat [3], de l'orographie et surtout de l'histoire géologique du Guatemala. Une chaîne archéenne et primaire forme entre le golfe de Honduras et le Chiapas un arc à grande courbure, pénétré par le sillon des vallées des Rios Motagua et Chiapas, divergeant en sens inverse des Altos de Huehuetenango, Quiché et Alta Vera Paz ; ce versant, d'abord très tourmenté le long du massif, est composé de bandes

---

[1] E. Böse. Los temblores de Zanatepec, Oaxaca, á fines de Septiembre de 1982 (*Parergones del inst. geol. de México*, I, 1, 1903).

[2] Grundzüge der physikalischen geographie von Guatemala (*Petermann's geogr. Mitth.*, Gotha, 1894, Erg.-helft N° 113). — *Id. In den Vulkangebieten Mittelamerikas und Westindiens.* Reiseschilderungen und Studien über die Vulkanausbrüche der Jahre 1902 bis 1903, ihre geologischen, wirtschaftlichen und sozialen Folgen (Stuttgart, 1905).

[3] Voyage géologique dans les Républiques de Guatemala et du Salvador (*Mission scientifique au Mexique et dans l'Amérique centrale. Géologie*, Paris, 1868).

étroites et très disloquées de sédiments paléozoïques, mais d'âge encore mal défini. Le Péten, relativement peu accidenté et aux longues ondulations, est formé de couches crétacées et tertiaires largement étalées, dont il est inutile de parler davantage, les séismes y paraissant inconnus, vraisemblablement en raison même de la douceur des ondulations de son relief.

Le Bélize, ou Honduras britannique, est le théâtre de quelques secousses autochtones, plutôt faibles et rares. On ne peut à leur sujet que rappeler la raideur avec laquelle cette côte est coupée du côté de Cuba, sans oublier cependant que cette circonstance lui est commune avec le Yucatan si stable.

Par contre le fond du golfe Amatique est certainement assez exposé. Sans compter le contre-coup des grands tremblements de terre venant du Guatemala, on connaît un certain nombre de chocs à Livingston, Santo Tomas, Trujillo et l'île de Roatan, et en 1856 Omoa a souffert notablement. Or cette côte correspond à divers accidents importants : la dépression du lac d'Yzabal, ouverte au pied de la Sierra del Mico, se déverse dans l'Atlantique par le Rio Dulce au travers d'une petite chaîne, crétacée et tertiaire, parallèle au rivage du fond du golfe entre Sarstoon et Puerto Barrios, et qui, tout à fait indépendante du système orographique du Guatemala central, doit son origine à une poussée récente. Cette côte montre des traces d'affaissement moderne, depuis les temps historiques ; enfin et surtout, les petites îles de Roatan et d'Utila sont implantées sur le raide et profond talus prolongeant jusque-là les hauts fonds qui représentent la chaîne médiane des Grandes Antilles (Sierra Maestra de Cuba et Caymans), que les tremblements de terre ébranlent si gravement dans sa partie orientale. Il ne manque donc pas, au voisinage du golfe de Honduras, de causes probables d'instabilité, sans qu'il y ait à faire appel aux dislocations du synclinal du Motagua, accident trop ancien pour cela.

Ce versant septentrional du massif guatémaltèque présente autour de Coban, dans le département de l'Alta Vera Paz, une région au moins pénéséismique, mais dont l'étendue réelle est encore tout à fait imprécise. Tout ce qu'on en peut dire, d'après Sapper, c'est que non loin de là, et au Nord de la Sierra de Pocolhà, les couches crétacées sont disposées en petites chaînes très plissées et faillées, et que le Tertiaire s'y montre en petits bassins, allongés suivant la même direction E.-W. Le même explorateur[1] pense que certaines de ces

[1] Ueber Erderschütterungen in der Alta Vera Paz, Guatemala (*Zeitschr. d. deutsch. geol. Ges.*, XLVII. 832).

secousses pourraient être produites par des éboulements de dolines, mais il a bien soin d'ajouter qu'il n'a pas de preuves de fait à donner à l'appui de cette opinion, que nous avons eu bien des fois l'occasion de montrer inadéquate aux effets à expliquer ; en tout cas, il se trompe certainement lorsqu'il assimile ces circonstances séismogéniques à celles du Tabasco, puisque le sol ne tremble pas dans cet État mexicain, couvert par des formations tertiaires restées horizontales[1].

Dès les époques les plus reculées, et peut-être sans discontinuité, les forces internes se sont donné libre carrière sur le flanc pacifique de l'ancienne Sierra Madre guatémaltèque pour lui élever un rempart de roches éruptives de tous les âges, granites, diorites et diabases, plus tard porphyres, andésites, trachytes et basaltes, que couronnent maintenant les plus récents cônes volcaniques actifs ou éteints. Il est bien certain aussi que l'activité éruptive a été extrême dans tout le Centre-Amérique à la fin du Crétacé et au commencement du Tertiaire, en même temps d'ailleurs que dans les Antilles, et antérieurement au grand plissement qui, à l'Oligocène moyen, a érigé les rides montagneuses des Indes Occidentales. Ce mouvement, qui explique au moins en partie l'instabilité de celles-ci, s'est-il étendu à l'Amérique centrale ? C'est fort probable, mais la géologie n'en est pas encore assez avancée pour que l'on puisse l'affirmer pour d'autres régions d'ébranlement que celle de l'Alta Vera Paz.

Le versant pacifique du Guatemala est très exposé aux tremblements de terre, et c'est sans hésitation que les observateurs ont considéré ceux-ci, sans plus de détails, comme d'origine volcanique. La question vaut qu'on s'y arrête. La ligne volcanique commence en réalité dans le Salvador, à l'Izalco, assez brusquement né en 1770, et se développe en ligne droite de direction S.E.-N.W., jusqu'au Tacanà sur la frontière mexicaine. A l'Izalco, elle pousse vers le Nord une branche plus petite, éteinte au moins depuis la conquête espagnole. Sur toute son extension, elle comporte trois districts séismiques bien distincts : au Nord celui de Quetzaltenango-Sololà, avec les volcans actifs de Santa Maria et Atitlán ; au Sud le Santa-Ana et l'Izalco près de Sonsonate ; enfin au Centre celui de Guatemala, le plus dangereusement exposé de tous, avec les volcans actifs de Fuego et du Pacaya. Tous les autres évents sont au contraire éteints, quand leur activité ne se borne pas à quelques simples

<hr>

[1] Th. Laguerenne. Estado de Tabasco. Descripción topográfica (*Mem. Soc. cient. Antonio Alzate*, XVII, 125, México. 1902).

fumées. Cette disposition semblerait donc appuyer l'origine volcanique des trois régions séismiques. En effet, l'on ne saurait arrêter la ligne éruptive à l'Izalco ; tout démontre qu'elle ne diffère en rien de celle du Salvador, du Nicaragua et du Costa-Rica même. On arrive alors à San Salvador, au pied du volcan éteint du même nom et non loin du lac d'Ilopango, au centre duquel s'est formé un éphémère volcan en 1879-80. Cette ville, dont les catastrophes ne le cèdent en rien, comme nombre et violence, à celles de Guatemala, donnerait raison à la théorie volcanique, si, bien plus près du volcan, ne se trouvait Santa Tecla, toujours indemne de tremblements de terre sévères. Plus loin encore, San Vicente, au pied du Chichontepec, depuis les temps historiques complètement inactif et réduit à l'état de solfatare, a eu des tremblements de terre sérieux. San Miguel a tout autant souffert des séismes que des éruptions de son volcan, et La Union est certainement beaucoup moins exposée, quoique située au pied même du Conchagua, dont on connaît une éruption, et non loin du Coseguïna, qui, de l'autre côté de la baie de Fonseca, a eu, en 1835, une des plus violentes explosions, d'ailleurs unique, dont l'histoire fasse mention, et tout à fait comparable à celle du Krakatoa en 1883. Au Nicaragua, le Las Pilas, surgi en 1850, le Masaya et l'Omotepec sont ou ont été actifs, mais l'instabilité des villes de Léon, Granada et Rivas est déjà fort atténuée, quoique encore notable. Enfin au Costa-Rica, San José et Cartago complètent, au pied du Poas et de l'Irazù à l'activité intermittente, la série des districts à catastrophes séismiques. Si donc au Chili l'indépendance entre les phénomènes volcaniques et séismiques est patente, ici elle est beaucoup moins nette, et ne saurait résulter du parallèle qui vient d'être établi entre les deux ordres de faits. Mais personne n'a voulu voir que le littoral des quatre républiques est très stable, à peine ébranlé de temps à autre par quelques secousses propres, si l'on néglige les chocs venant de l'intérieur, de sorte que de la frontière du Mexique à celle de la république de Panama, l'instabilité règne sur le flanc interne de la Cordillère côtière et volcanique, à la presque exclusion de son versant maritime. Cette observation suffit à elle seule pour faire considérer les tremblements de terre de la côte du Pacifique comme tout à fait indépendants des manifestations volcaniques, puisqu'ils se restreignent au seul versant interne de la chaîne éruptive ; il est évident que si ces séismes étaient d'origine volcanique, ils ébranleraient également les deux versants.

Cette stabilité de la côte n'est pas absolue, cependant. Le grand tremblement de terre de Quetzaltenango, du 18 avril 1902, a bien eu, d'Amatitlan au Tacanà, et plus loin encore dans le Mexique, son aire dévastatrice, allongée sur la ligne éruptive ; mais faiblement ressenti sur toute la plaine quaternaire littorale, il a été assez violent au port d'Ocos pour y produire de tels dégâts et laisser des traces si marquées de ses ondes sur le sable du rivage, que Sapper[1] a été amené à lui supposer une origine voisine de ce port et, faisant du phénomène une conséquence de l'affaissement de la côte, il a étendu cette conclusion à la secousse qui s'y était fait sentir le 18 janvier précédent, cette fois à l'exclusion de Quetzaltenango. Par contre, Deckert[2] regarde ces deux séismes comme des tremblements de terre de relai de celui de Chilpancingo (Mexique) du 16 janvier. Cette opinion est inadmissible, à cause de la distance et aussi du peu d'importance de cette dernière secousse. Enfin les journaux ont fait mention de vagues séismiques le long de la côte du Salvador, le 21 février 1902. Ainsi donc, si l'isobathe de 4000 mètres représente un accident tectonique, ce qui est d'ailleurs bien probable, son influence séismogénique directe n'en est pas moins à peu près nulle.

Reste donc l'hypothèse que la zone volcanique, si exposée aux tremblements de terre, mais presque exclusivement du côté interne, correspond en même temps à une grande dislocation, complètement masquée par l'accumulation des produits éruptifs. Cette supposition n'est pas tout à fait gratuite. En effet, l'épaisseur des dépôts crétacés supérieurs dans les Indes Occidentales est telle, ainsi qu'on l'a vu plus haut, que Hill a été amené très plausiblement à admettre l'existence de quelque grande terre dans l'Ouest, sur l'emplacement actuel du Pacifique, au large du Centre-Amérique, et suffisamment étendue pour fournir par sa dégradation la quantité nécessaire de matériaux détritiques d'origine terrestre. Cette surface continentale se serait effondrée entre l'Éocène supérieur et l'Oligocène, comme dans les Antilles. Il résulte de la structure actuelle que ce dernier mouvement se serait effectué en deux gradins, l'isobathe de 4000 mètres, devenue stable, et la dislocation supposée cachée sous la bande volcanique, de sorte que les tremblements de terre résulteraient d'un reste de mobilité de la lèvre du massif central, puisque c'est de ce

---

[1] Das Erdbeben in Guatemala vom 12 April 1902 (*Petermann's geogr. Mitth.* XLVIII, 1902.193).

[2] Die Erdbebenherde und Schüttergebiete von Nord-America in ihren Beziehungen zu den morphologischen Verhältnissen (*Zeitschr. d. Ges. f. Erdkunde zu Berlin*, 1902, n° 5 367).

côté seulement qu'ils se manifestent. Le plissement tertiaire n'a pas eu lieu, contrairement à ce qui s'est passé aux Antilles, et, par suite, on ne voit pas bien comment on pourrait expliquer autrement les séismes dont il s'agit.

Il faut noter, à titre de simple indication sur la possibilité de trouver aux environs de Guatemala des dislocations locales capables d'en expliquer la séismicité, que près de cette ville se rencontrent des couches primaires très relevées et pincées entre le granite et les roches éruptives, de sorte qu'on se trouve là en présence d'un ancien géosynclinal.

Il serait exagéré de dire que les tremblements de terre du Centre-Amérique sont toujours indépendants des phénomènes volcaniques. C'est ainsi que les innombrables secousses du lac d'Ilopango étaient, en 1879-1880[1], en relation manifeste avec les éruptions de l'éphémère volcan surgi en son milieu.

Les lacs de Managua et de Nicaragua n'ont aucune importance tectonique pouvant leur faire jouer un rôle séismogénique, car ils résultent uniquement d'un barrage par des épanchements volcaniques. Ce pays reste donc, en réalité, formé par une douce déclivité partant du rebord abrupt de la Mosquitie, et que masque seulement le bourrelet volcanique adventif. Mais, d'un autre côté, les courtes et sèches vallées de la côte du Pacifique se prolongent loin sous l'océan, en y conservant le caractère de fjords dont la profondeur dépasse 300 mètres. Cette curieuse structure est l'indice d'un assez récent mouvement de descente, qui pourrait bien n'être pas étranger aux séismes de ce pays.

Les recherches de Pittier[2] sur les tremblements de terre du Costa-Rica n'ont apporté aucune lumière sur leur genèse.

La Mosquitie n'est guère troublée que par quelques rares séismes de Greytown, ou San Juan del Norte, et il en est de même pour tout l'isthme montagneux et archéen du Costa-Rica méridional et du Veragua.

La stabilité de l'isthme de Panama a une importance capitale au point de vue de l'avenir du canal interocéanique ; aussi s'en est-on beaucoup préoccupé[3]. Elle est réelle, et les observations montrent que

---

[1] E. Rockstroh. *Informe de la Comisión científica del Instituto nacional de Guatemala para el estudio de los fenómenos volcánicos en el lago de Ilopango* (Guatemala, 1880). — W. A. Goodyear. *Earthquake and volcanic phœnomena of December 1879 and January 1880 in the Republic of Salvador* (Panama, 1880).

[2] *Fenómenos sísmicos en Costa Rica en 1889*. Apuntamientos sobre el clima de Costa Rica (San José, 1890).

[3] M. Bertrand et Ph. Zurcher. Les phénomènes volcaniques et les tremblements de

trois à quatre secousses autochtones annuelles ne sont pas pour les faire redouter. On n'y connaît aucun tremblement de terre simplement sévère, circonstance tout à l'avantage du choix de cet isthme, à peine pénéséismique. Cette immunité ne résulte pas de ce que l'activité volcanique a cessé depuis la fin du Miocène, mais seulement de ce que l'isthme forme une voûte très surbaissée dont l'exondation, pour récente qu'elle soit, résulte de mouvements à grand rayon de courbure, n'ayant pas donné lieu à un relief bien accentué, d'où l'absence de grandes dislocations; c'est aussi que la poussée orogénique des Indes occidentales a été ici incapable d'ériger une véritable chaîne plissée et que le géosynclinal en est fort éloigné; l'isthme est, en effet, tout entier compris dans l'intérieur de la courbe que décrit le grand accident vers l'Est, pour passer sur les Petites Antilles et revenir au Centre-Amérique par les grandes îles.

terre de l'Amérique centrale (*Compagnie nouvelle de Panama. Rapport de la commission,* Annexe II, 107, Paris, 1899).

CHAPITRE XXII

MONTAGNES ROCHEUSES ET DÉPENDANCES

1. — Le Mexique.

Sauf pour le détail, la séismologie du Mexique est bien connue maintenant, surtout en ce qui concerne toute la partie centrale du pays, depuis la publication du grand catalogue d'Orozco y Berra[1] des tremblements de terre signalés depuis la conquête. La Société Antonio Alzate a publié les séismes de 1889-90[2], et l'Observatoire central de Mexico continue depuis cette époque pour les secousses qui lui sont signalées par ses nombreux correspondants disséminés sur toute la surface du pays[3]. Il n'en est pas de même pour la géologie, encore bien obscure, même pour le centre, et il reste certains problèmes géographiques à élucider. Dans ces conditions, il ne faut pas s'attendre à trouver des tremblements de terre mexicains une explication suffisante, en dehors du fait d'ordre général que ce pays appartient au géosynclinal circumpacifique pour la plus grande partie de sa surface, en particulier pour tous ses territoires instables, qui comptent parmi les plus éprouvés du monde. On en va faire la description du Nord au Sud.

La presqu'île de la Vieille (ou Basse) Californie est une longue arête granitique et schisteuse, à pentes douces sur l'océan, et que borde un abrupt sur l'étroit et peu profond golfe de Californie, ou mer Vermeille. Lindgren[4] a bien mis en évidence qu'elle ne prolonge pas géologiquement les Coast Ranges de la Californie proprement dite,

---

[1] Efemérides sísmicas mejicanas (*Mem. Soc. cient. Antonio Alzate*, I. 303, México, 1887). — *Id.* Adiciones á las ef. sism. mej. (*Id.*, II, 253, 1888-89).

[2] Puja y Santillán Aguilar. Catálogo de los temblores de tierra y fenómenos volcánicos verificados en la Ra Mejicana durante el año de 1889, de 1890 (*Id.* II, 111).

[3] *Boletín mensual del observatorio meteorológico, magnético central de México* (sous les rubriques : Sismología ; Vulcanología).

[4] W. Lindgren. Notes on the Geology of Baja California (*Proceed. Calif. Ac. Sc.*, I, 173).

mais bien la Sierra Nevada. Quelques lambeaux de grès crétacés à *Coralliochama* recouvrent des diorites et des porphyres. Leur peu d'inclinaison paraît indiquer une absence de plissements qui justifierait la stabilité de la presqu'île, où de rares séismes se font seulement sentir dans une petite aire d'ébranlement s'étendant de Loreto à Moleje, précisément du côté de l'abrupt intérieur. On a bien parlé d'une faille longitudinale, ayant facilité la production des phénomènes volcaniques de Las Virgenes, mais si un tel accident existe réellement, il est visible qu'il s'est stabilisé. Au Nord, Descanso et Santo Tomas ressentent des secousses venant de San Diego, centre séismique important de la Californie proprement dite. Si l'arête de la presqu'île représente la Sierra Nevada fortement abaissée, la mer Vermeille doit par conséquent correspondre de son côté à la dépression, ici submergée et très rétrécie, du Grand Bassin du Lac Salé de l'Utah, dont elle partage la stabilité, et dès lors les séismes de Loreto et de Moleje, le long de l'escarpement interne, seraient les homologues bien diminués de ceux de la faille du versant oriental de la Sierra Nevada, se prolongeant au Sud par cet abrupt. Les secousses de Todos Santos ressortissent sans doute au foyer séismique important de Fort Yuma, et on les a mises en relation avec les phénomènes volcaniques plus ou moins authentiques du bas Colorado, et aussi, avec plus de vraisemblance, avec un système de failles parallèles.

La masse continentale mexicaine est bordée à l'Ouest par la Sierra Madre occidentale, dont les roches anciennes ou cristallines font suite aux roches similaires des chaînes de l'Arizona, et son émersion est certainement de date très reculée. Dans le Nord surtout, les produits éruptifs prennent un imposant développement, trachytes, rhyolites, dolérites, basaltes, etc., vraisemblablement de date tertiaire ou crétacée supérieure comme dans les Antilles, et masquant les gneiss et les schistes cristallins qui se montrent à découvert entre les 27e et 22e parallèles. La Cordillère cristalline est généralement assez stable. Sur la frontière, elle présente à Nogales un foyer d'ébranlement, plus souvent que gravement secoué, et continuant celui de Tucson dans l'Arizona. Le 3 mai 1887, un violent tremblement de terre, suivi de nombreux chocs consécutifs, a eu pour centre Bavispe, ou Moctezuma; il a été extrêmement sévère, presque destructeur même, et ses isoséistes, de forme très allongée et dont l'axe coïncidait bien avec celui de la Sierra Madre, se sont étendues jusqu'au Mexique central et loin dans le N. W., en Californie. Cette diposition suffit à en faire un séisme d'origine tectonique.

C'est du reste l'opinion d'Aguilera[1] qui, dans une importante étude sur ce séisme, conclut en l'attribuant à une dislocation des roches éruptives anciennes recouvertes par les formations quaternaires. Il va même jusqu'à ne pas croire terminée encore la surrection de la Sierra Madre occidentale et à lui enlever le caractère volcanique qu'on a voulu lui attribuer, mais Sterry Hunt et James Douglas[2] ont réduit à leur véritable valeur les phénomènes éruptifs signalés dans le voisinage, et qu'ils regardent comme de simples incendies de forêts. En 1897, un autre tremblement de terre a présenté la même forme d'isoséistes, mais avec son foyer beaucoup plus au Sud[3]. On est donc bien assuré que les mouvements orogéniques se perpétuent le long de la Cordillère, et peut-être sont-ils la continuation de ceux qui ont facilité la sortie des produits éruptifs par des fractures.

Guaymas et Hermosillo ont été le siège de quelques tremblements de terre dont les axes des isoséistes paraissent avoir été perpendiculaires à la chaîne. Quoiqu'ils n'aient pas été signalés dans la basse Californie, où ils échappent facilement à l'observation, ils auraient eu leurs épicentres dans la mer Vermeille, dans la presqu'île, ou même au delà dans le Pacifique. En août 1902, un raz de marée, peut-être d'origine séismique, aurait balayé la côte autour du port d'Altata (Sinaloa) et des vagues anormales ont été signalées en 1883 aux îles Tres Marias.

A l'Est de la Sierra Madre occidentale s'étendent les dépressions sans écoulement, appelées Bolson de Mapimi, qui se relient graduellement au plateau central mexicain, ou Anahuac. Ces steppes stériles, au sol détritique d'alluvions et de tufs, sont coupés sous l'action des pluies d'été par de profondes gorges ou *barrancas*, souvent infranchissables, et sont accidentées de chaînons parallèles, courts et morcelés, qui, s'alignant N. W.-S. E. comme la Cordillère, séparent les différents bassins les uns des autres. Le plateau semble donc s'être affaissé entre les deux Sierras, exactement comme le Grand Bassin de l'Utah, dont il représente en quelque sorte le prolongement. Ainsi les vicissitudes auraient été un peu différentes dans l'entre-deux des Montagnes Rocheuses et dans celui des Sierras Madres mexicaines, puisqu'on a déjà été conduit à voir aussi dans la mer Vermeille le

---

[1] Estudio sobre los fenómenos sísmicos del 3 de Mayo de 1887 (*Anales del Min. de Fomento de la Rep. Mexic.*, X. 5. 1888).

[2] The Sonora earthquake of May 3rd, 1887 (*Trans. seism. soc. of Japan*, XII, 29, 1889).

[3] Toutes les considérations relatives aux isoséistes, mentionnées dans ce chapitre, sont extraites du mémoire déjà cité de Deckert (voir p. 390).

prolongement du Grand Bassin, ce qui suppose que la Sierra Nevada s'est dédoublée en la Sierra Madre occidentale et en l'arête de la presqu'île californienne. Quoi qu'il en soit, le Bolson de Mapimi, stable, n'est ébranlé que sur ses bords occidentaux, au pied même de la Cordillère de l'Ouest. Ces secousses de Chihuahua, Parral, Cerro Gordo et Durango, correspondraient aussi à celles de la faille longitudinale de la Sierra Nevada, dont il sera parlé plus loin. Dans le Sud du désert, des chaînons longitudinaux de Crétacé et de Primaire le divisent en compartiments dont les dislocations prouvent l'extinction de leur mobilité par l'absence des secousses séismiques.

La Sierra Madre orientale n'appartient pas au géosynclinal, tel du moins que l'a tracé Haug. Toute son ossature est formée de Crétacé inférieur, le Crétacé supérieur ayant disparu sous l'action des agents extérieurs de destruction. La chaîne continue ses analogues stables du Texas, et les séismes ne l'ébranlent guère davantage ; on en connaît quelques-uns à Linares. Ce n'est cependant pas que cette région n'ait subi de nombreuses révolutions ; à plusieurs reprises, le golfe du Mexique s'est considérablement étendu vers le Nord par le Texas jusque dans le bassin du Mississipi, franchissant même le plateau central actuel du côté du Pacifique. Il n'en est pas moins certain que la poussée orogénique antillienne de l'époque oligocène, transversale à celle des Andes et des Rocheuses, n'a laissé de traces de plissements et, par suite, d'instabilité séismique, ni au Texas, ni dans le Mexique du N. E. Quant à la large côte tertiaire et quaternaire du golfe du Mexique, elle ne ressent nulle part de chocs jusqu'au 21ᵉ parallèle.

Les pentes septentrionales du plateau central de l'Anahuac sont parfois ébranlées. Ciudad Galeana, Las Norias, Tula de Tamaulipas et Jacalà ont donné lieu à un certain nombre d'observations, mais on ne saurait rien dire sur l'origine de ces secousses, d'ailleurs rares et peu sévères.

Le plateau lui-même est accidenté par un certain nombre de bassins lacustres fermés, qui constituent une région séismique bien caractérisée, mais où les tremblements de terre fort sérieux n'atteignent cependant pas, à beaucoup près, la même violence qu'au Sud. Mexico et ses alentours ont bien eu à supporter des dommages d'origine séismique, mais les observations scientifiques du xixᵉ siècle sont là pour faire penser que les secousses sévères ou destructives y viennent exclusivement du Sud, du bassin du Rio Mexcala, et que des chocs propres sont peu à craindre. On entre là dans le domaine des roches volcaniques tertiaires et modernes, qui ont couvert d'un

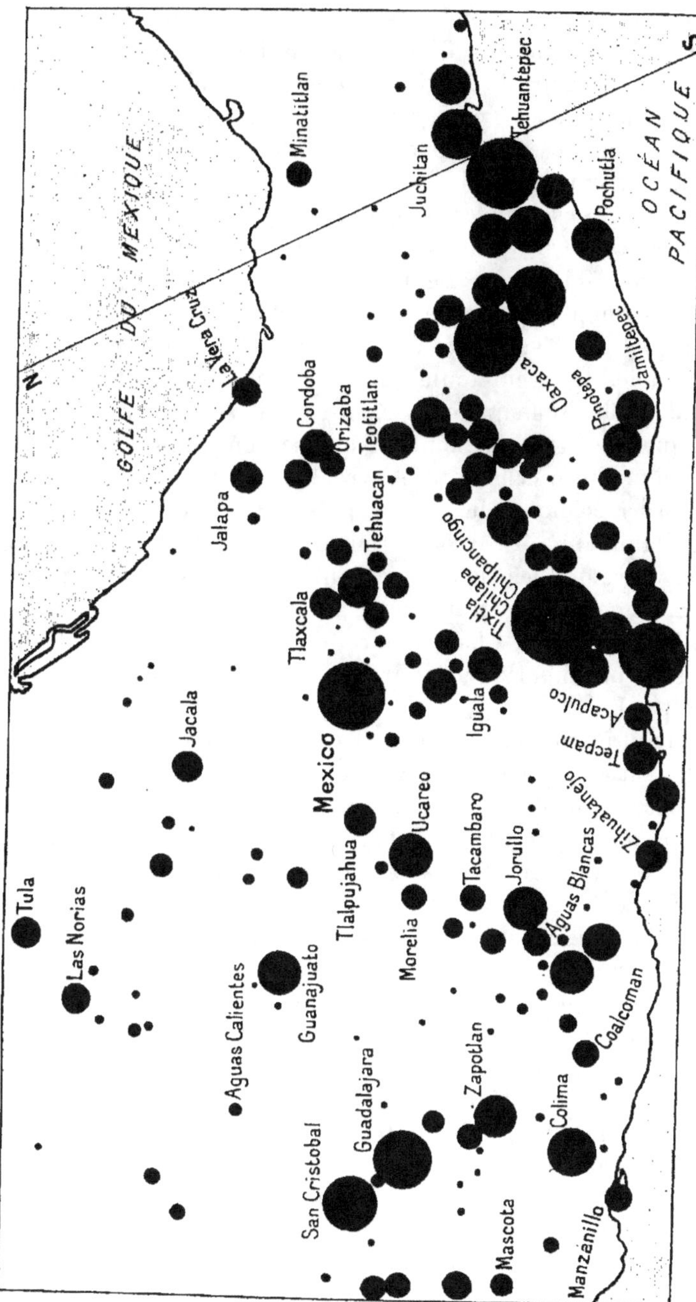

Fig. 67. — Le Mexique Central.

épais manteau une énorme surface triangulaire, coupant en écharpe le
Mexique central de San Blas à Manzanillo et terminée en pointe à
Jalapa, vers le golfe du Mexique. Quelques lambeaux de Jurassique,
et surtout de Crétacé, émergent de cette véritable inondation éruptive. La géologie en est encore trop obscure pour que l'on puisse
chercher les causes locales d'une instabilité modérée, déjà souvent
signalée pour ces grandes nappes plutoniennes.

Plus à l'Ouest, Guadalajara et San Cristobal forment une importante région séismique. Le tremblement de terre du 7 avril 1845
causa beaucoup de dommages à la première de ces villes, mais on
ignore quel a été son épicentre réel. En 1875, de très nombreuses
secousses les agitèrent toutes deux. Zacatecas aurait aussi souffert
en 1622. Enfin Guanajuato est célèbre par la série classique des bruits
séismiques de 1784, phénomènes qui se sont renouvelés depuis sur
une bien moindre échelle, il est vrai[1].

Le bord méridional du plateau présente un autre foyer d'ébranlement, Tlalpujahua, Ucareo, Morelia et Patzcuaro. On ne peut cependant pas dire que les séismes y aient jamais causé de désastres, ni
de changements topographiques, malgré l'affirmation de Deckert
qu'en 1890 le lac de Chapalà aurait, à la suite d'un tremblement de
terre, subi un important effondrement, fait dont l'inexactitude a été
établie par Böse[2].

Revenant maintenant au versant pacifique de la Sierra Madre occidentale, on voit que là, Mazatlan et Acaponeta ressentent quelques
secousses, et qu'elles prennent déjà plus de fréquence à Jala, Ahua-
catlan, et autour du volcan Ceboruco, réveillé en 1870 d'une extinction totale depuis les temps historiques, mais aucune n'y a jamais
été même sévère.

Au delà du Rio Banderas, on aborde d'après les cartes existantes,
même les meilleures et les plus modernes, un énorme escarpement,
par lequel jusqu'au delà de Puebla, le plateau central tombe à pic
sur la vallée du Rio Mexcala, cet abrupt courant W.-E. et coupant le Mexique de mer à mer. On entre en même temps dans le
domaine des tremblements de terre les plus fréquents et les plus
violents. Depuis de Humboldt, tous les géographes ont admis la réalité
de cet important accident, trait fondamental de la structure du pays,
et à leur suite les géologues l'ont considéré comme une gigantesque

[1] P. Monroy. Las minas de Guanajuato. Truenos subterráneos de Guanajuato (*Anales
del Min. de Fomento de la R^a Mexicana*, X, 410, México, 1888).

[2] Sur les régions des tremblements de terre du Mexique (*Mem. Soc. cient. Antonio
Alzate*, XIX, 159, Mexico, 1903).

fracture ayant découpé le bord du plateau mésozoïque central et
jalonnant son cours par de nombreux volcans ; ceux de l'époque
actuelle ne reflétant que bien timidement l'activité de leurs prédécesseurs. Une telle dislocation ne pouvait manquer de jouer un rôle
séismogénique de premier ordre ; aussi les tremblements de terre du
Mexique étaient-ils regardés sans discussion comme ayant une origine tectonique liée à l'effort orogénique correspondant à la cassure,
et Deckert n'a pas hésité à les faire dériver du mouvement d'effondrement de la partie méridionale du bloc ainsi coupé en deux. Ces
vues paraissaient incontestables, surtout après les travaux géologiques de Felix et Lenk [1], lorsqu'en 1899 Böse [2] est venu étendre

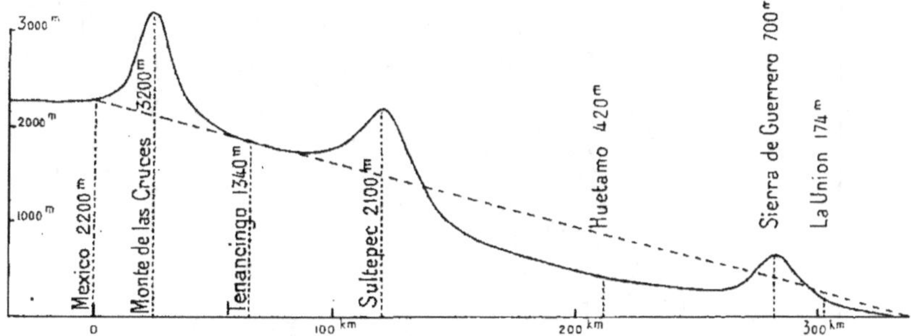

Fig. 68. — Profil de Mexico à l'océan Pacifique. Direction S. W.

aux volcans du Mexique l'indépendance, vis-à-vis des failles préexistantes, énoncée l'année précédente par Branco. Böse semble bien
avoir démontré que la fracture mexicaine, volcanique ou non, n'a
pas d'existence réelle, et, par conséquent, il faudrait chercher ailleurs
la cause des tremblements de terre de cette partie du pays.

Il ne nous appartient pas de prendre parti en faveur d'une manière
de voir qui renverse toutes les idées reçues jusqu'à présent sur la
géologie du Mexique ; abandonnant avec regret une dislocation qui
rendait si bien compte de ces tremblements de terre, nous nous contenterons de signaler deux observations qui semblent donner raison
à Böse et à Aguilera. On trouve dans le *Boletin mensual del Observatorio de Mexico* (1901) un profil destiné à expliquer la formation des
cumulus par les vents du S. W. frappant la Sierra Madre centrale au
sud de Mexico. Coté horizontalement et verticalement, il fait ressortir

---

[1] Ueber die tektonischen Verhältnisse der Republik Mexico (*Zeitschr. d. Deutsch. geol.
Ges.* 1892, 303). — *Id.* Ueber die Mexicanische Vulkanspalte (*Id.* 1894, 678).

[2] Ueber die Unabhängigkeit der Vulkane von präexistirenden Spalten (*Instituto geol.
de Mexico,* Dec. 1899. *Mem. Soc. cient. Antonio Alzate,* XIV, 1897-1900, 225).

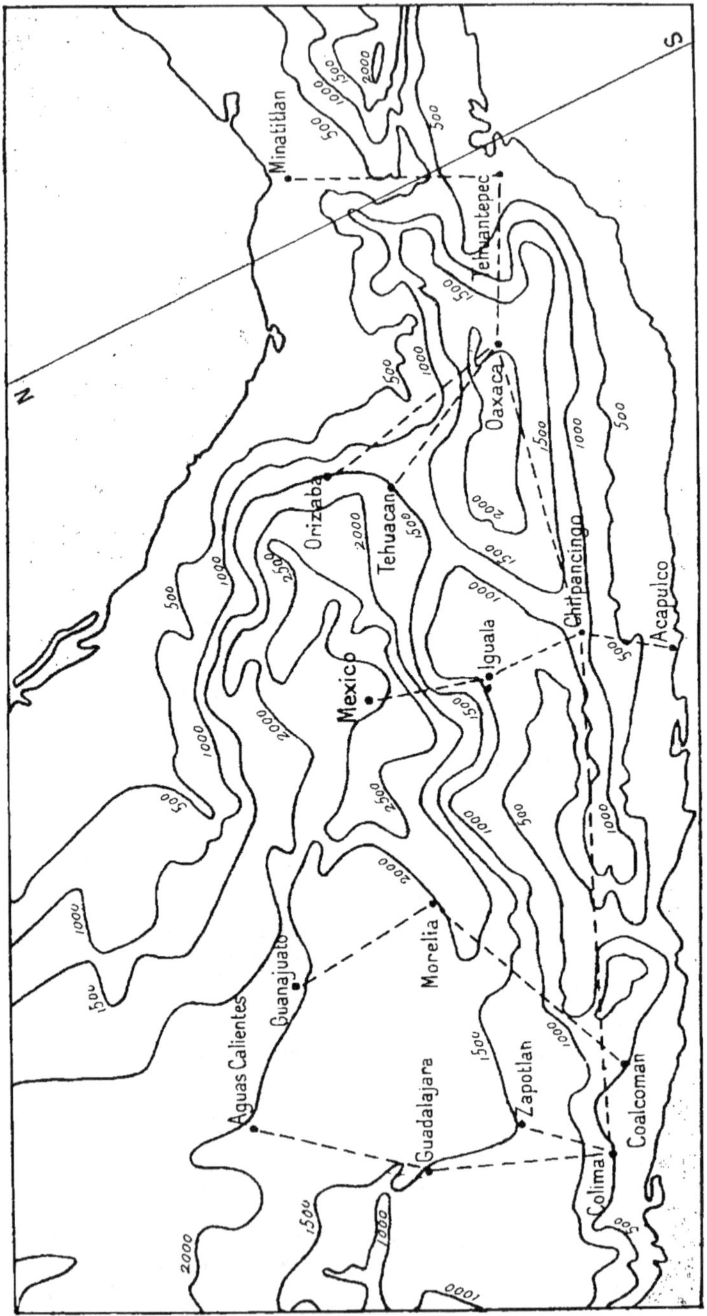

Fig. 69. — Le Mexique Central. Lignes de choc (d'après Deckert) et zones d'altitude.

dans la direction S. W. cette particularité, fort digne d'attention, que la ligne entre Mexico (2239 mètres d'altitude) et La Union de Guerrero, sur le Pacifique, prolonge exactement la pente occidentale de la Sierra de Guerrero, passe un peu au-dessus de la vallée du Rio Mexcala, suit le fond de la dépression de Tenancingo, puis enfin vient aboutir à la capitale en émergeant de dessous la Cordillère. Sa pente est seulement de 0,66 p. 100, ce qui n'est pas l'indice d'un abrupt comparable à celui en litige. Felix et Lenk[1] ont publié les profils longitudinaux des chemins de fer mexicains. La même impression se dégage immédiatement de l'examen de celui qui concerne la ligne de Mexico à Puente de Istla sur le Rio Mexcala par Cuernavaca. Enfin la carte hypsométrique de Senties et Ochoa Villagomez[2], où l'équidistance des courbes est de 500 en 500 mètres, conduit exactement au même résultat. Il faut donc se résigner à accepter la conclusion tirée de ces travaux concordants et admettre que le plateau central mexicain ne tombe pas abruptement, au Sud de la vallée du Rio Mexcala ou de las Balsas, par une dislocation résultant de son démantèlement et de l'effondrement de sa partie méridionale. Son rôle séismogénique disparaît du même coup.

La région instable commence aux environs du Colima. La ville du même nom, au pied du volcan, Zapotlan, Sayula et Manzanillo sont les points qui ont donné lieu au plus grand nombre d'observations de tremblements de terre. Les deux premières villes ont plusieurs fois subi des dommages considérables. Il est possible que ce foyer soit d'origine volcanique.

Un autre foyer d'ébranlement s'étend autour du coude du Rio Mexcala, d'Aguililla à Cohuayutla, Aguas Blancas, Ario et Tacambaro. Il ne semble pas qu'il ait été aussi éprouvé que le précédent, et il pourrait bien ne faire qu'un avec celui d'Ucareo et de Tlalpujahua, déjà mentionné, de l'autre côté de la Cordillère.

Iguala, Tenancingo et Xochitepec forment au S. W. de Mexico un district instable, dont les séismes ne sont peut-être pas indépendants de ceux de cette ville et de La Puebla de Los Angeles.

La grande instabilité de la côte du Pacifique commence bien à Zihuatanejo, La Union de Guerrero, Tecpan de Galeana, et San Jerónimo; mais elle ne devient redoutable qu'à Acapulco. De ce port à Jamiltepec, et dans l'intérieur, de Chilpancingo à Oaxaca, les trem-

---

[1] *Bol. mens. d. Obs. met. magn. c. de Mexico*, 1902.

[2] Tablas de alturas de la obra : Datos para la Geología y Paleontología de la República Mexicana. (*An. del min. de Fomento*, XI, 1898, 363. México; traducida del alemán par Is. Epstein).

blements de terre sont continuels, et on ne compte plus leurs désastres. C’est par excellence la région dangereuse du Mexique. Le plus souvent, les isoséistes des grandes secousses ont leur grand axe couché sur le flanc méridional de la Sierra Madre, le thalweg de la vallée du Rio Mexcala, la crête de la Sierra (surtout archéenne) de Guerrero, le littoral et enfin la courbe bathymétrique de 4000 mètres, quatre éléments géographiques à peu près parallèles. La direction perpendiculaire est beaucoup moins fréquente. Ordoñez et Böse[1] ont établi que la profonde vallée du Rio Mexcala n’est pas un accident tectonique et ne résulte que de l’érosion. Aussi ces tremblements de terre ne peuvent-ils y trouver leur origine. Ce n’est pas qu’il manque, dans cette région, de dislocations importantes et pouvant jouer un rôle séismogénique : plissements et failles du Crétacé, surtout de ses couches moyennes, par exemple entre Esperanza et Tehuacan, ou bien aux environs de l’Ocelotepetl, volcan éteint au S. W. ; mais on reste dans l’impossibilité d’attribuer tel ou tel épicentre à des accidents tectoniques particuliers, dans l’état actuel des connaissances géologiques.

Le rôle séismogénique du talus sous-marin se manifeste à Acapulco par des vagues séismiques, parfois dévastatrices, dont la plus remarquable a été celle de 1837. Par une coïncidence tout à fait digne d’attention, et qui vient bien à l’appui de cette influence, la partie du littoral véritablement instable s’étend du cap Corrientes à Puerto Angeles, près et au Sud de Pochutla, et l’instabilité aux golfes de San Blas et de Tehuantepec en même temps que les isoséistes. En outre, bien des tremblements de terre ne font que la mordre, de sorte que les isoséistes indiquent des épicentres sous-marins. Souvent, des navires partant d’Acapulco ou s’y rendant ont signalé des secousses non ressenties à terre, tant au large de ce port que dans les parages des îles Revilla Gigedo. Ces îles auraient même disparu au commencement de janvier 1905, si l’on en croit des informations rapportées par un vapeur, à la suite d’une éruption volcanique, ou d’un formidable raz de marée d’origine séismique sous-marine[2]. Le fait demande confirmation.

L’instabilité ne se restreint pas exactement au flanc méridional de la Meseta, ou plateau de l’Anahuac, elle contourne son angle oriental par Cordoba et Jalapa, mais avec une intensité qui s’éteint graduellement vers La Vera Cruz. Cordoba et Orizaba ne sont pas toujours

[1] Apuntes para la geologia del valle de Chilpancingo (*Mem. Soc. cient. Antonio Alzate*, XIV, 1897-1900).

[2] Eine verschwundene Inselgruppe (*Die Erdbebenwarte*, IV, 161. Laibach, 1905).

indemnes de sérieux dommages. Si l'on consulte les profils des voies ferrées, et en particulier ceux des deux voies, nationale et internationale, qui relient La Vera Cruz à la capitale, on voit que le talus abrupt, dont on admettait l'existence au Sud, est bien plus marqué de ce côté ; dès lors, on aurait bien plus le droit d'assigner une influence séismogénique à la fracture qu'il est supposé représenter. On se heurte ici à une nouvelle objection, à savoir que l'instabilité ne dépasse pas Jalapa, tandis que les pentes raides continuent d'exister vers le Nord. On connaît au moins un cas de vagues anormales à La Vera Cruz, mais c'est un fait à considérer comme exceptionnel.

De 1887 à 1895, Carlos Mottl, habitant Orizaba, a observé au séismoscope 1906 petites secousses, notées mensuellement dans les

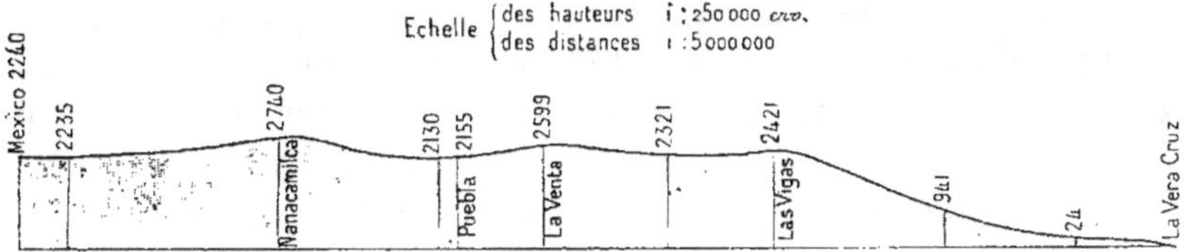

Fig. 70. — Profil du chemin de fer de Mexico à La Vera Cruz.

Mémoires de la Société Antonio Alzate de Mexico. Ce nombre considérable indique évidemment qu'elles sont d'origine volcanique et qu'elles doivent être attribuées à un reste de vitalité de l'Orizaba.

La séismicité dépasse Oaxaca pour continuer jusqu'à Salina Cruz et Tehuantepec, où les secousses, restreintes au versant pacifique, restent fréquentes, mais bien moins violentes.

Non content de donner, comme ses prédécesseurs, une origine tectonique aux tremblements de terre du Mexique central, en les associant à la faille dont l'existence est maintenant fort douteuse, Deckert a fait intervenir cinq autres lignes transversales d'instabilité et de fracture tout à la fois : Colima-Zapotlan-Guadalajara-Aguas Calientes ; Coalcomán-Morelia-Guanajuato ; Acapulco-Chilpancingo-Iguala-Mexico ; Oaxaca-Orizaba ; Tehuantepec-Minatitlan. Böse en a fait bonne justice, en montrant qu'elles n'existent que sur les cartes et résultent de liaisons arbitraires établies entre les principaux épicentres apparents.

Le versant atlantique de l'isthme de Tehuantepec, ou le bassin du Coatzacoalcos, est extrêmement stable, en dépit de velléités plusieurs fois manifestées par le San Andres Tuxtla de se rallumer ; les mugissements de ce volcan sont célèbres aux alentours. Dès 1850[1],

[1] Barnard. *The Isthmus of Tehuantepec* (Washington, 1852).

ces conditions aséismiques avaient été mises en avant pour le choix d'une voie interocéanique, plus favorable à ce point de vue que celle des lacs de Nicaragua.

On a déjà parlé du Chiapas, à propos du Centre-Amérique, dont cet État fait géologiquement partie.

2. — Grand Bassin de l'Utah et versant pacifique des États-Unis et du Canada.

L'Ouest des États-Unis est caractérisé par l'énorme et double chaîne des Montagnes Rocheuses et de la Sierra Nevada, dont les deux branches comprennent entre elles la dépression sans issue du bassin du Grand Lac Salé de l'Utah, et dont le versant occidental lui-même comprend la fosse du Sacramento et du San Joaquin, séparée de l'Océan par les Coast Ranges de Californie. Les tremblements de terre y sont maintenant bien connus, grâce aux travaux de Holden et d'autres [1], et la géologie commence à être bien éclaircie par les recherches de la pléïade d'explorateurs que le *Geological Survey* dirige vers ces contrées.

Les Rocheuses proprement dites dominent les plaines du Missouri. Du Wyoming au Nouveau-Mexique, c'est un grand anticlinal de très ancienne existence, que la mer n'a entamé que temporairement au Crétacé supérieur. Deux mouvements orogéniques s'y sont fait sentir, le premier au milieu du Carbonifèrien, le second au Jurassique, et l'on y reconnaît aussi deux phases de plissement à la fin des temps crétacés et au Miocène inférieur. Cette dernière époque est déjà fort reculée, et d'un autre côté des laccolithes de roches intrusives ont consolidé les Rocheuses de l'Est, qui ne connaissent guère les tremblements de terre par suite de l'établissement d'un équilibre stable. Seules quelques secousses ont été signalées jusqu'ici autour du lac Shoshone dans le Yellowstone National Park, et à Helena, dans le Montana occidental. On voit que les grandioses phénomènes éruptifs de tous ces territoires, quoique éteints depuis peu, à l'époque pléistocène seulement, ne jouent aucun rôle séismogénique.

Les tremblements de terre sont peu fréquents, et en tout cas peu redoutables au Sud, dans les plateaux du Colorado et de l'Arizona.

---

[1] *List of recorded earthquakes in California, Lower California, Oregon and Washington territory* (Sacramento, 1887). — *Id.* A Catalogue of earthquakes on the pacific coast. 1769-1897 (*Smithsonian miscellaneous collections*, n° 1087. City of Washington, 1898). — C. D. Perrine. Earthquakes in California in 1898 (Washington, 1899).

Il existe cependant un médiocre foyer d'ébranlement à Pagosa Springs, Prescott et Tucson, qui se prolonge jusqu'à Nogales dans le Mexique. Une architecture tabulaire, morcelée par les fameux Cañons et des failles datant de l'époque tertiaire, rend bien compte de cette stabilité par absence totale de plissements, quoiqu'il s'y soit produit des cassures tellement récentes qu'elles ont affecté les produits volcaniques pliocènes. Dans la vallée inférieure du Colorado, Fort Yuma est quelquefois ébranlé, fait à rapprocher, sous toutes réserves d'ailleurs, des curieuses dépressions d'effondrement qui s'y creusent jusqu'à 90 mètres au-dessous du niveau de la mer voisine et que la sécheresse du climat transforme en déserts salins. Le peu d'importance des tremblements de terre infirme l'opinion que les efforts orogéniques y seraient encore à l'œuvre.

D'après de Nadaillac[1], à l'exemple des anciens Grecs, les Indiens de Pueblo Bonito (pays des Navajos, Nouveau-Mexique) auraient eu l'habitude d'insérer des rondins verticaux et horizontaux de bois dans la maçonnerie de leurs habitations pour s'opposer aux effets des tremblements de terre. Comme ils sont rares, et en tout cas peu à craindre dans ces territoires, nous inclinerions à penser, non que les séismes ont cessé dans le pays depuis l'époque de ces constructions, mais plutôt, si tel était bien le but de ce dispositif, que ces Indiens, venant par émigration d'un pays instable, auraient conservé l'usage en question, auquel cas la séismologie éclairerait un problème ethnographique.

L'entre-deux des Montagnes Rocheuses et de la Sierra Nevada comprend deux territoires bien distincts : les nappes éruptives du Nord, Washington, Orégon et Idaho, et le Grand Bassin de l'Utah. Les tremblements de terre sont jusqu'à présent à peu près inconnus dans la région volcanique, dont les nappes ont recouvert le Pliocène et n'ont cessé de s'épancher que pendant le Pléistocène, à l'époque du grand lac Bonneville. Ce déluge de laves a recouvert la surface du pays et n'a plus subi que des effondrements locaux, sans conséquences séismiques posthumes actuelles. A peine peut-on citer quelques secousses à Boisé City.

Il n'en va pas de même dans le Sud. La dépression du Grand Lac Salé occupe, d'après Suess, l'emplacement d'une ancienne chaîne qui a été plissée tant à l'époque jurassique qu'à l'époque tertiaire, et dont la clef de voûte se serait effondrée entre les cassures des monts Wasatch à l'Est et de la Sierra Nevada à l'Ouest. Le Lac Salé lui-

---

[1] Les Cliff-Dwellers (*Revue des questions scientifiques*, X. Oct. 1896, 385. Louvain).

même n'est que l'humble reste des immenses nappes intérieures de Bonneville à l'Est et de Lahontan à l'Ouest, accusées par leurs terrasses successives, et qui recouvraient le pays à l'époque pléistocène. Mais ce trait géographique si important est maintenant à peu près disparu ou en voie d'extinction finale, et ne saurait avoir d'intérêt pour la séismologie. Ce qu'il importe au contraire de savoir, c'est que les Monts Wasatch tombent sur la dépression par une cassure que signalent les secousses modérées de Paris, Salt Lake City, Provo City, Cove Creek, Fillmore, Pioche et Hebron. Ce rôle séismogénique de la fracture est corroboré par les chocs tout aussi faibles qui se font sentir le long d'autres failles secondaires du bassin à Winnemuca, Unionville, Eureka, etc. S'ils étaient dus au dernier plissement, tertiaire, les épicentres seraient sans doute beaucoup moins clairsemés. Malgré tout, le Grand Bassin reste fort stable, moins toutefois que son homologue du Mexique, le Bolson de Mapimi, et les séismes n'y sont que des phénomènes rares et sans très grande importance, supérieure cependant à celle qu'ils montrent dans la région éruptive du Nord-Ouest.

Les tremblements de terre deviennent au contraire fréquents et sérieux vers l'Ouest, dès le flanc oriental de la Sierra Nevada de Californie. Tout d'abord s'impose une remarque, confirmant trop bien l'indépendance des phénomènes séismiques et volcaniques pour être passée sous silence : c'est que la partie de la chaîne occidentale, Cascade Range, où dominent les grands cônes à peine éteints du Shasta, du Mont Hood et du Mont Rainier, est justement de beaucoup la moins ébranlée. On ne s'occupera donc pas du Nord de la chaîne, et tout ce qu'on en va dire se rapporte à sa partie méridionale, au sud du Shasta, c'est-à-dire à la Sierra Nevada.

Quelques séismes ont été mentionnés au Fort Klamath, et c'est non loin de là que Russell[1] a signalé dans la Surprise Valley, et sur de grandes distances, des indices de mouvements très récents d'anciennes fractures dont la végétation n'a pas encore eu le temps de faire disparaître la fraîcheur ; les dénivellations atteignent une quinzaine de mètres. Il est difficile de mettre en doute la relation entre les phénomènes.

Le versant oriental de la Sierra Nevada est le plus raide, mais il correspond à un relief bien moindre que l'opposé, descendant jus-

---

[1] A geological reconnoissance in southern Oregon (*4th Ann. Rep. U. S. Geol. Survey*, 1882, 83-431).

Id. A geological reconnoissance in central Washington (*U. S. Geol. Survey Bull.*, n° 108, 1893).

qu'aux basses plaines du Sacramento et du San Joaquin. La ride
montagneuse tombe sur le Grand Bassin par une énorme faille, dont
le rejet n'est pas inférieur à 1800 mètres. D'après Diller[1], sa formation est très récente, et ce serait l'affaissement du Grand Bassin qui
aurait mis cet accident en valeur, en rendant sa saillie apparente.
Russell[2] a reconnu qu'elle a rejoué à l'époque quaternaire, car,
dans la Lundy Valley, les moraines et les deltas torrentiels sont
recoupés par un escarpement de 15 mètres de dénivellation. Des
mouvements aussi récents ne peuvent que correspondre à une
certaine instabilité le long du versant oriental, et c'est bien ce que
vérifient les observations. En effet, deux districts séismiques s'y
montrent, celui du lac Owen et celui de Virginia City. Le premier
a été, de 1868 à 1872, le siège de très nombreuses secousses et
l'épicentre a été donné comme se trouvant près des sources de la
Kern River, c'est-à-dire au pied du Mont Whitney ; du moins est-ce
là, ainsi qu'à Long Pine, qu'ont été ressentis les chocs les plus
nombreux. Mais la rectitude et la profondeur de l'Owen's River, sur
le flanc oriental du mont, infirment cette manière de voir, car elles
démontrent l'importance de cet accident tectonique. Ces secousses
ont été attribuées, mais sans preuves, aux phénomènes volcaniques
éteints de ces parages, l'état de fraîcheur de certains des cônes montrant que leur extinction est peu ancienne. La grande secousse du
17 mars 1872 est venue, par l'énorme extension de son aire d'ébranlement le long de la Sierra Nevada et le nombre considérable des
chocs consécutifs, donner un démenti à cette explication, qui a contre
elle le caractère local des séismes de cette nature. Celui-ci a causé
des dommages importants à Long Pine. D'après Whitney[3], il aurait
ébranlé simultanément la Sierra Nevada entre le 34e et le 38e parallèle ; aussi en a-t-on fait un mouvement d'ensemble de la chaîne,
d'origine nettement tectonique. Sans aller contre une interprétation que les circonstances géologiques locales rendent très plausible,
surtout si l'on réfléchit au peu de temps écoulé depuis les mouvements les plus récents bien constatés dans la chaîne, il faut cependant observer que la défectuosité des mesures du temps, dans un pays
mal outillé, même maintenant, au point de vue du réglage de l'heure,
à plus forte raison il y a une trentaine d'années, ne permet guère
d'affirmer cette simultanéité du choc sur une aussi longue distance.

[1] On the geology of North California (*U. S. Geol. Survey Bull.*, no 33, 1886).
[2] The quaternary history of Mono Valley (*8th Ann. Rep. U. S. Geol. Survey*, 259).
[3] The Owen's valley earthquake of March 26th, 1872 (*Overland Monthly*, August and
September 1872. IX, 273).

Lors de l'exploration de Wheeler en 1875, Duckweiler lui montra à l'extrémité Nord du lac Owen, les preuves qu'un calcaire avait été soulevé de 14 mètres au moment du tremblement de terre, et qu'il s'était formé en même temps de nombreuses fissures dont l'une d'au moins 12 milles du Nord au Sud, avec un rejet d'une douzaine de pieds correspondant à l'affaissement de sa lèvre orientale [1].

D'une façon générale, Gilbert[2] attribue les séismes du Grand Bassin de l'Utah à l'action même, toujours en puissance, de la surrection des chaînes qui le bordent. A l'Ouest, la faille du pied oriental de la Sierra Nevada, formée lors du tremblement de terre de la vallée d'Owen en 1872, et à l'Est, celle du pied occidental des monts Wasatch se correspondent exactement. Mais cette dernière est interrompue sur une distance notable entre Warm Springs et Emigration Cañon, près de Salt Lake City; d'où ce géologue tire cette conclusion, que l'effort de surrection ne s'étant pas manifesté de ce côté dans les temps récents, cette ville aurait d'autant plus à craindre pour l'avenir que le délai qui lui sera imparti par les forces naturelles en action se prolongera davantage.

L'autre district séismique du flanc interne de la Sierra Nevada s'étend de Susanville au lac Mono. On peut soupçonner qu'il n'est vraiment pas distinct de celui qui a déjà été signalé au nord dans la réserve indienne de Klamath, non plus que du précédent; autrement dit une longue région d'ébranlement s'étend sur tout le versant jusqu'au lac Owen : seul, le manque des observations faites au hasard des établissements miniers, souvent éphémères, l'aurait en apparence coupée en plusieurs tronçons. Quoi qu'il en soit, au Sud de Susanville, un des points le plus souvent ébranlés, trois fractures longitudinales successives jalonnent la Sierra Nevada, et présentent ce caractère commun d'avoir leur lèvre occidentale relevée, les couches plongeant tantôt à l'Ouest et tantôt à l'Est. On peut donc, si l'on veut exclure l'effondrement du Grand Bassin comme cause générale d'instabilité, vu sa date trop ancienne, invoquer ces dislocations plus récentes. La formation de ces failles est, en effet, tellement récente que Reyer[3] a décrit sur les bords du lac Fardyce des parois granitiques polies par les glaciers et recoupées par des failles postérieures. Ces lacs, assez nombreux sur le versant oriental, n'ont aucune signification tectonique

[1] Holden, l. c., 92.

[2] A theory of the earthquakes of the Great Basin, with a practical application (*Amer. Journ. of Sc.*, III, XXVII, 49.1884).

[3] Zwei Profile durch die Sierra Nevada (*Neues Jahrbuch. f. Min.*, Beilage-Bd. IV, 291, 1886).

intéressante, car beaucoup résultent, comme le Tahoe, à l'ouest de Carson City, de barrages causés par les produits éruptifs au travers des têtes des vallées. Au lac Mono, des mouvements très modernes ont détruit l'horizontalité primitive des terrasses lacustres visibles jusqu'à 205 mètres au-dessus de son niveau actuel. L'aséismicité de ce versant serait donc pour surprendre ; mais si l'instabilité n'y approche pas de celle du littoral, il faut en voir la raison dans l'ancienneté de la surrection de la Sierra Nevada, qui ne lui a pas permis de se plisser à l'époque tertiaire, et dont les principales dislocations sont les failles longitudinales post-miocènes. Comme ces accidents n'ont cessé qu'à la fin du Tertiaire ou au commencement du Quaternaire, lorsque la chaîne a été définitivement isolée du Grand Bassin, le peu de temps écoulé depuis cet événement suffit amplement à rendre compte des séismes de son flanc oriental et aussi, faute de plissement récent, à expliquer pourquoi il est moins exposé que les Coast Ranges.

Le large littoral pacifique des États-Unis présente des conditions à tous égards bien différentes. Du Shasta jusqu'au lac Tulare, les fleuves Sacramento et San Joaquin arrosent en sens inverse une longue dépression ovale, comprise entre la Sierra Nevada et le Pacifique, et débouchent sur l'océan par un estuaire commun, la coupure de San Francisco. Au Sud, un seuil marécageux sépare le haut San Joaquin du bassin sans écoulement du lac Tulare, qui prolonge simplement cette dépression à double pente. Suess assimile ce curieux sillon déprimé à la vallée longitudinale du Chili ; les deux Cordillères côtières ont, en effet, ce caractère commun que la série paléozoïque y manque, ainsi que la moitié inférieure de la série mésozoïque qui repose sur un soubassement granitique ; mais tandis que l'accident chilien n'a qu'une pente du Nord au Sud et a vu submerger sa partie méridionale, la dépression californienne est à double déclivité vers son centre ; l'instabilité décroît régulièrement du Nord au Sud au Chili, tandis qu'ici, très grande dans la vallée du Sacramento, moindre dans celle du San Joaquin, elle ne disparaît nulle part complètement, comme entre Chiloé et l'isthme d'Ofqui.

Les Coast Ranges se détachent au Shasta de la Sierra Nevada et les tremblements de terre les ébranlent partout avec une énergie qui ne subit guère que des rémittences locales. Aussi beaucoup y ont causé de sérieux dommages, sinon de véritables catastrophes. Autour de San Francisco, les épicentres se pressent plus nombreux que partout ailleurs ; mais il est actuellement impossible de dire si cela prouve une plus grande séismicité, les nombreuses aggloméra-

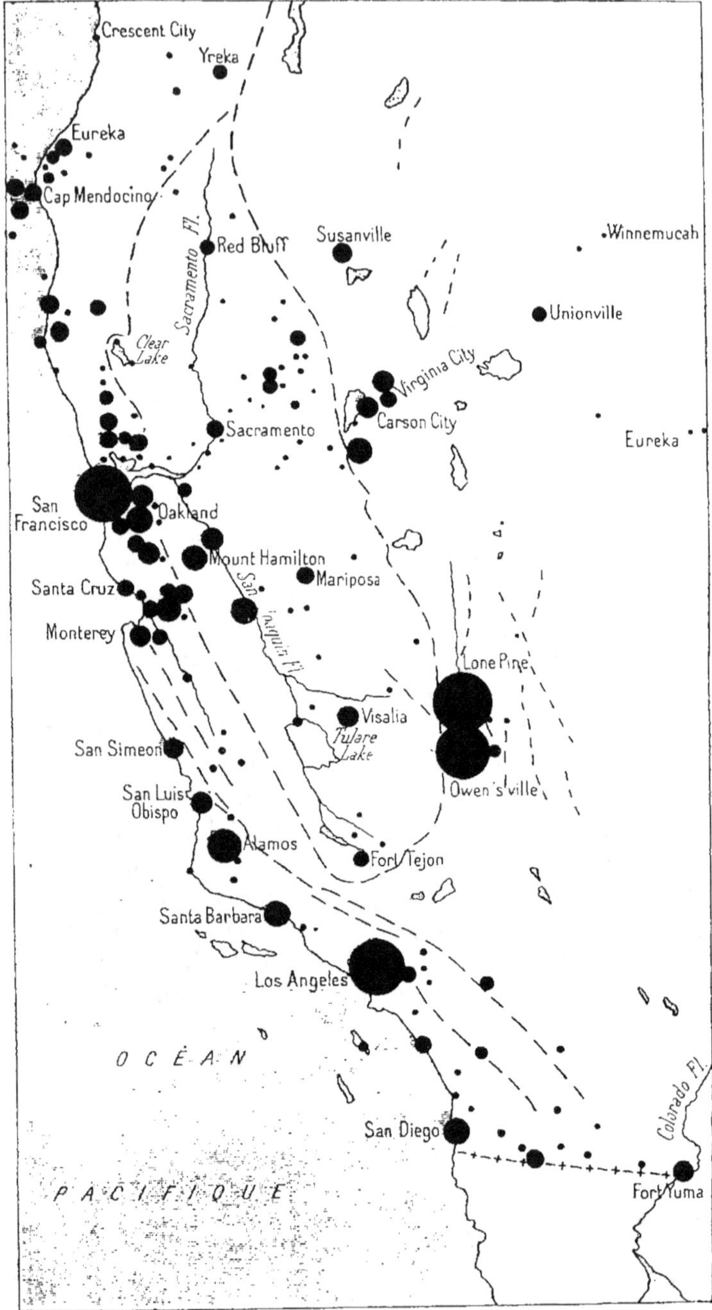

Fig. 71. — Californie.

tions urbaines dans la grande banlieue de la reine du Pacifique ayant facilité dans cette région les informations, qui sont plus rares vers Los Angeles, ville plusieurs fois aussi désolée, à un degré tel qu'en dépit des apparences, le Sud pourrait bien être plus instable encore. Non loin de Los Angeles, le nom même de la vallée *de Los Temblores* atteste une instabilité depuis longtemps reconnue.

Dans quelle mesure la géologie des Coast Ranges justifie-t-elle la fréquence et l'énergie de ces tremblements de terre ? C'est ce qu'il s'agit de rechercher. A l'époque crétacée, la côte occidentale de la masse continentale des Rocheuses coïncidait à peu près avec le pied de la Sierra Nevada du côté Pacifique, et les couches néocomiennes se sont constituées aux dépens du substratum archéen de la zone littorale. Un violent plissement a suivi cette phase et produit un intense métamorphisme dans la grande chaîne. Du Crétacé supérieur au Miocène se sont formées les couches de la série de Chico-Tejon, concordantes entre elles, mais discordantes sur le Néocomien plissé. Puis est survenu un plissement post-miocène, moins accusé, et qu'a suivi l'activité volcanique pliocène, à peine éteinte à l'heure actuelle. Ce second plissement, malgré son peu d'intensité relative, se perpétue peut-être sous la forme de séismes, et les efforts qui lui ont donné naissance sont sans doute les mêmes que ceux des premières phases. Les couches sont beaucoup plus plissées, disloquées et dérangées dans les Coast Ranges qu'au pied de la Sierra Nevada, ce qui explique bien leur plus grande séismicité. Quant à citer des influences séismogéniques particulières, on ne trouve guère à signaler, et sous toutes réserves, que les failles découpant la presqu'île de San Francisco ; Lawson[1] considère comme une aire d'effondrement la baie de San Francisco et ses diverses branches, Suisun Bay, etc.

D'après les tracés des aires pléistoséistes que Deckert a donnés des principaux tremblements de terre de la baie de San Francisco, leurs grands axes sont tantôt parallèles et tantôt perpendiculaires à la côte et aux Coast Ranges, preuve qu'ils dérivent de deux causes tectoniques différentes. La même disposition se remarque aussi autour de Los Angeles et de San Diego, et là s'ajoute cette circonstance que les ellipses sont si bien coupées par le littoral, que la conclusion d'un épicentre sous-marin s'impose nettement. D'un autre côté, l'isobathe de 4 000 mètres ne s'éloigne jamais beaucoup du littoral californien, sauf au Nord du cap Mendocino, au delà duquel la séismicité diminue beaucoup le long de l'Orégon ; d'ailleurs d'assez

[1] C. A. Lawson. The Geomorphogeny of the Coast of Northern California (*Bull. Department of geol. Univ. Calif.* I, 263. — *13th Ann. Rep. U. S. Geol. Survey*, 399).

nombreux séismes sous-marins ont été observés au large de ce même cap. La pente du talus submergé atteint aussi son maximum entre San Francisco et le cap Mendocino, de telle sorte que toutes ces considérations concordent pour faire attribuer un rôle séismogénique indéniable à l'accident que représente ce talus. On ignore si l'isobathe représente une fracture, mais elle est parallèle au plissement des Coast Ranges, aux failles longitudinales de la bande littorale Pacifique telles que Suess les a indiquées, et à la Sierra Nevada elle-même, et il en est de même pour la direction des grands axes de bien des séismes californiens : cette communauté de direction entre tant de phénomènes divers ne saurait être fortuite et fait de suite penser à la persistance des mêmes efforts tectoniques. Enfin Becker[1] croit que chacune des poussées orogéniques antérieures a eu pour effet d'ajouter une nouvelle bande plissée au versant occidental de la bande saillante déjà existante. Les séismes actuels des Coast Ranges représentent-ils un troisième plissement, soit en préparation, soit avorté à cause d'une plus grande rigidité des couches acquise avec le temps ?

Dans plusieurs circonstances les géologues américains ont observé des *sandstone dykes* dont ils attribuent la formation à des tremblements de terre d'époques anciennes, exactement comme on l'a vu dans l'exemple d'Alatyr, signalé par Pavlov et mentionné au chapitre traitant de la Russie.

Jusqu'à présent, il n'a pas été mentionné de secousses sur le versant pacifique de l'Orégon. Il y a donc une lacune séismique entre Crescent City et Portland (Wash.) ; elle correspond à la Cascade Range. Cependant, le 14 décembre 1873, un tremblement de terre à grande aire d'action a eu pour ligne épicentrale de Wallawalla à Portland le cours de la Columbia, perpendiculaire à la côte. Deckert le met en relation avec l'accident tectonique emprunté par le fleuve pour sa traversée de la Cascade Range et l'on ne connaît pas d'autre séisme avec cette disposition. C'est par l'emplacement actuel de cette chaîne que la mer néocomienne des Coast Ranges de Californie contournait le Nord de la masse continentale, pour s'étendre dans l'Est de l'Orégon jusqu'à une distance inconnue. Cette différence d'histoire géologique avec la Californie n'est, à coup sûr, point indifférente à la différence de séismicité de l'une et de l'autre région, d'autant plus que la stabilité de l'Orégon se continue à l'est de la Cascade Range dans le pays des nappes volcaniques. Le massif de Klamath a

---

[1] Geology of the Quicksilver deposits of the Pacific slope (*8th Ann. Rep. U. S. Geol. Survey*, 961).

été disloqué à la fin des temps jurassiques ; pénéplaine dominée par des massifs de plus grande résistance, son immunité séismique s'explique par l'ancienneté de ces accidents et par l'absence de plissements récents.

Les secousses reparaissent bien à Portland sur la basse Columbia, mais elles ne deviennent fréquentes que tout autour de la baie de l'Amirauté et au moins jusqu'à Vancouver, sans cependant y être jamais redoutables. Il serait encore prématuré de faire avec les conditions géologiques un rapprochement capable d'expliquer leur production. L'extrême complication des découpures de la côte et des dislocations de la fameuse Olympic Range, à l'extrémité N.W. de l'État de Washington, laisse seulement supposer d'énergiques actions postcrétacées, car tel est l'âge des couches qui s'y rencontrent. Quoi qu'il en soit, ces tremblements de terre présentent des aires d'ébranlement très allongées sur les axes de la baie de l'Amirauté et du canal de Géorgie ; ainsi leur relation avec la tectonique de la dépression est manifeste. C'est bien plus rarement que les isoséistes s'allongent sur l'axe du détroit de Juan de Fuca, au pied de l'Olympic Range. Par conséquent, la première dépression joue un rôle séismogénique plus net que la seconde, qui est transversale. Autrement dit, la plupart de ces séismes sont longitudinaux par rapport au Pacifique et aux chaînes qui le bordent.

On est peu fixé sur le degré de séismicité du versant pacifique des Rocheuses canadiennes ; on sait seulement que, le 24 février 1890, un violent tremblement de terre aurait dévasté l'île Skidegate et l'Archipel de la Reine Charlotte, et que les secousses ne sont pas rares dans les environs de Sitka. C'est une côte à fjords bordée de chaînes plissées ; d'intenses chevauchements du Primaire sur les dépôts crétacés ont été observés sur le bord des grandes plaines canadiennes. Selon de Lapparent, un mouvement de bascule a ouvert la voie à deux séries d'éruptions antépliocènes, et un affaissement partiel a découpé la côte en fjords. Il y a bien là des facteurs d'une instabilité au moins modérée, telle que les séismes connus doivent la faire supposer. Si, s'en tenant aux analogies, on observe que l'isobathe de 4 000 mètres quitte définitivement cette côte pour s'en éloigner beaucoup, l'on devra prévoir que les observations de l'avenir ne décéleront point de régions vraiment séismiques sur le versant occidental des Rocheuses de la Colombie britannique.

La Cordillère archéenne, paléozoïque et mésozoïque, se prolonge dans l'Alaska, et du Tertiaire se montre sur le bas Yukon. Les tremblements de terre n'y peuvent résulter, d'une manière générale, que

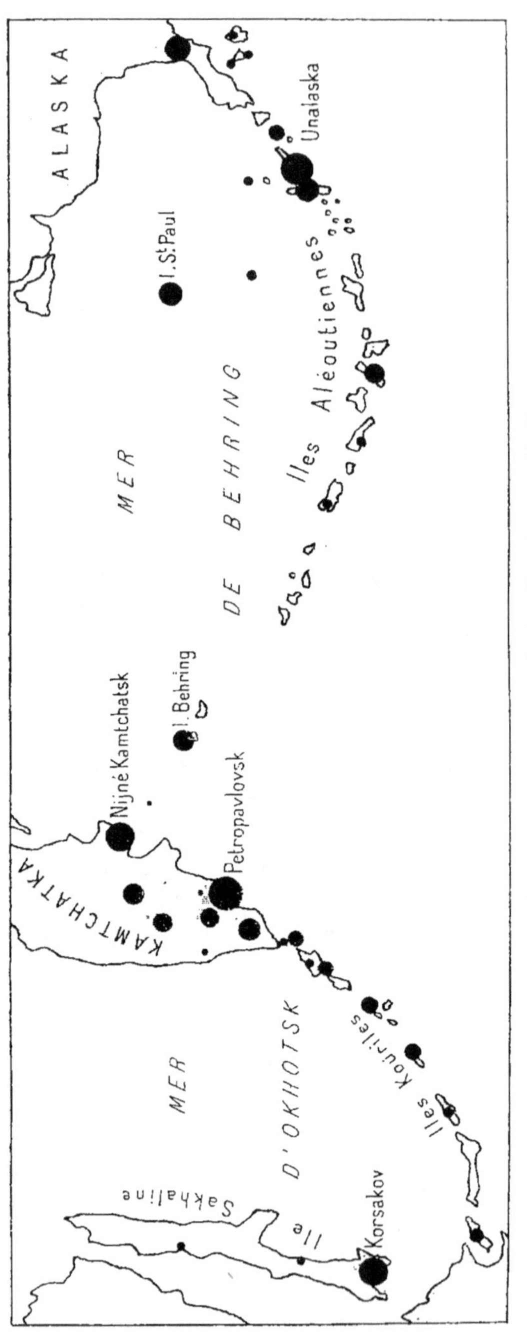

Fig. 72. — Aléoutiennes, Kamtchatka, Kouriles et Sakhaline.

de la cassure au bord du Pacifique, si tant est qu'il y en ait une représentée par les énormes profondeurs que l'on y rencontre. L'Alaska est seulement pénéséismique. Le seul tremblement de terre important que l'on y connaisse est celui de septembre 1899, à la baie de Yakutat, avec de nombreux chocs consécutifs, des vagues séismiques et, dit-on, l'affaissement d'une partie de la côte, dernier fait qui mérite peu de créance.

L'arc des îles Aléoutiennes, tertiaires et à peu près toutes d'origine volcanique, éteintes ou actives [1], est plus souvent ébranlé que l'Alaska, ce qui peut tenir à sa position au bord même de l'abîme sous-marin.

[1] Al. Perrey. Documents sur les tremblements de terre et les phénomènes volcaniques des îles Aléoutiennes, de la péninsule d'Aljaska et de la côte N.O. d'Amérique (*Mém. Ac. Sc., Arts et Belles-Lettres de Dijon*, 1865).

CHAPITRE XXIII

LA BORDURE PACIFIQUE DU CONTINENT SINO-SIBÉRIEN

1. — Kamtchatka, Kouriles et Sakhaline.

Le détroit de Bering a trop peu de profondeur pour constituer un
véritable trait géographique structural. Aussi, de part et d'autre, du
côté américain comme du côté asiatique, les mêmes circonstances
géologiques et pénéséismiques se reproduisent-elles à peu près semblablement sur les portions voisines d'anciennes terres dont le trait
d'union n'est qu'ennoyé, et qui tombent à pic sur des abîmes de 6 000
à 8 000 mètres, sans avoir jamais été bordées par une puissante chaîne
plissée de surrection récente.

Comme l'Alaska, le Kamtchatka[1] n'est pas au bord même des
abîmes océaniques, l'une et l'autre presqu'îles y descendant par des
talus à pentes relativement modérées, au contraire de ce qui se passe
pour les Aléoutiennes et les Kouriles. La côte orientale du Kamtchatka
est hérissée de volcans gigantesques, correspondant exactement à
ceux de la côte méridionale de l'Alaska, mais avec un développement bien plus considérable, et ils s'échelonnent sur le flanc d'un
axe archéen et primaire, tandis que la côte occidentale borde une
mer dont les profondeurs ne dépassent pas 2 000 mètres, et montre
du Tertiaire, pendant de celui du bas Yukon. La presqu'île est pénéséismique et les secousses de Pétropavlovsk ne sont ni redoutables,
ni bien énergiques. On n'en connaît qu'une seule sur le versant
intérieur.

Le petit archipel du Commandeur est quelquefois ébranlé, comme
son symétrique, celui des îles Pribylov, au nord des Aléoutiennes.

Les Kouriles, sur la crête même de la fosse abyssale, sont exactement dans les mêmes conditions pénéséismiques et volcaniques

---

[1] Al. Perrey. Documents sur les tremblements de terre et les phénomènes volcaniques
dans l'archipel des Kouriles et au Kamtschatka (*Soc. imp. Agric. Hist. nat. et Arts
utiles de Lyon.* Séance du 17 juillet 1863).

que les Aléoutiennes. Elles ont eu surtout à souffrir de vagues plutôt
dues à des conflagrations volcaniques qu'à des tremblements de terre,
et leurs dégâts se sont à plusieurs reprises étendus à l'extrémité
méridionale du Kamtchatka, au cap Lopatka.

Sakhaline n'est qu'une dépendance de l'île japonaise d'Yézo, dont
les zones sédimentaires disposées en longues bandes s'y retrouvent
suivant sa longueur. En dépit de quelques secousses, connues à
Douyé et surtout à Korsakov, elle est stable, ce qui coïncide avec son
grand éloignement de la fosse du Tuscarora, dont elle est séparée
par toute la largeur de la mer des Kouriles.

2. — Le Japon, l'Archipel des Riou-Kiou et Formose.

Au point de vue séismologique, le Japon s'est placé, sans conteste, en tête des pays du monde où les tremblements de terre sont
le mieux étudiés. Il était prédestiné à ce rôle par la grandeur et la fréquence des catastrophes qui l'ont de tout temps désolé, qu'elles soient
causées par des secousses violentes et répétées du sol qui, comme
le 28 octobre 1891, produisirent des failles de 160 kilomètres de long [1],
par de terribles éruptions ou explosions volcaniques telle que celle du
Bandaï-San (15 juillet 1888) faisant disparaître d'un seul coup des montagnes entières, cubant plus de deux milliards de mètres [2], ou enfin
par de gigantesques raz de marée d'origine séismique, ou *Tsunamis*,
noyant des milliers d'habitants, le 23 décembre 1854, à Simoda et
sur les côtes d'alentour [3]. Depuis quinze siècles au moins, alors qu'en
Europe les tremblements de terre n'étaient guère qu'un sujet d'effroi,
qu'aucune recherche scientifique sérieuse ne cherchait à élucider,
il se développait au Japon une vaste littérature séismologique, qui
a fourni le récit de 223 catastrophes, depuis l'an 416 de notre ère
jusqu'à 1867, et la mention de plus de 2 000 tremblements de terre

[1] Ch. Davison. The great japanese earthquake of October 28th 1891 (*Geogr. journ.*
June 1901, London). — B. Kôtô. On the cause of the great earthquake in central Ja-
pan, 1891 (*Journ. of the Coll. of. Sc. Imp. Univ. Japan*, V, part IV. Tokyo, 1893). —
J. Milne. A note on the great earthquake of October 28th 1891 (*Seism. Journ. of Japan.*
I, 1893, 127. Tokyo). — F. Omôri. Note on the great Mino-Owari earthquake of October
28th 1891 (*Public. earthq. invest. Comm. in foreign languages*, n° 4. Tokyo, 1900). —
G. de Roton. Le tremblement de terre du Japon du 28 octobre 1891 (*Le Tour du monde*,
n° 1668, 24 décembre 1892, Paris).

[2] Cargill Knott and Michie Smith. Notes on Bandaï-San (*Trans. seism. Soc. of Japan*,
XIII, part II, 223). — S. Seikei-Sekiya. The eruption of Bandaï-San (*Journ. Coll. Sc. Imp.
Univ. Tokyo*, III, part II, 91, 1889).

[3] T. E. Gumprecht. Das letzte grosse Erdbeben in Japan (*Zeitschr. f. Allgem. Erdkunde*,
Oktober 1855, V, 311).

d'intensité variée dans plus de 500 ouvrages ou articles de moindre importance [1] ; c'est une effrayante moyenne d'un désastre tous les six ans et demi. A côté de faits probablement erronés, ou tout au moins exagérés, et d'observations d'une naïveté parfois enfantine, ces documents abondent en faits précieux pour l'étude de ces phénomènes, et laissent loin derrière eux le catalogue de Perrey [2] pour ces anciens temps. Aussi quand, à la fin du XIXe siècle, la séismologie moderne s'est constituée en science autonome sous l'impulsion des savants italiens, ceux du Japon, tant nationaux qu'européens, se sont vite mis à la tête du mouvement, comme l'attestent les innombrables travaux importants publiés dans des recueils bien connus, les *Transactions of the Seismological Society of Japan* (1880-1892), qui ont été continués par les *Publications of the Earthquake Investigation Committee in foreign languages*, donnant les mémoires les plus importants de la même collection en japonais, langue malheureusement peu accessible. L'observation des macroséismes est devenue un service d'État, et à la fin de 1904 il existait 71 stations munies d'appareils séismographiques et 4471 stations sans instruments [3], disséminées à la surface du Japon, formant un réseau tellement serré que, sauf dans l'île d'Yézo, encore peu habitée, aucun macroséisme ne peut échapper à l'observation. La répartition de l'instabilité est donc bien connue, et elle le serait encore mieux si le bureau central ne publiait ses catalogues en japonais.

Le seul point qui laisse, il faut bien le dire, un peu à désirer jusqu'à présent dans ces immenses travaux, c'est la recherche des relations entre les phénomènes séismologiques et géologiques, les savants japonais ayant, jusqu'ici, peu cultivé ce côté du problème. Les bases de la géologie japonaise ont été posées, il y a déjà un certain nombre d'années, par Naumann [4], et les recherches les plus récentes n'en ont pas sensiblement modifié les grandes lignes.

[1] J. Milne. Notes on the great earthquakes of Japan (*Trans. Seism. Soc. Japan*, III 65, 1881). — F. Omôri. The materials for the earthquake history in Japan (Shinsai Yobo Chosakwai Hôkoku). (*Reports of the Imp. Earthq. Invest. Comm. in japanese language*, n° 46. Tokyo, 1904). — S. Seikei-Sekiya. Catalogue of japanese earthquakes (*Journ. Coll. Sc. Imp. Univ. Tokyo*, XI, part IV, 315, 1899).

[2] Documents sur les tremblements de terre et les éruptions volcaniques au Japon (*Mém. Ac. Sc., Arts et Belles-lettres de Lyon*, 1862).

[3] Dairoku Kikuchi. Recent seismological investigations in Japan (*Publ. Earthq. Invest. Comm. in for. lang.*, n° 19. Tokyo, 1904).

[4] E. Naumann. *Ueber den Bau und die Entstehung der japanischen Inseln* (Berlin, 1885). — Die japanische Inselwelt. Geographische-geologische Skizze (*Mitth. d. k. k. Geogr. Ges. in Wien*. XXX, 129 et 201, Wien. 1887).

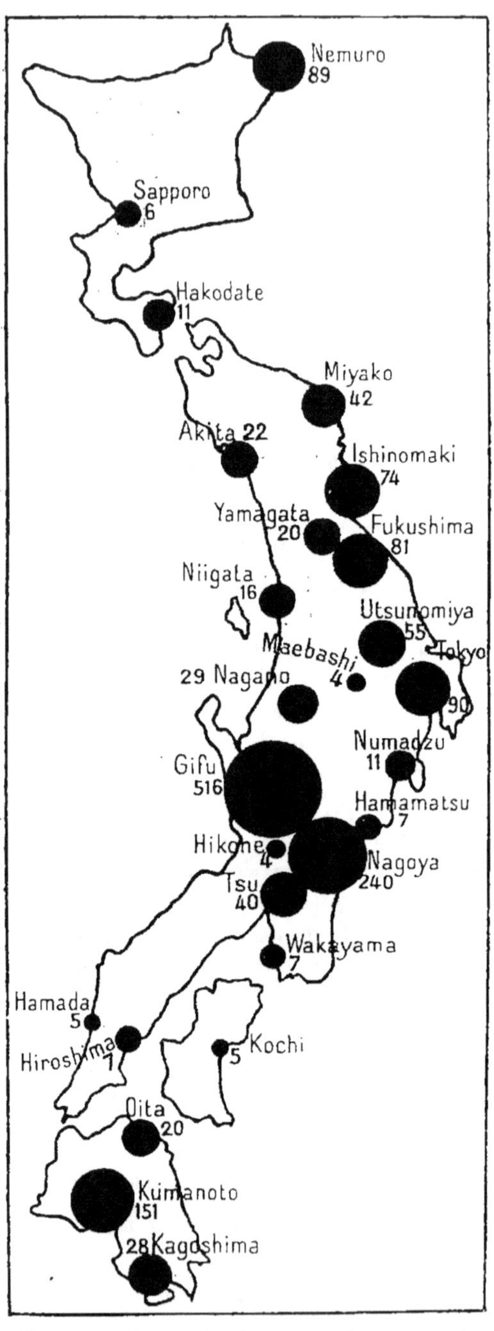

Fig. 73. — Japon. Nombres annuels moyens de séismes aux principales stations séismologiques.

Tous les terrains sont représentés au Japon ; la direction méridienne domine dans le Nord, et celle W. S. W.-E. N. E. dans le Sud, de sorte que l'orientation des rivages, des lignes de relief et des zones géologiques est partout identique dans chacune des deux moitiés, et que l'archipel représente une chaîne à demi submergée, tournant sa convexité vers le S. E. C'est une des plus vastes rides de la surface terrestre, et aussi une des plus élevées, si l'on tient compte des 3 700 mètres d'altitude du célèbre Fuji-Yama, ou Fuji San, au-dessus des 8 500 mètres de profondeur de la fosse du Tuscarora, qui longe les côtes externes à très petite distance : nulle part ailleurs ne se rencontre une pareille dénivellation de 12 200 mètres sur un espace aussi restreint, disposition rappelant tout à fait et sur une plus vaste échelle encore celle de la Sierra Maestra de Cuba, elle aussi très instable. Du côté de la Corée, la mer du Japon, que l'on croyait naguère peu profonde, descend cependant à plus de 3 200 mètres par 40° 5′ N. et 130° 14′ E. (d'après les sondages récents exécutés par la « Grande Compagnie des Télégraphes du Nord ») ; mais la structure en talus abrupt n'y existe pas.

Le tracé compliqué des côtes japonaises révèle un extrême morcellement des massifs, qu'accentue encore leur défaut de continuité, tant au point de vue du relief qu'à celui de la composition et de la structure. L'archipel est véritablement coupé en deux par la *Fossa magna* de Naumann ; ce sont les régions peu accidentées à l'Ouest de Tokio, situées entre les massifs cristallins du Nord et du Sud, qui forment la zone externe par le sud de Kiu-Siu, l'île Shikoku et la presqu'île de Kii d'une part, les grands massifs d'Abukuma et de Kita-Kami d'autre part. A l'intérieur, les accidents parallèles affectant des terrains de toutes les époques se disposent de la même façon. L'activité volcanique s'est surtout développée dans l'Ouest et le Sud de Kiu-Siu en prolongement de l'arc des Okinawa-Shima, plus encore suivant l'axe méridien du Nippon, ou Hondo, où elle a érigé l'arête de la grande île en continuation des îles Bonin et Shitshito (Oho-Shima), et finalement le long de l'axe de Yézo avec prolongement ininterrompu par les Kouriles et le Kamtchatka. Dans le Sud, la mer intérieure forme une dépression ancienne, mais relativement peu profonde, et dont Naumann a pu suivre le prolongement dans tout le Nippon jusqu'à son extrême Nord. Enfin les côtes occidentales montrent une série d'effondrements circulaires, que Suess assimile aux golfes semblables de la mer Tyrrhénienne.

Les terres japonaises ont été plissées à diverses époques, et leurs vicissitudes ont été considérables puisque les couches paléozoïques à radiolaires, maintenant émergées, n'ont pu se déposer qu'à une grande profondeur. Naumann résume ainsi qu'il suit les derniers mouvements tertiaires, les seuls qui interviennent pour expliquer l'instabilité séismique générale de l'époque actuelle : avec la fin du Crétacé se produisit une surrection et une compression des couches mésozoïques, et le commencement du Tertiaire a correspondu à une période continentale, caractérisée par un grand développement des éruptions dioritiques. A partir du Miocène survint une immersion générale, ne laissant probablement émerger que certains sommets de l'ancienne ossature, et que troublèrent des oscillations moindres en sens divers. Puis un énergique plissement se produisit à la fin de cette période, accompagné d'une grande activité volcanique, double série de phénomènes qui se renouvela vers la fin du Pliocène ; c'était le troisième plissement, puisque les terrains cristallins eux-mêmes avaient, à une époque reculée, subi déjà un semblable mouvement.

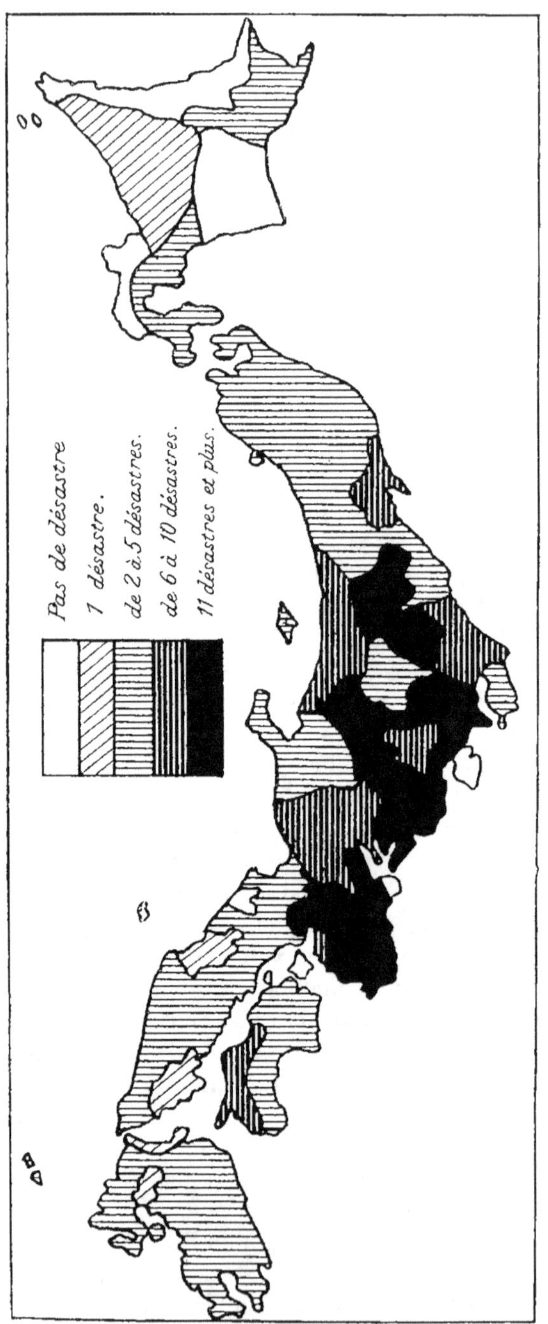

Fig. 74. — Japon. Désastres séismiques depuis le ve siècle (d'après Dairoku Kikuchi.

Naumann pense aussi que la dernière poussée orogénique n'est pas complètement terminée; il a en effet montré[1] qu'il y a quelques mille ans, les environs de Tokio ont été en une mesure notable conquis sur le domaine maritime. Dans ce travail, il a porté sur une carte, d'après les recherches de Yamada, tous les lieux dont le nom est un composé des mots japonais *Minato*, port; *Hama*, rivage; et *Ura*, baie, et pu ainsi dessiner l'ancien tracé des côtes, qui s'écarte parfois notablement du tracé actuel.

Bien des points de la géologie japonaise restent encore à élucider; ainsi Naumann croit très ancienne la *Fossa Magna*, que Suess, à la

[1] Ueber die Ebene von Yedo (*Petermann's geogr. Mitth.*, 1879, 121).

suite des travaux de Harada, considère comme récente ; mais de toutes façons, chaîne plissée à la fin du Tertiaire et définitivement émergée au bord d'un des plus profonds et raides talus océaniques connus à la surface du globe, cet archipel a bien des motifs à la plus grande instabilité séismique, qui atteint son maximum du côté du Pacifique ou de la plus grande dénivellation. On va l'étudier du Nord au Sud.

D'après Dairoku, les 223 désastres historiques se répartissent ainsi qu'il suit, quant à leur origine :

Pacifique.   47
Mer du Japon.   17
Mer intérieure   2
Intérieur du Nippon.   114
Origine inconnue   43
                                                          ———
                                                          223

Les séismes destructeurs venant de l'intérieur, du Pacifique et de la mer du Japon présentent ainsi les rapports de 7 à 3 et à 1. En ne tenant compte que des tremblements de terre destructeurs, les provinces du côté concave de l'arc japonais sont exclusivement désolées par des secousses d'un caractère local, et celles du côté convexe par des chocs étendus, d'origine sous-marine et accompagnés de *Tsunamis* ou vagues séismiques. Les provinces centrales de Mino, Shinano, Shimotzuke et Iwashiro sont souvent le théâtre de tremblements destructeurs locaux. Enfin celles du Kotzuke et de l'Hida, rarement éprouvées, forment avec le Sanyodô les régions les plus stables de la grande île.

Hokkaido, ou Yézo, paraît jouir vers le Nord de la même immunité que Sakhaline. Par contre, ses deux presqu'îles de l'Est et du Sud, Nemuro et Osima, sont très souvent ébranlées. La première correspond à la pénétration de la ligne volcanique des Kouriles dans l'intérieur de l'île, et la seconde à une série d'effondrements circulaires dans les terrains archéens et paléozoïques, dont le principal est celui de la baie Uchira, ou des Volcans.

La presqu'île de Nemuro et les provinces du N.E. du Nippon, Rikuzeu et Rikuchû, ont été bien souvent ravagées par des tremblements de terre d'origine sous-marine, et de nombreuses secousses semblables ont été signalées au large d'Yézo et du Nippon. Cette observation a une importance capitale. C'est, en effet, une des plus grandes découvertes des séismologues du Japon d'avoir montré qu'outre les chocs seulement signalés en mer, un nombre notable des séismes qui agitent ces côtes, du détroit de Tsugaru à la pres-

Fig. 75. — Japon. Fréquence relative des *Tsunamis*,'
vagues séismiques (d'après Dairoku Kikuchi).

qu'île d'Awa, à l'est de la baie de Tokio, prennent naissance soit sur le talus, soit au pied de la fosse du Tuscarora. Le catalogue publié par Milne[1] de 8331 secousses ressenties de 1885 à 1892 suffit à donner à ce fait une indiscutable confirmation. C'est aussi de là que partent, comme conséquences des mouvements séismiques indéniables du bord ou du fond de l'abîme, les gigantesques raz de marée qui désolent si souvent ce littoral, tel celui du 15 juin 1896, qui coûta près de 30 000 existences humaines sur 250 milles des côtes orientales du Nippon[2] et dont Milne[3] place l'épicentre à 150 milles à l'Est de Sendai. Les aires dévastées par *Tsunamis* ne semblent s'être que rarement étendues au delà de l'Hitachi

[1] J. Milne. A catalogue of 8331 earthquakes recorded in Japan between 1885 and 1892 (*Seismol. journ. of Japan*, IV. Tokyo, 1895).

[2] T. Iki. Report on the great San-Riku Tsunami, or destructive Sea-waves (*Rep. of the imp. earthq. inv. Comm. in japanese language*, n° 11. Tokyo, 1897).
— A. Imamura. Note ou the great Tsunami of 1896 (*Id.* N° 29. Tokyo, 1899).

[3] *British Ass. for the Adv. of Sc.*, Bristol meeting, 1898. — *Third Rep. of the Comm. on seismol. Obs.*, p. 210.

et de la presqu'île d'Awa et Kasuza, probablement parce que, vers le S.W. de l'archipel, les grands fonds sont plus éloignés des côtes. On a eu trop souvent jusqu'à présent, dans cet ouvrage, à développer les conséquences séismiques de l'existence de cette structure sous-marine, lorsqu'elle borde comme ici des terres élevées et récemment plissées, pour qu'il y ait lieu de développer davantage un sujet

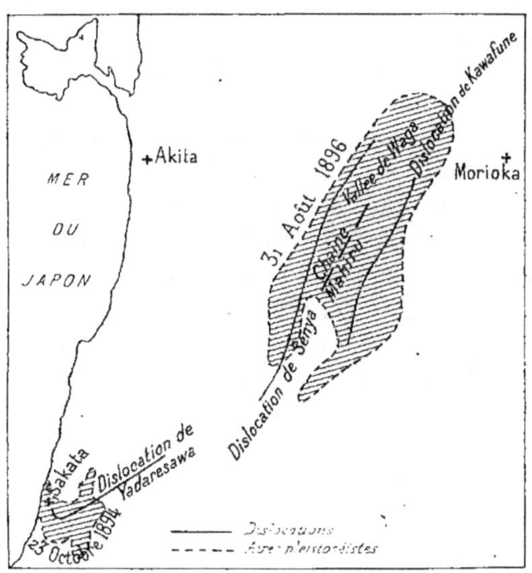

Fig. 76. — Japon. Dislocations récentes d'origine séismique (d'après Yamasaki).

dont la découverte est due à Milne et à ses collaborateurs de la société séismologique du Japon.

L'alignement volcanique des îles Shitshito à la rencontre duquel l'arc japonais se recourbe vers l'W.S.W., repose au contraire sur un seuil élevé se dirigeant droit au Sud vers les îles Bonin et Mariannes.

Au Sud du Nippon occidental et des grandes îles de Shikoku et de Kiu-Siu, les fonds ne dépassent pas 4000 mètres, et cette différence de moitié avec ceux de la fosse de Tuscarora correspond à une grande diminution de la séismicité, contraste bien suggestif quant à l'influence séismogénique de cette structure.

Le tremblement de terre du 31 août 1896 a conduit Yamasaki[1] à de très intéressantes observations géologiques. Ce violent séisme

---

[1] Das grosse japanische Erdbeben in nördlichen Honshu am 31. August 1896 (*Petermann's geogr. Mittheil.*, XI, 249, 1900).

s’est étendu dans les provinces d’Ugo et de Rikuchû, à l’Ouest de la dépression du fleuve Kitakami, de direction méridienne, et qui isole sur la côte orientale un grand massif ancien de même nom. L’aire pléistoséiste était allongée sur la double chaîne médiane dont les deux crêtes parallèles, appelées Mahiru-Yama à l’Ouest et Naka-Yama à l’Est, comprennent entre elles la haute vallée longitudinale de Waga. Tout cet ensemble tertiaire est pénétré par des intrusions granitiques, andésitiques et liparitiques ; c’est donc une ancienne ligne de moindre résistance. L’aire épicentrale était comprise, de chaque côté de la chaîne du Mahiru-Yama, entre deux grandes failles, auxquelles Yamasaki donne les noms de Kavafune (celle de l’Est ; 50 kilomètres de long) et de Senya (celle de l’Ouest ; 70 kilomètres), de ceux des localités où elles sont le mieux accusées. Ainsi, le tremblement de terre a été produit soit par une élévation en bloc de la chaîne de Mahiru, soit par un égal abaissement des bandes sédimentaires qui la comprennent entre les deux failles. Ces dislocations sont légèrement déviées vers le S. W., et celle de Senya prolongée se retrouve dans la plaine de Sakata, ou du Shonaï, sur un parcours d’une trentaine de kilomètres, jusqu’à l’embouchure du Mogamigawa, où elle avait été, sous le nom de faille de Yadaresawa[1], l’origine du grand séisme du 23 octobre 1894. Cette dernière fracture et celle de Senya sont donc identiques, malgré la lacune apparente qui les sépare encore ; toutes deux traversent respectivement les vallées du Mogamigawa et de l’Omonogawa, et les deux séismes sont la claire manifestation d’un même processus tectonique encore en pleine activité.

La côte occidentale du Nippon septentrional montre des courbures successives que Suess assimile, avons-nous dit, aux golfes d’effondrements de la mer Tyrrhénienne de l’Italie. Leur rôle séismogénique, déjà signalé à Yézo, se reproduit sur ce littoral, au moins pour ceux d’Akita (Kubota, nom antique), de Niigata en face de l’île Sado, et celui qui se trouve au S. W. de la grande presqu’île de Noto. Dans ces trois cas, les tremblements de terre ont eu souvent leurs épicentres en mer, fait mis en évidence pour ceux du 9 et du 11 décembre 1892, dont les foyers étaient au large de la presqu’île de Noto[2].

La grande plaine du Musaschi, si profondément pénétrée par la petite mer intérieure de Sagami et la baie de Yokohama-Tokio entre

---

[1] Kôtô. Recherches géologiques sur le tremblement de terre du Shonaï (*Rapports du Comité séismologique impérial japonais* (en japonais.) N° 8, 1, 1896).

[2] (Anonyme) On the earthquakes in the year 1892 (*Ann. Rep. of. the centr. Met. Obs. of Japan for the year 1892*, part II. mem. 40. Tokyo).

les presqu'îles d'Izu et d'Awa, est une des plus importantes régions séismiques du Japon. Elle est dominée à l'Ouest par le massif ancien du Quanto, qui termine au Sud le Nippon septentrional, et par le Fuji-Yama, qui représente l'origine de la ligne volcanique formant trait d'union entre celle d'Yézo et des Kouriles au Nord et celle des Shitshito et des Bonin, ou Ogasawara-Shima, au Sud. La raison d'être géologique de son instabilité n'apparaît pas encore clairement, en l'état actuel de nos connaissances. Au sujet du tremblement de terre du 22 février 1880, Milne[1] fait intervenir les failles et les plissements des couches tertiaires de la péninsule d'Awa; il se demande même, sans y répondre toutefois, si ce dernier phénomène n'est pas encore en activité effective; il assigne aussi un rôle séismogénique aux failles de la presqu'île de Yokoska[2]. Omôri[3] a tracé quatre étroites zones allongées, résultant du groupement des épicentres des secousses ressenties à Tokio de septembre 1887 à juillet 1889, ainsi que sept autres analogues pour les chocs de la même période observés dans le Nippon central, mais non dans cette ville. Le savant séismologue n'en tirant aucune relation d'ordre géologique, il est inutile d'en rien dire de plus, sinon qu'une d'elles est tout entière sous-marine, ce qui confirme ainsi, par une autre voie, les résultats déjà mentionnés des observations de Milne.

Il n'est pas du tout certain que la *Fossa Magna* de Naumann soit une région d'instabilité maxima, ainsi qu'on l'a souvent dit. Elle limite presque complètement vers le S. W. l'activité volcanique, mais il ne nous semble pas qu'elle joue un rôle séismogénique très accusé.

Les provinces centrales du Mino et de l'Owari ont été, le 28 octobre 1891, le théâtre du plus formidable tremblement de terre dont l'histoire fasse peut-être mention. Il a été accompagné de la formation d'une faille gigantesque, de 160 kilomètres de long au moins, avec un rejet dépassant 20 mètres, et qu'aucun obstacle n'a pu arrêter, ni dévier. Elle s'est produite dans les terrains primaires de la vallée du Kisogawa et s'est étendue de ce fleuve jusqu'au delà de Fukui, non loin de l'embouchure de l'Hinogawa; courant, il est vrai, à peu près parallèlement à la *Fossa Magna*, elle en est aussi

[1] The earthquake in Japan of February 22nd 1880 (*Trans. seism. Soc. of. Japan*, I, part II, 59).

[2] Notes on the horizontal and vertical motion of the earthquake of March 8th 1881 (*Id.*, III, 132).

[3] Macroseismic measurements in Tokyo (*Public. of. the earthq. Invest. Comm. in for. lang.*, n° 11, II and III. Tokyo, 1902).

éloignée que des vallées et des dislocations « du système sinien » qui séparent la province de Mino de celle d'Echizen.

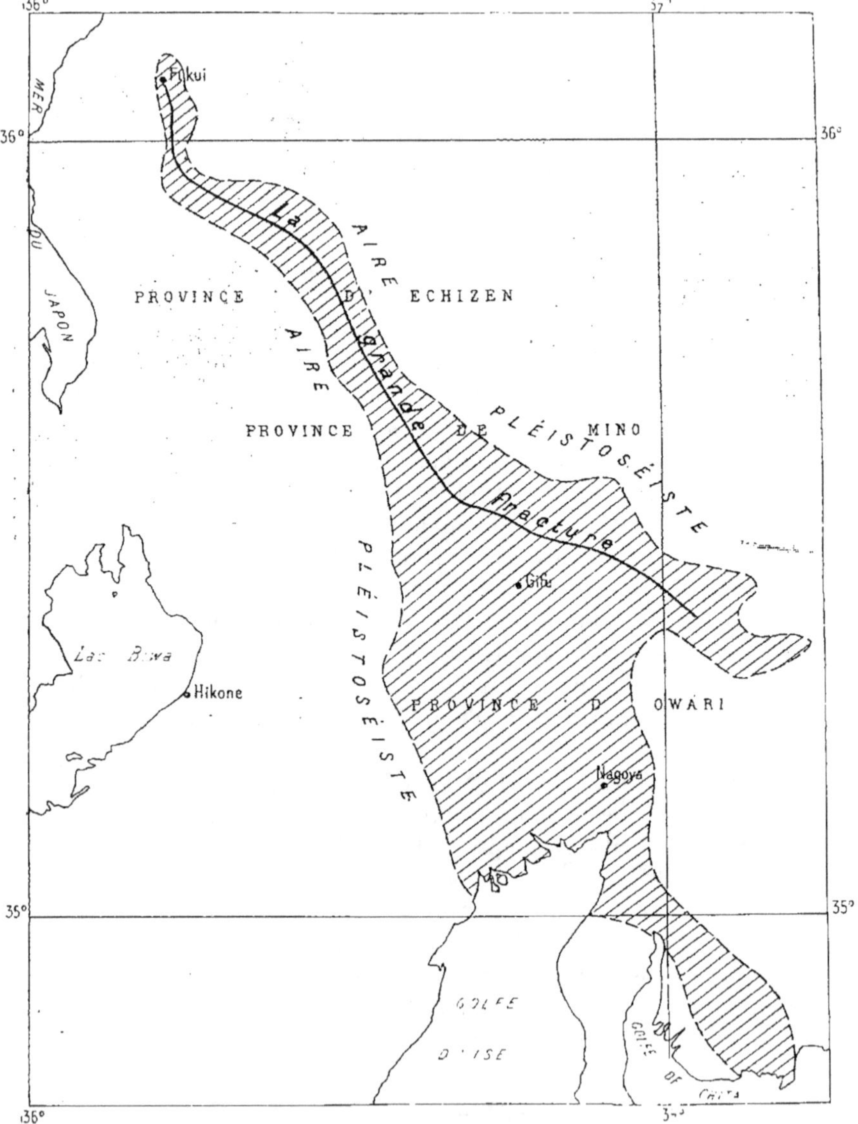

Fig. 77. — La grande fracture de la vallée de Néo produite par le tremblement de terre du Mino et de l'Owari du 28 octobre 1891.

A l'Ouest de ce remarquable district séismique, la dépression du fameux lac Biwa s'ouvre dans le même ensemble paléozoïque, formant,

avec des roches granitiques et cristallines, la plus grande partie de
la presqu'île de Shikoku, qui termine le Nippon vers l'Ouest. Près du
lac se trouve Kiôtô, l'antique capitale du Japon, pour laquelle les
annales et les chroniques rapportent un nombre considérable
de tremblements de terre. Depuis qu'en ces dernières années, les
observations systématiques ont été instituées, cette région a fourni
peu de secousses. On est donc fondé à penser que les tremblements
de terre de Kiôtô, anciennement relatés, venaient d'ailleurs, vraisemblablement du Mino et de l'Owari.

La presqu'île de Shikoku est fort stable, ainsi que pouvait le
faire prévoir sa constitution géologique, et il en est de même de la
mer intérieure, étroite et peu profonde dépression longitudinale
ouverte de l'Est à l'Ouest entre la péninsule et l'île de Shikoku. Le
lac Biwa en est d'ailleurs le prolongement naturel. Les terres du
Sud, presqu'île de Kii et île de Shikoku, sont aussi indemnes de
tremblements de terre, en conformité avec leur constitution géologique : granites et schistes cristallins au Nord, terrains paléozoïques au Sud, avec quelques lambeaux de couches secondaires,
mais à l'exclusion de produits éruptifs récents. On peut cependant
citer une série de nombreuses secousses ressenties en 1854[1] à
Shikoku dans la province de Tosa ; si c'étaient des avant-coureurs
du grand tremblement de terre de Simoda, on peut se demander si
elles n'avaient pas, comme lui, une origine sous-marine, auquel cas
elle ne contrediraient pas l'habituelle stabilité de cette île.

Kiu-Siu est le prolongement naturel, archéen et primaire, de
Shikoku, mais avec adjonction de couches tertiaires, et un grand
développement de l'appareil éruptif récent, en prolongement de l'axe
volcanique rejoignant Formose vers le S.W. Les tremblements de
terre redeviennent fréquents et sérieux avec le plissement tertiaire,
et la catastrophe de Kumamoto, du 28 juillet 1889, a été, avec ses nombreux chocs consécutifs, mise en relation par Kôtô avec les fissures
découpant le massif volcanique éteint du Kimposan. Pendant longtemps Nagasaki a été le seul port du Japon ouvert aux Européens,
et il en est résulté de nombreuses observations séismiques faites
par les commerçants du comptoir hollandais, confinés, depuis
le xviie siècle, dans la petite île de Dzesima. Les secousses y sont
plus fréquentes que dangereuses. Enfin la grande baie de Kagoshima,
dans le sud de Kiu-Siu, paraît être le théâtre de séismes d'origine
volcanique.

<hr>

[1] Omôri. Sulle repliche del gran terremoto giapponese del 1854 (*Bull. soc. sism. ital.*,
1896, 152).

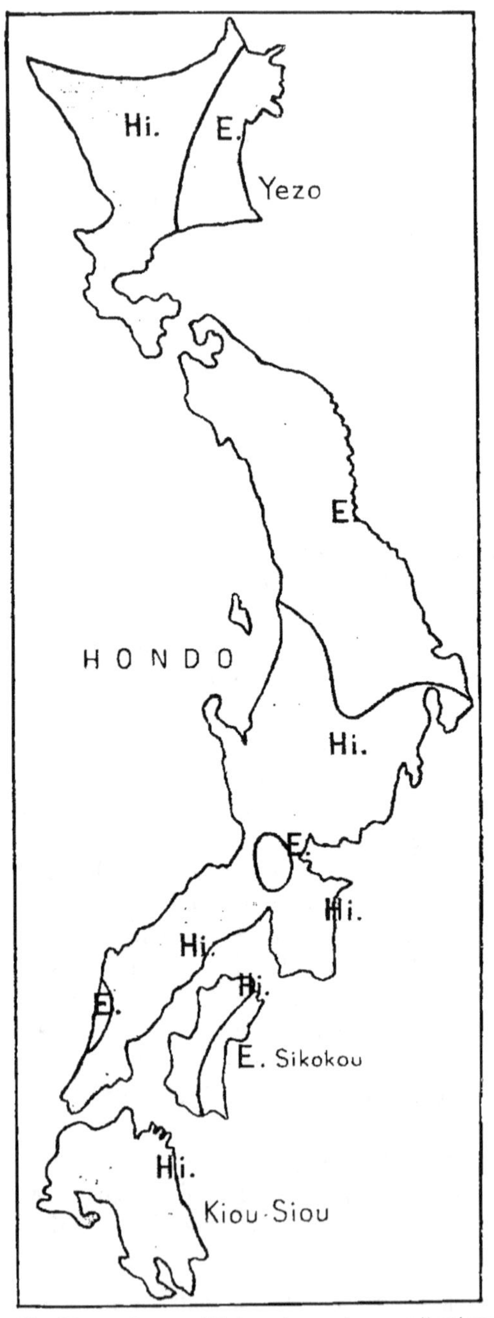

Fig. 78. — Japon. Régions à maximum séismique estival ou hivernal.

Malgré la défiance que doit inspirer l'hypothèse des relations entre les séismes et les phénomènes de la géophysique externe, on ne saurait en faire complètement abstraction lorsqu'elles tendent à la démonstration possible d'une action mécanique directe sur l'écorce terrestre, et qu'elles émanent de savants comme Omôri : ce séismologue tient comme bien établie l'existence au Japon d'un maximum d'activité macroséismique en été pour le S. E. de Yézo et la moitié Nord de Nippon, et en hiver pour le reste de l'archipel, sauf quelques petites surfaces aberrantes au Nord du Sanyodo, sur la côte Sud de Shikoku et autour du lac Biwa, exceptions d'ailleurs de nature à faire naître quelque suspicion sur le résultat général. Quoi qu'il en soit, Omôri[1] rapproche de cette statistique, roulant sur 18279 secousses, la répartition annuelle de la pression barométrique, basse en été et haute en

[1] Annual and diurnal variation of seismic frequency in Japan (*Publ. of the earthq. invest. Comm. in for. lang.*, n° 8. Tokyo, 1902).

hiver sur le Pacifique, inverses sur la côte opposée. Il conclut formellement[1] à une plus grande hauteur d'eau sur la côte orientale

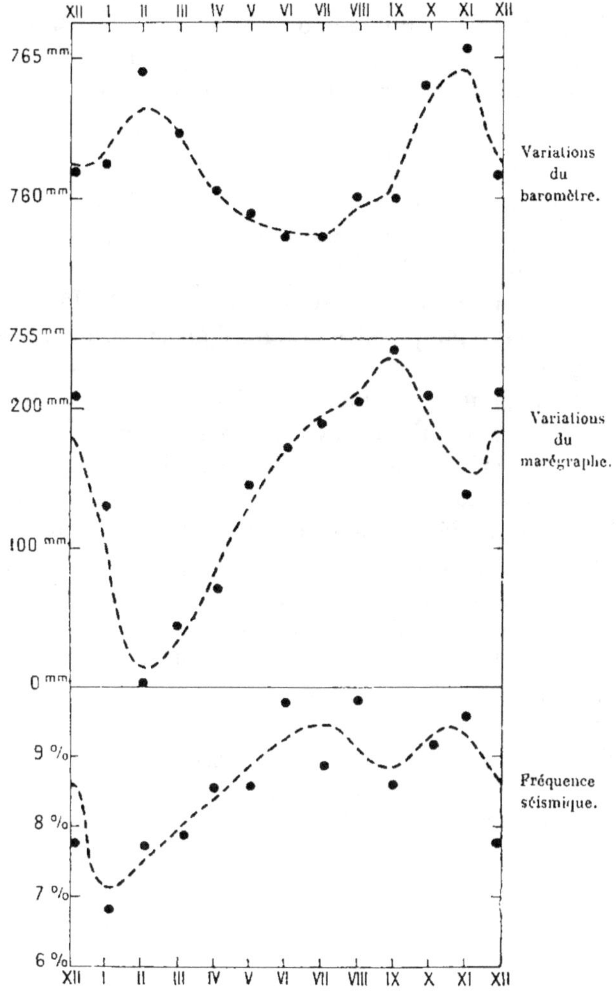

Fig. 79. — Japon. Variations annuelles de la pression barométrique, du niveau de la mer
et de la fréquence séismique le long de la côte du Pacifique (d'après Omôri).

pendant l'été, d'où une accentuation notable de la pression hydros-
tatique sur les couches terrestres du même côté, circonstance

[1] Annual variation of the height of Sea-level at Ayukawa and Misaki (*Id.*, n° 18,
1904, 23).

favorable à l'augmentation de la fréquence séismique, avec inversion
du phénomène pendant l'hiver. Ces considérations paraissent assez
plausibles *a priori*, mais il nous semble qu'Omôri en a lui-même
détruit la portée dans un mémoire plus récent[1]. Dans ce dernier
travail, en effet, il trouve pour la pression sur le fond de la mer une
différence de 249 millimètres de mercure entre le maximum d'octobre
et le minimum de février, mars et avril, soient $\frac{2}{3}$ d'atmosphère.
Il faudrait savoir autrement si la cause invoquée est bien adéquate
à l'effet supposé, si une statistique poussée plus loin confirmerait
le résultat, et enfin si ces circonstances se reproduisent ailleurs. En
tout cas, on voit qu'Omôri explique autrement que Belar ne l'a fait
pour les côtes dalmates un maximum estival, d'ailleurs appuyé sur
un nombre bien plus considérable d'observations que dans ce
second exemple.

Entre le Japon et Formose la chaîne des îles Riou-Kiou, ou
Okinawa Shima, continue intérieurement la rangée volcanique de
Kiu-Siu, et extérieurement sa ride du S. E., que représentent les
gneiss plissés de la grande Okinawa. Ce serait donc une ancienne
cordillère, démantelée et effondrée sur le Pacifique, mouvements qui
auraient déterminé les manifestations éruptives du côté de la mer de
Chine. Si l'on s'en réfère à ce qui se passe ailleurs pour des régions
de structure analogue, il n'y aurait pas à prévoir une grande instabilité dans ces îles, et c'est bien ce qui résulte des observations faites
à Amikou par les missionnaires de 1857 à 1858, et les observations
ultérieures des Japonais à partir de 1886 ; il en résulte une fréquence
annuelle moyenne très modérée de 6 secousses, et l'on n'y connaît
aucun tremblement de terre grave. Il se pourrait cependant que la
fréquence annuelle soit en réalité plus grande dans cet archipel que
celle qui vient d'être indiquée ; en effet, la station séismologique
centrale de Strasbourg vient de publier (septembre 1905) le premier des catalogues annuels généraux de macroséismes dont elle a
assumé la tâche à l'association séismologique internationale. Or si
l'on se reporte à ce travail considérable et de la plus haute importance (4 760 séismes)[2], on trouve que 24 secousses, à la vérité
toutes légères, ont été, en 1903, observées à la station japonaise de
l'île O-Shima (129°30′ E. Gr. 28°33′ N.), sans préjudice de 8 autres

---

[1] Note on the annual variation of the height of Sea-level on the Japan Coast (*Proc. of the Tohyo phys. mat. soc.* Réimprimé du : *Tokyo Sugaku-Butsurigakkwai Kiji-Gayo.* II. n° 20. 1905).

[2] Rudolph. Katalog der im Jahre 1903 bekannt gewordenen Erdbeben (*Beiträge zur Geophysik.* Ergänzungsband, III, Leipzig, 1905).

en d'autres îles[1]. Une explosion volcanique en 1902, a fait disparaître Tori-Shima avec presque tous ses habitants[2].

Les séismes sont au contraire fréquents à Formose ou Taiwan, et même dangereux, puisqu'à défaut de renseignements bien circonstanciés, l'on peut en citer au moins trois ayant eu de graves conséquences, celui de 1655 et dernièrement deux autres, 24 avril et 6 novembre 1904, le premier le plus violent, tous deux d'ailleurs destructeurs. Leurs aires épicentrales[3] allongées sur une direction N.N.E-S.S.W. et grossièrement parallèles aux chaînes orientales de l'île, manifestent donc une relation avec sa structure géologique. Ces deux tremblements de terre ont affecté surtout le Sud.

Les documents chinois considèrent Formose comme très exposée. Cette île comprend une chaîne principale, la chaîne de Niitaka, formée de schistes anciens et de calcaires cristallins, concave et abrupte sur l'océan, et qu'accompagne à l'Ouest la chaîne tertiaire de Kali. La présence de ce dernier élément explique bien la séismicité de cette île, s'il s'agit de couches ayant subi les derniers mouvements orogéniques de plissement de cette époque, et cette analogie de structure avec le Japon fait bien soupçonner des influences séismologiques comparables. Dans cette hypothèse, Formose commencerait la province séismique des Philippines, dont la sépare seulement une mer sans profondeur, avec quelques îlots volcaniques prolongeant les Batanes et les Babuyanes au nord de Luçon, et précisément, les deux seuls grands séismes mentionnés ont exercé leurs ravages dans le Sud. Des vagues séismiques ont été signalées sur la côte du N.E.

Des Pescadores, on ne connaît que quelques secousses légères.

3. — Philippines.

Grâce aux catalogues de Perrey[4], et surtout à celui de Saderra y Masó[5],

[1] C'est d'ailleurs le seul cas où ce catalogue ait modifié en quelque mesure les assertions contenues dans cet ouvrage, ce qui ne veut pas dire que les volumes suivants n'y apporteront pas ultérieurement les améliorations de détail que nous sommes les premiers à espérer.

[2] Yamasaki. Eruption of Tori-shima (Shinsai Yobô Chôsakwai Hôkoku. *Rep. imp. earthquake invest. Comm. in jap. lang.*, n° 47. Tokyo, 1, 1903).

[3] J. Omôri. Preliminary Note on the Formosa earthquake of November 6th, 1904 (Reprinted from : *Tokyo Sugaku-Butsurigakkwai Kiji-Gayo*, 11, n° 19, January 21st 1905).

[4] Documents sur les tremblements de terre et les éruptions volcaniques dans l'archipel des Philippines (*Mém. Ac. imp. Sc., Arts et Belles-lettres de Dijon*, VII, 85, 1860).

[5] *La sismología en Filipinas*. Datos para el estudio de terremotos del Archipiélago Filipino (Observatorio de Manila, 1895).

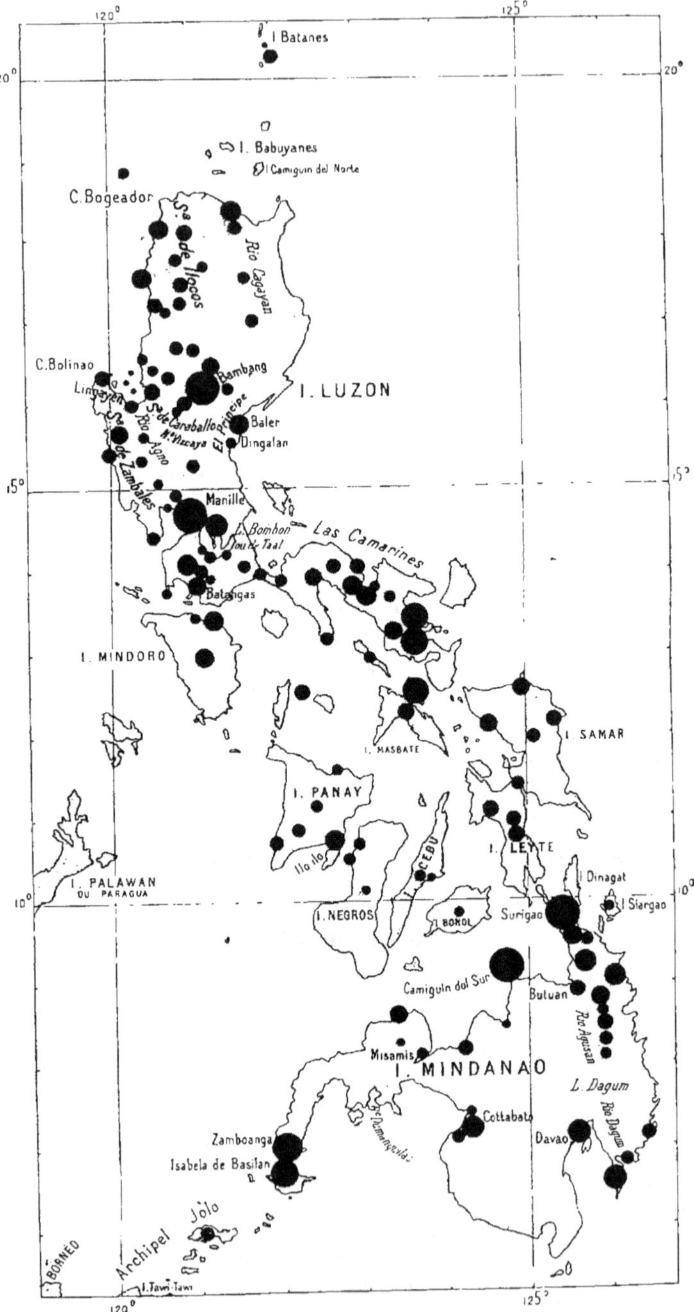

Fig. 80. — Philippines.

ainsi qu'aux observations séismologiques régulièrement instituées de 1866 à 1900 par les pères Jésuites, à leur observatoire municipal de Manille, au moyen du vaste réseau de leurs missions, répandues dans tout l'archipel[1], organisation continuée par le *Weather Bureau* du gouvernement des États-Unis[2], l'archipel des Philippines est très bien connu au point de vue de la répartition des tremblements de terre, sauf là où la colonisation espagnole d'abord, puis américaine, n'a pu encore pénétrer, comme le centre de Luçon et l'intérieur de Mindanao et de quelques autres îles. Saderra y Masó[3] a fait de cette répartition, en s'appuyant sur les travaux géologiques de Becker[4], une très intéressante étude, qui complète les résultats que nous avions obtenus antérieurement[5]. Seules les grandes lignes de la géologie des Philippines sont connues, mais le peu qu'on en sait maintenant suffit amplement à justifier leur extrême instabilité.

L'archipel forme un grand trapèze, ayant pour base Luçon et Mindanao d'une part, le rivage N. E. de Bornéo entre les îles Banguey et Sibutu d'autre part, et pour petits côtés Palawan (ou Paragua) et l'archipel de Jolo (ou Soulou). Au centre, se trouve le vide de la mer de Jolo avec ses énormes profondeurs, comparables à celles du Pacifique le long des deux îles principales, Luçon et Mindanao. On a ainsi tout de suite l'impression de terres morcelées, émergeant des abîmes océaniques, structure générale que l'observation fait presque toujours reconnaître comme favorable à l'instabilité.

Depuis le début des temps paléozoïques, un archipel existait là, mais c'est tout ce qu'on en sait jusqu'à l'Éocène, époque du dépôt des lignites de Cebù, après quoi un grand mouvement d'exhaussement et de plissement correspondait aux vicissitudes contemporaines qui modifiaient si profondément la configuration de l'Europe et de l'Asie; il est probable qu'alors Luçon et Bornéo furent temporairement réunies. Vers le milieu du Miocène, l'archipel s'enfonça notablement; beaucoup des îles actuelles disparurent sous les eaux, tandis que les deux grandes terres de Luçon et de Mindanao se

<hr>

[1] Observatorio de Manila (Bajo la dirección de los P. de la Compañia de Jesús). *Boletín mensual*, 1866-1900.

[2] J. Algué. Philippine Weather Bureau of the Dep^t of the Interior. Manila central Observatory, 1901...

[3] Volcanoes and seismic centers of the Philippine Archipelago (*Census of the Philippine islands*. Bull. 3. Washington, 1904).

[4] *Report on the Geology of the Philippine islands* (Washington, 1901).

[5] De seismen der Philippijnen (*Natuurk. Tijdschr. voor Nederlandsch-Indië*, LXI. Afl. 1. Batavia, 1901).

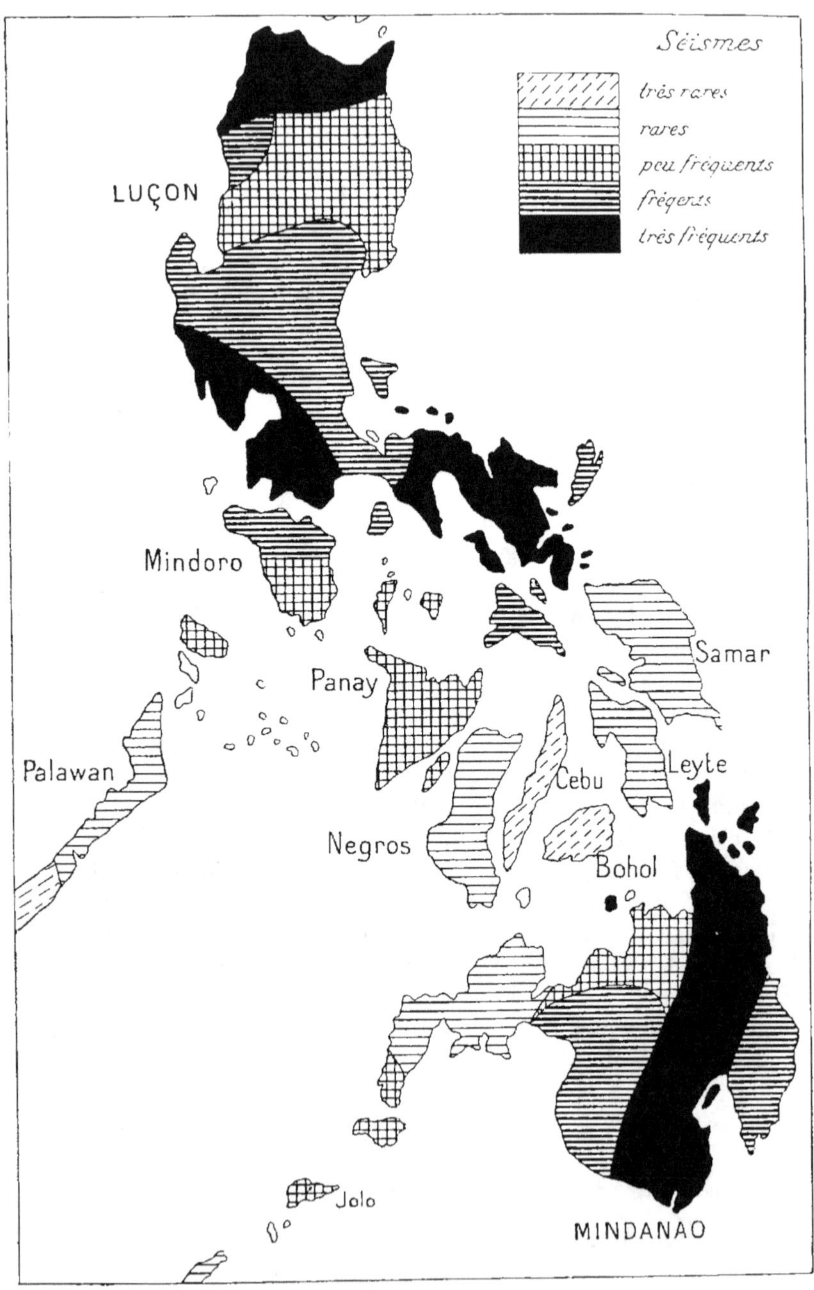

Fig. 84. — Philippines. Fréquence séismique
(d'après Saderra y Masó).

réduisaient à des groupes insulaires. A la fin de la même époque, un lent relèvement commença et paraît s'être continué jusqu'à nos jours, avec certaines inversions de mouvements locales et particulières à quelques îles, et que décèle la distribution des formes animales. Si les diorites et autres roches massives datent de la fin du Primaire, le développement de l'activité volcanique a probablement commencé au Miocène inférieur, au moment de l'exhaussement et du plissement post-éocènes. Une grande partie des produits éruptifs a été remaniée sous les eaux, et a formé des plaines de tufs. La disposition des lignes d'évents volcaniques, actifs ou éteints, et leur mode de liaison ou de dépendance avec ceux des Moluques ont donné lieu à de nombreuses discussions encore ouvertes, mais sans intérêt pour l'étude ici poursuivie ; qu'il suffise de dire que, d'après Becker, elles forment plutôt un réseau de fissures qu'un système de diaclases parallèles.

Le dernier exhaussement est prouvé par les perforations des animaux marins lithophages, et surtout par l'existence des manteaux coralliens qui recouvrent presque entièrement Cebù, Negros et beaucoup d'ilots jusqu'à des altitudes de 700 à 800 mètres. De nombreuses terrasses littorales montrent que ce mouvement n'a pas été continu, mais bien plutôt soumis à des paroxymes, séparés par des intervalles de repos au moins relatif. Faut-il croire, avec les vieux chroniqueurs espagnols, que plusieurs grands tremblements de terre d'autrefois ont été accompagnés de soulèvements côtiers? La question doit rester douteuse, surtout depuis la magistrale réfutation qu'a faite Suess de semblables phénomènes dans l'Amérique du Sud, pourtant classiques jusqu'à lui.

En résumé, l'archipel des Philippines trouve dans les dernières phases de son histoire géologique de nombreuses causes générales de séismicité : abîmes océaniques tout autour, et même dans l'intérieur, d'où un relief considérable émergé ou immergé, plissement tertiaire, exhaussement récent, à peine terminé de nos jours ; enfin beaucoup de fractures, par lesquelles se sont fait jour les volcans et souvent les appareils thermaux. Mais le détail de la géologie des diverses îles est trop peu connu encore pour que l'on puisse, dans la plupart des cas, attribuer une influence séismogénique indéniable à des accidents particuliers caractérisant les principaux centres d'ébranlement, dont plusieurs ont subi des désastres, et que l'on va successivement décrire du Nord au Sud.

A l'extrême Nord, les tremblements de terre sont fréquents dans le petit archipel de Batanes, mais ils ne paraissent pas ébranler

autant celui des Babuyanes qui, plus au Sud, le sépare de Luçon, et
cela malgré la présence dans ce dernier du volcan actif Camiguin
del Norte.

La grande île de Luçon renferme un grand nombre de foyers
séismiques. Le premier qui se présente est celui d'Aparri, dont la
prépondérance est due sans doute, au moins dans une certaine mesure,
à ce que la vallée du Rio Grande de Cagayan est peu colonisée
encore. Ce centre s'étend donc, selon toute probabilité, vers le Sud
jusqu'au nœud des deux cordillères, ou Sierra de Caraballo, où en
1881 Bambang (ou Bayombong), dans le haut de la vallée longitudinale, a été le siège de très nombreuses secousses, qui ont donné
lieu à d'intéressantes études de la part d'Abella y Casariego[1]. L'instabilité atteint le département de la Nueva Vizcaya jusqu'à la baie
de Baler, dans le district de El Principe. Abella en fait sans preuves
un foyer séismico-volcanique, tandis que Centeno y Garcia[2] considère ces mouvements comme des séismes d'effondrement, en conséquence de la dissolution du sel gemme par les sources thermales si
développées dans la région. Saderra y Masó s'élève justement contre
cette explication qu'il trouve insuffisamment justifiée, et il fait avec
raison observer que si, après les tremblements de terre de 1881, Centeno a pu tirer argument du changement de régime observé dans
les sources du Monte Blanco en 1883 et 1884, il est d'autre part fort
douteux que semblable phénomène ait été, comme on l'a prétendu,
la conséquence des secousses de 1892.

Le versant occidental de la Sierra de Ilocos est probablement beaucoup plus instable ; en tout cas, on est beaucoup mieux renseigné sur
ses tremblements de terre. Ce district séismique s'étend jusqu'au golfe
de Lingayen et au cap Bolinao. Des chocs sous-marins ont été signalés
au large du cap Bojeador, et en outre les isoséistes d'un certain
nombre de tremblements de terre, importants par leur extension et
leur intensité, indiquent des épicentres dans les mêmes parages
maritimes. La région séismique s'étend donc au moins sur le talus
sous-marin. C'est pour ainsi dire sans interruption que le golfe de
Lingayen et la vallée du Rio Agno forment un autre foyer très instable, plus dangereux même que le précédent. Beaucoup d'aires épicentrales s'allongent sur le thalweg du fleuve, ou sur une ligne
transversale qui, partant du fond du golfe, aboutit à la baie de Din-
galan sur le Pacifique, et certains épicentres se trouvent manifeste-

<hr>

[1] The earthquakes of Nueva Vizcaya (Philippine islands) in 1881 (*Trans. Seism. Soc.
of Japan*, IV, 38, 1882).

[2] J. Centeno y Garcia. *Memoria geológico-minera* (cité par Saderra y Masó, 21).

ment dans le golfe lui-même. Seule la partie septentrionale de la
Sierra de Zambales paraît vraiment instable, du cap Bolinao à Iba,
et là aussi des séismes de grande aire d'action émanent du large.
Ainsi, la région d'ébranlement est en majeure partie constituée par une
dépression comprise entre la Sierra de Zambales et la Sierra de Ilocos
et formant une sorte de coulisse, et dont la partie septentrionale serait
immergée jusqu'au cap Bojeador, et la partie méridionale émergée
dans la vallée du Rio Agno. Il est dès lors tout naturel, en l'absence
de renseignements géologiques suffisants, d'émettre provisoirement
l'hypothèse que c'est là une dépression dont le caractère tectonique
explique l'instabilité. Son effondrement n'aurait peut-être même pas
dit son dernier mot, s'il est vrai, comme le rapportent les indigènes,
qu'un lac se serait autrefois formé près du cap Bojeador à la suite
d'un tremblement de terre, en submergeant un village. Mais ces suggestions ne sont proposées que sous les plus expresses réserves. La
partie Nord de la Sierra de Zambales, précisément la plus ébranlée,
est composée sur son versant oriental de gabbros, de schistes talqueux,
de tufs trachytiques et, fait important à signaler, de serpentine : cette
dernière roche est très souvent l'indice d'un énergique dynamo-méta-
morphisme, accompagnant des mouvements de l'époque tertiaire dans
bien des régions séismiques. Au contraire, la partie méridionale de la
chaîne est beaucoup plus stable, quoique d'origine volcanique récente.

Plus au Sud se rencontre le foyer d'ébranlement de Manille, comprenant la baie de ce nom, le lac volcanique de Bombon (ou du
Taal), le département de Batangas et la côte voisine de l'île Mindoro.
Célèbre par les nombreuses catastrophes de la capitale des Philippines, en particulier celle de juillet 1880, qui a été l'objet d'une étude
géologique relative à sa propagation par Centeno y Garcia[1], ce district
est extrêmement exposé aux dommages, mais la fréquence y est certainement bien moindre que ne le ferait supposer le nombre considérable de chocs qui y ont été signalés, beaucoup venant d'ailleurs,
surtout de la région précédente. Le peu de consistance du sous-sol
de tufs marécageux de Manille, traversé en tous sens par des *Esteros*,
a sans doute contribué à grandement aggraver les dommages en bien
des occasions, et à lui faire sa détestable réputation, d'ailleurs méritée.

La longue presqu'île des Camarines avec le remarquable volcan
de l'Albay (ou Mayón)[2], prolongeant Luçon vers le S. E. et l'île

<hr>

[1] Abstract of a Memoir on the earthquakes in the island of Luzon in 1880 (*Trans.
Seism. Soc. of Japan*, V, 43, 1882).

[2] E. Abella y Casariego. Monografia geológica del volcán de Albay ó el Mayón.
(*Id.*, 19).

de Samar constituent les fragments d'une cordillère morcelée, parallèle à une autre sierra voisine, encore plus démantelée et formée par les îles Masbate et Leyte. C'est là une province séismique avec nombreux centres d'ébranlement, et, si des désastres n'y ont pas été souvent mentionnés, cela ne tient peut-être qu'au manque de villes importantes. Quoi qu'il en soit, les isoséistes de certains tremblements de terre s'allongent sur le détroit qui sépare Samar et Leyte, indice suffisant pour lui faire reconnaître un caractère tectonique et jouer un rôle séismogénique décidé.

Les autres îles de l'archipel des Bisayas, Panay, Negros, Cebù et Bohol, sont relativement assez à l'abri des secousses. Iloilo, seule ville importante de ces parages, est un foyer d'ébranlement au moins apparent. S'il était bien établi que ce soit un véritable centre, on pourrait répéter du détroit du même nom ce qui vient d'être dit de celui de Samar. Certaines secousses affectent à la fois les Bisayas occidentales et le Nord de Mindanao, mais, tout à fait indépendamment des paroxysmes de volcan de l'île Camiguin del Sur, elles ont leurs épicentres en mer.

Mindanao présente une région extrêmement instable entre les golfes de Butuan et de Davao. C'est une longue dépression méridienne, parallèle au rivage oriental et s'étendant d'une mer à l'autre. Parcourue par les Rios Agusan et Tagum, dont un seuil peu élevé réunit les têtes au Sud du lac de Dagum, elle est séparée de l'océan par une longue cordillère entre l'île Dinagat et le cap San Agustin ; Suess regarde comme une fracture la ligne littorale située au pied de la chaîne et bordant un talus raide aboutissant à de grandes profondeurs. Après la vallée moyenne de l'Agusan, dont les missions ont été bien des fois ravagées, Surigao et Davao sont les localités les plus fréquemment secouées. Les indigènes les plus âgés de Siargao disent qu'autrefois des tremblements de terre ont duré six mois et fait disparaître plusieurs petites îles des alentours. Quoi qu'il en soit de cet événement seulement traditionnel, la fracture océanique et la dépression sont évidemment des accidents tectoniques, dont on ne saurait guère nier l'intervention dans ces tremblements de terre.

Cette importante dépression des Rios Agusan et Tagum présente un remarquable fait d'observation [1], c'est que les lignes d'égale inclinaison magnétique, et surtout celles d'égale composante horizontale se rebroussent toutes le long d'une ligne parallèle à la dépression et située à l'ouest de ce trait géographique. Il y a probablement là

---

[1] Saderra y Masó. Isoclinic and isogonic lines in the island of Mindanao (*Dept. of the Interior. Philippine Weather Bureau. Manila central Observatory*, 1902. 246).

l'indice de perturbations géologiques et tectoniques, soulignant les circonstances séismogéniques signalées. C'est, jusqu'ici du moins, le seul cas que nous connaissions où l'on puisse suggérer, comme pour la pesanteur, une relation entre les deux ordres de phénomènes, magnétiques et séismiques ; il serait très intéressant d'en poursuivre la recherche à la surface de tout le globe.

On ne peut actuellement rien dire des foyers séismiques moins importants des golfes de Misamis et de Cottabato. Certains chocs importants ont eu leurs épicentres en mer, au sud de la baie de Dumanquilas.

L'extrémité de la longue presqu'île de Zamboanga et l'île Isabela de Basilan forment une région séismique souvent éprouvée, que l'archipel de Jolo prolonge jusqu'à Bornéo, avec moins d'instabilité toutefois. De part et d'autre de cette chaîne morcelée, les profondeurs marines sont considérables. Le grand tremblement de terre du 21 septembre 1897 fut accompagné de vagues séismiques destructives. Il s'y produisit aussi d'importants changements topographiques, mais d'une inégale authenticité, car si l'apparition d'une île de boue au voisinage de Labouan (Bornéo)[1], et celle d'une autre au voisinage de Kudat au S. E. de l'île Malundangan, sérieusement observées[2], sont hors de doute, il n'en est pas de même pour la disparition d'une île Damni entre Siassi et Tawi-Tawi, ni même pour la formation d'une grande crevasse dans l'île Tubigon près de Pañgutaran, phénomènes signalés aussi par Coronas. Quoi qu'il en soit, l'origine sous-marine de ce grand événement, suivi de plus de 500 chocs consécutifs, ne fait pour ainsi dire pas question, et doit être recherchée au Nord et au large de Jolo. Son caractère nettement tectonique a été démontré par Coronas, et cette conclusion doit s'étendre aux autres séismes de ces îles, car leurs formations coralliennes et basaltiques n'impliquent guère par elles seules l'instabilité. Il faut toutefois observer qu'elles s'élèvent au-dessus d'une étroite arête, plongeant au Nord et au Sud sur de très grandes profondeurs océaniques, circonstance éminemment favorable à l'instabilité.

On suppose stable la grande et étroite île de Palawan, ou Paragua, prolongeant la Sierra de Zambales jusqu'à l'extrémité Nord de Bornéo ;

---

[1] G. Agamemnone. I terremoti di Labuan del 21-VIII-1897. (*R. c. della R. Acc. dei Lincei*, VII, série 5ᵃ, fasc. VI. 155, 1898).

— C. Schmidt. Ueber die Geologie von Nord-West Bornéo und eine daselbst entstandene « Neue Insel » (*Beiträge zur Geophysik*, VII, 1, 121. Leipzig, 1904).

[2] J. Coronas. La actividad sísmica en el archipiélago filipino durante el año 1897 (*Obs. de Manila*, 1899).

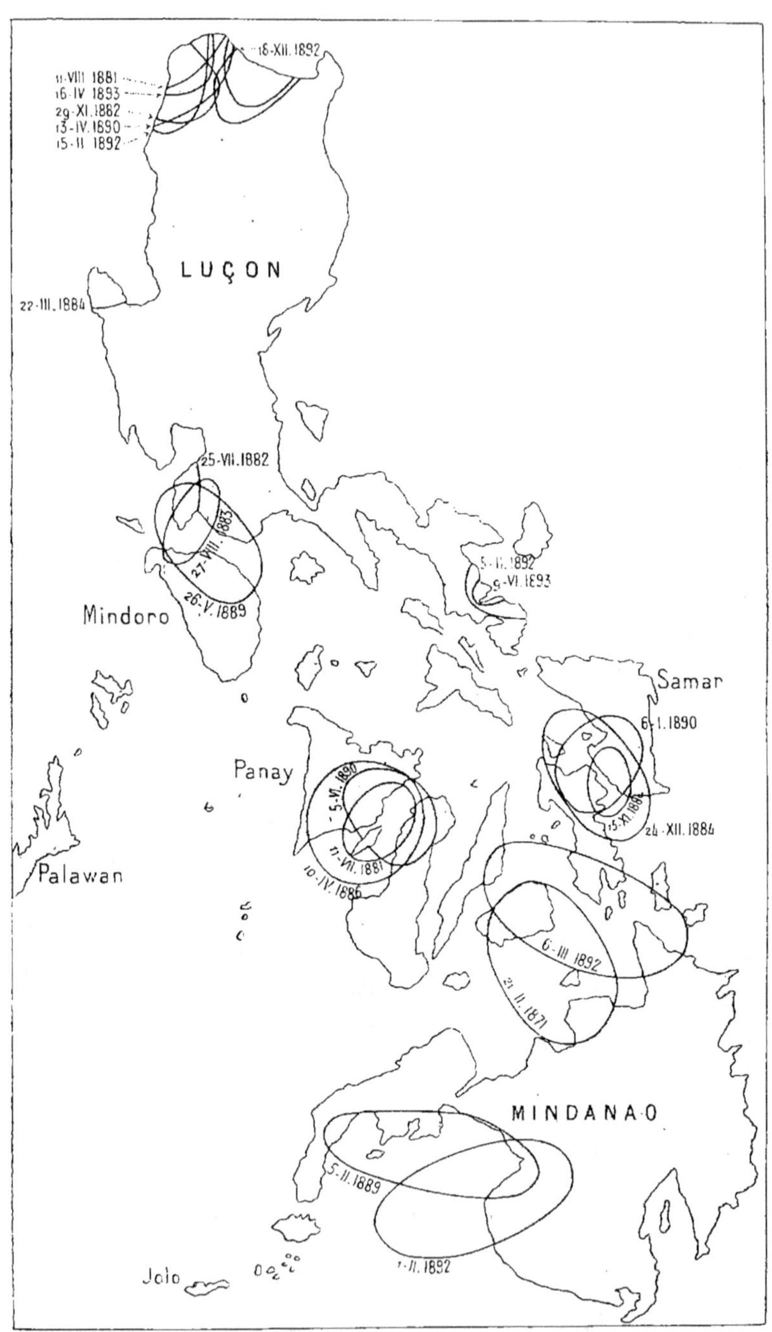

Fig. 82. — Philippines. Aires pléistoséistes des principaux séismes ayant eu leurs épicentres en mer.

mais elle est trop peu connue pour qu'on puisse l'affirmer en toute certitude.

D'après Coronas, les vagues séismiques et les tremblements sousmarins sont fort rares aux Philippines : c'est donc que l'archipel ne se trouve pas entouré de fractures restées mobiles et représentées par les grandes profondeurs des mers voisines, correspondant à la formation du Pacifique. Cette conclusion est d'accord avec le fait de l'existence, dès les temps paléozoïques, d'un ancien archipel, dont l'ossature se retrouve à Luçon et à Mindanao, et que masquent souvent de grandes masses de formations éruptives de toutes les époques. Seule la côte orientale de Mindanao ferait exception, si l'observation de tremblements de terre mieux étudiés vient à confirmer l'opinion de Suess mentionnée plus haut, relativement à la chaîne ancienne qui la borde. Deux séismes signalés dans les îles Palaos (ou Pelew), loin au large et à l'est de Mindanao, ne suffisent pas à contre-balancer à cet égard l'absence totale de séismes sousmarins observés jusqu'à présent. Les tracés des isoséistes de quelques tremblements de terre indiquent cependant des épicentres situés en mer.

En définitive, les tremblements de terre des Philippines doivent être jusqu'à nouvel ordre regardés comme l'héritage direct du plissement tertiaire, l'exhaussement post-miocène ne pouvant guère être invoqué à cause de la stabilité relative des Bisayas, où ce dernier mouvement a atteint son maximum.

4. — Iles à l'est de Java. Moluques, Célèbes et Bornéo

Comme pour Java et Sumatra, les informations séismiques, relatives à toutes ces îles, résultent des listes publiées annuellement par le *Natuurkundig Tijdschrift voor Nederlandsch-Indië* des nombreuses observations faites par ses correspondants, fonctionnaires militaires ou civils, répandus suivant les progrès de la pénétration européenne. Pour les années antérieures, on a les catalogues de Perrey [1]. On est, en somme, fixé d'une manière très satisfaisante sur la stabilité ou l'instabilité générale de la plupart des îles principales.

Les géologues ont discuté et discutent encore beaucoup sur la division des Moluques en divers arcs d'âge et de constitution différentes,

---

[1] Documents sur les tremblements de terre et les phénomènes volcaniques aux Moluques : 1re partie. Groupe d'Amboine (*Ann. soc. d'émulation des Vosges*, IX, III, 1857). — 2º partie. Groupe de Banda (*Id.*, X, 1, 1858). — 3º partie. Groupe de Ternate (*Id.*, X, II, 1859). — 4º partie. Groupe de Sangir (*Id.*, XIII, 1860).

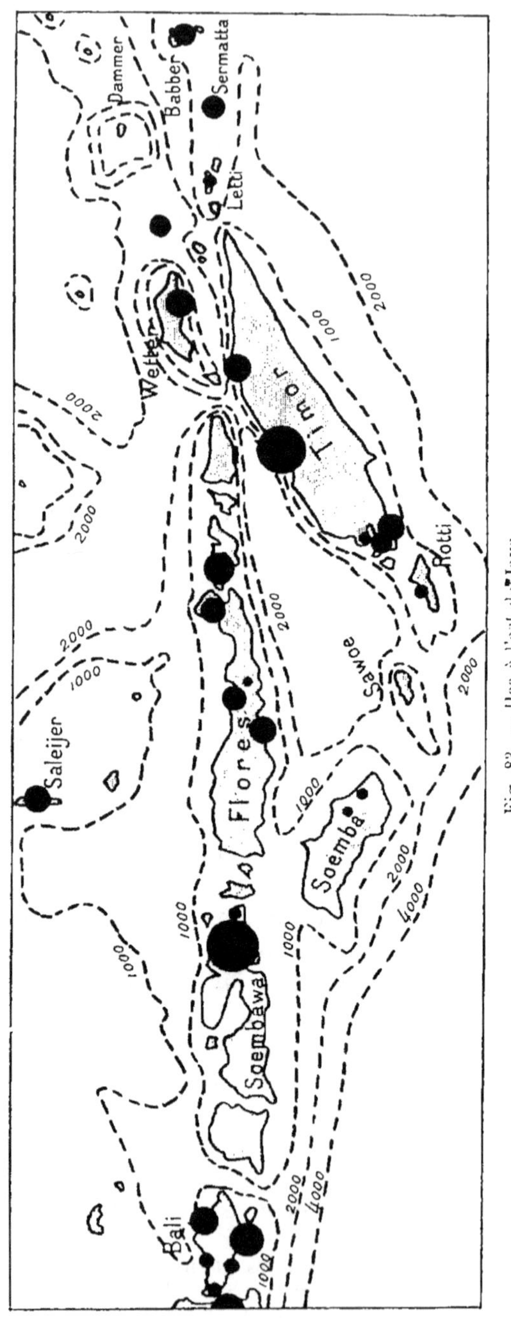

Fig. 83. — Iles à l'est de Java.

sur la délimitation des lignes volcaniques anciennes et récentes, enfin sur les derniers mouvements qui les ont amenées à leur état actuel de morcellement. L'homologie avec les Grandes et les Petites Antilles, le golfe du Mexique, la Méditerranée et la chaîne Caraïbe, n'ont pas donné lieu à de moindres divergences d'interprétation[1]. Mais toutes ces discussions ne sauraient en aucune façon diminuer l'influence des causes générales de la grande instabilité qui règne, à des degrés d'ailleurs divers, dans ces îles. Du reste, le fait qu'elles appartiennent aux deux géosynclinaux a dû amener une grande complication de mouvements, qui rend malaisée la tâche de départager les différentes opinions, toutes peut-être exactes, malgré d'apparentes contradictions. Il suffira, dès lors, de suivre les groupes d'îles

[1] B. Kotô. On the geologic structure of the malayan Archipelago (*Journ. of the Coll. of sc. Imp. Univ. of Tokyo*. XI, Part II. 83. 1899).

qu'une certaine communauté de situation géographique et de constitution géologique permettra de considérer comme naturels et à peu
près autonomes.

Bali, Lombok, Soembawa, Flores, Lomblen, Pantar et Allor forment une première traînée rectiligne et morcelée, prolongeant Java
avec tous ses terrains volcaniques et sédimentaires. Les nombreux
détroits qui séparent les îles les unes des autres correspondent trait
pour trait à ceux qui à l'époque miocène coupaient Java en trois
tronçons ; il s'est trouvé seulement qu'ils n'ont été ni soulevés ni
comblés. Aussi les circonstances d'instabilité séismique y sont-elles
de tout point comparables, avec cette seule différence que le talus
de l'Océan Indien ne suit plus leur bord méridional, mais cet accident n'ayant pas, comme on l'a vu, d'influence séismogénique à Java,
son éloignement vers le Sud n'introduit ici aucune circonstance nouvelle et stabilisante, au point de vue des tremblements de terre ;
aussi y a-t-il peu de vagues séismiques de ce côté, mais seulement à
l'extrémité Nord de Flores. A Bali, Boeléleng et Negara ; à Soembawa, Bima ; à Flores, Endeh, Maumeri et Larantoeka, sont les foyers
principaux d'ébranlement, et probablement apparents, donc sans
grande signification, ces villes étant les plus importants centres de
colonisation. A Pantar se termine la série des évents volcaniques de
l'alignement de Sumatra et de Java.

Les îles extrêmes du Sud, Soemba ou Sandelhout, Sawoe, Roti,
Samaoe et Timor, forment également un ensemble assez naturel émergeant des profondeurs de 6 000 à 7 000 mètres de la fosse de Maclear.
Toutes présentent un substratum archéen, et l'activité volcanique
n'y existe probablement que sous la forme boueuse, les éruptions
du Bibitubo, près de Dillé, indiquées par Perrey [1], étant peut-être
apocryphes. Soemba, en partie granitique, est stable. Quelques séismes
seulement agitent Randjoewa et Sawoe, où l'Éocène est très redressé.
Il en est de même de Baä à Roti, où se montrent le Permien, le
Trias et le Jurassique. Les roches éruptives crétacées font leur apparition à Timor, où le Tertiaire prend une certaine importance ; Ata-
poepoe, Dillé et la presqu'île de Koepang ont eu des tremblements
sévères à déplorer, mais ce ne sont que des épicentres apparents.
Pour autant qu'on peut en juger, la partie portugaise de Timor est
la plus stable, ce qu'on peut provisoirement expliquer dans une certaine mesure par un plus grand développement de l'Archéen que
dans la partie méridionale, ou hollandaise. On a reconnu du Permo-

---

[1] Le Bibitubo, volcan de Timor (*Nouv. ann. des voyages*, 1858, III, 135, IV, 303).

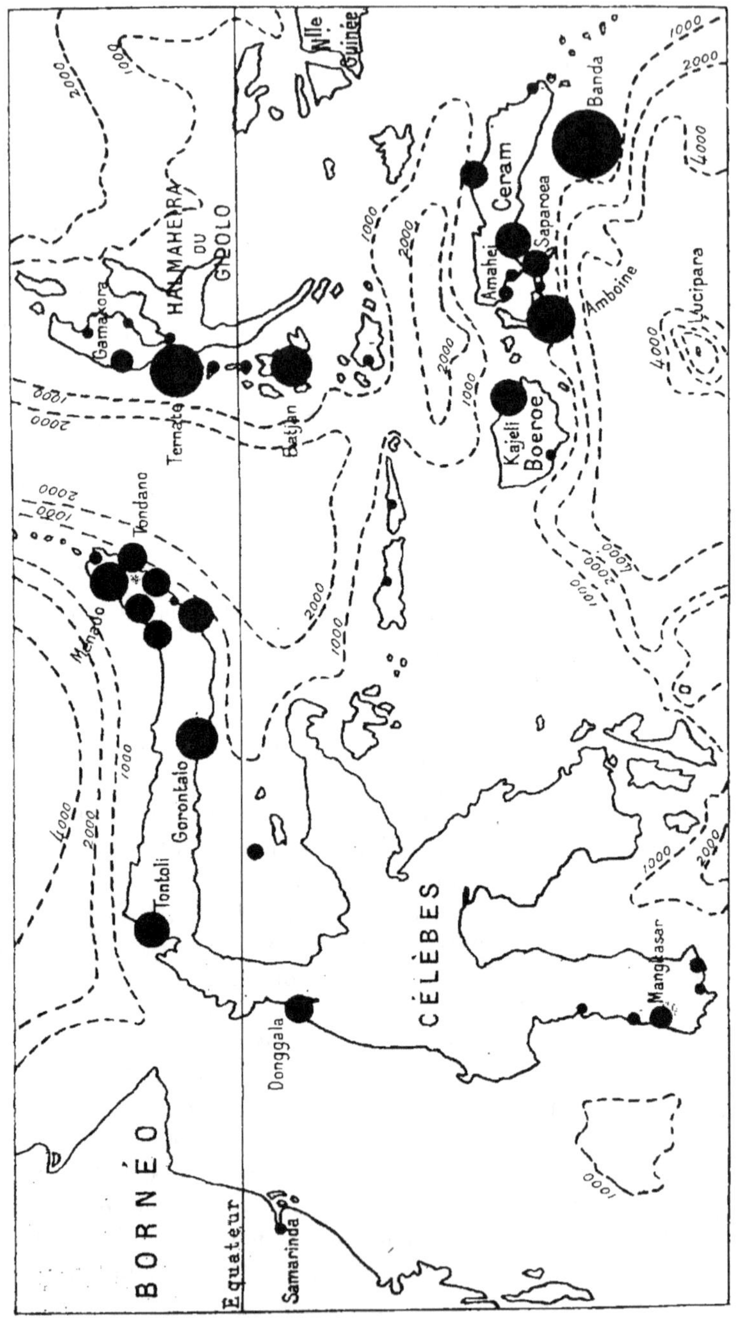

Fig. 84. — Célèbes et Moluques.

carbonifèrien aux environs de Koepang, de sorte que la pénéséismicité de cette région tient sans doute à la présence d'un synclinal
de cette époque. Ces suggestions sont seulement provisoires.

Entre l'Australie et la Nouvelle-Guinée s'étend une mer dont le
peu de profondeur contraste avec les abîmes de 4 000 à 5 000 mètres de
la mer des Moluques, formant au sud de Céram une sorte d'ombilic,
qui est presque de toutes parts entouré d'îles. Les îles qui séparent
cette cuvette de la mer d'Australie se développent à l'Est de Timor
en trois arcs concentriques et de constitution bien différente : à l'intérieur une série de volcans insulaires, actifs ou éteints, de Kisser
à Seroca, et où l'on ne connaît guère de séismes qu'à Dammer;
l'arc médian, de Wetter à Babber, est caractérisé par la série des
sédiments primaires et secondaires, sans préjudice de roches éruptives anciennes, et ces îles sont pénéséismiques; enfin l'arc extérieur
des Tenimber, ou Timor-Laoet, des Kei ou Ewab, et des Aroe, est surtout tertiaire, et peu ébranlé. Par l'âge et le faible dérangement de
leurs couches, ainsi que par leurs constructions coralliennes, on
ajoutera ici par leur faible séismicité, on a pu assimiler ces trois derniers groupes d'îles aux Bahamas, situées aussi à l'extérieur des arcs
successifs entourant la mer des Caraïbes, homologue de celle des
Moluques.

Céram et Boeroe limitent cette mer au Nord. Elles forment une
bande orientée E.-W. de terrains archéens, en particulier de micaschistes, associés à un calcaire d'âge inconnu. Sur le versant méridional de la première, l'existence de couches secondaires est certaine ;
on y a aussi rencontré des roches éruptives crétacées, mais l'activité
volcanique actuelle fait entièrement défaut. Sur la côte septentrionale
se montrent deux faibles centres d'ébranlement, Waahai et Waroe,
dont la séismicité ne dépasse pas celle qu'on peut attendre d'une
zone ancienne. Mais au Sud, Amahei et Elpapoetih à Céram, Kajelie
et Tiffoe à Boeroe, ressentent de nombreuses secousses. Le 30 septembre 1899, un tremblement de terre désastreux a désolé l'extrémité occidentale de Céram, et Verbeek [1] en a localisé l'épicentre un
peu à l'est d'Elpapoetih, justement sur une fracture presque rectiligne traversant la baie du même nom, puis suivant toute la côte Sud,
parallèlement à deux autres cassures concentriques plus intérieures
qui comprennent entres elles Amboine et Saparoea. Si une énorme
vague compléta la catastrophe, il ne faudrait pas en conclure à une

---

[1] R. D. Verbeek. Kort Verslag over de aard-en zeebeving op Ceram, den 30sten september 1899 (*Natuurk. Tijdschr. voor Ned. Indië*, LX, 218, 1900).
   Id. Aardbeving van Ceram des 30-IX-1899. Extraten uit officiele rapporten (*Id.*, 219).

origine sous-marine du séisme, produite qu'elle a été simplement par
un gigantesque éboulement de falaise, à la suite du tremblement de
terre. On a ainsi pu prendre sur le fait un phénomène qui ne doit
pas manquer de se produire parfois, et qui masqué par la couverture
liquide peut causer des erreurs sur l'interprétation de semblables
vagues. La détermination de l'épicentre faite par Verbeek, sur une
longue cassure parallèle à l'axe de Céram, à ses deux côtes, et
aussi aux isobathes de l'ombilic si voisin et si profond de la mer
des Moluques, conduit invinciblement à cette conclusion que les
efforts tectoniques qui ont creusé l'abîme sous-marin continuent à

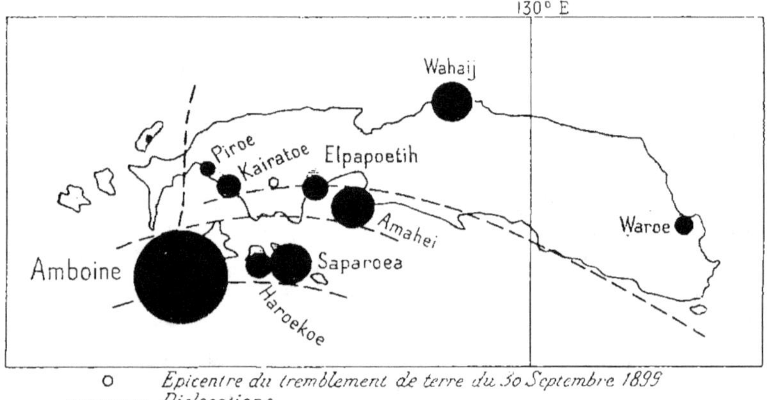

Fig. 85. — Dislocations de Céram.

jouer un rôle séismogénique évident. Cette conclusion n'est pas forcément inconciliable avec l'absence de foyers connus d'instabilité sur
le reste de ce littoral sud-occidental, car elle peut résulter de ce qu'il
n'y a pas de centres suffisamment colonisés, et d'ailleurs les grands
accidents ne sont pas toujours instables sur tout leur parcours. Enfin,
dernier argument prêtant moins le flanc à la critique, la côte orientale est beaucoup plus éloignée du centre de l'ombilic, de sorte que
la pente sous-marine y est bien moindre. Ce rôle séismogénique de
la fracture est corroboré, d'autre part, par l'extrême instabilité de
Saparoea (ou Honimoa), et surtout d'Amboine, au Sud et au Sud-
Ouest de la baie d'Elpapoetih, îles toutes deux comprises entre deux
autres failles concentriques et subordonnées à la première, et où
apparaît le Tertiaire moyen, inconnu à Céram. En se rapprochant du
centre de l'ombilic, la séismicité s'est notablement augmentée. A
Amboine, le Wawani passe pour avoir eu une éruption volcanique
en 1674, mais Kotô a démontré que cette catastrophe avait une

origine purement séismique. Le voisinage des abîmes de la mer des Moluques peut aussi expliquer indirectement les séismes de Kajelie, et surtout de Tiffoe de l'île Boeroe. Le grand volcan si actif, l'Api de Banda, fait partie du petit archipel du même nom surgissant d'un seul jet de fonds de 7815 mètres, et les tremblements de terre y sont fort fréquents.

Halmaheira, ou Djilolo, est remarquable par sa structure chirographaire, indice sinon toujours d'effondrements de golfes lobés, tout au moins de la juxtaposition d'éléments divers et discordants favorables à la séismicité. Le substratum ancien n'y est encore connu qu'à Batjan, et partout ailleurs les roches éruptives crétacées et tertiaires se montrent souvent recouvertes par les déjections des volcans actuels de la côte occidentale, principalement ceux des petites îles de Batjan et de Ternate. Le Tertiaire est connu à Halmaheira. Les pentes marines entourant l'archipel sont plutôt faibles. Si les tremblements de terre sont habituels et sévères sur la côte occidentale, les observations manquent encore pour les péninsules de l'Est et les îles de Morotaï et d'Obi ou Ombirah. Est-il indifférent pour l'instabilité, d'ailleurs non exagérée, d'Halmaheira qu'à l'époque de la mer lutétienne (Éocène moyen), l'axe du géosynclinal passait précisément sur cette île, ce qui a dû correspondre aux amples mouvements ultérieurs ?

L'île de Célèbes présente, à un degré encore plus accentué, la structure chirographaire. Sa presqu'île du Nord, ou le Menado, est d'une extrême instabilité, qui commence dès sa racine à la baie de Donggola. Tontoli, Gorontalo, Bolaang-Mogondo, Menado et Tondano sont les principaux foyers apparents d'ébranlement, mais il est bien probable que toute la presqu'île est uniformément exposée aux tremblements de terre. Cette étroite arête granitique et archéenne se termine vers le Nord par le Minahassa, aux nombreux volcans, qui se continuent en mer par ceux de Sangi, où les séismes ne sont guère moins fréquents et redoutables. On y observe une grande dépression tectonique, comprise entre des horsts granitiques, et son point le plus bas est au lac Limbotto, non loin de Gorontalo. Il est d'autant plus vraisemblable que cet accident joue un rôle séismologique qu'il se prolonge par une longue ligne volcanique, de moindre résistance par conséquent, jusqu'au volcan Sanguil (Mindanao) par ceux du Minahassa et des îles Siawoeh, Sangi et Sarangani. La presqu'île de Gorontalo, ou de Menado, ce petit archipel et la péninsule du cap San Agustin au S. E. de Mindanao forment au Sud et à l'Est la bordure d'une mer profonde de 5 000 mètres entre Célèbes, Mindanao, les

Jolo et Bornéo. Par une très remarquable coïncidence, outes ces terres sont très instables, à l'unique exception de Bornéo, qui seule, a des côtes descendant en pentes douces vers le fond de ce nouvel ombilic. L'absence de vagues séismiques sur la côte Nord du Menado, c'est-à-dire du côté des abîmes, laisse à supposer que l'instabilité n'est pas directement due à l'accident, mais aux dislocations qu'on y a signalées, et qui doivent être en relation avec sa formation. D'assez nombreux séismes agitent en même temps le Minahassa, Sangir et Ternate, et il est très possible que leurs épicentres se trouvent en mer.

On ne sait rien des tremblements de terre qui peuvent agiter le reste de Célèbes, sauf pour le Sud de la presqu'île de Mangkasar, où la ville du même nom, Balangnipa et Bonthain ressentent quelques secousses, d'ailleurs modérées. Cette presqu'île est formée à l'Ouest par une chaîne éruptive et à l'Est par une chaîne tertiaire récente plissée, de même direction méridienne. Saleijer au Sud est une île voisine, également pénéséismique ; elle consiste à l'Est en un chaînon de roches volcaniques à pentes rapides et à l'Ouest en Tertiaire marin récent.

Il est assurément très hardi de faire des pronostics en semblables matières ; cependant, comme les îles de Soela-Besi, Mangoeli, Satalieboe, Banggaai, Peling et la presqu'île de Banggaai prolongent évidemment, au moins au point de vue géographique, la bande de Céram et de Boeroe au Nord d'une autre fosse profonde, homologue de l'ombilic de la mer des Moluques, on est presque en droit de penser que, peut-être, les futures observations dans ces terres encore peu connues y décéleront une région séismique analogue à celle de Céram, Saparoea, Amboine et Boeroe ; son existence est rendue vraisemblable par les secousses déjà mentionnées à Senana, et par une importante série, en avril 1898, à l'île Oena-Oena ou Binang-Oenang, dans le golfe de Tomini, accompagnant, il est vrai, une éruption volcanique. Cette conclusion est, bien entendu, subordonnée à la constitution géologique encore tout à fait obscure de ces îles et de la grande presqu'île Banggaai de Célèbes oriental.

Jusqu'à présent, on avait considéré Bornéo comme une dépendance du continent sino-sibérien, dont elle aurait fait, croyait-on, partie depuis les temps paléozoïques, et que seul l'ennoyage d'une mer plate en séparerait maintenant. Si son aséismicité, au moins probable, était dès lors une conséquence toute naturelle de cet état de choses, il faut renoncer à cette opinion, depuis qu'on a découvert dans cette île des couches marines triasiques, jurassiques et crétacées plissées. Les tremblements de terre n'y jouent qu'un rôle très effacé, du moins sur les côtes, les seules parties colonisées de l'île, et la fréquence moyenne annuelle n'y dépasse guère deux ou trois secousses ; elles ont été observées à l'Ouest, dans la plaine de Pontianak, et surtout à l'Est dans celles de Bandjarmasin et de Samarinda. Si donc l'on réserve la question de la séismicité de l'intérieur, à peine encore exploré, cette rareté des secousses tendrait à prouver que les actions post-crétacées de plissement sont éteintes par trop d'ancienneté, ou que les efforts correspondants sont complètement épuisés.

La côte du Nord-Ouest de Bornéo présente des volcans de boue des deux côtés de la baie de Brunei, fermée par l'île de Labouan, qui a été elle-même le théâtre d'une éruption boueuse, le 21 septembre 1897 [1], en coïncidence avec un grand tremblement de terre dont l'origine se trouvait certainement dans la mer profonde de Soulou, et dont il a déjà été question. Il semble que le séisme ait été pour quelque chose dans la production du phénomène. Quoi qu'il en soit, cette côte est stable en dépit des importants plissements que C. Schmidt [2] a constatés dans les couches tertiaires tout autour de la baie. Cette dernière observation montre bien que Bornéo ne doit pas être exclue du géosynclinal, ainsi que le fait Haug, puisque le Tertiaire y est plissé à l'opposé du détroit de Mangkasar, par où ce géologue fait passer la limite occidentale du géosynclinal.

Les suggestions particulières que l'on peut faire au sujet des rares tremblements de terre de Bornéo se réduisent à peu de chose. Pontianak avoisine la chaîne des volcans andésitiques éteints, récemment reconnus au Sud du fleuve Kapoewas, et Samarinda n'est pas très loin des caps Kaniongan et Mangkalihat, à l'extrémité orientale d'une chaîne dont la constitution et la structure paraissent identiques avec celles de la presqu'île si instable du Nord de Célèbes ; dans ce dernier cas, les causes de séismicité auraient passé de l'autre côté du détroit de Mangkasar.

[1] G. Agamemnone. I terremoti di Labuan del 21 settembre 1897 (*Rendiconti d. R. Acc. d. Lincei*. VII. 155. 1898).

[2] Ueber die Geologie von Nord-West Borneo und eine daselbst entstandene « Neue Insel » (*Beiträge zur Geophysik*, VII, 1-128. Leipzig. 1904).

CHAPITRE XXIV

NOUVELLE-GUINÉE, MÉLANÉSIE ET NOUVELLE-ZÉLANDE

1. — Nouvelle-Guinée et Mélanésie.

Avant de descendre droit au Sud sur la Nouvelle-Zélande, le géosynclinal circumpacifique présente vers l'Est une large expansion qui lui fait englober, à l'orient de la Nouvelle-Guinée, une série d'archipels importants jusqu'aux Tonga et aux Samoa. Ces îles ont été parcourues par de nombreux navigateurs et étudiées par bien des missionnaires curieux des choses de la nature, de sorte qu'à défaut d'observations régulières, on commence cependant à être à peu près fixé sur leur séismicité. Au contraire, leur situation géologique est beaucoup moins bien définie, et l'accord n'a pu encore se faire sur le rôle qu'elles jouent réellement, terres morcelées d'un continent papouasien, ou rides de l'époque tertiaire en voie de formation peut-être avortée : on va jusqu'à ces deux extrêmes.

La Nouvelle-Guinée possède un relief assez considérable, mais une dénivellation d'une centaine de mètres seulement la réunirait à l'Australie. Avec son ossature parfois granitique, et plus généralement composée de roches métamorphiques peut-être fort anciennes, elle paraît figurer les restes d'une puissante cordillère, dont le bord septentrional serait effondré sur des fonds de 4000 mètres, non exactement à son pied, mais sur l'équateur au delà des îles de l'Amirauté. Ces mouvements de rupture ont d'ailleurs été soulignés par les produits éruptifs qui recouvrent les terrains récents. Il n'y a donc à prévoir de tremblements de terre qu'au Nord, et c'est bien ce qui semble avoir lieu, sans qu'on puisse cependant l'affirmer avec certitude, les côtes méridionales étant vraiment par trop peu connues encore. Quoi qu'il en soit, l'existence d'un ou de plusieurs districts pénéséismiques au Nord est bien avérée. Les observations des Hollandais démontrent une certaine fréquence de séismes à Doreh, ou Doréi[1], au pied des monts Arfak, et une plus grande

---

[1] Maclay. Notice météorologique concernant la côte Maclay en Nouvelle-Guinée (*Nat. T'ijdschr. voor Ned. Indië*, XXXIII, 430, 1873).

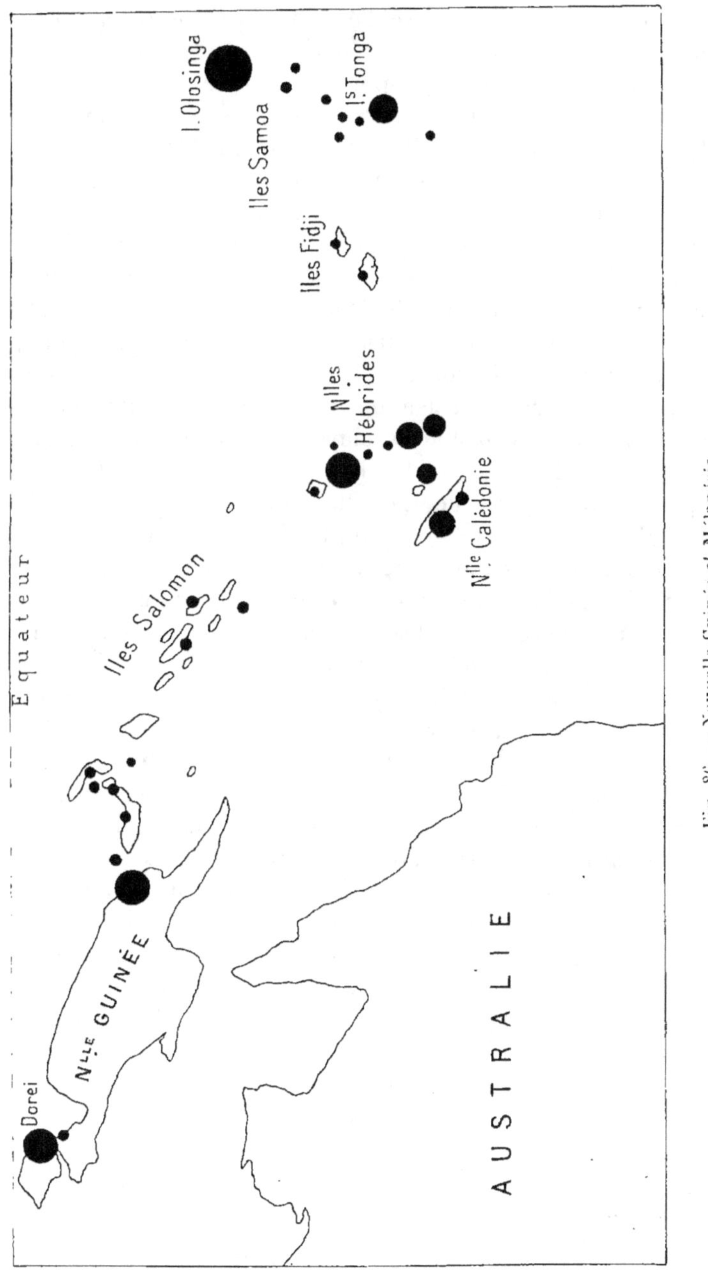

Fig. 86. — Nouvelle-Guinée et Mélanésie.

encore à Windessi dans les îles Waigeoe à l'extrémité occidentale de la Nouvelle-Guinée. A l'époque du Culm (base du Carboniférien), du moins si l'on en croit des cartes paléogéographiques encore bien hypothétiques pour des régions aussi mal connues, l'axe de la mer intérieure entre les masses continentales des hémisphères Nord et Sud passait précisément sur cette partie N. W. de la Nouvelle-Guinée. Dès lors, on se trouverait ici, comme dans de si nombreux cas mentionnés, sur des tremblements de terre échos des mouvements d'émersion du géosynclinal primaire relevé par les dislocations hercyniennes. On a attribué sans preuves une origine volcanique aux secousses de Dorch. Des conditions analogues de fréquence et d'intensité se retrouvent à l'extrémité orientale, côte de Maclay, archipel Bismarck (Nouvelle-Bretagne) et canal Saint-Georges. Des vagues séismiques ont été aussi observées dans ces dernières îles et sur la côte Maclay, ainsi que sur la côte occidentale de la grande baie du Geelvink, ou côte orientale de la presqu'île découpée par le golfe de Mac Cluer dans la Papouasie hollandaise.

Des îles de la Lousiade et d'Entrecasteaux l'on ne sait rien ; et la ride papouasienne se continue au S. E. par la Nouvelle-Calédonie et les Loyalty, où les tremblements de terre sont d'une fréquence et d'une intensité médiocres. Des observations assez régulières, faites de 1863 à 1864 et de 1869 à 1889 [1], y donnent à peine une secousse par trois années en moyenne, et Kulczyski, directeur de l'observatoire de la la colonie, a donné à Perrey [2] ce renseignement que, de 1853 à 1863, on n'avait ressenti aucun tremblement de terre dûment constaté. L'aséismicité de le Nouvelle-Calédonie est donc bien avérée. D'après Deprat et Piroutet [3], l'Éocène s'enfonce en couches parfois voisines de l'horizontalité sous les dépôts plus anciens, Trias et Lias, preuve que de puissants mouvements orogéniques ont eu lieu dans cette île. Ainsi ces actions sont éteintes.

Les Salomon et les Nouvelles-Hébrides forment une autre ride parallèle à la Nouvelle-Guinée. Les premières représentent une zone de soulèvement, car Guppy [4] y a rencontré à plus de 100 mètres d'altitude des boues à ptéropodes dont la formation n'a pu se produire que sous 500 à 1000 mètres d'eau. Les constructions coralliennes, sorte de placage sur d'anciennes roches éruptives que Judd considère comme

[1] Proust. *Bull. Soc. Mét. France*, XIV. Tableaux, 102, 1866. — Louvet. *Catalogue des tremblements de terre ressentis à Nouméa de 1869 à 1889. Coup d'œil sur le climat de Nouméa* (Nouméa, 1889).

[2] Catalogue pour 1863. Supplément, p. 55.

[3] Sur l'existence et la situation anormale de dépôts éocènes en Nouvelle-Calédonie (*C. R. Ac. sc. Paris*, CXL, 158, 1905).

[4] *The Solomon Islands* (London, 1887).

n'ayant pu se former que sous de très grandes profondeurs sous-marines, concourent à la démonstration du même fait, à savoir que les chaînes si remarquablement rectilignes et parallèles des Salomon et des Fidji représentent des rides en voie de formation et soulevées par étapes successives, comme le montrent les terrasses coralliennes étagées. En même temps les grands abîmes voisins, qui ont été signalés le long de la base du socle des Tonga, semblent indiquer le glissement de deux compartiments le long des fractures à la faveur desquelles les matières éruptives ont pu sortir par les évents volcaniques modernes. Quelques tremblements de terre seulement ont été observés à Port-Praslin, San Cristobal et l'île des Marteaux, et il ne paraît pas qu'ils puissent y être véritablement bien redoutables. Bref, ces îles jouissent d'une presque immunité séismique, en rapport avec les mouvements verticaux intenses dont elles ont été le théâtre, genre de vicissitudes qui joue rarement un rôle séismogénique décidé, lorsque rien ne vient les compliquer, et c'est ici le cas.

Les Nouvelles-Hébrides sont, apparemment, plus souvent ébranlées. D'après Levat[1], on peut les diviser en trois groupes : des îles purement volcaniques; d'autres madréporiques et tabulaires, accusant comme précédemment des oscillations verticales par à-coups successifs; enfin des îles que la présence de gneiss et de calcaires métamorphiques rattachent à la Nouvelle-Guinée, Espiritu Santo et Mallicolo, par exemple. C'est précisément pour Mallicolo que l'on connaît le plus de secousses, ce qui accentuerait encore sa liaison avec la grande terre pénéséismique; mais il se peut que cette déduction soit atténuée par le fait qu'une éruption sous-marine a accompagné les nombreux chocs de 1857. On a observé des vagues séismiques aux Nouvelles-Hébrides et aux Loyalty.

Les Fidji manifestent aussi des preuves d'exhaussements successifs que démontrent des terrasses coralliennes. On n'y connaît pas de tremblements de terre, nouvelle preuve à l'appui de la stabilité des côtes soumises à ces seuls mouvements.

Les Tokelau, les Samoa et les Tonga sont bien plus instables, et on y connaît beaucoup plus de secousses; mais on ne peut pas dire qu'il s'y soit jamais produit de désastres purement séismiques. La fameuse île Falcon, la Julia de ces parages, est apparue dans ce groupe et des traditions indigènes se rapportent à de semblables événements de date peu reculée. La géologie de ces îles, pour le peu qu'on en sait, rappelle celle des Nouvelles-Hébrides, ce qui ne suffit guère

---

[1] Les nouvelles Hébrides (Extrait de : *Annuaire géol. univ.*, VII. 811, Paris, 1890).

à éclairer la genèse de leurs séismes, en partie peut-être d'origine volcanique[1]. Wegener[2] regarde les Samoa comme les sommets de volcans érigés sur la crête d'une cordillère sous-marine, émergeant d'une profondeur de 4 000 à 5 000 mètres et par conséquent placés comme ceux des Andes. Leurs tremblements de terre seraient donc, pense-t-il, des témoins attestant que les forces qui ont élevé ces îles ne sont pas encore éteintes.

Beaucoup plus au Sud, les îles Kermadec, Curtis et Raoul ont fourni quelques observations de secousses.

Des tremblements de terre sous-marins sont assez fréquents dans tous ces parages, mais aucune déduction ne peut être tirée de la façon dont ils se répartissent.

2. — **Nouvelle-Zélande**.

Les observations séismologiques publiées depuis près de cinquante ans dans les *Transactions of the New Zealand Institute* accusent une fréquence moyenne assez forte, 28 secousses environ, qui n'est cependant pas exagérée eu égard aux 13 degrés de latitude, près de 1 500 kilomètres, sur lesquels se développent les deux îles. Leur intensité n'y est pas extrême non plus ; c'est ainsi que si l'on étudie sans parti pris, et sans se fier à une réputation de grande instabilité, les 7 ou 8 tremblements de terre sérieux connus, on s'aperçoit qu'ils n'ont guère dépassé le degré VIII de l'échelle Rossi-Forel ; à peine peut-on admettre le degré IX, et en tout cas ils n'ont jamais été véritablement destructeurs. On a donc affaire ici à des régions séismiques, dans le sens que nous donnons à ce mot, du plus faible degré d'instabilité.

Les îles néo-zélandaises comprennent toute la série sédimentaire, du Silurien au Tertiaire, et le plissement de ce dernier terrain n'a pas encore été constaté. Elles appartiennent donc à un géosynclinal très ancien que les mouvements tertiaires n'ont ni plissé, ni remplacé par une chaîne comparable aux grandes rides de l'Amérique et de l'Asie. Il est ainsi très explicable *a priori* que les tremblements de terre y soient sensiblement moins à redouter qu'au pied de celles-ci, et cette moindre instabilité résulte de ce que, tout au moins en der-

---

[1] C'est dans le prolongement de la fosse qui borde les Tonga, par 30° S., et au droit des îles Kermadec, que l'exploration du « Penguin » a rencontré les plus basses sondes connues jusqu'à présent, 9 427 mètres.

[2] Samoa, Land und Leute (*Zeitschr. d. Ges. f. Erdkunde zu Berlin*, 411, 1902).

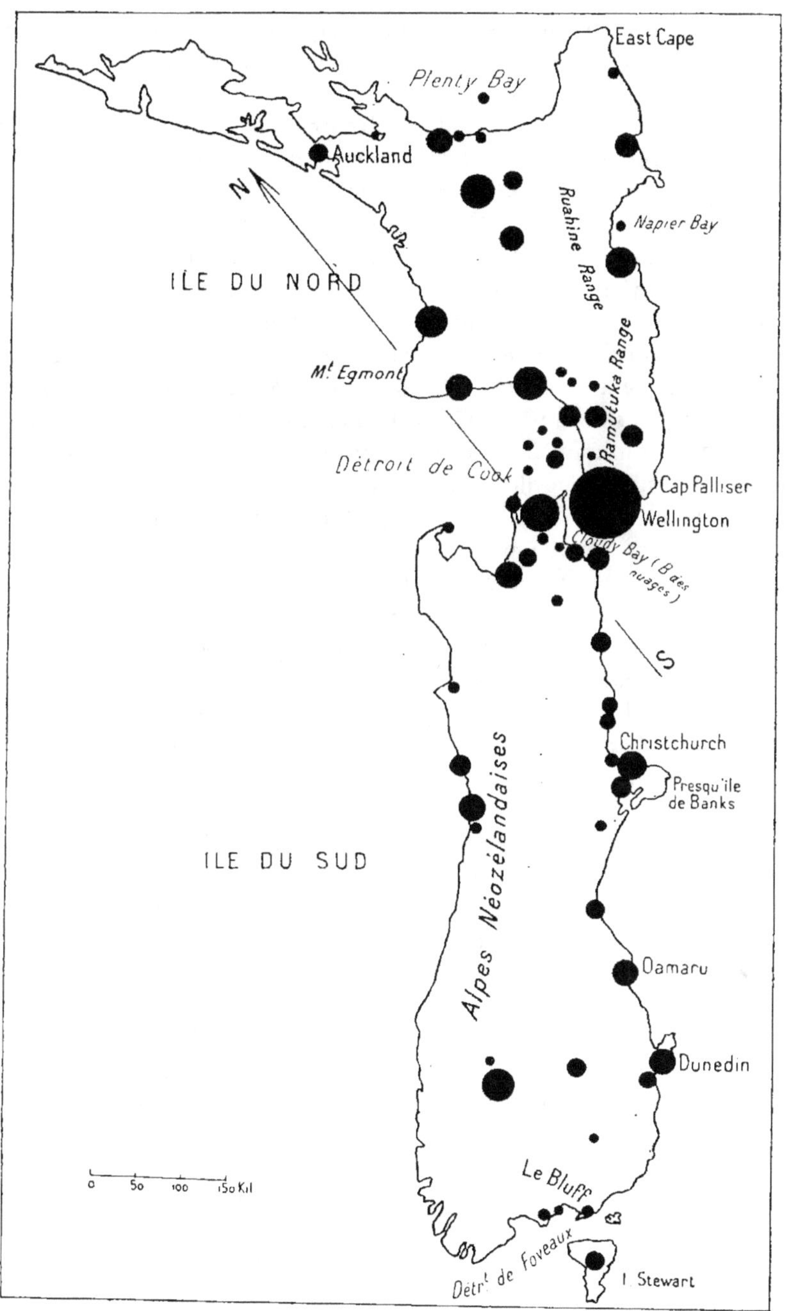

Fig. 87. — Nouvelle-Zélande.

nier lieu, les fractures et les affaissements ont seuls joué un rôle dans la formation de la structure des îles, à l'exclusion de tout plissement.

A l'ouest de l'île du Sud se dresse une puissante chaîne, les Alpes néo-zélandaises, dont l'altitude ne dépasse guère 3 000 mètres, et qui, au Sud, a ses flancs découpés par des lacs profonds, en partie comblés, et du côté de l'océan par des fjords ; par une sorte d'anomalie, elle ne tombe pas sur une mer profonde, comme il arrive si souvent pour les longues crêtes côtières. C'est une ride très ancienne, déjà en butte aux agents destructeurs dès l'époque jurassique et dont les vallées avaient déjà leur niveau actuel avant l'Oligocène. La côte orientale de l'île du Nord, entre les caps East et Palliser, est formée par une bande paléozoïque plissée, la chaîne Ruahine, dominant à l'Ouest une remarquable région volcanique, ainsi qu'une série de terrains tertiaires et récents qui s'étendent du détroit de Cook à la Bay of Plenty. Les environs d'Auckland sont essentiellement volcaniques, tandis que le superbe cône de l'Egmont, au nord de Wellington, fait le pendant du massif du Bluff dans la presqu'île de Banks, près de Christchurch, tous deux montagnes volcaniques. Contrairement à ce qui se passe à l'Ouest, l'isobathe de 2 000 mètres longe de très près les côtes orientales de l'île du Nord. Enfin, pour compléter cette description sommaire, les détroits de Cook et de Foveaux ont tous les caractères de zones transversales effondrées, la première, au moins, postérieurement à l'époque tertiaire.

Les environs d'Auckland sont très stables, et les secousses y sont fort rares, malgré le développement d'un appareil volcanique d'une grande fraîcheur encore, et en dépit des mouvements négatifs et positifs nombreux, que dénote l'alternance de couches pliocènes marines et de produits éruptifs variés.

Les secousses deviennent plus fréquentes autour de la baie de Napier, dont la forme rappelle, mais non sans réserves, les lobes affaissés que l'on rencontre le long d'anciennes chaînes côtières et qui sont si souvent le siège d'une séismicité modérée.

Les tremblements de terre ne sont pas très fréquents dans le district volcanique du Rotorua et du lac Taupo, autrefois célèbre par les terrasses incrustées du Rotomahana, dont la destruction par l'explosion du Tarawera (9 juin 1886) fut cependant accompagnée de secousses nombreuses, dont au moins une fort sévère.

C'est tout autour du détroit de Cook que se manifeste la plus grande instabilité de la Nouvelle-Zélande, mais sans pénétrer bien loin dans l'intérieur des îles du Nord et du Sud. Hogben [1] a pu localiser sans conteste dans le détroit lui-même les épicentres de trois tremblements de terre importants (20 février 1890, 5 juillet et 4 décembre 1891), et celui du 1er janvier 1853, qui a causé des dégâts à New Plymouth, et a été signalé comme venant de la mer. Les mouvements qui ont, à une époque plus reculée, ouvert cette voie semblent donc se continuer sous forme de séismes, qui jusqu'à présent n'ont été que sévères, mais non véritablement destructeurs, ainsi qu'on l'a déjà dit plus haut. Cette explication est fortement corroborée par les failles qui ont accompagné deux tremblements de terre, à ce titre fort connus et souvent relatés dans les traités de géologie, ceux du 18 octobre 1848 et du 23 janvier 1855. Le premier a occasionné à partir de la baie des Nuages (Cloudy Bay) une fissure de 18 pouces de largeur au maximum et sans dénivellation qu'on a pu suivre sur 60 milles de long dans la chaîne qui s'étend vers le S. W.; le second a prolongé la même ligne de dislocations de l'autre côté du détroit, jalonnant cette fois sur 90 milles le flanc oriental de la chaîne de Ramutuka à partir du cap Muka-Muka, à 19 milles au S. E. de Wellington. Les deux tremblements de terre ont ainsi fendu l'écorce terrestre sur 250 kilomètres. Mais à cela ne se sont pas bornés les effets du second : il s'est produit en même temps un mouvement de bascule de la lèvre occidentale de la dislocation, affaissant le pays de 5 pieds dans l'île du Sud et le soulevant de 9 dans celle du Nord. A 35 kilomètres de l'accident le mouvement était nul, ainsi que le long de la lèvre orientale. Une longue bande, découpée entre deux voussoirs immobiles par le premier séisme, a donc ensuite joué sous l'effet du second. Suess, qui a si magistralement réfuté l'hypothèse des mouvements du sol qu'on supposait avoir accompagné les grands tremblements de terre du Chili, a au contraire accepté la réalité des changements topographiques produits dans la Nouvelle-Zélande lors de ces séismes de 1848 et de 1855. L'instabilité du pourtour du détroit de Cook y trouve son explication naturelle, et c'est dire que le morcellement des îles n'est peut-être pas encore terminé.

Les séismes perdent de leur fréquence vers le Sud : Christchurch, Oamaru et Dunedin forment une région pénéséismique, où ne se ressentent pas de secousses vraiment sévères.

Quelques-unes, plus rares encore, agitent le détroit de Foveaux.

Le versant occidental des Alpes néo-zélandaises, dans l'île du

---

[1] The earthquake of the 4th December 1891. Notes thereupon (*Trans. New Zealand Institute*, XXV, 1893, 362).

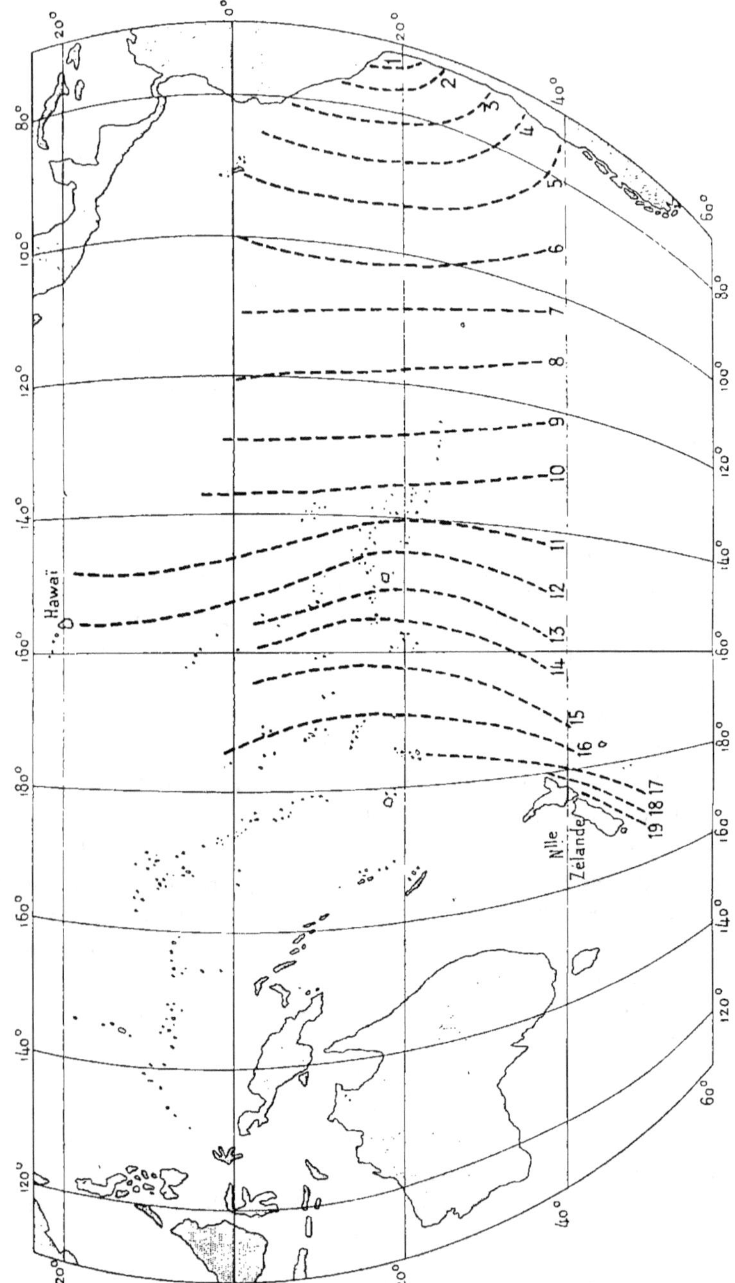

Fig. 88. — Homoséistes horaires des vagues séismiques au travers du Pacifique. au tremblement de terre d'Arica du 13 août 1868 (d'après Hochstetter et Berghaus).

Sud, est beaucoup plus stable, comme il convient à une chaîne ancienne bordant une mer relativement plate, dont le peu de profondeur fait supposer qu'il n'y a pas de fractures et justifie ainsi cette dérogation à la loi de la plus grande instabilité du côté du plus grand relief.

Des vagues séismiques ont été observées dans le détroit de Cook, fait à prévoir puisque des tremblements de terre y prennent naissance.

Les grands tremblements de terre de l'Amérique méridionale poussent leurs vagues jusqu'à la Nouvelle-Zélande (fig. 88).

On ne saurait rien dire de quelques secousses ressenties plus au Sud dans l'île d'Auckland. Bouquet de la Grye [1] les regarde comme fréquentes à l'île Campbell; mais il est probable que ce savant a eu en vue de nombreux microséismes accusés par les délicats instruments emportés pour l'observation du passage de Vénus sur le soleil en 1874, car l'expédition ne paraît pas y avoir ressenti de tremblement de terre; de sorte que cette information ne nous apprendrait rien sur la véritable séismicité de cette île déserte.

Note. — Du 14 mars 1902 au 31 décembre 1903, le pendule horizontal Milne installé, ainsi qu'on l'a vu (p. 176, note), à l'île Ross par l'expédition anglaise de la *Discovery*, a fourni 136 séismogrammes dont les origines étaient éloignées de plus de 500 milles. Parmi ce nombre, 73 avaient leurs foyers situés dans l'Océan entre la Nouvelle-Zélande et la station. A la vérité, beaucoup de ces centres d'ébranlement avaient une position fort douteuse, mais plusieurs avaient aussi été enregistrés à Perth (Australie) et à Wellington et Christchurch (Nouvelle-Zélande). Milne (*l. c.*, p. 176) fait observer qu'au Sud de la Nouvelle-Zélande un bourrelet immergé et décelé par les îles Auckland et Macquarie s'en va rejoindre les terres antarctiques; Arldt (*l. c.*, p. 12) le figure comme un prolongement, dévié vers le S.S.W., de l'arête australasienne du tétraèdre de L. Green. Il se trouverait ainsi à l'Ouest et au bord des abîmes océaniques reconnus par les sondages de Ross en 1842 au Sud de la Nouvelle-Zélande et qui se prolongent par une profonde échancrure des terres antarctiques. Une si remarquable disposition du relief sous-marin ne peut manquer de correspondre à une structure tectonique capable d'expliquer les secousses émanées de cette région océanique, et qu'a enregistrées le pendule de Milne. Ainsi la région pénéséismique de la Nouvelle-Zélande méridionale se prolongerait vers le S.S.W. dans la direction des terres antarctiques, mais sans les atteindre.

[1] Sur les documents recueillis à l'île Campbell par la mission envoyée pour observer le passage de Vénus (*C. R. Ac. Sc.* Paris, LXXX, 725, 1875).

NOTE

SUR LES TREMBLEMENTS DE TERRE DANS LES TRAVAUX DE MINES
OU PSEUDOSÉISMES

Observations faites dans le Nord de la France et en Angleterre.

La production des séismes par le déhouillement, ou par l'exploitation de mines quelconques, est très importante aussi bien au point de vue pratique qu'à celui de la séismologie pure. Ainsi qu'on l'a vu, à propos des tremblements de terre du basssin houiller franco-belge-westphalien, Jičinski a montré que les affaissements, causés par ces travaux, se manifestent avec une extrême lenteur, de sorte qu'il n'est guère admissible d'y voir une cause de secousses séismiques, même légères. Cette conclusion négative est peut-être un peu trop absolue, et il y a lieu, pour la compréhension d'un problème assez délicat, de résumer des travaux récents sur la question qui émanent de savants autorisés, Gosselet et Davison.

Les tremblements de terre dont il s'agit ici présentent des caractères très particuliers : leur aire d'extension est à peu près circulaire et ne dépasse guère 7 à 8 kilomètres ; l'intensité du choc, assez grande au centre, diminue avec une rapidité bien plus grande que pour les séismes ordinaires. N'ayant pas, du moins ainsi qu'on le pense, une origine purement naturelle, mais dépendant de causes artificielles, on peut les qualifier de *pseudoséismes.*

Gosselet[1] a déterminé au moyen des résultats de plus de 300 forages, ou sondages, la forme des surfaces des différentes couches du sous-sol profond des environs de Douai. Le savant géologue a déduit de ses recherches d'intéressantes conclusions relativement aux faibles secousses locales qui ébranlent de temps à autre le bassin houiller du Nord de la France, et il est d'autant plus nécessaire d'examiner si ses déductions sont, ou non, d'accord avec les faits d'observation, que Cornet[2] ne s'y rallie pas plus en 1905 qu'il n'avait, à l'occasion du tremblement de terre du

---

[1] Les assises crétaciques et tertiaires dans les fosses et les sondages du Nord de la France. Fasc. I. Région de Douai. (*Étude des gites minéraux de la France. Service des Topographies souterraines. Ministère des Travaux publics.* Paris, 1904).

[2] L'allure de la surface des terrains primaires et celle des couches crétacées et tertiaires dans la région de Douai, d'après un récent travail de M. J. Gosselet. (*Pr. v. Soc. belge de Géol. Paléont. et Hydrol.*, Bruxelles, XIX, 112, 1905).

2 septembre 1896 [1], admis le rôle séismogénique généralement attribué au déhouillement dans le bassin franco-belge ; il fait, en effet, observer que les 100 kilomètres d'extension qu'a présentée ce séisme sont incompatibles avec cette explication. La raison est, dans ce cas, péremptoire.

Utilisant les nombreuses cotes fournies par les travaux en question et destinées, soit à la recherche des couches de houille, soit à l'établissement de puits artésiens, Gosselet a tracé par courbes de niveau, à l'équidistance de 10 mètres, les surfaces supérieures du terrain primaire et des cinq assises principales du Crétacé et du Tertiaire, c'est-à-dire qu'il a représenté leurs topographies respectives. Ces surfaces sont, comme on devait s'y attendre, en étroite dépendance les unes avec les autres, de telle sorte que celle du terrain primaire est la plus accidentée, et que leurs inégalités s'atténuent graduellement de bas en haut en passant de l'une à l'autre, à mesure qu'on s'élève le long de la verticale. Les couches successives se sont ainsi moulées sur les précédentes en comblant progressivement les ondulations des plus anciennes.

La topographie superficielle du Primaire présente, à l'Ouest de Douai, un creux allongé presque dans la direction Nord-Sud, et limité de chaque côté par de fortes pentes, plus accentuées encore à l'Est qu'à l'Ouest. Sous le nom de *paléocreux*, Gosselet attribue cet accident, très ancien, à l'action de glaciers permiens, et il lui dénie toute signification tectonique, comme Cornet l'avait déjà fait pour un accident analogue, le paléocreux de Mons. Ce qui nous intéresse surtout ici, c'est que, d'après Gosselet, cette structure est tout à fait indépendante des anticlinaux et des synclinaux primaires, qui n'ont ainsi que peu d'influence sur le relief de la *paléopénéplaine* primaire souterraine, si toutefois les accidents de cette surface ne sont pas trop considérables pour permettre d'employer cette qualification. Quoi qu'il en soit, il ressort tout de suite de cette constatation que les secousses du Douaisis ne peuvent être la survivance, même très atténuée, des plissements qui ont agi sur les couches du Primaire postérieurement à leur dépôt et antérieurement à celui du Crétacé, et que, par conséquent, notre explication générale des séismes du bassin houiller franco-belge-westphalien n'est point valable ici, puisque les dislocations des terrains primaires, failles ou plis, ne se propagent pas, du moins autour de Douai, dans les couches crétacées sus-jacentes ; c'est donc que, antérieures à la Craie, ces dislocations ne se sont point accentuées ni pendant, ni après son dépôt ; correspondant à des efforts tectoniques complètement éteints depuis longtemps, elles sont actuellement incapables de jouer un rôle séismogénique quelconque.

Ainsi qu'on l'a signalé plus haut, le paléocreux de Douai est limité à l'Est par un large escarpement, et les couches crétacées présentent là une forte pente. « Cette grande inclinaison fait comprendre, dit Gosselet, comment sous l'influence de l'affaissement de la surface primaire dû à l'exploitation, il a pu y avoir des glissements dans les terrains morts. On se rend ainsi compte des tremblements de terre qui agitent la surface du sol et qu'on ne ressent pas dans les terrains profonds. Il n'y aurait même rien

---

[1] A propos du tremblement de terre de la Belgique et du nord de la France (*Bull. Soc. belge de Géol. Paléont. et Hydrol.*, X, 125, Bruxelles, 1896).

d'étonnant à ce qu'il se produisit des crevasses et des modifications de
distance de quelques monuments superficiels ». C'est, sous une forme nouvelle, revenir à l'influence séismogénique du déhouillement.

Comment ces considérations s'accordent-elles avec la répartition des
secousses autour de Douai? Treize secousses bien définies sont parvenues
à notre connaissance; trois pour Dorignies et une pour l'Escarpelle correspondent bien à l'escarpement oriental du paléocreux, mais une pour
Dechy-Guesnain, une pour Flers-en-Escrébieux et sept pour Sin-le-Noble,

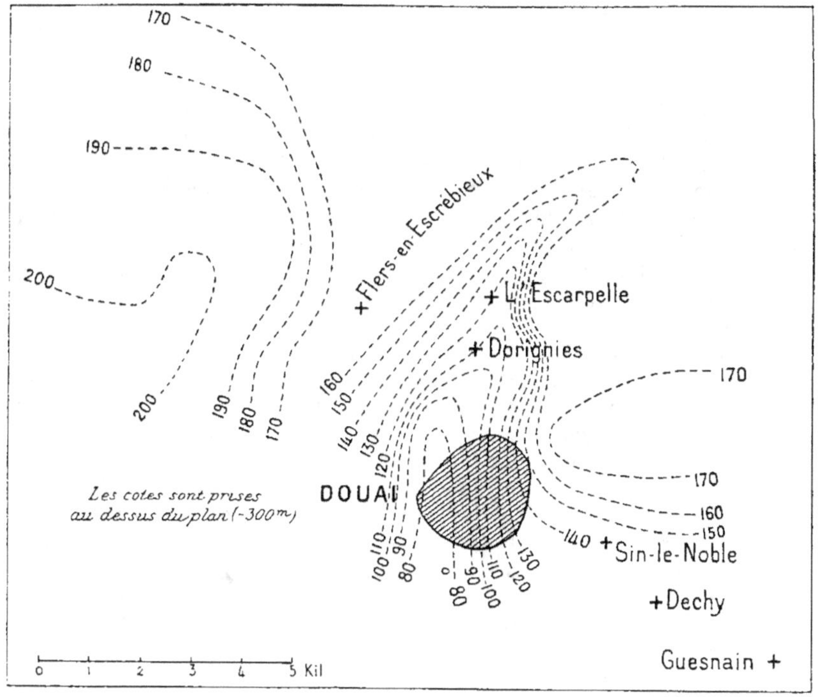

Fig. 89. — Le paléocreux de Douai (d'après Gosselet).

c'est-à-dire neuf contre quatre, sont émanées de points situés, au contraire,
au-dessus du *paléoplateau* primaire. A s'en tenir à ces faits, la proportion de 31 p. 100 seulement en faveur de la théorie de Gosselet ne suffirait
pas à en démontrer l'exactitude. Mais ce nombre d'observations ne parait
pas assez considérable pour renverser une hypothèse tout à fait séduisante, et il faut attendre que la poursuite de ces recherches vers Lens,
Béthune, Arras, etc., permette de voir s'accentuer dans un sens ou dans
l'autre le pour cent des séismes émanant des pentes des paléocreux.

Dans plusieurs des mémoires cités à propos des Iles Britanniques, et en
particulier dans un travail récent[1], Davison explique les tremblements de

---

[1] Earth-shakes in mining districts (*Geol. Mag.*, Decade V, II, n° 491. May 1905, 219.
London).

terre ressentis dans les districts miniers en les considérant comme la manifestation de mouvements relatifs des lèvres des failles en conséquence d'affaissements dus à l'exploitation même. Ces phénomènes sont bien connus des mineurs qui donnent les noms de « bump », ou de « goth », au bruit, d'un caractère très particulier et facilement reconnaissable, qui les accompagne. D'après Atkinson[1], qu'il y ait secousse et bruit, ou seulement bruit, on observe souvent des éclatements dans les couches de houille, des bombements, soit au mur, soit au toit, ou des ruptures des boisements, et il ne doute pas que ces pseudoséismes ne soient directement dus à l'exploitation par les changements qu'elle apporte dans l'état de tension des couches.

Il reste à signaler dans cette ordre d'idées que Lebour[2], distinguant ces secousses par le nom spécial d'*earth-shakes*, au lieu de celui d'*earthquakes*, généralement usité, attribue les secousses de Sunderland et de la côte du comté de Durham à une autre cause artificielle; il pense que les travaux d'épuisement y élargissent graduellement par dissolution les fissures naturelles du calcaire magnésien, et y produisent des éboulements et des chutes de matériaux, qui se manifestent sous la forme de ces pseudoséismes. Le caractère tout particulier des bruits qui accompagnent ces phénomènes lui semble, comme à Davison, tout à fait en faveur de ce mode de production.

De tout cela résulte que les secousses dues, plus ou moins directement, aux travaux des mines, méritent d'être l'objet d'études spéciales, et l'emploi d'instruments enregistreurs paraît nécessaire pour déceler l'origine de ces mouvements au moyen des caractères propres de leurs séismogrammes. Alors seulement on pourra définitivement émettre un avis sur l'influence séismogénique de l'exploitation des mines, soit de houille, soit d'autres substances minérales. En fin de compte, l'opinion de Jičinski nous paraît trop absolue dans le sens de la négation, et, au moins dans certains cas particuliers de légères secousses locales, la relation de cause à effet semble s'imposer. Les stations séismographiques profondes établies à l'Agrappe en Belgique et à Przibram en Bohême sont destinées à élucider la question dans un sens ou dans l'autre, et il est à souhaiter que cet exemple soit suivi dans un plus grand nombre d'établissements miniers.

---

[1] *Report of H. M. Inspector of mines for the Stafford district for the year 1903,* (p. 15).

[2] On the Breccia-gashes of the Durham coast and some recent Earth-shakes at Sunderland. (*North of England Inst. of. Min. Eng. Trans.* XXXIII, 165, 1884. — On some recent earthquakes on the Durham Coast and their probable cause (*Geol. Mag.,* Dec., III. 11, 513, 1885).

ERRATUM

Page 11, ligne 2, au lieu de *En 1892*, lire : *En 1891*.

— 109, ligne 36, au lieu de *est profondément découpée*, lire : *est profondément découpé*.

— 122, légende de la figure 15, au lieu de *du 13 août*, lire : *du 31 août*.

— 339, ligne 38, au lieu de *l'Atlas saharien est séismique*, lire : *l'Atlas saharien est aséismique*.

— 351, ligne 5, au lieu de *architecture tabulaire ou d'ancienne consolidation*, lire : *architecture tabulaire ou d'ancienne consolidation*.

— 354, ligne 4, au lieu de *la mer plate de Bering*, lire : *la mer plate de Behring*.

— 415, ligne 1, au lieu de *Le détroit de Bering*, lire : *Le détroit de Behring*.

— 427, ligne 10, au lieu de *La presqu'île de Shikoku*, lire : *La presqu'île de Sanyodo*.

INDEX ALPHABÉTIQUE DES AUTEURS CITÉS

TABLE DES CARTES ET FIGURES

CARTES HORS TEXTE

I. Régions séismiques et géosynclinaux de l'ancien monde.
II. Régions séismiques et géosynclinaux du nouveau monde.
III. Origines des 323 principaux séismes observés de 1899 à 1903 dans les observatoires
(d'après Milne) et côtes à vagues séismiques (d'après Rudolph).

(Ces trois cartes sont placées à la fin de l'ouvrage.)

TABLE DES MATIÈRES

INTRODUCTION
La méthode et les résultats généraux.

PREMIÈRE PARTIE
LE CONTINENT NORD-ATLANTIQUE

QUATRIÈME PARTIE

LE GÉOSYNCLINAL CIRCUMPACIFIQUE

ÉVREUX, IMPRIMERIE DE CHARLES HÉRISSEY.

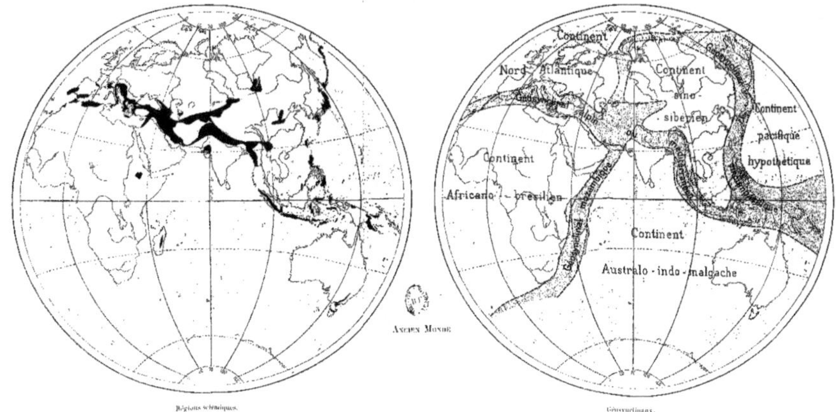

ANCIEN MONDE

Régions séismiques.

Géosynclinaux.

Régions américaines.

Continents.

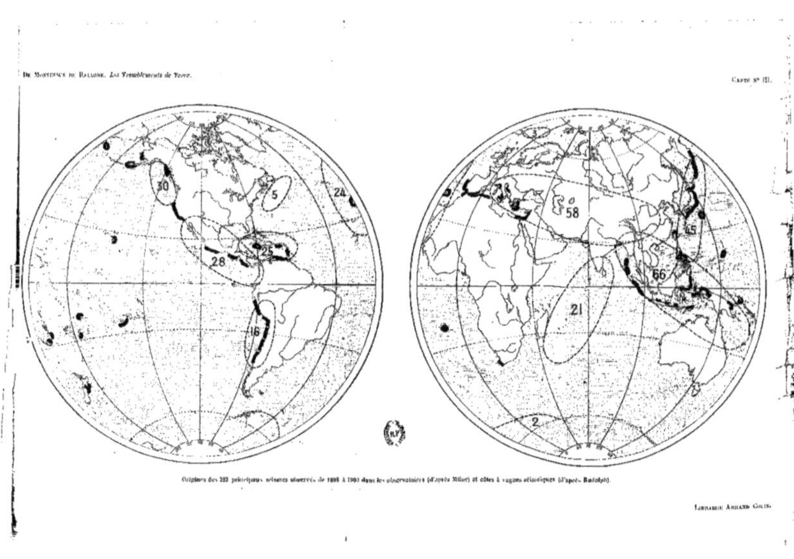

Origines des 323 principaux séismes observés de 1899 à 1903 dans les observatoires (d'après Milne) et côtes à vagues séismiques (d'après Rudolph).